国外电子与电气工程技术丛书

基于运算放大器和模拟集成电路的电路设计

（原书第4版·精编版）

[美] 赛尔吉欧·弗朗哥（Sergio Franco） 著

何乐年 奚剑雄 等译

Design with Operational Amplifiers and Analog Integrated Circuits

Fourth Edition

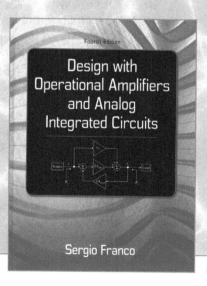

机械工业出版社

CHINA MACHINE PRESS

图书在版编目（CIP）数据

基于运算放大器和模拟集成电路的电路设计（原书第 4 版·精编版）/（美）赛尔吉欧·弗朗哥（Sergio Franco）著；何乐年等译 . —北京：机械工业出版社，2017.10（2024.5 重印）
（国外电子与电气工程技术丛书）
书名原文：Design with Operational Amplifiers and Analog Integrated Circuits, Fourth Edition

ISBN 978-7-111-58149-9

I. 基… II. ①赛… ②何… III. ①运算放大器 – 电路设计 – 英文 ②模拟集成电路 – 电路设计 – 英文 IV. ① TN722.702 ② TN431.102

中国版本图书馆 CIP 数据核字（2017）第 243369 号

北京市版权局著作权合同登记　图字：01-2014-7264 号。

本书全面论述了运算放大器的原理与特性参数，以及以其为核心构建的各种模拟集成电路原理、设计方法和应用。在电路设计方面，以业界通用的器件为背景，对应用中的许多问题进行了详细的分析。本中文精编版书共分 9 章，包括三个部分。第一部分为第 1～2 章，以运算放大器为理想器件介绍它的基本原理和应用，包括运算放大器基础和电阻反馈电路。第二部分为第 3～6 章，主要介绍运算放大器的诸多实际问题，如静态和动态限制、噪声以及稳定性问题。第三部分为 7～9 章，主要介绍了基于运算放大器的各种应用电路的设计方法，包括非线性电路、信号发生器、电压基准与稳压电源等。

本书可以作为电子信息工程、电子科学与技术、微电子科学与工程等本科专业高年级以及相关专业研究生学生的教科书或参考书，对从事模拟集成电路设计与应用的工程师们也有参考价值。

出版发行：机械工业出版社（北京市西城区百万庄大街 22 号　邮政编码：100037）
责任编辑：张梦玲　　　　　　　　　　　　　责任校对：殷　虹
印　　刷：固安县铭成印刷有限公司　　　　　版　　次：2024 年 5 月第 1 版第 7 次印刷
开　　本：185mm×260mm　1/16　　　　　　印　　张：22
书　　号：ISBN 978-7-111-58149-9　　　　　定　　价：89.00 元

客服电话：（010）88361066　68326294

译 者 序

  本书是一本关于模拟集成电路的核心器件——运算放大器及其应用电路,从基础概念知识到工程设计紧密结合的教科书。译者曾于 2008 年,在浙江大学电气工程学院采用此教材,同时参与了电子信息工程本科"模拟信号及系统设计"的课程建设,深感此书的精深。

  本书作者 Sergio Franco 教授在模拟集成电路设计方向的研究与教学方面具有丰富的经验,所编著的本书在产业界和教育界都具有相当大的影响。运算放大器是应用最为广泛的一类模拟器件,以它为核心组成的各类模拟集成电路在工业控制、仪器仪表、电力电子等领域是不可或缺的,它也是系统芯片(SOC)不可缺少的组成部分。本书全面系统地分析了运算放大器的原理与特性,以及以其为核心的各类模拟集成电路的原理和实现方法,并给出了相关实际问题及其解决方法,特别是给出了不少具有实际参考价值的经验设计,是国内同类型参考书中不常见的,尤其是对于从事模拟集成电路设计的学生和技术人员来说,可以由此学习从更高的电路层次上研究和设计模拟集成电路。

  本书第 4 版增加或扩展了运算放大器的负反馈、动态和频率特性概念、开关调节器等内容,并重新设计了例题和 25% 的习题。

  由于考虑到系统性,本中文版省去了原书中有源滤波器、D-A 和 A-D 转换器、非线性放大器和锁相环的相应章节,即原书的第 3 章、第 4 章、第 12 章、第 13 章。

  本书由何乐年教授和奚剑雄研究员翻译并统稿,参加本书翻译和校对工作的还有刘侃、冷亚辉、吴旭烽、陈琛、蒋一帆、陈敬远、李浙鲁、高红波等。本书在翻译过程中还参考了西安交通大学刘树棠教授等翻译的第 3 版。在此,对所有为本书出版提供帮助的人们表示诚挚的谢意!

  由于译者水平有限,而本书所涵盖的专业领域相当广,译文中难免有误或不妥之处,敬请读者批评指正。

译者

2017 年 8 月

于浙江大学微电子学院

在近十多年中，由于数字电子技术的飞速发展，有很多关于几乎不再需要模拟电路的预言。在远没有证实这种预言是否正确之前，这一论点已经挑起了相反的辩驳，可以概括为："倘若你无法用数字的方法来实现设计的话，就可以用模拟的方式来完成。"更为甚者，一般都有这样一种误解，比起数字设计这种系统化的技术而言，似乎模拟设计是一种更为玄乎和捉摸不定的艺术。对于受困惑的学生来说如何来理解这一争论？继续选修某些模拟电子学方面的课程是否值得？抑或最好还是仅仅将精力集中在数字电路方面？

毋庸置疑，传统上隶属于模拟电子学领域的许多功能，今天都用数字形式实现了。其中最为常见的例子就是数字音响。在这个应用中，由拾音器和其他的声音传感器产生的模拟信号被一些放大器和滤波器进行适当的调整，然后转换为数字形式做进一步处理，如混合、编辑和产生某些特殊效果，以及更多的是为了进行传输、存储和提取等琐碎却同样重要的工作。最后，数字信号被转换回模拟信号并经由扬声器播放出来。之所以想用数字方法实现尽可能多的功能的主要理由之一是数字电路的高可靠性和高灵活性。然而，**物理世界本来就是模拟的**。这表明，**总是**需要模拟电路去适应这些物理信号，像与传感器相连的电路，以及把模拟信息转换为数字信息，再从数字转换到模拟以供物理世界进一步处理的模拟电路。再者，考虑到速度和功率的因素，采用模拟前端电路更具优势。新的应用领域不断出现，无线通信就是一个很好的例子。

的确如此，当今的许多应用是由混合模式的集成电路(混合模式IC)和系统组成的，它们依赖模拟电路来与物理世界对接，而数字电路则用作处理和控制。即便这个模拟电路或许仅占这块芯片面积的一小部分，但它往往却是设计中极具挑战性的部分，并且在整个系统的性能上起着关键作用。在这一方面，通常所谓的模拟设计师就要用明确的数字工艺为实现模拟功能的任务构思出独创性的解决方案；滤波中的开关电容技术和数据转换中的Σ-D技术就是大家所熟知的例子。出于以上原因，企业对有能力的模拟设计师的需求仍然很强盛。即使是纯数字电路，当将它们推向运算极限时，它们还是要呈现模拟的行为特性。因此，对模拟电路设计原理和技术的牢固掌握在任何IC(无论是数字或是纯模拟的IC)设计中都是一笔宝贵的财富。

关于本书

本书的目的是利用实际的元器件和应用说明一般的模拟原理和设计方法学。本书旨在作为本科生和研究生模拟集成电路(模拟IC)设计和应用方面的教科书，以及为工程师们提供实际参考。读者在电子学方面应具有初步基础，熟悉频域分析方法，并会使用PSpice。尽管本书包括的内容足够作为两个学期的课程，但是经适当挑选之后也能作为一个学期的基础课程。由于本书及其每一章一般都是按从简到繁、先易后难的顺序编写的，所以挑选过程是极易完成的。

在旧金山州立大学(San Francisco State University)，这本书可作为两个一学期课程的系列课对待：一个是本科高年级，另一个是在研究生层次上。在本科高年级的课程中，可选第1~3章、第5章和第6章，以及第9章和第10章的大部分；在研究生的课程中，可选择全部。作为本科高年级的课程，它是与模拟IC制造和设计课程并行的。为了更有效地使用模拟IC，用户略知一点它们内部的工作原理(即便至少是定性的)是很重要的。为了满足这种需要，本书在一种设计决策上给出了工艺和电路因素的直观说明。

第 4 版新增内容

新版的主要特点是：①介绍了一个全新版本的负反馈，②增加了运算放大器动态和频率概念的介绍，③扩展了开关调节器相关内容的覆盖范围，④对三极管和 CMOS 技术进行更平衡的介绍，⑤增加了使用 PSpice 的内容，以及⑥重新设计了例题和 25% 的章末习题，体现了版本更新。

此前版本对负反馈的阐述是从运算放大器使用者的特殊视角出发，而第 4 版提供了更为宽广的视角，这在其他诸如开关调节器和锁相环的领域上是有用的。新版本提供了双端口分析（two-port analysis）和反馈比分析（return-ratio analysis），在强调相似性的同时也强调区别，尝试消除这两者之间的混淆（为了保证区分，环路增益和反馈系数在双端口分析中使用 L 和 b，而在反馈比分析中使用 T 和 β）。

当然，新版本负反馈包含对运算放大器动态和频率补偿的扩展重写。在这里，第 4 版采用了由 R. D. Middlebrook 为环路测量提出的电压/电流注入技术。

考虑到当今模拟电子技术中便携设备电源管理的重要性，第 4 版扩展了对开关调节器的覆盖。对电流控制和斜坡补偿，以及诸如右半平面零点和误差放大器设计等稳定性问题也给予了更多的关注。

本书采用了大量的 SPICE 仿真（使用电路图代替了早先版本中的网表），以便验证对手工计算来说计算和研究太过复杂的高阶效应。SPICE 当今有多种可用的版本，所以，相对于指定某一特定的版本，对于本版选定的示例，学生能够在选定的 SPICE 版本上快速重绘。

在之前的版本中，正文的内容通过仔细设置例题和章尾的习题得到强化，通过这些来强调工程师在日常工作中所需的直觉、物理洞察力和解决问题的方法学。

为了用一种超脱于最新工艺趋势的方式来写一般性和最基本的原理，第 4 版精选了已确立并广泛形成文件的元器件和工艺作为载体来阐明这样的原理。然而，只要有必要，还是要让读者了解一些更为现代的替代方案，鼓励读者自行上网查找这些方案。

本书内容[⊖]

尽管没有明确指出，本书实际上是由三个部分组成的。第一部分（第 1～4 章）基于将运算放大器作为一种理想器件来介绍其基本概念和应用。我们觉得在学生着手处理并评价实际器件限制以前，需要对理想（或接近理想）运算放大器的学习树立足够的自信。各种运算放大器的限制是第二部分（第 5～8 章）的主要内容，在这一版中，这方面的内容要比此前的版本更为系统和详细。最后，第三部分（第 9～13 章）基于前两部分介绍的基础，致力于讲解面向设计的各种应用。下面是各章内容的简要描述。

第 1 章复习基本放大器概念，包括负反馈概念。重点内容放在环路增益作为电路性能的一种度量标准上。环路增益的概念通过双端口分析和反馈比分析来进行阐述，本章还讲解了这两种方法之间的相似和不同，向学生介绍简化的 PSpice 模型，这一模型将随着本书的进程逐渐复杂和精确。如果教师发现本书对环路增益的介绍过早，可以跳过这一章，而在稍后某个更为合适的时机再重新回到这一论题上来。由于各节和各章都尽量独立编排，所以这类内容易于重新组织。另外，章末的习题也是按节组成的。

第 2 章介绍各种仪器仪表和传感放大器，以及 $I\text{-}V$、$V\text{-}I$ 和 $I\text{-}I$ 转换器。这一章将重点放在各种反馈拓扑结构和环路增益 T 的作用上。

第 3 章包含一阶滤波器、音频滤波器和常用的二阶滤波器，像 KRC、多重反馈、状

⊖ 此处介绍的是英文版原书的内容安排，本中文精编版的内容安排与此有不同，具体编排见正文内容。
　——编辑注

态变量和双二阶拓扑结构等二阶滤波器。本章重点是复平面系统的概念，并以滤波器灵敏度的讨论结束。（本中文版未收录）

想深入了解滤波器的读者会发现第 4 章（本中文版未收录）是有用的。这一章包括用级联和直接的方法讨论高阶滤波器的综合。另外，这些方法既是针对有源 RC 滤波器，又是针对开关电容（SC）滤波器的情况提出的。

第 5 章聚焦于由输入端引起的运算放大器误差，诸如 V_{OS}、I_B、I_{OS}、CMRR、PSRR 和漂移，并与它们的极限情况一起讨论。本章也向学生介绍技术指标和性能参数的说明、PSpice 的宏模型，以及不同的工艺和拓扑。（本中文版第 3 章）

第 6 章着重讨论频域和时域中的动态极限，并研究它们对电阻性电路和基于理想运算放大器模型的滤波器的影响。详细地对电压反馈和电流反馈进行比较，并广泛应用 PSpice 对有代表性的电路在频率响应和暂态响应上做可视化展示。在已经掌握了理想或接近理想运算放大器的前 4 章内容之后，学生就可更加好地理解和评价由实际器件的限制造成的结果。（本中文版第 4 章）

将第 5、6 章介绍的原理结合起来，自然而然地就引入了第 7 章（本中文版第 5 章）有关交流噪声的内容。噪声计算和估计代表着另一个领域，其中 PSpice 是一种非常有用的工具。

第二部分以第 8 章（本中文版第 6 章）的稳定性专题结束。通过负反馈来增强收敛性需要考虑额外频率补偿，也包含对运算放大器内部和外部的考虑。第 4 版采用了由 R. D. Middlebrook 为测量环路而提出的电压/电流注入技术。同样，PSpice 用来观察已给出的不同频率补偿技术的效果。

从第 9 章开始的第三部分涉及非线性应用。这里，非线性特性要么源自没有反馈（电压比较器），要么是存在反馈但属于正反馈类型（施密特触发器），或有负反馈但是应用了像二极管和开关（精密整流器、峰值检波器、跟踪保持放大器）这样一类非线性元件。（本中文版第 7 章）

第 10 章包含各种信号发生器，其中有文氏桥和正交振荡器、多谐振荡器、定时器、函数发生器，以及 V-F 和 F-V 转换器。（本中文版第 8 章）

第 11 章专注于调节器。由电压基准开始，从线性电压调节器介绍到开关调节器。本章重点关注的问题包括电流控制和斜坡补偿，以及误差放大器设计的稳定性问题和 boost 变换器中右半平面零点的影响问题。（本中文版第 9 章）

第 12 章处理数据转换。用系统的方式处理数据转换器的技术要求，并给出多种 DAC 的应用。本章以过采样转换原理和转换器作为结束。关于这一专题也有大量相关专著，所以这一章仅是让学生了解最基本的知识。（本中文版未收录）

第 13 章用各种非线性电路作为结束，其中有对数/反对数放大器、模拟乘法器，以及用一种简要接触 gm-C 滤波器的方式构成的运算跨导放大器。这一章最后介绍锁相环。另外，这一章还将前面各章所涉及的重要内容组合在一起介绍。（本中文版未收录）

网站

本书的配套网站是 http://www.mhhe.com/franco，其上有各种供教师和学生使用的资源。教师资源包含习题解答、一组 PowerPoint 课件和指向勘误表的链接。

www.CourseSmart.com 有本书的电子书。用此电子书，你不仅可以节省纸质课本的费用，减少对环境的影响，同时，还能利用强大的网络工具来学习。CourseSmart 电子书能够在线阅读或下载到电脑上。电子书允许读者进行全文搜索，添加高亮标记和笔记，以及同他人分享笔记。CourseSmart 拥有可在任何位置访问的最大的电子书库。访问 www.CourseSmart.com 可了解更多内容并试读示例章节。

致谢

第 4 版的变化是对工业界和学术界中许多读者的反馈意见的一种回应，我对那些花费宝贵时间给我发电子邮件的所有人表示诚挚的谢意。另外，下面提到的评阅人曾对以前的版本给过详细的评阅并对当前的修订版本提出过宝贵的建议。所提建议都经过仔细斟酌过，仅有一部分被兑现的原因，绝不是麻木不仁或熟视无睹，而是由于出版的限制，或者是个人观点不同。对所有的评阅者致以深深的感谢：Aydin Karsilayan, Texas A&M University；Paul T. Kolen, San Diego State University；Jih-Sheng (Jason) Lai, Virginia Tech；Andrew Rusek, Oakland University；Ashok Srivastava, Louisiana State University；S. Yuvarajan, North Dakota State University。

我仍然要对早先版本的评阅者表示感谢，他们是：Stanley G. Burns, Iowa State University；Michael M. Cirovic, California Polytechnic State University-San Luis Obispo；J. Alvin Connelly, Georgia Institute of Technology；William J. Eccles, Rose-Hulman Institute of Technology；Amir Farhat, Northeastern University；Ward J. Helms, University of Washington；Frank H. Hielscher, Lehigh University；Richard C. Jaeger, Auburn University；Franco Maddaleno, Politecnico di Torino, Italy；Dragan Maksimovic, University of Colorado-Boulder；Philip C. Munro, Youngstown State University；Thomas G. Owen, University of North Carolina-Charlotte；Dr. Guillermo Rico, New Mexico State University；Mahmoud F. Wagdy, California State University-Long Beach；Arthur B. Williams, Coherent Communications Systems Corporation；and Subbaraya Yuvarajan, North Dakota State University。最后，对我的妻子 Diana May 表示感谢，谢谢她的鼓励和坚定不移的支持。

Sergio Franco

旧金山，加利福尼亚州，2014

目录

第 1 章

运算放大器基础

运算放大器（operational amplifier），简称运放（Op Amp），是在 1947 年由 John R. Ragazzini 命名的，用于代表一种特殊类型的放大器。通过对其外部元件的适当选取，可以构成各种运算，如放大、加、减、微分和积分等。运算放大器的首次应用是在模拟计算机中，实现的数学运算是通过高增益和负反馈结合起来完成的。

早期的运算放大器是用真空管实现的，因而体积大、耗电大，并且价格昂贵。第一次显著小型化运算放大器是由于双极性结型晶体管（BJT）的出现，利用分立 BJT 实现了新一代运算放大器。然而，真正的突破出现在集成电路（IC）运算放大器的研发上，元件以单片集成的形式制造在只有针尖大小的硅芯片上。第一个这样的器件是在 20 世纪 60 年代初，由仙童半导体公司（Fairchild Semiconductor Corporation）的 Robert J. Widlar 研制。1968 年，仙童公司推出了运算放大器，其后成为工业标准，这就是普遍流行的 μA741 运算放大器（简称为 741 运算放大器）。从此，运算放大器的各种系列和制造商大量涌现。不管怎样，741 运算放大器无疑是应用最广泛的运算放大器。它的应用普及经久不衰，且目前仍有许多文献拿它作参考，所以无论是从历史观点还是教学角度，741 运算放大器都值得我们学习。

事实上，运算放大器已经不断地渗透到模拟和模拟-数字混合电子学的各个领域[1]。应用如此广泛得益于价格的急剧下降。今天，批量采购一块运算放大器的价格可以与大多传统的非高档元件（如微调电容器、质量好的电容器和精密电阻器）的价格相当。事实上，一般把运算放大器看作另一种元件，这对当今研究和设计模拟电路具有深远影响。

第 3 章末的附录中，图 2 所示为 741 运算放大器的内部电路框图。这张电路图或许使你畏惧，特别是，如果你对 BJT 理解还不够深的话。然而，不详细了解运算放大器的内部工作机理就设计出大量运算放大器应用电路是可能的。确实如此，无论运算放大器内部多么复杂，它的输入、输出关系却很简单，可以用黑匣子表示。可以看到，这种简化的框图对于大多数情况已经够用了。当不是这种情况时，可以借助于数据手册，并由给定的技术参数来预测电路性能，这同样不需要详细考虑内部电路的工作。

为了提升它们的产品，运算放大器制造商们一直将应用部门与确认产品在应用领域的效果维系在一起，并且在商业期刊上利用应用笔记或技术文章将它们公布出来。当今可以从网上获得许多信息，利用空闲时间，你可以熟悉模拟产品数据手册和应用笔记，甚至可以通过注册参加在线研讨会或网络会议。

运算放大器原理的这种学习方式可以被实际试验所证实。你可以在实验室里的一块面包板上组装、调试你的电路，也可以采用现在的各种 CAD/CAE 软件包（如 SPICE），用电脑对它们进行仿真，最好是两者都做。

本章重点

简单复习基本运算放大器概念后，这一章介绍运算放大器，以及各种基本运算放大器电路，如反相/同相放大器、缓冲放大器、加法/差分放大器、微分/积分器和负阻转换器。

这些电路的工作核心是负反馈，本章介绍双端口网络法和返回比（return-ratio）分析法。尤其是要向读者引入环路增益，这是负反馈电路最为重要的特性（在双端口网络法中，环路增益和反馈系数分别表示为 L 与 b；在返回比分析法中，则分别表示为 T 与 β）。负反馈的优点已由大量实例与 SPICE 仿真证实。

本章最后考虑某些实际应用情况，如运算放大器的供电问题、内部功耗，以及输出饱和(更多的细节在第 3 章和第 4 章介绍)。本章大量使用 SPICE 作为手算验证工具，同时也用作教学工具来传达更直接的概念和原则。

1.1 放大器基础

在着手研究运算放大器之前，先复习一下有关放大和加载的基本概念。运算放大器是一种双端口器件，它接收一个外加输入信号，并由此产生一个输出信号，且输出＝增益×输入，这里增益是一个合适的比例常数。满足于这种定义的器件称为线性放大器，以区别于具有非线性输入-输出关系的器件(如二次和对数或者反对数放大器)。除非特别说明，此处术语"放大器"指的就是线性放大器。

一个运算放大器接收某个信号源的输入，并将它的输出向下输送到某个负载。根据输入、输出信号的属性，可划分不同类型的放大器。最普遍的是电压放大器，它的输入 v_I 和输出 v_O 都是电压。这个放大器的端口可用戴维南等效定理建模，由一个电压源和一个串联电阻组成。输入端口通常起一个纯无源的作用，所以只用一个电阻 R_i 来建模，称为该放大器的输入电阻。输出端口用一个表明与 v_I 有关的电压控制电压源(VCVS)和一个称为输出电阻 R_o 的串联电阻来建模。这种情况如图 1.1 所示，图中 A_{oc} 为电压增益因子，单位用 V/V 表示。值得注意的是，输入源也是用戴维南等效给予建模的，它由电压源 v_S 和串联电阻 R_s 构成；输出负载，用电阻 R_L 建模。

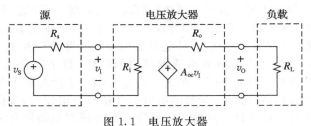

图 1.1 电压放大器

现在导出一个利用 v_S 的 v_O 表达式。在输出端口应用电压分压公式得出：

$$v_O = \frac{R_L}{R_o + R_L} A_{oc} v_I \tag{1.1}$$

请注意当不存在负载($R_L = \infty$)时，$v_O = A_{oc} v_I$，所以 A_{oc} 称为无载或开路电压增益。在输入端口应用电压分压公式可得出：

$$v_I = \frac{R_i}{R_s + R_i} v_S \tag{1.2}$$

消去 v_I 并整理得到源电压-负载增益为：

$$\frac{v_O}{v_S} = \frac{R_i}{R_s + R_i} A_{oc} \frac{R_L}{R_o + R_L} \tag{1.3}$$

当信号从源向负载传递时，首先信号在输入端口有某些衰减，然后在放大器内部放大 A_{oc} 倍，最后在输出端口又有额外的衰减。这些衰减统称为加载效应。显然，由于加载效应，式(1.3)给出的 $\left| \dfrac{v_O}{v_S} \right| \leqslant |A_{oc}|$。

例 1.1 (1) 一个放大器的 $R_i = 100\text{k}\Omega$，$A_{oc} = 100\text{V/V}$ 和 $R_o = 1\Omega$，被一个 $R_s = 25\text{k}\Omega$ 的源驱动，负载 $R_L = 3\Omega$。计算总电压增益，以及输入和输出的加载量。(2) 在源的 $R_s = 50\text{k}\Omega$ 和负载 $R_L = 4\Omega$ 下重做(1)问。

解：

(1) 根据式(1.3)，总增益是 $\dfrac{v_O}{v_S} = \left[\dfrac{100}{(25+100)} \right] \times 100 \times \dfrac{3}{(1+3)} \text{V/V} = 0.80 \times 100 \times$

$0.75\text{V/V} = 60\text{V/V}$，加载的缘故，它小于 100V/V。输入加载后，引起源电压降低到无载时的 80%；输出加载引入附加的衰减，下降到 75%。

（2）利用同一算式，$\dfrac{v_O}{v_S}=0.67\times100\times0.80\text{V/V}=53.3\text{V/V}$。现在的情况是在输入端口加载加重，而在输出端口加载减轻，但总的增益还是由 60V/V 变化到 53.3V/V。 ◄

加载效应一般来说是不希望的，因为它使得总增益依赖特定的输入源和输出负载，而且增益下降。加载的根源是明显的：当放大器与输入源相连时，R_i 上流过电流并引起 R_s 上电压降低。准确地说，一旦从 v_s 上减去这一压降就导致一个减小的电压 v_I。同样，在输出端口由于 R_o 上的压降而使 v_o 的幅度小于可控源电压 $A_{oc}v_I$。

如果可以消除加载效应，无论输入源和输出负载，都会有 $v_O/v_S=A_{oc}$。为了达到这一状况，无论 R_s 和 R_L 为何值，R_s 和 R_o 上的压降都必须是零。这仅仅在电压放大器满足 $R_i=\infty$ 和 $R_o=0$ 的条件下才成立。显然，可将这样的一个放大器称为理想放大器。尽管这些条件在实际中不能满足，但是，运算放大器的设计者总是力求通过调整有可能与该放大器连接的所有输入源和输出负载，确保 $R_i\gg R_s$ 和 $R_o\ll R_L$ 或尽可能接近这一点。

另一常见的放大器是电流放大器。由于处理的是电流，所以要用诺顿等效给输入源和放大器建模，如图 1.2 所示。这个电流控制电流源（CCCS）的参数 A_{sc} 称为无载电流或短路电流增益。两次使用电流分流公式可得源-负载增益为：

$$\frac{i_O}{i_S}=\frac{R_s}{R_s+R_i}A_{sc}\frac{R_o}{R_o+R_L} \tag{1.4}$$

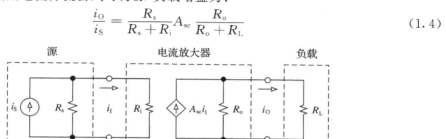

图 1.2　电流放大器

可以再次看到两个端口的加载效应。在输入端口由于 i_S 的一部分损失在 R_s 内，使得 $i_I<i_S$；在输出端口由于 $A_{sc}i_I$ 的一部分经由 R_o 而损失掉，结果总是有 $\left|\dfrac{i_O}{i_S}\right|\leqslant|A_{sc}|$。为了消除加载效应，一个理想的电流放大器应有 $R_i=0$ 和 $R_o=\infty$，这正好与理想电压放大器相反。

输入是电压 v_I，输出是电流 i_O 的放大器称为跨导放大器，因为它的增益单位是 A/V（安/伏），量纲是导纳。这种情况的输入端口与图 1.1 所示的电压放大器是相同的；而输出端口则与图 1.2 所示的电流放大器相类似，只是现在的可控源是一个值为 A_gv_I 的电压控制电流源（VCCS），其中 A_g 量纲为 A/V。为了避免加载效应，理想的跨导放大器应有 $R_i=\infty$ 和 $R_o=\infty$。

最后，输入是电流 i_I，而输出是电压 v_O 的放大器称为跨阻放大器，它的增益是以单位 V/A（伏/安）计的。这时输入端口与图 1.2 所示的一样，而输出端口类似于图 1.1 所示的端口，只是现在是一个值为 A_ri_I 的电流控制电压源（CCVS），A_r 量纲为 V/A（伏/安）。理想情况下这个放大器应有 $R_i=0$ 和 $R_o=0$，这正好和理想跨导放大器相反。

这四种基本放大器类型及其理想输入和输出电阻一起总结于表 1.1 中。

表 1.1　基本放大器及其理想端口电阻

输入	输出	放大器类型	增益	R_i	R_o
v_I	v_O	电压	V/V	∞	0
i_I	i_O	电流	A/A	0	∞
v_I	i_O	跨导	A/V	∞	∞
i_I	v_O	跨阻	V/A	0	0

1.2　运算放大器

　　运算放大器是一种具有极高增益的电压放大器。例如，常用的 741 运算放大器典型的增益有 200 000V/V，也表示为 200V/mV。增益也可用分贝（dB）表示为 20lg200000dB＝106dB。更新的 OP77 运算放大器的增益为 12×10^6 V/V，或 $12V/\mu V$，或 $20lg(12 \times 10^6)$ dB＝141.6dB。实际上，运算放大器有别于其他所有电压放大器的就是它的增益大小。下一节将会阐述，增益是越高越好；或者说，理想运算放大器应有一个无限大的增益。为什么总希望增益极大（不用说是无限大），这一点从开始分析第一个运算放大器电路时就会变得越来越清楚。

　　图 1.3a 所示的是运算放大器的图形符号和能使它工作的电源连接。标识为"－"和"＋"符号的输入代表反相和同相输入端。它们对地电压分别用 v_N 和 v_P 表示，输出是 v_O。箭头代表信号从输入向输出流动。

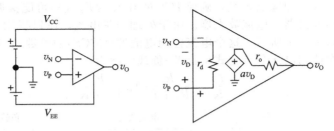

a）运算放大器图形符号和电源连接　　b）上电后的运算放大器等效电路

图 1.3　741 运算放大器的典型值 $r_d=2M\Omega$，$a=200V/mV$，$r_o=75\Omega$

　　运算放大器没有一个 0V 的接地端子。参考"地"是由电源公共端从外部建立起来的。在双极型器件中，电源电压用 V_{CC} 和 V_{EE} 表示，而在 CMOS 器件中，电源电压用 V_{DD} 和 V_{SS} 表示。741 运算放大器的电源电压的典型值是 ±15V，在十多年时间内逐渐降低，现在，其典型值为 ±1.25V、＋1.25V 和 0V 也并不罕见。随着发展，我们将使用许多电源电压值。但要记住，我们所学习的大多数原理和应用，绝不是仅依赖于特定的电源使用的。为了避免电路图杂乱，习惯上是不画出电源连线的。然而，当在实验室调试运算放大器时，必须记住要给它供电，使它工作。

　　图 1.3b 所示的是一个正确供电的运算放大器的等效电路。虽然运算放大器本身并没有一个接地端子（引脚），但在它的等效电路内部的接地符号却是作为图 1.3a 所示的电源公共接地端建模的。这个等效电路包括差分输入电阻 r_d，电压增益 a 和输出电阻 r_o。下一节将说明把 r_d、a 和 r_o 称为开环参数的道理，并将它们用小写字母符号表示。电压差

$$v_D = v_P - v_N \tag{1.5}$$

称为差分输入电压，增益 a 也称为无载增益，因为在输出不加载时有：

$$v_O = av_D = a(v_p - v_N) \tag{1.6}$$

　　因为两个输入端对地都允许有独立的电位，所以把这种输入端口称为双端型。与此对照的是输出端口，它属于单端型。式（1.6）表明，运算放大器仅对它的输入电压之间的差做出响应，而不对它们单个的值响应，因此运算放大器也称为差分放大器。

　　由式（1.6）可得：

$$v_D = \frac{v_O}{a} \tag{1.7}$$

这就可以求出为产生某一给定的 v_O 所需要的 v_D。再次看到，这个式子仅得到差值 v_D，而不是 v_N 和 v_P 的值本身。由于分母中的增益 a 很大，v_D 就被界定到非常小。譬如，要维持 $v_O=6V$，一个无载 741 运算放大器需要 $v_D=(6/200\ 000)V=30\mu V$，是非常小的电压。一

个无载 OP77 运算放大器只需 $v_D = 6/(12 \times 10^6) \mathrm{V} = 0.5 \mu\mathrm{V}$，一个更小的值！

理想运算放大器

我们知道，为了使加载效应最小，一个精心设计的电压放大器必须能从输入源中流出可以忽略的电流（理想情况为零），并且对输出负载来说必须呈现出可以忽略的电阻（理想为零）。运算放大器也不例外，所以定义理想运算放大器作为一个具有无限大开环增益的理想电压放大器：

$$a \to \infty \tag{1.8a}$$

它的理想端口条件是：

$$r_d = \infty \tag{1.8b}$$
$$r_o = 0 \tag{1.8c}$$
$$i_P = i_N = 0 \tag{1.8d}$$

式中：i_P 和 i_N 是被正向和反向输入吸入的电流。理想运算放大器的模型如图 1.4 所示。

可以看到，在 $a \to \infty$ 的极限情况下，$v_D \to v_O/\infty \to 0$！这一结果往往是导致困惑的根源，因为它使得人们感到奇怪，一个零输入的放大器为何还能维持一个非零的输出？按照式(1.6)，这个输出不应该也是零吗？答案的关键在于：随着增益 a 趋于无限大，v_D 确实向零趋近，但是却以这样的一种方式保持住乘积 av_D 为非零，而等于 v_O。

现实中的运算放大器与理想的运算放大器稍微有些差异，所以图 1.4 所示的模型仅是一种概念化的模型。

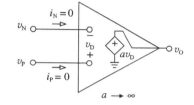

图 1.4　理想运算放大器模型

但是在我们进入运算放大器电路的领域时，将用这个模型，因为它使我们从顾及加载效应的后果中解脱出来，而将注意力集中在运算放大器本身的作用上。一旦我们获得足够的理解和自信，将重新考虑并应用图 1.3b 所示这个更为现实的模型，以评价结果的真实性。我们会发现，利用理想模型所得结果与用实际模型得到的结果相比，比想象的更为接近一致。这就证实了：尽管理想模型是概念上的，但绝不是纯理论和脱离实际的。

SPICE 仿真

在电路分析和设计中，计算机电路仿真已经成为一种强有力的和不可或缺的方法。本书将应用 SPICE 软件来验证我们的计算并研究高阶的影响，这些内容手算起来很复杂。读者可以通过先前的课程熟悉 SPICE 软件的基本应用。通过不断的修订，SPICE 软件已有各式各样的版本。但本书的电路实例是使用 Cadence PSpice 的学生版本创建的，便于读者重画和重新运行它们。

现在由图 1.5 所示的基本模型入手，它反映的是 741 运算放大器的参数。这个电路使用一个电压控制电压源作为电压增益模型，一对电阻作为终端电阻模型（在 PSpice 中，"+"输入在上，"-"输入在下，与运算放大器相反）。

如果希望有一个准理想模型，可让 r_d 开路，r_o 短路，并将源值从 200kV/V 增加到某个很大的值（譬如 1GV/V，不过，读者应小心，太大的值可能会引起收敛问题）。

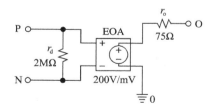

图 1.5　741 运算放大器的基本 SPICE 模型

1.3　基本运算放大器结构

环绕一个运算放大器连接上外部元件，就得到一个今后称为运算放大器电路的电路。关键是要明白一个运算放大器电路和一个单纯的运算放大器之间的不同，后者只是当作前者的一个部分，就如同是外部元件一样。最基本的运算放大器电路是反相、非反相（同相）和缓冲放大器。

同相放大器

图 1.6a 所示的电路是由一个运算放大器和两个外部电阻所组成的，为了弄清楚它的功能，需要求出 v_O 和 v_I 之间的关系。为此，将它重画为图 1.6b 所示的电路，这里运算放大器已用它的等效模型代替，而将电阻重新安排，以突出它在电路中的作用。通过式(1.6)可以求出 v_O；然而必须首先导出 v_P 和 v_N 的表达式。很明显，

$$v_P = v_I \tag{1.9}$$

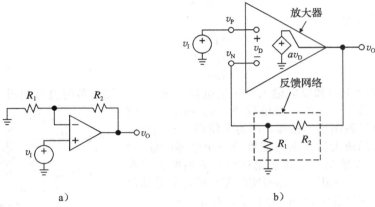

图 1.6 同相放大器与电路分析模型

利用分压公式得出：

$$v_N = [R_1/(R_1 + R_2)]v_O$$

或者

$$v_N = \frac{1}{1 + R_2/R_1}v_O \tag{1.10}$$

电压 v_N 代表了 v_O 的一部分，它被反馈到反相输入端。这样，电阻网络的作用就是为了环绕这个运算放大器创建负反馈。令 $v_O = a(v_P - v_N)$，得到：

$$v_O = a\left(v_I - \frac{1}{1 + R_2/R_2}v_O\right) \tag{1.11}$$

将相关项进行组合并对比值 v_O/v_I(记作 A)求解：

$$A = \frac{v_O}{v_I} = \left(\frac{1 + R_2}{R_1}\right)\frac{1}{1 + (1 + R_2/R_1)/a} \tag{1.12}$$

这个结果指出，由一个运算放大器加上一对电阻组成的图 1.6a 所示的电路本身就是一个放大器，它的增益是 A。因为 A 为正，所以 v_O 的极性与 v_I 的极性是一样的，故而命名为同相放大器。

运算放大器电路的增益 A 和基本运算放大器的增益 a 是很不相同的。这点并不奇怪，因为这两个放大器虽然共有相同的输出 v_O，但却有不同的输入，即 v_I 是前者的输入，v_D 是后者的输入。为了强调这一差别，a 称为开环增益，而 A 称为闭环增益，后者的叫法是源自运算放大器电路包含一个环路的缘故。事实上，在图 1.6b 所示电路中从反相输入端出发，沿顺时针方向经由运算放大器，然后再通过电阻网络又重新回到了出发点。

例 1.2 在图 1.6a 所示电路中，设 $v_I = 1V$，$R_1 = 2k\Omega$ 和 $R_2 = 18k\Omega$，若(1)$a = 10^2 V/V$，(2)$a = 10^4 V/V$，(3)$a = 10^6 V/V$，求 v_O。

解：

由式(1.12)给出 $v_O/1 = (1 + 18/2)/(a + 10/a)$，或 $v_O = 10/(1 + 10/a)$，所以有：

(1) $v_O = (10/(1 + 10/10^2))V = 9.091V$

(2) $v_O = 9.990V$

（3）$v_O = 9.9999V$

增益 a 越高，v_O 越接近于 10.0V。　◀

理想闭环特性

在式(1.12)中令 $a \rightarrow \infty$，就得到一个理想的闭环增益：

$$A_{ideal} = \lim_{a \to \infty} A = 1 + \frac{R_2}{R_1} \tag{1.13}$$

在这种极限情况下，A 与 a 无关，而它的值唯一地由外部电阻的比值 R_2/R_1 设定。现在我们能够领会到要求 $a \rightarrow \infty$ 的原因了。确实如此，闭环增益仅仅取决于一个电阻比值的电路非常有利于设计者，因为它使得获取随手要用到的增益非常容易。例如，假定你需要一个增益为 2V/V 的放大器，那么根据式(1.13)，可取 $R_2/R_1 = A - 1 = 2 - 1 = 1$，可取 $R_1 = R_2 = 100k\Omega$。若想要 $A = 10V/V$，就取 $R_2/R_1 = 9$，比如说 $R_1 = 20k\Omega$ 和 $R_2 = 180k\Omega$ 就行。若想要一个具有可变增益的放大器，那么可以用一个电位器使 R_1 或 R_2 可变。例如，如果 R_1 固定为 $10k\Omega$，而 R_2 是一个从 $0\Omega \sim 100k\Omega$ 变化的 $100k\Omega$ 电位器，那么由式(1.13)指出，增益就能在 $1V/V \leqslant A \leqslant 11V/V$ 的范围内改变。毫无疑问，总希望有 $a \rightarrow \infty$。这产生了一种比较简单的式(1.13)的表达式，并且使得运算放大器电路设计成为一件非常容易的工作。

式(1.13)的另一个优点是通过应用适当质量的电阻器可以将增益 A 做成所需的精度和稳定性。实际上甚至都不必要求单个电阻有较高质量，只需它们的比值满足要求就足够了。例如，两个电阻值同步随温度变化，这可以保持它们的比值是某一常数，从而使增益 A 与温度无关。与此相反的是增益 a 与运算放大器内部的电阻、二极管和晶体管的特性都有关，因此对于温度变化、老化及生产过程的变化都是很灵敏的。这也是电子学如此迷人的例子，即采用次等元器件实现高质量电路！

由式(1.13)提供的好处也是有代价的，这一代价就是需要大的增益 a，以使得这一算式能在某一个可接受的精度之内（更多的要求以后将会提到），实际上是牺牲大量的开环增益来换取闭环增益的稳定性。权衡利弊，这个代价还是值得付出的，尤其是采用集成电路(IC)技术时，在大规模生产中有可能在极低的费用下实现高的开环增益。

因为已经证明图 1.6 所示的运算放大器电路本身就是一个放大器，因此除了增益 A 之外，它还存在输入电阻和输出电阻，将它们分别记为 R_i 和 R_o，称为闭环输入电阻和输出电阻。可能注意到，为了区分基本运算放大器和运算放大器电路的这些参数，对前者用小写字母表示，而对后者则用大写字母表示。

在 1.6 节从负反馈的角度展开讨论了 R_i 和 R_o，但现在根据图 1.6b 所示的简化模型，可以说明由于同相输入端表现为开路，所以 $R_i = \infty$，而输出直接来自源 av_D，所以 $R_o = 0$。总之，

$$R_i = \infty, \quad R_o = 0 \tag{1.14}$$

根据表 1.1，这是一个电压放大器的理想端口特性。理想同相放大器及其理想等效电路如图 1.7 所示。

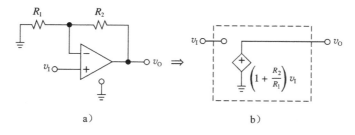

图 1.7　同相放大器及其理想等效电路

电压跟随器

若在同相放大器中置 $R_1 = \infty$ 和 $R_2 = 0$，就构成了单位增益放大器或电压跟随器，如

图 1.8a 所示。值得注意的是，这个电路由运算放大器和将输出完全反馈到输入的一根导线组成。这种闭环参数是：

$$A = 1\text{V/V}, \quad R_i = \infty, \quad R_o = 0 \tag{1.15}$$

其理想等效电路如图 1.8b 所示。作为一个电压放大器，这个跟随器并没有尽职，因为它的增益仅为 1。然而，它起到一个阻抗变换器的作用。因为从输入端看进去，它是一个开路；而从输出端看进去是短路，源值为 $v_O = v_I$。

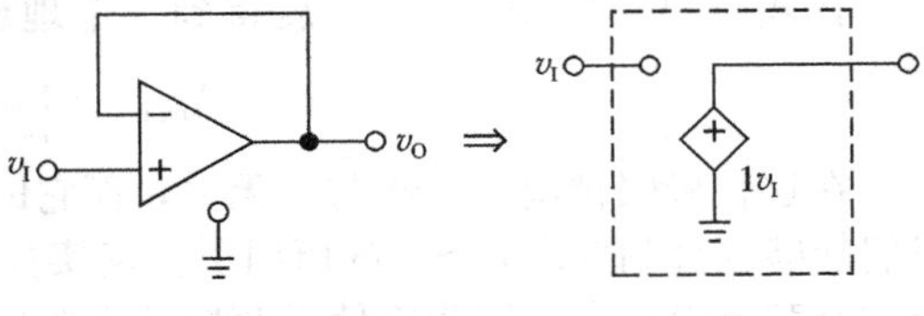

为了领会这个特点，现考虑一个源，其电压为 v_S，要将其跨接在某一负载 R_L 上。

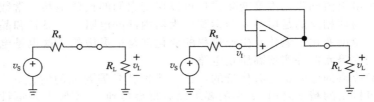

图 1.8　电压跟随器及其理想等效电路

如果这个源是理想的，那么要做的就是用一根导线将两者连接起来。然而，如果这个源具有非零输出电阻 R_s，如图 1.9a 所示，那么 R_s 和 R_L 将构成一个电压分压器，v_L 的幅度一定会小于 v_S 的幅度，这是由于 R_s 上有压降。现在用一个电压跟随器来代替这根导线如图 1.9b 所示。因为这个跟随器有 $R_i = \infty$，输入端不存在加载，所以 $v_I = v_S$。再者，因为跟随器有 $R_o = 0$，输出端口也不存在加载，所以 $v_L = v_I = v_S$，这表明现在 R_L 接收了全部源电压而无任何损失。因此，这个跟随器的作用就是在源和负载之间起一种缓冲作用。

a）直接连接　　　　　b）通过电压跟随器连接以消除加载效应

图 1.9　源与负载的连接

还能观察到，现在源没有送出任何电流，所以也不存在功率损耗，而在图 1.9a 所示电路中却存在。由 R_L 所吸取的电流和功率现在是由运算放大器提供的，而这个还是从运算放大器的电源取得的，不过在图中并没有明确表示出来。因此，除了将 v_L 完全恢复到 v_S 值之外，跟随器还免除了源 v_S 提供任何功率。在电子设计中对缓冲级电路的需要是如此的盛行，以至于对优化此电路性能的特殊电路都有现成产品可资利用，其中 BUF03 放大器（引自 Analog Devices 公司）就是最流行的一种。

反相放大器

图 1.10a 所示的反相结构构成了反相运算放大器的应用基础。由于早期的运算放大器仅有一个输入端，即反相输入端，所以反相放大器出现在同相放大器之前。参照图 1.10b 所示电路有：

$$v_P = 0 \tag{1.16}$$

利用叠加原理得到 $v_N = [R_2/(R_1 + R_2)]v_I + [R_1/(R_1 + R_2)]v_O$，或者

$$v_N = \frac{1}{1 + R_1/R_2}v_I + \frac{1}{1 + R_2/R_1}v_O \tag{1.17}$$

令 $v_O = a(v_P - v_N)$ 得出：

$$v_O = a\left(-\frac{1}{1 + R_1/R_2}v_I - \frac{1}{1 + R_2/R_1}v_O\right) \tag{1.18}$$

与式（1.11）比较可见，这个电阻网络仍然将 v_O 的 $1/(1 + R_2/R_1)$ 部分反馈到反相输入端，因此提供了相同的负反馈大小。对比值 v_O/v_I 求解并整理后得到：

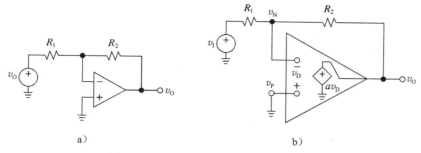

图 1.10 反相放大器及其电路分析模型

$$A = \frac{v_O}{v_I} = \left(-\frac{R_2}{R_1}\right) \frac{1}{1 + (1 + R_2/R_1)/a} \tag{1.19}$$

这个电路还是一个放大器。然而增益 A 现在是负的，这表明 v_O 的极性一定与 v_I 的极性相反。这点并不奇怪，因为现在是将 v_I 加到运算放大器的反相端，所以这个电路称为反相放大器。如果输入是正弦波的话，电路将引入一个相位倒置，或等效地说有 180° 的相移。

理想闭环特性

在式 (1.19) 中令 $a \to \infty$，就得到：

$$A_{ideal} = \lim_{a \to \infty} A = -\frac{R_2}{R_1} \tag{1.20}$$

这就是说，闭环增益仅决定于外部电阻的比值，从而获得对电路设计者来说都熟知的优点。例如，如果需要一个增益为 $-5V/V$ 的放大器，就可取两个成 5 : 1 的电阻，如 $R_1 = 20k\Omega$ 和 $R_2 = 100k\Omega$。另一方面，如果 R_1 是一个 $20k\Omega$ 的固定电阻，而 R_2 是一个由 $100k\Omega$ 的电位器构成的可变电阻，那么闭环增益就能在 $-5V/V \leqslant A \leqslant 0$ 范围内的任何值上改变。特别值得注意的是，增益 A 的大小现在自始至终都能被控制，直到零。

现在将问题转到确定闭环输入电阻和输出电阻 R_i 和 R_o 上。由于 a 值大，$v_D = v_O/a$ 非常小，这样 v_N 非常接近 v_P，而后者就是零。事实上，在 $a \to \infty$ 极限情况下，v_N 才真正为零，称为虚地，因为对一个外部观察者来说，事情就宛如是反相输入端永久接地一样。因此可以得出对输入源来说，所观察到的有效电阻就是 R_1。再者，由于输出直接来自源 av_D，所以有 $R_o = 0$。总之有

$$R_i = R_1, \quad R_o = 0 \tag{1.21}$$

反相放大器及其理想等效电路如图 1.11 所示。

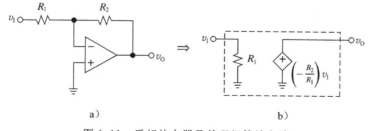

图 1.11 反相放大器及其理想等效电路

例 1.3 (1) 使用图 1.4 所示的基本 741 运算放大器模型，当一个反相器 $R_1 = 1.0k\Omega$，$R_2 = 100k\Omega$，利用 PSpice 软件来确定其闭环参数。并与理想情况比较分析。(2) 当把 a 增加至 $1GV/V$，闭环参数为多少？当把 a 减小至 $1kV/V$，闭环参数为多少？

解：

(1) 搭建如图 1.12 所示的电路，利用 PSpice 软件来计算从输入 V(I) 到输出 V(O) 的

小信号增益(TF)。这将产生以下输出文件：

```
V(O)/V(I) = -9.995E+01
INPUT RESISTANCE AT V(I) = 1.001E+03
OUTPUT RESISTANCE AT V(O) = 3.787E-02
```

很明显，数据比较接近理想值 $A=-100\mathrm{V/V}$，$R_\mathrm{i}=1.0\mathrm{k\Omega}$，$R_\mathrm{o}\to 0$。

（2）重新运行 PSpice 软件，增加受控源增益从 200kV/V 到 1GV/V，我们发现 A 和 R_i 与理想值匹配（在 PSpice 软件的结果内），R_o 降到微欧姆数量级，接近于 0。将增益降低到 1kV/V，得 $A=-90.82\mathrm{V/V}$，$R_\mathrm{i}=1.100\mathrm{k\Omega}$，$R_\mathrm{o}=6.883\Omega$，与理想值有更明显的偏差。◄

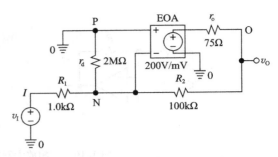

图 1.12　例 1.3 的 SPICE 电路

与同相放大器的情况不同，如果输入源是非理想的话，反相放大器输入源将加载而降去部分源电压，这如图 1.13 所示。由于 $a\to\infty$，运算放大器保持 $v_\mathrm{N}\to 0\mathrm{V}$（虚地），就能用分压公式写出：

$$v_\mathrm{I} = \frac{R_1}{R_\mathrm{s}+R_1}v_\mathrm{S} \qquad (1.22)$$

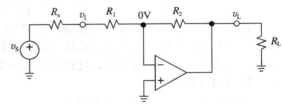

图 1.13　反相放大器的输入加载

这表明 $|v_\mathrm{I}|\leqslant|v_\mathrm{S}|$。应用式(1.20)，$v_\mathrm{L}/v_\mathrm{I}=-R_2/R_1$，消去 v_I 得出：

$$\frac{v_\mathrm{L}}{v_\mathrm{S}} = -\frac{R_2}{R_\mathrm{s}+R_1} \qquad (1.23)$$

由于在输入端加载，总增益大小 $\dfrac{R_2}{R_\mathrm{s}+R_1}$ 小于单独放大器的增益 R_2/R_1。加载量取决于 R_s 和 R_1 的相对大小；仅在 $R_\mathrm{s}\ll R_1$ 下，加载影响可不计。

上面电路也能从另一种角度来看，即为了求 $v_\mathrm{L}/v_\mathrm{S}$，仍然可以应用式(1.20)，然而只需将 R_s 和 R_1 当作一个电阻值为 $R_\mathrm{s}+R_1$ 的单一电阻看待，于是得到 $\dfrac{v_\mathrm{L}}{v_\mathrm{S}}=-\dfrac{R_2}{R_\mathrm{s}+R_1}$，与上面相同的结果。

1.4　理想运算放大器电路分析

考虑到前一节理想闭环结果的简单性，那么是否存在一种比较简单的方法来导出它们，而避免烦琐的代数运算。这样的方法确实存在，并且是基于当运算放大器工作在负反馈时，在极限 $a\to\infty$ 下，它的输入电压 $v_\mathrm{D}=v_\mathrm{O}/a$ 接近于零，即

$$\lim_{a\to\infty} v_\mathrm{D} = 0 \qquad (1.24)$$

或者，由于 $v_\mathrm{N}=v_\mathrm{P}-v_\mathrm{D}=v_\mathrm{P}-v_\mathrm{O}/a$，而使 v_N 接近于 v_P，即

$$\lim_{a\to\infty} v_\mathrm{N} = v_\mathrm{P} \qquad (1.25)$$

这个称为输入电压约束(input voltage constraint)的性质，使得输入端看起来短路，而事实上并不是那样。我们还知道，理想运算放大器在它的输入端是不吸取电流的，所以这个表面上看起来像的短路又不产生任何电流，这称为输入电流约束(input current constraint)性质。换句话说，从电压的角度来说，输入端口好像是短路，而从电流的角度来说，输入端口又好像是开路！所以才称为虚短路。总之，当工作在负反馈下，一个理想运算放大器无论输出什么样的电压和电流，它都会将 v_D 驱动到零，或等效地说，将强迫 v_N 跟踪 v_P，而在任一输入端都不吸取任何电流。

值得注意的是，正是 v_N 跟随着 v_P，而不是互为相反的方向，运算放大器经由外部反馈网络控制着 v_N。没有反馈，运算放大器将不可能影响 v_N，从而以上各式将不再成立。

为了更好地理解运算放大器的作用，现考虑图 1.14a 所示的简单电路。凭直观，这个电路有 $i=0$，$v_1=0$，$v_2=6\text{V}$，$v_3=6\text{V}$。如果现在按照图 1.14b 接入一个运算放大器，看看将会发生什么？正如我们所知道的，无论该运算放大器将 v_3 驱动到何值，都会使得 $v_2=v_1$。为了求出这些电压，可令流入和流出 6V 电源的电流相等，或

$$\frac{0-v_1}{10}=\frac{(v_1+6)-v_2}{30}$$

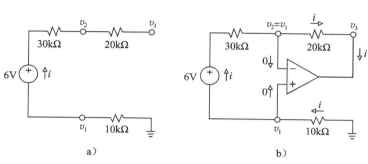

图 1.14 运算放大器在一个电路中的作用

令 $v_2=v_1$ 并求解出 $v_1=-2\text{V}$。电流是：

$$i=\frac{0-v_1}{10}=\frac{2}{10}\text{mA}=0.2\text{mA}$$

而输出电压是：

$$v_3=v_2-20i=(-2-20\times0.2)\text{V}=-6\text{V}$$

综合上述结果，当这个运算放大器插入这个电路中时，v_3 从 6V 变化到 -6V，由于存在这个电压，才有 $v_2=v_1$。结果 v_1 从 0V 变化到 -2V，而 v_2 则从 6V 变化到 -2V。在运算放大器的输出端也有 0.2mA 下沉电流，但是在任一输入端都没有电流流过。

再论基本放大器

利用虚短路概念导出同相和反相放大器增益的方法是很有启发意义的。在图 1.15a 所示的电路中，利用这一概念将反相输入端电压标为 v_1。应用分压公式，有 $v_1=v_O/(1+R_2/R_1)$，这就立即得到熟悉的关系 $v_O=(1+R_2/R_1)v_1$。换句话说，同相放大器提供了电压分压器的

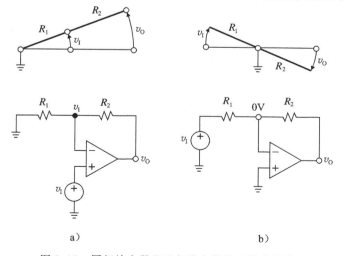

图 1.15 同相放大器和反相放大器的力学分析模型

相反作用：该分压器将 v_O 衰减产生 v_1，而该放大器按这个相反的量将 v_1 放大以产生 v_O。这个作用可以看作是经由该图放大器上方所示的杠杆模拟来表示的。杠杆的支撑点相应于地。杠杆每节对应于电阻，而摆动则对应于电压。

在图 1.15b 所示电路中，再次利用虚短路概念将反相输入端标记为虚地，或 0V。应用基尔霍夫定律（KCL）有 $(v_1-0)/R_1 = (0-v_O)/R_2$，对 v_O 就能立即得到熟悉的关系 $v_O = (-R_2/R_1)v_1$。这可以看作是经由图 1.15 所示放大器上方的力学模拟来表示的模型。在输入端的上摆（下摆）产生输出端的下摆（上摆）。与此相反的是，图 1.15a 所示的输出摆动是与输入摆动同方向的。

到目前为止，我们仅研究了基本运算放大器组成，现在到了要熟悉其他运算放大器电路的时候了，它们都将利用虚短路概念来研究。

求和放大器

求和放大器有两个或多个输入和一个输出。虽然图 1.16 所示的例子仅有三个输入 v_1、v_2 和 v_3，但下面的分析可以立即一般化到任意个数的输入。为了求得输出和输入之间的关系，可使流入虚地节点的总电流等于流出的电流，或

$$i_1 + i_2 + i_3 = i_F$$

这个节点也称为求和节点。利用欧姆定律有 $(v_1-0)/R_1 + (v_2-0)/R_2 + (v_3-0)/R_3 = (0-v_O)/R_F$，或者

$$\frac{v_1}{R_1} + \frac{v_2}{R_2} + \frac{v_3}{R_3} = -\frac{v_O}{R_F}$$

可以看到，多亏了这个虚地才使这些输入电流对应于那些源电压都是线性比例关系的。另外，这些源还防止了相互作用，这就获得一个非常期望的特点——这些源中的任何一个都应该是与这个电路不相连接的。对 v_O 求解得出：

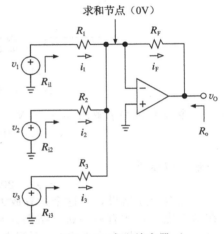

求和节点（0V）

图 1.16　求和放大器

$$v_O = -\left(\frac{R_F}{R_1}v_1 + \frac{R_F}{R_2}v_2 + \frac{R_F}{R_3}v_3\right) \quad (1.26)$$

这表明输出是各输入的加权和（故而命名为求和放大器），这些权系数就是电阻的比值。求和放大器广泛应用在音频混合中。

因为输出直接来自于运算放大器内部的受控源，所以有 $R_o = 0$。再者，由于虚地的原因，从源 v_k 看过去的输入电阻 $R_{ik}(k=1,2,3)$ 就等于对应的电阻 R_k。总之有：

$$R_{ik} = R_k, \quad k = 1,2,3$$
$$R_o = 0 \quad (1.27)$$

如果输入源不是理想的，那么电路将会加载而使输入下降，这就和反相放大器的情况一样。只要在分母中用 $R_{sk}+R_k$ 替换 R_k，式(1.26)依然可用，这里 R_{sk} 是第 k 个输入源的输出电阻。

例 1.4　利用标准 5% 的电阻设计一个电路，使 $v_O = -2(3v_1 + 4v_2 + 2v_3)$。

解：

根据式(1.26)，有 $R_F/R_1 = 6$，$R_F/R_2 = 8$，$R_F/R_3 = 4$，满足上述条件的一种可能电阻组合是 $R_1 = 20\text{k}\Omega$，$R_2 = 15\text{k}\Omega$，$R_3 = 30\text{k}\Omega$ 和 $R_F = 120\text{k}\Omega$。　◀

例 1.5　在函数发生器的设计中，往往需要对一给定电压 v_I 进行放大再偏置，以得到 $v_O = Av_I + V_O$ 这种形式的电压，其中 V_O 就是期望的偏置量。用求和放大器可以实现一种偏置放大，其中 v_I 是一输入，而另一个是 V_{CC} 或 V_{EE}，可调电源电压用于给运算放大器供电。利用标准 5% 的电阻，设计一个电路，使 $v_O = -10v_I + 5\text{V}$，假设电源电压为 ±5V。

解：

这个电路如图 1.17 所示。置 $v_O = -(R_F/R_1)v_I - (R_F/R_2)\times(-5) = -10v_I + 2.5$，一种

可能的电阻组合是，$R_1 = 10\text{k}\Omega$，$R_2 = 300\text{k}\Omega$ 和 $R_\text{F} = 100\text{k}\Omega$，如图 1.17 所示。 ◀

如果 $R_3 = R_2 = R_1$，那么由式(1.26)就得出：

$$v_\text{O} = -\frac{R_\text{F}}{R_1}(v_1 + v_2 + v_3) \tag{1.28}$$

这就是说，v_O 是正比于各输入的真实和。将 R_F 用一可变电阻实现，能使比例常数自上到下变化直至零。如果全部电阻都相等，这个电路会产生输入和的负值 $v_\text{O} = -(v_1 + v_2 + v_3)$。

差分放大器

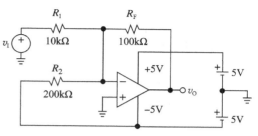

图 1.17　一种直流偏置放大器

如图 1.18 所示，差分放大器有一个输出和两个输入。其中一个加在反相边，另一个加在同相边。可以经由叠加原理将输出作为 $v_\text{O} = v_{\text{O}1} + v_{\text{O}2}$ 来求出 v_O，这里 $v_{\text{O}1}$ 是将 v_2 置于零产生的值，而 $v_{\text{O}2}$ 是将 v_1 置于零所产生的值。

令 $v_2 = 0$，产生 $v_\text{p} = 0$，这对 v_1 来说电路起一个反相放大器的作用，所以 $v_{\text{O}1} = -(R_2/R_1)v_1$ 和 $R_{\text{i}1} = R_1$，这里 $R_{\text{i}1}$ 是从源 v_1 看进去的输入电阻。

令 $v_1 = 0$，那么此电路对 v_p 来说构成一个同相放大器，所以有 $v_{\text{O}2} = (1 + R_2/R_1)v_\text{p} = (1 + R_2/R_1) \times [R_4/(R_3 + R_4)]v_2$ 和 $R_{\text{i}2} = R_3 + R_4$，这里 $R_{\text{i}2}$ 是从源 v_2 看进去的输入电阻。令 $v_\text{O} = v_{\text{O}1} + v_{\text{O}2}$ 并整理后得：

$$v_\text{O} = \frac{R_2}{R_1}\left(\frac{1 + R_1/R_2}{1 + R_3/R_4}v_2 - v_1\right) \tag{1.29}$$

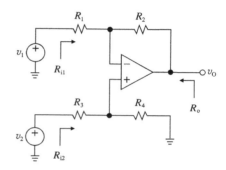

图 1.18　差分放大器

另外

$$R_{\text{i}1} = R_1, \quad R_{\text{i}2} = R_3 + R_4, \quad R_\text{o} = 0 \tag{1.30}$$

这个输出还是输入的线性组合，但是具有极性相反的系数，这是由于一个输入是加在反相边，而另一个加在运算放大器的同相边而形成的。再者，一般来说，从输入源看过去的输入电阻是互为不同的有限值。如果这些输入源是非理想的话，这个电路还因加载而使电压降低，但一般下降为不同的量。设这些源有输出电阻为 $R_{\text{s}1}$ 和 $R_{\text{s}2}$，那么只要用 $R_{\text{s}1} + R_1$ 代替 R_1 和 $R_{\text{s}2} + R_3$ 代替 R_3，式(1.29)依然可用。

例 1.6 设计一个电路，使 $v_\text{O} = v_2 - 3v_1$ 和 $R_{\text{i}1} = R_{\text{i}2} = 100\text{k}\Omega$。

解：

从式(1.30)必须有 $R_1 = R_{\text{i}1} = 100\text{k}\Omega$，按式(1.29)必须有 $R_2/R_1 = 3$，所以 $R_2 = 300\text{k}\Omega$。按式(1.30)，$R_3 + R_4 = R_{\text{i}2} = 100\text{k}\Omega$，按式(1.29)，应有 $3 \times [(1 + 1/3)/(1 + R_3/R_4)] = 1$。对于两个未知数，解出最后两个方程，得到 $R_3 = 75\text{k}\Omega$ 和 $R_4 = 25\text{k}\Omega$。 ◀

当图 1.18 中的电阻对成相等比值，即

$$\frac{R_3}{R_4} = \frac{R_1}{R_2} \tag{1.31}$$

时，就出现了一种有趣的情况。当这一条件满足时，这些电阻就形成了一种平衡电桥，而使式(1.29)简化为：

$$v_\text{O} = \frac{R_2}{R_1}(v_2 - v_1) \tag{1.32}$$

现在的输出是正比于输入的真正差值，故此电路得名为差分放大器。

微分器

为了求出图 1.19 所示电路的输入-输出关系，可从 $i_\text{C} = i_\text{R}$ 着手。根据电容定律和欧姆

定律，可得：

$$Cd(v_I - 0)/dt = (0 - v_O)/R$$

或

$$v_O(t) = -RC\frac{dv_I(t)}{dt} \qquad (1.33)$$

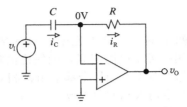

图 1.19 由运算放大器构建的微分器

这个电路产生一个输出，该输出正比于输入的时间导数，故而得此名。比例常数由 R 和 C 设定，其单位是秒（s）。

倘若想在实验室试装这个微分器电路，就会发现这个电路趋向于振荡。它的稳定性问题来自于开环增益随频率升高而降低，这一问题将在第 6 章讨论。用一个合适的电阻 R_s 与 C 串联通常可使该电路稳定，在此仅提及这一点就够了。这个电路经这样修改之后依然提供微分的功能，但仅可在有限的频率范围内使用。

积分器

图 1.20 所示电路的分析是与图 1.19 所示电路的分析成镜像关系的。利用 $i_R = i_C$，现在可得 $(v_I - 0)/R = Cd(0 - v_O)/dt$，或 $dv_O(t) = (-1/RC)v_I(t)dt$。将变量 t 改变为积分变量 ξ，然后两边从 0 到 t 积分得出

图 1.20 由运算放大器构建的积分器

$$v_O(t) = -\frac{1}{RC}\int_0^t v_I(\xi)d\xi + v_O(0) \qquad (1.34)$$

式中：$v_O(0)$ 是 $t = 0$ 时的输出值。这个值决定于存储在电容器中的初始电荷。式（1.34）表明，输出正比于输入的时间积分，故而得此名。比例常数由 R 和 C 设定，它的单位现在是 s^{-1}。借鉴于反相放大器的分析，容易证明：

$$R_i = R, \quad R_o = 0 \qquad (1.35)$$

因此，如果驱动源有一个输出电阻 R_s，为了应用式（1.34），必须用 $R_s + R$ 代替 R。

运算放大器积分器由于用它实现式（1.34），获得很高的精度，所以也称为精密积分器。它是电子学中的一匹"载重马"，在函数发生器（三角波和锯齿波发生器）、有源滤波器（状态变量和双二阶滤波器、开关电容滤波器），A/D（模/数）转换器（双斜率转换器、量化反馈转换器）和模拟控制器（PID 控制器）中都有广泛的应用。

如果 $v_I(t) = 0$，由式（1.34）可预计得到 $v_O(t) = v_O(0) =$ 常数值。实际上，当这个积分器在实验室中试验时，会发现它的输出将漂移不定，直至饱和在接近某一电源电压值为止，即便 v_I 接地都是如此。这是由所谓的运算放大器的输入失调误差引起的，这个问题将在第 3 章讨论。这里就大致说说，避免饱和的一种粗糙的方法是加入一个合适的电阻 R_p，使其与 C 并联就够了。这样所得到的电路称为有耗积分器，它仍能给出积分功能，但仅在某一有限频率范围内使用。所幸的是，在大多数应用中，积分器是放在某一控制环路内部的，用以让电路避免饱和，从而消除前面提到的并联电阻的使用。

负阻转换器（NIC）

除了信号处理之外，通过用说明运算放大器的另一重要应用——阻抗变换器来结束这一节。为了说明目的，考虑图 1.21a 所示的这个简单电阻。为了用实验方法求出它的值，现外加一个测试源 v，测出从这个测试源的正端流出的电流 i，然后令 $R_{eq} = v/i$，这里 R_{eq} 就是从源看过去的电阻值。显然在这种简单情况下，$R_{eq} = R$。再者，这个测试源释放出功率，而电阻吸收功率。

假设现在将 R 的低端提升脱离地，并用一个同相放大器驱动它，而 R 的另一端接在同相输入端，如图 1.21b 所示。现在电流是 $i = [v - (1 + R_2/R_1)v]/R = -R_2 v/(R_1 R)$。令

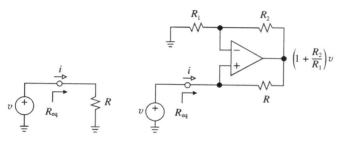

a) 正电阻：$R_{eq}=R$　　　　b) 负电阻转换器：$R_{eq}=-(R_1/R_2)R$

图　1.21

$R_{eq}=v/i$，得到：

$$R_{eq}=-\frac{R_1}{R_2}R \tag{1.36}$$

这表明这个电路模拟为一个负电阻。这个负号的含义是当前电流真正流入这个测试源的正端，导致这个源吸收功率，从而一个负电阻释放功率。

如果 $R_1=R_2$，那么 $R_{eq}=-R$。在这种情况下，测试源 v 被这个运算放大器放大到 2V，使得 R 上有净电压 v，右端为正。因此，$i=-v/R=v/(-R)$。

在电流源设计中可用负阻去中和不需要的一般电阻，而在有源滤波器和振荡器设计中则用作控制极点位置。

到目前为止，回过头来看，从所提到的这些电路可以注意到，环绕一个高增益的放大器，外联适当的元件就能利用它构成各种运算电路：乘以常数、相加、相减、微分、积分和电阻转换等。这就说明为什么称它为运算放大器。

1.5　负反馈

在 1.3 节初步介绍了负反馈概念。由于大多数运算放大器电路都使用这种反馈类型，所以要用一种更为系统的方式来讨论它。

图 1.22 示出一种负反馈电路的基本结构。箭头指出信号的流向，而这个一般性的符号 x 代表某个电压或某个电流信号。除了源和负载之外，还确认基本方框图。

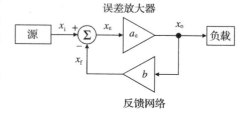

图 1.22　一种负反馈电路的基本结构

（1）一个放大器，在控制理论中称为误差放大器，它接收信号 x_ε，并产生输出信号：

$$x_o = a_\varepsilon x_\varepsilon \tag{1.37}$$

式中：a_ε 为该放大器的正向增益，称为这个电路的开环增益。

（2）一个反馈网络，它对 x_o 采样并产生反馈信号

$$x_f = bx_o \tag{1.38}$$

式中：b 为该反馈网络的增益，称为该电路的反馈系数。

（3）一个求和网络，用 Σ 表示，它产生差值信号：

$$x_\varepsilon = x_i - x_f \tag{1.39}$$

也称为误差信号。负反馈这个名称源自于这样一个事实：实际上，我们是将 x_o 的一部分回送到输入端，然后在这里从 x_i 中减去它，以形成这个减小了的信号 x_ε。如果换成相加，则反馈就是正的。有很多理由也将负反馈叫做"衰减"或"退化"（degenerative），而将正反馈称为"再生"（regenerative），这点将随讨论的进行而变得清楚。

将式(1.38)代入式(1.39)，再代入式(1.37)，求解得到：

$$A = \frac{x_o}{x_i} = \frac{a_\varepsilon}{1 + a_\varepsilon b} \tag{1.40}$$

式中：A 为电路的闭环增益(不要与开环增益 $a_\varepsilon = x_o/x_\varepsilon$ 混淆)。注意，反馈要是为负，就必须有 $a_\varepsilon b > 0$。结果 A 就一定小于 a_ε，这个 $1 + a_\varepsilon b$ 的倍数值也很贴切地称为反馈量(当没有反馈时，$b = 0$，$A \to a$，这种情况称为开环运行)。

当一个信号沿着由放大器、反馈网络和求和器组成的环路传播时，信号经历的总增益为 $a_\varepsilon \times b \times (-1)$ 或 $-a_\varepsilon b$。它的负值称为环路增益 L：

$$L = a_\varepsilon b \tag{1.41}$$

这样就能将式(1.40)表示为 $A = (1/b)L/(1+L) = (1/b)/(1+1/L)$。令 $L \to \infty$，得到理想情况为：

$$A_{ideal} = \lim_{L \to \infty} A = \frac{1}{b} \tag{1.42}$$

这就是说，A 变成与 a 无关，并且唯一地由反馈网络来设定。依赖这个网络结构的合适选择，以及元件质量，这个电路就能完成各种不同的应用。例如，给定 $0 < b < 1$ 就会得出 x_o 是 x_i 的真实放大，因为 $1/b > 1$。相反，若用电抗元件(如电容器)实现这个反馈网络，一定会得到一个传递函数为 $H(s) = 1/b(s)$ 的频率选择性电路，滤波器和振荡器就属于这一类电路。

以后，将把闭环增益表示成下面具有深刻见解的形式：

$$A = A_{ideal} \frac{1}{1 + 1/L} \tag{1.43}$$

如果定义

$$A = A_{ideal} \left(1 - \frac{1}{1 + L}\right) \tag{1.44}$$

那么，式(1.43)能表示成 $A = A_{ideal}(1 - \varepsilon)$，式中，$\varepsilon = 1/(1 + T)$ 是 A 与理想值的相对偏差。反馈是 $1 + L$ 越大，误差 ε 越小，误差函数越接近于 1。增益误差是与理想值偏差的百分数。对于 $L \gg 1$，有

$$GE(\%) = 100 \times \frac{A - A_{ideal}}{A_{ideal}} = \frac{1}{1 + L} \tag{1.45}$$

例 1.7 (1) 为使闭环增益误差在 A_{ideal} 的 0.1% 之内，求所需环路增益。(2)为有 $A = 50$ 并在上述精度之内，求所需开环增益。(3)A 的实际值是什么？求使 $A = 50.0$ 的 b 值。

解：

(1) 根据式(1.45)，要求有 $100/(1+L) \leqslant 0.1$，因此需要 $L \geqslant 999$(取 $L \geqslant 10^3$)。

(2) 根据式(1.42)，要求有 $50 = 1/b$，需要 $b = 0.02$。那么 $L \geqslant 10^3$ 就意味着 $a_\varepsilon b \geqslant 10^3 \Rightarrow a_\varepsilon \geqslant 10^3/0.02 = 5 \times 10^4$。

(3) 当 $L = 10^3$，通过式(1.43)得，$A = 49.95$。为使 $A = 50.0$，代入式(1.40)，$50 = 5 \times 10^4/(1 + 5 \times 10^4 b)$，得到 $b = 0.019\,98$。◀

这个例子表明为某个苛刻的闭环增益精度所付出的代价，即需要以 $a_\varepsilon \gg A$ 作为起点。当环绕误差放大器闭合这个环路时，事实上就将大量的开环增益抛弃了，也就是 $1 + L$。同时也证明，对于某一给定的 a 值，闭环增益 A 越小，反馈系数 b 越大，L 就越大，它偏离理想值的百分比就越小。

检查一下负反馈在信号 x_ε 和 x_f 上的效果也是颇有启发性的。我们有 $x_\varepsilon = x_o/a_\varepsilon = (Ax_i)/a_\varepsilon = (A/a_\varepsilon)x_i$，或

$$x_\varepsilon = \frac{x_i}{1 + L} \tag{1.46}$$

另外，$x_f = bx_0 = b(Ax_i)$，根据式(1.40)，我们得到：

$$x_f = \frac{x_i}{1 + 1/L} \tag{1.47}$$

当 $L \to \infty$ 时，误差信号 x_ε 将趋近于零，而反馈信号 x_f 将跟踪输入信号 x_i。这就是前节所介绍过的已经熟悉的虚短路原理。

降低增益灵敏度

现在研究一下开环增益 a_ε 的变化是如何影响闭环增益 A 的。用式(1.40)对 a_ε 求微分，并作化简后得出 $\mathrm{d}A/\mathrm{d}a_\varepsilon = 1/(1 + a_\varepsilon b)^2$。由于 $1 + a_\varepsilon b = a_\varepsilon/A$，重新整理后能写成：

$$\frac{\mathrm{d}A}{A} = \frac{1}{1 + L} \frac{\mathrm{d}a_\varepsilon}{a_\varepsilon}$$

用有限增量代替微分并在两边各乘以 100，可近似为：

$$100 \times \frac{\Delta A}{A} \approx \frac{1}{1 + L}\left(100 \times \frac{\Delta a_\varepsilon}{a_\varepsilon}\right) \tag{1.48}$$

这说明，对于某一给定的 a_ε 相对变化的百分数，在 A 上产生的对应变化百分数被降低到原值的 $\frac{1}{1+L}$。对于足够大的 L，即使 a_ε 有明显的变化，A 也只会轻微的变化。很显然，负反馈降低了增益灵敏度，这就是将 $1+L$ 称为去灵敏度系数(desensitivity factor)的原因。对于 A 的稳定这是非常期望的，因为过程的变化，热漂移、老化和电源波动等因素，一个实际放大器的开环增益 a 的确定是困难的。

b 的变化对 A 有什么影响？计算 $\mathrm{d}A/\mathrm{d}b$ 并用类似的处理方式，对足够大的 L，求得：

$$100 \times \frac{\Delta A}{A} \approx 100 \times \frac{\Delta b}{b} \tag{1.49}$$

这表明，b 的增加(或减少)将会在 A 中产生等量的减小(或增加)，因此负反馈并没有在 b 变化时稳定 A 的能力。所以就需要用高质量的元件实现反馈网络，保证跟踪能力。

例 1.8　一负反馈电路有 $a_\varepsilon = 10^5$ 和 $b = 10^{-3}$。(1)对于 a_ε 值 $\pm 10\%$ 的变化，估计出 A 会产生百分之几的变化。(2)若 $b = 1$，重做(1)问。

解：

(1) 去灵敏度系数是 $1 + L = 1 + 10^5 \times 10^{-3} = 101$，因此 a_ε 中 $\pm 10\%$ 的变化会引起 A 将减小到原值的 $\frac{1}{101}$，即变化为 $\pm 10/101 \approx \pm 0.1\%$。

(2) 现在去灵敏度系数提高到 $1 + 10^5 \times 1 \approx 10^5$，$A$ 的变化百分数现在是 $\pm 10/10^5 \approx 0.0001\%$，或者说每百万分之一($10^{-6}$)。应该注意到，对于某一给定的 a_ε，A 值越低，由于 $1 + L = a_\varepsilon/A$，去灵敏度越高。◀

非线性失真的减小

观察一个放大器传递特性的一种方便形式是利用它的传递曲线，也就是输出 x_0 与输入 x_E 的关系图。因为一个线性放大器会产生 $x_0 = ax_d$，所以它的曲线是斜率为 a_ε 的一条直线。然而，一个实际放大器的传递曲线通常是非线性的。例如，图 1.23 所示的 PSpice 电路具有的特性为：

$$v_O = V_o \tanh \frac{v_E}{V_d}$$

$$= V_o \frac{\exp(2v_E/V_\varepsilon) - 1}{\exp(2v_E/V_\varepsilon) + 1} \tag{1.50}$$

这等价于放大器的电压传递曲线(VTC)，式中，V_d 和 V_o 是适当的输入和输出加权电压。现在，$V_\varepsilon = 100\mu V$ 和 $V_o = 10V$，使 PSpice 进行 DC 扫描，我们获得图 1.24a 上方的 VTC。

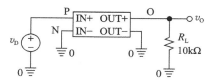

图 1.23　带有非线性电压转移曲线(非线性 VTC)的 PSpice 放大器模型

电压增益 a_ε，即为 VTC 的斜率，可以用 PSpice 中 function D（V（O））画出。结果如图 1.24a 的下图所示，这个斜率（或增益 a_ε）在原点最大，离开原点后下降，最后在饱和时降到零，饱和在 $\pm V_o = \pm 10\mathrm{V}$。

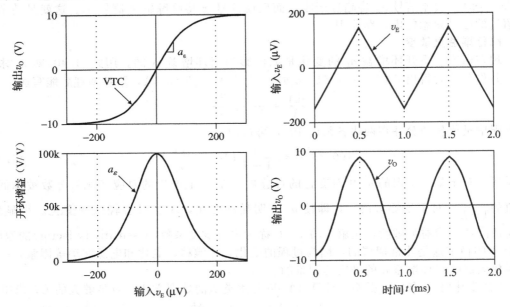

a）图1.23所示放大器的开环特性（VTC和增益a_ε）　　　b）三角波输入电压v_E及其响应v_O

图　1.24

非线性增益显著影响失真，如图 1.24b 所示，输入为三角波的情况。只要我们保持 v_E 足够小（$\pm 10\mu\mathrm{V}$ 或更小），v_O 将保持相对不失真，只是对 v_E 放大。然而，增加 v_E 也会增加输出失真，就像图 1.24 所示那样。进一步增大 v_E 将导致严重的输出限幅，进而产生更大的失真。

如何弥补上述的运算放大器非线性/失真的缺点？可通过负反馈，如图 1.25 所示，使用受控源 Eb 来对输出电压 v_O 采样，将它衰减 1/10 来产生反馈信号 v_F，再将 v_F 连接到运算放大器输入端，v_I 减去 v_F 即为误差信号 v_E（注意输入和运算是运算放大器自身设定的）。仿真的结果如图 1.26 所示，反映了闭环 VTC 显著的线性特征：增益 A 接近常数（$A \approx 1/b = 10\mathrm{V/V}$），并且输出范围比非线性增益 a_ε 大得多；此外，v_O 近似非失真，是 v_I 的放大。由式（1.42）和式（1.43）知，只要 a 足够大，可使 $L \gg 1$。当接近于开环饱和区时，a_ε 下降，负反馈线性化不再适用，因为缺乏足够的环路增益（$L = a_\varepsilon b$），所以 A 减小。

VALUE {10*((exp(2E4*V(P,0))-1)/(exp(2E4*V(P,0))+1))}

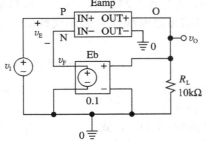

图 1.25　在图 1.23 所示运算放大器周围加负反馈回路（$b=0.1$）

假设图 1.24a 所示的 VTC 高度非线性，运算放大器如何产生图 1.26b 所示的不失真

的波形 v_O 呢？答案是，误差信号 v_E 如图 1.26b 所示，这阐明了正是这个误差放大器本身使得 v_E 预失真，只要经由反馈网络补偿已失真了的 VTC，由此就可得到一个不失真的输出 v_O。事实上，要减少输出失真，应先考虑负反馈概念。

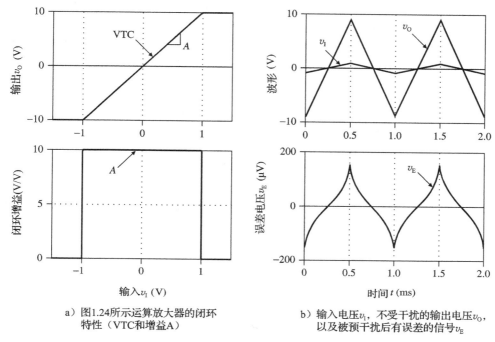

a）图1.24所示运算放大器的闭环　　　　b）输入电压 v_I，不受干扰的输出电压 v_O，
特性（VTC和增益A）　　　　　　　　　以及被预干扰后有误差的信号 v_E

图　1.26

反馈在干扰和噪声上的效果

负反馈也提供了一种减小电路对某些类型干扰的灵敏度的方法。图 1.27 所示说明三种类型的干扰：x_1 是在输入端进入电路的干扰，它可以代表某些不需要的信号，像输入失调误差和输入噪声，这两个都将在稍后章节中讨论；x_2 是在电路某个中间点进入的噪声，它可以代表电源的交流声；x_3 是在电路输出端进入的，它可以代表输出负载的变化。

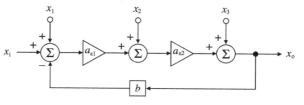

图 1.27　在有干扰和噪声条件下分析负反馈的效果

为了适应 x_2 的分析，现将放大器分为两级，各级增益为 $a_{\varepsilon1}$ 和 $a_{\varepsilon2}$，总的前向增益是 $a_{\varepsilon}=a_{\varepsilon1}\times a_{\varepsilon2}$，得到的输出为 $x_o=x_3+a_{\varepsilon2}[x_2+a_{\varepsilon1}(x_i-\beta x_o+x_1)]$，或者

$$x_o=\frac{a_{\varepsilon1}a_{\varepsilon2}}{1+a_{\varepsilon1}a_{\varepsilon2}b}\left(x_i+x_1+\frac{x_2}{a_{\varepsilon1}}+\frac{x_3}{a_{\varepsilon1}a_{\varepsilon2}}\right)$$

可以看到，相对于 x_i 来说，x_1 未受到任何衰减。然而，x_2 和 x_3 却受到从输入到干扰本身进入点之间所具有的正向增益的衰减。这个特点在音频放大器设计中被广泛采用。这样一个放大器的输出级是一个功率级，通常都受到不能容忍的交流声的困扰。在这级电路之前放一个高增益、低噪声的前置放大器，然后环绕这个复合放大器闭合一种合适的反馈环路，用第一级的增益降低交流声。

对于 $a_{\varepsilon1}a_{\varepsilon2}b\gg1$，上式就简化为：

$$x_o\approx\frac{1}{b}\left(x_i+x_1+\frac{x_2}{a_{\varepsilon1}}+\frac{x_3}{a_{\varepsilon1}a_{\varepsilon2}}\right) \tag{1.51}$$

$1/b$ 这个量也能很贴切地称为噪声增益，因为正是这个增益，电路才放大了输入噪声 x_1。

1.6   运算放大器电路中的反馈

现在要将前一节的概念与基于运算放大器的电路联系起来。尽管严格来说，电压放大器是一种运算放大器，负反馈可以使用 1.1 节讨论的四种放大器类型中的任何一种，并进一步验证其通用性。所以，这四个基本反馈拓扑结构就是运算放大器电路的基础。我们利用以下算式表示每种拓扑：

$$x_O = a_\epsilon (x_I - b x_O) \tag{1.52}$$

以确定增益 a_ϵ 和反馈因素 b。这样，我们发现反馈电路的增益 a_ϵ 不同于运算放大器的增益 a。一旦确定 a_ϵ 和 b，就可以通过式(1.41)和式(1.43)计算出 L 和闭环增益 A。为了让读者有更直接的印象，我们从图 1.4 所示的基本运算放大器模型入手，令 $r_d \rightarrow \infty$，$r_o \rightarrow 0$，并且 a 很大。

串-并联和并-并联拓扑结构

图 1.28a 所示的电路使用 R_1-R_2 电压分压器来对 v_O 采样，并提供反馈电压 v_F。于是运算放大器将 $-v_F$ 加到 v_I 来产生误差电压 v_D。由于输入端口电压以串联方式互相组合在一起，输出端口电压以并联方式互相组合在一起，这种结构称为串-并联拓扑结构。通过检查，有：

$$v_O = a v_D = a(v_I - v_F) = a\left(v_I - \frac{R_1}{R_1 + R_2} v_O\right)$$

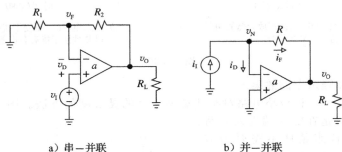

a) 串-并联   b) 并-并联

图 1.28   拓扑结构

代入式(1.52)，得：

$$a_\epsilon = a, \quad b = \frac{R_1}{R_1 + R_2} = \frac{1}{1 + R_2/R_1} \tag{1.53}$$

相应地，环路增益是：

$$L = a_\epsilon b = \frac{a}{1 + R_2/R_1} \tag{1.54a}$$

进一步，通过式(1.42)和式(1.43)，闭环电压增益表示形式如下：

$$A_v = \frac{v_O}{v_I} = \frac{1}{b} \frac{1}{1 + 1/L} = \left(1 + \frac{R_2}{R_1}\right) \frac{1}{1 + 1/L} \tag{1.54b}$$

有类似的同相运算放大器表达式，不过从负反馈衍生出的。我们知道，作为一个单位增益电压跟随器，该电路有 $b=1$，于是 $L=a$。

图 1.28b 所示的电路使用电阻 R 来对 v_O 采样，并建立反馈电流 i_F，i_I 减去 i_F 就是误差电流 i_D。由于输入端口电流以并联方式互相组合在一起，输出端口电压也是以并联方式组合在一起，这种拓扑结构也称为并-并联类型。利用叠加原理，有：

$$v_O = -a v_N = -a(R i_I + v_O) = -aR\left(i_I - \frac{-1}{R} v_O\right)$$

该关系是式(1.52)的一种变形，可得到：

$$a_\epsilon = -aR , \quad b = -\frac{1}{R} \tag{1.55}$$

请注意开环增益 $a_\epsilon(\neq a)$ 单位是 V/A，反馈系数 b 单位是 A/V。因为这两个参数都是负的，也互为倒数关系，所以增益 L 为：

$$L = a_\epsilon b = a \tag{1.56a}$$

是一个正的没有量纲的值（可以利用这个特点来检验计算是否正确）。利用式(1.42)和式(1.43)，闭环跨阻增益为：

$$A_r = \frac{v_O}{i_I} = \frac{1}{b} \frac{1}{1 + 1/L} = -R \frac{1}{1 + 1/L} \tag{1.56b}$$

增益单位同样为 V/A。

并-并联的拓扑结构建立在常用的反相电压放大器的基础上。为了清楚说明，我们将图 1.29 所示的输入源表示为：

$$i_I = \frac{v_I}{R_1} \tag{1.57}$$

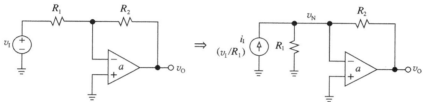

图 1.29 将反相放大器的输入电压源转化为并-并联结构

通过叠加定理，得：

$$v_O = -av_N = -a\left[(R_1 /\!/ R_2)i_I + \frac{R_1}{R_1 + R_2}v_O\right] = -a(R_1 /\!/ R_2)\left(i_I - \frac{1}{-R_2}v_O\right)$$

对应于式(1.52)，有：

$$a_\epsilon = -a(R_1 /\!/ R_2), \quad b = -\frac{1}{R_2} \tag{1.58}$$

注意这里同样 $a_\epsilon \neq a$。相应地，L 表达式由式(1.56a)变为：

$$L = a_\epsilon b = \left(-a\frac{R_1 R_2}{R_1 + R_2}\right) \times \left(-\frac{1}{R_2}\right) = \frac{a}{1 + R_2/R_1} \tag{1.59a}$$

同样，根据式(1.42)和式(1.43)，闭环互阻增益为：

$$A_r = \frac{v_O}{i_I} = \frac{1}{b} \frac{1}{1 + 1/L} = -R_2 \frac{1}{1 + 1/L}$$

闭环电压增益为：

$$A_v = \frac{v_O}{v_I} = \frac{v_O}{i_I} \times \frac{i_I}{v_I} = \frac{v_O}{i_I} \times \frac{1}{R_1} = \left(-\frac{R_2}{R_1}\right)\frac{1}{1 + 1/L} \tag{1.59b}$$

有趣的是，由式(1.54a)和式(1.59a)可知，即使理想闭环反相结构和同相结构的电压增益不相同，环路增益 L 是相同的。这是因为 L 是内部电路参数，是由运算放大器和其反馈网络单独确定的。

串-串联和串-并联拓扑

图 1.30a 所示的电路使用电阻 R 与负载电阻 R_L 串联，来对输出电流 i_O 进行采样，并输出反馈电压 v_F。v_I 与 v_F 的差值就是误差电压 v_D。显然，这种拓扑称为串-串联结构。

$$v_O = av_D = a(v_I - v_F) = -a(v_I - Ri_O)$$

代到 $v_O = (R + R_L)i_O$ 重新排序，整理得：

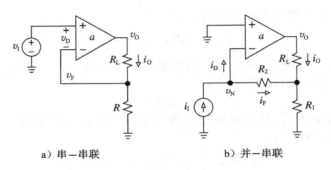

a）串—串联　　　　　　　b）并—串联

图　1.30

$$i_O = \frac{a}{R + R_L}(v_I - R i_O)$$

对应于式(1.52)，得：

$$a_\varepsilon = \frac{a}{R + R_L}, \quad b = R \tag{1.60}$$

注意这里 $a_\varepsilon(\neq a)$ 单位是 A/V，而 b 的单位是 V/A，于是环路增益是无量纲的，即

$$L = a_\varepsilon b = \frac{a}{1 + R_L/R} \tag{1.61a}$$

最终，闭环跨导增益单位为 A/V，即

$$A_g = \frac{i_O}{v_I} = \frac{1}{b}\frac{1}{1 + 1/L} = \frac{1}{R}\frac{1}{1 + 1/L} \tag{1.61b}$$

图 1.30b 所示的电路与图 1.28b 所示的电路输入端口相同，与图 1.30a 所示的输出端口相同，于是称为并-串联结构。这留作练习（见习题 1.53）以证明 $a \gg 1$ 时有：

$$a_\varepsilon \approx -a\frac{1 + R_2/R_1}{1 + R_L/R_1}, \quad b \approx -\frac{1}{1 + R_2/R_1} \tag{1.62}$$

相应地，环路增益和闭环电流增益分别为：

$$L \approx \frac{a}{1 + R_L/R_1}, \quad A_i = \frac{i_O}{i_I} = \frac{1}{b}\frac{1}{1 + 1/L} \approx -\left(1 + \frac{R_2}{R_1}\right)\frac{1}{1 + 1/L} \tag{1.63}$$

有趣的是，在两种电路中，L 取决于特定的负载 R_L。你能直观地证明为什么 R_L 增加，L 减小吗？

例 1.9 在图 1.30b 所示的并-串联电路中，令 $R_2 = 2R_1 = 20\text{k}\Omega$，并且运算放大器 $a = 100\text{V/V}$。计算 a_ε、b、L，以及 A_i，并做出总结。

(1) $R_L = 10\text{k}\Omega$；

(2) $R_L = 0$

解：

(1) $a_\varepsilon = (-100 \times (1 + 20/10)/(1 + 10/10))\text{A/A} = -150\text{A/A}$，$b = (-1/(1 + 20/10))\text{A/A} = -(1/3)\text{A/A}$，$L = 150/3 = 50$，$A_{ideal} = 1/b = 3.0\text{A/A}$，$A_i = (-3/(1 + 1/50))\text{A/A} = -2.9412\text{A/A}$。

(2) $a_\varepsilon = (-100 \times (1 + 20/10)/(1 + 0/10))\text{A/A} = -300\text{A/A}$，$b = -(1/3)\text{A/A}$，$L = 100$，$A_i = (-3/(1 + 1/100))\text{A/A} = -2.9703\text{A/A}$。当 b 相同，a_ε 增加，由于减小了运算放大器所需的输出摆幅，导致 L 增加 1 倍，使得 A_i 更接近理想值。◀

闭环输入输出电阻

负反馈不但对增益也对终端电阻有重要的影响（从第 4 章可知，它同样影响频率/时间响应，从第 6 章可得它也会影响电路稳定性）。

首先观察图 1.31a 所示的串联输入拓扑，由于存在反馈，电压 v_d 受 v_i 影响很小。事实上，由式(1.46)可得：

$$i_{\mathrm{i}} = \frac{v_{\mathrm{d}}}{r_{\mathrm{d}}} = \frac{v_{\mathrm{i}}}{(1+L)r_{\mathrm{d}}}$$

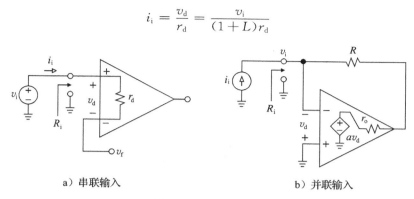

a）串联输入   b）并联输入

图 1.31 求闭环电阻

因此，由 $R_{\mathrm{i}} = v_{\mathrm{i}}/i_{\mathrm{i}}$ 可得闭环输入电阻为：

$$R_{\mathrm{i}} \approx r_{\mathrm{d}}(1+L) \tag{1.64}$$

注意，闭环参数使用大写，开环参数使用小写。总之，负反馈使原本很大的运算放大器中的输入电阻更大，即乘以系数 $1+L$。很显然，R_{i} 必然比电路中的其他电阻大，所以我们有理由假设 $R_{\mathrm{i}} \to \infty$，只要反馈量足够大。

在图 1.31b 所示的并联输入拓扑结构中，省略了 r_{d}，因为 r_{d} 很小时，对电路影响微不足道。我们相信，如果输入的测试电流 i_{i} 完全流入反馈电阻 R，则有：

$$i_{\mathrm{i}} = \frac{v_{\mathrm{i}} - av_{\mathrm{d}}}{R + r_{\mathrm{o}}} = \frac{v_{\mathrm{i}} - a(v_{\mathrm{i}})}{R + r_{\mathrm{o}}}$$

再次代入 $R_{\mathrm{i}} = v_{\mathrm{i}}/i_{\mathrm{i}}$，得：

$$R_{\mathrm{i}} \approx \frac{R + r_{\mathrm{o}}}{1 + a} = \frac{R + r_{\mathrm{o}}}{1 + L} \tag{1.65}$$

这里会使用式(1.56a)。在一个很好的运算放大器电路中，通常有 $r_{\mathrm{o}} \ll R$，所以很容易得到 $R_{\mathrm{i}} \approx R/(1+a)$。总之，反馈电阻 R 反映到输入端，除以 $1+a$，用来保持相同的反馈量。这个变化称为米勒效应，并且在反馈元件是电抗的更一般情况下，这一关系仍然成立。我们将会在第 6 章介绍。增益 a 很大，假设 $R_{\mathrm{i}} \ll R$。事实上，在极限 $a \to \infty$ 时，我们将得到 $R_{\mathrm{i}} \to 0$，这是一个完美的虚拟地的情况。再看图 1.29 所示的反相电压放大器，很容易发现通过驱动源所得的电阻为 $v_{\mathrm{i}}/i_{\mathrm{i}} = R_1 + (R_2 + r_{\mathrm{o}})/(1+a) \approx R_1$，这就证实了已经熟悉的结果。

再观察闭环输出电阻，使输入源为零，在输出端加测试信号。当 v_{i} 设置为 0V 时，图 1.32a 所示的电路可能是反相或同相的运算放大器，更或者是加法放大器、差分放大器或跨阻放大器的等效电路。因此，我们要得到的结果将是相当普遍的。假设某一时刻 i_{o} 完全流入 r_{o}，这个假设的有效性不久将验证。根据基尔霍夫电压定律和欧姆定律，有：

$$v_{\mathrm{o}} = av_{\mathrm{d}} + r_{\mathrm{o}}i_{\mathrm{o}} = a(-\frac{R_1}{R_1 + R_2}v_{\mathrm{o}}) + r_{\mathrm{o}}i_{\mathrm{o}}$$

整理代入 $R_{\mathrm{o}} = v_{\mathrm{o}}/i_{\mathrm{o}}$，得：

$$R_{\mathrm{o}} \approx \frac{r_{\mathrm{o}}}{1+L}, \quad L = \frac{a}{1 + R_2/R_1} \tag{1.66}$$

在精心设计的运算放大器中，负反馈将原本很小的输出电阻 R_{o}，进一步减小到原值的 $\frac{1}{1+L}$，且 $1+L$ 很大。显然，R_{o} 必然比电路中其他电阻都要小，所以我们有理由假设 $R_{\mathrm{o}} \to 0$，只要 L 足够大。这也证实了最初的假设，即 i_{o} 基本全部流入运算放大器，因为运算放大器的电阻比反馈网络的电阻小。

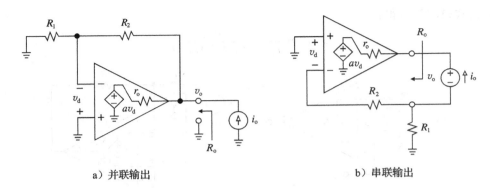

a）并联输出   b）串联输出

图 1.32   求闭环电阻

最后，我们利用图 1.32b 所示的电路来获得串联输出端的输出阻抗。将 i_i 设为 0V，电路变为图 1.30b 所示的电流放大器，或（$R_2=0$）变为图 1.30a 所示的跨导放大器，也可能是我们以后遇到的其他变形的等效电路。因此，以下结论必然是普遍的。应用环路方法，有：

$$av_d + r_o i_o - v_o + R_1 i_o = 0, \quad -v_d + R_1 i_o = 0$$

消除 v_d，令 $R_o = v_o / i_o$，整理得：

$$R_o = R_1(1+a) + r_o \approx R_1(1+L) \tag{1.67}$$

根据式（1.63），令 $R_L \rightarrow 0$。显然，负反馈增加了串联输出端口的输出阻抗，使得输出端接近理想电流源特性。

例 1.10 设图 1.33 所示的运算放大器是 741 运算放大器，为此有 $r_d = 2\text{M}\Omega$，$r_o = 75\Omega$ 和 $a = 200\text{V/mV}$。若（1）$R_1 = 1\text{k}\Omega$ 和 $R_2 = 999\text{k}\Omega$；（2）$R_1 = \infty$ 和 $R_2 = 0$，求 A、R_i 和 R_o 值，并用 PSpice 软件仿真确认。

解：

（1）在式（1.54）中代入已知参数得出 $A = 995.022\text{V/V}$；由 $T = 200$ 及式（1.55）给出 $A = 995.024\text{V/V}$；另外 $A_{\text{ideal}} = 1000\text{V/V}$。以类似方法可求得 $R_i = 401.97\text{M}\Omega$，$402.00\text{M}\Omega$，$\infty$；$R_o = 373.32\text{m}\Omega$，$373.13\text{m}\Omega$，$0\Omega$。

（2）现在有 $L = 200000$，由于这是个很大的值，可不用精确的计算而仅用近似式就够了。由此求得 $A = 0.999\,995\text{V/V}$；$R_i = 400\text{G}\Omega$；$R_o = 375\text{m}\Omega$。   ◀

结论

很显然环路增益 L 在负反馈电路中起着至关重要的作用（第 4 章和第 6 章将进一步说明）。首先，通过式（1.43）知，L 造成闭环增益偏离理想值，为了方便起见，再将算式列出：

$$A = \frac{x_o}{x_i} = A_{\text{ideal}} \frac{1}{1 + 1/L} \tag{1.68a}$$

这里

$$A_{\text{ideal}} = \lim_{L \rightarrow \infty} \frac{x_o}{x_i} \tag{1.68b}$$

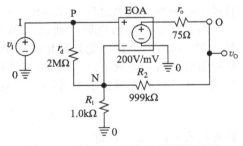

图 1.33   例 1.10 电路的 SPICE 模型

以运算放大器电路为例，由输入虚拟短路概念得到 A_{ideal}。其次，由式（1.64）和式（1.67）知，反馈量 $1+L$ 代表着由负反馈带来的串联型输出端口电阻的增加；或由式（1.65）和式（1.66）知，也为并联型输出端口电阻的减小。我们总结了输入/输出阻抗变换：

$$R = r_o (1+L)^{\pm 1} \tag{1.69}$$

式中：r_o 为 $L \rightarrow 0$ 时端口电阻（$a \rightarrow 0$）；R 是闭环电阻；串联端口用 +1，并联端口用 -1。

上述电阻转换对减少输入/输出负载非常有益。此外，往往在电路分析时，转化的电阻明显大于或小于电路中其他电阻。L 越大，闭环特性越接近于理想值。换句话说，如果在差的 r_d、r_o 与好的 a，以及好的 r_d、r_o 与差的 a 之间选择，那么选择前者确保 L 很大可弥补差的 r_d 与 r_o 性能(见习题 1.60)。为了强调 L 的重要性，将负反馈系统用 L 与 A_{ideal} 表示比用 a_ϵ 与 b 表示更具有指导意义。我们令 $b \rightarrow 1/A_{ideal}$ 和 $a_\epsilon \rightarrow a_\epsilon b/b = L/b = LA_{ideal}$，所以图 1.22 所示的框图变成如图 1.34 所示。

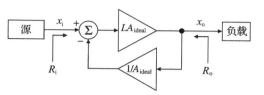

图 1.34　用 A_{ideal} 和环路增益 L 表示的负反馈系统

1.7　环路增益和布莱克曼公式

通过上一节的假设可知：(1)正向信号的传输只通过运算放大器；(2)反向信号传输只通过反馈网络(图 1.22 上的箭头很明确地体现出了这个方向)。这样的运算放大器和反馈网络都说是单方向的。然而大多数运算放大器在工作时是单方向的，反馈网络是双向的。为了对其影响有直观的印象，我们重新检查反相和同相的电压放大器，使用图 1.3b 所示的运算放大器模型。

图 1.35a 所示节点 v_N 和 v_O 汇总的电流分别为：

$$\frac{v_I - v_N}{r_d} - \frac{v_N}{R_1} + \frac{v_O - v_N}{R_2} = 0, \quad \frac{v_N - v_O}{R_2} + \frac{a(v_I - v_N) - v_O}{r_O} = 0$$

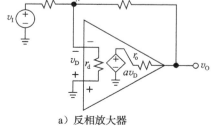

a）同相放大器　　　　　　　　　b）馈通信号的传输

图　　1.35

这里 $v_D = v_I - v_N$。消除 v_N 整理得：

$$A_{noninv} = \frac{1 + R_2/R_1}{1 + \dfrac{1}{a}\left(1 + \dfrac{R_2}{R_1} + \dfrac{R_1 + r_o}{r_d} + \dfrac{r_o}{R_1}\right)} + \frac{r_o/r_d}{a + \left(1 + \dfrac{R_2}{R_1} + \dfrac{R_1 + r_o}{r_d} + \dfrac{r_o}{R_1}\right)} \quad (1.70)$$

在图 1.36a 所示电路中，以类似方式可得到：

$$A_{inv} = \frac{-R_2/R_1}{1 + \dfrac{1}{a}\left(1 + \dfrac{R_2}{R_1} + \dfrac{R_1 + r_o}{r_d} + \dfrac{r_o}{R_1}\right)} + \frac{r_o/R_1}{a + \left(1 + \dfrac{R_2}{R_1} + \dfrac{R_1 + r_o}{r_d} + \dfrac{r_o}{R_1}\right)} \quad (1.71)$$

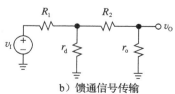

a）反相放大器　　　　　　　　b）馈通信号传输

图　　1.36

增益的常用形式为[5]：

$$A = \frac{A_{\text{ideal}}}{1 + 1/T} + \frac{a_{\text{ft}}}{1 + T} \tag{1.72}$$

式中：

$$A_{\text{ideal}} = \lim_{a \to \infty} \frac{v_O}{v_I} \tag{1.73}$$

是理想闭环增益，通过输入虚短得到。

$$a_{\text{ft}} = \lim_{a \to \infty} \frac{v_O}{v_I} \tag{1.74}$$

称为馈通增益（feedthrough gain），出于正向信号在源 av_D 周边传输，即当图 1.35b、图 1.36b 所示的源设为 0 时，可以得到：

$$a_{\text{ft(noninv)}} = \frac{r_o/r_d}{1 + R_2/R_1 + (R_1 + r_o)/r_d + r_o/R_1} \tag{1.75a}$$

$$a_{\text{ft(inv)}} = \frac{r_o/R_1}{1 + R_2/R_1 + (R_1 + r_o)/r_d + r_o/R_1} \tag{1.75b}$$

最终，

$$T = \frac{a}{1 + R_2/R_1 + (R_1 + r_o)/r_d + r_o/R_1} \tag{1.76}$$

这是一个非常重要的参数，原因将会在下面解释，其称为环路增益（这里，为了将 T 与上一节的 L 区分，称 T 为双端口环路增益）。在图 1.37 所示电路中，我们可以比对式（1.72），并与图 1.34 所示电路对比相似与不同之处。相关总结：

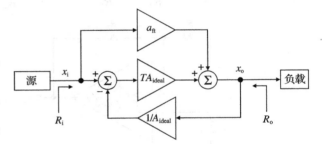

图 1.37 用 A_{ideal}、T 和 a_{ft} 项表示负反馈系统

（1）每个电路的 a_{ft} 与 r_o 成比例，所以对于 $r_o \to 0$，增益随着馈通信号分流到相关源而消失。还要注意的是，$a_{\text{ft(noninv)}}$ 与 A_{ideal} 极性相同，而 $a_{\text{ft(inv)}}$ 与 A_{ideal} 极性相反。

（2）既然同相结构中 v_I 通过 r_d 传播，反相结构中 v_I 通过 R_1 传播，馈通的增益与这些电阻成反比。对于大的电阻 r_d，我们有 $a_{\text{ft(noninv)}} \ll a_{\text{ft(inv)}}$。

（3）对于 $r_d \to \infty$ 和 $r_o \to 0$，由式（1.76）得：

$$T \to \frac{a}{1 + R_2/R_1} = L \tag{1.77}$$

对于两种电路，理想的运算放大器是 r_d 很大，r_o 很小，所以 T 稍微比 L 小（虽然可能小得不是很多），并且 a_{ft} 不是那么大，这表明在 a_{ft} 被 $1+T$ 相除时，很大的 T 对 A 的影响可以忽略不计。

运算放大器的环路增益

虽然式（1.76）是前面分析的副产品，但是 T 可以直接按以下方式计算：（1）设输入源（或多输入电路信号源，如求和、差分运算放大器电路）为零；（2）在相关源输出断开电路；（3）在环路内的某一方便点上断开并注入一个测试信号 v_T；（4）当这个信号环绕这个环路传播时，作为返回信号 av_D 又折回来；（5）令 T 为返回电压与测试电压的比值（所以 T 可按下式），即

$$T = -\frac{av_D}{v_T} \tag{1.78}$$

第 6 章将讨论如何测量 T。通过下面几个例子具体说明。

例 1.11　使用环路增益重做例 1.9，并比较分析。

解：

（1）电路如图 1.38a 所示。令 i_I 为 0，在受控源输出时断开电路，并注入测试电压 v_T，如图 1.38b 所示。有：

$$av_\mathrm{D}=-a\frac{R_1}{R_1+R_\mathrm{L}}v_\mathrm{T},\quad T=-\frac{av_\mathrm{D}}{v_\mathrm{T}}=\frac{a}{1+R_\mathrm{L}/R_1}=L=\frac{100}{1+10/10}=50$$

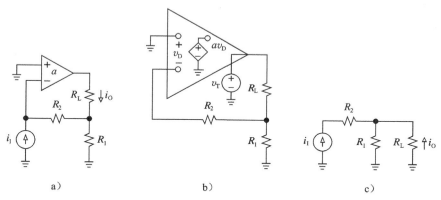

图 1.38　用例 1.11 中的电路求解 T 和 a_ft

设受控源为 0，根据图 1.38c 所示电路，在分压器上使用电流公式，有：

$$a_\mathrm{ft}=\frac{i_\mathrm{O}}{i_\mathrm{I}}=-\frac{R_1}{R_1+R_\mathrm{L}}=-0.5\mathrm{A/A}$$

这表明即使假设 $r_\mathrm{o}=0$，$a_\mathrm{ft}\neq0$。因为我们知道：

$$A_\mathrm{ideal}=-(1+R_2/R_1)=-3\mathrm{A/A}$$

于是式（1.72）给出：

$$A_\mathrm{i}=\frac{-3}{1+1/50}+\frac{-0.5}{1+50}=(-2.9412-0.0098)\mathrm{A/A}=-2.9510\mathrm{A/A}$$

这表明对 a_ft 有 $0.0098/2.9510=0.33\%$ 的影响。

（2）由于 $R_\mathrm{L}=0$，$T=100$，$a_\mathrm{ft}=-1\mathrm{A/A}$，于是，有：

$$A_\mathrm{i}=\left(\frac{-3}{1+1/100}+\frac{-1}{1+100}\right)\mathrm{A/A}=(-2.9703-0.0099)\mathrm{A/A}=-2.9802\mathrm{A/A}$$

对于 $R_\mathrm{L}=0$，T 和 a_ft 双倍，于是对 a_ft 影响的百分比不变。对比例 1.9 的双端口分析，环路增益提供 0.33%（这里假设 $r_\mathrm{d}\to\infty$，$r_\mathrm{o}\to0$）。注意 T 和 L 与这个例子匹配。◀

习题 1.1 使用环路增益验证式（1.76）。

例 1.12　（1）对图 1.39a 所示同相运算放大器进行环路增益分析，这也是对电源电阻 R_s 和负载电阻 R_1 的更为普遍的设置。（2）假设一个（普通的）运算放大器，$a=1000\mathrm{V/V}$，$r_\mathrm{d}=10\mathrm{k\Omega}$，$r_\mathrm{o}=1.0\mathrm{k\Omega}$，计算 $R_1=1.0\mathrm{k\Omega}$，$R_2=1.0\mathrm{k\Omega}$，$R_\mathrm{s}=15\mathrm{k\Omega}$，$R_\mathrm{L}=3.0\mathrm{k\Omega}$ 时从源到负载的电压增益 $v_\mathrm{L}/v_\mathrm{S}$。

解：

（1）首先观察图 1.39b 所示电路，我们先从左边向右边计算，通过重复应用分压公式得到：

$$av_\mathrm{D}=a\frac{-r_\mathrm{d}}{R_\mathrm{s}+r_\mathrm{d}}\times\frac{(R_\mathrm{s}+r_\mathrm{d})\,//\,R_1}{(R_\mathrm{s}+r_\mathrm{d})\,//\,R_1+R_2}\times\frac{[(R_\mathrm{s}+r_\mathrm{d})\,//\,R_1+R_2]\,//\,R_\mathrm{L}}{[(R_\mathrm{s}+r_\mathrm{d})\,//\,R_1+R_2]\,//\,R_\mathrm{L}+r_\mathrm{o}}v_\mathrm{T}$$

利用式（1.78），可得：

$$T=a\times\frac{1}{1+\dfrac{R_\mathrm{s}}{r_\mathrm{d}}}\times\frac{1}{1+\dfrac{R_2}{(R_\mathrm{s}+r_\mathrm{d})\,//\,R_1}}\times\frac{1}{1+\dfrac{r_\mathrm{o}}{[(R_\mathrm{s}+r_\mathrm{d})\,//\,R_1+R_2]\,//\,R_\mathrm{L}}}$$

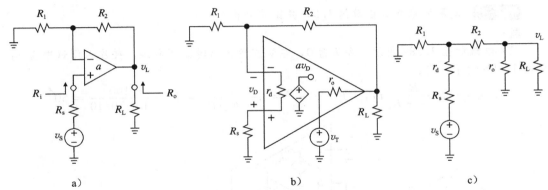

图 1.39 用例 1.12 中的电路求解 T 和 a_{ft}

接下来，我们看图 1.39c 的右边，再次应用分压公式得：

$$v_L = \frac{r_o \mathbin{/\mkern-5mu/} R_L}{R_2 + r_o \mathbin{/\mkern-5mu/} R_L} \times \frac{R_1 \mathbin{/\mkern-5mu/} (R_2 + r_o \mathbin{/\mkern-5mu/} R_L)}{R_s + r_d + R_1 \mathbin{/\mkern-5mu/} (R_2 + r_o \mathbin{/\mkern-5mu/} R_L)} v_S$$

或者

$$a_{ft} = \frac{v_L}{v_S} = \frac{1}{1 + \dfrac{R_2}{r_o \mathbin{/\mkern-5mu/} R_L}} \times \frac{1}{1 + \dfrac{R_s + r_d}{R_1 \mathbin{/\mkern-5mu/} (R_2 + r_o \mathbin{/\mkern-5mu/} R_L)}}$$

(2) 代入给定的数据，有：

$$T = 10^3 \times \frac{1}{2.5} \times \frac{1}{10.36} \times \frac{1}{1.434} = 26.93, \quad a_{ft} = \frac{1}{13} \times \frac{1}{28.56} \text{V/V} = 2.693 \times 10^{-3} \text{V/V}$$

同样，$A_{ideal} = 1 + R_2/R_1 = (1 + 9/1) \text{V/V} = 10 \text{V/V}$ 于是，式 (1.72) 最终为，

$$\frac{v_L}{v_S} = \left(\frac{10}{1 + 1/26.93} + \frac{2.693 \times 10^{-3}}{1 + 26.93} \right) \text{V/V} = (9.642 + 9.64 \times 10^{-5}) \text{V/V} = 9.642 \text{V/V}$$

显然，在这种情况下 a_{ft} 具有微不足道的影响。在这个例子中我们可以注意到，环路增益分析已经被自动纳入到 R_S 与 R_L 之间了。　◀

布莱克曼电阻公式

环路增益提供了一个强有力的工具，用来计算在任意负反馈电路节点之间的闭合回路电阻 R，而不仅仅是在输入端口和输出端口这两个节点。这样的电阻通过布莱克曼 (Blackman) 电阻公式[6]计算：

$$R = r_o \frac{1 + T_{sc}}{1 + T_{oc}} \tag{1.79a}$$

式中：

$$r_o = \lim_{a \to \infty} R \tag{1.79b}$$

r_o 是给定的节点对之间的电阻。其中受控源 av_D 设置为 0，T_{sc} 和 T_{oc} 分别是两节点间短路和开路的环路增益。布莱克曼公式展示了无论使用什么样的反馈拓扑。特别是当 T_{sc} 或 T_{oc} 为 0 时：当 $T_{oc} = 0$ 时，表明是串联型拓扑；当 $T_{sc} = 0$ 时，表明是并联型拓扑。

例 1.13 对于例 1.12 中的同相放大器，利用布莱克曼公式求：(1) 从输入源看到的阻抗 R_i；(b) 从输出负载看到的阻抗 R_o。

解：

将独立源置为零，输入端的阻抗如图 1.40a 所示，其中，

$$r_{oi} = r_d + R_1 \mathbin{/\mkern-5mu/} (R_2 + r_o + R_L)$$

将输入端开路，如图 1.40b 所示，r_D 上没有电流流过，则有 $v_D = 0$，因此 $T_{oc} = 0$。将输入端短路，电路转化为如图 1.39b 所示，但此时 $R_s = 0$。再次计算

$$T_{sc} = a \times \frac{1}{1 + \dfrac{R_2}{r_d \parallel R_1}} \times \frac{1}{1 + \dfrac{r_o}{(r_d \parallel R_1 + R_2) \parallel R_L}}, \quad R_i = r_{oi} \frac{1 + T_{sc}}{1 + 0} = r_{oi}(1 + T_{sc})$$

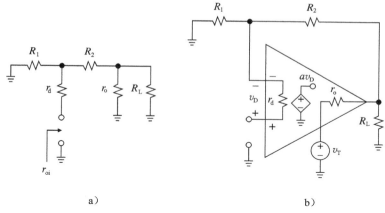

图 1.40　由布莱克曼公式计算同相放大器输入阻抗 R_i 的电路

将独立源置零，输出端的阻抗如图 1.41a 所示，其中，

$$r_{oo} = r_o \parallel [R_2 + R_1 \parallel (r_d + R_s)]$$

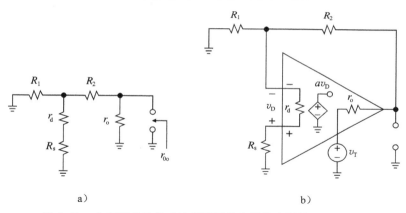

图 1.41　由布莱克曼公式计算同相放大器输出阻抗 R_o 的电路

将输入端开路，如图 1.41b 所示，电路化简为如图 1.39b 所示，但此时 $R_L = \infty$。重复上述计算，由于将输出端短路，$v_D = 0$，所以 $T_{oc} = 0$，得：

$$T_{oc} = a \times \frac{1}{1 + \dfrac{R_2}{r_d \parallel R_1}} \times \frac{1}{1 + \dfrac{r_o}{r_d \parallel R_1 + R_2}}, \quad R_o = r_{oo} \frac{1 + 0}{1 + T_{oc}} = \frac{r_{oo}}{1 + T_{oc}} \quad ◀$$

例 1.14　图 1.42a 所示的反相放大器在反馈环中利用一个 T 形网络来达到一个高增益，同时利用了一个相当大的电阻 R_1 来保证高输入电阻。(1)设运算放大器参数为：$a = 10^5\,\mathrm{V/V}$，$r_d = 1.0\,\mathrm{M\Omega}$，$r_o = 100\,\Omega$，求当 $R_1 = R_2 = 1.0\,\mathrm{M\Omega}$，$R_3 = 100\,\mathrm{k\Omega}$，$R_4 = 1.0\,\mathrm{k\Omega}$ 时的 A_{ideal}、T 和 A。这种情况下我们可以忽略馈通吗？(2)利用布莱克曼公式估算输入、输出阻抗 R_i 和 R_o。并用 PSpice 软件仿真验证。

解：

(1) 理想情况下有 $v_N = 0$，根据反相放大器公式，R_2、R_3 及 R_4 公共节点的电压为 $v_X = -(R_2/R_1)v_I$。在 v_X 上对电流求和，有 $(0 - v_X)/R_2 + (0 - v_X)/R_4 + (v_O - v_X)/R_3 = 0$。消去

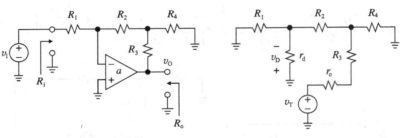

a）有T形网络的反相放大器　　　　b）求其环路增益的电路

图　1.42

v_X，求解 v_O/v_I，得：

$$A_{\text{ideal}} = -\frac{R_2}{R_1}\left(1+\frac{R_3}{R_2}+\frac{R_3}{R_4}\right) = -101.1\text{V/V}$$

再看图 1.42b 所示电路，应用两次电压分压公式，得：

$$v_D = -\frac{R_1\mathbin{/\mkern-5mu/}r_d}{R_1\mathbin{/\mkern-5mu/}r_d+R_2}\times\frac{[R_1\mathbin{/\mkern-5mu/}r_d+R_2]\mathbin{/\mkern-5mu/}R_4}{[R_1\mathbin{/\mkern-5mu/}r_d+R_2]\mathbin{/\mkern-5mu/}R_4+R_3+r_o}v_T = -\frac{v_T}{303.5}$$

因此，由式（1.78）及式（1.72），有：

$$T = -\frac{10^5}{-303.5} = 329.5,\quad A \approx \frac{A_{\text{ideal}}}{1+1/T} = \frac{-101.1}{1+1/329.5}\text{V/V} = -100.8\text{V/V}$$

运算放大器周围的馈通通过高阻抗回路 R_1-R_2 产生，由相较而言的低阻抗 R_4 分流，剩余部分继续通过高阻抗通路 R_3，并再次由低阻抗 r_o 分流，因此在此例中确实可以忽略 $a_{\text{ft}}/(1+T)$ 项。

（2）为了求得 R_i，注意到当 $av_D\to0$ 时从输入端看到的阻抗为：

$$r_{0i} = R_1+r_d\mathbin{/\mkern-5mu/}[R_2+R_4\mathbin{/\mkern-5mu/}(R_3+r_o)] = 1.5002\text{M}\Omega$$

将输入端口短路，得 $T_{\text{sc}}=T=329.5$。将输入端开路，得 $T_{\text{oc}}=T(R_1=\infty)$，因此再次计算得 $T_{\text{oc}}=494.3$。由布莱克曼公式，有：

$$R_i = 1.5002\times\frac{1+329.5}{1+494.3}\text{M}\Omega = 1.001\text{M}\Omega$$

（3）为了计算 R_o，注意到当 $av_D\to0$ 时从输出端看到的阻抗为：

$$r_{0o} = r_o\mathbin{/\mkern-5mu/}(R_3+\cdots)\approx r_o = 100\Omega$$

此时 $T_{\text{sc}}=0$，$T_{\text{oc}}=T=329.5$，因此，有：

$$R_o = 100\times\frac{1+0}{1+329.5}\Omega = 0.302\Omega$$

一个 PSpice 软件的仿真可以验证上述所有计算。　　　　　　　　　　◀

比较 T 与 L

虽然 T 和 L 似乎相同，但其实它们是不同的。如图 1.37 和图 1.34 所示，由于馈通，T 和 L 对闭环增益 A 的影响不同。即使当 $T=L$，如例 1.11 的情况，因为假设 $r_d=\infty$ 并且 $r_o=0$，由于 a_{ft}，它们对增益 A 的影响仍然不同。与基于 L 的分析比较，基于 T 的分析更有意义，因为它将 A 分成两个独立的组件，都源于正向传输，一个通过误差放大器而另一个通过反馈网络。相反，基于 L 的分析都源于正向传输，只通过误差放大器，如图 1.34 所示。因此，相比于环路增益分析的精确值，它只能给出近似值[2]，但是如果 T 和 L 足够大，差异便可以忽略。

从式（1.72）可看出，如果满足

$$|a_{\text{ft}}|\ll|TA_{\text{ideal}}| \tag{1.80}$$

则可以忽略式（1.72）的馈通部分，这样式（1.72）与式（1.68a）相同，尽管 T 和 L 仍然不同,但对 A 的影响只是略微不同。我们把会影响输出的信号分量 $a_{ft}v_I$ 看作某种形式的输出噪声,这具有启发意义。反映到输入端,这个噪声被增益 TA_{ideal} 相除,因此等效的输出噪声为 $a_{ft}v_I/(TA_{ideal})$。如果式(1.80)成立,这个量要远小于 v_I,因此事实上,非单向的负反馈网络在这种情况下影响很小。

在第 4 章中,运算放大器的增益 a 随着频率升高而降低,同时在频率很高时会导致 T 和 L 减小。此外,由于寄生效应,在高频段 r_d 变为电容性,而 r_o 变为电感性,L 与 T 之间的差异进一步加大,同时在一定程度上也使 a_{ft} 随着频率增加而增加。将它与随频率滚降的 T 结合起来,则有理由相信式(1.72)中的 A 与 a_{ft} 在高频段相关性更大。

但是,我们有理由支持环路增益分析。根据上一节所讲的 L 的出处,通过检查总和与采样的类型,首先确定反馈拓扑,然后分别得到 a_c 和 b,并计算 $L=a_cb$。相比之下,无论哪一种拓扑,都可以使用 T(对拓扑结构的识别,我们可以利用布莱克曼公式,如果是 T_{sc} 就用串联型,是 T_{oc} 就用并联型)。所以,为什么还要再讨论 L 呢?事实上,有大量关于双端口分析的文献[2,3],通过研究一条反馈电路得到 L。通过对比(详细见第 4 章),环路增益分析使负载从放大器到反馈网络来建立另一种形式的反馈因子,我们用 β 表示,用于区分双端口参数 b。尽管环路增益观点是在 1940 年由 H. W. Bode[4] 提出的,但只是在近些年发展起来的[5,7,8]。

1.8 运算放大器的供电

为了起到功能作用,运算放大器需要外部提供电源。这有两个目的,一是给内部晶体管提供偏置,二是通过运算放大器反过来电源又要给输出负载和反馈网络供电。图 1.43 示出给运算放大器供电的一种推荐方式(双极型器件电源用 V_{CC} 和 V_{EE} 表示,CMOS 器件用 V_{DD} 和 V_{SS} 表示)。为了防止电源线中的交流噪声干扰运算放大器,每块集成电路芯片的电源脚都必须利用低感抗的电容器($0.1\mu F$ 的陶瓷电容器通常就足够了)对地旁路。这些解耦电容器也有助于中和来自电源线和地线的非零阻抗所形成的虚假反馈环路,这些环路可能会造成稳定性问题,为使这些措施更为有效,接线头一定要短,使分布电感最小,分布电感大约以 $1nH/mm$ 速度增加,而电容器应装在尽量靠近运算放大器的引脚处。一块精心组装的印制电路板在电源电压的入口点还应包括有 $10\mu F$ 的极化电容器,以对印制电路板旁路。另外,利用宽的地线也有助于保持一个电的纯净地参考。

一般 V_{CC} 和 V_{EE} 是由 $\pm15V$ 的双调压电源提供的。虽然这些电源电压值已经在模拟系统中长期作为标准(见图 1.43),但是当代的混合模式应用需要单一的 5V 电源对数字和模拟电路供电。在这种情况下,我们有 $V_{CC}=5V$ 和 $V_{EE}=0V$。除非另外说明,都假定为 $V_{CC}=15V$ 和 $V_{EE}=-15V$。尽管为了简化电路图,一般在电路图上都略去运算放大器电源的内连,但是必须记住,当在实验室进行实验时要给运算放大器供电。对于初学者来说,大多数受挫的原因是不适当的供电,如像错误的接线,将 V_{CC} 和 V_{EE} 互换了,或者甚至忘记将电源合上!当出现问题时,好的做法是,在运算放大器的电源引脚上校核电压是否正确⊖。

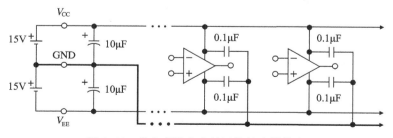

图 1.43 带有旁路电容的运算放大器供电

⊖ 此段内容对英文原书中的内容略有拓展。——译者注

电源流向和功率耗散

因为实际上在运算放大器的输入端，没有电流的流进和流出，唯一载有电流的端口是输出和电源引线端，用 i_O、i_{CC} 和 i_{EE} 代表这些电流。因为在电路中 V_{CC} 是最高（正）的电压，而 V_{EE} 是最低（负）的电压，在合适的工作状态下 i_{CC} 总是流入运算放大器的，而 i_{EE} 总是从运算放大器流出的。然而，i_O 既可以从运算放大器流出，也可以流入运算放大器，这取决于电路的工作状况。前者称运算放大器的源电流，后者是沉（汇）电流。无论何时，这三个电流都必须满足基尔霍夫电流定律。所以，对于运算放大器的源电流，有 $i_{CC} = i_{EE} + i_O$，而对于运算放大器的沉（汇）电流，有 $i_{EE} = i_{CC} + i_O$。

在 $i_O = 0$ 的特殊情况下，有 $i_{CC} = i_{EE} = I_Q$，式中，I_Q 称为静态电源电流，这就是给内部晶体管提供偏置的电流，以维持晶体管的正常工作状态，它的大小与运算放大器类型有关，并在某种程度上与电源电压有关。典型的 I_Q 值是在毫安数量级范围。专门面对小型便携式设备应用的运算放大器，I_Q 可以在微安数量级范围，从而称为微功率运算放大器。

图 1.44 所示的为在同相和反相电路中的电流，两者都给出正输入和负输入的情况。沿着每个电路追踪，直到你完全确信各种电流都如图 1.44 所示的方向流通为止。应该注意到，输出电流由两个分量组成，一个供给负载，另一个馈给反馈网络。另外，电流 I_Q 和 i_O 经过运算放大器的流动产生内部功耗。这个功耗必须永不超过由数据手册给定的最大极限值。

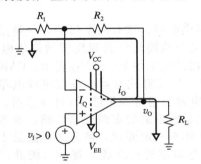

a) 正输入下同相放大器中的电流

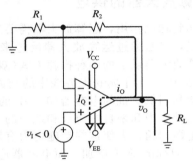

b) 负输入下同相放大器中的电流

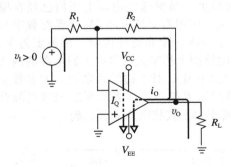

c) 正输入下反相放大器中的电流

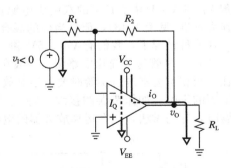

d) 负输入下反相放大器中的电流

图 1.44

例 1.15 一反相放大器有 $R_1 = 10\text{k}\Omega$，$R_2 = 20\text{k}\Omega$ 和 $v_I = 3\text{V}$，驱动一个 $2\text{k}\Omega$ 的负载。(1)假定 $I_Q = 0.5\text{mA}$，求 i_{CC}、i_{EE} 和 i_O；(2)求该运算放大器的内部功率耗散。

解：

(1) 参照图 1.44c 所示，有 $v_O = -(20/10) \times 3\text{V} = -6\text{V}$，将通过 R_L、R_2 和 R_1 的电流记作 i_L、i_2 和 i_1，有 $i_L = (6/2)\text{mA} = 3\text{mA}$ 和 $i_2 = i_1 = (3/10)\text{mA} = 0.3\text{mA}$，因此 $i_O = i_2 + i_L = (0.3 + 3)\text{mA} = 3.3\text{mA}$；$i_{CC} = I_Q = 0.5\text{mA}$；$i_{EE} = i_{CC} + i_O = (0.5 + 3.3)\text{mA} = 3.8\text{mA}$。

（2）只有一个电流 i 经历了一个电压降 v，就有相应的功率 $p=vi$，因此 $P_{OA}=(V_{CC}-V_{EE})I_Q+(v_O-V_{EE})i_O=(30\times0.5+[-6-(-15)]\times3.3)\text{mW}=44.7\text{mW}$。◀

例 1.16 当用运算放大器做实验时，有一个在 $-10\text{V}\leqslant v_S\leqslant10\text{V}$ 范围内可变的电压源是很方便的。（1）利用一块 741 运算放大器和一个 $100\text{k}\Omega$ 的电位器设计这样的电压源。（2）如果 v_S 设定为 10V，当将一个 $1\text{k}\Omega$ 的负载接到这个电压源上时，电压将会变化多少？

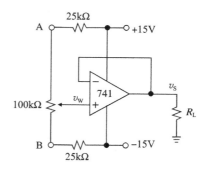

图 1.45 $-10\text{V}\sim10\text{V}$ 的可变电压源

解：

（1）首先设计一个电阻网络，用于产生在 -10V 到 $+10\text{V}$ 范围上可调节的电压。如图 1.45 所示，图中电源电压用了一种简明的记号，这个网络由电位器和两个 $25\text{k}\Omega$ 的电阻构成，每个都降去 5V，以使 $v_A=10\text{V}$ 和 $v_B=-10\text{V}$。转动电位器的旋转臂就能使 $-10\text{V}\leqslant v_W\leqslant10\text{V}$。然而，如果负载直接接入电位器的动臂点上，由于加载效应，v_W 将会有显著的变化。为此，插入一个单位增益的缓冲器如图 1.45 所示。

（2）接入 $1\text{k}\Omega$，会有 $i_L=(10/1)\text{mA}=10\text{mA}$ 的电流流出。输出电阻是 $R_o=r_o/(1+T)=(75/(1+200\,000))\text{m}\Omega=0.375\text{m}\Omega$，电压源的变化是 $\Delta v_S=R_o\Delta i_L=0.375\times10^{-3}\times10\times10^{-3}\text{V}=3.75\mu\text{V}$，是一个非常小的变化！这就说明了运算放大器的一种最重要应用，即具有抗负载条件变化的自动调节性质。◀

输出饱和

电源电压 v_{CC} 和 v_{EE} 设定了运算放大器输出上下摆动能力的边界。这点利用图 1.46 所示的 VTC（电压传递特性）可以很好地看出来，图 1.46 显示出三种不同的工作区域。

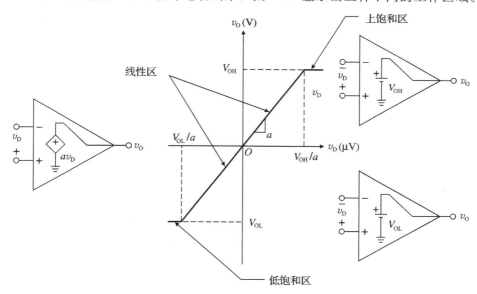

图 1.46 运算放大器的工作范围和基本模型

在线性区中，特性曲线近似为直线，它的斜率代表开环增益 a，在 a 为 $200\,000\text{V/V}$ 的情况下，这条曲线是非常陡峭的，以至于它实际上与纵坐标轴重合在一起了，除非分别对两个坐标轴使用不同的标尺。如果用 V 表示 v_O，用 mV 表示 v_D，则如图 1.46 所示，那么斜率就为 $0.2\text{V}/\mu\text{V}$。如同我们所知道的，在这一区域内运算放大器的特性行为是用值为 av_D 的一个受控源来建模的。

随着 v_D 增加，v_O 按比例增加，直到内部晶体管饱和效应发生造成 VTC 变平坦为止。这就是正饱和区，在这里 v_O 不再与 v_D 有关，而是保持在某一固定值上，使得运算放大器的特性行为像一个值为 V_{OH} 的独立源。对于负饱和区也有类似的考虑，在那里运算放大器充当值为 V_{OL} 的独立源。要注意，在饱和情况下 v_D 不一定还在微伏数量级。

对于双极性运算放大器如像 741 运算放大器，V_{OH} 和 V_{OL} 一般为低于 V_{CC} 和高于 V_{EE} 几个 pn 结的电压压降（大约为 2V 左右）。因此，对于对称的 ±15V 电源来说，有 $V_{OH} \approx (15-2)\text{V}=13\text{V}$ 和 $V_{OL} \approx (-15+2)\text{V}=-13\text{V}$，这就是说，饱和电压也近似为对称的。在这种情况下，就说 741 运算放大器饱和在 $\pm V_{sat} = \pm13$V。再者，由于 $(13/200\,000)\text{V} = 65\mu\text{V}$，输入信号的范围在线性区是 $-65\mu\text{V} < v_D < 65\mu\text{V}$。

如果电源不是 ±15V，V_{OH} 和 V_{OL} 要据此变化。例如，741 运算放大器是由单一 9V 蓄电池供电时，就有 $V_{CC} = 9$V 和 $V_{EE} = 0$V，从而有 $V_{OH} \approx (9-2)\text{V}=7\text{V}$ 和 $V_{OL} \approx (0+2)\text{V} = 2$V，这表明称为动态输出范围的一个有用区域大约仅有 $(7-2)\text{V} = 5$V。

在单电源系统中，像用 $V_{CC} = 5$V 和 $V_{EE} = 0$V 的混合数字-模拟系统，通常信号是限制在 $0 \sim 5$V 的范围。对于所有模拟源和负载的终端，就会需要一个 $(1/2)V_{CC} = 2.5$V 的参考电压，据此就容许对这个公共参考点有对称的电压摆动。在图 1.47 所示电路中，这个电压是用 R-R 电压分压器综合而成的，然后被 OA_1 缓冲以提供一个低阻的驱动。为了使信号的动态范围最大化，一般 OA_2 就是一个具有"跷跷板"式输出能力的器件，或者 $V_{OH} \approx 5$V 和 $V_{OL} \approx 0$V。TLE2426 Rail Splitter（Texas Instruments）就是一种三端芯片，它包含合成一个精密的 2.5V 公共参考电压，7.5mΩ 输出电阻的全部所需的电路。

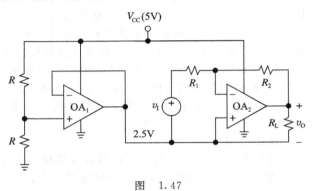

图 1.47

当运算放大器是用在负反馈模式时，它的工作必须要限定在线性区，因为仅在那个区域内运算放大器才能影响它的输入。如果这个器件不小心进入了饱和区，那么 v_O 将保持不变，而运算放大器将不再可能影响 v_D，从而产生完全不同的特性行为。

SPICE 仿真

图 1.5 所示的基本 741 SPICE 模型不是饱和的。为了对饱和情况进行仿真，利用 PSpice 库中的限位模块建模。PSpice 电路如图 1.48a 所示，使用 ±13V 的限位块来对 741 运算放大器仿真，作为反相器，其增益为 $A = (-20/10)\text{V/V} = -2\text{V/V}$。

如果用一个三角波来驱动电路，峰值为 ±5V，输出将是一个干 10V 峰值的（倒）三角波，这在允许的输出范围 ±13V 内。此外，反相输入 $v_N = -v_O/a$ 也将是一个三角波，峰值为 $(\pm10/200\,000)\text{V} = \pm50\mu\text{V}$，$v_N$ 足够小，近似虚拟接地。然而，如图 1.48 所示，如果用峰值为 ±10V 的三角波，我们不能指望它产生一个干 20V 峰值的（倒）波形，因为它们超过允许的输出范围。只要运算放大器运行在线性区，电路就会满足 $v_O = -2v_I$，这时 $-13\text{V} \leqslant v_O \leqslant +13\text{V}$，反过来对应的输入 $-6.5\text{V} \leqslant v_I \leqslant 6.5\text{V}$。如果 v_I 超出这个范围，v_O 便为 ±13V，达到饱和，图 1.48b 所示的为限幅波形。

这对观察 v_N 波形具指导意义，只要运算放大器工作在线性区域内，近似虚拟接地。一旦驱动饱和，运算放大器无法通过反馈网络影响 v_N，所以 v_N 将不再近似虚拟接地。在饱和时，运用叠加原理，有：

$$v_{N(sat)} = \frac{R_2}{R_1+R_2}v_I + \frac{R_1}{R_1+R_2}(\pm V_{sat}) = \frac{2}{3}v_I + \frac{1}{3}(\pm 13) = \frac{2v_I \pm 13\text{V}}{3}$$

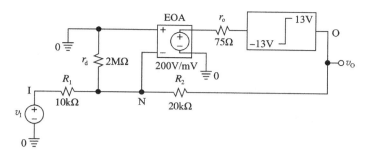

a）反相放大器

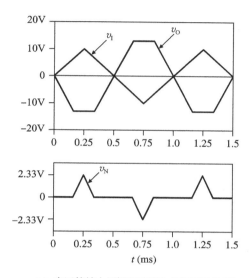

b）当运算放大器被驱动进入饱和时的波形

图 1.48

尤其是当 v_I 达到峰值 10V 时， $v_{N(sat)}$ 峰值达到$((2\times10-13)/3)$V$=2.33$V，如图 1.48 所示（由于对称，当 v_I 达到峰值-10V 时， $v_{N(sat)}$ 峰值达到-2.33V）。

削波失真是由于线性放大器的输出波形和输入波形相同，而实际有差异的失真。削波失真一般是不可取的，但在有些情况下可以利用它以达到特定的效果。为了避免削波失真，必须使 v_I 低于一定值，或适当减小运算放大器增益 A。

习题

1.1 节

1.1 在图 1.1 所示的电压放大器中，设 $v_S=$ 100mV，$R_s=100\text{k}\Omega$，$R_L=10\Omega$ 和 $v_O=2$V。如果与 R_L 并联连接一个 30Ω 的电阻，将 v_O 降到 1.8V，求 R_i、A_{oc} 和 R_o。

1.2 一个具有 $R_i=200\Omega$，$A_{sc}=180$A/A，$R_o=$ $10\text{k}\Omega$ 的如图 1.2 所示的电流放大器，由一个内阻为 $1\text{k}\Omega$ 的源 v_S 驱动，并驱动一个负载 $R_L=2\text{k}\Omega$，负载电压用 v_L 表示，画出电路并标注，求电压增益 v_L/v_S，以及功率增益 p_L/p_S，这里 p_S 是由源 v_S 发出的功率，

而 p_L 是被负载 R_L 吸收的功率。

1.3 画出并标注由 $i_S=3\mu$A，$R_s=100\text{k}$ 的源驱动的跨阻放大器，给定输入端电压为 50mV，输出端的开路电压与短路电流分别为 10V 与 20mA，如果在该放大器终端接一个 $1.5\text{k}\Omega$ 的负载，求 R_i、A_{oc} 和 R_o。

1.4 画出并标注一个由 $v_S=150$mV、内阻 $100\text{k}\Omega$ 的源驱动并驱动一个负载 R_L 的跨导放大器。当 $R_L=40\Omega$ 时 $v_I=125$mV，$i_L=$ 230mA，当 $R_L=60\Omega$ 时 $i_L=220$mA，求 R_i、A_{oc} 和 R_o。求 $v_S=100$mV 时的短路输出电

流是多少？

1.5 一个 $R_{i1}=100\Omega$，$A_{oc1}=0.2\mathrm{V/mA}$，$R_{o1}=100\Omega$ 的跨阻放大器被一个内阻为 $1\mathrm{k}\Omega$ 的源 i_s 驱动，并驱动一个 $R_{i2}=1\mathrm{k}\Omega$，$A_{sc2}=100\mathrm{mA/V}$，$R_{o2}=100\mathrm{k}\Omega$ 的跨导放大器。跨导放大器又驱动一个 $25\mathrm{k}\Omega$ 的负载。画出并标注此电路，并求源到负载增益 i_L/i_s，以及功率增益 p_L/p_s，这里，p_s 是由源 v_S 发出的功率，而 p_L 是被负载 R_L 吸收的功率。

1.2 节

1.6 已知一运算放大器有 $r_d\approx\infty$，$a=10^4\,\mathrm{V/V}$，以及 $r_o\approx0$。(a) 若 $v_P=750.25\mathrm{mV}$，$v_N=751.50\mathrm{mV}$，求 v_O。(b)如果 $v_O=-5\mathrm{V}$，$v_P=0$，求 v_N。(c)如果 $v_N=v_O=5\mathrm{V}$，求 v_P。(d)如果 $v_P=-v_O=1\mathrm{V}$，求 v_N。

1.7 一个 $r_d=1\mathrm{M}\Omega$，$a=100\mathrm{V/mV}$，$r_o=100\Omega$ 的运算放大器驱动了一个 $2\mathrm{k}\Omega$ 的负载，并且是 $v_P=-2.0\mathrm{mV}$，$v_O=-10\mathrm{V}$ 的电路的一部分。画出电路，求通过 r_d 与 r_o 的电流以及它们两端的电压(确保指明了电压的极性以及电流的方向)。v_N 的值是多少？

1.3 节

1.8 (a)求可以保证图 1.8a 所示的电压跟随器的增益偏离 $+1.0\mathrm{V/V}$ 而不超过 0.01% 的 a 的最小值。(b)对于如图 1.10a 所示的反相放大器，增益为 $-1.0\mathrm{V/V}$，$R_1=R_2$ 的情况，重做(a)问。两种情况下结果不同的原因是什么？

1.9 (a)设计一个同相放大器，利用一个 $100\mathrm{k}\Omega$ 的电位器使其增益 A 在 $1\mathrm{V/V}\sim5\mathrm{V/V}$ 范围内可变。(b)若 $0.5\mathrm{V/V}\leqslant A\leqslant2\mathrm{V/V}$，重做(a)问。提示：为了实现 $A\leqslant1\mathrm{V/V}$，需要一个输入电压分压器。

1.10 (a)用两个精度为 5% 的 $10\mathrm{k}\Omega$ 电阻实现一个同相放大器。增益 A 的可能值范围是什么？如何修改这个电路，才能对 A 有准确的标定？(b)对反相放大器重做(a)问。

1.11 在图 1.10a 所示的反相放大器中，设 $v_I=0.1\mathrm{V}$，$R_1=10\mathrm{k}\Omega$ 和 $R_2=100\mathrm{k}\Omega$，若(a)$a=10^2\mathrm{V/V}$；(b)$a=10^4\mathrm{V/V}$；(c)$a=10^6\mathrm{V/V}$，求 v_O 和 v_N。对结果展开讨论。

1.12 (a)利用一个 $100\mathrm{k}\Omega$ 的电位器设计一个增益 A 在 $10\mathrm{V/V}\sim0$ 范围内变化的反相放大器。(b)对于 $-10\mathrm{V/V}\leqslant A\leqslant-1\mathrm{V/V}$ 重做(a)问。提示：为了防止 A 达到零，必须用一只合适的电阻器与这个电位器串联。

1.13 (a)$R_s=10\mathrm{k}\Omega$ 的一个源 $v_S=2\mathrm{V}$，用来驱动一个增益为 5 的由 $R_1=20\mathrm{k}\Omega$ 和 $R_2=100\mathrm{k}\Omega$ 实现的反相放大器。求放大器的输出电压并验证由于加载效应，它的幅度小于 $2\times5\mathrm{V}=10\mathrm{V}$。(b)如果想要补偿加载效

应而得到一个 $10\mathrm{V}$ 的全额输出，求 R_2 必须变为何值？

1.14 (a)用一电压源 $v_S=10\mathrm{V}$ 馈给由 $R_A=120\mathrm{k}\Omega$ 和 $R_B=30\mathrm{k}\Omega$ 实现的分压器，然后跨在 R_B 上的电压又馈给增益为 5 的具有 $R_1=30\mathrm{k}\Omega$ 和 $R_2=120\mathrm{k}\Omega$ 的同相放大器。画出这个电路并预计这个放大器的输出电压 v_O。(b)针对增益为 5 的具有 $R_1=30\mathrm{k}\Omega$ 和 $R_2=150\mathrm{k}\Omega$ 的反相放大器重做(a)问。比较并讨论它们的差异。

1.4 节

1.15 在图 P1.15 所示的电路中，求 v_N、v_P 和 v_O，以及由这个 $4\mathrm{V}$ 的电源释放出的功率，拟出一种方法校验结果。

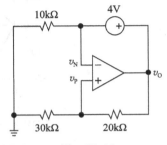

图　P1.15

1.16 (a)对图 P1.16 所示的电路求 v_N、v_P 和 v_O。(b)在 A 和 B 之间接入 $5\mathrm{k}\Omega$ 电阻重做(a)问。

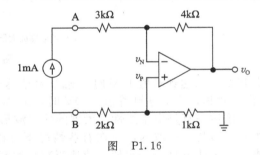

图　P1.16

1.17 (a)在图 P1.17 所示电路中，若 $v_S=9\mathrm{V}$，求 v_N、v_P 和 v_O。(b)如果在运算放大器的反相输入引脚与地之间接入一个电阻，使 v_O 加倍，求这个电阻 R 的值。用 PSpice 软件仿真验证。

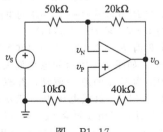

图　P1.17

1.18 （a）对图 P1.18 所示电路求 v_N、v_P 和 v_O。
（b）用 40kΩ 电阻与 0.3mA 的电源并联重做
（a）问。

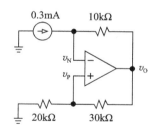

图 P1.18

1.19 （a）如图 P1.19 所示电路，若 $i_S=1$mA，求
v_N、v_P 和 v_O。（b）求电阻 R 的值，当该电
阻与 1mA 的源并联后将使在（a）问中求的
v_O 值下降一半。

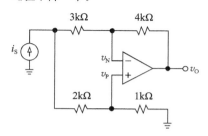

图 P1.19

1.20 （a）求在图 P1.16 所示电路中连接到电流源
两端的等效电阻。提示：求出电压源两端
的电阻，用电压除以电流就得到电阻。
（b）对于图 P1.18 所示电路，重做一遍。
（c）对于图 P1.19 所示电路，重做一遍。

1.21 （a）若图 P1.16 所示电路中的电流源被一电
压源 v_S 替换，求使 $v_O=10$V 时 v_S 的大小和
极性。（b）若在图 P1.15 所示电路中连接
4V 电源到节点 v_O 的线被切断，而在这两
者之间串联插入一个 5kΩ 电阻，这个源必
须变化到何值才有 $v_O=10$V？

1.22 在图 P1.22 所示电路中的开关是用于提供
增益极性控制的。（a）证明：当开关打开
时，$A=+1$V/V，而当开关闭合时，有
$A=-R_2/R_1$，致使在 $R_1=R_2$ 时可得到
$A=\pm1$V/V。（b）为了兼容增益大于 1 的
情况，从运算放大器反相输入引脚到地之
间再接一个电阻 R_4。分别导出在开关打开
和合上情况下，利用 $R_1\sim R_4$ 的 A 表达式。
（c）为达到 $A=\pm2$V/V，给出合适的电
阻值。

1.23 （a）求在图 P1.15 所示电路中连接到电压源
两端的等效电阻。提示：求出流过电压源

的电流，用电压除以电流就得到电阻。
（b）对于图 P1.17 所示电路，重做一遍。
（c）对于图 P1.22 所示电路，重做一遍。

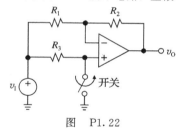

图 P1.22

1.24 在图 P1.24 所示电路中用电位器控制增益
的大小和极性。（a）设 k 代表旋臂到地之间
R_3 的部分，证明当旋臂从底部旋到顶部
时，增益在 $-R_2/R_1\leqslant A\leqslant1$V/V 范围内变
化，这样让 $R_1=R_2$，就得到 -1V/V$\leqslant A\leqslant$
1V/V。（b）为了兼容增益大于 1 的情况，
从运算放大器反向输入引脚到地直接再接
入一个电阻 R_4。利用 R_1、R_2、R_4 和 k 导
出 A 的表达式。（c）为达到 -5V/V$\leqslant A\leqslant$
$+5$V/V，给出合适的各电阻值。

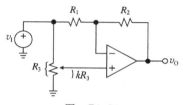

图 P1.24

1.25 考虑下述关于图 1.14a 所示同相放大器输
入电阻 R_i 的几种说法。（a）因为我们正直
接从同相输入引脚看进去，这是一个开路
电路，所以有 $R_i=\infty$。（b）因为这个输入
引脚实际上是短路的，所以有 $R_i=0+$
$(R_1\parallel R_2)=R_1\parallel R_2$。（c）因为同相输入引脚
实际上是与反相输入引脚短路的，从而这
就是一个虚地节点，所以有 $R_i=0+0=0$。
哪一种说法是正确的？你如何驳斥其他两
种说法？

1.26 （a）证明图 P1.26 所示电路有 $R_i=\infty$，$A=$
$-(1+R_3/R_4)R_1/R_2$。（b）利用一只 100kΩ
电位器，给出各合适的元件值，以使 A 在
范围 -100V/V$\leqslant A\leqslant0$ 内可变。试用最
少的电阻数来实现。

1.27 图 P1.27 所示的音频电路用来连续改变多少
在左右立体声道之间的信号 v_I。（a）讨论电
路工作原理。（b）给出电阻 R_1、R_2 的值，以
使得当电位器旋臂完全旋下时有 $v_L/v_I=$
-1V/V；完全旋到上面时有 $v_R/v_I=-1$V/V；
处于中间时有 $v_L/v_I=v_R/v_I=-1/\sqrt{2}$。

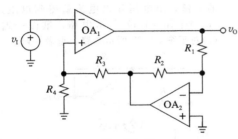

图 P1.26

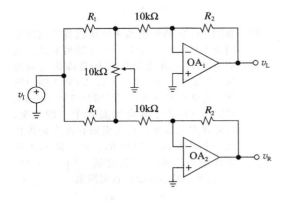

图 P1.27

1.28 (a)利用千欧范围的标准 5% 电阻，设计一个电路以产生 $v_O = -100(4v_1 + 3v_2 + 2v_3 + v_4)$。(b)若 $v_1 = 20\text{mV}$，$v_2 = -50\text{mV}$ 和 $v_4 = 100\text{mV}$，对 $v_O = 0\text{V}$ 求 v_3。

1.29 (a)利用标准 5% 的电阻，设计一个电路，以给出(a) $v_O = -10(v_1 + 1\text{V})$。(b) $v_O = -v_1 + V$，这里 v_O 是基于一个 100kΩ 的电位器在范围 $-5\text{V} \leqslant v_O \leqslant +5\text{V}$ 内可变。提示：在 ±15V 电源之间接这个电位器并用旋臂电压作为电路的输入之一。

1.30 在图 1.18 所示电路中，设 $R_1 = R_3 = R_4 = 10\text{kΩ}$ 和 $R_2 = 30\text{kΩ}$。(a)若 $v_1 = 3\text{V}$，对 $v_O = 10\text{V}$ 求 v_2。(b)若 $v_2 = 6\text{V}$，对 $v_O = 0\text{V}$，求 v_1。(c)若 $v_1 = 1\text{V}$，求在 $-10\text{V} \leqslant v_O \leqslant +10\text{V}$ 内 v_2 值的范围。

1.31 如果在图 1.18 所示电路中，将输出写成 $v_O = A_2 v_2 - A_1 v_1$ 的形式，就能轻松证明 $A_2 \leqslant A_1 + 1$。需要 $A_2 \geqslant A_1 + 1$ 的应用可以在 R_1 和 R_2 的公共节点到地再接一个电阻 R_5 来实现。(a)画出这个修正的电路并导出输出和输入之间的关系。(b)为实现 $v_O = 5 \times (2v_2 - v_1)$，给出标准的电阻值。试试用最少的电阻数量。

1.32 如果在图 1.18 所示的差分放大器中，设 $R_1 = R_3 = 10\text{kΩ}$ 和 $R_2 = R_4 = 100\text{kΩ}$。(a)若 $v_1 = 10\cos(2\pi60t) - 0.5\cos(2\pi10^3 t)\text{V}$ 和

$v_2 = 10\cos(2\pi60t) + 0.5\cos(2\pi10^3 t)\text{V}$，求 v_O。(b)若 R_4 变化到 101kΩ，重做(a)问。讨论结果。

1.33 证明：若图 P1.33 所示电路中全部电阻都相等，那么 $v_O = v_2 + v_4 + v_6 - v_1 - v_3 - v_5$。

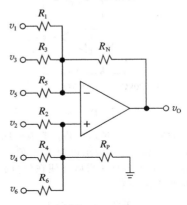

图 P1.33

1.34 利用图 P1.33 所示的拓扑，设计一个 4 输入的放大器以使 $v_O = 4v_A - 3v_B + 2v_C - v_D$。试用最少的电阻数量。

1.35 仅用一个运算放大器，其由 ±12V 的电源供电，设计一个电路，以产生(a) $v_O = 10v_1 + 5\text{V}$。(b) $v_O = 10(v_2 - v_1) - 5\text{V}$。

1.36 仅用一个运算放大器，其由 ±15V 的电源供电，设计一个电路，它接受一个交流输入 v_1 并产生 $v_O = v_1 + 5\text{V}$，在此约束下，由交流源看过去的电阻是 100kΩ。

1.37 设计一个两输入、两输出的电路，产生输入的和与差：$v_S = v_{I1} + v_{I2}$ 和 $v_D = v_{I1} - v_{I2}$。试着用最少的元件。

1.38 如果图 1.19 所示的微分器中一个电阻 R_s 和 C 串联，从而得到 v_O 和 v_I 之间的一种关系，讨论 v_I 变化很慢和很快的极端情况。

1.39 如果图 1.20 的积分器中一个电阻 R_s 和 C 串联，从而得到 v_O 和 v_I 之间的一种关系，讨论 v_I 变化很慢和很快的极端情况。

1.40 在图 1.19 所示的微分器中，设 $C = 10\text{nF}$ 和 $R = 100\text{kΩ}$，并设 v_I 是在 0V~2V 交变，频率为 100Hz 的周期信号。如果 v_I 是(a)正弦波。(b)三角波，画出并标注 v_I 和 v_O 对时间的波形。

1.41 在图 1.20 所示的积分器中，设 $R = 100\text{kΩ}$ 和 $C = 10\text{nF}$。若(a) $v_I(t) = 5\sin(2\pi100t)\text{V}$ 和 $v_O(0) = 0$。(b) $v_I = 5[u(t) - u(t - 2\text{ms})]$ V 和 $v_O(0) = 5\text{V}$，画出并标注 $v_I(t)$ 和 $v_O(t)$。这里 $u(t - t_0)$ 是 $t < t_0$、$u = 0$ 和 $t > t_0$、$u = 1$ 的单位阶跃函数。

1.42 假设图 1.20 所示的积分器中 $R=100\text{k}\Omega$ 和 $C=10\text{nF}$，且有 $300\text{k}\Omega$ 的电阻与 C 并联。(a)假设电容 C 最初是没有电荷的，当 v_1 在 $t=0$ 时刻从 0V 增加到 $+1\text{V}$，表示并画出 $v_O(t)$。提示：电容两端电压可表示为 $v(t\geqslant0)=v_\infty+(v_0-v_\infty)\exp[-t/(R_{eq}C)]$，这里 v_0 是初始电压，v_∞ 是 $t\to\infty$ 时电压 v 的稳态值(这时电容 C 相当于开路)。R_{eq} 是与 C 连接的瞬态等效电阻(为了计算 R_{eq} 可以使用测试的方法)。(b)当 $v_1=-0.5\text{V}$，$v_o=-2\text{V}$ 时，计算并画出 $v_O(t)$。

1.43 假设图 1.42a 所示电路中 $R_1=R_2=R_3=R_4=20\text{k}\Omega$，输出节点与反相输入节点并联电容 $C=10\text{nF}$。设电容 C 最初不带电，在 $t=0$ 时 v_1 从 0 到 $+1\text{V}$ 变化，计算并画出 $v_O(t)$。

1.44 证明：若图 1.20b 所示的运算放大器有一个有限增益 a，那么 $R_{eq}=(-R_1R/R_2)\times[1+(1+R_2/R_1)/a]/[1-(1+R_1/R_2)/a]$。

1.45 求图 P1.45 所示电路中 R_i 的表达式；讨论当 R 在 $0\sim2R_1$ 变化时它的特性行为。

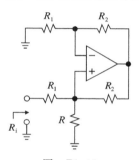

图　P1.45

1.46 图 P1.46 所示电路能用于控制基于 OA_1 的反相放大器的输入电阻。(a)证明 $R_i=R_1/(1-R_1/R_3)$。(b)为实现在 $R_i=\infty$ 下的 $A=-10\text{V/V}$，求出合适的各电阻值。

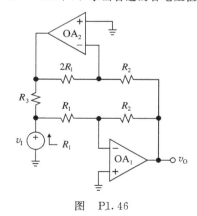

图　P1.46

1.5 节

1.47 (a)求具有 $a=10^3$ 和 $A=10^2$ 的一负反馈系

统的去灵敏度系数。(b)若 a 下降 10%，经由式(1.40)求实际的 A 和经由式(1.49)求近似值。(c)若 a 下降 50%，重做(b)问，并与(b)问结果做比较和讨论。

1.48 现在要求设计一个增益 A 为 10^2V/V，精度在 $\pm0.1\%$ 以内，或者说 $A=10^2\text{V/V}\pm0.1\%$。你所能利用的就是 $a=10^4\text{V/V}\pm25\%$ 的每个放大器级，你的放大器可以用这些基本放大器级的级联来实现，每一级都使用一个恰当的反馈量。要求的最少级数是多少？每级的 β 是什么？

1.49 将一个运算放大器配置成带有两个 $10\text{k}\Omega$ 电阻的反相器，并使用 $\pm5\text{V}$、1kHz 的正弦波驱动。不幸的是，因为制造误差，该反相器在 $v_O>0$ 时，$a=10\text{V/mV}$；$v_O<0$ 时，$a=2.5\text{V/mV}$。计算并画出 v_1、v_O 和 v_N，说明该反相器是否可以使用。

1.50 一个运算放大器开环的 VTC 在 $|v_O|\leqslant2\text{V}$ 时，$a=5\text{V/mV}$；$|v_O|>2\text{V}$ 时，$a=2\text{V/mV}$。这个运算放大器可以用作单位增益电压缓冲器，被峰值为 $+4\text{V}$ 和 -1V 的三角波驱动，计算并画出开环的 VTC，画出 v_1、v_D 和 v_O 对时间的波形。

1.51 一个原有的 B 类(推挽)BJT 功率放大器展现出图 P1.51b 所示的 VTC。出现在 $-0.7\text{V}\leqslant v_1\leqslant+0.7\text{V}$ 的死区在输出端会引起交调失真，在功率级的前面放一个前置放大级可以减小这个失真，然后利用负反馈减小这个死区。图 P1.51a 就示出这样一

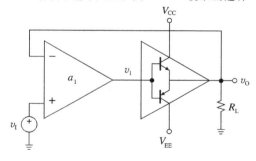

a)

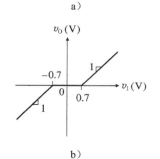

b)

图　P1.51

种情况，其中用了一个增益为 a_1 和 $b=1\text{V}/$ V 的差分前置放大器。(a)若 $a_1=10^2\text{V/V}$，计算并标注这个闭环的 VTC。(b)若 v_I 是峰-峰值为 $\pm1\text{V}$ 的 100Hz 三角波，画出 v_I、v_1 和 v_O 对时间的波形。

1.52 信号增益为 10V/V 的某音频功率放大器发现有 2V 峰-峰值的 120Hz 交流声。现在要在不改变信号增益下将输出交流声减小到 1mV。为此，在功放级前用一个增益为 a_1 的前置放大器，然后环绕这个复合放大器应用负反馈。请问要求的 a_1 和 b 值是多少？

1.6 节

1.53 (a)对图 1.30b 所示并联-串联电路使用式(1.52)。求出 a_ε 与 b 的精确表达式；当 $a_\varepsilon\gg1$，用式(1.62)表示。(b)使用精确的表达式，重复例 1.9 的计算，并比较。

1.54 在图 P1.54 所示的串联-串联电路中，$a=10^4\text{V/V}$，$R_1=1\text{k}\Omega$，$R_2=2\text{k}\Omega$，$R_3=3\text{k}\Omega$。根据 $i_O=A_g v_1-v_L/R_o$，直接分析并获取 i_O 的表达式，求 A_g 和 R_o 的值。

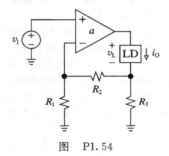

图 P1.54

1.55 将 r_d 省略，可得到式(1.65)。如果考虑 r_d，式(1.65)变为 $R_i=r_d/\!/[(R+r_o)/(1+a)]$。相应地，利用式(1.69)，有 $R_i=r_o/(1+L)$。找一组 r_o 与 L 代入，证明用两个方法可得到相同的结果。

1.56 使用图 1.4 所示的运算放大器模型，$a=10^4$ V/V，计算图 1.29 所示电路中，$R_1=1.0\text{k}\Omega$，$R_2=100\text{k}\Omega$ 时，从电压源 v_I 两端看进去的电阻和从电流源 i_I 两端看进去的电阻。说明为什么不同。

1.57 在图 1.30a 所示的串联-串联电路中，令 $a=10^3\text{V/V}$，$R=1.0\text{k}\Omega$。(a)假设负载是一个电压源 v_L（上面是正），计算 a_ε、b、L、A_g 和从负载两端看进去的电阻 R_o。(b)假设 $v_I=1.0\text{V}$，当 $v_L=0$，$v_L=5.0\text{V}$，$v_L=-4.0\text{V}$ 时计算 i_O。

1.58 对图 1.35a 所示的同相运算放大器直接分析，证明输入电阻与输出电阻分别为：

$$R_i=r_d\left[1+\frac{a}{1+(R_2+r_o)/R_1}\right]+[R_1/\!/(R_2+r_o)]$$

$$R_o=\frac{r_o}{1+[a+r_o/(R_1/\!/r_d)]/[1+R_2/(R_1/\!/r_d)]}$$

对一个设计好的反相放大器，上面表达式如何简化。

1.59 对图 1.36a 所示的反相运算放大器直接分析，证明输入电阻与输出电阻分别为：

$$R_i=R_1+\frac{R_2+r_o}{1+a+(R_2+r_o)/r_d}$$

$$R_o=\frac{r_o}{1+[a+r_o/(R_1/\!/r_d)]/[1+R_2/(R_1/\!/r_d)]}$$

对于一个设计好的反相运算放大器，上面表达式如何简化。

1.60 设用具有 $r_d=1\text{k}\Omega$，$r_o=20\text{k}\Omega$ 和 $a=10^6\text{V}/$ V（劣质电阻，优越的增益）的运算放大器实现一个电压跟随器。求 A、R_i 和 R_o。并对结果做讨论。

1.7 节

1.61 假定运算放大器有 $r_d\approx\infty$，$a=10^3\text{V/V}$ 和 $r_o\approx0$，求图 1.15～图 1.19 所示电路的环路增益 T。

1.62 将习题 1.61 中每个源都用 $10\text{k}\Omega$ 电阻代替，重做该题。

1.63 将图 1.18 所示的差分放大器用四个匹配的 $10\text{k}\Omega$ 电阻和一个 $r_d=\infty$，$a=10^2\text{V/V}$，$r_o=100\Omega$ 的运算放大器实现。（a）写出 $v_O=A_2v_2-A_1v_1$，利用环路增益分析求出 A_1 和 A_2（由于馈通有 $A_1\neq A_2$）。（b）差分放大器的一个品质因数是它的共模抑制比，将之定义为 $\text{CMRR}=20\lg|A/\Delta A|$，其中 $A=(A_1+A_2)/2$，$\Delta A=A_1-A_2$。这个电路的 CMRR 是多少？如果 a 上升到 10^3V/V 会怎样？

1.64 （a）设图 P1.64 所示的运算放大器有 $r_d\approx\infty$，$a=10^3\text{V/V}$，$r_o\approx0$，所有电阻相同，求 A_{ideal} 和误差增益 G_E。（b）若要使 $G_E\leqslant0.1\%$，求 $a_{\min}$。

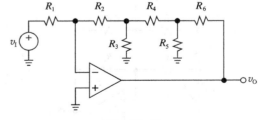

图 P1.64

1.65 令图 P1.65 所示的运算放大器有 $r_d\approx\infty$，$a=10^4\text{V/V}$，$r_o\approx0$。设 $R_1=R_3=R_5=10\text{k}\Omega$，$R_2=R_4=20\text{k}\Omega$，利用环路增益分析求增益 $A_r=v_O/i_I$ 及从 i_I 源看进去的阻

抗 R_i。

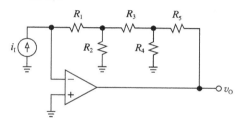

图　P1.65

1.66　在图 P1.66 所示的电路[8]中，令 $r_d = 50\text{k}\Omega$，$g_m = 1\text{mA/V}$，$r_o = 1\text{M}\Omega$。若 $R_s = 200\text{k}\Omega$，$R_F = 100\text{k}\Omega$，利用反馈增益分析求得闭环增益 $A_r = v_O/i_s$。利用 PSpice 软件仿真验证，馈通对于 A_r 的贡献占比多少？提示：去掉源，在输出节点施加一个流出的测试电流 i_t，求得反馈增益 $-g_m v_d/i_t$。

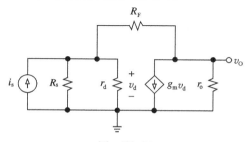

图　P1.66

1.67　参考图 P1.66 所示的电路，利用布莱克曼公式求从输入到地的阻抗 R_i，从输出到地的阻抗 R_o 并用 Pspice 软件仿真验证。设其中的数据同习题 1.66，并参考该题所给提示。

1.68　在图 1.42a 所示的电路中用 X 表示 R_2、R_3 和 R_4 的公共节点。(a)设数据同例 1.14，利用布莱克曼公式求从 X 到地的阻抗 R_X。它是大还是小？请直观验证。(b)利用直观方法(不要使用公式)估算从节点 X 到反相输入节点的阻抗 R_{XN}，以及从节点 X 到输出节点的阻抗 R_{XO}。提示：如果在这些要考察的节点上施加测试电压会如何？

1.69　重画图 P1.64 所示的电路，但将 R_6 换为图 P1.54 所示的负载 LD，并使输出为从左向右流的负载电流 v_O，假设 $r_d \approx \infty$，$a = 5000\text{V/V}$，$r_o \approx 0$，以及 $R_1 = R_2 = 200\text{k}\Omega$，$R_3 = 100\text{k}\Omega$，$R_4 = 120\text{k}\Omega$，$R_5 = 1.0\text{k}\Omega$，使用环路增益分析求当负载 LD 为短路时的增益 $A_g = i_O/v_I$。连接在负载两端的等效电阻 R_o 是多少？

1.70　在图 1.51a 所示的电路中，设 $a_1 = 3000\text{V/V}$ 和 $R_L = 2\text{k}\Omega$，并设想在从节点 v_1 到节点 v_O

的电路上再接入一个 $10\text{k}\Omega$ 的电阻。(a)画出并标注整个电路的开环 VTC，也即 v_O 对差分输入 $v_D = v_P - v_N$ 的关系；(b)画出并标注在 $-0.3\text{V} \leqslant v_I \leqslant 0.3\text{V}$ 范围内的 T 对 v_I 的关系。(c)如果 v_I 是 $\pm 0.3\text{V}$ 峰-峰值的三角波，画出并标注 v_I、v_O、v_1 和 v_D 对时间的关系。

1.8 节

1.71　用 $v_I = -5\text{V}$ 重做例 1.15。

1.72　假设图 P1.72 所示电路中 $I_Q = 1.5\text{mA}$，若(a)$v_I = +2\text{V}$；(b)$v_I = -2\text{V}$，求全部的电流和电压，以及运算放大器内部耗散的功率。

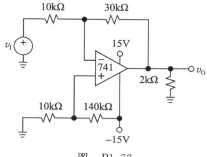

图　P1.72

1.73　(a)假设供电电压为 $\pm 15\text{V}$，设计一个电压在 $0\text{V} \leqslant v_S \leqslant 10\text{V}$ 的范围内可变的电压源。(b)假设有一个 $1\text{k}\Omega$ 的接地负载，并且 $I_Q = 1.5\text{mA}$，求运算放大器内部消耗的最大功率。

1.74　(a)假设 $i_Q = 50\mu\text{A}$，并且在图 1.17 所示的直流补偿运算放大器的输出端有一个接地的 $100\text{k}\Omega$ 负载，求 v_I 为何值时运算放大器消耗的能量达到最大，并求出相应的所有电压和电流。(b)假设 $\pm V_{sat} = \pm 12\text{V}$，求使运算放大器仍在线性区域工作的 v_I 的范围。

1.75　在图 1.18 所示的放大器中，设 $R_1 = 30\text{k}\Omega$，$R_2 = 120\text{k}\Omega$，$R_3 = 20\text{k}\Omega$ 和 $R_4 = 30\text{k}\Omega$，并设运算放大器是由 $\pm 15\text{V}$ 电源供电的 741 运算放大器。(a)若 $v_2 = 2\sin(\omega t)\text{V}$，求该放大器已然工作在线性区的 v_1 值范围。(b)若 $v_1 = V_{im}\sin(\omega t)$ 和 $v_2 = -1\text{V}$，求运算放大器仍然工作在线性区的最大值 V_m。(c)若电源改为 $\pm 12\text{V}$，重做(a)和(b)问。

1.76　重画图 1.16 所示的电路，但将源 i_S 换成源 v_S，上端为正。(a)当运算放大器在线性区域工作时，v_O 对 v_S 的关系是什么样的？假设运算放大器在 $\pm 10\text{V}$ 达到饱和。在(b)$v_S = 5\text{V}$ 和(c)$v_S = 15\text{V}$ 时，求 v_N、v_P 和 v_O。

1.77　对于图 1.17 所示的运算放大器，假设在 $\pm 10\text{V}$ 达到饱和，如果 v_S 是峰值为 $\pm 9\text{V}$ 的正弦波，画出并标注 v_N、v_P 和 v_O 对时间的图。

1.78 用 $R_1=10\text{k}\Omega$, $R_2=15\text{k}\Omega$, 由 $\pm12\text{V}$ 电源供电的 741 运算放大器, 实现如图 1.14a 所示的同相放大器。若电路在反相输入和 12V 电源之间还包括第三个电阻 $30\text{k}\Omega$ 被接入, 若(a)$v_1=4\text{V}$ 和(b)$v_1=-2\text{V}$, 求 v_N 和 v_0。

1.79 对于图 1.42a 所示的电路, 假设始终使用一个 $10\text{k}\Omega$ 的电阻, 运算放大器 $a=10^4\text{ V/V}$, 并且在 $\pm5\text{V}$ 时达到饱和, 假设有一正弦输入 $v_I=V_{im}\sin(\omega t)$, 用 v_X 表示 R_2、R_3、R_4 的公共节点的电压, 在以下两种情况下画出并标注 v_I、v_N、v_O 和 v_X 对时间的关系。(a)$V_{im}=1.0\text{V}$, (b)$V_{im}=2.0\text{V}$。

1.80 在图 1.20 所示的积分器中, 设 $R=30\text{k}\Omega$, $C=20\text{nF}$, 运算放大器在 $\pm5\text{V}$ 饱和, (a)假设 C 初始时已经放电完毕, 如果 v_1 在 $t=0$ 时从 0V 变到 3V, 求运算放大器达到饱和的时间 t (使用习题 1.42 的提示)。(b)在达到饱和前与达到饱和后, 计算并标注 v_N, 并讨论。

1.81 图 P1.81 所示的电路称为桥式放大器, 与用一个单个的运算放大器相比, 前者能使线性输出范围提高一倍。(a)证明: 若这些电阻如图所示比率, 则 $v_N/v_O=2A$。(b)如果单个运算放大器饱和在 $\pm13\text{V}$, 该电路能给出的最大不失真峰-峰输出电压是多少?

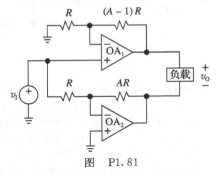

图 P1.81

1.82 对于图 P1.72 所示的电路, 若 v_1 是峰值为 $\pm5\text{V}$ 的三角波, 画出并标注 v_I、v_N 和 v_O 与时间的关系。

参考文献

1. W. Jung, *Op Amp Applications Handbook* (Analog Devices Series), Elsevier/Newnes, New York, 2005, ISBN 0-7506-7844-5.
2. P. R. Gray, P. J. Hurst, S. H. Lewis, and R. G. Meyer, *Analysis and Design of Analog Integrated Circuits*, 5th ed., John Wiley & Sons, New York, 2009, ISBN 978-0-470-24599-6.
3. S. Franco, *Analog Circuit Design—Discrete and Integrated*, McGraw-Hill, New York, 2014.
4. H. W. Bode, *Network Analysis and Feedback Amplifier Design*, Van Nostrand, New York, 1945.
5. R. D. Middlebrook, "The General Feedback Theorem: A Final Solution for Feedback Systems," *IEEE Microwave Magazine*, April 2006, pp. 50–63.
6. R. B. Blackman, "Effect of Feedback on Impedance," *Bell Sys. Tech. J.*, Vol. 23, October 1943, pp. 269–277.
7. S. Rosenstark, *Feedback Amplifier Principles*, MacMillan, New York, 1986, ISBN 978-0672225451.
8. P. J. Hurst, "A Comparison of Two Approaches to Feedback Circuit Analysis," *IEEE Trans. on Education*, Vol. 35, No. 3, August 1992, pp. 253–261.

附录

标准电阻值

为你设计的电路的总电阻值指定标准是一个好的工作习惯(见表 1)。在许多应用中, 电阻误差在 5% 内, 其精度是足够的; 然而, 当有高精度要求时, 应该达到 1% 误差, 或者允许电阻阻值可变(微调)以达到精确调整。

表中的数据都是成倍数的。例如, 如果由计算得到一个电阻阻值 3.1415kΩ, 偏差 5% 的阻值为 3.0kΩ, 偏差 1% 的阻值为 3.16kΩ。在设计低功率电路时, 电阻最好 1kΩ~1MΩ。尽量避免太大的电阻值(例如超过 10MΩ), 因为周围介质中的寄生电阻会减小电阻的有效值, 特别是存在水分和盐分时。另一方面, 低电阻又会造成不必要的功率耗散。

表 1 标准电阻值

5%电阻值	1%电阻值			
10	100	178	316	562
11	102	182	324	576
12	105	187	332	590
13	107	191	340	604
15	110	196	348	619
16	113	200	357	634
18	115	205	365	649
20	118	210	374	665
22	121	215	383	681
24	124	221	392	698
27	127	226	402	715
30	130	232	412	732
33	133	237	422	750
36	137	243	432	768
39	140	249	442	787
43	143	255	453	806
47	147	261	464	825
51	150	267	475	845
56	154	274	487	866
62	158	280	499	887
68	162	287	511	909
75	165	294	523	931
82	169	301	536	953
91	174	309	549	976

第2章
电阻反馈电路

本章我们将研究一些运算放大器电路,重点介绍它们的应用。待研究的电路被设计成线性,并具有与频率无关的传输特性。设计成具有频率相关性的线性电路更适合称为滤波器。此外,非线性运算放大器电路将在第7章进行研究。

要了解一个给定电路的工作过程,首先要用理想运算放大器模型去分析,然后利用1.6节和1.7节的内容,进一步研究运算放大器的非理想特性,尤其是有限的开环增益如何影响它的闭环参数。在充分掌握了简单运算放大器模型电路的分析后,我们将在第3章、第4章更系统地研究运算放大器的非理想特性,例如静态和动态误差等问题。在本章和其他章节中最直接受这些限制因素影响的电路将在以后进行详细分析。

本章的前半部分再次提到1.6节介绍的四种反馈电路结构,用来研究一些实际应用。即使一个电压型的放大器也能构成跨阻放大器或 *I-V* 转换器,和跨导放大器或 *V-I* 转换器和电流放大器。这样卓越的多样性源于负反馈能力,它能调节闭环电阻和稳定性增益。巧妙地利用这一能力使我们能更接近表1.1所示的理想放大器的工作状态,达到一个更满意的程度。

本章的第二部分着重介绍仪表概念和应用。研究的电路包括差分放大器、仪表放大器和传感器桥式放大器,这些电路广泛应用于当今的自动化测试、检测和控制仪器等方面。

2.1 电流-电压转换器

一个电流-电压转换器(*I-V* 转换器),也叫跨导放大器,输入电流 i_I 便能产生形为 $v_O = Ai_I$ 的输出电压,这里 A 是指电路的增益,单位是 A/V。如图2.1所示,首先假设运算放大器是理想的,在虚地点将电流相加得到 $i_I + (v_O - 0)/R = 0$,或者

$$v_O = -Ri_I \qquad (2.1)$$

它的增益是 $-R$,是一个负值,由选取电流 i_I 的参考方向决定的,若选取相反的方向,则 $v_O = Ri_I$。增益的大小也称为该转换器的灵敏度,因为它给出了对某一特定的输入电流变化量对应的输出电压的变化量。例如,对于

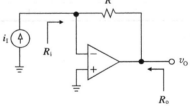

图2.1 基本 *I-V* 转换器

1V/mA 的灵敏度需选取 $R = 1k\Omega$,对于 $1V/\mu A$ 的灵敏度需选取 $R = 1M\Omega$ 等等。如果愿意的话,可以用电位器改变 R 实现可变的增益。值得注意的是,反馈元件不一定局限为一个电阻。在更一般的情况下,它是一个阻抗 $Z(s)$,其中 s 是复频率。例如,取式(2.1)进行拉普拉斯(Laplace)变换形式 $V_o(s) = -Z(s)I_i(s)$,从而这个电路称为**跨阻抗放大器**。

可以看到,该运算放大器减小了输入和输出端的负载。实际上,如果输入源存在一个有限的并联电阻 R_s,由于输入端的电压强制到 0V,运算放大器便消除了通过它的电流损耗。同样,该运算放大器传输 v_O 到输出负载 R_L 也是通过零输出电阻进行的。

闭环参数

如果使用一个非理想的运算放大器,现在来研究偏离理想的情况。与图1.28b所示电路比较,可以判断这是一个并-并联的拓扑结构。运用1.7节的方法可得:

$$T = \frac{ar_d}{r_d + R + r_o} \qquad (2.2)$$

$$A = -R\,\frac{1}{1+1/T}, \quad R_i = \frac{r_d \,/\!/\, (R+r_o)}{1+T}, \quad R_o \approx \frac{r_o}{1+T} \tag{2.3}$$

例 2.1 如果图 2.1 所示电路用 741 运算放大器和 $R = 1M\Omega$ 构成,求它的闭环参数。

解:

代入已知元件值,得到 $T = 133\,330$,$A = -0.999\,993V/\mu A$,$R_i = 5\Omega$,和 $R_o \approx 56m\Omega$。 ◀

高灵敏度 I-V 转换器

很显然,高灵敏度的应用可能会要求十分大的电阻。除非采用适当的电路制造工艺,否则与 R 并联的周围的媒质电阻将会使净反馈电阻减小,并降低电路的精确度。图 2.2 展示了一种广泛用来避免这个缺陷的方法。电路采用 T 形网络来实现高灵敏度,无需使用不切实际的大电阻。

在节点 V_1 将电流相加得到 $-v_1/R - v_1/R_1 + (v_O - v_1)/R_2 = 0$。但是利用式(2.1)可消去 v_1 得到

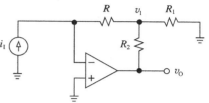

图 2.2 高灵敏度 I-V 转换器

$$v_O = -kRi_I \tag{2.4a}$$

$$k = 1 + \frac{R_2}{R_1} + \frac{R_2}{R} \tag{2.4b}$$

电路实际上是靠倍乘因子 k 来增加 R 的,这样我们可以从一个合理的 R 值出发,然后乘以所需要的 k 值来实现高灵敏度。

例 2.2 在图 2.2 所示的电路中给出合适的元件值以实现 0.1V/nA 的灵敏度。

解:

现有 $kR = (0.1/10^{-9})\Omega = 100M\Omega$,这是一个相当大的值。由 $R = 100M\Omega$ 出发,然后乘上 100 以满足技术指标,可得 $1 + R_2/R_1 + R_2/10^6 = 100$。由于一个方程里有两个未知数,则先固定一个未知数,如设 $R = 1k\Omega$,然后令 $1 + R_2/10^3 + R_2/10^6 = 100$,可得出 $R_2 \approx 99k\Omega$(选取最接近标准值的 $100k\Omega$)。如果愿意,R_2 可做成可变电阻来精确调节 kR。 ◀

实际的运算放大器在它的输入端会流出一个小电流,即输入偏置电流。它会降低高灵敏度 I-V 转换器的性能,这里 i_I 本身很小。这个缺陷可以通过使用低输入偏置电流的运算放大器来克服,比如 JFET 输入和 MOSFET 输入的运算放大器。

光电检测器放大器

最常见的一种 I-V 转换器的应用是与电流型光电检测器关联的,如光电二极管和光电倍增管[1]。另外一个常用的应用即为电流输出 D/A(数/模)转换器的 I-V 转换。

光电检测器是传感器一类,可对入射光或其他形式的射线如 X 射线做出响应,并产生电流。再利用跨阻放大器将这个电流转换为电压,并尽可能消除输入和输出可能存在的负载效应。

最广泛应用的一种光电检测器是**硅光电二极管**,具有固态稳定性、低成本、小尺寸和低功耗的特点。该装置既能工作在反向偏置电压的**光电导模**,如图 2.3a 所示,也可以工作在零偏置的**光电模**,如图 2.3b 所示。光电导模能提供较高的速度,因此更适合检测高速光脉冲和高频光束调制装置。光电模可提供较低的噪声,因此更适合测量和仪器应用。图 2.3b 所示的电路可用作一个光度计,能把输出直接用光强度单位进行标定。

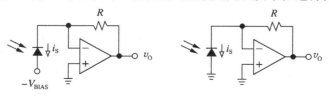

a) 光电导检测器   b) 光电检测器

图 2.3

2.2 电压-电流转换器

电压-电流转换器(V-I 转换器)又叫**跨导放大器**，它接收一个输入电压 v_I，并产生输出电流 $i_O = Av_I$，其中，A 是电路的增益或灵敏度，以 A/V 为单位。对于一个实际的转换器，它的特性可以取更现实的形式：

$$i_O = Av_I - \frac{1}{R_o}v_L \tag{2.5a}$$

式中：v_L 是响应电流在输出负载上建立的电压；R_o 是从负载看进去的转换器输出电阻。对于理想的 V-I 转换器，i_O 独立于 v_L，也即必须有：

$$R_o = \infty \tag{2.5b}$$

由于它的输出是一个电流，电路需要一个负载才能使它工作，将输出端口处于开路就会造成电路失效，因为 i_O 没有可流经的路径。**电压裕量**(voltage compliance)是电压 v_L 的可允许值范围，在运算放大器部分任何饱和现象发生之前，该电路在这个电压范围内能正常工作。

如果负载的两个端口都不受约束，那么这个负载就说是**浮动**型的。然而，如果是一个端口被约束到地或者到其他电位，这个负载就说是**接地**型的，而转换器的电流必须反馈到未被约束的一端。

浮动负载转换器

图 2.4 展示了两种基本实现，这两种实现都是通过负载本身作为反馈元件。如果负载的一个端口被约束了的话，自然不可能再用这个负载作为反馈元件了。

在图 2.4a 所示的电路中，无论电流 i_O 是多少都将会使得反向输入电流跟随着 v_I，或者说有 $Ri_O = v_I$。对 i_O 求解，得：

$$i_O = \frac{1}{R}v_I \tag{2.6}$$

无论负载是何种类型，上述表达式均成立：对于一个电阻性转换器，它可能是线性的；对于一个二极管，它可能是非线性的；对

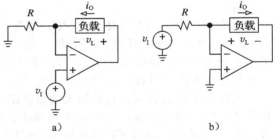

图 2.4 浮动负载 V-I 转换器

于一个电容，它可能具有时间相关特性。无论是何种负载，这个运算放大器将强制使电流满足式(2.6)，这个电流只取决于控制电压 v_I 和设定电流的电阻 R，而和负载电压 v_L 无关。为了达到这个目的，运算放大器必须将它的输出摆动到 $v_O = v_I + v_L$，只要 $V_{OL} < v_O < V_{OH}$ 就很容易实现。因此，这个电路的电压裕量是 $(V_{OL} - v_I) < v_L < (V_{OH} - v_I)$。

在图 2.4b 所示的电路中，运算放大器将它的反相输入端一直保持在 0V。因此，它的输出端一定要吸收电流 $i_O = (v_I - 0)/R$，并且其输出电压必须要摆动到 $v_O = -v_L$。除了极性相反以外，电流还是和式(2.6)相同，然而，电压裕量现在是 $V_{OL} < v_L < V_{OH}$。

可见，只要忽略 v_I 的极性，式(2.6)对这两个电路均成立。图 2.4 所示的箭头方向表明 $v_I > 0$ 时的电流方向，在 $v_I < 0$ 时只用简单的颠倒一下电流方向。因此，这两个转换器可以说是**双向的**。

具有特别重要的情况是负载为一个电容，这个电路成为一个熟悉的积分器。如果让 v_I 保持恒定，这个电路就会强制让一个恒定的电流通过这个电容，以一个恒定的速率对它充电或放电，这取决于 v_I 的极性。这就是各种波形发生器的基础，如锯齿波和三角波发生器、V-F 和 F-V 转换器，以及双斜波 A/D 转换器。

图 2.4b 所示转换器的一个缺点是 i_O 必须来自输入源 v_I 本身。而在图 2.4a 所示电路中，从这个源看进去的是一个真正的无限输入电阻。然而，这个优点又被一个更为有限的

电压裕量相抵消。两个电路中的任何一个能够供给负载的最大电流都取决于运算放大器。对于 741 运算放大器而言，这个电流典型值是 25mA。如果要求有更大的电流，可以用一个功率运算放大器，或者用一个低功率运算放大器再接一个输出电流放大级。

例 2.3　设图 2.4 所示两个电路中有 $v_I = 5V$，$R = 10k\Omega$，$\pm V_{sat} = \pm 13V$ 和一个电阻负载 R_L。对这两个电路求：(1)i_O；(2)电压裕量；(3)R_L 最大容许值。

解：

(1) $i_O = (5/10)mA = 0.5mA$，在图 2.4a 所示电路中电流从右流向左边，而在图 2.4b 所示电路中则从左流向右边。

(2) 对于图 2.4a 所示的电路，$-18V < v_L < 8V$；对于图 2.4b 所示的电路，$-13V < v_L < 13V$。

(3) 在纯电阻负载下，v_L 总是正的。对于图 2.4a 所示的电路，$R_L < 8/0.5 = 16k\Omega$；对于图 2.4b 所示的电路，$R_L < (13/0.5)k\Omega = 26k\Omega$。◀

实际运算放大器限制

现在要研究一个实际运算放大器的影响。在运算放大器被它的实际模型替换以后，图 2.4a 所示电路就变成了图 2.5 所示电路。将全部电压相加得到 $v_I - v_D + v_L + r_o i_O - a v_D = 0$。将电流相加，得到 $i_O + v_D/r_d - (v_I - v_D)/R = 0$。消去 v_D 并整理后能将 i_O 写成式(2.5a)的形式，其中，

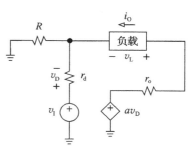

图 2.5　研究用一个实际运算放大器的影响

$$A = \frac{1}{R} \frac{a - R/r_d}{1 + 1 + r_o/R + r_o/r_d}$$

$$R_o = (R // r_d)(1 + a) + r_o \qquad (2.7)$$

很明显，当 $a \to \infty$ 时，能得到理想情况下的结果 $A \to 1/R$ 和 $R_o \to \infty$。然而，对于一个有限增益 a，A 一定会有某些误差，而 R_o 虽然仍很大，但一定不会是无限大，这表明 i_O 对于 v_L 有一个弱的依赖关系。对于图 2.4b 所示的电路，类似的考虑也成立。

接地负载转换器

当负载的一个端口已经被约束时，就不能再将它放在运算放大器的反馈环路之内。图 2.6a 示出一种适用于接地负载的转换器。这个称为 Howland 电流泵（Howland current pump，因发明者而得名）的电路由一个具有串联电阻 R_1 的输入源 v_I 和一个合成的接地电阻值 $-R_2 R_3/R_4$ 的负阻转换器所组成。从负载看过去的电路可用图 2.6b 所示的诺顿等效所代替，其 i-v 特性由式(2.5a)给出。现在希望求得从负载看过去的总输出电阻 R_o。

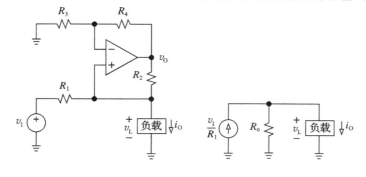

a)　　　　　　　　b)

图 2.6　Howland 电流泵及其诺顿等效电路

为此，首先对输入源 v_I 和它的电阻 R_1 做源变换，然后将这个负电阻与它并联，如

图 2.7 所示。这里有：

$$1/R_o = 1/R_1 + 1/(-R_2R_3/R_4)$$

将其展开并整理得

$$R_o = \frac{R_2}{R_2/R_1 - R_4/R_3} \tag{2.8}$$

正如所知道的，对于真正的电流源，必须有 $R_o \to \infty$。为了实现这一条件，四个电阻必须构成一个平衡电桥：

$$\frac{R_4}{R_3} = \frac{R_2}{R_1} \tag{2.9}$$

当这个条件满足时，输出就与 v_L 无关：

$$i_O = \frac{1}{R_1} v_I \tag{2.10}$$

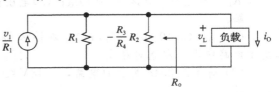

图 2.7 利用一个负电阻控制 R_o

很清楚，这个转换器的增益是 $1/R_1$。对于 $v_I > 0$，这个电路是将电流流向负载，而对于 $v_I < 0$，电路将沉(汇)电流。因为 $v_L = v_O R_3/(R_3 + R_4) = v_O R_1/(R_1 + R_2)$，假定对称输出饱和，电压裕量是：

$$|v_L| \leqslant \frac{R_1}{R_1 + R_2} V_{sat} \tag{2.11}$$

为了扩展裕量，总是要将 R_2 保持在比 R_1 小得多(如 $R_2 \approx 0.1R_1$)。

例 2.4 如图 2.8 所示的 Howland 电流泵使用了一个 2V 基准电压来提供一个 1mA 稳定电流。假设一个轨到轨的运算放大器($\pm V_{sat} = \pm 9V$)，图中提供一个表格显示当 $v_L = 0, 1, 2, 3, 4, 5, -2, -4, -6$ 时所有的电压和电流值并给出一个电路功能的文字描述。问这个电流泵的电压裕量是多少？

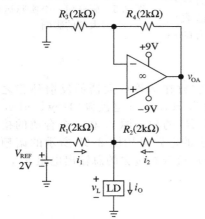

v_L	i_1	v_{OA}	i_2	i_O
0	1	0	0	1
1	0.5	2	0.5	1
2	0	4	1	1
3	−0.5	6	1.5	1
4	−1	8	2	1
5	−1.5	9	2	0.5
−2	2	−4	−1	1
−4	3	−8	−2	1
−6	4	−9	−1.5	2.5

图 2.8 例 2.4 中电流源和不同负载电压的电压/电流分配值(电压单位是 V，电流单位是 mA)

解：

只要 $-9V \leqslant v_{OA} \leqslant +9V$，这个运算放大器将会工作在线性区，并得出 $v_{OA} = 2v_L$。因此电压裕量为：$-4.5V \leqslant v_L \leqslant +4.5V$。由 KCL 可得 $i_O = i_1 + i_2$，其中，

$$i_1 = \frac{V_{REF} - v_L}{R_1}, \quad i_2 = \frac{v_{OA} - v_L}{R_2} = \frac{2v_L - v_L}{R_2} = \frac{v_L}{R_2}$$

当工作在线性区工作时，$i_1 + i_2 = V_{REF}/R_1$。根据所给的 v_L 值我们能很容易填入图 2.8 中表格的前五行的数据。因此，当 $v_L = 0$ 时，i_O 完全来自于 V_{REF}，但是当电压 v_L 随着负载增加而增长时，V_{REF} 的作用降低，而 v_{OA} 的作用上升，在不考虑 v_L 的前提下，通过这种方式增加电流，使 $i_O = 1mA$(注意当 $v_L > V_{REF}$ 时，i_1 实际上会改变极性！)。然而，当 $v_L > (9/2)V = 4.5V$

时，运算放大器饱和，停止提供所需要的调节（事实上，当 $v_L=5\text{V}$，i_O 降到了 0.5mA）。

当 $v_L<0$ 时，v_{OA} 变成了负的，从负载节点拉电流（$i_2<0$）来补偿现在 $i_1>1\text{mA}$ 的事实。当 $v_L<(-9/2)\text{V}=-4.5\text{V}$ 时，运算放大器再次饱和并停止调节。神奇的是，无论运算放大器尝试提供什么电压和电流，在不考虑 v_L 的情况下，它都能保证 $i_O=1\text{mA}$（当然，只要它设法不要工作在饱和区就可以）。◀

可见，Howland 电流泵既包含有一个负的也包含一个正的反馈路径。用 R_L 表示负载电阻，可从式（1.78）得出环路增益为：

$$T=\frac{a(v_N-v_P)}{v_T}=a\left(\frac{R_3}{R_3+R_4}-\frac{R_1\,/\!/\,R_L}{R_1\,/\!/\,R_L+R_2}\right)$$

$$=a\left(\frac{1}{1+R_2/R_1}-\frac{1}{1+R_2/R_1+R_2/R_L}\right)$$

式（2.9）中已使用过这个算式。很显然，只要电路始终接在某个有限负载 $0\leqslant R_L<\infty$，我们就可得出 $T>0$，这表明负反馈优于正反馈，因此得到一个稳定的电路。

电阻失配的影响

在实际电路中由于电阻值的容许误差，电阻电桥很可能是不平衡的。这就必然会降低 R_o 的品质，对于真正的电流源，它应该是无限大的。因此，对于给定的阻值容差数据，关心的是要估计出最坏情况的 R_o 值。

一个不平衡的电桥意味着在式（2.9）中不相等的电阻比值，借助于**不平衡因子** ε 能够表示为：

$$\frac{R_4}{R_3}=\frac{R_2}{R_1}(1-\varepsilon) \tag{2.12}$$

将其代入式（2.8）中并简化，可得：

$$R_o=\frac{R_1}{\varepsilon} \tag{2.13}$$

如所预期的，不平衡越小，R_o 越大。在完全平衡的极限下，或当 $\varepsilon\to0$ 时，自然有 $R_o\to\infty$。可以看出 ε 和 R_o 既能为正，也能为负，这取决于电桥在哪个方向上失衡。根据式（2.5a），$-1/R_o$ 代表 i_O 对 v_L 特性的斜率，因此 $R_o=\infty$ 意味着一条纯水平的特性，$R_o>0$ 意味向右有一个倾斜，而 $R_o<0$ 意味着向左有一个倾斜。

例 2.5　（1）在例 2.4 中利用电路中 1% 的电阻讨论它的含义。（2）对于 0.1% 的电阻重做（1）问。（3）对于 $|R_o|\geqslant50\text{M}\Omega$，求所需要的电阻容差。

解：

当比值 R_2/R_1 最大和 R_4/R_3 最小，也即 R_2 和 R_3 最大，而 R_1 和 R_4 最小时，电桥就会发生不平衡最坏的情况。用 p 表示阻值的百分容差，如 1% 的电阻就有 $p=0.01$，可见为了实现式（2.9）的平衡条件，最小化电阻必须乘以 $1+p$，而最大化电阻要乘以 $1-p$，因此给出：

$$\frac{R_4(1+p)}{R_3(1-p)}=\frac{R_2(1-p)}{R_1(1+p)}$$

整理后可得：

$$\frac{R_4}{R_3}\approx\frac{R_2}{R_1}\frac{(1-p)^2}{(1+p)^2}\approx\frac{R_2}{R_1}(1-p)^2(1-p)^2\approx\frac{R_2}{R_1}(1-4p)$$

式中已经利用这一点，即对于 $p\ll1$，能采用近似式 $1/(1+p)\approx1-p$ 并且可不计 p^n，$n\geqslant2$ 的项。与式（2.12）比较后可写成：

$$|\varepsilon|_{\max}\approx4p$$

（1）对于 1% 的电阻，有 $|\varepsilon|_{\max}\approx4\times0.01=0.04$，表明电阻比例的失配大到 4%。因此，$|R_o|_{\min}=R_1/|\varepsilon|_{\max}\approx(2/0.04)\text{k}\Omega=50\text{k}\Omega$，这表示用 1% 的电阻，R_o 可以在 $|R_o|\geqslant50\text{k}\Omega$ 范围内的任何值上。

（2）提高电阻容差的数量级，$|R_o|_{min}$ 也将提高相同的数量，所以 $|R_o|\geqslant 500\text{k}\Omega$。

（3）对于 0.1% 的电阻，给定 $|R_o|_{min}=0.5\text{M}\Omega$，可得出对于 $|R_o|_{min}=10\text{M}\Omega$，需要通过 $10/0.5=20$ 的因数来提高电阻容差。因此，$p=0.1/20=0.005$ 需要很高精度的电阻。 ◀

作为替换高精度电阻的另一种方法是，采用电阻微调。然而，一个优秀的设计者都是要力求避免微调电阻的。因为它们在机械上和热的方面都是不稳定的，精度有限并且体积比普通电阻要大要笨重得多。另外，校准定标过程也增加了生产成本。不过也有这样一些情况，在经过成本、复杂性和其他相关因素分析之后，微调仍然证明是可取的。

图 2.9 示出 Howland 电流泵电路校准定标的一种方案。它的输入接地，负载用一只最初接地的灵敏安培表代替。在这种状态下，安培表读数应该为零。然而，由于运算放大器的非理想性，如将要在第 3 章讨论的输入偏置电流和输入失调电压，安培表读数尽管很小，但通常不为零。为了对 $R_o=\infty$ 的情况定标，现将安培表移到某个其他的电压，如 5V 上，通过调节电位器将安培表读数调到与安培表接地时相同的读数。

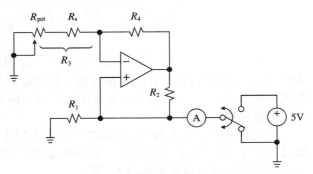

图 2.9 Howland 电流泵电路校准定标

例 2.6 在例 2.4 的电路中给出一种合适的微调电位器/电阻替换 R_3，以得到在 1% 电阻情况下的电桥平衡。

解：

由于 $4pR_1=4\times 0.01\times 2\times 10^3\Omega=80\Omega$，串联电阻 R_s 必须小于 $2.0\text{k}\Omega$，但至少为 80Ω。为保险起见，设 $R_s=1.91\text{k}\Omega$，1%，则 $R_{pot}=2\times(2-1.91)\times 10^3\Omega=180\Omega$（选取一个 200Ω 点）。 ◀

有限开环增益的影响

现在要研究有限开环增益对 Howland 电流泵电路传输特性的影响。为了单独说明运算放大器的影响，假定这些电阻都构成很完美的电桥平衡。参照图 2.6a 所示电路，根据 KCL，有 $i_O=(v_I-v_L)/R_1+(v_O-v_L)/R_2$。可以把这个电路看作一个同相放大器，它对 v_L 放大生成 $v_O=v_L a/[1+aR_3/(R_3+R_4)]$。利用式（2.9），可以写成 $v_O=v_L a/[1+aR_1/(R_1+R_2)]$。消去 v_O 并作整理后可得到：

$$i_O=\frac{1}{R_1}v_I-\frac{1}{R_o}v_L$$

式中：

$$R_o=(R_1\ /\!/\ R_2)\left(1+\frac{a}{1+R_2/R_1}\right) \tag{2.14}$$

注意 R_o 可以由布莱克曼公式推导出来。能有趣地发现，有限开环增益 a 的影响是使 R_o 从无穷大开始降低，但不会改变灵敏度（$A=1/R_1$）。

例 2.7 （1）在例 2.4 中的 Howland 电流泵中，如果运算放大器有 $a=10^5\text{V/V}$，$r_d=\infty$，$r_o=0$，并用 PSpice 软件仿真确认结果，计算 R_o。（2）如果考虑更多实际值 $r_d=1\text{M}\Omega$ 和 $r_o=100\Omega$ 会怎么样？

解：

（1）通过式（2.14）可得 $R_o=(2\ /\!/\ 2)\times 10^3\times[1+10^5/(1+2/2)]\Omega=50\text{M}\Omega$。使用 PSpice 仿真，如图 2.10 所示，提供一个 $1\mu\text{A}$ 测试电流流至 P 节点（注：根据 PSpice 软件的习惯，电压控制电压源正输入端在顶端，负输入端在底端）。根据结果作直流分析，用 $r_d=\infty$，$r_o=0$ 通过 PSpice 软件仿真进行直流分析，可得 $V(P)=49.999\text{V}$，故通过手工计

算可得 $R_o = (49.999)/(10^{-6})\Omega \approx 50M\Omega$。

（2）用 $r_d = 1M\Omega$ 和 $r_o = 100\Omega$ 重新进行 PSpice 软件仿真，可得 $R_o = 47.523M\Omega$，数值减小是因为负载造成环路增益降低，尤其是在运算放大器的输出端。◀

改进的 Howland 电流泵

取决于电路情况，Howland 电流泵电路也并非都是耗费功率的。例如，设 $v_1 = 1V$，$R_1 = R_3 = 1k\Omega$，$R_2 = R_4 = 100\Omega$，并假定负载使之有 $v_L = 10V$。利用式（2.10），可得 $i_o = 1mA$。然而，值得注意的是，向左流经 R_1 的电流是 $i_1 = (v_L - v_1)/R_1 = ((10-1)/1)mA = 9mA$，这表明在给定的条件下，运算放大器将不得不经由 R_1 浪费 9mA，而仅仅送 1mA 到负载。用图 2.11 所示的修正电路能够避免这种无效的功率利用，其中，电阻 R_2 已经分为两部分 R_{2A} 和 R_{2B}，使得现在的平衡条件为：

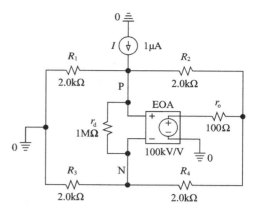

图 2.10　例 2.7 PSpice 仿真电路

$$\frac{R_4}{R_3} = \frac{R_{2A} + R_{2B}}{R_1} \qquad (2.15a)$$

当这个条件满足时，证明从这个负载看进去的仍然是 $R_o = \infty$，但是传输特性现在是：

$$i_O = \frac{R_2/R_1}{R_{2B}} v_I \qquad (2.15b)$$

这个证明留作练习（见习题 2.16）。除了增益项 R_2/R_1 之外，现在灵敏度是由 R_{2B} 设定的，这表

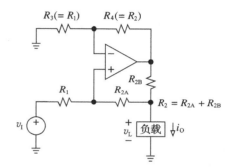

图 2.11　改进的 Howland 电流泵电路

明 R_{2B} 能够按需要做得很小，而剩余的电阻都保持高的阻值以节省功耗。例如，置 $R_{2B} = 1k\Omega$，$R_1 = R_3 = R_4 = 100k\Omega$ 和 $R_{2A} = (100-1)k\Omega = 99k\Omega$，仍然得到在 $v_I = 1V$ 下 $i_O = 1mA$。然而，甚至当 $v_L = 10V$ 时，在很大的 $100k\Omega$ 电阻上消耗的功率现在也非常之少。电压裕量近似为 $|v_L| \leqslant |V_{sat}| - R_{2B}|i_O|$。依据式（2.15b），这个能写成 $|v_L| \leqslant |V_{sat}| - (R_2/R_1)|v_I|$。

由于 Howland 电流泵电路既使用了正反馈，又使用负反馈，所以在某些条件下它们可能成为振荡型的。用两个小电容(一般在 10pF 数量级)与 R_4 和 R_1 并联，通常就足以在高频域使负反馈超过正反馈，从而使电路稳定。

2.3　电流放大器

即便运算放大器是电压放大器，它们也能够构成电流放大器。一个实际电流放大器的传输特性具有如下形式：

$$i_O = A i_I - \frac{1}{R_o} v_L \qquad (2.16a)$$

式中：A 是增益，以 A/A 计；v_L 是输出负载电压；R_o 是从负载端看进去的输出电阻。为了使 i_O 与 v_L 无关，一个电流放大器必须有：

$$R_o = \infty \qquad (2.16b)$$

电流模式放大器应用于信息更方便用电流而不是用电压来表示的场合，例如，双线遥测仪器仪表，光电检测器输出调节，以及 V-F 转换器输入调节等。

图 2.12a 示出一个具有浮动负载的电流放大器。首先假定运算放大器是理想的，根据

KCL，i_O 是流经 R_1 和 R_2 的电流之和，即

$$i_O = i_I + (R_2 i_I)/R_1, \quad \text{或 } i_O = A i_I$$

式中：

$$A = 1 + \frac{R_2}{R_1} \tag{2.17}$$

无论 v_L 为何值，上式均成立，这表明这个电路的 $R_o =$
∞。如果运算放大器具有有限增益 a，可以证明（见习题
2.24）：

$$A = 1 + \frac{R_2/R_1}{1+1/a}, \quad R_o = R_1(1+a) \tag{2.18}$$

这指出一个增益误差以及有限输出电阻。可以很容易确
认电压裕量是 $-(V_{OH} + R_2 i_I) \leqslant v_L \leqslant -(V_{OL} + R_2 i_I)$。

图 2.12b 示出一种接地负载的电流放大器。由于虚
短接的关系，跨在输入源上的电压是 v_L，所以从左流入
R_2 的电流是 $i_S - v_L/R_s$。依据 KCL，可得 $v_{OA} = v_L -$
$R_2(i_S - v_L/R_s)$。依据 KCL 和欧姆定律，可得 $i_O =$
$(v_{OA} - v_L)/R_1$。消去 v_{OA}，给出 $i_O = A i_S - (1/R_o) v_L$。
式中，

$$A = -\frac{R_2}{R_1}, \quad R_o = -\frac{R_1}{R_2} R_s \tag{2.19}$$

负的增益说明 i_O 的真实方向与图示方向是相反的。这样
一来，到电路的源电流〔或来自电路的阱电流）将使电流
由负载流出电流（或到负载的源电流）。如果 $R_1 = R_2$，那
么 $A = -1A/A$，从而这个电路起着一个**电流反相器**，
或**电流镜像**的作用。

可以看到，R_o 是负的，这一点只要将现在这个放大
器与图 1.21b 所示的负阻转换器作一比较，本来就能预计
到的。R_o 是有限值这一点就表明 i_O 不是独立于 v_L 的。为了避免这个缺点，这个电路主要用
在与虚地型负载（$v_L = 0$）连接的场合，如在 I-F 转换器和对数放大器的某些类型中那样。

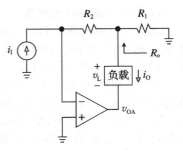

a）浮动负载型

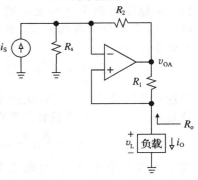

b）接地负载型

图 2.12　电流放大器

2.4　差分放大器

在 1.4 节已经介绍过差分放大器，但是由于它是构成其他重要电路的基础，如仪器仪
表和桥式放大器，所以现在要更加详细地分析它。参考图 2.13a 所示电路，可以想到，只
要这些电阻满足电桥平衡条件：

$$\frac{R_4}{R_3} = \frac{R_2}{R_1} \tag{2.20a}$$

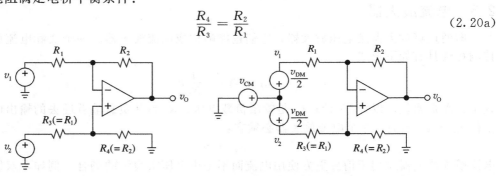

a）差分放大器　　　　　　　　b）利用共模和差模分量v_{CM}和v_{DM}表示输入

图　2.13

这个电路就是一个真正的差分放大器，也就是说，它的输出正比于它的输入差，即

$$v_O = \frac{R_2}{R_1}(v_2 - v_1) \tag{2.20b}$$

如果引入**差模**和**共模**分量，那么差分放大器的独特特性就更容易被理解，其定义为：

$$v_{DM} = v_2 - v_1 \tag{2.21a}$$

$$v_{CM} = \frac{v_1 + v_2}{2} \tag{2.21b}$$

将这些方程作变换，就能利用新定义的分量表示出真正的输入：

$$v_1 = v_{CM} - \frac{v_{DM}}{2} \tag{2.22a}$$

$$v_2 = v_{CM} + \frac{v_{DM}}{2} \tag{2.22b}$$

这样就能将电路重新画成图 2.13b 所示的形式。现在我们就能很简洁地把一个真正的差分放大器定义为一个电路，这个电路仅对差模分量 v_{DM} 有响应，而忽略共模分量 v_{CM}。尤其是，如果将这两个输入连在一起而有 $v_{DM} = 0$，并加一个共模电压 $v_{CM} \neq 0$，一个真正的差分放大器，不管 v_{CM} 的极性和大小，一定会得到 $v_O = 0$。相反，这可以用作一种测试去检验一个实际的差分放大器是怎样接近一个理想的差分放大器的。由于某一给定的 v_{CM} 变化，输出波动越小，放大器就越接近于理想型的。

将 v_1 和 v_2 分解为 v_{DM} 和 v_{CM} 分量，这不仅仅是一种数学形式，而且还反映了一种在实际中常见的情况：一个低幅度的差分信号重叠在一个高幅度的共模信号上，如在传感器中的信号就属于这种情况。有用的信号是差分信号，而从高电平共模信号环境下提取它，然后将它放大，这就是一件具有挑战性的任务。差分型放大器可以完成这种挑战。

图 2.14 说明**差模输入**电阻和**共模输入**电阻。容易看出（见习题 2.30），它们分别是：

$$R_{id} = 2R_1, \quad R_{ic} = \frac{R_1 + R_2}{2} \tag{2.23}$$

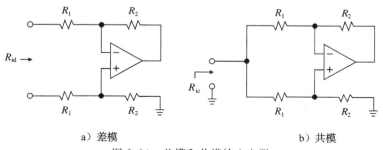

a）差模　　　　　　　　　　　　　　b）共模

图 2.14　差模和共模输入电阻

电阻失配的影响

只要运算放大器是理想的，并且这些电阻满足式 (2.20a) 所示的电桥平衡条件，这个差分放大器对 v_{CM} 一定是不灵敏的。运算放大器非理想性的影响将在第 3 章和第 4 章研究。这里假定为理想运算放大器，仅研究电阻失配的影响。一般来说，如果电桥不平衡，那么电路将不仅仅对 v_{DM}，也要对 v_{CM} 有响应。

例 2.8　在图 2.13a 所示的电路中，设 $R_1 = R_3 = 10\text{k}\Omega$ 和 $R_2 = R_4 = 100\text{k}\Omega$。(1)假定电阻匹配良好，对于下列每个输入电压对求 v_O：$(v_1, v_2) = (-0.1\text{V}, +0.1\text{V})$，$(4.9\text{V}, 5.1\text{V})$，$(9.9\text{V}, 10.1\text{V})$。(2)在电阻失配为：$R_1 = 10\text{k}\Omega$，$R_2 = 98\text{k}\Omega$，$R_3 = 9.9\text{k}\Omega$ 和 $R_4 = 103\text{k}\Omega$ 下重做(1)问，并作讨论。

解：

(1) $v_O = (100/10)(v_2 - v_1) = 10(v_2 - v_1)$。因为在三种情况下都有 $v_2 - v_1 = 0.2\text{V}$，可

以得到 $v_O = (10 \times 0.2)V = 2V$，而与共模分量无关。在这三种输入电压对下，其共模分量分别为 $v_{CM} = 0V$，5V 和 10V。

(2) 依据叠加原理，$v_O = A_2 v_2 - A_1 v_1$，其中，$A_2 = (1 + R_2/R_1)/(1 + R_3/R_4) = (1 + 98/10)(1 + 9.9/103)V/V = 9.853V/V$ 和 $A_1 = R_2/R_1 = (98/10)V/V = 9.8V/V$。因此，对于 $(v_1, v_2) = (-0.1V, +0.1V)$，可得 $v_O = (9.853 \times (0.1) - 9.8 \times (-0.1))V = 1.965V$。同理，对于 $(v_1, v_2) = (4.9V, 5.1V)$，可得 $v_O = 2.230V$，对于 $(v_1, v_2) = (9.9V, 10.1V)$，可得 $v_O = 2.495V$。不匹配电阻的后果不仅使 $v_O \neq 2V$，而且 v_O 还随共模分量变化而变化。显然这个电路不再是一个真正的差分放大器。◀

和 2.2 节的 Howland 电流泵电路的相同方式，通过引入**不平衡因子** ε 可以更加系统地研究电桥不平衡的效果。利用图 2.15 所示电路，可以方便地假设其中的三个电阻具有它们的标称值，而第四个表示为 $R_2(1-\varepsilon)$，用于考虑不平衡度。应用叠加原理有：

$$v_O = -\frac{R_2(1-\varepsilon)}{R_1}\left(v_{CM} - \frac{v_{DM}}{2}\right) + \frac{R_1 + R_2(1-\varepsilon)}{R_1} \times \frac{R_2}{R_1 + R_2}\left(v_{CM} + \frac{v_{DM}}{2}\right)$$

将上式乘开，并合并相关项，能把 v_O 表示成一种更具意义的形式：

$$v_O = A_{dm}v_{DM} + A_{cm}v_{CM} \tag{2.24a}$$

$$A_{dm} = \frac{R_2}{R_1}\left(1 - \frac{R_1 + 2R_2}{R_1 + R_2}\frac{\varepsilon}{2}\right) \tag{2.24b}$$

$$A_{cm} = \frac{R_2}{R_1 + R_2}\varepsilon \tag{2.24c}$$

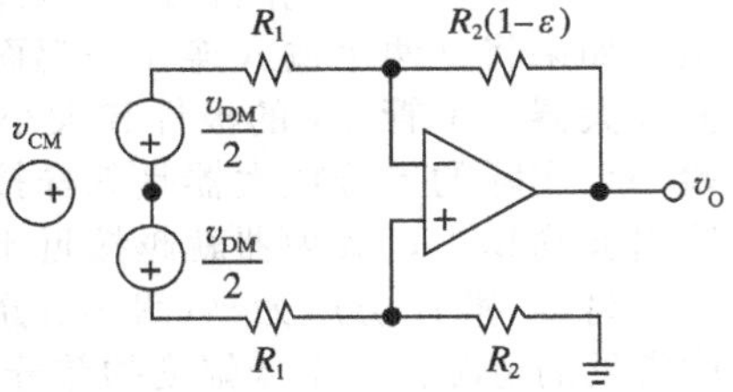

图 2.15　研究电阻失配的影响

正如所期望的，式(2.24a)说明，由于不平衡电桥的缘故，这个电路不仅对 v_{DM} 而且也对 v_{CM} 作出响应。为此，分别称 A_{dm} 和 A_{cm} 为**差模增益**和**共模增益**。仅仅在 $\varepsilon \to 0$ 的极限情况下，才得到理想的结果 $A_{dm} = R_2/R_1$ 和 $A_{cm} = 0$。

比值 A_{dm}/A_{cm} 代表这种电路的一种品质度量称为**共模抑制比**(CMRR)。它的值用分贝(dB)表示为：

$$\{CMRR\}_{dB} = 20\lg\left|\frac{A_{dm}}{A_{cm}}\right| \tag{2.25}$$

对于一个真正的差分放大器有 $A_{cm} \to 0$，从而 $\{CMRR\}_{dB} \to \infty$。对于一个足够小的不平衡因子 ε，在式(2.24b)括号内的第二项与 1 相比可以忽略不计，并能写成 $A_{dm}/A_{cm} \approx (R_2/R_1)/[R_2\varepsilon/(R_1 + R_2)]$，或者

$$\{CMRR\}_{dB} \approx 20\lg\left|\frac{1 + R_2/R_1}{\varepsilon}\right| \tag{2.26}$$

采用绝对值的原因是 ε 可以为正，也可以为负，这取决于不平衡的方向。应该注意到，对于给定的 ε，增益 R_2/R_1 越大，电路的 CMRR 越高。

例 2.9　在图 2.13a 所示电路中，设 $R_1 = R_3 = 10k\Omega$ 和 $R_2 = R_4 = 100k\Omega$。(1)讨论用 1% 电阻的 CMRR。(2)说明输入连在一起并被一个 10V 共模源驱动的情况会怎么样。(3)为确保 CMRR 为 80dB，估计所需的电阻容差。

解：

(1) 按照类似于例 2.5 中的方法，能够写出 $|\varepsilon|_{max} \approx 4p$，其中 p 为百分零差。当 $p = 1\% = 0.01$ 时可得 $|\varepsilon|_{max} \approx 0.04$。最坏的情况，对应于 $A_{dm(min)} \approx (100/10) \times [1 - (210/110) \times 0.04/2]V/V = 9.62V/V \neq 10V/V$ 和 $A_{cm(max)} \approx (100/10) \times 0.04V/V = 0.0364V/V \neq 0$。故

$$CMRR_{min} = 20\lg(9.62/0.0364)dB = 48.4dB$$

(2) 在 $v_{DM} = 0$ 和 $v_{CM} = 10V$ 下，输出误差能大到 $v_O = A_{cm(max)} \times v_{CM} = 0.0364 \times 10V = 0.364V \neq 0$。

（3）为了实现更高的 CMRR，需要进一步减小 ε。依据式（2.26），$80 \approx 20 \lg[(1+10)/$ $|\varepsilon|_{\max}]$ 或 $|\varepsilon|_{\max} = 1.1 \times 10^{-3}$。可得出 $p = |\varepsilon|_{\max}/4 = 0.0275\%$。◄

十分明显，要获得高的 CMRR，这些电阻必须是非常严格匹配的。INA105 是一块通用的单片差分放大器[4]，它有四个完全相同的电阻，其匹配程度在 0.002％以内。在那种情况下，由式（2.26）会得出 $\{CMRR\}_{dB} = 100dB$。

调节其中的一个电阻（通常是 R_4），可使一个实际放大器的 CMRR 达到最大，如图 2.16 所示。串联电阻 R_s 和 R_{pot} 的选取遵循例 2.6 中的 Howland 电流泵电路的思路和做法。将输入连在一起消去 v_{DM}，而仅显出 v_{CM}，完成校准。然后，将后者在两个预先设定值（如 $-5V$ 和 $+5V$）之间来回拨动，调节电位器到输出波动最小为止。为了在温度变化和老化等原因下保持电桥平衡，最好采用金属膜电阻阵列。

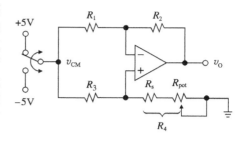

图 2.16　差分放大器校准定标

到目前为止，一直假定运算放大器是理想的，当到第 3 章研究它们的实际限制时，将会看到运算放大器本身对 v_{CM} 是敏感的，所以一个实际差分放大器的 CMRR 实际上是由两方面因素影响的结果：电桥不平衡和运算放大器的非理想性。这两种影响是相互关联的，以致有可能用这种方式使电桥不平衡来近似地消除运算放大器的影响。的确如此，这就是在校准过程中当我们搜寻最小输出变化时所做的。

可变增益

式（2.20b）或许给出一种想法，通过只改变一个电阻（如 R_2），增益可以是变化的。由于还必须要满足式（2.20a），所以不是一个电阻而是两个电阻都必须要改变，以此来保持一种高度匹配。这样一个难以实现的任务可用图 2.17 所示的修正电路予以避免，这个电路有可能在不影响电桥平衡下改变增益，可以证明，如果各电阻成图示比例，那么，有：

$$v_O = \frac{2R_2}{R_1}\left(1 + \frac{R_2}{R_G}\right)(v_2 - v_1) \qquad (2.27)$$

使得增益能通过改变单一电阻 R_G 而变化。这个证明留作练习（见习题 2.31）。

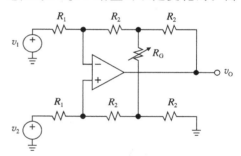

图 2.17　具有可变增益的差分放大器图

常常希望增益随可调电位器做线性变化，以便从电位器的刻度盘上获得增益读数。遗憾的是，图 2.17 所示的电路在增益和 R_G 之间存在一种非线性关系。在图 2.18 所示电路中利用一个附加的运算放大器可以避免这个缺点。只要 OA_2 的闭环输出电阻可以忽略，电桥平衡就一定不受影响。然而，由于 OA_2 提供了相位倒相的关系，反馈信号现在必须要加在 OA_1 的同相输入端，容易证明（见习题 2.32）：

$$v_O = \frac{R_2 R_G}{R_1 R_3}(v_2 - v_1) \qquad (2.28)$$

这样，增益线性就正比于 R_G。

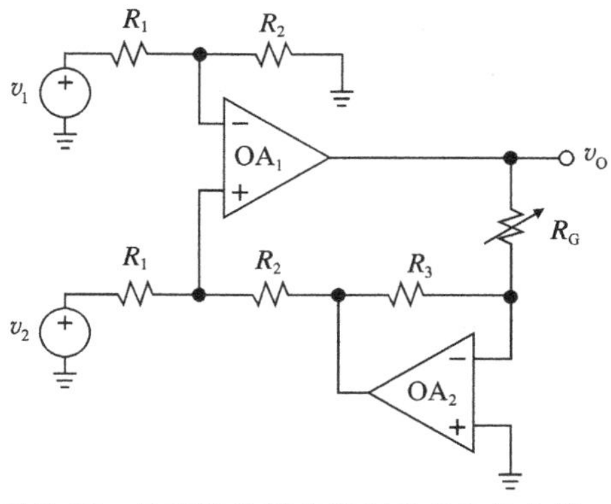

接地回路干扰消除

图 2.18　具有线性增益控制的差分放大器

在实际安装中，源和放大器往往都是隔开有一段距离的，并且与其他各种电路共有公共接地总线。这些接地总线绝不是一种纯粹的导体，而且有一些小的分布电阻、电感和电容，并表现为一种分布电抗。在总线上各种流经电流的作用下，这些电抗会形成小的压降，引起在总线上不同的点有些略微不同的电位。在图 2.19 所示电路中，Z_g 代表在输入信号公共点 N_i 和输出信号公共点 N_o 之间的地总线阻抗，v_g 是对应的压降。理想情况下，v_g 对电路性能应该没有任何影响。

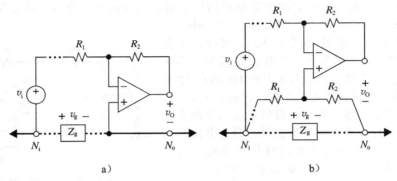

图 2.19 用差分放大器消除接地回路干扰

考虑一下图 2.19a 所示的情况，这里 v_i 是通常反相放大器要被放大的信号，不幸的是，这个放大器遇到的是 v_i 和 v_g 串联，所以，

$$v_O = -\frac{R_2}{R_1}(v_i + v_g) \tag{2.29}$$

v_g（一般称为**接地回路干扰**或**公共回路阻抗串扰**）项可以使输出信号质量受到显著的损失，特别是，如果 v_i 碰巧是一个幅度可与 v_g 相比的低电平信号时更是如此，往往在工业环境中传感器信号就是这样的。

把 v_i 当作差分信号，而 v_g 当成共模信号就能排除 v_g 这一项的影响。这样做要求将原放大器改变为一种差分型放大器，并用一根额外导线直接接入到输入信号公共端，如图 2.19b 所示方式。凭直观可以得出：

$$v_O = -\frac{R_2}{R_1}v_i \tag{2.30}$$

由于消除了 v_g 项而付出的增加电路复杂性和接线的代价肯定是值得的。

2.5 仪表放大器

一个仪表放大器（IA）是一个满足下列技术要求的差分放大器：（1）极高（理想为无限大）的共模和差模输入阻抗；（2）很低（理想为零）的输出阻抗；（3）精确和稳定的增益，一般在 $1\text{V/V} \sim 10^3\text{V/V}$ 范围内；（4）极高的共模抑制比。IA 用于精确放大一个大的共模分量存在下的低电平信号，例如，在过程控制和生物医学中的传感器输出。为此，IA 在测试和测量仪器仪表中获得广泛应用，并因此而得名。

经过适当的加工，图 2.13 所示的差分放大器能完美满足最后三项技术要求。然而，根据式（2.23），由于它的差模和共模输入电阻都是有限的，因而不能满足第一个要求，这样一来就有负载而降低了源电压 v_1 和 v_2，更不必说，随之而来的 CMRR 的下降。在这个放大器的前面放置两个输入阻抗的缓冲器可以消除这些缺陷。这个结果就是一种称为**三运算放大器** IA 的经典电路。

三运算放大器 IA

在图 2.20 所示电路中，OA_1 和 OA_2 构成通常称为输入级或第一级的电路，OA_3 构成输出级或第二级。由于输入电压的约束，R_G 两端电压为 $v_1 - v_2$。由于输入电流的约束，流过 R_3 的电流和流过 R_G 的电流相同。应用欧姆定律可得 $v_{O1} - v_{O2} = (R_3 + R_G + R_3)(v_1 - v_2)/R_G$，或者

$$v_{O1} - v_{O2} = \left(1 + \frac{2R_3}{R_G}\right)(v_1 - v_2)$$

理由很明显，这个输入级也称为差分输入、差分输出放大器。接下来可看出 OA_3 是一个差分放大器，因此有：

$$v_O = \frac{R_2}{R_1}(v_{O1} - v_{O2})$$

结合最后两式可得：

$$v_O = A(v_1 - v_2) \qquad (2.31a)$$

$$A = A_I \times A_{II}$$

$$= \left(1 + 2\frac{R_3}{R_G}\right) \times \left(\frac{R_2}{R_1}\right) \qquad (2.31b)$$

这表明总增益 A 是第一级增益 A_I 和第二级增益 A_{II} 的乘积。

因为增益取决于外部电阻的比值，所以利用合适品质的电阻可以把增益做得很精确。由于 OA_1 和 OA_2 工作在同相结构中，它们的闭环输入电阻极高。同样，OA_3 的闭环输出电阻很低。最

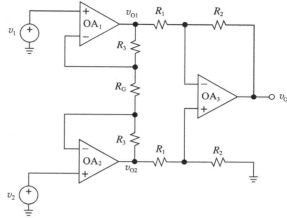

图 2.20　三运算放大器的仪表放大器

后，适当调节第二级电阻中的一个都能使 CMRR 达到最大。从而得出这个电路满足在前面列出的全部 IA 要求。

如果想要可变增益，式(2.31b)指出该如何去做。为了避免扰乱电桥平衡，让第二级不受干扰，可通过改变单个电阻 R_G 来改变增益。如果想要线性增益控制，可用图 2.18 所示类型的结构。

例 2.10　(1) 设计一个 IA，借助于一个 $100\text{k}\Omega$ 的电位器，使其增益能在 $1\text{V/V} \leqslant A \leqslant 10^3\text{V/V}$ 范围内变化。(2)准备一只微调电阻以优化它的 CMRR。(3)简要叙述校准这个微调电阻的步骤。

解：

(1) 连接 $100\text{k}\Omega$ 电位器作为一只可变电阻，并用一只串联电阻 R_4 以防止 R_G 变到零。由于 $A_I > 1\text{V/V}$，为了允许 A 能一直降到 1V/V，须要求 $A_{II} < 1\text{V/V}$。任意选定 $A_{II} = R_2/R_1 = 0.5\text{V/V}$，并令 $R_1 = 100\text{k}\Omega$ 和 $R_2 = 49.9\text{k}\Omega$，两个均为 1% 容差。根据式(2.31b)，A_I 必须从 2V/V 到 200V/V 内可变。在这两个极值上有 $2 = 1 + 2R_3/(R_4 + 100\text{k}\Omega)$ 和 $2000 = 1 + 2R_3/(R_4 + 0)$。求解得 $R_4 = 50\Omega$ 和 $R_3 = 50\text{k}\Omega$。取用 $R_4 = 49.9\Omega$ 和 $R_3 = 49.9\text{k}\Omega$，两者都为 1% 容差。

(2) 根据例 2.6，$4pR_2 = 4 \times 0.01 \times 49.9\text{k}\Omega = 2\text{k}\Omega$。为了可靠起见，用一只 $47.5\text{k}\Omega$，1% 容差的电阻与一只 $5\text{k}\Omega$ 的电位器串联。一个合适的运算放大器是 OP27 精密运算放大器，电路如图 2.21 所示。

(3) 为了校准这个电路，将输入连接在一起并将 $100\text{k}\Omega$ 电位器置于最大增益处(旋臂一直往上)，然后将公共输入端在 -5V 和 $+5\text{V}$ 之间来回倒换，调节 $5\text{k}\Omega$ 电位器直至输出变化最小为止。◄

从各个制造商来说，片上集成的

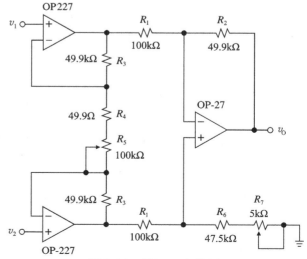

图 2.21　例 2.10 中的 IA

这种三运算放大器 IA 的结构是容易获得的。常见的例子如 AD522 和 INA101，这些器件包含了除 R_G 之外的全部元件，它是由用户从外部提供的用于设定增益（通常从 1V/V 到 10^3V/V）。图 2.22 示出一种 IA 的常用电路符号和它的遥测内部连接。在这种结构中，在负载端右边可以检测读数和基准电压，所以在长导线中任何信号损失（包括在反馈环路内信号损失）的影响都可以消除。容易连接这些端口为电路增添了更多的灵活性，如为了驱动高电流负载而能增加一个输出功率放大级，或者相对于地电位偏置输出。

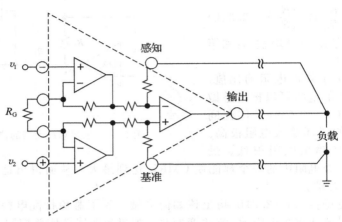

图 2.22 标准 IA 符号和遥测连接

双运算放大器 IA

当用高质量和昂贵的运算放大器来实现优质性能时，将电路中的器件数目减到最少是很受关注的。图 2.23 所示的是一个仅用两个运算放大器的 IA。OA_1 是一个同相放大器，所以 $v_3 = (1 + R_3/R_4) \cdot v_1$。根据叠加原理，$v_O = -(R_2/R_1)v_3 + (1 + R_2/R_1)v_2$。消去 v_3 后就能将 v_O 写成如下形式：

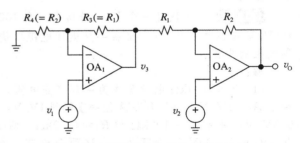

图 2.23 双运算放大器的仪表放大器

$$v_O = \left(1 + \frac{R_2}{R_1}\right) \times \left(v_2 - \frac{1 + R_3/R_4}{1 + R_1/R_2} v_1\right) \qquad (2.32)$$

对于真正的差分运算可得出 $1 + R_3/R_4 = 1 + R_1/R_2$，或

$$\frac{R_3}{R_4} = \frac{R_1}{R_2} \qquad (2.33)$$

当这个条件满足时，可得出：

$$v_O = \left(1 + \frac{R_1}{R_2}\right)(v_2 - v_1) \qquad (2.34)$$

另外，这个电路还具有高的输入电阻和低的输出电阻。为了使 CMRR 最大，其中一个电阻（比如说 R_4）应能微调，微调的调节过程与三运算放大器情况相同。

在两个运算放大器的反相输入之间添加一个可变电阻可调节增益，如图 2.24 所示。可以证明（见习题 2.45），这时有 $v_O = A(v_2 - v_1)$，这里，

$$A = 1 + \frac{R_2}{R_1} + \frac{2R_2}{R_G} \qquad (2.35)$$

与三运算放大器相比，双运算放大器具有明显的优点：需要较少的电阻，以及少用一个运算放大器。这种结构适合于用一个双运算放大器包实现，如 OP227。用双运算放大器

通常可获得较严格的匹配，在性能上有显著的提高。双运算放大器结构的一个缺点是，它的两个输入信号不对称，这是由于 v_1 在遇上 v_2 之前必须通过 OA_1 传播。由于这个附加的时延，当频率增加时，这两个信号的共模分量不会再相互抵消掉，导致 CMRR 随频率升高而过早地减小。相反，三运算放大器结构具有较高程度对称性，通常在一个较宽的频率范围上保持高的 CMRR 性能。在这里限制 CMRR 的因素是经由第一级运算放大器时导致时延的失配，以及第二级运算放大器电桥不平衡和共模限制。

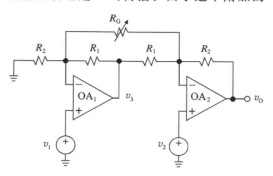

图 2.24　具有可变增益的双运算放大器

单片 IA

对 IA 的需求快速增长，专用集成电路芯片制造商认为，完成这一功能制造是完全合理的[2]。与用通用运算放大器构成的实现相比，这一方法能使参数更好地优化，特别是在 CMRR，增益线性和噪声等方面，而这一点对这种应用是很关键的。

第一级差分放大以及共模抑制的任务交给了高度匹配的晶体管对来实现。一个晶体管对要比一对完善的运算放大器快得多，并且还能做成对共模信号有较低的灵敏度，由此而缓解了对非常严格的匹配电阻的要求。专用的集成电路 IA 的例子是 AD521/524/624/625，AMP01 和 AMP05 等芯片。

图 2.25 示出一个 AMP01 芯片的简化电路框图，而图 2.26 则示出使其工作在 $1\text{V/V}\sim 10^4\text{V/V}$ 增益中的基本连接图。如图 2.26 所示，增益是由两个用户提供的电阻 R_s 和 R_G 的比值，即

$$A = 20\frac{R_s}{R_G} \tag{2.36}$$

利用这种形式，用一对跟踪温度变化的电阻能实现高而稳定的增益。

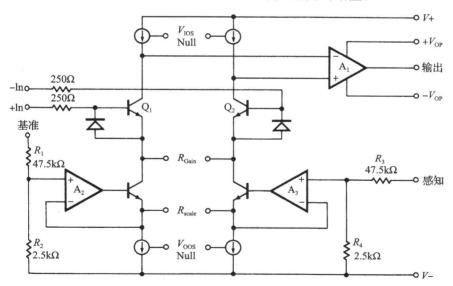

图 2.25　AMP01 低噪声精密 IA 的简化电路结构图（引自 Analog Devices）

参照图 2.25 和图 2.26 的连接，能将电路工作描述如下：在两个输入端之间加一个差分信号使得通过 Q_1 和 Q_2 的电流不平衡。A_1 通过不平衡的 Q_1 和 Q_2 以相反的方向对此作用，以恢复在它输入端的平衡条件 $v_N = v_P$，并通过经由 A_3 对底部晶体管对加上一个合适的驱

动来实现这一点，所需驱动量取决于比值 R_s/R_G 以及输入差值，这个驱动形成了 IA 的输出。在网上查找 AMP01 芯片的数据说明，能发现在 $A=10^4\,\text{V/V}$ 时 $\{\text{CMRR}\}_{\text{dB}}=140\text{dB}$。

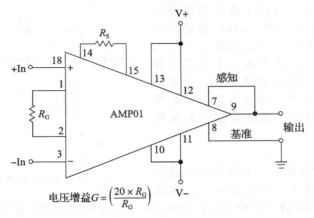

电压增益 $G=\left(\dfrac{20\times R_G}{R_G}\right)$

图 2.26　增益为 0.1V/V~10V/mV 的基本 AMP01 连接图（引自 Analog Devices）

飞跨电容技术

实现高 CMRR 的一种很普遍方法是用所谓的**飞跨电容技术**，因为它在源和放大器之间来回拨动一个电容器。如图 2.27 举例所示[3]，将开关拨到左边，给电容 C_1 充电到电压差 v_2-v_1，再将开关拨到右边，电荷就从 C_1 转移到 C_2。连续不断地定时转换使 C_2 充电达到 C_2 两端电压与 C_1 两端电压相等的平衡状态。这个电压被同相放大器放大得出：

$$v_O = \left(1+\frac{R_2}{R_1}\right)(v_2-v_1) \tag{2.37}$$

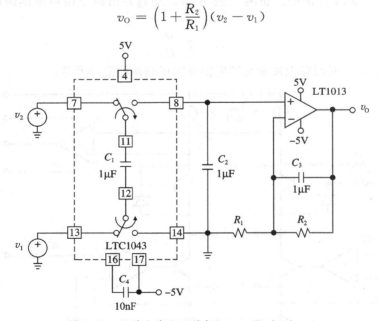

图 2.27　飞跨电容 IA（引自 Linear Technology）

为了达到高的性能，图 2.27 所示电路使用了 LTC1043 精密仪表开关电容电路和精密运算放大器 LT1013。前者包括一个在芯片上的时钟发生器供开关在 C_4 设定的频率下工作。当 $C_4=10\text{nF}$ 时，频率为 500Hz。C_3 作用时提供低通滤波来保证清晰的输出。多亏了飞跨电容技术，电路能完全忽略共模输入信号以实现高的 CMRR，通常情况下[3]在 60Hz 时 CMRR 超过 120dB。

2.6　仪表应用

这一节要研究在仪表放大器应用中出现的几个问题[2,4]。其他应用将在下一节讨论。

有效隔离驱动

在诸如监控危险工业状况这些应用中，源和放大器可能都是相互隔开的。为了有助于减小噪声拾取以及接地回路干扰的影响，输入信号是通过一对屏蔽导线以双端形式传输的，然后用一个差分放大器（如 IA）处理。双端传输优于单端传输的优点，在于双根导线倾向于拾取同一噪声，而这一噪声是作为一个共模分量出现的，并因此而被 IA 抑制。为此，双端传输也称为**平衡传输**。屏蔽的目的是减小差模噪声的拾取。

不幸的是，由于电缆分布电容的关系，另一个问题又出现了。即 CMRR 随频率升高而减小。为了研究这一方面的问题，参见图 2.28 所示电路，图中明确示出源电阻和电缆电容。因为差模已经假设为零，所以预期 IA 的输出也是零。实际上，由于时间常数 $R_{s1}C_1$ 和 $R_{s2}C_2$ 可能是不相同的，v_{CM} 的任何变动都对 RC 网络信号产生不规则的起伏流动，或者说，$v_1 \neq v_2$，据此形成一个差分误差信号，然后经由 IA 放大并输出。因此，RC 不平衡的效果就是，即使源上没有任何差模分量存在也会产生一个非零的输出信号。这代表在 CMRR 上的衰减。

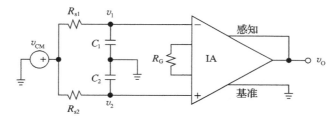

图 2.28　非零源电阻和电缆分布电容模型

由 RC 不平衡产生的 CMRR 是

$$\{\text{CMRR}\}_{dB} \approx 20 \lg \frac{1}{2\pi f R_{dm} C_{cm}} \tag{2.38}$$

式中：$R_{dm} = |R_{s1} - R_{s2}|$ 是源电阻不平衡产生的电阻；$C_{cm} = (C_1 + C_2)/2$ 是每根导线和接地屏蔽之间的共模电容；f 是共模输入分量的频率。例如，在 60 Hz 时，一个 1kΩ 的源电阻不平衡与具有 1nF 分布电容的 100ft(30.485m) 电缆将会使 CMRR 减小到 $20 \lg[1/(2\pi 60 \times 10^3 \times 10^{-9})]$dB = 68.5dB，即使用一个具有无限 CMRR 的 IA 也是如此。

作为一次近似，C_{cm} 的影响能够用共模电压本身驱动屏蔽层抵消，以将跨在 C_{cm} 上的共模波动减小到零。图 2.29 示出实现这一目的的最常用方法。通过运算放大器的作用，在 R_G 的上下节点电压是 v_1 和 v_2。用 v_3 代表跨在 R_3 上的电压，可写出 $v_{CM} = (v_1 + v_2)/2 = (v_1 + v_3 + v_2 - v_3)/2 = (v_{O1} + v_{O2})/2$，这表明 v_{CM} 可以通过计算 v_{O1} 和 v_{O2} 的均值，经由两个 20kΩ 的电阻获得这个均值，然后通过 OA$_4$ 缓冲到屏蔽层。

数字式可编程增益

在自动化仪器仪表中，如数据获取系统，往往想要以电子方式对 IA 增益实施程序控制，通常采用 JFET 或 MOSFET 开关来实现。如图 2.30 所示方法是利用一串对称值的电阻和一串同时动作的开关对来对第一级增益 A_I 编程，以选取对应于某一给定增益的抽头对。在任何给定时间上，仅有一对开关闭合，而其他全部开关都断开。按照式（2.31b），A_I 可以写成如下形式：

$$A_I = 1 + \frac{R_{outside}}{R_{inside}} \tag{2.39}$$

式中：R_{inside} 是位于两个选定开关之间的电阻之和；$R_{outside}$ 是余部剩下的电阻之和。对于

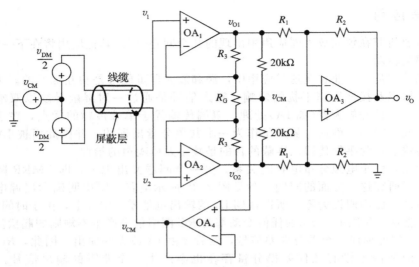

图 2.29 具有有效隔离驱动的 IA

图 2.30 所示的情况，选定的开关对是 SW_1，所以 $R_{outside}=2R_1$，而 $R_{inside}=2(R_2+R_3+\cdots+R_n)+R_{n+1}$。若选定开关对是 SW_2，那么 $R_{outside}=2(R_1+R_2)$，而 $R_{inside}=2(R_3+\cdots+R_n)+R_{n+1}$。显然，改变不同的开关对将增加（或减小）$R_{outside}$，从而对 R_{inside} 也会减小（或增加）相同的量，来得到不同的电阻比值，因此形成不同的增益。

这种电路结构的优点是，流过任何闭合开关的电流相对于运算放大器的输入电流而言，都是可以忽略不计的。当这些开关是用 FET 实现时这点尤为重要，因为 FET 有一个非零的接通电阻，并且这个电压降可能会使 IA 的精度下降。当流过电流为零时，这个压降也为零，便可缓解这个开关的非理想性。

图 2.30 所示的两组开关能很容易用 CMOS-FET 模拟**多路调制器/解调制器**来实现，比如 CD4051 或 CD4052。数字式可编程 IA，其中包括全部必需的电阻、模拟开关、TTL 可兼容解码器和开关驱动电路，也都以集成电路形式实现。更多的信息可查询制造产品目录。

输出偏移

有一些应用要求 IA 的输出有一个规定的偏移量，如要将 IA 反馈给一个 *V-F* 转换器时，就要求它的输入范围仅仅具有一个极性。因为

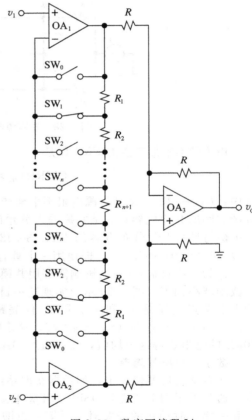

图 2.30 数字可编程 IA

IA 输出通常是双极性的，所以必须给予适当偏移，以保证某个单极性的范围。在图 2.31 所示电路中，参考节点由电压 V_{REF} 驱动。这个电压由电位器的旋臂得到，并用 OA 缓冲，它的低输出电阻可防止对电桥平衡的干扰。应用叠加原理可以得到：

$$v_O = A(v_2 - v_1) + (1 + R_2/R_1) \times [R_1/(R_1 + R_2)]V_{REF}$$

或

$$v_O = A(v_2 - v_1) + V_{REF} \qquad (2.40)$$

这里 A 由式(2.31b)给出。利用图 2.31 所示的元件值，V_{REF} 在 $-10V \sim +10V$ 内可变。

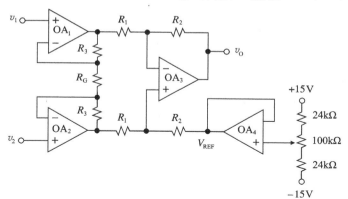

图 2.31　具有输出偏移控制的 IA

电流输出 IA

用图 2.32 所示的方法，将第二级改变成一个 Howland 电流泵电路，能构成供电流输出工作的三运算放大器 IA。这种工作方式当在很长的导线中传输信号时是很期望的，因为零散导线电阻不损耗电流信号。将习题 2.13 的结果与式(2.31b)结合，容易得出：

$$i_O = \frac{1 + 2R_3/R_G}{R_1}(v_2 - v_1) \qquad (2.41)$$

和通常一样，这个增益能通过 R_G 调节。为了有效地工作，可用图 2.11 所示的修正电路改善 Howland 电流泵这一级。要获得高的 CMRR，应该对图 2.11 所示电路顶部左边的电阻进行修调。

利用如图 2.33 所示的自举技术可组成双运算放大器 IA。（见习题 2.52）证明该电路的传递特性具有如下形式：

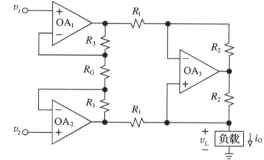

图 2.32　电流输出 IA

$$i_O = \frac{1}{R}(v_2 - v_1) - \frac{1}{R_o}v_L \qquad (2.42a)$$

$$R_o = \frac{R_2/R_1}{R_5/R_4 - (R_2 + R_3)/R_1}R_3 \qquad (2.42b)$$

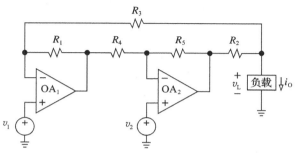

图 2.33　具有电流输出的双运算放大器 IA

以使得在 $R_2 + R_3 = R_1R_5/R_4$ 下 $R_o = \infty$。如果希望增益可调节，可照图 2.24 所示那样，在两个运算放大器的反相输入引脚之间接入一个可变电阻 R_G。

　　除了提供高输入电阻的差分输入工作以外，这个电路还具有改进的 Howland 电流泵电路高效的优点，因为 R_2 能根据需要维持在较小的值，而全部其他电阻都能做成相对大以节省功率。当这一约束加上时，电压裕量近似为 $|v_{\mathrm{L}}| \leqslant V_{\mathrm{sat}} - R_2 |i_{\mathrm{O}}| = V_{\mathrm{sat}} - 2|v_2 - v_1|$。

电流输入 IA

　　在回路电流仪器仪表中常会遇到需要测量一个浮动电流并将它转换成一个电压的问题。为了避免扰乱回路特性，希望电路的下一级可看作虚短。将 IA 经适当修改能再次满足这一要求。由图 2.34 可以看到，OA_1 和 OA_2 都迫使在它们输入引脚上的电压跟随 v_{CM}，因此确保跨在输入源上的电压为 0V。根据 KVL 和欧姆定律，得 $v_{\mathrm{O2}} = v_{\mathrm{CM}} - R_3 i_{\mathrm{I}}$ 和 $v_{\mathrm{O1}} = v_{\mathrm{CM}} + R_3 i_{\mathrm{I}}$。而 $v_{\mathrm{O}} = (R_2/R_1) \times (v_{\mathrm{O2}} - v_{\mathrm{O1}})$，将这些式子结合可得：

$$v_{\mathrm{O}} = -\frac{2R_2}{R_1} R_3 i_{\mathrm{I}} \tag{2.43}$$

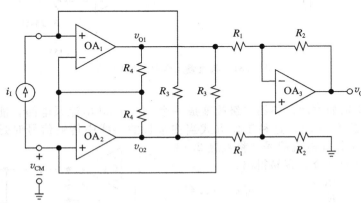

图 2.34　电流输入 IA

　　如果需要可变增益，可将差分级按图 2.17 或图 2.18 所示修改得到。另外，如果差分级按图 2.32 所示修改，那么这个电路就变成一个浮动输入电流放大器。

2.7　传感器桥式放大器

　　一种电阻性传感器阻值会随某些环境条件变化而变化的器件，如温度（热敏电阻；电阻温度检测器（RTD）），光（光敏电阻）、变形（应变仪）和压力（压敏电阻传感器）。将这些器件用作某一电路的一部分，就有可能产生一个电信号，经适当调节后，这个电信号能用于监视以及控制整个物理过程来影响传感器[5]。一般来说，总是希望最后的信号和原始物理变量之间的关系是线性的，以使得前者能以后者的物理单位直接给予定标。传感器在测量和控制仪器仪表中起着很重要的作用，很值得去详细研究传感器电路。

传感器电阻偏差

　　将传感器电阻表示成 $R + \Delta R$，这里 R 是在某些**参考条件**下的电阻值，比如在温度传感器情况下是 0℃，或者在应变仪情况下是不存在变形，而 ΔR 是偏离参考值的**偏差**，这个偏差是由于在具体环境下传感器受到影响而发生变化的结果。传感器电阻也可表示成另一种形式 $R(1 + \delta)$，这里 $\delta = \Delta R / R$ 表示**相对偏差**。将 δ 乘以 100% 就可得出**百分偏差**。

例 2.11　铂金电阻温度检测器（Pt RTD）有温度系数[6] $\alpha = 0.003\,92/℃$。在 $T = 0℃$ 时，一种常见的 Pt RTD 参考值是 100Ω。(1)用含 T 的函数写出电阻阻值的表达式。(2)在 $T = 25℃$，100℃，$-15℃$ 下计算 $R(T)$。(3)对温度变化 $\Delta T = 10℃$ 时计算 ΔR 和 δ。

　　解：

　　(1) $R(T) = R(0℃)(1 + \alpha T) = 100(1 + 0.003\,92T)\,\Omega$

　　(2) $R(25℃) = 100(1 + 0.003\,92 \times 25)\,\Omega = 109.8\Omega$。同理，$R(100℃) = 139.2\Omega$，

$R(-15℃)=94.12\Omega$。

（3）$R+\Delta R=100+100\alpha T=(100+100\times0.003\,92\times10)\Omega=100\Omega+3.92\Omega$；$\delta=\alpha\Delta T=0.003\,92\times10=0.0392$。这相当于 $0.0392\times100\%=3.92\%$ 的变化。 ◀

传感器电桥

为了测量电阻偏差，必须要找到一种方法将 ΔR 转换为电压变化量 ΔV。就是将传感器构成一个电压分压器的一部分，如图 2.35 所示。传感器电压是 $v_1=V_{REF}R(1+\delta)/[R_1+R(1+\delta)]$，能改写成以下具有意义的形式：

$$v_1=\frac{R}{R_1+R}V_{REF}+\frac{\delta V_{REF}}{2+R_1/R+R/R_1+(1+R/R_1)\delta} \tag{2.44}$$

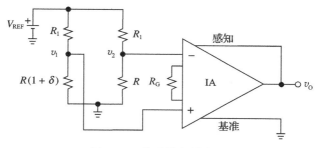

图 2.35 传感器电桥和 IA

式中：$\delta=\Delta R/R$。可以看到，v_1 由一固定项加上由 $\delta=\Delta R/R$ 控制的一项所组成。很明显，后者是我们感兴趣的，所以必须找到一种可以忽略前者而放大后者的方法。这可以通过利用第二个电压分压器去综合

$$v_2=\frac{R}{R_1+R}V_{REF} \tag{2.45}$$

这一项来实现，再用 IA 去提取差值 v_1-v_2。将 IA 的增益记作 A，可得：

$$v_O=A(v_1-v_2)$$

或

$$v_O=AV_{REF}\frac{\delta}{1+R_1/R+(1+R/R_1)(1+\delta)} \tag{2.46}$$

这种四电阻结构就是熟知的电阻电桥，而这两个电压分压器称为**电桥臂**(bridge legs)。

显然 v_O 是 δ 的非线性函数。在基于微处理器的系统中，一个非线性函数能够很容易用软件进行线性化。然而，大多情况有 $\delta\ll1$，所以，

$$v_O\approx\frac{AV_{REF}}{2+R_1/R+R/R_1}\delta \tag{2.47}$$

这表明 v_O 与 δ 是一个线性关系。很多电桥都设计有 $R_1=R$，在这种情况下，式(2.46)和式(2.47)可变为：

$$v_O=\frac{AV_{REF}}{4}\frac{\delta}{1+\delta/2} \tag{2.48}$$

$$v_O\approx\frac{AV_{REF}}{4}\delta \tag{2.49}$$

例 2.12 设图 2.35 所示的传感器是例 2.11 的 Pt RTD，并设 $V_{REF}=15V$。（1）设置合适的 R_1 和 A 值使 0℃ 下输出灵敏度为 0.1V/℃。为了避免在 RTD 内的自热，将它的功耗限制到小于 0.2mW。（2）计算 $v_O(100℃)$，并用式(2.47)近似估计等效误差（以℃计）。

解：

（1）将传感器电流记为 i，有 $P_{RTD}=Ri^2$。因此，$i^2\leqslant P_{RTD(max)}/R=(0.2\times10^{-3}/100)A$ 或 $i=1.41mA$。为了安全起见，置 $i\approx1mA$，或 $R_1=15k\Omega$。对于 $\Delta T=1℃$，可得 $\delta=\alpha\times$

1＝0.003 92，且要求 Δv_O＝0.1V。由式(2.47)可知，需要 $0.1＝A\times15\times0.003\,92/(2+15/0.1+0.1/15)$，或 $A＝258.5\text{V/V}$。

(2) 对于 $\Delta T＝100℃$，可得 $\delta＝\alpha\Delta T＝0.392$。代入式(2.46)可得，$v_O(100℃)＝9.974\text{V}$。式(2.47)表明 $v_O(100℃)＝10.0\text{V}$，超过了实际值$(10-9.974)\text{V}＝0.026\text{V}$。由于 0.1V 对应于1℃，则 0.026V 对应于$(0.026/0.1)℃＝0.26℃$。这样，应用近似表达式在 100℃下大约产生(1/4)℃的误差。　◀

电桥校准

在 $\Delta R＝0$ 时，传感器电桥应该平衡使得两个抽头之间的电压差为零。实际上，由于电阻本身的容差，包括传感器参考基准值的容许误差，这个电桥可能不平衡，并需要一个调节器去使之平衡。另外，电阻和 V_{REF} 的容差值都会影响电桥灵敏度$(v_1-v_2)/\delta$，因此也需要对这个参数进行调节。

图 2.36 所示的是一个包含这两方面调节的电路。从中间位置改变 R_2 的动臂将会分配更多的电阻到一个臂，较少的电阻到另一个臂，以对它们固有失配作出补偿。改变 R_3 使电桥电流发生改变，从而改变由传感器产生的电压波动的大小，这样可对灵敏度进行调节。

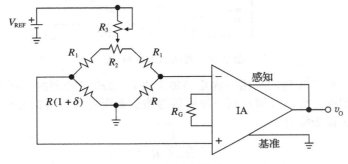

图 2.36　电桥校准

例 2.13 设例 2.12 中全部电阻都有 1% 的容差，并设 V_{REF} 有 5% 的容差。(1)设计一个校准电桥的电路。(2)略述校准步骤。

解：

(1) V_{REF} 值上有 5% 的容差意味着它的实际值可能偏离它的标称值到 $\pm0.05\times15\text{V}＝\pm0.75\text{V}$。为了安全起见，也考虑到 1% 电阻容差的影响，假定最大偏差为 $\pm1\text{V}$，并在 R_2 的臂上设计成 $14\text{V}\pm1\text{V}$。为了保证在每一臂中有 1mA 的电流，就需要 $R_3＝(2/(1+1))\text{k}\Omega＝1\text{k}\Omega$ 和 $R+R_1+R_2/2＝(14/1)\text{k}\Omega＝14\text{k}\Omega$。因为 R_2 在每条臂上必须补偿高达 1% 的波动，需要 $R_2＝2\times0.01\times14\text{k}\Omega＝280\text{k}\Omega$。为了安全起见，取 $R_2＝500\Omega$，则 $R_1＝14\text{k}\Omega-100\Omega-500/2\Omega＝13.65\text{k}\Omega$(用 13.7kΩ，1%)。IA 的增益 A 必须通过式(2.47)重新计算，但用 $V_{REF}＝14\text{V}$ 和用 $13.7\text{k}\Omega+(500/2)\Omega＝13.95\text{k}\Omega$ 代替 R_1，可得出 $A＝257.8\text{V/V}$。总之，需要 $R_1＝13.7\text{k}\Omega$，1%；$R_2＝500\Omega$；$R_3＝1\text{k}\Omega$；$A＝257.8\text{V/V}$。

(2) 为了校准，首先设置 $T＝0℃$ 并调节 R_2 使 $v_O＝0\text{V}$。然后设置 $T＝100℃$ 并调节 R_3 使 $v_O＝10.0\text{V}$。　◀

应变仪电桥

某导线有电阻率 ρ、横截面积 S 和长度 l，其电阻为 $R＝\rho l/S$。拉伸该导线使长度变为 $l+\Delta l$，面积变为 $S-\Delta S$，其电阻值变为 $R+\Delta R＝\rho(l+\Delta l)/(S-\Delta S)$。因为它的体积必须保持恒定，有 $(l+\Delta l)\times(S-\Delta S)＝Sl$。消去 $S-\Delta S$，可得 $\Delta R＝R(\Delta l/l)(2+\Delta l/l)$。然而 $\Delta l/l\ll2$，所以，

$$\Delta R = 2R\frac{\Delta l}{l} \tag{2.50}$$

式中：R 是未经拉伸电阻的阻值；$\Delta l/l$ 是相对拉伸。一个应变片是这样制造出来的：将电阻性材料按照对某一给定变形使它的相对拉伸最大设计的模式沉积在一块弹性基底上。由于应变片对温度敏感，所以必须采取特殊的预防措施来屏蔽掉由温度诱导出的变化。一种普遍的解决办法是，采用设计成对温度变化相互起补偿作用的应变片对。

图 2.37 所示的应变仪装置称为应变仪负载传感器。将电桥电压表示为 V_B，并暂且忽略 R_1，由电压分压公式可以得到 $v_1 = V_B(R+\Delta R)/(R+\Delta R+R-\Delta R) = V_B(R+\Delta R)/2R$，$v_2 = V_B(R-\Delta R)/2R$ 和 $v_1 - v_2 = V_B\Delta R/R = V_B\delta$。所以，

$$v_O = AV_{REF}\delta \tag{2.51}$$

现在的灵敏度是式(2.49)给出的 4 倍，因此缓解了对 IA 的要求。再者，v_O 与 δ 的关系完全线性，这是采用应变片对的另一个优点。为了实现 $+\Delta R$ 和 $-\Delta R$ 的变化，将两只应变片粘在一块放在应变结构的一边，而另两只则放在相反的一边。虽然在整个装置中仅有一边是可以受影响，但仍需要用四只应变片一起工作，因为两只应变片用作虚设，可以对起作用的一对应变片作温度补偿。压阻式压力传感器也使用这种结构。

图 2.37 所示电路也说明了使电桥平衡的另一种技术。在无应变时，每一抽头电压应是 $V_B/2$。实际上，由于四只应变片本身的容差会存在偏差。通过改变 R_2 的动臂，可以对流经 R_1 的电流施加一个可调节的量，这会增加或减小相应的抽头电压，直至电桥为零输出为止。电阻 R_3 和 R_4 从 V_{REF} 降到 V_B，R_3 用来调节灵敏度。

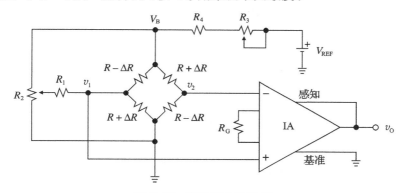

图 2.37　应变仪电桥和 IA

例 2.14　设图 2.37 所示的应变片是 120Ω，$\pm 1\%$ 型，并且其最大电流限制到 $20mA$，以免过度自热。(1)假设 $V_{REF} = 15V \pm 5\%$，对 $R_1 \sim R_4$ 给出合适的值。(2)概略给出校准步骤。

解：

(1) 根据欧姆定律，$V_B = 2 \times 120 \times 20 \times 10^{-3} V = 1.8V$。在无应变下，抽头电压正常情况是 $V_B/2 = 2.4V$。其实际值可以偏离 $V_B/2$ 多达 $2.4V$ 的 $\pm 1\%$，即 $\pm 0.024V$。现考虑这种情况，其中，$v_1 = 2.424V$ 和 $v_2 = 2.376V$。将 R_2 的动臂移到地，必须将 v_1 降低到 $2.376V$，即将 v_1 减小到 $0.048V$。为此，R_1 必须沉下电流 $i = (0.048/(120 /\!/ 120))A = 0.8mA$，所以 $R_1 \approx (2.4/0.8)k\Omega = 3k\Omega$（保险起见，用 $R_1 = 2.37k\Omega$，1%）。为了防止经由 R_1 的 R_2 滑臂过度，使 $R_2 = 1k\Omega$。在正常情况下，有 $i_{R_3} = i_{R_4} = (2 \times 20 \times 10^{-3} + 4.8/10^3)$ $A \approx 45mA$。根据例 2.13，希望 R_3 降掉最大值 $2V$，所以 $R_3 = (2/45)k\Omega = 44\Omega$（取 $R_3 = 50\Omega$）。在 R_3 动臂一半位置上有 $R_4 = ((15 - 25 \times 45 \times 10^{-3} - 4.8)/(45 \times 10^{-3}))\Omega = 202\Omega$（取 200Ω）。综合上述，$R_1 = 2.37k\Omega$，$R_2 = 1k\Omega$，$R_3 = 50\Omega$，$R_4 = 200\Omega$。

(2) 为了定标校准，首先调节 R_2，使之在无应变时 $v_O = 0V$。然后施加某一已知的应变(选接近于满量程)，并调节 R_3，直到 v_O 为期望值为止。　　◀

单运算放大器的放大器

为了考虑成本有时希望用一种较简单的放大器，而不是这种很完善成熟的 IA。

图 2.38 示出一种用单个运算放大器实现的一种桥式放大器。对电桥的两个臂应用戴维南（Thevenin）定理之后，可获得熟悉的差分放大器。然后能够证明（见习题 2.57）：

$$v_O = \frac{R_2}{R} V_{REF} \frac{\delta}{R_1/R + (1 + R_1/R_2)(1 + \delta)} \tag{2.52}$$

在 $\delta \ll 1$ 时，上式可以简化成：

$$v_O \approx \frac{R_2}{R} V_{REF} \frac{\delta}{1 + R_1/R + R_1/R_2} \tag{2.53}$$

这就是说，v_O 与 δ 是线性关系。为了调节灵敏度并消除电阻失配的影响，可以用图 2.36 所示的方法。

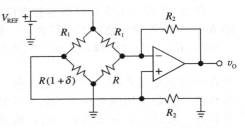

图 2.38　单运算放大器的桥式放大器

电桥线性化

除了图 2.37 所示的应变仪电路之外，到目前为止讨论过的所有桥式电路都受到这样一个因素的制约，即只有在 $\delta \ll 1$ 下，响应才能认为是线性的。因此，探求一种电路的解决方案，使之能在任何 δ 的大小情况下都能有一个线性响应成为很关注的事。

图 2.39 所示的设计是通过用某一恒定电流来驱动电桥使之线性化[7]的。将整个电桥放在一个浮动负载 V-I 转换器的反馈环路内可以实现这个目的。电桥电流是 $I_B = V_{REF}/R_1$。采用一如图 2.39 所示的传感器对，I_B 就在两个臂之间等分。因为 OA 将电桥下面的节点保持在 V_{REF} 内，有 $v_1 = V_{REF} + R(1 + \delta)I_B/2$，$v_2 = V_{REF} + RI_B/2$，$v_1 - v_2 = R\delta I_B/2$，故

$$v_O = \frac{ARV_{REF}}{2R_1}\delta \tag{2.54}$$

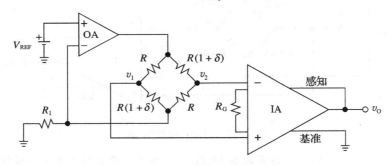

图 2.39　通过恒流驱动的桥式线性化

图 2.40 所示的另一种设计采用了单个传感器元件和一对反相运算放大器[7]。通过将电桥放在 V-I 转换器 OA_1 的反馈环路内，响应再次被线性化，留作为练习（见习题 2.57），证明：

$$v_O = \frac{R_2 V_{REF}}{R_1}\delta \tag{2.55}$$

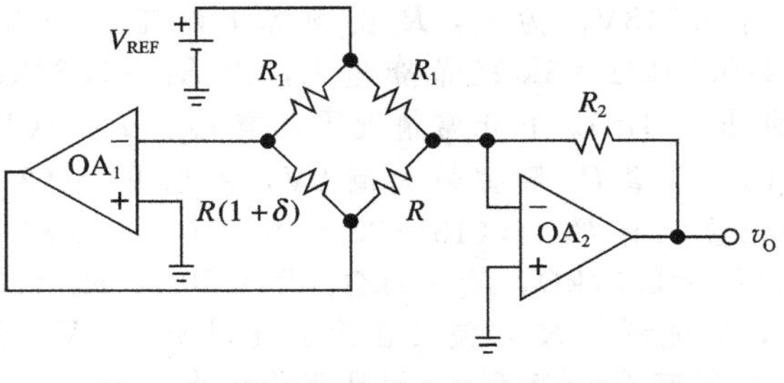

图 2.40　具有线性响应的单传感器电路

对于另一些桥式电路的例子可查阅参考文献 [5]，[7]，[8]，以及章末习题。

习题

2.1 节

2.1 (a)利用一个 ± 10V 稳压电源供电的运算放大器，设计一个电路，被一个具有并联电阻 R_s 的电流源 i_s 激励，使之满足当 i_s 从 0 变化到 1mA(流入电路)时，v_O 从 $+5$V 变到 -5V。提示：需要算出输出偏移量。(b)若 $R_s = \infty$，求出当闭环增益偏离理想情况小于 0.01% 时的最小增益 a。(c)在(b)问中求出最小 a 值的情况下，求出当闭环增益偏离理想情况小于 0.025% 时 R_s 的最小值。

2.2 (a)利用两个运算放大器设计一个电路，接受两个具有并联电阻 R_{s1} 和 R_{s2} 的电流源 i_{S1} 和 i_{S2} 流入电路，当 $a \to \infty$，$v_O = A_1 i_{S1} - A_2 i_{S2}$，其中，$A_1 = A_2 = 10$V/mA。(b)如果在 $R_{s1} = R_{s2} = 30$kΩ 且运算放大器有 $a = 10^3$V/V 下，A_1 和 A_2 如何影响？

2.3 设计一个电路将 $4 \sim 20$mA 的输入电流转换为 $0 \sim 8$V 的输出电压。输入电流的参考方向是从地流入电路，而电路由 ± 10V 的稳压电源供电。

2.4 如果例 2.2 的电路用 741 运算放大器实现，估计它的闭环参数。

2.5 (a)利用一由 ± 5V 稳压电源供电的运算放大器，设计一个光电检测器放大器，使之当光敏电流从 0 变化到 10μA 时，v_O 从 -4V 变化到 $+4$V，规定电阻不得大于 100kΩ。(b)对于闭环增益偏离理想小于 0.1% 时，最小增益 a 是多少？

2.6 (a)在图 P1.65 所示的运算放大器中，有 $a = 10^4$V/V，令 $R_1 = R_3 = R_5 = 20$kΩ 和 $R_2 = R_4 = 10$kΩ。求出 v_O/i_1 和从输入源端看进去的电阻 R_i 的大小。

2.2 节

2.7 (a)证明图 P2.7 所示的浮动负载 *V-I* 转换器产生的 $i_O = v_I/(R_1/k)$，$k = 1 + R_2/R_3$。(b)对于灵敏度为 2mA/V，$R_i = 1$MΩ，其中 R_i 是从输入源端看进去的电阻值，标出标准的 5% 各电阻值。(c)若 $\pm V_{sat} = \pm 10$V，该电路的电压裕量是多少？

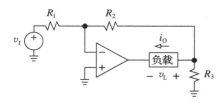

图　P2.7

2.8 (a)图 P2.7 所示的运算放大器除了增益有限

$a = 10^3$V/V，它是一个理想运算放大器。若 $R_1 = R_2 = 100$kΩ，寻求一个 R_3 使灵敏度为 1mA/V。从负载端看进去的戴维南等效值是多少？(b)若 $v_I = 2.0$V，在 $v_L = 5$V 时 i_O 值是多少？若在 $v_L = -4$V 时 i_O 值又是多少？

2.9 考虑关于图 2.4b 所示电路中的 *V-I* 转换器从负载端看进去的电阻 R_o 的如下叙述，假定运算放大器是理想的。(a)向左边看，看到的负载是 $R // r_d = R // \infty = R$，而从右边看，看到的负载是 $r_o = 0$；因此 $R_o = R + 0$。(b)向左边看，负载看到的是具有零电阻的虚地节点，而向右看，看到的负载是 $r_o = 0$；因此 $R_o = 0 + 0 = 0$。(c)由于负反馈 $R_o = \infty$。哪句陈述是对的？如何驳斥其他两个？

2.10 (a)假设图 2.6a 所示 Howland 电流泵中运算放大器是理想的，说明在满足式(2.9a)的条件下，从电压源 v_1 看到的电阻 R 是正的，负的还是无限大的，这是由负载电阻 R_L 决定的。(b)合理证明 $R_1 = R_2 = R_3 = R_4$ 的简化情况。

2.11 (a)用 Blackman 公式验证式(2.14)中 R_o 的表达式。(b)假设一个 Howland 电流泵有四个 1kΩ 匹配的电阻和一个 $a = 10^4$V/V 的运算放大器。如果 $v_I = -1.0$V，在 $v_L = 0$ 时 i_O 是什么？若 $v_L = +5$V 呢？若 $v_L = -2.5$V 呢？

2.12 用一个由 ± 15V 稳压源供电的 741 运算放大器设计一个 Howland 电流泵，它能对一个电压裕量为 ± 10V 的接地负载沉下(而不是源)1.5mA 电流。要让电路自举，需要一个 -15V 供电电压作为输入 v_1。计算流经 R_1 和 R_2 的电流，其负载分别是(a)一个 2kΩ 电阻；(b)一个 5kΩ 电阻；(c)一个阴极接地的 5V 齐纳二极管；(d)一个短路电路；(e)一个 10kΩ 电阻。在(e)问中 i_O 仍然是 1.5mA 吗？解释其原因。

2.13 假定在图 2.6a 所示 Howland 电流泵电路中，将 R_3 左边端点从地抬起，并同时经由 R_3 外加一个输入 v_1，经由 R_1 外加一个输入 v_2。证明电路是一个**差分 *V-I* 转换器**，并有 $i_O = (1/R_1)(v_2 - v_1) - (1/R_o)v_L$，其中 R_o 由式(2.8)给出。

2.14 设计一个接地负载的 *V-I* 转换器，它将 $0 \sim 10$V 的输入转换为 $4 \sim 20$mA 的输出。电路由 ± 15V 的稳压电源供电。

2.15 设计一个接地负载的电流发生器，要满足下列技术要求：利用一只 100kΩ 的电位器使 i_O 在 -2mA $\leqslant i_O \leqslant +2$mA 范围内可变；

电压裕量必须是 10V；电路由 ±15V 稳压电源供电。

2.16 (a)证明式(2.15)。(b)利用一个由 ±15V电源供电的 741 运算放大器设计一改进Howland 电路，其灵敏度在 $-10V \leqslant v_1 \leqslant$10V 范围内是 1mA/V。该电路能在 $-10V \leqslant$$v_L \leqslant +10V$ 范围内正常工作。

2.17 假设图 2.11 所示的改进 Howland 电流泵电路中有 $R_1 = R_3 = R_4 = 20.0k\Omega$，$R_{2A} = R_{2B} =10.0k\Omega$，且运算放大器的 $a = 10^4 V/V$。用测试的方法求出 R_o，并用 Blackman 公式验证你的结果。

2.18 假设例 2.4 中的 Howland 电流泵驱动一个$0.1\mu F$ 的负载。(a)假设电容的初态被放电，粗略画出并标出 $v_o(t \geqslant 0)$，求出运算放大器要进入饱和区所需时间。(b)若将R_4 减小 10%，重做(a)问。

2.19 若例 2.4 中的 Howland 电流泵驱动一个初始放电的 $1\mu F$ 电容，且将 R_4 增加 10%，粗略画出并标出 $v_o(t \geqslant 0)$。

2.20 设计一改进的 Howland 电流泵电路，其灵敏度利用一个 $100k\Omega$ 电位器在 $0.1 \sim 1mA/V$内是可变的。

2.21 (a)给定如图 P2.21 所示的电路，可得 $i_o =$$A(v_2 - v_1) - (1/R_o)v_L$，求出 A 和 R_o 的表达式，以及在各电阻之间产生 $R_o = \infty$ 的条件。(b)讨论利用 1% 电阻的效果。

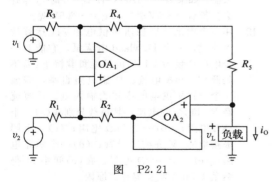

图　P2.21

2.22 (a)给定如图 P2.22 所示的电路，可得 $i_o =$$Av_1 - (1/R_o)v_L$，求出 A 和 R_o 的表达式，以及在各电阻之间产生 $R_o = \infty$ 的条件。(b)讨论利用 1% 电阻的效果。

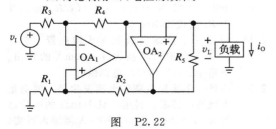

图　P2.22

2.23 对图 P2.23 所示电路重做习题 2.22。

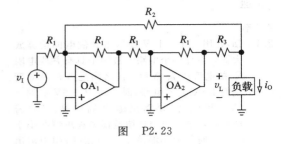

图　P2.23

2.3 节

2.24 (a)证明式(2.18)。(b)假设图 2.12 所示的是一个 741 运算放大器，对 $A = 1A/A$ 算出各电阻值；估计增益误差以及该电路的输出电阻。

2.25 求出如图 P2.25 所示电流放大器的增益和输出电阻。

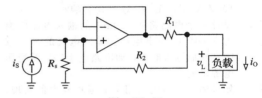

图　P2.25

2.26 证明若图 2.12b 所示电流放大器有 $R_s = \infty$和 $a \neq \infty$ 时，式(2.18)成立。

2.27 一个接地负载的电流放大器可通过一个 $I\text{-}V$转换器和一个 $V\text{-}I$ 转换器级联实现。利用不大于 $1M\Omega$ 的电阻，设计一个电流放大器，使 $R_i = 0$，$A = 10^5 A/A$，$R_o = \infty$ 和100nA 的满量程输入。假设饱和电压为±5V，电压裕量为一定值 5V。

2.28 适当修改图 P2.23 所示的电路，使之成为具有 $R_i = 0$，$A = 100A/A$，$R_o = \infty$。假设为理想运算放大器。

2.29 在图 P2.29 所示的电路中，奇数号的输入直接反馈给 OA_2 的相加节点上，而偶数号的输入则经由一个电流反相器反馈，这样得到 v_O 和各输入之间的关系。如果让任意一个输入悬浮将会发生什么？这会影响来自其他输入的贡献吗？与习题 1.33 相比，这个电路的最重要要优点是什么？

2.4 节

2.30 推导式(2.23)。

2.31 (a)推导式(2.27)。(b)利用一只 $100k\Omega$ 的电位器，给出合适的各电阻值，使得在改变电位器动臂从一端到另一端时增益由10V/V 到 100V/V 变化。

2.32 (a)推导式(2.28)。(b)证明用合适的元件值能使增益可从 1V/V 到 100V/V 变化。

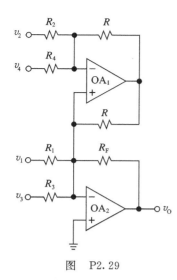

图　P2.29

2.33　(a)一个差分放大器有 $v_1 = 10\cos(2\pi 60t)\text{V} - 5\cos(2\pi\,10^3 t)\,\text{mV}$，$v_2 = 10\cos(2\pi 60t)\,\text{V} + 5\cos(2\pi\,10^3 t)\,\text{mV}$，若 $v_O = 0.5\cos(2\pi 60t)\text{V} + 2.5\cos(2\pi\,10^3 t)\,\text{V}$，求 A_{dm}，A_{cm} 和 $\{\text{CMRR}\}_{dB}$。(b)在 $v_1 = 10.01\cos(2\pi 60t)\,\text{V} - 5\cos(2\pi\,10^3 t)$ mV，$v_2 = 10.00\cos(2\pi 60t)\text{V} + 5\cos(2\pi\,10^3 t)\,\text{mV}$ 且 $v_O = 0.5\cos(2\pi 60t)\text{V} + 2.5\cos(2\pi\,10^3 t)\,\text{V}$ 的情况下重做(a)问。

2.34　如果在图 2.13a 所示电路中的实际电阻值为 $R_1 = 1.01\text{k}\Omega$，$R_2 = 99.7\text{k}\Omega$，$R_3 = 0.995\text{k}\Omega$ 和 $R_4 = 102\text{k}\Omega$。估算出 A_{dm}，A_{cm} 和 $\{\text{CMRR}\}_{dB}$。

2.35　如果图 2.13 所示电路中的差分放大器有差模增益为 60dB 和 $\{\text{CMRR}\}_{dB} = 100\text{dB}$，若 $v_1 = 4.001\text{V}$ 和 $v_2 = 3.999\text{V}$，求 v_O。由于有限的 CMRR 而产生的输出百分误差是什么？

2.36　如果在图 2.13a 所示电路中差分放大器的电阻对精确平衡，且运算放大器是理想的，那么有 $\{\text{CMRR}\}_{dB} = \infty$。但若开环增益 a 是有限的，而其他都是理想的会怎样？CMRR 仍然是无限大吗？直观地论证你的发现。

2.37　一个学生在实验室尝试作出如图 2.13a 所示的差分放大器。该学生用两对完全精确匹配的电阻，$R_3 = R_1 = 1.0\text{k}\Omega$ 和 $R_4 = R_2 = 100\text{k}\Omega$，则希望 $\text{CMRR} = \infty$。(a)一个同伴开玩笑在节点 v_1 和 v_P 之间添加了一个额外的 $1\text{M}\Omega$ 电阻。CMRR 会被怎样影响？(b)如果是在节点 v_N 和地之间添加了一个额外的 $1\text{M}\Omega$ 电阻，重做以上问题。(c)如果是在节点 v_o 和 v_P 之间添加了一个额外的 $1\text{M}\Omega$ 电阻，重做以上问题。

2.38　如果图 P2.29 所示电路仅有 v_1 和 v_2 两个输入，并有一个 $10\text{k}\Omega$ 电阻，使始终有 $v_O = v_2 - v_1$ 且 $\text{CMRR} = \infty$。(a)若用 0.1%

的电阻且运算放大器是理想的，研究对 CMRR 的影响。(b)若用完美匹配的电阻但运算放大器的增益是 $a = 10^4\,\text{V/V}$，研究对 CMRR 的影响。

2.39　若图 P2.21 所示电路中，有 $R_1 = R_2 = R_3 = R_4$ 且运算放大器是理想的，忽略负载并使 $i_O = (v_2 - v_1)/R_5$。因此，这是一个差分放大器，若电阻不匹配且运算放大器的增益 $a \neq \infty$，则容易出现 CMRR 的限制。对现有电路定义 $A_{dm} = i_{DM(SC)}/v_{DM}$ 和 $A_{cm} = i_{CM(SC)}/v_{CM}$，其中 $i_{DM(SC)}$ 和 $i_{CM(SC)}$ 是对应的差模和共模输出电流，而 v_{DM} 和 v_{CM} 如式 (2.21)所定义。(a)如果使用 1% 电阻且运算放大器是理想的，研究对 CMRR 的影响。(b)若用完美匹配的电阻但运算放大器的增益是 $a = 10^3\,\text{V/V}$，研究对 CMRR 的影响。

2.5 节

2.40　在图 2.20 所示的 IA 中，设 $R_3 = 1\text{M}\Omega$，$R_G = 2\text{k}\Omega$，$R_1 = R_2 = 100\text{k}\Omega$。如果 v_{DM} 是峰值为 10mV 的交流电压，v_{CM} 是 5V 的直流电压，求在该电路中的所有节点电压。

2.41　证明：若在图 2.20 所示电路中 OA$_1$ 和 OA$_2$ 有相同的开环增益 a，它们组合在一起构成一个反馈系统，其输入为 $v_1 = v_1 - v_2$，其输出为 $v_O = v_{O1} - v_{O2}$，开环增益为 a，反馈系数为 $\beta = R_G/(R_G + 2R_3)$。

2.42　一个三运算放大器 IA 有 $A = A_1 \times A_{II} = 50 \times 20\,\text{V/V} = 10^3\,\text{V/V}$。假定为已匹配输入级的运算放大器，对于 A 偏离理想值最大 1% 偏差，求每个运算放大器所要求的最小开环增益。

2.43　与经典的三运算放大器 IA 相比，图 P2.43 所示的 IA（参见 EDN，Oct，1，1992，p.115）使用了更少的电阻。电位器的动臂（正常是放在中间位置）用于使 CMRR 最大。证明：$v_O = (1 + 2R_2/R_1)(v_2 - v_1)$。

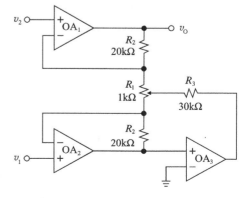

图　P2.43

2.44 (a)为了研究图 2.23 所示的 IA 中失配电阻的影响，假定 $R_3/R_4=(R_1/R_2)(1-\varepsilon)$。证明：$v_O=A_{dm}v_{DM}+A_{cm}v_{CM}$，式中，$A_{dm}=1+R_2/R_1-\varepsilon/2$，$A_{cm}=\varepsilon$。(b)对于 $A=10^2$ V/V 的情况，不用微调讨论利用 1% 电阻的意义。

2.45 (a)推导式(2.35)。(b)利用一个 10kΩ 电位器，给出合适的元件值以得以使 A 能在 10V/V ≤ A ≤ 100V/V 范围内变化。

2.46 图 P2.46(见 EDN，Feb. 20，1986，pp.241-242)所示的双运算放大器 IA 的增益可借助于单一电阻 R_G 给予调节。(a)证明 $v_O=2(1+R/R_G)(v_2-v_1)$。(b)利用一个 10kΩ 电位器，给出合适的元件值以使得 A 能在 10V/V 到 100V/V 内可变。

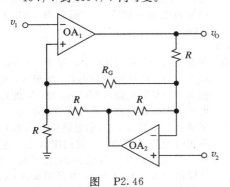

图　P2.46

2.47 图 P2.47 所示的双运算放大器 IA(参见 Signals and Noise，EDN，May 29，1986)具有这样一个优点，通过适当调节电位器，可以获得相当高的 CMRR，并且在进入千赫范围内一直维持得很好。证明：$v_O=(1+R_2/R_1)(v_2-v_1)$。

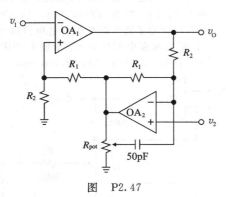

图　P2.47

2.48 在图 2.23 所示的双运算放大器 IA 中，假设各电阻和运算放大器都匹配完美，研究运算放大器有限开环增益 a 对该电路 CMRR 的影响(除有限增益外，两运算放大器都是理想的)。假设 $a=10^5$ V/V，若

$A=10^3$ V/V，求 CMRR。而若 $A=10$V/V，重做该题并对结果作讨论。

2.49 一个技术人员利用两对完美匹配的电阻制作如图 2.23 所示的双运算放大器 IA，其中 $R_3=R_1=2.0$kΩ 且 $R_4=R_2=18$kΩ。(a)若他不小心把一个额外 1MΩ 的电阻连接在了输入端 v_{N2} 和地之间，会对 CMRR 有什么影响？(b)若是错把这个电阻连接在了 v_{N2} 和 v_1 之间，又会怎么样？

2.6 节

2.50 设计一个总增益为 1V/V，10V/V 和 100V/V 的数字可编程 IA。展示最终的设计。

2.51 假定用一个 ±15V 的稳压电源供电，用两种工作模式设计一个可编程 IA：在第一种模式中，增益是 100V/V 且输出偏移为 0V；在第二种模式中，增益是 200V/V 和输出偏移是 −5V。

2.52 (a)推导式(2.42)。(b)在图 2.33 所示的电流输出 IA 中，为 1mA/V 的灵敏度给出合适的元件值。(c)研究使用 1% 电阻的效果。

2.53 在图 2.33 所示的电路中，设 $R_1=R_4=R_5=10$kΩ，$R_2=1$kΩ 和 $R_3=9$kΩ。若在两个运算放大器的反相输入节点之间连接一个电阻 R_G，求出用 R_G 表示增益的函数关系。

2.54 (a)设计一个电流输出的 IA，其灵敏度可利用一个 100kΩ 的电位器在 1~100mA/V 范围内改变，电路在 ±15V 的电源供电下至少有 5V 的电压裕量，而且还必须有适当的微调器为优化 CMRR 做好准备。(b)概要叙述对微调器校准定标的过程。

2.55 设计一电流输入、电压输出的 IA，其增益为 10V/mA。

2.7 节

2.56 用图 2.38 所示的单运算放大器结构重做例 2.12。展示最终电路。

2.57 (a)推导式(2.52)和式(2.53)。(b)推导式(2.55)。

2.58 假定在图 2.39 所示电路中 $V_{REF}=2.5$V，设计 Pt RTD 的参数使输出灵敏度为 0.1V/℃。

2.59 (a)假定在图 2.40 所示电路中 $V_{REF}=15$V，设计 Pt RTD 的参数使输出灵敏度为 0.1V/℃。(b)假设和例 2.13 中使用相同元件容差，为电桥定标校准作准备。

2.60 证明图 P2.60 所示的线性化桥式电路产生 $v_O=-RV_{REF}\delta/(R_1+R)$。列出这个电路的一个缺点。

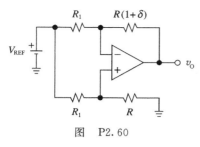

图　P2.60

2.61　利用图 P2.60 所示的电路，其中 $V_{REF} =$ 25V 和有一个附加增益级，设计一个使灵敏度为 0.1V/℃ 的 RTD 的运算放大器电路。该电路必须要为电桥定标校准做好准备。概述校准步骤。

2.62　证明图 P2.62 所示的线性化桥式电路（U. S. Patent 4，229，692）有 $v_O = R_2 V_{REF}\,\delta/R_1$。讨论如何为这个电路的校准定标做好准备。

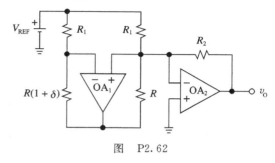

图　P2.62

参考文献

1. J. Graeme, *Photodiode Amplifiers–Op Amp Solutions,* McGraw-Hill, New York, 1996, ISBN-10-007024247X.
2. C. Kitchin and L. Counts, *A Designer's Guide to Instrumentation Amplifiers,* 3d ed., Analog Devices, Norwood, MA, 2006, http://www.analog.com/static/imported-files/design_handbooks/58127566674312778737Complete_In_Amp.pdf.
3. J. Williams, "Applications for a Switched-Capacitor Instrumentation Building Block," Linear Technology Application Note AN-3, http://cds.linear.com/docs/en/application-note/an03f.pdf.
4. N. P. Albaugh, "The Instrumentation Amplifier Handbook, Including Applications," http://www.cypress.com/?docID=38317.
5. Analog Devices Engineering Staff, *Practical Design Techniques for Sensor Signal Conditioning,* Analog Devices, Norwood, MA, 1999, ISBN-0-916550-20-6.
6. "Practical Temperature Measurements," Application Note 290, Hewlett-Packard, Palo Alto, CA, 1980.
7. J. Graeme, "Tame Transducer Bridge Errors with Op Amp Feedback Control," *EDN,* May 26, 1982, pp. 173–176.
8. J. Williams, "Good Bridge-Circuit Design Satisfies Gain and Balance Criteria," *EDN,* Oct. 25, 1990, pp. 161–174.

第3章
静态运算放大器的限制

如果你有机会用讲过的运算放大器电路做实验的话，可能会注意到只要运算放大器工作在恰当的频率和适度的闭环增益下，其实际工作特性与基于理想运算放大器模型预测的特性往往就是相当一致的。然而，随着频率或增益的增大，电路的频率响应和瞬态响应会进一步恶化。运算放大器在频域和时域的工作特性，统称为运算放大器的动态特性，将在第 4 章研究。

即使保持工作频率相当低，另一些限制也会影响运算放大器。这些限制统称为输入参考误差，在高直流增益应用场合尤其值得注意。其中最常见的几种是，输入偏置电流 I_B，输入失调电流 I_{OS}，输入失调电压 V_{OS}，以及交流噪声密度 e_n 和 i_n。相关的研究论题是热漂移，共模抑制比 CMRR，电源抑制比 PSRR 和增益非线性度。这些非理想特性一般无法通过负反馈得到改善，需要通过其他方法在一对一的基础上减小它们的影响。要使运算放大器工作正常，还必须遵守一定的工作条件限制，其中包括最大工作温度，最大供电电压，最大功耗，输入共模电压范围和输出短路电流。本章将会介绍除交流噪声外的所有这些限制，交流噪声将在第 5 章讨论。

虽然所有的这些可能听起来让人感到沮丧，但决不应该放弃对理想运算放大器模型的信心，因为它对于初步理解大多数电路仍是一个有力的工具。只有在第二步过程中，用户才通过更加细致的分析来检查实际限制因素的影响，从而鉴别问题的来源，并在有需要的情况下采取修正措施。

为了方便研究，应该在集中讨论一种限制的同时，假设运算放大器的其他方面都是理想的。实际上，所有限制都是同时存在的。然而，单独地评估它们的影响有助于我们更好地衡量它们的相对重要性，并且找出对当前应用场合最关键的几种限制。

原则上，只要知道运算放大器的内部电路图和工艺参数，每种限制都可以通过手算或者计算机仿真得到预计。另一种方法是把这个器件当作一个黑匣子，根据数据手册上的有用信息对它建立模型，并预测其工作特性。如果实际性能不符合设计目标，设计者要么改变电路，要么选择不同的器件，或者两种方法同时采用，直到得到一个满意的结果为止。

要想成功地应用模拟电路，关键是正确地理解数据手册的信息。这个过程会通过使用附录的 741 运算放大器数据手册来说明。限于篇幅，无法在此介绍其他器件的数据手册。幸运的是，现在每个人只要在网站上使用器件的部分名字如"741""OP77"等等作为关键词搜索，基本上就能找到任何数据手册。

本章要点

本章开始先简要介绍几种代表性的运算放大器工艺(比如晶体管，JFET 和 CMOS)的内部电路图。为了有效地选择和利用器件，用户需要对内部工作机制如何影响实际器件的各种限制有一个基本了解。

接着，介绍输入偏置电流以及它们在电路中引入的误差。为帮助用户选择器件，本章讨论常见的拓扑上的和工艺上的技巧，用于减小输入偏置电流。

随后介绍输入失调电压，这是一个相当复杂的参数，但它简化了许多非理想特性的建模，比如内部组件失调、热漂移、对供电电源和共模输入电压变化的敏感度，以及有限增益。为帮助用户选择器件，也讨论常见的拓扑上的和工艺上的技巧，用于减小输入失调电压。

输入偏置电流和输入失调电压共同产生所有的输入误差，所以接下来的任务就是阐述消除这些误差的常见技巧。

本章结尾讲述最大额定值，输出短路保护以及输入电压范围、输出电压摆幅和轨到轨性能的概念，这些概念在当今的低电压供电电路中十分重要。

3.1　简化运算放大器电路图

尽管数据手册提供给了用户需要知道的所有信息，对运算放大器的工艺和拓扑有一个基本的熟悉仍将帮助用户在特定的应用场合下选择最优的器件。基于工艺，运算放大器可以分为三类：（1）Bipolar（双极型）运算放大器；（2）JFET 输入运算放大器，也叫做 biFET 运算放大器；（3）CMOS 运算放大器（有些产品在同一块芯片上集成了 Bipolar 和 CMOS，因此称为 biCMOS 运算放大器）。基于拓扑，常见的主要有两类，一类是电压反馈运算放大器（VFA），是目前为止最常用的；另一类是电流反馈运算放大器（CFA），是新近出现的而且通常也是比较快速的一类运算放大器，将在第 4 章涉及。其他更专用的拓扑，比如诺顿放大器和运算跨导放大器（OTA）将不在这里介绍。

我们从图 3.1 所示的简化双极型电路图开始，该电路是从工业标准器件 741 运算放大器和大量其他形式的 VFA 中提炼出来的（关于这一点，可网上搜索 J. E. Solomon[1] 的经典教辅研究，关于这个主题它可能是最被广泛阅读的文章）。这个电路展示了三个基本组成单元，即第一级或叫输入级，第二级或中间级，以及第三级或输出级。

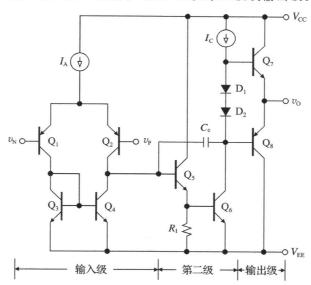

图 3.1　一个典型的三极管运算放大器简化电路图

输入级

这一级检测反相端和同相端输入电压 v_N 和 v_P 之间的任何不平衡，并把它转化成一个单端输出电流 i_{O1}，可由下式得到：

$$i_{O1} = g_{m1}(v_P - v_N) \tag{3.1}$$

式中：g_{m1} 是输入级跨导。这一级被设计成提供高输入阻抗，并且吸收可以忽略不计的输入电流。就像图 3.2a 再次展示的那样，输入级包含两个匹配的晶体管对，即差分对 Q_1 和 Q_2，以及电流镜 Q_3 和 Q_4。

输入级偏置电流 I_A 在 Q_1 和 Q_2 之间分流。忽略晶体管的基极电流并应用 KCL，可得：

$$i_{C1} + i_{C2} = I_A \tag{3.2}$$

对于 pnp 型晶体管，集电极电流 i_C 和它的基极-射极间电压 v_{EB} 满足众所周知的指数关系，即

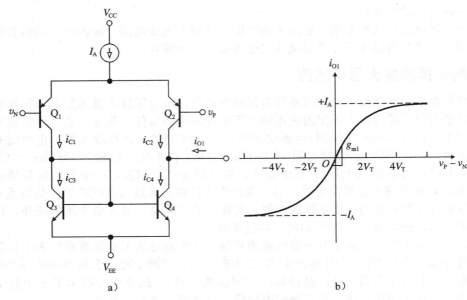

图 3.2　输入级及其传输特性

$$i_C = I_s \exp(v_{EB}/V_T) \tag{3.3}$$

式中：I_s 是集电极饱和电流；V_T 是热电压（室温下 $V_T \approx 26\text{mV}$）。假设 BJT 相互匹配（$I_{s1} = I_{s2}$），可以写出：

$$\frac{i_{C1}}{i_{C2}} = \exp\left(\frac{v_{EB1} - v_{EB2}}{V_T}\right) = \exp\left(\frac{v_P - v_N}{V_T}\right) \tag{3.4}$$

式中：$v_{EB1} - v_{EB2} = v_{E1} - v_{B1} - (v_{E2} - v_{B2}) = v_{B2} - v_{B1} = v_P - v_N$

i_{C1} 会使 Q_3 产生基极-射极压降 v_{BE3}。因为 $v_{BE4} = v_{BE3}$，Q_4 被迫流过和 Q_3 相同的电流，即 $i_{C4} = i_{C3}$，所以称为电流镜。但是，$i_{C3} = i_{C1}$，所以根据 KCL，第一级的输出电流为 $i_{O1} = i_{C4} - i_{C2} = i_{C1} - i_{C2}$。由式(3.2)和式(3.4)求解 i_{C1} 和 i_{C2} 并取它们的差值，可得：

$$i_{O1} = I_A \tanh \frac{v_P - v_N}{2V_T} \tag{3.5}$$

图 3.2b 所示的是该函数的曲线。

可以看到，在 $v_P = v_N$ 的平衡条件下，I_A 在 Q_1 和 Q_2 之间均分，从而得到 $i_{O1} = 0$。然而，v_N 和 v_P 之间的任何不平衡会使 I_A 的大部分流过 Q_1，而小部分流过 Q_2，或者相反，因此会使 $i_{O1} \neq 0$。对于足够小的不平衡，也叫小信号情况，传递特性近似为线性并可以用式(3.1)来表示。曲线的斜率也就是跨导，可由

$$g_{m1} = \mathrm{d}i_{O1}/\mathrm{d}(v_P - v_N)\,|\,v_P = v_N$$

得到，结果为：

$$g_{m1} = \frac{I_A}{2V_T} \tag{3.6}$$

过驱动输入级会最终迫使 I_A 全部流过 Q_1，而没有电流流过 Q_2，或者相反，从而导致 i_{O1} 达到饱和值 $\pm I_A$。过驱动的情况称为大信号情况。由图 3.2 可以看到，饱和的起点出现在 $v_P - v_N \approx \pm 4V_T \approx \pm 100\text{mV}$。正如我们所知道的，具有负反馈的运算放大器一般会使 v_N 紧紧跟随 v_P，表明它工作在小信号情况。

第二级

这一级由达林顿晶体管对 Q_5 和 Q_6，以及频率补偿电容 C_c 组成。达林顿晶体管对用于提供附加的增益和更宽的信号摆幅。电容则用于稳定运算放大器，以防止在负反馈应用中出现不希望的振荡，这个问题将在第 6 章介绍。因为 C_c 集成在芯片上，该运算放大器

可以说是内部补偿的。相反，未被补偿的运算放大器需要用户提供外部补偿网络。741 运算放大器是内部补偿的，而一种常用的未被补偿的同类产品是 301 运算放大器。

输出级

这一级是基于射极跟随器 Q_7 和 Q_8 来设计的，用来提供低输出阻抗。尽管它的电压增益近似为 "1"，其电流增益却是相当高的，表明该级可充当第二级输出的功率放大器。

晶体管 Q_7 和 Q_8 称为推挽对，因为当输出负载接地时，Q_7 会在正的输出电压摆幅期间，产生（或推动）电流流向负载，Q_8 则在负的电压摆幅期间从负载吸收（或拉出）电流。二极管 D_1 和 D_2 的作用是产生一对合适的 pn 结电压将 Q_7 和 Q_8 偏置在正向放大区，从而减小输出的交越失真。

JFET 输入运算放大器

双极型晶体管输入运算放大器的一个潜在劣势是 v_P 和 v_N 输入端的基极电流。运算放大器迫使这些电流自动地流经周围的电路从而产生压降，在要求一定精度的应用场合中这是不可接受的（关于这一点下一节将会详述），一种减轻这种弊端的方法是使用结型场效应晶体管（JFET）作为差分输入对，如图 3.3 所示。

JFET 输入级的传输特性与图 3.2b 所示的特性在定性上仍是相似的，尽管 g_{m1} 通常比较小，因为场效应晶体管（FET）的二次函数特性曲线没有相同偏置下双极型晶体管（BJT）的指数特性曲线的陡。然而，v_P 和 v_N 输入端的电流现在就是 JFET 的栅极电流，在室温下该电流比 BJT 的基极电流低几个数量级（JFET 的栅极电流是栅和沟道形成的反偏 pn 结的漏电流）。

图 3.3 也展示了另外一种实现第二级的方法，由另一个差分管对（Q_3-Q_4），以及相应的电流镜（Q_5-Q_6）组成。同样的，图中也展示了另一种输出级的实现方法，通过使用互补的类达林顿管对 Q_7-Q_{10} 以及 Q_8-Q_9 来提供所需的推挽输出，同时表现出高输入阻抗以减少对第二级的负载效应。该运算放大器通过 C_c 进行频率补偿。

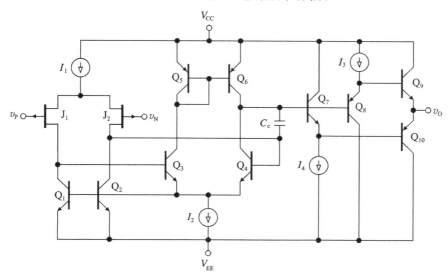

图 3.3 简化的 JFET 输入运算放大器电路

CMOS 运算放大器

为了在同一个芯片上同时集成数字和模拟模块，在 20 世纪 70 年代早期到中期的数字电子工业中诞生了 CMOS 工艺。CMOS 的出现促使人们将传统的双极型模拟功能模块通过 CMOS 的方式重新实现（我们已经从开关电容滤波器的例子中看到过）。一个晶体管放大电压的能力通过本征增益 $g_m r_o$ 来表示，其中 g_m 和 r_o 分别是晶体管的跨导和输出阻抗。

相比于具有千倍数量级本征增益的 BJT，FET 由于相对较低的本征增益而不那么受欢迎，也就不太鼓励人们用它来构建运算放大器。但是，MOSFET 提供了三种重要的优势：(1)它在栅极提供近似无穷大的输入阻抗，能从根本上消除输入负载效应；(2)通过使用共源共栅技巧(cascoding)[3,4]，它的有效输出阻抗 r_o 可以显著地提高，从而弥补跨导 g_m 的不足；(3)它比 BJT 占据更少的芯片面积，因此集成度更高。这些优势，结合设计和版图的进步，使得 CMOS 运算放大器在许多领域比双极型晶体管运算放大器更具竞争力。图 3.4 所示的为两种常见的 CMOS 拓扑。

图 3.4a 所示的拓扑是用 CMOS 的方式复制了图 3.1 所示电路的前两级。输入级由差分对 M_1-M_2 以及电流镜 M_3-M_4 组成，尽管 g_{m1} 通常比较低，但它仍提供了如图 3.2b 所示类型的传输特性。此外，利用 MOSFET 近似无穷大的栅极电阻，通过一个单管 M_5 来实现第二级。M_6-M_7-M_8 组成双输出电流镜用于偏置 M_1 和 M_2 以及 M_5。该运算放大器通过 R_c-C_c 网络进行频率补偿。

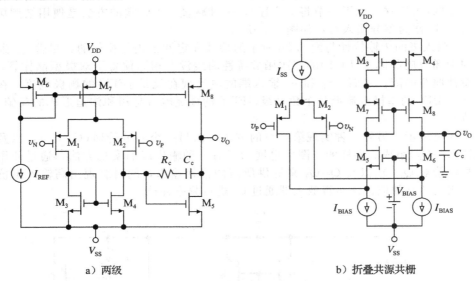

a）两级　　　　　　　　　　b）折叠共源共栅

图 3.4　两种常见的 CMOS 运算放大器拓扑

图 3.4a 所示电路中明显缺失的就是一个专门的输出级。这反映了这样一个事实，当今 CMOS 运算放大器经常充当更大型集成电路系统的子电路，在系统中运算放大器的输出负载是已知的，而且通常比较轻，所以不需要一个专门的输出级（相反，通用运算放大器需要一个专门的输出级来应对事先未知的负载的变化。带有专门输出级的 CMOS 运算放大器将在 3.7 节介绍）。

图 3.4b 所示的拓扑是单级型的，因为它的核心部分只有差分管对 M_1-M_2，以及电流镜 M_3-M_4。其余的 FET 只是用来辅助地提高这一级的本征增益，这通过一种称为共源共栅的技术可以实现[3,4]。特别地，M_8 提高 r_{o4} 而 M_6 提高 r_{o2}，从而确保高输出阻抗 R_o 并使增益最大化。这种类型的运算放大器的增益为 $a = g_{m1}R_o$。

M_1-M_2 对管检测栅极电压的任何不平衡并转化成它们的漏电流之间的不平衡，漏电流的不平衡通过 M_5-M_6 对管向上"折叠"（这就是折叠式运算放大器名称的由来），这种技术允许更宽的输出电压摆幅[3,4]（第 6 章将看到容性负载趋向于使运算放大器不稳定，但在折叠共源共栅情况下并非如此，因为负载电容 C_c 实际上能提高稳定性，这个特征使得折叠共源共栅运算放大器特别适用于开关电容应用场合）。

SPICE 模型

可以在许多不同的层面上对运算放大器进行仿真。在集成电路设计领域，要在晶体管层面上也叫微模型层面上对运算放大器进行仿真[2]。这样的仿真需要对电路图和制造过程中的参数有一个详细的了解。然而，用户不容易得到这些专有的信息。即使得到了这些信息，精确的仿真可能需要过多的计算时间，甚至可能导致收敛问题，特别是在更加复杂的电路系统中。

　　为了克服这些困难，用户通常是在宏模型层面上进行仿真的。宏模型采用一组更加精简的电路元素来密切匹配最终所得器件的测量特性，同时省去大量的仿真时间。和任何模型一样，宏模型有它的局限性，用户需要注意特定宏模型无法仿真的那些参数。宏模型基本上可以通过网络从每个制造商那里得到。本书所用到的 PSpice 学生版本包括了一个 741 运算放大器宏模型，该模型基于图 3.5 所示的所谓的 Boyle 模型[5]。

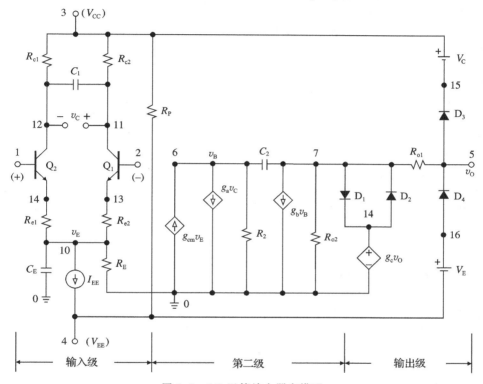

图 3.5　741 运算放大器宏模型

　　有时希望将注意力集中在运算放大器的一个特定的特性上，因此我们会自己建立一个更加简单的模型。第 4 章将探讨的频率响应就提供了这样一种典型的例子。无论使用什么样的模型，电路最终都应该在面包板上实现并在实验室里试验通过。在实验室对特性的评估是在寄生参数与组成实际电路相关的其他因素并存的条件下得到的。除非得到正确的指导，否则这些都是计算机仿真无法企及的。

3.2　输入偏置电流和输出失调电流

　　现在，我们研究输入引脚的电流如何对运算放大器的电路表现造成影响。我们将使用 741 运算放大器作为一个实例，因此我们需要进一步观察本章附录图 2 中的输入级部分；为了便于观察，我们将它复制放在图 3.6 中。为了优化 741 运算放大器制程，使用 npn BJT 而没有使用 pnp BJT，因此会导致一些较低的性能，比如一个低很多的电流增益 β_{FO}。输入级电路按照图 3.1 所示的简化形式安放之后，pnp 晶体管将会在 V_p 和 V_n 段产生超过限制的大电流。在图 3.6 所示电路中，741 运算放大器采用了 Q_3-Q_4 的 pnp 晶体管作为一个共基极对，并且用一对高倍的发射跟随器 Q_1-Q_2 驱动这对晶体管，从而克服了这样的限制。通过这种方法，Q_1-Q_2-Q_3-Q_4 组成的结构在相对于电流镜 Q_5-Q_6 时表现为 pnp 结构，但是在相对于点 v_P 和 v_N 时表现为 npn 结构。增加这对发射跟随器可以使得跨导减半到 $g_{m1} = I_A/(4V_T)$，但是它也会导致一个大大降低的输入电流 $I_P \approx I_N \approx (I_A/2)/\beta_{Fn}$，原因是有一个较大的 β_{Fn}。随着我们讨论的深入，我们将使用以下的 741 运算放大器工作值：

$$I_A = 19.5\mu A, \quad g_{m1} = 189\mu A/V \quad (3.7)$$

当我们把 741 运算放大器放入电路中时，它的输入晶体管将会自动地从附近的元件中汲取电流 I_P 和 I_N。实际上，为了使运算放大器正常工作，必须为每个输入端提供一系列电流可以在其中流通的直流电路。在纯电容负载情况下，输入电流对电容充电或放电，必然会产生周期性的重复初始化。除了在下一节介绍的几种特殊情况下，若输入晶体管是 npn BJT 或者 p 沟道 JFET，I_P 和 I_N 流入运算放大器；而对于 pnp BJT 或 n 沟道 JFET，则流出运算放大器。

因为在输入级的两个半边之间，特别是在 Q_1 和 Q_2 的 β_F 之间存在着难以避免的失配，因此 I_P 和 I_N 也就会随之存在着失配。我们将两个电流的平均值称为输入偏置电流，即

$$I_B = \frac{I_P + I_N}{2} \quad (3.8)$$

并将它们的差称为输入失调电流，即

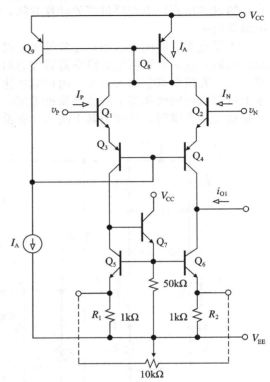

图 3.6　741 运算放大器输入级的详细框图

$$I_{os} = I_P - I_N \quad (3.9)$$

I_{os} 幅度的数量级通常要比 I_B 的小。I_B 的极性取决于输入晶体管类型，而 I_{os} 极性则取决于失配方向。因此对于一个给定的运算放大器系列，某些样品会有 $I_{os} > 0$，而其他的则可能有 $I_{os} < 0$。

对于不同的运算放大器，I_B 的取值范围是毫微安($10E-9A$，即 nA 数量级)到毫微微安($10E-15A$，即 fA 数量级)之间。数据手册中给出了典型值和最大值。对于 741 运算放大器系列中的商用版 741C 运算放大器来说，室温下的参数是：$I_B = 80nA$(典型值)，$500nA$(最大值)；$I_{os} = 20nA$(典型值)，$200nA$(最大值)。对于商用版的改进版 741E 运算放大器来说，$I_B = 30nA$(典型值)，$80nA$(最大值)；$I_{os} = 3nA$(典型值)，$30nA$(最大值)。I_B 和 I_{os} 两者都与温度有关，本章末尾附录中的图 5 和图 6 示出了这种依赖关系。前面提及的工业标准 OP77 运算放大器的 $I_B = 1.2nA$(典型值)，$2.0nA$(最大值)；$I_{os} = 0.3nA$(典型值)，$1.5nA$(最大值)。

由 I_b 和 I_{os} 所引起的误差

一种直截了当地评估输入电流影响的方式是将所有输入信号置零后来求出输出。现用两种具有代表性的情况给予说明，即图 3.7 所示的电阻反馈和电容反馈。一旦理解了这两种情况，就可以很容易地推广到其他电路中去。我们分析时，假设除了存在 I_P 和 I_N 之外，运算放大器是理想的。

存在很多电路，一旦将它们的有源输入置零后，都可以简化为图 3.7a 所示的一个等效电路。这些电路包括反相放大器和同相放大器，求和差分放大器，I-V 转换器等等。由欧姆定律可得同相输入端的电压是 $V_P = -R_p I_P$。利用叠加定理可得 $v_O = E_o$，式中：

$$E_o = \left(1 + \frac{R_2}{R_1}\right)\left[(R_1 /\!/ R_2)I_N - R_p I_P\right] \qquad (3.10)$$

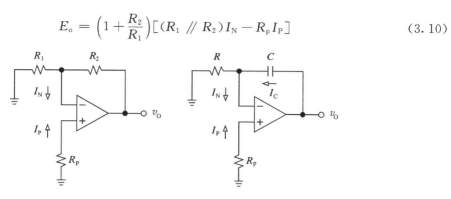

a) 电阻反馈　　　　　　b) 电容反馈

图 3.7　估计由输入偏置电流引起的输出误差

由这个深富内涵的式子可以得出几个结论。第一，尽管没有任何输入信号，电路仍能产生某个输出 E_o，现把这种不希望得到的输出当成一个误差，或更贴切地将它称为输出直流噪声。第二，电路产生的 E_o 可考虑是由某个输入误差（或称为输入直流噪声）经放大 $(1 + R_2/R_1)$ 倍而得到的，这样就可以将这个放大倍数贴切地称为直流噪声增益。第三，输入误差是由两部分组成的，由 I_P 流经 R_p 所产生的电压降 $-R_p I_P$，以及由 I_N 流经 $R_1 /\!/ R_2$ 组合所产生的电压降 $(R_1 /\!/ R_2)I_N$。第四，既然这两部分的极性相反，那么它们就会表现为互相补偿。

对于某些应用来说，误差 E_o 可能会无法接受，从而必须采用适当的方法把它降至可以接受的水平。将式(3.10)表示成：

$$E_o = \left(1 + \frac{R_2}{R_1}\right)\{[(R_1 /\!/ R_2) - R_p]I_B - [(R_1 /\!/ R_2) + R_p]I_{os}/2\}$$

的形式后可以看到，如果如图所示虚设一个电阻 R_p，并假设

$$R_p = R_1 /\!/ R_2 \qquad (3.11)$$

那么就可以消去含有 I_B 的项，最后可得：

$$E_o = \left(1 + \frac{R_2}{R_1}\right)(-R_1 /\!/ R_2)I_{os} \qquad (3.12)$$

现在误差正比于 I_{os}，它幅度的数量级一般都要比 I_P 和 I_N 的小。

通过缩小所有的电阻可以进一步降低 E_o。例如，将所有的电阻缩小到原值的 1/10 不会影响增益，但可以使输入误差 $-(R_1 /\!/ R_2)I_{os}$ 缩小到原值的 1/10。然而，缩小电阻会增加功率耗散，因此就需要进行某种折中。如果 E_o 仍然无法接受，那么选择一个具有更小的 I_{os} 值的运算放大器就是一个合乎逻辑的行动。其他的关于减小 E_o 值的技术将在 3.6 节中讨论。

例 3.1　在图 3.7a 所示电路中，令 $R_1 = 22\text{k}\Omega$，$R_2 = 2.2\text{M}\Omega$，并令运算放大器有 $I_B = 80\text{nA}$ 和 $I_{os} = 20\text{nA}$。(1) 当 $R_p = 0$ 时计算 E_o 的值。(2) 当 $R_p = R_1 /\!/ R_2$ 时，重做上题。(3) 当同时把所有电阻缩小到原值的 1/10 时，重做(2)问。(4) 采用 $I_{os} = 3\text{nA}$ 的运算放大器，重做(3)问。分析结果。

解：

(1) 直流噪声增益为 $1 + R_2/R_1 = 101\text{V/V}$；并且，$(R_1 /\!/ R_2) \approx 22\text{k}\Omega$。当 $R_p = 0$ 时，有 $E_o = 101 \times (R_1 /\!/ R_2)I_N \approx 101 \times (R_1 /\!/ R_2)I_B \approx 101 \times 22 \times 10^3 \times 80 \times 10^{-9}\text{V} \approx 175\text{mV}$。

(2) 当 $R_p = R_1 /\!/ R_2 \approx 22\text{k}\Omega$ 时，$E_o \approx 101 \times 22 \times 10^3 \times (\pm 20 \times 10^{-9})\text{V} = \pm 44\text{mV}$，式中采用"$\pm$"来表示 I_{os} 可以是任一种极性。

(3) 当 $R_1 = 2.2\text{k}\Omega$，$R_2 = 220\text{k}\Omega$ 和 $R_p = 2.2\text{k}\Omega$，可得

$$E_o \approx 101 \times 2.2 \times 10^3 \times (\pm 20 \times 10^{-9})\text{V} = \pm 4.4\text{mV}$$

(4) $E_o = 101 \times 2.2 \times 10^3 \times (\pm 3 \times 10^{-9})\text{V} \approx \pm 0.7\text{mV}$。综上，若采用 R_p 可以使 E_o 缩

小到原值的 1/4；缩小电阻值可以进一步将 E_o 缩小到原值的 1/10；最后，采用一更优良的运算放大器可以将它再缩小到 1/7。◀

现在来考察下一个图 3.7b 所示的电路，注意到仍然有 $V_N = V_P = -R_p I_P$。在反相输入端对电流求和可得 $V_n/R + I_N - I_c = 0$. 消去 V_N 可得：

$$I_c = \frac{1}{R}(RI_N - R_p I_P) = \frac{1}{R}[(R - R_p)I_B - (R + R_p)I_{os}/2]$$

应用电容定律 $v = (1/C)\int i dt$，可以很容易地得到

$$v_O(t) = E_o(t) + v_O(0) \tag{3.13}$$

$$E_o(t) = \frac{1}{RC}\int_0^t [(R - R_p)I_B - (R + R_p)I_{os}/2]d\xi \tag{3.14}$$

式中：$v_O(0)$ 是 v_O 的初始值。若没有任何输入信号，预期这个电路会产生一恒定的输出，或 $v_O(t) = v_O(0)$。实际上，除了 $v_O(0)$，还产生了输出误差 $E_o(t)$。它是在一段时间内对输入误差 $[(R-R_p)I_B - (R+R_p)I_{os}/2]$ 积分的结果。由于 I_B 和 I_{os} 相对来说是一个常量，于是可以写成 $E_o(t) = [(R-R_p)I_B - (R+R_p)I_{os}/2]/(RC)$。因此误差是一个电压斜坡函数，它的趋势是使得运算放大器进入饱和区。

显而易见，安装一个虚拟电阻 R_p，将有：

$$R_p = R \tag{3.15}$$

会使得误差降低至

$$E_o(t) = \frac{1}{RC}\int_0^t -RI_{os}d\xi \tag{3.16}$$

通过缩小元件值或采用具有更低 I_{os} 值的运算放大器，都可以进一步减小这个误差。

例 3.2 在图 3.7b 所示电路中，令 $R = 100\text{k}\Omega$，$C = 1\text{nF}$ 和 $V_o(0) = 0\text{V}$。假设运算放大器有 $I_B = 80\text{nA}$，$I_{os} = 20\text{nA}$ 和 $\pm V_{sat} = 13\text{V}$，求当 (1)$R_p = 0$ 和 (2)$R_p = R$ 时，运算放大器需要多长时间才能进入饱和区。

解：

(1) 输入误差为 $RI_N \approx RI_B = 10^5 \times 80 \times 10^{-9}$ V $= 8\text{mV}$。于是，$v_O(t) = (RI_N/R_c)t = 80t$，它表示了一个正的电压斜坡。令 $13 = 80t$ 可得 $t = (13/80)\text{s} = 0.1625\text{s}$。

(2) 输入误差现在为 $-RI_{os} = \pm 2\text{mV}$，表明运算放大器在任何一端都会饱和。现在运算放大器进入饱和的时间扩展到 $(0.1625 \times 80/20)\text{s} = 0.65\text{s}$。◀

总之，为了使由 I_B 和 I_{os} 引起的误差最小，应在可能的情况下采取下面原则：(1)修改电路使得在零输入的情况下，从 I_P 和 I_N 端看进去的电阻是相等的，即令图 3.7a 所示电路中 $R_p = R_1 // R_2$ 和图 3.7b 所示电路中的 $R_p = R$。(2)在应用许可的情况下使电阻值尽可量小。(3)采用具有足够低 I_{os} 标准值的运算放大器。

3.3　低输入偏置电流运放

运算放大器的设计者总是希望使得 I_B 和 I_{os} 在其他限制条件允许的情况下，尽可能的小。下面将会介绍几种最常见的技术。

超高电流放大输入运放

采用具有极高电流增益的输入 BJT 是实现低 I_B 的一种方法。这种 BJT 称为具有超高电流放大系数的晶体管，它采用非常薄的基极区域，使得基极电流的复合分量最小，可实现超过 10^3 A/A 的 β_F 值。LM308 运算放大器最先采用了这种技术，图 3.8a 示出了这个电路的输入级。它的核心是具有超高电流放大系数的差分对 Q_1 和 Q_2。这些 BJT 与具有标准电流放大系数 BJT 的 Q_3 和 Q_4 以共射共基的形式相连，组成了一个具有高电流增益和高击穿电压的复合结构。Q_5 和 Q_6 具有自举的功能，以便在零基极-集电极电压上对 Q_1 和 Q_2 进行偏置，而和输入共模电压无关。这就避免了具有超高电流放大系数的 BJT 低击穿电压

的限制，也降低了集电极-基极之间的偏电流。一般具有超高电流放大系数的运算放大器有 $I_B \approx 1$nA 或更小。

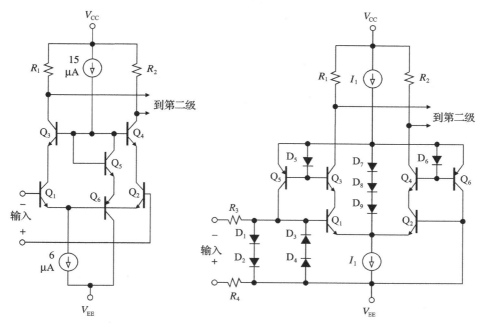

a) 具有超高电流放大系数的输入级   b) 输入偏置电流消除

图　3.8

输入偏置电流相消

另一种常用的实现低 I_B 的技术是电流相消[3]。由特定的电路预估输入晶体管进行偏置所需的基极电流，然后在内部提供这些电流，这使得从外界看来，就好像运算放大器可以在没有任何输入偏置电流的情况下工作。

图 3.8b 示出了 OP07 运算放大器采用的相消电路。再次发现，这个电路的核心是差分对 Q_1 和 Q_2。Q_1 和 Q_2 的基极电流被复制到共基极晶体管 Q_3 和 Q_4 的基极，在那里它们被镜像电流源 Q_5-D_5 和 Q_6-D_6 检测到。这些镜像电流源反射这些电流，并将它们重新注入 Q_1 和 Q_2 的基极，因此使输入偏置电流相消。

实际上，由于器件失配，相消是不完全的，因此输入端仍会吸收残余的电流。然而，因为这些电流现在是由失配产生的，所以它们的幅度通常要比实际基极电流的幅度低一个数量级。观察发现 I_P 和 I_H 既可能流入也可能流出运算放大器，这取决于失配的方向。另外，I_{os} 和 I_B 的幅度具有相同的数量级。因此没有必要在具有输入电流相消的运算放大器中安装一个虚设电阻 R_p。通常 OP07 的额定值是 $I_B = \pm 1$nA 和 $I_{os} = 0.4$nA。

FET 输入运算放大器

正如在 3.1 节中提到的那样，相比于 BJT，FET 输入运算放大器的输入偏置电流都会低很多。我们现在希望更深入地讨论这一问题。

首先考虑 MOSFET 运算放大器。MOSFET 的门级和它自身源极之间会形成一个微小的电容，因此一个制作优良的 MOSFET 的门级几乎不会吸收直流电流。但是，如果输入级像一般用途的运算放大器一样打算与外部电路相连，脆弱的 FET 门级就必须保护起来，以实现静电释放（ESD）和防止电压过冲（EOS）。如图 3.9a 所示，保护电路包含一个内部的二极管钳位，它用于防止门级电压不会提高到 V_{DD} 加一个二极管（D_H 二极管）的压降（0.7V）之上，或者下降到 V_{SS} 减一个二极管（D_L 二极管）的压降 0.7V 之下。正常的操作下，所有的二极管都是反向偏置的，因此每个都会有一个小的反向电流I_R，在室温下，这些电流的数量级一般在皮安数量级。数据手册给出的输入偏置电流，通常是共模输入电压$v_{CM} = (v_P + v_N)/2$，处于V_{dd}和V_{ss}正中间时的数据。平均来说，这是一个较为良好的情况，因为连接在相同输入上的二极管D_H和D_L是匹配的，它们的I_{Rs}将会抵消，使得I_P和I_N接近于零。但是，提升V_{cm}高于相消的水平将会增大I_P和I_N，因为反向偏置的量对于D_L二极管是增加的，对于D_H是减小的，这使得D_L底部二极管的I_R超过了D_H二极管的I_R。相反地，V_{cm}低于相互消除的水平时，将会导致D_H二极管的I_R超过D_L二极管的I_R，使得I_P和I_N的方向相反。随着V_{cm}进一步的降低，它们的数值会增加。

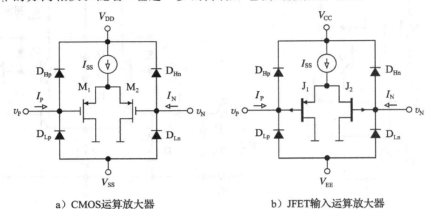

a）CMOS运算放大器　　　　　　　b）JFET输入运算放大器

图 3.9　输入保护二极管

图 3.9b 展示了一个类似的二极管网络，用于保护 JFET 的门级。然而，除了保护二极管的漏电流之外，JFET 中反向偏置的门-沟道结合处也会有漏电流。相比于保护二极管的结合处，这些结合处形成的区域明显更大，因此 JFET 的泄漏会比二极管的泄漏更大。结果就是，I_P 和 I_N 在 p 沟道 JFET 中将会流入运算放大器，就像图 3.9b 描绘的那样，在 n 沟道 JFET 中将会流出运算放大器。

为了防止混乱，二极管钳位并没有在电路图 3.3 和图 3.4 中明确地显示出来。然而，当我们在供应电压的范围之外推导 v_P 或者 v_N 时，我们需要知道它们的存在。因为那时候二极管钳位将会变成导通的，导致 I_P 或者 I_N 发生指数级的增长。

输入运算放大器偏置电流漂移

图 3.10 所示的比较了在不同的输入级方案和技术下，典型输入运算放大器偏置电流的特性。我们观察到，在 BJT 输入运算放大器设备中，由于 β_F 随着温度升高而增加，I_B 表现为随着温度升高而减小。然而，对于 FET 输入运算放大器，I_B 随着温度的变化表现为指数级的增长。这是因为 I_P 和 I_N 是由 I_{Rs} 组成的，而且温度每增加 10℃，I_B 就会增大 2 倍。将这个规律应用于 I_B，使得我们一旦知道在某些参考温度 T_0 时 I_B 的值，就可以用下面的公式估算任何其他温度 T 时的电流值：

$$I_B(T) \approx I_B(T_0) \times 2^{(T-T_0)/10} \quad (3.17)$$

通过图 3.10 可以很明显看出，FET 输入运算放大器相比于 BJT 输入运算放大器

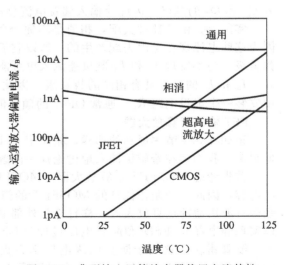

图 3.10　典型输入运算放大器偏置电流特性

在低输入偏置电流的优势在较高温度时几乎消失了。在我们选择最佳的器件时，了解想要的工作温度范围是很重要的考虑因素。

例 3.3 某一 FET 输入运算放大器 25℃时的 $I_B = 1$pA。预估 100℃时 I_B 的值。

解：

$I_B(100℃) \approx 10^{-12} \times 2^{(100-25)/10}A= 0.18$nA。

输入保护

当采用具有超低输入偏置电流的运算放大器时，为了充分实现这些器件的能力，需要特别注意走线及电路结构。在这方面，数据单通常会给出有用的指导原则。最关心的是印制电路板上的漏电流。它们会很容易地超过 I_B，使得在电路设计中已经艰难实现的功能最后失效。

在输入引脚周围使用保护环可以显著地削弱漏电流的影响。如图 3.11 所示，保护环由一个持有相同电位（如 v_P 和 v_N）的导电模板（conductive pattern）组成。这个模板吸收来自印制电路板上其他断点的漏电流，因此可以阻止它们流到输入引脚。保护环也起到屏蔽的作用，抑制噪声的影响。为了得到最好的结果，应保证印制电路板表面的清洁和干燥。当要求采用插座时，使用聚四氟乙烯插座或者绝缘支架效果最佳。

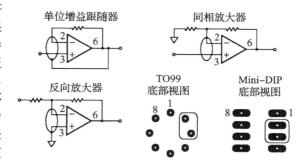

图 3.11 保护环布局和连接

3.4 输入失调电压

将运算放大器的输入短接，可得 $v_O = a(v_P - v_N) = a \times 0 = 0$V。然而，由于输入级在处理 v_P 和 v_N 时的固有失配，通常实际运算放大器的 $v_O \neq 0$。为了使 v_O 等于零，必须在输入引脚之间加入一个合适的校正电压。也就是说，开环电压传输特性曲线不会过原点，但是它向左偏移还是向右偏移取决于失配的方向。这种偏移称为输入失调电压 V_{os}。如图 3.12 所示，在理想或者无失调的运算放大器的一个输入端上串接一个微小的电压源 V_{os}，这样就可以模仿一个实际运算放大器。现在电压传输特性是：

$$v_O = a[v_P + V_{os} - v_N] \tag{3.18}$$

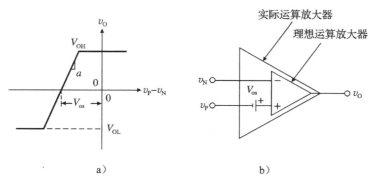

图 3.12 具有输入失调电压 V_{os} 的运算放大器的 VTC 和电路模型

为了使输出为零，需使 $v_P + V_{os} - v_N = 0$，即

$$v_N = v_P + V_{os} \tag{3.19}$$

注意到由于有 V_{os}，这里 $v_N \neq v_P$。

与 I_{os} 的情况类似，V_{os} 的幅度和极性在同一运算放大器系列中也不尽相同；而对于不同的系列，V_{os} 的取值可以在毫伏到微伏的范围上变化。741 运算放大器数据单给出了下述室温下的额定值：对于 741C 运算放大器，$V_{os}=2mV$ 为典型值，6mV 为最大值；对于 741E 运算放大器，$V_{os}=0.8mV$ 为典型值，3mV 为最大值。对于 OP77 超低失调电压运算放大器，$V_{os}=10\mu V$ 为典型值，$50\mu V$ 为最大值。

由 V_{os} 产生的误差

和 3.2 节中一样，下面将分析 V_{os} 对图 3.13 所示的电阻反馈和电容反馈情况的影响，注意到，因为这里故意忽略了 I_B 和 I_{os}，而将注意力集中在 V_{os} 上，所以就可以忽略虚设电阻 R_p。3.6 节将会介绍 I_B，I_{os} 和 V_{os} 同时存在的一般情况。

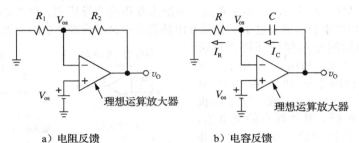

a）电阻反馈　　　　　　　b）电容反馈

图 3.13　V_{os} 产生的输出误差

图 3.13a 所示电路中，无失调运算放大器对于 V_{os} 来说，相当于一个同相放大器，因此 $v_O=E_o$，这里，

$$E_o = \left(1+\frac{R_2}{R_1}\right)V_{os} \tag{3.20}$$

是输出误差，$(1+R_2/R_1)$ 仍是直流噪声增益。显然，噪声增益越大，误差也越大。例如，已知 $R_1=R_2$，一个 741C 运算放大器会产生 $E_o=(1+1)\times(\pm2mV)=\pm4mV$ 的典型值，$(1+1)\times(\pm6mV)=\pm12mV$ 的最大值。然而，当 $R_2=10^3R_1$ 时，可得 $E_o=(1+10^3)\times(\pm2mV)\approx\pm2V$ 的典型值，$\pm6V$ 最大值——一个非常大的误差！反之，可以采用这个电路来测量 V_{os}。例如，令 $R_1=10\Omega$，$R_2=10k\Omega$，这样直流噪声增益为 1001V/V，并且 $R_1/\!/R_2$ 的并联组合足够小，以至于可忽略 I_N 的影响。假设测量输出并获得 $E_o=-0.5V$，于是 $V_{os}\approx E_o/1001\approx-0.5mV$，在这个具体的例子中为一个负的失调电压。

在图 3.13b 所示电路中，注意到既然无失调运算放大器使 $V_N=V_{os}$，可得 $I_c=I_R=V_{os}/R$。再次应用电容定律，可得 $v_O(t)=E_o(t)+v_O(0)$，式中输出误差为：

$$E_o(t) = \frac{1}{RC}\int_0^t V_{os}d\xi \tag{3.21}$$

即 $E_o(t)=(V_{os}/(RC))t$。正如已经知道的，V_{os} 对时间的积分得到的电压斜坡将运算放大器驱动到饱和状态。

热漂移

与许多其他的参数类似，V_{os} 与温度有关，可用温度系数

$$\text{TC}(V_{os}) = \frac{\partial V_{os}}{\partial T} \tag{3.22}$$

来表征这个特征。式中：T 是热力学温度，以 K 计；$\text{TC}(V_{os})$ 以 $\mu V/℃$ 计。对于廉价、通用的运算放大器（例如 741 运算放大器），$\text{TC}(V_{os})$ 的值一般在 $5\mu V/℃$ 的数量级。热漂移是由固有的失配以及输入级两部分之间的温度梯度引起的。由于在输入级采用了更好的匹配和热跟踪技术，特别为低输入失调而设计的运算放大器具有更低的热漂移。OP77 的 TC $(V_{os})=0.1\mu V/℃$，$0.3\mu V/℃$ 最大值。

利用温度系数的平均值和

$$V_{os}(T) \approx V_{os}(25℃) + \text{TC}(V_{os})_{avg} \times (T-25℃) \tag{3.23}$$

可以预估温度不是 25℃时 V_{os} 的值。例如，某运算放大器的 $V_{os}(25℃)=1mV$，$TC(V_{os})_{avg}=5uV/℃$，于是 $V_{os}(70℃)=1mV+5\mu V×(70-25)=1.225mV$。

共模抑制比(CMRR)

如果没有输入失调，运算放大器只对输入电压差作出响应，即 $v_O=a(v_P-v_N)$。实际运算放大器对共模输入电压 $v_{CM}=(v_P+v_N)/2$ 也稍微有点敏感。因此它的传递特性是 $v_O=a(v_P-v_N)+a_{cm}v_{CM}$，式中，$a$ 是差模增益，a_{cm} 是共模增益。将它重新写成 $v_O=a[v_P-v_N+(a_{cm}/a)v_{CM}]$ 的形式，根据前面的知识，可得 a/a_{cm} 的比值就是共模抑制比 CMRR，从而有：

$$v_O = a\left(v_P + \frac{v_{CM}}{CMRR} - v_N\right)$$

与式(3.18)比较，表明可用值为 $\dfrac{v_{CM}}{CMRR}$ 的输入失调电压项模仿对 v_{CM} 的灵敏度。v_{CM} 的变化会改变输入级晶体管的工作点，导致输出发生变化，由此产生共模灵敏度。值得欣慰的是，可以将如此复杂的现象以纯粹失调误差的形式变换到输入端。因此可将 CMRR 重新定义为：

$$\frac{1}{CMRR} = \frac{\partial V_{os}}{\partial v_{CM}} \tag{3.24}$$

可将它解释成 1V 的 v_{CM} 的变化使 V_{os} 发生的改变。以微伏每伏特来表示 1/CMRR。由于杂散电容的存在，CMRR 会随着频率的增加而变差。一般来说，从直流一到几十或者几百赫的范围内它都是高的，而在这以后则以 $-20dB/10$ 倍频的速度随频率增加而迅速下降。

通常以分贝的形式给出 CMRR。正如已经知道的，可以很容易地利用

$$\frac{1}{CMRR} = 10^{-\{CMRR\}_{dB}/20} \tag{3.25}$$

将分贝形式转换成微伏每伏特的形式，这里 $\{CMRR\}_{dB}$ 代表 CMRR 的分贝值。由表 3A.4 可得，741 运算放大器的直流额定值是 $\{CMRR\}_{dB}=90dB$ 典型值，70dB 最小值，这表明 V_{os} 随 v_{CM} 变化而变化的速率是 $1/CMRR=10^{-90/20} V/V=31.6\mu V/V$ 典型值，$10^{-70/20} V/V=316\mu V/V$ 最大值。OP-77 运算放大器的 $1/CMRR=0.1V/V$ 典型值，$1\mu V/V$ 最大值。图 3A.6 表明 741 运算放大器的 CMRR 在 100Hz 处开始迅速下降。

既然运算放大器能使 v_N 相当接近 v_P，于是可得 $v_{CM}≈v_P$。在反相应用中，$v_P=0$，此时不必关注 CMRR。然而，当 v_P 可以摆动时(例如在仪器仪表放大器中)，就可能会出现问题。

例 3.4　图 2.13a 所示的差分放大器采用 741 运算放大器，已知一个完全匹配电阻对 $R_1=10k\Omega$ 和 $R_2=10k\Omega$。假设将输入端接在一起，并用共模信号 v_I 驱动。如果(1) v_I 从 0 缓慢变化到 10V；(2) v_I 是一个 10kHz，峰峰值为 10V 的正弦波。估计在 v_O 上的典型变化。

解：

(1) 在直流中，典型值为 $1/CMRR=10^{-90/20} V/V=31.6\mu V/V$。在运算放大器输入引脚的共模变化是 $\Delta v_P=[R_2/(R_1+R_2)]\Delta v_I=[100/(10+100)]10V=9.09V$。因此，$\Delta V_{os}=(1/CMRR)\Delta v_P=31.6×9.09\mu V=287\mu V$。直流噪声增益为 $1+R_2/R_1=11V/V$。因此，$\Delta v_O=11×287\mu V=3.16mV$。

(2) 从图 3A.6 所示的 CMRR 曲线可得，$\{CMRR\}_{dB}(10kHz)≈57dB$。因此，$1/CMRR=10^{-57/20} V/V=1.41mV/V$，$\Delta V_{os}=1.41×9.09mV=12.8mV$(峰峰值)，$\Delta v_O=11×12.8mV=0.141V$(峰峰值)。10kHz 处的输出误差远远大于直流处的输出误差。　◀

供电电源抑制比(PSRR)

如果将运算放大器的一个供电电压 V_s 变化一个给定的值 ΔV_s，那么就会改变内部晶体管的工作点，这通常使 V_{os} 发生一个微小的变化。与 CMRR 类似，可用输入失调电压中的变化模仿这种现象，即用供电电源抑制比(PSRR)以 $(1/PSRR)×\Delta V_s$ 的形式来表示这种

变化。参数

$$\frac{1}{\text{PSRR}} = \frac{\partial V_{\text{os}}}{\partial V_{\text{s}}} \tag{3.26}$$

表示 1V 的 V_{s} 的变化使 V_{os} 发生的改变，以 μV/V 计。与 CMRR 类似，PSRR 会随频率的增加而变差。

　　有些数据手册给出了单独的 PSRR 额定值，一个是针对 V_{CC} 的变化，另一个是针对 V_{EE} 的变化，其余的说明了 V_{CC} 与 V_{EE} 对称变化时的 PSRR。大多数运算放大器 $\{\text{PSRR}\}_{\text{dB}}$ 的额定值会落在 80dB 到 120dB 的范围内。非常好的匹配的器件通常给出了最高的 PSRR。从附录表 2 所示中，对于对称供电变化的情况，741C 运算放大器 1/PSRR 的额定值为 30μV/V 典型值，150μV/V 最大值。这就是说，当供电电压从 ±15V 变化到 ±12V 时，可产生 $\Delta V_{\text{os}} = (1/\text{PSRR})\Delta V_{\text{s}} = (30\mu V)(15-12) = \pm90\mu$V 典型值，$\pm450\mu$V 最大值。OP77 运算放大器的 1/PSRR$=0.7\mu$V/V 典型值，$3\mu$V/V 最大值。

　　当采用稳压电源且适当旁路的电源对运算放大器供电时，通常可以忽略 PSRR 的影响。另外，供电线路上的任何变化都会使 V_{os} 发生相应的变化，接着被放大器放大噪声增益数倍。音频前置放大器就是一个典型的例子，那里，供电线路上参与的 60Hz(或 120Hz)波动会在输出上产生无法接受的交流声。另一个相关的例子是开关模式供电电源，运算放大器通常无法完全抑制它的高频波动，这表明在高精度的模拟电路中不适合采用这种供电电源。

　　例 3.5　将 741 运算放大器接成图 3.13a 所示的形式，且 $R_1=100\Omega$ 和 $R_2=100\Omega$。对于一个峰峰值为 0.1V，频率为 120Hz 的供电电源纹波，预估输出端纹波的典型值和最大值。

　　解：

　　741 运算放大器数据单没有给出 PSRR 随频率变化的滚降特性，于是采用给定直流处的额定值，记住采用这个值，其结果是很保守的。产生的输入端上的纹波为 $\Delta V_{\text{os}} = (30\mu V)\times0.1=3\mu$V 典型值，$15\mu$V 最大值(峰峰值)。噪声增益为 $1+R_2/R_1\approx1000$V/V，因此输出纹波为 $\Delta v_O=3$mV 典型值，15mV 最大值(峰峰值)。　◀

　　输出摆动引起的 V_{os} 的变化

　　实际运算放大器的开环增益是有限的，因此 v_P-v_N 的值会随着输出摆动 Δv_O 以 $\Delta v_O/a$ 的数值变化。出于方便，这个结果可以看做是一个有效失调电压变化 $\Delta V_{\text{os}}=\Delta v_O/a$。甚至一个 $v_O=0$ 时 $V_{\text{os}}=0$ 的运算放大器，在 $v_O\neq0$ 时也会有输入失调。举一个具有数据意义的例子，考虑图 3.14a 所示的反相放大器，它使用一个增益 $a=10^4$V/V 的运算放大器使得闭环增益为 $(-18/2)$V/V$=-9$V/V。电路中，$\beta=0.1$，$T=10^3$，$A=(-9/(1+10^3))$V/V$=-8.991$V/V。$v_I=1.0$V 时，运算放大器的 $v_O=Av_I=-8.991$V，并且为了维持这个电压，需要 $v_N=-v_O/a=+0.8891$mV。另一方面来看，我们可以把运算放大器看成是理想的 $(a=\infty)$，但是在计算由于有限的 a 所导致的闭环增益误差时，被一个输入失调电压 $V_{\text{os}}=0.8991$mV 所影响。图 3.14b 展示了这样一种观点。这两种观点在数学上可以表示为：

$$v_O = A_{\text{ideal}}\frac{1}{1+1/(a\beta)}v_I, \quad v_O = A_{\text{ideal}}v_I + \frac{1}{\beta}V_{\text{os}}$$

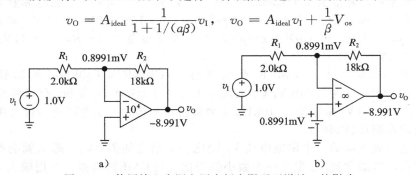

图 3.14　使用输入失调电压表征有限开环增益 a 的影响

注意到，第二种观点是如何区分信号增益 A_{ideal} 和噪声增益 $1/\beta$ 的。它也给出了增益误差的另一种解释，即输入噪声 V_{os} 的形式。

输入失调电压 V_{os} 的完整表达式

我们用一个 V_{os} 的综合表达式来总结这一部分，即

$$V_{os} = V_{os}(0) + TC(V_{os})\Delta T + \frac{\Delta v_P}{CMRR} + \frac{\Delta V_s}{PSRR} + \frac{\Delta v_O}{a} \tag{3.27}$$

式中：$V_{os}(0)$ 为初始输入失调电压。它的值是 V_{os} 在某个参考工作处的值（例如环境温度，额定供电电压，v_P 和 v_O 大致在供电电压之间）。这些参数本身是随时间变化而漂移的。例如，OP77 运算放大器的长期稳定度为 $0.2\mu V/$月（月（month））。在估算误差的分析中，当需要估计最坏情况变化时，稳定度是将各种各样的失调变化通过相加的形式组合在一起的。而对最有可能发生的变化感兴趣时，则采用平方和的平方根（rss）的形式进行计算。式（3.27）中，值得注意的是，不考虑它们的复杂结构，仅仅是 V_{os} 部分就会使得运算放大器有很多不完美的表现，使得它们离理想情况相差甚远。同样，通过把它们简化到一个共同的形式，我们可以很容易地将它们互相比较，并且在希望减小那些大的数值时，决定采取什么措施。

例 3.6 一运算放大器有如下的额定值：$a = 10^5 V/V$ 典型值，$10^4 V/V$ 最小值；$TC(V_{os})_{avg} = 3\mu V/℃$，以及 $\{CMRR\}_{dB} = \{PSRR\}_{dB} = 100dB$ 典型值，$80dB$ 最小值。在下面工作状态的范围内：$0℃ \leqslant T \leqslant 70℃$，$V_s = \pm 7.5V \pm 10\%$，$-1V \leqslant v_P \leqslant +1V$ 和 $-5V \leqslant v_O \leqslant +5V$，估算 V_{os} 在最坏情况以及最有可能情况下的变化。

解：

相对室温的温度变化是 $\Delta V_{os1} = (3\mu V/℃) \times (70-25)℃ = 135\mu V$。代入已知值，可得 $1/CMRR = 1/PSRR = 10^{-100/20} V/V = 10\mu V/V$ 典型值，$100\mu V/V$ 最大值，于是由 v_P 和 V_s 所引起的变化是 $\Delta V_{os2} = (\pm 1V)/(CMRR) = \pm 10\mu V$ 典型值，$\pm 100\mu V$ 最大值；$\Delta V_{os3} = 2 \times (\pm 0.75V)/(PSRR) = \pm 15\mu V$ 典型值，$\pm 150\mu V$ 最大值。最后，由 v_O 引起的变化是 $\Delta V_{os4} = (\pm 5V)/a = \pm 50\mu V$ 典型值，$\pm 500\mu V$ 最大值。V_{os} 中最坏情况的变化是 $\pm(135+100+150+500)\mu V = \pm 885\mu V$。最有可能的变化是 $\pm(135^2+100^2+150^2+500^2)^{1/2}\mu V = \pm 145\mu V$。 ◄

3.5 低输入失调电压

运算放大器的初始失调电压根本来源于晶体管输入级的失配。在这里我们将考虑两种具有代表性的情况，即图 3.1 所示的双极型运算放大器和图 3.4a 所示的 CMOS 运算放大器。我们并不讨论过于细节化的派生产品，那超出了我们的范围。

双极型输入偏置电压

失配是随机的现象，因此我们感兴趣的是图 3.1 所示的 Q_1-Q_2-Q_3-Q_4 的结构最有可能的输入失调电压[3]。这表现为以下的形式：

$$V_{os(BJT)} \approx V_T \sqrt{\left(\frac{\Delta I_{sp}}{I_{sp}}\right)^2 + \left(\frac{\Delta I_{sn}}{I_{sn}}\right)^2} \tag{3.28}$$

式中：$V_T = kT/q$ 是一个热电压，与热力学温度 T 成比例（室温下 $V_T \approx 26mV$）；I_{sn} 和 I_{sp} 是 BJT 的 i-v 特性中的集电极饱和电流，$I_{C(npn)} = I_{sn}\exp(V_{BE}/V_T)$，$I_{C(pnp)} = I_{sp}\exp(V_{EB}/V_T)$；$\Delta I_{sp}/I_{sp}$ 和 $\Delta I_{sn}/I_{sn}$ 的比例代表了 I_{sp} 和 I_s 的部分变化。BJT 饱和区电流表现为如下的一般形式：

$$I_s = \frac{qD_B}{N_B} \times n_i^2(T) \times \frac{A_E}{W_B} \tag{3.29}$$

式中：D_B 和 N_B 分别是基极的少数载流子扩散常数和掺杂浓度；$n_i^2(T)$ 是本征载流子浓度，是温度 T 的强函数；A_E 和 W_B 分别是发射极区域和基极宽度。很明显，在匹配优良的 BJT 对中，我们有 $\Delta I_{sn} = 0$ 和 $\Delta I_{sp} = 0$，因此有 $V_{os} = 0$。另一方面，如果有典型的失配情况，例如，5%，室温下我们可以得到 $V_{os} = (26mV) \times (0.05^2 + 0.05^2)^{1/2} = 1.84mV$。温

度漂移为 $\mathrm{TC}(V_{os}) = \partial V_{os}/\partial T = k/q$，即

$$\mathrm{TC}(V_{os}) = \frac{V_{os}}{T} \tag{3.30}$$

表明在室温（$T=300\mathrm{K}$）下双极型结构对于每毫伏的偏置电压有 $\mathrm{TC}=3.3\mu\mathrm{V}/^\circ\mathbb{C}$。

CMOS 偏置电压

图 3.4a 所示的 $\mathrm{M_1}$-$\mathrm{M_2}$-$\mathrm{M_3}$-$\mathrm{M_4}$ 级最常见的输入偏置电压表现为下面的形式[4]：

$$V_{os(CMOS)} \approx \frac{V_{ovp}}{2}\sqrt{\left(\frac{\Delta k_n}{k_n}\right)^2 + \left(\frac{\Delta k_p}{k_p}\right)^2 + \left(\frac{\Delta V_{tn}}{0.5 V_{ovp}}\right)^2 + \left(\frac{\Delta V_{tp}}{0.5 V_{ovp}}\right)^2} \tag{3.31}$$

式中：V_{ovp} 是 pMOSFET 的过驱动电压；V_{tn} 和 V_{tp} 分别是 nMOSFET 和 pMOSFET 的阈值电压；k_n 和 k_p 是在 MOSFET 的 i-V 特性中的跨导参数；$I_{D(nMOSFET)} = (k_n/2)V_{OVn}^2$，$I_{D(pMOSFET)} = (k_p/2)V_{ovp}^2$。这些参数是：

$$k_n = \mu_n \frac{\varepsilon_{ox}}{t_{ox}} \frac{W_n}{L_n}, \quad k_p = \mu_p \frac{\varepsilon_{ox}}{t_{ox}} \frac{W_p}{L_p} \tag{3.32}$$

式中：μ_n 和 μ_p 分别是电子和空穴的迁移率；ε_{ox} 和 t_{ox} 分别是介电常数和门级氧化层的厚度；W_n/L_n 和 W_p/L_p 分别是 nMOSFET 和 pMOSFET 沟道的宽长比。

匹配考虑

集成电路中的失配源于掺杂浓度和器件尺寸的波动，以及机械压力和一些其他的因素。掺杂浓度的波动影响 I_{sn} 和 I_{sp}（通过 N_B），以及 V_{tn} 和 V_{tp}。尺寸的波动影响 A_E/W_B 的比值。

W/L 的比值，以及氧化层厚度 t_{ox}。一个常见的降低对不规则的掺杂浓度和边缘分辨率（edge resolution）敏感度的方法是使用带有大的发射区域 A_E 的输入级 BJT 和带有大的沟道尺寸 W 和 L 的输入级 MOSFET（在 CMOS 运算放大器中，大的晶体管尺寸还会导致更好的噪声表现，这个问题将在第 5 章中讨论）。

另一个重要的不匹配源于贯穿整个芯片的热梯度，它会对 BJT 中的 V_{BE} 和 V_{EB} 再造成影响，对 MOSFET 中的 V_{tn} 和 V_{tp} 造成影响。记住下面的热系数是很有意义的：

$$\mathrm{TC}(V_{BE}) \approx \mathrm{TC}(V_{EB}) \approx -2\mathrm{mV}/^\circ\mathbb{C}, \quad \mathrm{TC}(V_{tp}) \approx -\mathrm{TC}(V_{tn}) \approx +2\mathrm{mV}/^\circ\mathbb{C}$$

这意味着在一对差分晶体管之间，$1^\circ\mathbb{C}$ 的温度差将会对 V_{os} 造成 $2\mathrm{mV}$ 的影响！采用对称器件布局技术（称为共重心布局）[2,3]，能够降低输入级对梯度的灵敏度。图 3.15 举例说明了一个双极型输入对的情况，每一个晶体管都是由两个完全相同的部分并联而成的，但是布局时使它们互为对角。最后的四边形结构中有多个对称结构，这样就有可能抵消由梯度引起的失配的影响。

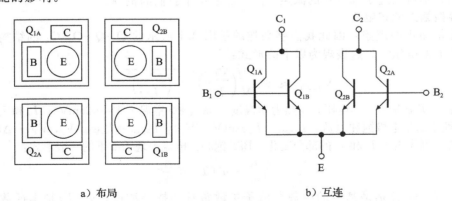

a）布局　　　　　　　　　　　　　b）互连

图 3.15　共质心拓扑

失调电压微调

运算放大器的制造者通过片上微调的技术进一步减小 V_{os}[2]。

一种常见的方法涉及对组成输入级的两部分中的一个进行物理上的改造，即通过激光微调或者选择性地短接、开路一些合适的微调连接。图 3.16 所示工业标准的 OP07 运算放大器很好地阐述了这个概念，它是最先使用这项技术的产品（如果想知道更多的细节，请在 Web 上搜索 "OP07"）。每个集电极电阻是由一个固定电阻 R_c 和一系列按二进制加权的小电阻串接而成的，每个小电阻都有一个反向偏置的结（reverse-biased junction）与之平行。在晶片的调试阶段输入都是短接在一起的，我们测量相应的输出。有一个合适的算法指出哪一个连接应该被关掉，以使得输出接近于 0. 例如，如果在 Q_1 和 Q_2 之间的一个失配导致了 $V_{C1} < V_{C2}$，我们就需要选择性地短接 Q_1 上的一些电阻，使得 V_{C1} 能够接近 V_{C2}，最终消除失调。通过向相应的二极管输入一个反向的大电流，我们可以闭合一个开关，然后形成短路。由于使用了这项技术（被称为齐纳消除，zener zapping），OP07E 版本的运算放大器有 $V_{os} = 30\mu V$，$TC(V_{os}) = 0.3\mu V/℃$。

这个方案的一个变体使用铝熔丝连接来形成初始的闭合开关。在微调时，通过电流脉冲，我们可选择性地打开开关。

另一种微调方案在 CMOS 运算放大器上适用，使用片上的非易失性存储器来存储微调数据，然后通过片上的 D/A 转换器（数/模）转变为合适的调节电流。

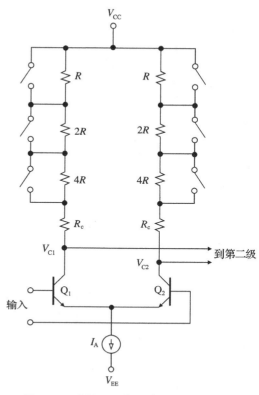

图 3.16　采用可短接连接的片上 V_{os} 微调

自动调零和斩波稳定运放

在一个特定的环境和工作条件下，片上微调可将 V_{os} 置零。如果这些条件发生改变，V_{os} 也会发生改变。为满足高精密应用中的严格要求，开发了特别的技术，以进一步有效地降低输入失调和低频噪声。两种常见的方法是自动调零（AZ）技术和斩波稳定（CS）技术。AZ 技术是一种采样技术[6]，对失调和低频噪声进行采样，然后从含有噪声的信号中减去这些采样值，可得无失调信号。CS 技术是一种调制技术[6]，它将输入信号调制到一个更高的频率，这里没有直流失调或低频噪声，然后将放大后的信号解调到基带，因此去除了失调和低频误差。

图 3.17 说明了 AZ 原理在 ICL7650S 运算放大器上的应用，这是第一个在单片上实现这种技术的常用放大器。这个器件的核心是常规高速放大器 OA_1（一个常见的高速放大器，称为主放大器）。第二个放大器称为调零放大器，记为 OA_2，它不断监测 OA_1 的输入失调误差 V_{os1}，并通过在 OA_1 的调零端加入一合适的校正电压，将这个失调误差驱动到零。这种工作模式称为采样模式。

然后，注意到 OA_2 也有一个输入失调 V_{os2}，因此，在试图改善 OA_2 的误差之前必须

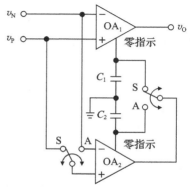

图 3.17　斩波稳定运算放大器（CSOA）

先校正自身的误差。这可以通过瞬间切断 OA_2 和主放大器之间的连接来实现，即将它的输入端短接在一起，并将输出和自身的零端耦合在一起。这个模式称为自动调零模式，将 MOS 开关从 S 位置（采样）打到 A 位置（自动调零）可以激活这个模型。在自动调零模式中，C_1 瞬时保持对 OA_1 的校正电压，因此对于这个电压来说，这个电容相当于一个模拟存储器。与此类似，C_2 在采样模式期间保持对 OA_2 的校正电压。

两种模式之间一般以每秒几百个周期的速率相互转化，这个速率受片上振荡器的控制，使得自动调零工作过程对用户来说是完全透明的。误差保持电容（对于前面的 ICL7650S 运算放大器选择 $0.1\mu F$）是由用户在片外提供的。ICL7650S 运算放大器室温下的额定值是 $V_{os} = \pm 0.7\mu V$。

与 AZ 运算放大器类似，CS 运算放大器也采用一对电容实现调制/解调工作。在某些器件中，为了节省空间，将这些电容内置在集成电路封装中。这种 CS 运算放大器的例子有 LTC1050 运算放大器，它的 $V_{os} = 0.5\mu V$ 和 $TC(V_{os}) = 0.01\mu V/℃$ 典型值；还有 MAX420 运算放大器，它的 $V_{os} = 1\mu V$，$TC(V_{os}) = 0.02\mu V/℃$ 典型值。

然而，AZ 和 CS 运算放大器优良的直流特性并不是轻易获得的。既然调零电路是一个采样数据系统，那么就会出现时钟直馈噪声和频率混叠问题。当选择最合适的器件时，就需要考虑这些问题。

AZ 和 CS 运算放大器既可以单独使用，也可以作为符合放大器的组成部分，来改善已有的输入特性[7]。为了充分实现这些性能，必须特别注意印制电路板的布局和组装[7]。特别要注意的是异种金属结中输入漏电流和热电偶效应，它们可能会严重削弱器件的输入特性，并完全破坏电路设计中费尽心思实现的成果。在这个方面上，可以参考数据手册以获得有用的提示。

3.6 输入失调误差和补偿技术

现在来研究 I_{os} 和 V_{os} 同时作用时的影响。首先研究与图 3.18 所示类似的放大器（暂时忽略 $10k\Omega$ 电位器）。

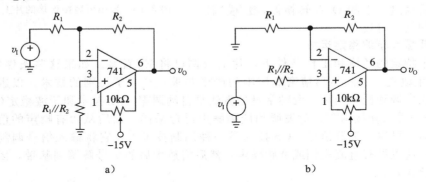

图 3.18 具有内部失调误差置零的反相放大器和同相放大器

利用式（3.12）和式（3.20），以及叠加原理，易知两个电路图都有：

$$v_O = A_s v_I + E_o \tag{3.33a}$$

$$E_o = \left(1 + \frac{R_2}{R_1}\right)[V_{os} - (R_1 /\!/ R_2)I_{os}] = \frac{1}{\beta}E_I \tag{3.33b}$$

式中对于反相放大器，有 $A_s = -R_2/R_1$，对于同相放大器，有 $A_s = 1 + R_2/R_1$。称 A_s 为信号增益，以将它与直流噪声增益相区别，两个电路的直流噪声增益都为 $1/\beta = 1 + R_2/R_1$。另外，$E_I = V_{os} - (R_1 /\!/ R_2)I_{os}$ 是指输入的总失调误差，E_o 是指输出的总失调误差。既然 V_{os} 和 I_{os} 的极性是任意的，那么负号并不必然意味着这两项有相互补偿的趋势。谨慎的设计者持有保守的观点，并把它们加在一起。

取决于应用的不同，输出误差 E_o 的存在可能是缺点，也可能不是缺点。在采用电容耦合来抑制直流电压的音频响应中，很少关注失调电压。然而在低电平信号检测（例如热电耦或应变仪放大）中，或者是在宽动态范围应用（例如对数压缩和高分辨率数据转换）中，情况却并非如此。这里 v_1 的幅度与 E_1 的幅度是可以比较的，因此可以很容易地删除它的有用信息。这样要将 E_1 降低到一个可接受的水平时，问题就出现了。

接下来研究图 3.19 所示的积分器，利用式（3.16），式（3.21），以及叠加原理可得：

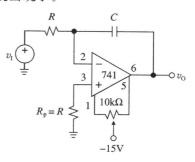

$$v_O(t) = -\frac{1}{RC}\int_0^t [v_I(\xi) + E_I]\mathrm{d}\xi + v_O(0) \quad (3.34a)$$

$$E_I = RI_{os} - V_{os} \quad (3.34b)$$

式中：V_{os} 和 I_{os} 的影响是通过误差 E_1 使 v_1 失调的。甚至是当 $v_1 = 0$ 时，在输出到达饱和之前，输出会不断上升或者下降。

图 3.19　内部失调误差调零的积分器

正如我们将会看到的，利用一个合理微调就可以将式（3.33b）和式（3.34b）中涉及输入的误差 E_1 调零。然而，正如已经知道的，微调增加了产品的成本，并会随着温度和时间的变化而漂移。明智的设计者会采用一系列电路技巧（例如缩小电阻和选择运算放大器），以使 E_1 最小。设计者仅仅将微调作为最后一种手段来使用，失调调零技术分为内部和外部两种。

内部失调调零

内部调零基于故意使输入级失衡，以补偿固有失配，并使误差为零。采用一个外部微调，就可以引入这种失衡（正如数据手册中所推荐的）。图 3.16 示出了对 741 运算放大器进行内部调零的微调连接方式。输入级是由两个名义上完全相同的部分组成的：处理 v_P 的 Q_1-Q_3-Q_5-R_1 部分，处理 v_N 的 Q_2-Q_4-Q_6-R_2 部分。滑动触头偏离中心位置，会使一边并联的电阻增大，而另一边并联的电阻减小，导致电路失衡。为了校准图 3.17 所示的放大器，令 $v_1 = 0$，调整旋臂使 $v_O = 0$。为了校准图 3.18 所示的积分器，令 $v_1 = 0$，调整旋臂使 v_O 尽可能稳定在 0V 附近范围内。

从附录表 1 所示的 741C 运算放大器数据手册可以发现，失调电压可调范围一般是 $\pm 15\mathrm{mV}$，这表明必须使 $|E_1| < 15\mathrm{mV}$ 才会让电路补偿成功。既然 741C 运算放大器的 $V_{os} = 6\mathrm{mV}$ 最大值，这给由 I_{os} 引起的失调项分配了 9mV。如果该项超过 9mV，就必须缩小外部电阻值，或采取下面将会介绍的外部调零方法。

例 3.7　在图 3.18a 所示的电路中，采用的是 741C 运算放大器，且 $A_s = -10\mathrm{V/V}$。为了使电路的输入电阻 R_i 最大，求满足条件的电阻值。

解：

既然 $R_i = R_1$，题目等价于使 R_1 最大。令 $R_2 = 10R_1$，$V_{os(max)} + (R_1 /\!/ R_2)I_{os(max)} \leqslant 15\mathrm{mV}$，可得 $R_1 /\!/ R_2 \leqslant (15\mathrm{mV} - 6\mathrm{mV})/(200\mathrm{nA}) = 45\mathrm{k}\Omega$，即 $1/R_1 + 1/(10R_1) \geqslant 1/(45\mathrm{k}\Omega)$。解得 $R_1 \leqslant 49.5\mathrm{k}\Omega$。采用标准值 $R_1 = 47\mathrm{k}\Omega$，$R_2 = 470\mathrm{k}\Omega$ 和 $R_p = 43\mathrm{k}\Omega$。　◀

内部失调调零可以应用到目前所学的任何电路中。一般而言，不同运算放大器系列的调零电路不尽相同。参考数据手册，可以找出给定器件的推荐调零电路。观察发现由于两运算放大器和四运算放大器的封装通常缺乏引脚，所以它们一般无法提供内部调零。

外部失调调零

外部调零是基于将可调的电压和电流注入电路中，以补偿电路的失调误差的方法。这个办法在输入级不会引入任何额外失衡，因此不会使漂移、CMRR 或 PSRR 性能下降。

校正信号最合适的注入点取决于具体电路。对于类似于图 3.19 所示的放大器和积分器的反相结构，只是简单地将 R_p 提离地面，并将它上接入一个可调电压 V_X。由叠加原理，这里可得一个明显的输入误差 $E_1 + V_X$，并总是可以调整 V_X，使它与 E_1 抵消。V_X 是从双基准源中得到的。如果对供电电压进行充分的稳压和滤波，基准源可以采用供电电压。在图 3.20 所示的电路中，$R_B \gg R_C$，以避免旋臂上过度的负载效应。令 $R_A \ll R_p$，以避免破坏已存在的电阻水平。外部失调调零的校准过程与内部调零类似。

例 3.8 在图 3.20a 所示电路中，采用的是 741C 运算放大器，且 $A_s = -5\text{V/V}$，$R_i = 30\text{k}\Omega$。求满足要求的电阻值。

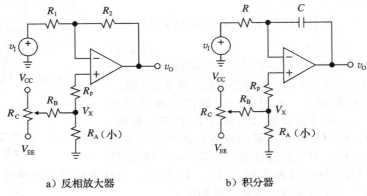

a) 反相放大器　　　　　　b) 积分器

图 3.20　进行外部失调误差调零

解：

$R_1 = 30\text{k}\Omega$，$R_2 = 5R_1 = 150\text{k}\Omega$，并且 $R_p = R_1 // R_2 = 25\text{k}\Omega$。采用标准值 $R_p = 24\text{k}\Omega$，令 $R_A = 1\text{k}\Omega$，以补偿差值。就有 $E_{\text{I(max)}} = V_{\text{os(max)}} + (R_1 // R_2)I_{\text{os(max)}} = 6\text{mV} + (25\text{k}\Omega) \times (200\text{nA}) = 11\text{mV}$。考虑到电路可靠性，令 $-15\text{mV} \leqslant V_X \leqslant 15\text{mV}$。因此当滑动触头在最上方时，需使 $R_A/(R_A + R_B) = (15\text{mV})/(15\text{V})$，即 $R_B \approx 10^3 R_A = 1\text{M}\Omega$。最后，选择 $R_C = 100\text{k}\Omega$。　◀

原则上，可以把上述电路应用到任何含有接地直流回路的电路中去。在图 3.20 所示电路中，已经把 R_1 提离地面，并将它返回到一个可调电压 V_X。为了避免干扰信号增益，必须令 $R_{\text{eq}} \ll R_1$，这里 R_{eq} 为从 R_1 看进去的调零网络的等效电阻（$R_A \ll R_B$ 时，有 $R_{\text{eq}} \approx R_A$）。另外，必须将 R_1 降至 $R_1 - R_{\text{eq}}$。

例 3.9 已知图 3.21 所示电路采用的 741C 运算放大器。为使（1）$A_s = 5\text{V/V}$，（2）$A_s = 10\text{V/V}$。求合适的电阻值。

解：

（1）要使 $A_s = 1 + R_2/R_1 = 5$，即 $R_2 = 4R_1$。选取 $R_1 = 25.5\text{k}\Omega$，1% 和 $R_2 = 102\text{k}\Omega$，1%。于是 $R_p \approx 20\text{k}\Omega$。另外 $E_{\text{o(max)}} = (1/\beta)E_{\text{I(max)}} = 5[6\text{mV} + (20\text{k}\Omega) \times (200\text{nA})] = 50\text{mV}$。为了使输出平衡，需使 $V_X = E_{\text{o}}(\max)/(-R_2/R_1) = 50/(-4) =$

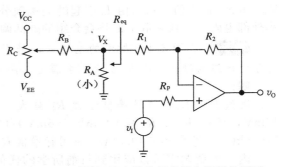

图 3.21　对同相放大器进行外部失调误差调零

12.5mV。选取 $\pm 15\text{mV}$ 范围以确保符合要求。为了避免改变 A_s，选 $R_A \ll R_1$，如 $R_A = 100\Omega$，那么与 R_1 相比，就不能忽略 R_A。于是令 $R_1 = 909\Omega$，1% 和 $R_A = (1010 - 909)\Omega = 101\Omega$（采用 102Ω，1%），于是 $(R_1 + R_A)$ 串联仍能确保 $A_s = 100\text{V/V}$。另外，令 $R_p \approx 1\text{k}\Omega$，于是 $E_{\text{o(max)}} = 100[6\text{mV} + (1\text{k}\Omega) \times (200nA)] = 620\text{mV}$，$V_X = E_{\text{o(max)}}/(-R_2/R_1) = (620/(-10^5/909))\text{V} = -5.6\text{mV}$。选取 $\pm 7.5\text{mV}$ 范围以确保符合要求。令 $R_A/(R_A + R_B) = (7.5\text{mV})/(15\text{V})$。可得 $R_B \approx 2000R_A \approx 200\text{k}\Omega$。最后，选取 $R_C = 100\text{k}\Omega$。　◀

在多运算放大器的电路中，寻找只采用一种调节方式就能将积累的失调误差调零的方法是很有意义的。三运算放大器 IA 就是一个典型的例子，这里其他的主要参数（例如增益和 CMRR)可能也需要调整。

　　在图 3.22 所示电路中，用低输出阻抗跟随器 OA_4 对电压 V_X 进行缓冲，以避免破坏电桥平衡。总 CMRR 是单个运算放大器的电阻失配和有限 CMRR 组合的结果。对于直流，C_1 相当于开路，因此 R_9 没有任何影响，我们调节 R_{10} 来优化直流 CMRR。

　　在某些高频处，C_1 在 R_9 的旋臂到地之间提供了一个导电通路。于是调节 R_9 故意使第二级失衡，来优化交流 CMRR。电路的校准过程如下：

　　(1) 将 v_1 和 v_2 接地，调节 R_C 以使 $v_O=0$。

　　(2) 调节 R_8 以获得要求的增益 1000V/V。

　　(3) 将所有的输入端接到一个公共源 v_1 上，调节 R_{10} 以使在 v_1 从 $-10V_{dc}$ 到 $+10V_{dc}$ 变化过程中，v_O 的变化最小。

　　(4) v_1 是一个 10kHz，峰峰值为 20V 的正弦波，调节 R_9 使输出的交流分量最小。

　　例 3.10　$T=25℃$ 时，低噪声精密高速 OP37C 运算放大器的最大额定值如下：$I_B=75nA$，$I_{os}=\pm 80nA$ 和 $V_{os}=100\mu V$。已知电源电压为 $\pm 15V$。求图 3.22 所示的 R_A，R_B 和 R_C。

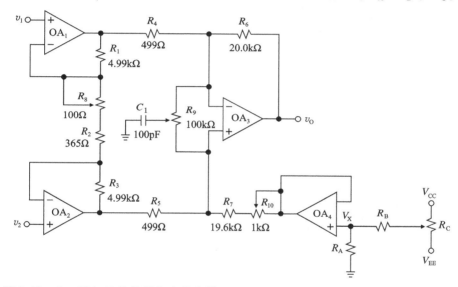

　　图 3.22　$A=1V/mV$ 的仪器仪表放大器(OA_1、OA_2 和 OA_3：OP-37C；OA_4：OP-27；固定电阻都为 1%)

解：

$$E_{I1}=E_{I2}=V_{os}+[R_1 // (R_2+R_8/2)]I_B=(10^{-4}+(5000 // 208)75\times 10^{-9})V\approx 115\mu V;$$

$E_{I3}=(10^{-4}+(500 // 20\ 000)80\times 10^{-9})V\approx 139\mu V$；$E_o=A(E_{I1}+E_{I2})+(1/\beta_3)E_{I3}=(10^3\times 2\times 115+(1+20/0.5)139)\mu V\approx 230mV+5.7mV=236mV$。根据式(2.40)，需满足 $-236mV\leqslant V_X\leqslant +236mV$。选取 300mV 以确保符合要求。于是得到 $R_A=2k\Omega$，$R_B=100k\Omega$ 和 $R_C=100k\Omega$。　　◀

　　不管是内部的还是外部的，调零只能对初始失调误差 $V_{os}(0)$ 进行补偿。当工作条件发生变化时，误差就会重新出现，如果它大到某一无法接受的水平，就必须重新对它调零。采用 AZ 或者 CS 运算放大器可能是一个更好的选择。

3.7　输入电压范围和输出电压摆动

　　运算放大器的输入电压范围(IVR)是 v_P 和 v_N 值的范围，在这个范围内，输入级可以正常地工作，所有的晶体管都工作在有效的区域内，即在导电区边缘的极端和饱和区边缘的极端之间。类似地，输出电压摆动是 v_O 值的范围，在这个范围内，输出级可以正常地工作，所有的晶体管都工作在有效的区域内。如果 V_o 超出这个范围，将导致它在 V_{OH} 或 V_{OL} 端的饱和。只要运算放大器工作在 IVR 和 OVS 之内，并且它的输出电流在驱动能力之内，它就会使得 v_N 可以比较接近地跟随 v_P，有 $v_O = a(v_P - v_N)$。由于共模输入电压是 $v_{IC} = (v_P + v_N)/2 \approx v_P$，IVR 也称为共模 IVR。即使数据单上给出了 IVR 和 OVS 的范围，初步了解它们的来源在我们为特定的应用选择器件时，仍然很有帮助。下面的讨论中我们将会研究两个具有代表性的实例，双极型 741 运算放大器和两级的 CMOS 运算放大器。

输入电压范围

为了得到 741 运算放大器的输入电压范围，参考图 3.6 所示输入级部分，并且使用图 3.23a 和 b 所示电路使得负责 IVR 的电路可视化（注意到，在它下降到 10mV 左右时，R_1 被忽略掉了）。IVR 的上限值是使得 Q_1 进入饱和区边缘（EOS）的电压值 $v_{P(max)}$。进一步提升 v_P 将会使得 Q_1 进入饱和区，并且最终关断二极管连接的 Q_8，导致发生故障。由 KVL 可知：

$$v_{P(max)} = V_{CC} - V_{EB8(on)} - V_{CE1(EOS)} + V_{BE1(on)} \approx V_{CC} - V_{CE1(Sat)}$$

式中，我们假定基极发射器的电压降是一样的。IVR 的下限值是使得 Q_3 进入 EOS 的电压值 $v_{P(min)}$。进一步降低 v_P 将会使得 Q_3 进入饱和区，并且最终关断 Q_1，导致发生故障。由 KVL 可知：

$$v_{P(min)} = V_{EE} + V_{BE5(on)} + V_{BE7(on)} + V_{EC3(EOS)} + V_{BE1(on)} = V_{EE} + 3V_{BE(on)} + V_{EC3(EOS)}$$

总结如下：

$$v_{P(max)} \approx V_{CC} - V_{CE1(EOS)}, \quad v_{P(min)} \approx V_{EE} + 3V_{BE(on)} + V_{EC3(EOS)} \tag{3.35}$$

下面我们将转向讨论图 3.4a 所示的两级 CMOS 运算放大器，并且使用图 3.23c 和 d 所示的分支电路。工作在 v_N 下，正常情况下它会跟随 v_P，我们观察到 IVR 的上限值是使得 M_7 进入 EOS 的电压值 $v_{N(max)}$，此时 $V_{SD7} = V_{OV7}$，V_{OV7} 是 M_7 的过驱动电压。进一步提高 v_N 将使得 M_7 进入线性区域，然后关断 M_1，导致工作故障。下限值是使得 M_1 进入 EOS（$V_{SD1} = V_{OV1}$）的电压值 $v_{N(min)}$。进一步降低 v_N 将会使得 M_1 进入线性区域，然后关断二极管连接的 M_3，导致工作故障。KVL 给出了 $v_{N(max)} = V_{DD} - V_{OV7} - V_{SG1}$ 以及 $v_{N(min)} = V_{SS} + V_{GS3} + V_{OV1} - V_{SG1}$。然而，通过定义，有 $V_{SG1} = |V_{tp}| + V_{OV1}$，其中，$V_{tp}$ 是 pMOSFET 的阈值电压；$V_{GS3} = V_{tn} + V_{OV3}$，其中，$V_{tn}$ 是 nMOSFET 的阈值电压。最后，有：

$$v_{N(max)} = V_{DD} - V_{OV7} - |V_{tp}| - V_{OV1}$$
$$v_{N(min)} = V_{SS} + V_{tn} + V_{OV3} - |V_{tp}| \tag{3.36}$$

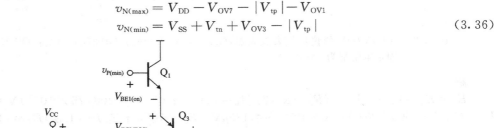

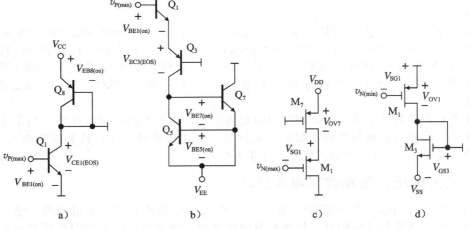

图 3.23　用于确定 741 运算放大器和二级 CMOS 运算放大器输入电压范围的子电路

例 3.11　(1)找出 741 运算放大器的输入电压范围(IVR)，假定 ±15V 为供应电压，0.7V 为基极发射器压降，以及 0.2V 为饱和区边缘(EOS)电压。(2)对 CMOS 运算放大器重复上述运算。假定供应电压是 ±5V，0.75V 为阈值电压，以及 0.25V 为过驱动电压。

解：

(1) 式(3.35)可得，$v_{P(max)} \approx (15-0.2)V = 14.8V$，$v_{P(min)} \approx (-15+3 \times 0.7+0.2)V = -12.7V$，因此 IVR 的范围可以表示为 $-12.7V \leqslant v_{CM} \leqslant 14.8V$。

(2) 式(3.36)可得，$v_{N(max)} = (5-0.25-0.75-0.25)V = 3.75V$，$v_{N(min)} = (-5+0.75+0.25-0.75)V = -4.75V$，因此 IVR 是 $-4.75V \leqslant v_{CM} \leqslant 3.75V$。　◀

输出电压摆幅(OVS)

741 运算放大器的输出电压摆幅(OVS)指定了一个典型负载 $R_L = 2k\Omega$。参考附录图 2 所示的完整电路，我们观察到通过 Q_{14} 的上拉作用，v_O 正向摆动，如图 3.24a 所描述的那样；通过 Q_{20} 的下拉作用，v_O 则负向摆动，如图 3.24b 所描述的那样。当 Q_{13} 被带入 EOS 区域时，我们有 OVS 的上限值。由于 $R_6 \ll R_L$，我们近似有 $v_{O(max)} \approx V_{E14(max)} = V_{CC} - V_{EC13(EOS)} - V_{BE14(on)}$。如果 Q_{13} 被带入满饱和区域，那么 v_O 自己就会饱和，$V_{OH} \approx V_{CC} - V_{EC13(sat)} - V_{BE14(on)}$。当 Q_{17} 被带入 EOS 区域时，我们可以得到 OVS 的下限值，因此 $v_{O(min)} \approx V_{E20} = V_{EE} + V_{CE17(EOS)} + V_{EB22(on)} + V_{EB20(on)}$。如果 Q_{17} 被带入满饱和区域，那么 v_O 自己也会饱和，$V_{OL} \approx V_{EE} + V_{CE17(sat)} + V_{EB22(on)} + V_{EB20(on)}$。假设使用例 3.11(1)中的数据，集电极发射器饱和电压是 0.1V，741 运算放大器就有 $v_{O(max)} \approx 14.1V$，$V_{OH} \approx 14.2V$，$v_{O(min)} \approx -13.4V$，$V_{OL} \approx -13.5V$。

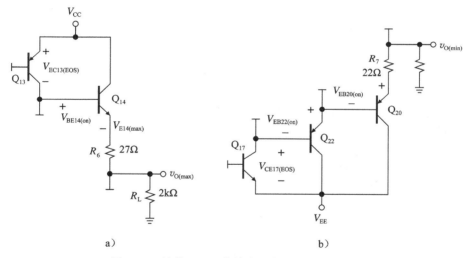

图 3.24　计算 741 运算放大器的 OVS 的子电路

为了得到图 3.4a 所示两级 CMOS 运算放大器的 OVS 和饱和电压，参考图 3.25 所示的支路电路。M_8 的上拉作用使得 v_O 发生正向的摆动，因此 $v_{O(max)} = V_{DD} - V_{OV8}$(见图 3.25a)。提高 v_O 超过 $v_{O(max)}$ 将会使得 M_8 进入线性区域，成为一个阻值[4]为 $r_{DS8} = 1/(k_8 V_{OV8})$ 的电阻。因为 $V_{OV8} = V_{OV6}$ 是固定的，这个电阻也是固定的。如图 3.25b 所示，R_L 和 r_{DS8} 一起构成了一个分压器，只有在极限条件 $R_L \to \infty$ 时，v_O 才会一直正向摆动到电源导轨，使得 $V_{OH} \to V_{DD}$。

M_5 的下拉作用使得 v_O 发生负向的摆动，因此 $v_{O(min)} = V_{SS} + V_{OV5}$(见图 3.25c)。降低 v_O 到低于 $v_{O(min)}$ 将会使得 M_5 进入线性区域，导致图 3.25d 所示的情况。注意到，在极限 $R_L \to \infty$ 时，我们有 $V_{OL} \to V_{SS} + r_{DS5} I_{D5} \neq V_{SS}$，表明这个电路并不能使得 v_O 一直摆动到负的电源导轨。

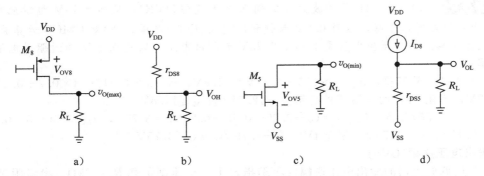

图 3.25 用于计算两级 CMOS 运算放大器的 OVS 和饱和电压的子电路

轨到轨运算放大器(rial-to-rail Op Amp)

这些年来，科技的进步和创新应用的结合导致了供电电源电压取得了卓有成效的降低，尤其是在混合型和便携式的系统上(双电源或者甚至是仅仅 1～2V 的单电源电压正变得越来越普遍)。在一个低电源电压系统中，很有必要对模拟电压的动态范围进行最大化，即 IVR 和 OVS 都应该扩展到满量程的范围(可能的话，甚至比量程大一点)。图 3.26 所示举例说明了满量程的概念。

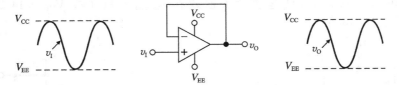

图 3.26 具有轨到轨输入输出能力的电压跟随器波形

我们首先检测 IVR。图 3.23 和例 3.11 表明，npn 输入对的 IVR 几乎一直上升到正电源电压值，与此同时，p 沟道的 IVR 几乎一直下降到负电源电压值。然而，在相反的电源那边，由于需要保证晶体管工作在有效的区域内(forward-active region)，IVR 的范围是非常小的。实际上，我们可以这样归纳如下：

由 npn BJT 或者 nMOSFET 组成的差分对(称为 n 型对)在单个范围的较上面的部分能够较好地工作，同时，它们的互补对(由 pnp BJT 或者 pMOSFET 组成，称为 p 型对)，在较下面的部分工作良好。显而易见，一个聪明的方法是利用一个 n 型对和一个 p 型对平行放置，从而在两方面都得到最好的结果。

接下来我们转向讨论 OVS。我们观察到图 3.24 和图 3.25 所示电路都涉及了推挽级(push-pull stage)。然而，图 3.24 所示的共源推挽级，比图 3.23 所示的共集推挽级有着更好的 OVS 特性。这一点在共射推挽的双极型结构中也适用。

图 3.27 显示了一个上述概念中双极型晶体管电路的例子。当 v_P 和 v_N 在 V_{CC} 附近时，p 型对管 Q_3-Q_4 是无效的，而 n 型对管 Q_1-Q_2 有 $v_{P(max)} = V_{CC} - V_1 - V_{CE1(EOS)} + V_{BE1(on)}$。显然，如果集成电路设计者指定了偏置电压 V_{B56}，使得 $V_1 = V_{BE1(on)} - V_{CE1(EOS)}$ ($\approx (0.7-0.2)$ V=0.5V)，那么 $v_{P(max)} = V_{CC}$。当 v_P 和 v_N 在 V_{EE} 附近时，会有两种中的另一种情况发生。n 型对 Q_1-Q_2 将会是无效的，而 p 型对管 Q_3-Q_4 有 $v_{P(min)} = V_{EE} + V_3 + V_{EC3(EOS)} - V_{EB3(on)}$。此外，如果 $V_3 = V_{EB3(on)} - V_{EC3(EOS)}$ ($\approx (0.7-0.2)$ V=0.5V)，那么 $v_{P(min)} = V_{EE}$，即我们获得了一个满量程的 IVR!

我们展示了 CE 结构的推挽级，OVS 的限制分别是 $v_{O(max)} = V_{CC} - V_{EC9(EOS)}$，$v_{O(min)} = V_{EE} + V_{CE10(EOS)}$，一般在电源导轨的 0.2V 以内。进一步，饱和电压分别是 $V_{OH} = V_{CC} - V_{EC9(sat)}$ 和 $V_{OL} = V_{EE} + V_{CE10(sat)}$，一般在导轨的 0.1V 以内。CE 结构的推挽级的 OVS 优势

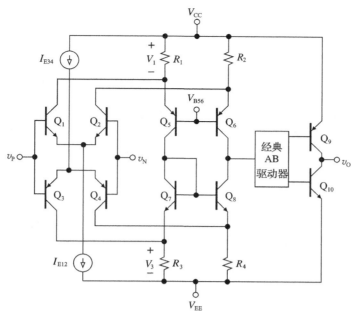

图 3.27　晶体管轨到轨运算放大器的简化电路图

以高的输出阻抗为代价（与 CC 结构的推挽级输出极低输出阻抗相比较）得到的，这使得开环的电压增益强烈依赖输出负载。

　　在图 3.28 所示的 CMOS 版本中，假设偏置电压 V_{G56} 和 V_{G78}，使得在饱和区的边缘 M_{13}-M_{14} 和 M_9-M_{10} 镜像。结果是 $v_{P(max)} = V_{DD} - V_{OV13} - V_{OV1} + V_{GS1} = V_{DD} - V_{OV13} - V_{OV1} + V_{tn} + V_{OV1} = V_{DD} + V_{tn} - V_{OV13}$。设想，如果 $V_{tn} = 0.75V$，$V_{OV13} = 0.25V$，那么 $v_{P(max)} = V_{DD} + 0.5V$，即 IVR 比 V_{DD} 导轨要高一点！类似地，$v_{P(min)} = V_{SS} + V_{OV9} - |V_{tp}|$。同样假设 $|V_{tp}| = 0.75V$，$V_{OV9} = 0.25V$，有 $v_{P(min)} = V_{SS} - 0.5V$，比 V_{SS} 导轨要低一点！

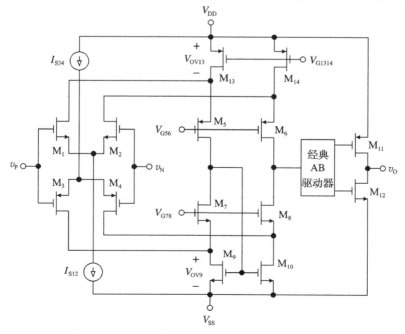

图 3.28　CMOS 轨到轨运算放大器的简化电路图

对于 OVS 和输出饱和电压，我们仍然保有和图 3.25 所示相关的考虑。但是在真的推挽设置中，在 OVS 的较低端，M₁₁是关闭的，因此在极限 $R_L \to \infty$ 时，我们不仅有 $V_{OH} \to V_{DD}$，还有 $V_{OL} \to V_{SS}$，即获得真正的满量程的表现。

使用者需要知道上述电路确定的、固有的限制条件。当我们把共模输入 v_{CM} 从负电源导轨逐渐提升到正电源导轨时，输入级将经历三个工作过程：在低端附近，p 型对工作，n 型对不工作；在中间区域，两种类型的结构对都工作；在高端附近，p 型对不工作，n 型对工作。因此，我们见证了输入失调电压 V_{os} 的变化，输入偏置/失调电流 I_B/I_{os} 的变化，以及全部的输入级 g_m 的变化（反过来对增益和动态指标都有影响）。如果想知道关于这些变化的细节以及其优化技巧，我们鼓励读者查询相关的文献资料[8]。

3.8   最大额定值

与所有的电子器件类似，运算放大器要求用户考虑到某些电气的和环境的限制。超过了这些限制就会导致故障。给出的运算放大器额定值的工作温度范围有商用范围（0℃到70℃）、工业范围（−25℃到+85℃）和军用范围（−55℃到+125℃）。

绝对最大额定值

如果超过这些额定值，就有可能导致永久的损坏。最重要的额定值有最大供电电压、最大差模输入电压，最大共模输入电压，以及最大内部功率耗散 P_{max}。

附录表明 741C 运算放大器的最大电压额定值分别是 ±18V，±30V 和 ±15V（采用横向pnp 型 BJT Q₃ 和 Q₄ 可能做成大差模额定值的 741 运算放大器）。超过这些极限值可能会引起内部反向击穿现象和其他形式的电应力。它们的结果通常是有害的，例如不可逆转的增益降低，输入偏置电流，输入失调电流，噪声，或者对输入级的永久损坏。用户有责任确保在所有可能的电路和信号条件下，器件都是在低于它的最大额定值之下工作的。

超过 P_{max} 就会使片上温度升高到无法接受的水平，导致内部元件的损坏。P_{max} 的大小取决于封装的类型以及环境温度。常用迷你型 DIP（双列式）封装，在环境温度达到 70℃之前一直有 $P_{max} = 310$mW，超过 70℃后会以 3.6mW/℃ 的速率线性下降。

例 3.12 如果 $T \leqslant 70$℃，源为 0V，求迷你型 DIP741C 运算放大器允许接入的最大电流是多少？如果 $T = 100$℃ 呢？

解：

从附录表 3 可以发现电源电流的最大值是 $I_Q = 2.8$mA。由 1.8 节的知识，得运算放大器源电流消耗功率 $P = (V_{CC} - V_{EE})I_Q + (V_{CC} - V_O)I_O = 30 \times 2.8 + (15 - V_O)I_O$。令 $P \leqslant 310$mW，可得 $T \leqslant 70$℃ 时，$I_O(V_O = 0) \leqslant ((310 - 84)/15)$A ≈ 15mA。$T = 100$℃ 时，有 $P_{max} = (310 - (100 - 70)5.6)$W $= 142$mW，于是 $I_O(V_O = 0) = ((142 - 84)/15)$A ≈ 3.9mA。 ◀

过载保护

为了防止在输出过载情况下的过度功率耗散，需给运算放大器配备保护电路，设计这种电路的目的是将输出电流限制在安全电流（称为输出短路电流 I_{sc}）以下。741C 运算放大器通常的 $I_{sc} \approx 25$mA。

在附录图 2 所示的 741 运算放大器中，由监控电路 BJT Q₁₅，Q₂₁ 以及电流检测电阻 R_6 和 R_7 提供了过载保护。在正常情况下，这些 BJT 截止。然而，一旦出现了输出过载情况（例如偶然的短路），检测过载电流的电阻就会产生足够的电压以使相应的监控 BJT 导通；然后，这就会限制流过对应输出级 BJT 的电流。

用一个例子来说明这个过程，假设设计运算放大器，使它的输出电压为正，但一个不注意的输出短路使 v_O 等于 0V，如图 3.23 所示。对这个短路的响应是，运算放大器的第二级自发地增加 v_O，使 v_{B22} 尽可能为正。因此，Q₂₂ 截止，全部 0.18mA 偏置电流流向 Q₁₄基极。如果 Q₁₅ 不存在，Q₁₄ 将这个电流放大 β_{14} 倍，同时保持 $V_{CE} = V_{CC}$；最终的功率损耗很有可能损坏它。然而，Q₁₅ 存在时，只有电流 $i_{B14(max)} = i_{C14(max)}/\beta_{14} \approx [V_{BE15(on)}/R_6]/\beta_{14}$ 可以到达 Q₁₄ 基极，余下的部分借助于 Q₁₅ 流至输出短路；因此，保护了 Q₁₄。

参照附录图 2，观察发现与运算放大器输出电流期间 Q_{15} 保护 Q_{14} 类似，在运算放大器吸收电流期间，Q_{21} 保护了 Q_{20}。然而，由于 Q_{20} 受射极跟随器 Q_{22} 驱动，所以它的基极是一个低阻抗节点，因此借助于 Q_{23}，Q_{21} 的作用可被延伸到更远的前级中去。

例 3.13 在图 3.29 所示电路中，如果 $R_6 = 27\Omega$，$\beta_{14} = \beta_{15} = 250$，$V_{BE15(on)} = 0.7V$，求各个电流值。

解：

Q_{14} 被限制在 $I_{C14} = \alpha_{14} I_{E14} = \alpha_{14}[I_{R_6} + I_{B15}] \approx I_{R_6} = V_{BE15(on)}/R_6 = (0.7/27)A \approx 26mA$。流至 Q_{14} 的基极电流 $I_{B14} = I_{C14}/\beta_{14} = (26/250)\,mA \approx 0.104mA$；余下的部分 $I_{C15} = (0.18 - 0.104)mA \approx 76\mu A$ 转而流向了短路部分。因此，$I_{sc} \approx I_{C14} + I_{C15} \approx 26mA$。◀

在过载期间，实际输出电压并不等于它的理论值，意识到这一点是很重要的：保护电路使运算放大器失去了对 v_N 的正常作用，因此过载期间一般会有 $v_N \neq v_P$。

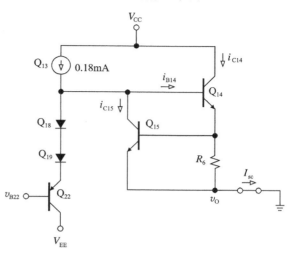

图 3.29 741 运算放大器的过载保护电路的部分图示

具有比 741 运算放大器更高输出电流能力的运算放大器是可以得到的。这种运算放大器称为功率运算放大器，它们与低功率运算放大器类似，不同之处在于具有更强大的输出级以及合适的功率封装（用来处理增加的热耗散）。这些运算放大器一般要求有散热装置。PA04 运算放大器和 OPA501 运算放大器是功率运算放大器的例子。它们的峰值输出电流分别是 20A 和 10A。

习题

3.1 节

3.1 假设有图 3.2a 所示的输入级，它的输入端和输出端都接地。进一步，令 $I_A = 20\mu A$ 和 $\beta_{Fp} = 50$，令 β_{Fn} 足够大，使得我们可以忽略 Q_3 和 Q_4 的电流。(a)假设晶体管对是完美匹配的，求输入引脚的电流 I_P 和 I_N，以及输出引脚的电流 I_{o1}。(b)在 $I_{s2} = 1.1I_{s1}$，$I_{s4} = I_{s3}$ 时，重复上述运算。(c)为了使得 $I_{o1} = 0$，求相应的 v_P。I_P 和 I_N 的最后结果是多少？

3.2 节

3.2 图 3.7a 所示电路接成一个增益为 10V/V 的反相放大器，电路采用的是 $\mu A741C$ 运算放大器。为使最大输出误差为 10mV，电阻中功率损耗最小。求满足条件的各个元件值。

3.3 (a)如图 P1.64 所示电路，$I_B = 10nA$，所有电阻都为 $100k\Omega$，分析 I_B 对反相放大器性能的影响。(b)为了使 E_o 最小，在同相端上应该串联多大的虚设电阻 R_p?

3.4 如图 P1.17 所示电路，$I_B = 100nA$，$I_{os} = 10nA$，分析 I_B 和 I_{os} 对该电路性能的影响。

3.5 如图 P1.65 所示电路，有 $R_1 = R_3 = R_5 = 10k\Omega$，$R_2 = R_4 = 20k\Omega$，在同相输入端和地之间安置一个虚设电阻，使得在 $I_{os} = 0$ 时输出误差 $E_o = 0$，求这个电阻的大小。(b)$I_{os} = 10nA$ 时，E_o 的值？

3.6 图 P3.6 所示电路利用了双运算放大器的匹配性质，使得总的输入电流 I_1 最小。(a)运算放大器完全匹配，为使得 $I_1 = 0$，求 R_2 和 R_1 之间应满足的条件。(b)运算放大器的 I_B 之间存在 10% 的失配。为使 $I_1 = 0$，求 R_2 和 R_1 之间应满足的条件。

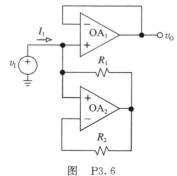

图 P3.6

3.7 (a)分析 I_{os} 对 Deboo 积分器性能的影响。(b)已知 $C=1nF$，电路中所有的电阻都是 $100k\Omega$。如果 $I_{os}=\pm 1nA$，$v_O(0)=1$，求 $v_O(t)$。

3.8 在例 2.2 的高灵敏度 I-V 转换器中，分析采用 $I_B=1nA$，$I_{os}=0.1nA$ 的运算放大器的影响。应在同相输入端上串联多大的虚设电阻 R_p？

3.9 如果 $R_4/R_3=R_2/R_1$，图 P2.21 所示电路就是一个真正的 V-I 转换器，且 $i_O=(R_2/R_1R_5)\times(v_2-v_1)$，$R_o=\infty$。如果运算放大器含有输入偏置电流 I_{B1} 和 I_{B2}，以及输入失调电流 I_{os1} 和 I_{os2}，那么这时是什么电路？会影响 i_o 吗？R_o 呢？如何修改这个电路，使它的直流性能最优？

3.10 分析图 2.12a 所示电流放大器中 I_B 和 I_{os} 的影响。如何修改这个电路，使它的直流误差最小？

3.3 节

3.11 有一个学生尝试用图 P3.11 所示电路测出一个没标记的运算放大器样品的技术指标。初始状态下电容 C 完全放电，这个学生用一个数字电压计追踪 v_O，发现 v_O 从 0V 上升到 1V 花了 1min 的时间。进一步，在足够长的时间后，v_O 最终到了 4V。(a)这个学生能够得出什么结论？(b)v_P 在 $-0.5V\leqslant v_P\leqslant 10.5V$ 的范围内变化时，输入偏置电流 I_B 会如何变化？

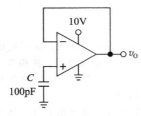

图　P3.11

3.4 节

3.12 将 FET 输入运算放大器按照图 3.13a 所示的形式连接，且 $R_1=100\Omega$，$R_2=33k\Omega$，可得 $v_O=-0.5V$。将同一运算放大器移至图 3.13b 所示电路中，其中，$R=100k\Omega$，$C=1nF$。已知 $v_O(0)=0$ 且对称饱和电压 $\pm 14V$。求输出达到饱和所需的时间？

3.13 如果 $R_4/R_3=R_2/R_1$，那么图 P2.22 所示电路是一个真正的 V-I 转换器，$i_O=R_2v_1/R_1R_5$，$R_o=\infty$。如果运算放大器含有输入失调电压 V_{os1} 和 V_{os2}，其他的均是理想的，这时是什么电路？i_O 会受到影响吗？R_o 呢？

3.14 在图 3.13a 所示电路中，令 $R_1=10\Omega$，$R_2=100k\Omega$，运算放大器的失调偏移为

$5\mu V/\text{℃}$。(a)如果调整运算放大器使 $v_O(25\text{℃})=0$，计算 $v_O(0\text{℃})$ 和 $v_O(70\text{℃})$ 的值。你希望它们的相对极性是什么样的？(b)如果将同一运算放大器移至图 3.13b 所示电路中，且 $R=100k\Omega$ 和 $C=1nF$。求 $v_O(t)$ 在 0℃ 和 70℃ 的值分别是多少？

3.15 某 Howland 电流泵由四个完全匹配的 $10k\Omega$ 电阻组成。分析采用 $\{CMRR\}_{dB}=100dB$ 的运算放大器对 Howland 电流泵输出电阻的影响。运算放大器除了 CMRR 以外，是理想的。

3.16 某 Deboo 积分器是由四个完全匹配的 $10k\Omega$ 电阻和一个 $1nF$ 的电容组成的。分析采用 $V_{os}(0)=100\mu V$，$\{CMRR\}_{dB}=100dB$ 的运算放大器后，对 Deboo 积分器的影响。运算放大器除了 $V_{os}(0)$ 和 CMRR 以外，是理想的。

3.17 假设图 2.13a 所示差分放大器使用一个 JFET 运算放大器和两个完美匹配的电阻对 $R_3=R_1=1.0k\Omega$，$R_4=R_2=100.0k\Omega$。输入 v_1 和 v_2 短接，被一个共同的电压 v_{IC} 驱动。(a)如果 $v_{IC}=0V$ 时，电路有 $v_O=5.0mV$；$v_{IC}=2.0V$ 时，电路有 $v_O=-1.0mV$，那么 CMRR 是多少？(b)如果保持 $v_{IC}=2.0V$ 不变，降低电源电压 $0.5V$，会导致 $v_O=+1.0mV$，PSRR 是多少？

3.18 如图 2.2 所示 I-V 转换器使用电阻 $R=500k\Omega$，$R_1=1.0k\Omega$，$R_2=99k\Omega$，以及一个 FET 输入运算放大器。这个运算放大器有 $a=100dB$，$PSRR=80dB$，$V_{os}(0)=0$，使用双电源 $\pm V_S=\pm[5+1\sin(2\pi t)]V$ 供电。(a)画出并标注这个电路图，联系图 3.14 所示电路的情况，将它变成一个等效电路，其中运算放大器 $a=\infty$ 但是有一个合适的输入失调电压 V_{os}，计算实际的 a 和实际的 PSRR。(b)如果我们写出 $v_O=A_{ideal}i_I+E_o$，A_{ideal} 和 E_o 分别是什么？

3.19 假设图 2.13a 所示差分放大器中电阻完全匹配，如果我们定义运算放大器的 CMRR 为 $1/CMRR_{OA}=\partial V_{os}/\partial v_{CM(OA)}$，差分放大器的 CMRR 为 $1/CMRR_{DA}=A_{cm}/A_{dm}$，其中 $A_{cm}=\partial v_O/\partial v_{CM(DA)}$，$A_{dm}=R_2/R_1$，试证明 $CMRR_{DA}=CMRR_{OA}$。

3.20 习题 3.19 中的差分放大器使用一个 741 运算放大器，其中，$R_1=1k\Omega$，$R_2=100k\Omega$。求在以下两种情况下电路的最差 CMRR 值：(a)匹配良好的电阻；(b)1%（失配）的电阻。分析结果。

3.21 在习题 3.20 中的差分放大器的输入端接在

一起，使用 $v_{CM}=1\sin(2\pi ft)\,V$ 的电源驱动。使用附录所示的 CMRR 曲线，在 $f=$ 1Hz，1kHz 以及 10kHz 时预测输出。

3.22 (a)已知图 2.23 所示双运算放大器 IA 的运算放大器和电阻完全匹配，如果将每个运算放大器的 CMRR 定义为 $1/\mathrm{CMRR}_{OA}=\partial V_{OS}/\partial v_{CM(OA)}$，将 IA 的 CMRR 定义成 $1/\mathrm{CMRR}_{IA}=A_{cm}/A_{dm}$，式中 $A_{cm}=\partial V_O/\partial v_{CM(DA)}$，$A_{dm}=1+R_2/R_1$。证明，$\mathrm{CMRR}_{IA(min)}=0.5\times\mathrm{CMRR}_{OA(min)}$。(b)如果某增益为 100V/V 的 IA 是用完全匹配的电阻和一个双 OP227A 运算放大器实现的（$\{\mathrm{CMRR}\}_{dB}=126dB$ 典型值，114dB 最大值），对于 10V 的共模输入变化，求最坏情况下的输出变化是多少？相应的 A_{cm} 是多少？

3.23 已知图 2.20 所示三运算放大器 IA 中的运算放大器和电阻完全匹配，推导 $\mathrm{CMRR}_{IA(min)}$ 和 $\mathrm{CMRR}_{OA(min)}$ 之间的关系，这里 $1/\mathrm{CMRR}_{OA}=\partial V_{os}/\partial v_{CM(OA)}$，$1/\mathrm{CMRR}_{IA}=A_{cm}/A_{dm}$。

3.24 图 1.20 所示的反相积分器，有 $R=100k\Omega$，$C=10nF$ 和 $v_1=0$，并且开始时就对电容充电，以使 $v_O(t=0)=10V$。除了运算放大器的开环增益有限为 $10^5\,V/V$ 以外，其他参数均为理想的。求 $v_O(t>0)$。

3.25 某运算放大器的 $a_{min}=10^4\,V/V$，$V_{os0(max)}=2mV$，$\{\mathrm{CMRR}\}_{dB(min)}=\{\mathrm{PSRR}\}_{dB(min)}=74dB$，将它接成一个电压跟随器。(a)当 $v_I=0V$ 时，计算 v_O 最坏情况偏离理想值的程度。(b)当 $v_O=10V$ 时，重做(a)问。(c)如果将电源电压从 $\pm15V$ 降至 $\pm12V$，重做(a)问。

3.5 节

3.26 (a)参考图 3.2a 所示的输入级，试证明为了防止在 Q_1-Q_2 对和 Q_3-Q_4 对之间的失配，使得 $i_{O1}=0$ 的电压 V_{os} 是：

$$V_{os}=V_T\ln\left(\frac{I_{S1}}{I_{S1}}\frac{I_{S4}}{I_{S3}}\right)$$

提示：使用 $v_N=v_P+V_{os}$。(b)假设 $V_T=$ 26mV，在以下 10％ 失配的情况下计算 V_{os}：$(I_{s1}/I_{s2})(I_{s4}/I_{s3})=(1.1)(1.1)$，$(1/1.1)(1.1)$，$(1.1)(1/1.1)$，$(1/1.1)(1/1.1)$。与式(3.28)比较，分析结果。

3.27 假设图 3.16 所示电路 BJT 和相关的集电极电阻串都是不匹配的。如果 $I_A=100\mu A$，Q_1 的发射区域比 Q_2 的大 7.5%，并且 $V_{C1}-V_{C2}=-15mV$，哪个电阻需要微调使得 $V_{C1}-V_{C2}=0$，多少欧姆？

3.6 节

3.28 考虑图 1.42a 所示网络获得的电路，$v_1=0$，使用一个 10nF 的电容替代 R_3。(a)如果 $R_1=R_2=R_4=10k\Omega$，运算放大器有 $V_{os}=1.0mV$，和 $I_B=50nA$ 流入装置中，推导出 $v_O(t)$ 的表达式。(b)假设电容初始不带电，运算放大器在 $\pm10V$ 时饱和，求运算放大器到达饱和区所需的时间。(c)假设运算放大器允许内部失调微调，你会如何进行补偿？

3.29 重做习题 3.8，使用图 3.20b 所示的积分器，电阻 $R=100k\Omega$。

3.30 图 1.15a 所示的同相放大器，有 $R_1=10\Omega$，$R_2=10k\Omega$，$v_1=0$。用电压表追踪输出 v_O，发现 $v_O=0.480V$。如果在同相放大器的输入引脚串联一个 $1M\Omega$ 的电阻，有 $v_O=0.780V$，在反相放大器的输入引脚串联则有 $v_O=0.230V$，求 I_B、I_{os} 以及 V_{os}。I_B 的方向如何？

3.31 图 P3.31 示出了一个广泛使用的用于测量运算放大器特性的测试设备，它称为试验件（DUT）。OA_2（理想状态）的作用是将 DUT 输出保持在 0V 附近，或者在线性区域的中间。已知下述测量结果：(a)SW_1，SW_2 闭合和 $v_1=0V$ 时，$V_2=-0.75V$。(b)SW_1 闭合，SW_2 断开和 $V_1=0V$ 时，$V_2=+0.30V$。(c)SW_1 断开，SW_2 闭合和 $V_1=0V$ 时，$v_2=-1.70V$。(d)SW_1，SW_2 均闭合和 $v_1=-10V$ 时，$v_2=-0.25V$。求 DUT 的 V_{os0}、I_P、I_N、I_B、I_{os} 和增益 a。

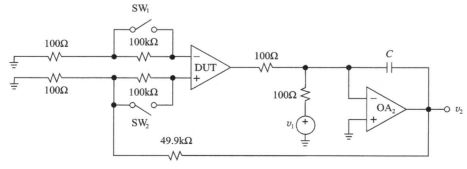

图　P3.31

3.32 (a)在图 P1.15 所示电路中，求输出误差 E_o 作为 I_P、I_N 和 V_{os} 函数的表达式。(b)对于图 P1.16 所示电路，重做(a)问。提示：在这两种情况下将独立电源调为零。

3.33 重做习题 3.32，不过这里研究的是图 P1.18 和图 P1.19 所示的电路。

3.34 (a)求图 2.1 所示 I-V 转换器的输出误差 E_o。(b)同相输入引脚通过一个虚设电阻 $R_p = R$ 接地，重做(a)问。(c)如果 $R = 1M\Omega$，$I_{os} = 1nA$ 最大值，$V_{os} = 1mV$ 最大值，设计一个 E_o 的外部调零电路。

3.35 对于例 2.2 中的高灵敏度 I-V 转换器中的运算放大器，你会选择什么样的输入级技术？为了使输出误差 E_o 最小。如何修改这个电路？为了对 E_o 进行外部调零，你会采取什么措施？

3.36 采用 OP227A 双精密运算放大器($V_{os(max)} = 80\mu V$，$I_{B(max)} = \pm 40nA$，$I_{os(max)} = 35nA$ 和 $\{CMRR\}_{dB(min)} = 114dB$)，设计一个增益为 $100V/V$ 的双运算放大器 IA。已知电阻完全匹配，求 $v_1 = v_2 = 0$ 时的最大输出误差？$v_1 = v_2 = 10V$ 时的最大输出误差？

3.37 如果 $R_2 + R_3 = R_1$，图 2.33 所示电路就是一个真正的 V-I 转换器，$i_O = v_I/R_3$，$R_o = \infty$。如果运算放大器含有非零输入偏置电流，输入失调电流和输入失调电压，这是什么电路？i_O 会受影响吗？R_o 呢？为了使总误差最小，应采取什么措施？要对它进行外部调零吗？

3.38 (a)当 $\delta = 0$ 时，分析失调电压 V_{os1} 和 V_{os2} 对图 2.40 双运算放大器的传感放大器性能的影响。(b)设计一个在外部对输出失调误差调零的电路，说明它是怎样工作的。

3.39 重做习题 3.38，不过这里分析的是图 2.62 所示的传感放大器。

3.40 用 $V_{os(max)} = 1mV$ 和 $I_{os(max)} = 2nA$ 的运算放大器来设计一个灵敏度为 $1V/\mu A$ 的 I-V 转换器。下面对两种设计方案进行评估。这两种方案分别是，图 2.1 所示电路，其中，$R = 1M\Omega$，以及图 2.2 所示电路，其中 $R = 100k\Omega$，$R_1 = 2.26k\Omega$ 和 $R_2 = 20k\Omega$；两个电路都采用了合适的虚设电阻 R_p，以使 I_B 产生的误差最小。如果从未经调节的输出误差最小的角度考虑，应选用哪种设计电路？主要理由是什么？

3.7 节

3.41 求图 3.4b 所示的折叠共源共栅 CMOS 运算放大器的输入电压范围(IVR)和输出电压摆动(OVS)。假设供电电源为 $\pm 5V$，阈值电压为 0.75V，过驱动电压为 0.25V。同样，假设 I_{ss} 源是类似于图 3.4a 中的 M_6-M_7 镜像生成的，V_{BIAS} 随着 I_{BIAS} 电流每单位下降 0.25V。

3.42 假设图 1.47 所示的 OA₂ 是一个真正的轨对轨运算放大器，它的闭环增益为 $-2V/V$。(a)如果 $v_I = (1.0V) \times \sin(2\pi 10^3 t)$，画出并标注出 v_I、v_O 和 v_D。(b)如果 $v_I = (1.5V) \times \sin(2\pi 10^3 t)$，重复(a)问。(c)使得输出不失真的最大正弦输入是多少？

3.8 节

3.43 将 741 运算放大器连成一个电压跟随器，且有 $v_O = 10V$。采用图 3.29 所示的简化电路，且有 $R_6 = 27\Omega$，$\beta_{Fs} = 250$，基射结的压降为 0.7V，如果输出负载为(a)$R_L = 2k\Omega$，(b)$R_L = 200\Omega$，求 v_{B22}、i_{C14}、i_{C15}、P_{Q14} 和 v_O 的值。

参考文献

1. J. E. Solomon, "The Monolithic Operational Amplifier: A Tutorial Study," *IEEE J. Solid-State Circuits,* Vol. SC-9, December 1974, pp. 314–332.

2. W. Jung, *Op Amp Applications Handbook* (Analog Devices Series), Elsevier/Newnes, Oxford, UK, 2005.

3. P. R. Gray, P. J. Hurst, S. H. Lewis, and R. G. Meyer, *Analysis and Design of Analog Integrated Circuits,* 5th ed., John Wiley & Sons, New York, 2009.

4. S. Franco, *Analog Circuit Design—Discrete and Integrated,* McGraw-Hill, New York, 2014.

5. G. R. Boyle, B. M. Cohn, D. O. Pederson, and J. E. Solomon, "Macromodeling of Integrated Circuit Operational Amplifiers," *IEEE J. Solid-State Circuits,* Vol. SC-9, December 1974, pp. 353–363.

6. C. C. Enz and G. C. Temes, "Circuit Techniques for Reducing the Effects of Op-Amp Imperfections: Autozeroing, Correlated Double Sampling, and Chopper Stabilization," *IEEE Proceedings,* Vol. 84, No. 11, November 1996, pp. 1584–1614.

7. J. Williams, "Chopper-Stabilized Monolithic Op Amp Suits Diverse Uses," *EDN,* Feb. 21, 1985, pp. 305–312; and "Chopper Amplifier Improves Operation of Diverse Circuits," *EDN,* Mar. 7, 1985, pp. 189–207.

8. J. Huijsing, *Operational Amplifiers—Theory and Design,* 2nd ed., Springer, Dordrecht, 2011.

附录 μA741 数据手册

说明

μA741 运算放大器是一种采用仙童公司平面外延工艺(Fairchild planar epitaxial)生产的高性能单片运算放大器。它是为广泛的模拟应用而设计的。高共模电压范围和不存在锁定倾向,使得 μA741 运算放大器非常适合作为一个电压跟随器来使用。工作电压的高增益和宽范围在积分器,求和放大器和通用反馈放大器中提供了优良的性能。

- 不需要频率补偿;
- 短路保护;
- 失调电压调零功能;
- 大共模和差分电压范围;
- 低功率耗散;
- 无锁定。

绝对最大标称值

保存温度范围

金属外壳和陶瓷 DIP	$-65℃\sim+175℃$
模制 IP 和 SO8	$-65℃\sim+150℃$

工作温度范围

扩展(μA741AM,μA741M)	$-55℃\sim+125℃$
商用(μA741EC,μA741C)	$0℃\sim+70℃$

引脚温度

金属外壳和陶瓷 DIP	
(焊接,60s)	300℃
模制 DIP 和 SO8	
(焊接,10s)	265℃

内部功率耗散[1,2]

8L 金属外壳	1.00W
8L 模制 DIP	0.93W
8L 陶瓷 DIP	1.30W
SO8	0.81W

电源电压

μA741A,μA741,μA741E	±22V
μA741C	±18V

差分输入电压   ±30V

输入电压[3]   ±15V

输出短路持续时间   不定

接线图

8引脚金属封装（顶视图）

接线图

8引脚DIP和SO8封装（顶视图）

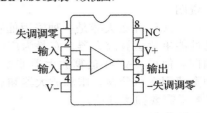

引脚4接至外壳

序列信息

器件代码	封装代码	封装说明
μA741HM	5W	金属
μA741HC	5W	金属
μA741AHM	5W	金属
μA741EHC	5W	金属

序列信息

器件代码	封装代码	封装说明
μA741RM	6T	陶瓷DIP
μA741RC	6T	陶瓷DIP
μA741SC	KC	模制表面贴装
μA741TC	9T	模制DIP
μA741ARM	6T	陶瓷DIP
μA741ERC	6T	陶瓷DIP
μA741ETC	9T	模制DIP

图　1

注：(1)模制 DIP 和 SO8 的 T_{max}＝150℃。金属外壳和陶瓷 DIP 为 175℃。

(2)标称值适用于环境温度为 25℃ 的情况。大于这个温度，BL 金属外壳会以 6.7mW/℃ 下降，8L 模制 DIP 以 7.5mW/℃ 下降，8L 陶瓷 DIP 以 8.7mW/℃ 下降，SO8 以 6.5mW/℃ 下降。

(3)当电源电压小于±15V，绝对最大输入电压等于电源电压。

(4)短路可以是接地，也可以是电源。标称值适用于 125℃ 外壳温度或 75℃ 环境温度。

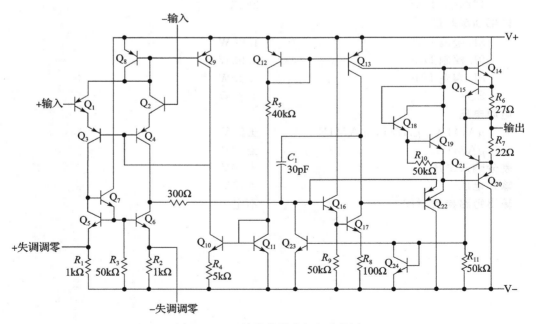

图 2　741 运算放大器内部电路框图

表 1

μA741 和 μA741C
电特性 $T_A = 25℃$，$V_{CC} = \pm 15V$，另外说明除外

符号	特性	条件	μA741			μA741C			单位
			最小值	典型值	最大值	最小值	典型值	最大值	
V_{IO}	输入失调电压	$R_S \leqslant 10k\Omega$		1.0	5.0		2.0	6.0	mV
V_{IO} adj	输入失调电压可调范围			±15			±15		mV
I_{IO}	输入失调电流			20	200		20	200	nA
I_{IB}	输入偏置电流			80	500		80	500	nA
Z_I	输入阻抗		0.3	2.0		0.3	2.0		MΩ
I_{CC}	电源电流			1.7	2.8		1.7	2.8	mA
P_c	功率耗散			50	85		50	85	mW
CMR	共模抑制		70			70	90		dB
V_{IR}	输入电压范围		±12	±13		±12	±13		V
PSRR	馈电抑制比	$V_{OC} = \pm 5.0V$ 到 $\pm 18V$		30	150		30	150	μV/V
I_{OS}	输出短路电流			25			25		mA
A_{VS}	大信号电压增益	$R_L \geqslant 2.0k\Omega$，$V_O = \pm 10V$	50	200		20	200		V/mV
V_{OP}	输出电压摆动	$R_L = 10k\Omega$	±12			±12	±14		V
		$R_L = 2.0k\Omega$	±10			±10	±13		
TR 暂态响应	上升时间	$V_I = 20mV$，$R_L = 2.0k\Omega$		0.3			0.3		μs
	超量	$C_L = 100pF$，$A_V = 1.0$		5.0			5.0		%
BW	带宽			1.0			1.0		MHz
SR	转换速率	$R_L \geqslant 2.0k\Omega$，$A_V = 1.0$		0.5			0.5		V/μs

表 2

μA741 和 μA741C(续)
电特性　μA741 时，处于 $-55℃ \leqslant T_A \leqslant +125℃$ 的范围
　　　　μA741C 时，处于 $0℃ \leqslant T_A \leqslant +70℃$ 的范围
另外说明除外

符号	特性	条件	μA741			μA741C			单位
			最小值	典型值	最大值	最小值	典型值	最大值	
V_{IO}	输入失调电压							7.5	mV
		R_S		1.0	6.0				
V_{IO} adj	输入失调电压可调范围			±15			±15		mV
I_{IO}	输入失调电流							300	nA
		$T_A = +125℃$		7.0	200				nA
		$T_A = -55℃$		85	500				
I_{IB}	输入偏置电流							800	nA
		$T_A = +125℃$		0.03	0.5				μA
		$T_A = -55℃$		0.3	1.5				
I_{CC}	电源电流	$T_A = +125℃$		1.5	2.5				mA
		$T_A = -55℃$		2.0	3.3				
P_C	功率耗散	$T_A = +125℃$		45	75				mW
		$T_A = -55℃$		60	100				
CMR	共模抑制	$R_S \leqslant 10k\Omega$	70	90					dB
V_{IR}	输入电压范围		±12	±13					V
PSRR	馈电抑制比			30	150				μV/V
A_{VS}	大信号电压增益	$R_L \geqslant 2.0k\Omega$，$V_O = \pm 10V$	25			15			V/mV
V_{OP}	输出电压摆动	$R_L = 10k\Omega$	±12	±14					V
		$R_L = 2.0k\Omega$	±10	±13		±10	±13		

表　3

μA741A 和 μA741E

电特性　$T_A=25℃$，$V_{CC}=\pm15V$，另外说明除外

符号	特性	条件	最小值	典型值	最大值	单位
V_{IO}	输入失调电压	$R_S\leqslant50\Omega$		0.8	3.0	mV
I_{IO}	输入失调电流			3.0	30	nA
I_{IB}	输入偏置电流			30	80	nA
Z_1	输入阻抗	$V_{CC}=\pm20V$	1.0	6.0		$M\Omega$
P_c	功率耗散	$V_{CC}=\pm20V$		80	150	mW
PSRR	馈电抑制比	$V_{CC}=+10V,\ -20V$ $V_{CC}=+20V,\ -10V$ $R_S=50\Omega$		15	50	$\mu V/V$
I_{OS}	输出短路电流		10	25	40	mA
A_{VS}	大信号电压增益	$V_{CC}=\pm20V,\ R_L\geqslant2.0k\Omega$, $V_O=\pm15V$	50	200		V/mV
TR	瞬态响应 上升时间 超量	$A_V=1.0,\ V_{CC}=\pm20V$, $V_I=50mV$, $R_L=2.0k\Omega,\ C_L=100pF$		0.25 6.0	0.8 20	μs ％
BW	带宽		0.437	1.5		MHz
SR	转换速率	$V_I=\pm10V,\ A_V=1.0$	0.3	0.7		$V/\mu s$

　　下面的详细说明对于 μA741A 来说，适用于 $-55℃\leqslant T_A\leqslant+125℃$ 的范围。对于 μA741E 来说，适用于 $0℃\leqslant T_A\leqslant+70℃$ 的范围

符号	特性	条件		典型值	最大值	单位
V_{IO}	输入失调电压				4.0	mV
$\Delta V_{IO}/\Delta T$	输入失调电压温度灵敏度				15	$\mu V/℃$
V_{IO} adj	输入失调电压可调范围	$V_{CC}=\pm20V$		10		mV
I_{IO}	输入失调电流				70	nA
$\Delta I_{IO}\Delta T$	输入失调电流温度灵敏度				0.5	$\mu A/℃$
I_{IB}	输入偏置电流				210	nA
Z_I	输入阻抗			0.5		$M\Omega$
P_c	功率耗散	$V_{CC}=\pm20V$	μA741A $-55℃$ $-125℃$ μA741E		165 135 150	mW
CMR	共模抑制	$V_{CC}=\pm20V,\ V_I=\pm15V$, $R_S=50\Omega$		80	95	dB
I_{OS}	输出短路电流			10	40	mA
A_{VS}	大信号电压增益	$V_{CC}=\pm20V,\ R_L\geqslant2.0k\Omega$, $V_O=\pm15V$ $V_{CC}=\pm5.0V,\ R_L\geqslant2.0k\Omega$, $V_O=\pm2.0V$		32 10		V/mV
V_{OP}	输出电压摆动	$V_{CC}=\pm20V$	$R_L=10k\Omega$ $R_L=2.0k\Omega$	±16 ±15		V

典型特征曲线

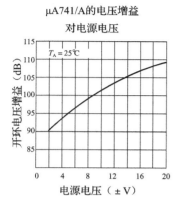

μA741/A的电压增益
对电源电压

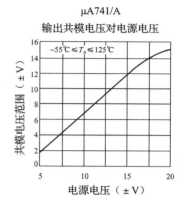

μA741/A的输出电压摆动
对电源电压

μA741/A
输出共模电压对电源电压

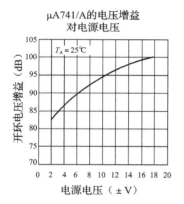

μA741/A的电压增益
对电源电压

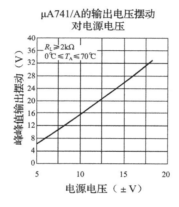

μA741/A的输出电压摆动
对电源电压

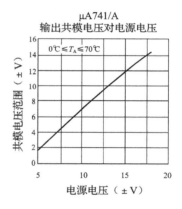

μA741/A
输出共模电压对电源电压

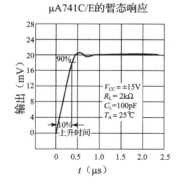

μA741C/E的暂态响应

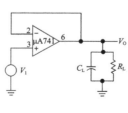

μA741C/E的暂态响应测试电路

引脚编号仅适用于金属封装

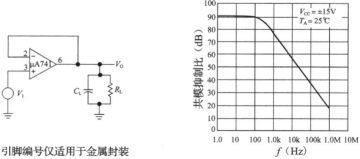

μA741C/E共模抑制比对频率

图　3

典型特征曲线（续）

μA741C/E的频率特性
对电源电压

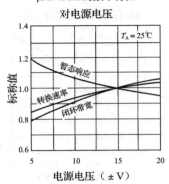

μA741C/E的电压失调调零电路

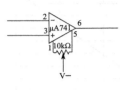

引脚编号仅适用于金属封装

μA741C/E的电压跟随器
大信号脉冲响应

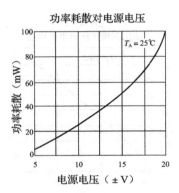

功率耗散对电源电压

开环频率响应

开环相位响应VS频率

输入失调电流对电源电压

输入阻抗和输入电容对频率

输出电阻对频率

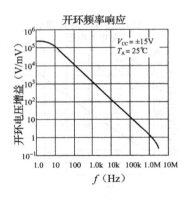

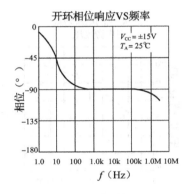

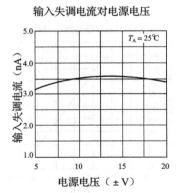

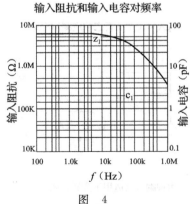

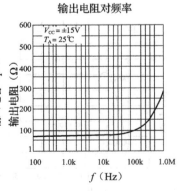

图   4

典型特征曲线（续）

输出电压摆动对负载电阻

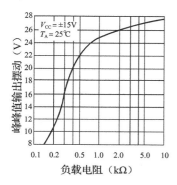

输出电压摆动对频率

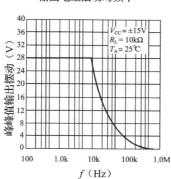

输入噪声电压对频率

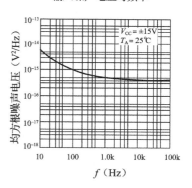

输入噪声电流对频率

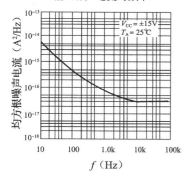

各种带宽下的宽带噪声

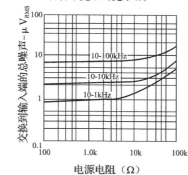

μA741/A的输入偏置电流
对温度

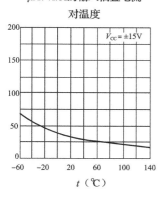

μA741/A的输入阻抗
对温度

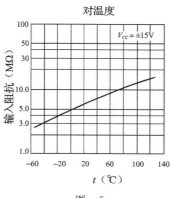

μA741/A的短路电流
对温度

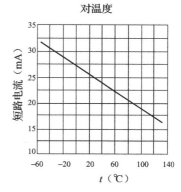

图　5

典型特征曲线（续）

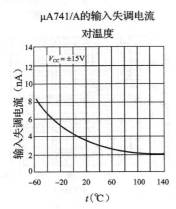

μA741/A的输入失调电流
对温度

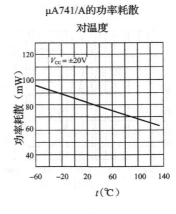

μA741/A的功率耗散
对温度

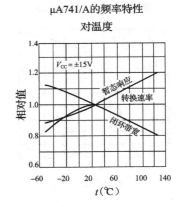

μA741/A的频率特性
对温度

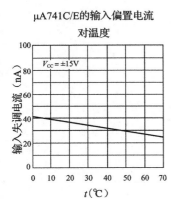

μA741C/E的输入偏置电流
对温度

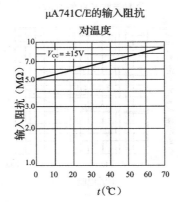

μA741C/E的输入阻抗
对温度

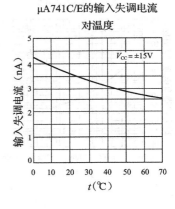

μA741C/E的输入失调电流
对温度

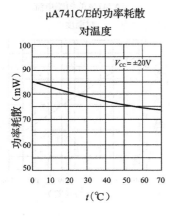

μA741C/E的功率耗散
对温度

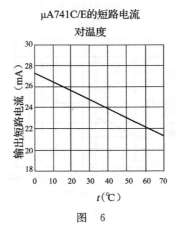

μA741C/E的短路电流
对温度

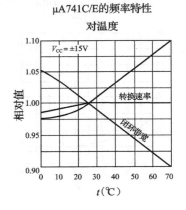

μA741C/E的频率特性
对温度

图　6

第 4 章

动态运算放大器的限制

到目前为止，我们假设运算放大器在任何频率下都具有很高的开环增益。然而，实际的运算放大器只能在直流到一定频率内提供高增益，超过一定频率后运算放大器的增益就会下降，同时输入与输出之间也会存在时延。这些限制对电路的闭环特性有很大影响：它们会影响电路的频率响应和瞬态响应速度，改变输入输出阻抗大小。在这一章中，我们将要学习单位增益频率 f_t，增益带宽积（GBP），闭环带宽 f_B，全功率带宽（FPB），上升时间 t_R，转换速率（SR）和建立时间 t_S，以及这些特性是如何影响一些熟知电路（如四种基本类型放大器、滤波器等）的响应和端口阻抗的。我们还将讨论一种专门针对高速应用设计的运算放大器——电流反馈放大器（CFA）。

由于在数据手册中频率响应是基于周期频率 f 给出的，所以我们在这里讨论时将采用这种频率而不是角频率 ω。这两种频率很容易通过计算相互转换 $\omega \leftrightarrow 2\pi f$。另外，通过 $jf \leftrightarrow s/2\pi$ 也很容易建立频率响应 $H(jf)$ 和 s 域的对应关系。

运算放大器的开环响应 $a(jf)$ 可能会很复杂，这个我们将会在第 6 章做概括性讨论。在本章节中，我们将重点介绍一种既特殊又常见的例子，即带有内部补偿的运算放大器。为了使运算放大器稳定，防止产生不需要的振荡，这种运算放大器在内部嵌入了一些片上补偿元件。大多数运算放大器都需要补偿使得开环响应 $a(jf)$ 仅由一个低频极点控制。

本章重点

本章开始时会讨论带有内部补偿运算放大器的开环频率响应，以及开环频率响应对环路增益和所有闭环特性的影响。本章节将借助简便的图形技巧促进对第 1 章所介绍的四种反馈拓扑的形象化理解，包括开环增益、闭环增益和输入、输出阻抗。

接下来我们会研究电阻运算放大器电路的瞬态响应，包括小信号下运算放大器的线性工作和大信号下运算放大器非线性工作和转换速率。本章中会大量运用 PSpice 软件来演示运算放大器的频率和瞬态响应。

然后，我们会对积分器进行详细的研究，因为积分器已经成为电路的重要部分。我们需要特别注意积分器的增益和相位误差，尤其是在状态变量和双二阶滤波器的应用中，它们可能会导致不稳定。在此，会引入有源补偿和无源补偿的概念。

积分器的研究是为研究更加复杂的滤波器做准备的，从一阶滤波器着手，到二阶滤波器和滤波器构成模块（如一般的阻抗变换器）。开环增益的偏离对滤波器的性能有很大影响，然而通过预失真补偿使性能达到预想值也是有可能的。PSpice 软件仿真再次被证明是个强大的处理工具，因为它可以将实际滤波器与理想滤波器的偏离和预失真曲线形象化。

本章最后会介绍电流反馈放大器，这放在最后讲是因为我们需要本章节的分析工具来全面评价这种放大器的固有的快速动态能力。

4.1 开环响应

开环响应中最普遍的是主极点响应，一个常见的例子就是图 4.1 所示的 741 运算放大器。正如我们即将在第 4 章细说的那样，工作在负反馈模式时这种响应的设计主要是为了防止振荡。为了理解主极点响应的机理，参见图 4.2 所示电路，该图展示了图 3.1 所示三级运算放大器电路的框图。这里 g_{m1} 是第一级的跨导，$-a_2$ 是第二级的电压增益（第二级是一个反相级）。另外，R_{eq} 和 C_{eq} 代表第一级和第二级的公共节点与地之间的等效电阻和等效电容。

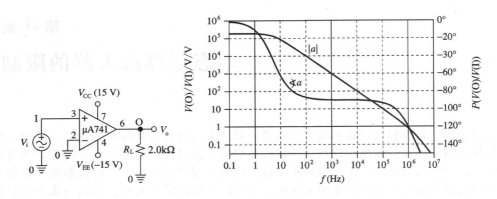

a) 741运算放大器的宏模型   b) 开环频率响应图

图 4.1 增益用 $V(O)/V(I)$ 表示，单位为 V/V，表示在左边；相位角用 $P(V(O)/V(I))$ 表示，单位为(°)，表示在右边

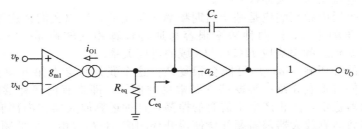

图 4.2 运算放大器的简化框图

低频时 C_c 相当于开路，此时有 $v_O = 1 \times (-a_2) \times (-R_{eq} i_{O1}) = g_{m1} R_{eq} a_2 (v_P - v_N)$。低频增益称为直流增益，并记为 a_0，于是有：

$$a_0 = g_{m1} R_{eq} a_2 \tag{4.1}$$

正如我们已知的，这是一个相当大的数值。对于 741 运算放大器而言，我们可以采用如下工作参数：$g_{m1} = 189\mu A/V$，$R_{eq} = 1.95 M\Omega$ 和 $a_2 = 544 V/V$。将这些参数代入式(4.1)可以得到 $a_0 = 200 V/mV$，或者说 106dB。

工作频率的增加会使 C_{eq} 的阻抗起作用。因为 R_{eq} 和 C_{eq} 引起的低通滤波特性，使得增益随着频率的增加而滚降。增益在频率 f_b 处开始滚降，在这个频率点有 $|Z_{C_{eq}}| = R_{eq}$ 或 $1/(2\pi f_b C_{eq}) = R_{eq}$。这个频率称为主极点频率，为：

$$f_b = \frac{1}{2\pi R_{eq} C_{eq}} \tag{4.2}$$

从数据手册上我们可以知道 741 运算放大器 f_b 的典型值为 $f_b = 5Hz$。这表明主极点位于 $s = -2\pi f_b = -10\pi Np/s$。对于某一给定的 R_{eq}，这样一个低频极点需要足够大的 C_{eq}。对于 741 运算放大器来说，$C_{eq} = 1/(2\pi f_b R_{eq}) = (1/(2\pi \times 5 \times 1.95 \times 10^6))F = 16.3nF$。出于面积的考虑，这么大的片上电容在设计时是不会采用的。然而这个问题可以巧妙地通过如下方法解决：先选择一个可以接受的电容 C_c，然后利用米勒效应的倍增性质将这个电容的有效值增加为 $C_{eq} = (1 + a_2) C_c$。741 运算放大器采用 $C_c = 30pF$ 实现了 $C_{eq} = (1 + 544) \times 30pF = 16.3nF$。

仔细观察图 4.1b 所示电路，我们可以发现一个附加的高频极点，因为在高频处增益幅值衰减斜率和相移幅度都增大了(见习题 4.1)。如果相移达到 $-180°$，负反馈变成正反馈，这就有引入振荡的风险。把主极点放在一个很低的位置(对于 741 运算放大器来说为 5Hz)是为了保证在相移达到 $-180°$ 时增益已经下降到 1 以下，使得运算放大器不具备维持振荡的条件(更多参见第4章)。

单极点系统开环增益

为了简便，我们假设开环增益 $a(s)$ 只包含一个极点。这样做既是为了方便数学运算，也是有助于理解闭环参数对增益滚降的影响。如此一来，增益可以表示为：

$$a(s) = \frac{a_0}{1 + s/\omega_b} \tag{4.3a}$$

式中：s 代表复频率；a_0 为开环直流增益；$-\omega_b$ 为 s 域极点。或者，我们可以用频率 f 表示直流增益，即

$$a(jf) = \frac{a_0}{1 + jf/f_b} \tag{4.3b}$$

式中：j 是虚数单位($j^2 = -1$)；$f_b = \omega_b/(2\pi)$ 是开环 -3dB 频率，也称为开环带宽。幅值和相位可由

$$|a(jf)| = \text{mag} \quad a(jf) = \frac{a_0}{\sqrt{1 + (f/f_b)^2}} \tag{4.4a}$$

$$\measuredangle a(jf) = \text{ph} \quad a(jf) = -\arctan(f/f_b) \tag{4.4b}$$

计算得到，图 4.3a 所示的为它们的波形。图 4.3b 所示的是一个适合 PSpice 软件基本仿真的运算放大器模型。该模型利用 PSpice 软件中的拉普拉斯变换模块对式(4.3a)进行模拟，代入参数 $a_0 = 10^5$ V/V，$\omega_b = 2\pi(10\text{Hz})$，$r_d = 1\text{M}\Omega$ 和 $r_O = 100\Omega$。在我们对 PSpice 模型有了足够的了解后，我们可以用我们想要的运算放大器宏模型来替代，并用于进一步研究高阶效应(相比于宏模型，简化模型有利于计算，我们可以方便地代入我们需要的参数)。

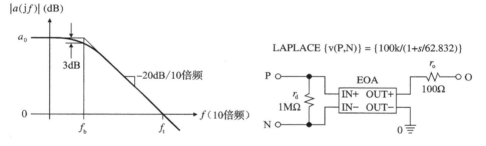

a) 单极点系统开环增益　　　　b) 用于模拟运算放大器的PSpice基本仿真模型

图 4.3　$a_0 = 10^5$ V/V，$f_b = 10$Hz，$r_d = 1\text{M}\Omega$ 和 $r_O = 100\Omega$

从直流到 f_b 范围内，增益近似恒定为一个较大的值。频率超过 f_b 后增益以 -20dB/10倍频的速率下降，直到 $f = f_t$ 增益下降到 0dB(或 1V/V)，这个频率称为单位增益频率。因为这个频率表示了运算放大器由放大(正分贝)到衰减(负分贝)之间的转换，所以也把它称为过渡频率。在式(4.4a)中令 $1 = \frac{a_0}{\sqrt{1 + (f/f_b)^2}}$，并考虑到 $f_t \gg f_b$，可得：

$$f_t = a_0 f_b \tag{4.5}$$

741 运算放大器典型参数为 $f_t = 200\,000 \times 5\text{Hz} = 1\text{MHz}$。下面几种特殊情况需要特别指出：

$$|a(jf)|_{f \ll f_b} \rightarrow a_0 \angle 0° \tag{4.6a}$$

$$|a(jf)|_{f = f_b} \rightarrow \frac{a_0}{\sqrt{2}} \angle -45° \tag{4.6b}$$

$$|a(jf)|_{f \gg f_b} \rightarrow \frac{f_t}{f} \angle -90° \tag{4.6c}$$

可以看到在 $f \gg f_b$ 时运算放大器的特性表现为一个积分器。它的增益带宽积定义为 GBP $= |a(jf)| \times f$，这是一个常数，即

$$GBP = f_t \tag{4.7}$$

由于这个原因，具有主极点补偿的运算放大器也称为恒定 GBP 运算放大器。在积分特性范围内，将 f 增加（或减少）一定的量会使 $|a|$ 减少（或增加）相同的量。可以利用这个性质计算任何大于 f_b 的频率对应的增益。因此，$f=100\,\mathrm{Hz}$ 时，741 运算放大器有 $|a|=f_t/f=10^6/10^2=10,000\mathrm{V/V}$；$f=1000\,\mathrm{Hz}$ 时，741 运算放大器有 $|a|=1000\mathrm{V/V}$；$f=10\mathrm{kHz}$ 时，741 运算放大器有 $|a|=100\mathrm{V/V}$；$f=100\mathrm{kHz}$ 时，741 运算放大器有 $|a|=10\mathrm{V/V}$，以此类推（见图 4.1b）。通过查找制造商网站可以发现，具有图 4.1b 所示形式的增益响应的运算放大器族有很多。大多通用型号的 GBP 在 500kHz 到 20MHz 范围内（1MHz 是最常见的频率之一）。然而，对于要求宽带宽的运用，运算放大器需要有更高的 GBP。将会在 4.7 节讨论的电流反馈放大器就是这样一个例子。

虽然 a_0 和 f_b 对于数学计算来说很有用，但实际上它们难以精确确定，R_{eq} 和 a_2 也是如此，这是因为制造过程的偏差会导致这些参数的变化。我们将把注意力转移到单位增益频率 f_t 上，因为这是一个更容易预测的参数。为了证明，我们把目光转向图 4.2 所示的高频部分，这里有 $V_o \approx 1 \times Z_{C_C} I_{O1} = [1/(\mathrm{j}2\pi f C_c)] g_{m1} \times (v_P - v_N)$，或者 $a = g_{m1}/(\mathrm{j}2\pi f C_c)$。与式（4.6c）比较后得：

$$f_t = \frac{g_{m1}}{2\pi C_c} \tag{4.8a}$$

由式（3.7）知，$g_{m1} = I_A/(4V_T)$。对于 741 运算放大器来说，将上式代入式（4.8a），得：

$$f_t = \frac{I_A}{8\pi V_T C_c} \tag{4.8b}$$

由于可以产生相当稳定和可预测的 I_A 和 C_c，故得到的 f_t 也是可靠的。对于 741 运算放大器来说，$f_t = ((19.6 \times 10^{-6})/(8\pi \times 0.026 \times 30 \times 10^{-12}))\mathrm{Hz} = 1\mathrm{MHz}$。

环路增益 T 的图形可视化

在第 1 章我们已经认识到虽然运算放大器是一种电压放大器，但通过负反馈它能实现电流放大器，跨阻放大器和跨导放大器的功能。然而不管负反馈中电路拓扑结构如何，运算放大器总是响应电压信号。实际上，环路增益 T 与反馈的电压系数有关，T 是一个环路的固有参数，它与输入、输出信号所处位置和类型都无关。在数据手册中我们常可以看到 $a(\mathrm{j}f)$ 的频谱图，此外我们还要寻找方法使与 $a(\mathrm{j}f)$ 相关的 $T(\mathrm{j}f)$ 也图形可视化。为此，我们将环路增益表达为：

$$T(\mathrm{j}f) = a(\mathrm{j}f)\beta(\mathrm{j}f) \tag{4.9}$$

$\beta(\mathrm{j}f)$ 可以根据以下方法得到：（1）将所有输入信号都置零；（2）将运算放大器的受控源 $a(\mathrm{j}f)V_d$ 输出处断开环路；（3）将一个测试用交流源注入受控源；（4）得到 V_d；（5）最后令

$$\beta(\mathrm{j}f) = -\frac{V_d}{V_t} \tag{4.10}$$

或者，β 可以通过 $\beta = T/a$ 得到。注意不要把 T 与第 1 章中的 L 混淆，也不要把 β 与 b 混淆，因为这些参数在某些方面是一致的。尤其是 $A_{ideal} = 1/b$ 总是成立的，但通常 $A_{ideal} \neq 1/\beta$（为了避免混淆，不要使用 $A_{ideal} = 1/b$，计算输出信号与输入信号比值 A_{ideal} 时，限制 $a \to \infty$）。为了必要时可以区分这两个参数，我们将 β 定义为返回比例反馈系数，把 b 定义为二端口反馈系数。

我们将式（4.9）写成 $T = a/(1/\beta)$，可得 $|T|_{dB} = 20\lg|T| = 20\lg|a| - 20\lg|(1/\beta)|$，即

$$|T|_{dB} = |a|_{dB} - |(1/\beta)|_{dB} \tag{4.11a}$$

$$\sphericalangle T = \sphericalangle a - \sphericalangle(1/\beta) \tag{4.11b}$$

这表明 T 的波特图可以由图形化的方式得到，即 a 和 $1/\beta$ 各自波特图之差。

图 4.4 画出了幅值的波特图。为了得到这个图，首先需要从数据手册中获得开环增益曲线。然后，利用 1.7 节的方法求出 β，取它的倒数 $1/\beta$，并画出 $1/\beta$ 的曲线。通常 $|\beta| \leqslant$

1V/V(或 $|\beta|\leqslant0$dB),故有 $|1/\beta|\geqslant1$V/V(或 $|1/\beta|\geqslant0$dB);也就是说,$1/\beta$ 曲线位于 0dB
轴上方。这条曲线在很多情况下都是平的,但是它通常会有几个转折点。如图 4.4 所示,将它在低频和高频的渐近线分别记为 $|1/\beta_0|$ 和 $|1/\beta_\infty|$。最后,利用 $|a|$ 和 $1/\beta$ 的曲线之差来求得 $|T|$。下方的图清楚的显示了 $|T|$ 曲线,但是读者应该学会从上图中直接看出 $|T|$ 曲线。

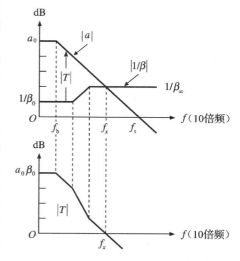

两条曲线交叉处的频率 f_x 称为交叉频率。显然,$|T(jf_x)|_{dB}=0$dB 或 $|T(jf_x)|=1$。如图 4.4 所示的例子中,在 $f\leqslant f_x$ 时,有 $|T|\gg1$,这表明闭环特性在这里接近理想。然而,在 $f>f_x$ 时,有 $|T|_{dB}<0$dB 或 $|T|<1$,这表明此时闭环特性和理想的相差甚远。因此,对于运算放大器来说,有用的工作频率范围在于 f_x 左边。在第 6 章,我们会知道 T 在 f_x 处的相位角 $\sphericalangle T(jf_x)$ 决定了电路是稳定还是振荡的。

图 4.4 在波特图中,环路增益 $|T|$ 曲线可以由 $|a|$ 和 $|1/\beta|$ 曲线之差得到

4.2 闭环响应

环路增益 T 依赖于频率将会使闭环响应 A 也依赖于频率,即使把 A_{ideal} 设计成与频率无关(例如纯电阻反馈),也是如此。为了强调这个事实,我们将式(1.72)重新写成如下形式:

$$A(jf) = \frac{A_{ideal}}{1+1/T(jf)} + \frac{a_{ft}}{1+T(jf)} \tag{4.12}$$

为了直观理解,我们假设可以忽略直通的器件,同时将 $A(jf)$ 写成一种直观的形式:

$$A(jf) \approx A_{ideal}D(jf) \tag{4.13a}$$

式中:

$$D(jf) = \frac{1}{1+1/T(jf)} \tag{4.13b}$$

称为误差函数。$D(jf)$ 衡量了增益 $A(jf)$ 与理想值的差值。$D(jf)$ 与 $1\angle0°$ 的偏差程度用两个参数来表示,分别为幅值误差:

$$\varepsilon_m = \left| \frac{1}{1+1/T(jf)} \right| - 1 \tag{4.14a}$$

和相位误差:

$$\varepsilon_\phi = -\sphericalangle[1+1/T(jf)] \tag{4.14b}$$

利用式(4.3)和式(4.9)进行扩展和简化,得到:

$$D(jf) = \frac{1}{1+\dfrac{1+jf/f_b}{a_0\beta}} = \frac{1}{1+\dfrac{1}{a_0\beta}} \times \frac{1}{1+\dfrac{jf}{(1+a_0\beta)f_b}}$$

可见,该误差函数为低通函数:

$$D(jf) = \frac{D_0}{1+jf/f_B} \tag{4.15a}$$

式中:D_0 为直流量,

$$D_0 = \frac{1}{1+1/(a_0\beta)} \approx 1 \tag{4.15b}$$

−3dB 频率为

$$f_B = (1+a_0\beta)f_b \approx a_0\beta f_b = \beta f_t \tag{4.15c}$$

该式在式(4.5)中曾经使用过。结合式(4.13)和式(4.15)，我们将环路增益用一般化的形式表达出来，即

$$A(\mathrm{j}f) \approx A_0 \frac{1}{1+\mathrm{j}f/f_\mathrm{B}} \tag{4.16a}$$

式中：

$$A_0 = A_\mathrm{ideal} D_0 \approx A_\mathrm{ideal}, \quad f_\mathrm{B} \approx \beta f_\mathrm{t} \tag{4.16b}$$

显然负反馈把增益从 a_0 降到了 $A_0/(1+a_0\beta)$，但是带宽却增大了相同的量，从 f_b 变为 f_B。这种对性能有改善作用的性质(称为扩频带技术)构成了负反馈的另一个重要优点。

画出闭环响应的曲线 $|A(\mathrm{j}f)|$

基于增益—带宽积是一个定值，在图 4.4 所示曲线中的交叉频率一定为 $(1/\beta) \times f_\mathrm{x} = 1 \times f_\mathrm{t}$，或 $f_\mathrm{x} = \beta f_\mathrm{t}$，所以如式(4.16b)所示，$f_\mathrm{x}$ 和 f_B 是一样的。这为我们提供了一种绘制 $|A(\mathrm{j}f)|$ 的波特图的方法：首先，在由数据清单提供的 $|a|$ 的图上画 $(1/\beta)$ 的曲线，并找到 f_B 作为两曲线交点的位置。然后，描出 $|A_\mathrm{ideal}|$ 的低频曲线，同时在 $f=f_\mathrm{B}$ 包含一个转折极点。下面通过例子来具体说明。

同相放大器和反向放大器

图 4.5a 所示的同相放大器的环路增益如式(1.76)所示，同时我们可以得到反馈因子为 $\beta = T/a$，或者是：

$$\beta = \frac{1}{1+R_2/R_1+(R_1+r_\mathrm{o})/r_\mathrm{d}+r_\mathrm{o}/R_1} \tag{4.17a}$$

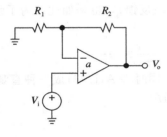 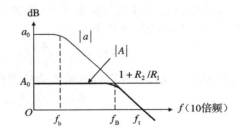

a) 同相放大器　　　　　　　b) 频率响应

图　4.5

在一个精心设计的电路中，反馈电阻阻值会远小于 r_d 同时远大于 r_o，因此我们可以把上式近似表达为：

$$\beta \approx \frac{1}{1+R_2/R_1} \tag{4.17b}$$

有了 $A_0 \approx 1+R_2/R_1$ 和 $f_\mathrm{B} \approx f_\mathrm{t}/(1+R_2/R_1)$，绘制波特图就成了一项简单的工作。

例 4.1 将 741 运算放大器与两个电阻 $R_1=2\mathrm{k\Omega}$，$R_2=18\mathrm{k\Omega}$ 组成一个同相放大器。求(1)1%幅度误差带宽；(2)5°相位误差带宽。即分别当 $|\varepsilon_\mathrm{m}| \leqslant 0.01$ 和 $|\varepsilon_\phi| \leqslant 5°$ 时的频率范围。

解：

(1) 由已知 $\beta = 0.1\mathrm{V/V}$，因此 $f_\mathrm{B} = \beta f_\mathrm{t} = 100\mathrm{kHz}$。由式(4.14a)可得，$\varepsilon_\mathrm{m} = 1/\sqrt{1+(f/f_\mathrm{B})^2}-1$。令 $|\varepsilon_\mathrm{m}| \leqslant 0.1\mathrm{V/V}$，得 $1/\sqrt{1+(f/f_\mathrm{B})^2} \geqslant 0.99$ 或 $f \leqslant 14.2\mathrm{kHz}$。

(2) 由式(4.14b)可得，$\varepsilon_\phi = -\arctan(f/f_\mathrm{B})$。令 $|\varepsilon_\phi| \leqslant 5°$，可得 $\arctan(f/10^5) \leqslant 5°$，即 $f \leqslant 8.75\mathrm{kHz}$。　◀

同相放大器的增益带宽积为 $\mathrm{GBP} = A_0 \times f_\mathrm{B}$，或者为：

$$\mathrm{GBP}_\mathrm{noninv} \approx f_\mathrm{t} \tag{4.18}$$

由此可得增益与带宽权衡。例如，741 运算放大器的 $A_0 = 1000\mathrm{V/V}$ 时，它的 $f_\mathrm{B} = f_\mathrm{t}/A_0 = (10^6/10^3)\mathrm{Hz} = 1\mathrm{kHz}$。将 A_0 缩小到原值的 $1/10$(降至 $100\mathrm{V/V}$)，同时会将 f_B 扩大 10 倍

（增至 10kHz）。具有最低增益的放大器同时具有最宽的带宽：这就是电压跟随器，它的 $A_0 = 1 \text{V/V}$，$f_B = f_t = 1 \text{MHz}$。显然 f_t 表示了运算放大器的一个品质因数，可以用增益与带宽的权衡来满足某些特殊的带宽要求，下面的例子对此做了说明。

例 4.2 （1）利用 741 运算放大器，设计一个增益为 60dB 的音频放大器。（2）画出它的幅值图。（3）求出它的实际带宽。

解：

（1）由 $10^{60/20} \text{V/V} = 10^3 \text{V/V}$，而设计要求放大器的 $A_0 = 10^3 \text{V/V}$ 且 $f_B \geqslant 20 \text{kHz}$。单个 741 运算放大器无法满足这个要求，这是因为此时它的 $f_B = (10^6/10^3)\text{Hz} = 1 \text{kHz}$。于是将两个增益更低，带宽更宽的同相级级联在一起，如图 4.6a 所示。将各自的增益记为 A_1 和 A_2，于是总增益 $A = A_1 \cdot A_2$。容易证明，当使 A_1 和 A_2 相等即 $A_{10} = A_{20} = \sqrt{1000} \text{V/V} = 31.62 \text{V/V}$ 或者 30dB 时，A 的带宽最宽。于是 $f_{B1} = f_{B2} = (10^6/31.62)\text{Hz} = 31.62 \text{kHz}$。

（2）要画出幅值图，参考图 4.1b 所示。注意到 $A = A_1^2$，有 $|A|_{dB} = 2|A_1|_{dB}$。由此表明，将 A_1 的幅值图逐点乘以 2 后即可得到 A 的幅值图。接下来，利用图 4.5b 所示的画图方法就可以得到 $|A_1|$ 的图。图 4.6b 显示了最后的结果。

（3）注意到，在 31.62kHz 处，$|A_1|$ 和 $|A_2|$ 比它们的直流值低了 3dB，这使得 $|A|$ 比它的直流值低了

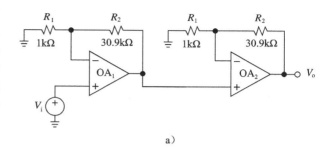

a)

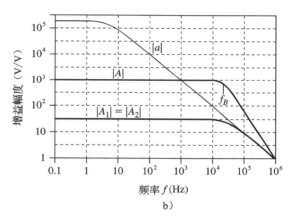

b)

图 4.6　两个放大器的级联和所得频率响应 $|A|$

6dB。因此 -3dB 频率 f_B 应满足 $|A(jf_B)| = (10^3/\sqrt{2})\text{V/V}$。但是

$$|A(jf)| = |A_1(jf)|^2 = 31.62^2 / [1 + (f/f_B)^2]$$

因此令

$$\frac{10^3}{\sqrt{2}} = \frac{31.62^2}{1 + [f_B/(31.62 \times 10^3)]^2}$$

可得 $f_B = 31.62 \times \sqrt{\sqrt{2} - 1} \text{kHz} = 20.35 \text{kHz}$，这确实能满足音频带宽的要求。◀

图 4.7a 所示的反向放大器的 β 与对应的同相放大器的相同，都如式（4.17）所示。而图 4.7b 所示电路中，f_B 仍然与 $|a|$ 和 $|1/\beta|$ 两曲线的交点频率相等，故 $f_B \approx f_t/(1 + R_2/R_1)$。然而 $A_0 \approx -R_2/R_1$，A_0 的幅值小于 $1 + R_2/R_1$，因此 $|A|$ 的曲线会有下移。

显然可知，反向结构的 GBP 可以表示为：

$$\text{GBP}_{\text{inv}} \approx (1 - \beta) f_t \tag{4.19}$$

当两种放大器都被设置为单位增益时，它们的差异表现得最大：在同相放大器中，我们设置 $R_1 = \infty$ 和 $R_2 = \infty$，故有 $\beta = 1$ 和 $f_B = f_t$；而在反相放大器中，我们设置 $R_1 = R_2$，所以 $\beta = 1/2$ 和 $f_B \approx 0.5 f_t$。对于高闭环增益应用，β 非常小，所以两种放大器 GBP 的差异就微乎其微了。

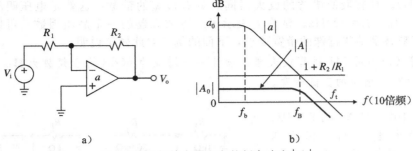

a) b)

图 4.7　反相放大器和它的频率响应 $|A|$

I-V 转换器和 V-I 转换器

从式(4.10)我们可以知道，图 4.8a 所示的反馈系数可以表示为：

$$\beta = \frac{r_\mathrm{d}}{r_\mathrm{d} + R + r_\mathrm{o}} \tag{4.20}$$

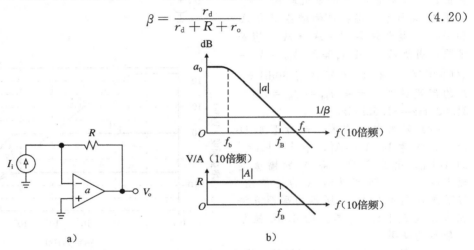

a) b)

图 4.8　I-V 转换器和它的频率响应

我们可以将该式与 $|a|$ 的波形图结合起来，得到 $f_\mathrm{B}(=\beta f_\mathrm{t})$ 和对应图形（见图 4.8b（上））。已知 $\{A_0\}_\mathrm{V/A} \approx -R$，我们可以画出 $|A|$ 对应的闭环响应图，如图 4.8b（下）所示（注意到 A 与 a 的单位不相同，所以分开作图）。

图 4.9a 所示 V-I 转换器的反馈系数为：

$$\beta = \frac{r_\mathrm{d} /\!/ R}{r_\mathrm{d} /\!/ R + R_\mathrm{L} + r_\mathrm{o}} \tag{4.21}$$

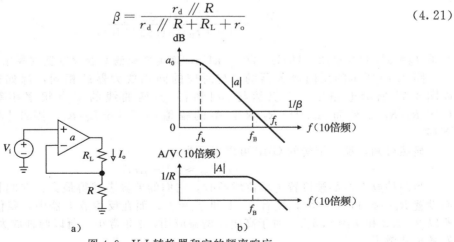

a) b)

图 4.9　V-I 转换器和它的频率响应

而且，$\{A_0\}_{A/V} \approx 1/R$，可得图 4.9b 所示的曲线。

在结束本节之前，先回顾一下之前所做的近似。从式(4.17b)中的近似开始，我们用以下例子说明。

例 4.3 （1）使用同相放大器并使 $R_1 = R_2 = 10\text{k}\Omega$ 来构成图 4.3b 所示的电路，算出 A_0 和 f_B。（2）使 $R_1 = R_2 = 1\text{M}\Omega$，重新计算 A_0 和 f_B。对比(1)问的结果并作出评价。

解：

（1）根据题意可知 $A_0 \approx A_{\text{ideal}} = 1 + R_2/R_1 = 2.0\text{V/V}$，将已知代入式(4.17a)可得，$\beta = 0.495$，这比用式(4.17b)计算出的 0.5 只小了一点点。对于该运算放大器，有：

$$f_t = a_0 f_b = (10^5 \times 10)\text{Hz} = 1\text{MHz}$$

故 $f_B = \beta f_t = 495\text{kHz}$（$\approx 500\text{kHz}$）。

（2）根据题意得 $A_{\text{ideal}} = 2\text{V/V}$。然而根据式(4.17a)计算 $\beta = 0.333$，得到 $f_B = 333\text{kHz}$。由于使用了比之前大得多的电阻，r_d 产生的负载效应变得不能忽略。因此当低频的渐近线几乎不变(仍旧为 $A_0 \approx 2\text{V/V}$)时，$1/\beta$ 的曲线却上移了，导致交叉频率点的位置下降了，也就是减小了 f_B。注意到在两个例子中二端口网络的反馈系数都为 $b = 0.5(= 1/A_{\text{ideal}})$，然而在(1)问中环路反馈系数 β 就与 b 一致，在(2)问中却下降到了 0.333。本例可以帮助读者学会区别 b 和 β。◄

最后，我们来检验在式(4.12)中忽略直通器件所造成的影响。在同相放大器中这样做显然是可以接受的，因为直通通过 r_d 来实现，而 r_d 很大。而在反相放大器中，直通通过阻值小得多的反馈电阻实现。下面的例子会说明这种情况。

例 4.4 使用同相放大器并使 $R_1 = R_2 = 500\Omega$ 来构成图 4.3b 所示的电路。使用 PSpice 软件仿真画出 a，$1/\beta$ 和 A 的曲线。手算验证并讨论所有重要的特征(包括渐近线，转折点)。

解：

图 4.10 所示的为题中电路和曲线。显然，$A_{\text{ideal}} = -R_2/R_1 = -1.0\text{V/V}$，可得低频渐近线为 $|A_0| \approx 1\text{V/V} = 0\text{dB}$。$R_1$ 和 R_2 的值故意取得比较小，用于降低 r_o 的影响，并造成显著的直通效应。根据式（4.17a）可知，$\beta = 0.4544$，故有 $f_B = \beta f_t = 454\text{kHz}$（正如式(4.17b)计算所得，结果小于 500kHz）。由于存在直通效应，$|A|$ 的曲线高频处变成如 a_{ft} 所示的渐近线。根据式(1.75b)可知，$a_{\text{ft}} = \beta(r_o/R_1) = 0.0909\text{V/V} = -20.8\text{dB}$。$a_{\text{ft}}$ 的曲线中除了有一个极点 f_B，还存在一个零点 f_Z。利用 GBP 不变的性质，我们重写 $A_0 \times f_B = a_{\text{ft}} \times f_Z$，故 $f_Z = A_0 f_B/a_{\text{ft}} \approx 5\text{MHz}$。以上计算结果与在 PSpice 软件仿真所得的结果吻合。◄

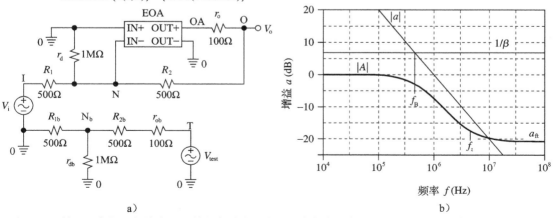

图 4.10 例 4.4 中的反相放大器及其频率响应。在 a 的底部中，复用了用于绘制 $1/\beta$ 曲线的反馈网络，两者用下表 b 来区别。$|A|$ 的曲线为 DB(V(O)/V(I))，$|a|$ 的曲线为 DB(V(O)/(-V(N)))，$1/\beta$ 的曲线为 DB(V(T)/V(N_b))。

4.3   输入和输出阻抗

布莱克曼公式(Blackman's formula)表明，运算放大器电路在环路中的输入/输出阻抗特性由环路增益决定。而环路增益与频率有关，故接下来将要提到的端口特性阻抗也与频率有关。将式(1.79)重写为：

$$Z = z_0 \frac{1 + T_{sc}}{1 + T_{oc}}, \quad z_0 = \lim_{a \to 0} Z \tag{4.22}$$

1.7 节的例子表明串联型端口网络具有 $T_{oc} = 0$ 和 $T_{sc} = T$，故有：

$$Z_{se} = z_0(1 + T) \tag{4.23a}$$

而并联型端口网络具有 $T_{sc} = 0$ 和 $T_{oc} = T$，故有：

$$Z_{sh} = \frac{z_0}{1 + T} \tag{4.23b}$$

如果 z_0 和 β 都与频率无关，我们可以利用图 4.11a 所示的画图技巧来绘制 $|Z_{se}(jf)|$ 和 $|Z_{sh}(jf)|$ 的波特图。为此我们先在 $|a(jf)|$ 上画出 $1/\beta$ 的曲线，并读出 f_B 的值。然后，在另一个纵坐标为 Ω(欧姆)的图中，画出低频渐近线 Z_{se0} 和 Z_{sh0}，这在 1.6 节的例中已经做了计算。两条渐近线一直保持到 f_b 频率处。当 $f > f_b$，环路增益 $|T|$ 随着频率增大滚降，致使 $|Z_{se}(jf)|$ 减小和 $|Z_{sh}(jf)|$ 增大。曲线的变化一直持续到频率 f_B 处。当 $f > f_B$ 时，环路增益 $|T|$ 已经远小于 1，致使阻抗分别趋向于高频渐近线 $Z_{se\infty}$ 和 $Z_{sh\infty}$($Z_{se\infty}$ 和 $Z_{sh\infty}$ 在式(1.79b)中已经做了计算)。显然，在第 1 章中深入研究的阻抗变化只有在低频处符合，因为在低频时反馈现象够明显。而当增益 $a(jf)$ 滚降后，负反馈带来的好处逐渐消失，直到 f_B 处完全消失。

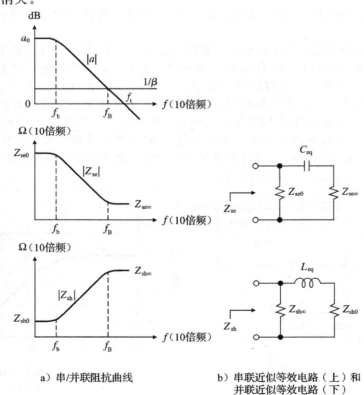

a) 串/并联阻抗曲线

b) 串联近似等效电路（上）和
并联近似等效电路（下）

图   4.11

为了方便计算，我们把阻抗表示为：

$$Z_{se}(jf) = Z_{se0} \frac{1+jf/f_B}{1+jf/f_b}, \quad Z_{sh}(jf) = Z_{sh0} \frac{1+jf/f_b}{1+jf/f_B} \tag{4.24}$$

观察到随着频率增大，串联阻抗呈现容性，而并联阻抗呈现感性。事实上，比较好的做法是，根据图 4.11b 所示，将这种现象可视化。在低频时，C_{eq} 处相当于断开，故 $Z_{se} \rightarrow Z_{se0}$；而在高频时，$C_{eq}$ 相当于一条导线，故 $Z_{se} \rightarrow Z_{se0} // Z_{se\infty} \approx Z_{se\infty}$（因为 $Z_{se\infty} \ll Z_{se0}$）。反之，在高频时 L_{eq} 处相当于断开，故 $Z_{sh} \rightarrow Z_{sh\infty}$；而在低频时，$L_{eq}$ 相当于一条导线，故 $Z_{sh} \rightarrow Z_{sh\infty} // Z_{sh0} \approx Z_{sh0}$（因为 $Z_{sh0} \ll Z_{sh\infty}$）。

从物理角度出发来推导 C_{eq} 和 L_{eq} 的表达式。当频率上升到 f_b 时，C_{eq} 的作用开始体现，这时它的等效阻抗等于 Z_{se0}，所以，有 $1/(2\pi f_b C_{eq}) = Z_{se0}$。反之，频率降低到 f_B 时；L_{eq} 的作用开始体现，这时它的等效阻抗等于 $Z_{sh\infty}$，所以，有 $2\pi f_B L_{eq} = Z_{sh\infty}$。即

$$C_{eq} = \frac{1}{2\pi f_b Z_{se0}}, \qquad L_{eq} = \frac{Z_{sh\infty}}{2\pi f_B} \tag{4.25}$$

在第 6 章中我们将会看到在并联端口网络中，当端口终端与电容相连时，感性阻抗可能会造成不稳定性（不管感性阻抗来自内部元件还是寄生效应）；负载的容性和并联拓扑所具有的等效电感有可能构成一个谐振电路。除非对终端进行适当的阻尼，否则可能会导致难以容忍的尖峰和振铃。一个熟悉的例子是，反相输入端的杂散电容，往往造成 I-V 转换器和 I-I 转换器，以及反相电压放大器的不稳定。另一个例子是用运算放大器驱动一个长电缆时的负载电容（电路稳定的技巧，称为频率补偿，将在第 6 章讨论）。

例 4.5　使用同相放大器并使 $R_1 = 2.0k\Omega$、$R_2 = 18k\Omega$ 来构成图 4.3b 所示的电路。(1)找出输入阻抗 $Z_i(jf)$ 波特图的渐近线。求输入阻抗的等效电路的各个元件值。(2)求出输出阻抗 $Z_o(jf)$ 的等效电路的各个元件值。

解：

(1) 由 $\beta \approx 1/10$ 可得 $f_B = \beta f_t \approx 100kHz$。因为输入是串联拓扑，故 $Z_{i0} \approx r_d(1+a_0\beta) = 10^6 \times (1+10^5/10)\Omega = 10G\Omega$。通过观察可知 $Z_{i\infty} \approx r_d = 1M\Omega$。最后可得 $C_{eq} = (1/(2\pi \times 10 \times 10^{10}))F = 1.59pF$。

等效电路可由 $1M\Omega$ 电阻与 $1.59pF$ 电容串联后与 $10G\Omega$ 电阻并联得到。

(2) 因为输出是并联拓扑，故 $Z_{o0} \approx r_o/(1+a_0\beta) = 10m\Omega$。通过观察可知，$Z_{o\infty} \approx r_o = 100\Omega$。最后可得，$L_{eq} = Z_{o\infty}/(2\pi \times 10^5) = 159\mu H$。故等效电路可由 $10m\Omega$ 电阻与 $159\mu H$ 电感串联后与 100Ω 电阻并联得到。　　◀

例 4.6　将图 4.3b 所示的运算放大器作为电流放大器用在图 1.30b 所示电路中，同时令 $R_1 = 1.0k\Omega$、$R_2 = 99k\Omega$。使用 PSpice 仿出输出短路时 a，$1/\beta$，环路增益 A_i，输入阻抗 Z_i 和输出阻抗 Z_o 的波特图。手算验证并讨论所有重要的特征（包括渐近线，转折点）。

解：

如图 4.12a 所示，我们先根据上方的图画出 a，$1/\beta$，$A_i = I_o/I_i$，$Z_i = V_n/I_i$ 的曲线。然后在下方的图中断开输入信号并接入一测试信号，并让 $Z_0 = V_0/I_0$。式(1.63)中预测 $A_{i(ideal)} = -100A/A$。此外，根据式(4.10)可得：

$$\beta = \frac{r_d}{r_d + R_2} \times \frac{(r_d + R_2) // R_1}{(r_d + R_2) // R_1 + r_o} = 0.827$$

即 $1/\beta = 1.65dB$ 且 $f_B = \beta f_t = 827kHz$。通过观察可知，$Z_{i\infty} = r_d // (R_2 + R_1 // r_o) \approx 90k\Omega$，$Z_{o\infty} = r_o + R_1 // (R_2 + r_d) \approx 1.1k\Omega$。然后可得 $Z_{i0} = Z_{i\infty}(f_b/f_B) \approx 1.0\Omega$，$Z_{o0} = Z_{o\infty}(f_B/f_b) \approx 91M\Omega$。以上计算所得的数据与 PSpice 仿真结果相符。通过分析我们可以知道由于直通效应，A_i 的高频渐近线只略小于 $0dB$。　　◀

实际考虑

以上的分析都是基于一个假设：开环输入、输出阻抗都是纯阻性的，即 $z_d = r_d$，$z_o = r_o$。然而，深入研究图 3A.7 可以发现，在比较高的频率，z_d 表现为容性，而 z_o 表现为感

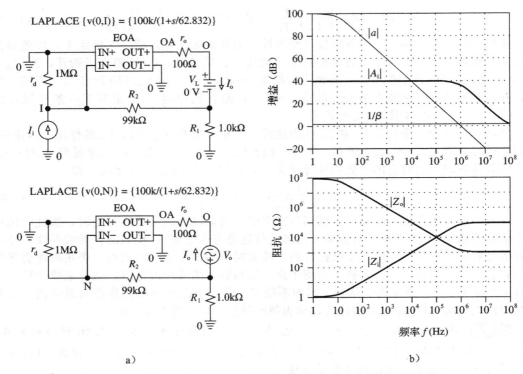

a)   b)

图 4.12　例 4.6 中用于电流放大器的 PSpice 仿真电路及其波特图

$|Z_i|$ 曲线为 V(I)/I(I_i)，$|Z_o|$ 曲线为 $V_1(V_o)/I(V_o)$

性。由于存在输入管的杂散寄生电容以及输出管的频率限制，这种现象在大多数运算放大器中都有存在。如果我们将所有寄生电容连接在到输入端，然后测试输入端到地的阻抗，可以得到共模输入阻抗 z_c。在图 4.13 所示的运算放大器中，z_c 被平均分配到两个输入端，相当于每个输入端有个 $2z_c$ 的阻抗，即 $(2z_c) // (2z_c) = z_c$。

　　产品手册上往往会注明这些阻抗的阻性部分，如 r_d、r_c 和 r_o。对于晶体管输入运算放大器，r_d 一般为 MΩ 数量级，而 r_c 往往在 GΩ 数量级。由于 $r_c \gg r_d$，在产品手册，r_c 往往会被忽略，只给出 r_d 的值。对于场效应晶体管输入运算放大器，r_d 和 r_c 往往在 100 GΩ数量级甚至更高。

　　一些制造商会将差模输入电容 C_d 和共模输入电容 C_c 分别以 z_d 和 z_c 的形式给出。例如，AD705 运算放大器的典型值为 $z_d = r_d // C_d = (40 \text{M}\Omega) // (2\text{pF})$ 和 $z_c = r_c // C_c = (300\text{G}\Omega) // (2\text{pF})$。通常来说，为了保险起见，一般认为 C_d 和 C_c 在 μF 数量级。虽然这些电容在低频时不会造成什么影响，但在高频时却可能对性能造成显著的影响。例如，直流情况下

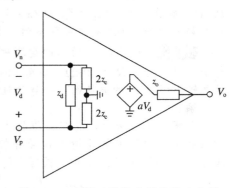

图 4.13　实际运算放大器的输入和输出阻抗建模

AD705 运算放大器有 $z_c = r_c = 300\text{G}\Omega$；而在 1kHz 频率时，$Z_{C_c} = (1/(\text{j}2\pi \times 10^3 \times 2 \times 10^{-12}))\Omega \approx -\text{j}80\text{M}\Omega$，$z_c = (300\text{G}\Omega) // (-\text{j}80\text{M}\Omega) \approx -\text{j}80\text{M}\Omega$，两个值都显著下降了。

　　前面为了让大家对于增益滚降有个直观的概念，我们假设了 $z_d = r_d$ 和 $z_o = r_o$。但这只适用于低频的情况，不能解释高频出现的一些现象。而把电抗参数 z_d 和 z_o 也考虑在内，手工计算量又太大。因此在这种情况下必须采用基于适当的宏模型的电脑仿真。

4.4　瞬态响应

到目前为止我们研究了频域的开环主极点的影响。现在通过分析瞬态响应（即对输入阶跃的响应，它是关于时间的函数）对时域进行研究。这个响应与频域响应类似，随着所施加的反馈量的变化而变化。产品手册上通常只给出单位反馈时的数据（电压跟随器结构），但是这些结果可以很容易地扩展到其他反馈因子的情况中去。

上升时间 t_R

电压跟随器（见图 4.14）的小信号带宽是 f_t，故它的频率响应可以写成：

$$A(\mathrm{j}f) = \frac{1}{1 + \mathrm{j}f/f_t} \tag{4.26}$$

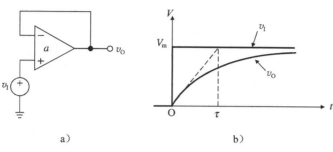

图 4.14　电压跟随器及其小信号阶跃响应

上式表明在 $s = -2\pi f_t$ 处有一个极点。用幅值足够小的电压阶跃信号 V_m 作为输入，在输出可以得到指数响应为：

$$v_O(t) = V_m(1 - \mathrm{e}^{-t/\tau}) \tag{4.27}$$

$$\tau = \frac{1}{2\pi f_t} \tag{4.28}$$

V_o 从 $10\%V_m$ 上升到 $90\%V_m$ 所用的时间 t_R 称为上升时间，它表示指数型摆动上升速度的快慢。易得 $t_R = \tau(\ln 0.9 - \ln 0.1)$，即

$$t_R = \frac{0.35}{f_t} \tag{4.29}$$

上式给出了频域参数 f_t 和时域参数 t_R 之间的关系。显然，f_t 越大，t_R 就越小。

为方便起见，对于 $\tau = 1/(2\pi 10^6) \approx 159$ 和 $t_R \approx 350\mathrm{ns}$ 的 741 运算放大器，它的瞬态响应图形画在附录 3A 的图 3A.6 中，也就是图 4.15 所示的在 PSpice 里用 741 的宏模型仿真得到的图形。响应中存在少量的振铃是由于存在高阶复极点（这在主极点近似中被忽略掉了）。

转换速率的限制

V_o 随着时间呈现指数型变化，而变化速率在开始处最大。利用式（4.27）可得 $\mathrm{d}v_O/\mathrm{d}t\,|_{t=0} = V_m/\tau$，这在图 4.14b 中也做了说明。如果增大 V_m 的值，为了能使输出在 t_R 时间内完成从 10% 到 90% 的过渡，输出的响应速度也会增大。然而在实际中发现，当输入阶跃信号大

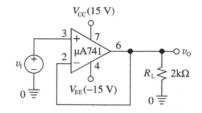

a）用于仿真741运算放大器瞬态响应的PSpice电路

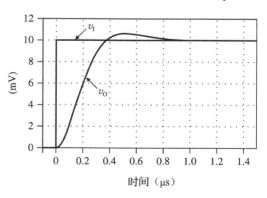

b）小信号阶跃响应

图　4.15

于某个幅度时，输出斜率就会在某一常数处饱和，这个常数称为转换速率（SR）。输出波形此时不再是一条指数曲线，而是一个斜坡（稍后将会更详细地了解到，转换速率极限是一个非线性作用的结果，造成该现象的原因是内部电路对频率补偿电容 C_c 充电和放电的能力有限）。

SR 的单位是 V/μs。由产品手册可知，741C 类运算放大器的 SR=0.5V/μs，而 741 E 类运算放大器的 SR=0.7V/μs。这意味着 741 C 类电压跟随器需要约 (1V)/(0.5V/μs)=2μs 的时间才能完成 1V 的输出摆动。这可以通过图 4.15a 所示的 PSpice 仿真电路进行验证，结果显示在图 4.16a 中。

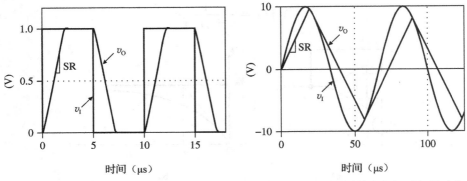

a）脉冲输入时转换速率限制下的响应   b）正弦波输入时转换速率限制下的响应

图 4.16   741 运算放大器制作的电压跟随器

需要强调的是，SR 是一个非线性的大信号参数，而 t_R 则是一个线性的小信号参数。对应于转换速率极限开始时的临界输出阶跃幅度为 $V_{om(crit)}/\tau=SR$。利用式（4.28），可得：

$$V_{om(crit)} = \frac{SR}{2\pi f_t} \tag{4.30}$$

对于 741 运算放大器来说，$V_{om(crit)}=(0.5\times10^6/(2\pi\times10^6))V=80mV$。这意味着只要阶跃信号小于 80mV，741C 类电压跟随器的响应呈现一个 $\tau=159ns$ 的指数变化。然而，对于一个更大的输入阶跃来说，输出转换的速率为一个常数 0.5V/μs，直至达到最终值的 80mV 范围内。在这以后，输出曲线与指数形式变化的剩下部分一致。用 βf_t 取代 f_t 可将上述结论扩展到 $\beta<1$ 的电路中去。

例 4.7   已知某一反相放大器使用 741 运算放大器和 $R_1=10k\Omega$，$R_2=20k\Omega$ 构成。当 $v_I(t)$ 为一个从 0 到 1V 的阶跃信号时，利用 PSpice 仿真 $v_O(t)$ 和 $v_N(t)$。手算验证并讨论所有重要的特征。

解：

参考图 4.17 可知，当增益为 −2V/V，输入为从 0 到 1V 的阶跃信号时，输出从 0 响应到 −2V。起初瞬态响应受转换速率的限制，最后才呈现指数型变化，其中转换过程持续(2/0.5)μs=4μs。转换过程中，运算放大器不足以对 v_N 构成影响，故在此可用叠加定理得：

$$v_N = \frac{2}{3}v_I + \frac{1}{3}v_O = \frac{1}{3}v_O + 0.667V$$

当阶跃信号刚到来时，v_O 还来不及反应仍为 0V，故 v_N 跟随输入从 0 变为 0.667V，此时 v_N 与虚拟地的偏差最大。只有当运算放大器结束转换过程时，v_N 才接近虚拟地电位，并以 $\tau=1/(2\pi\beta f_t)$ 呈现指数型变化。由 $\beta\approx1/3$ 可得 $\tau=477ns$。另外，由于 $SR/(2\pi\beta f_t)=239mV$，转换过程会一直持续到 V。与最终稳态值 −2.0V 的偏差小于 0.239V，然后剩下过程呈现指数型变化。   ◀

全功率带宽

无论何时采取措施试图超越运算放大器的 SR 能力，转换速率极限的作用都会使输出信号出现失真。图 4.16b 说明了对于正弦输入信号时的情况。如果没有转换速率极限，输出应为 $v_O = V_{om} \sin(2\pi f t)$。它的变化速率是 $\mathrm{d}v_O/\mathrm{d}t = 2\pi f V_{om} \cos(2\pi f t)$，最大值等于 $2\pi f V_{om}$。为了防止出现失真，必须要求 $(\mathrm{d}v_O/\mathrm{d}t)_{\max} \leqslant \mathrm{SR}$，即

$$fV_{om} \leqslant \mathrm{SR}/(2\pi) \tag{4.31}$$

上式表明在频率和幅值之间有一个权衡。如果想要在高的频率条件下工作，就必须保证 V_m 足够小，以避免转换速率失真。具体来说，如果想要利用 741C 类电压跟随器的全小信号带宽 f_t，必须使 $V_{om} \leqslant \mathrm{SR}/(2\pi f_t) \approx 80\mathrm{mV}$。反之，如果想要得到一个 $V_{om} > V_{om(crit)}$ 的无失真输出，必须使 $f \leqslant \mathrm{SR}/(2\pi V_{om})$。例如，要得到一个 $V_{om} = 1\mathrm{V}$ 的无失真交流输出，741C 类跟随器必须工作在低于 $0.5 \times 10^6/(2\pi \times 1)\mathrm{Hz} = 80\mathrm{kHz}$ 频率下，它恰好低于 $f_t = 1\mathrm{MHz}$。

全功率带宽（FPB）是指运算放大器能产生最大幅度的无失真交流输出时的最大频率。这个幅度值依赖于具体的运算放大器和供电电源。假设对称的饱和输出值为 $\pm V_{sat}$，可写出：

$$\mathrm{FPB} = \frac{\mathrm{SR}}{2\pi V_{sat}} \tag{4.32}$$

因此，对于 $V_{sat} = 13\mathrm{V}$ 的 741C 类运算放大器有 $\mathrm{FPB} = 0.5 \times 10^6/(2\pi \times 13)\mathrm{Hz} = 6.1\mathrm{kHz}$。当超过这个频率时，输出信号将出现失真和幅度下降。使用该运算放大器时，要确保既不超过它的转换速率极限 SR 又不超出它的 $-3\mathrm{dB}$ 频率 f_B。

例 4.8 一个 741C 类运算放大器的电源电压为 $\pm 15\mathrm{V}$，将它装配成一个增益为 $10\mathrm{V/V}$ 的同相放大器。(1) 如果交流输入幅值为 $V_{im} = 0.5\mathrm{V}$，求输出不出现失真的最大频率。(2) 如果 $f = 10\mathrm{kHz}$，求输出不出现失真的最大 V_{im}。(3) 如果 $V_{im} = 40\mathrm{mV}$，求有效的工作频率范围。(4) 如果 $f = 2\mathrm{kHz}$，求有效的输入幅值范围。

解：

(1) $V_{om} = AV_{im} = 10 \times 0.5\mathrm{V} = 5\mathrm{V}$；$f_{\max} = \mathrm{SR}/(2\pi V_{om}) = (0.5 \times 10^6/(2\pi \times 5))\mathrm{Hz} \approx 16\mathrm{kHz}$。

(2) $V_{om(max)} = \mathrm{SR}/(2\pi f) = (0.5 \times 10^6/(2\pi \times 10^4))\mathrm{V} = 7.96\mathrm{V}$；$V_{im(max)} = V_{om(max)}/A = (7.96/10)\mathrm{V} = 0.796\mathrm{V}$。

(3) 为了避免出现转换速率限制，应使 $f \leqslant (0.5 \times 10^6/(2\pi \times 10 \times 40 \times 10^{-3}))\mathrm{Hz} \approx 200\mathrm{kHz}$。然而，注意到 $f_B = f_t/A_0 = (10^6/10)\mathrm{Hz} = 100\mathrm{kHz}$。因此，有效的输入幅值范围为 $f \leqslant 100\mathrm{kHz}$，这是由小信号因素决定的，而不是转换速率决定的。

(4) $V_{om(max)} = (0.5 \times 10^6/(2\pi \times 2 \times 10^3))\mathrm{V} = 39.8\mathrm{V}$。由于这个值大于 $V_{sat} = 13\mathrm{V}$，在这种情况下，限制因素就是输出饱和。故有效的输入范围为 $V_{im} \leqslant V_{sat}/A = 13/10 = 1.3\mathrm{V}$。◀

建立时间 t_S

上升时间 t_R 和转换速率 SR 分别在小信号和大信号条件下，表明输出变化的快慢

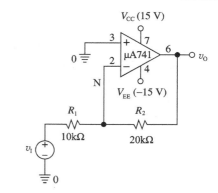

a)

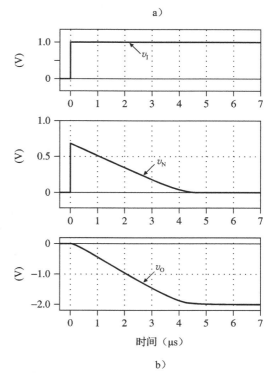

b)

图 4.17　PSpice 仿真电路及其阶跃响应

程度。

而在许多应用中，最关心的参数则是建立时间 t_S。t_S 的定义是，输入为大阶跃信号时输出从开始变化到稳定并保持在一个给定的误差范围内所需的时间（通常这个误差范围关于它的终值对称）。一般规定当输入为 10V 阶跃信号时，输出要达到 0.1% 和 0.01% 的精度。例如，AD843 运算放大器的输入为 10V 阶跃信号时，输出达到 0.01% 精度，一般有 $t_S = 135$ns。

如图 4.18a 所示，t_S 由四个时间段组成：首先是由高阶极点所引起的初始传输时延，然后是受 SR 限制的变化过程（变化至终值附近），接下来是从与 SR 相关的过载状态恢复的过程，最后是建立最终平衡的过程。建立时间同时受于线性和非线性因素影响，并且一般来说很复杂[3,4]。小的 t_R 和高的 SR 并不一定能得到一个小的 t_S。例如，运算放大器可能很快就能达到 0.1% 精度，但是由于存在非常长时间的振铃，可能还需要导致相当长的时间才能稳定在 0.01% 的范围内。

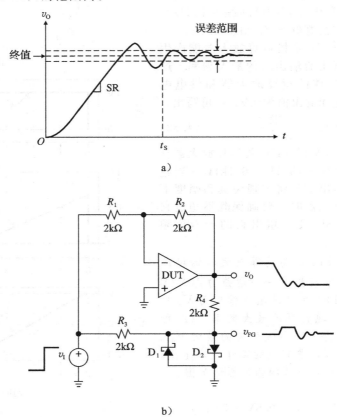

图 4.18　建立时间 t_S 及其测量电路（D_1 和 D_2 是 HP2835 肖特基二极管）

图 4.18b 展示了一个常见的用于测量 t_S 的电路。将需要测量的器件（DUT）接成一个单位增益反相放大器，这里等值电阻 R_3 和 R_4 组成了一个虚地电路。由 $v_{FG} = \frac{1}{2}(v_I + v_O)$ 和 $v_O = -v_I$，有 $v_{FG} = 0$V。实际上，由于运算放大器产生的瞬态变化，v_{FG} 会瞬间地偏离零电位，我们可以通过观察这个偏移量来测量 t_S。对于一个 10V 阶跃输入、误差范围为 0.01% 的运算放大器来说，v_{FG} 必须稳定在终值的 ± 0.5mV 内。在这里，肖特基二极管的作用是防止示波器的输入放大器发生过载。为了避免探头杂散电容产生负载效应，要用一个 JFET 组成的源极跟随器对 v_{FG} 进行缓冲。可以查阅产品手册推荐的用于测量 t_S 的电路。

为了更好地达到运算放大器建立时间的能力，必须适当地注意元器件的选择、布局和接地，否则，煞费苦心的放大器设计过程就失去了意义[5]。这包括使元件引线尽量短，采用金属薄膜电阻，元件排放方向一致（使杂散电容和连接电感最小），旁路供电电源，以及给输入、负载和反馈网络提供独立的接地回路等。在高速度高精度 D/A 转换器、采样/保持放大器和多路复用放大器中，快速建立时间显得尤其重要。

转换速率限制：产生和消除

即使是定性理解也能更好地帮助用户选择运算放大器，因此研究导致转换速率极限产生的原因是有指导意义的。参照图 4.19 所示的方框图，观察到只要输入阶跃的幅度 V_m 足够地小，输入级就会按比例作出响应，有 $i_{O1}=g_{m1}V_m$。根据电容定律，$\mathrm{d}v_O/\mathrm{d}t=i_{O1}C_c=g_{m1}V_m/C_c$，说明输出变化速率也正比于 V_m。然而，如果输入 V_m 过大，电流 i_{O1} 会在 $\pm I_A$ 达到饱和，如图 3.2b 所示。电容 C 会以 $(\mathrm{d}v_O/\mathrm{d}t)_{max}=I_A/C_c$ 的速度充电，而这恰好就是转换速率：

$$\mathrm{SR}=\frac{I_A}{C_c} \tag{4.33}$$

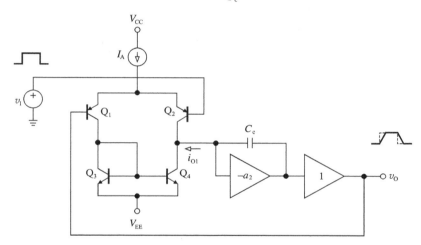

图 4.19　研究转换速率极限的运算放大器模型

利用 3.1 节中 741 运算放大器的工作值，即 $I_A=19.6\mu A$ 和 $C_c=30\mathrm{pF}$，据此估算得到 $\mathrm{SR}=0.653\mathrm{V}/\mu s$，这个值和产品手册上基本一致。

在转换期间，因为输入级饱和会使开环增益急剧下降，所以 v_N 可能会明显偏离 v_P，意识到这一点是很重要的。在转换期间，电路对输入中的任何高频分量都不敏感。特别是，在此期间反相电路的虚地条件不成立。图 4.17 所示 v_N 的波形验证了这一点。

将大信号和小信号特性联系起来看，还可以得更深入的细节。由式（4.8a）可得 $f_t=g_{m1}/(2\pi C_c)$。求解 C_c，并代入式（4.33），可得：

$$\mathrm{SR}=\frac{2\pi I_A f_t}{g_{m1}} \tag{4.34}$$

上式指出了三种增大 SR 的不同方法，即（1）增大 f_t，（2）减小 g_{m1}，（3）增大 I_A。

一般来说，具有高 f_t 的运算放大器也倾向于具有高的 SR。由式（4.8）可知，减小 C_c 可以增大 f_t。这个结论在无补偿运算放大器中尤其有用，因为用户能够确定一个补偿网络，同时使 SR 最大。在高增益电路中采用 301 运算放大器和 748 运算放大器，可用更低的 C_c 进行补偿，以实现更高的 f_t 和更高的 SR。甚至在低增益应用中，明显提高 SR 的途径可能是频率补偿电路而不是主极点。常见的例子有称为输入滞后和前馈补偿的方法，这些将会在第 6 章提到。例如，进行主极点补偿后，301 运算放大器的动态特性可以做到类似于 741 运算放大器。然而，使用前馈补偿后，它可以实现 $f_t=10\mathrm{MHz}$ 和 $\mathrm{SR}=10\mathrm{V}/\mu s$。

第二种增加 SR 的方法是降低输入级跨导 g_{m1}。对于 BJT 电路输入级，利用射极负反馈

可以减少 g_{m1}，即通过在差分输入对上与射极串联一个合适的电阻来有意减少跨导的一种方法。LM318 运算放大器利用这种技术实现了 SR＝70V/μs 和 f_t＝15MHz。另外，在近似的偏置条件下，采用 FET 差分输入对也能降低 g_{m1}，因为 FET 的跨导远远低于 BJT 的跨导。例如，与 741 运算放大器类似的 TL080 运算放大器，它用输入 JFET 对代替了输入 BJT 对，得到了 SR＝13V/μs 和 f_t＝3MHz。现在我们已经知道了使用 JFET 输入对管的两个好处：一是能够实现非常低的输入偏置和失调电流；另一个原因是可以提高转换速率。

第三种增加 SR 的方法是增加 I_A。这在可编程运算放大器中尤其重要。之所以称为可编程运算放大器，是因为用户可通过外部调节 I_{SET} 来设置它的内部工作电流（而这个电流通常是通过接一个合适的外部电阻来设定的，如产品手册上所给定）。内部工作电流包括静态电源电流 I_Q 和输入级偏置电流 I_A，这些电流和通过与 I_{SET} 镜像拷贝产生，因此可以在很大的范围上选取值。由式（4.8b）和式（4.33）可知，f_t 和 SR 都与 I_A 成正比，即与 I_{SET} 成正比。也就是说运算放大器的动态性能也是可以设置的。

4.5　有限增益带宽积对积分电路的影响

研究完纯阻性电路的频率响应后，我们开始把目光转向具有包含电容的反馈网络的电路，也就是说该电路的反馈系数也是与频率有关的。反相积分器电路则不仅可以用于滤波电路中，还可以在信号发生器和数据转换器中应用，相关内容在后续章节将会提及。已知理想的反相积分器的传输函数为：

$$H_{ideal}(jf) = \frac{-1}{jf/f_{0(ideal)}} \qquad (4.35a)$$

由于运算放大器的增益会随着频率增大而出现滚降，因此估计传输函数 $H(jf)$ 与理想值也会有所偏离。我们可以借助图 4.20a 所示的 PSpice 仿真电路将这个偏差可视化，即采用具有 1MHz 增益带宽积（GBP）和 $a_0 = 10^3$ V/V 的运算放大器来设计这样一个单位增益频率：

$$f_{0(ideal)} = \frac{1}{2\pi RC} = \frac{1}{2\pi \, 10^5 \times 15.9155 \times 10^{-12}} Hz = 100kHz \qquad (4.35b)$$

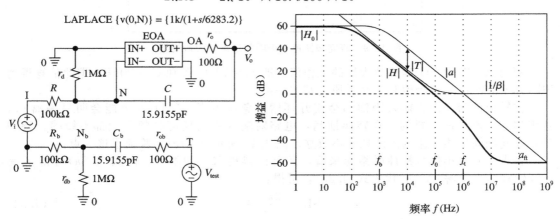

a）PSpice积分器电路　　　　　　　　　　　b）频率特性

图 4.20　用于绘制 $1/\beta$ 曲线的反馈网络重画在图 a 的下方，元器件用下标 b 加以区别。$|H|$ 的波形为 DB(V(O)/V(I))，$|a|$ 的曲线为 DB(V(OA)/(−V(N)))，$1/\beta$ 的曲线为 DB(V(T)/V(N_b))。

图 4.20b 表明只有在一段频率范围，即从 10^2 到 10^6 Hz 内，$H(jf)$ 和 $H_{ideal}(jf)$ 才会比较接近。利用 PSpice 光标测试可知单位增益频率为 $f_0 = 89.74$kHz。

为了更深入地研究，我们计算出反馈系数，显然这是一个高通类型的函数：

$$\beta(jf) = \beta_\infty \frac{jf/f_1}{1 + jf/f_1} \qquad (4.36a)$$

式中：β_∞ 为 β 的渐近线，这可以通过将 C 视为一根导线得到；f_1 为转折频率，它由 C 和 C 的等效电阻得到。有：

$$\beta_\infty = \frac{R \mathbin{/\mkern-5mu/} r_d}{r_o + R \mathbin{/\mkern-5mu/} r_d} = 0.9989, \quad f_1 = \frac{1}{2\pi(R \mathbin{/\mkern-5mu/} r_d + r_o)C} = 109.88\text{kHz} \quad (4.36\text{b})$$

环路增益 $|T|$ 在图中表现为 $|a|$ 和 $|1/\beta|$ 两曲线之差，它可以衡量实际的传输函数 $H(\mathrm{j}f)$ 与理想值的偏差。通过观察，可以得到以下信息：

(1) 从 f_b 到 f_0 范围内，环路增益 $|T|$ 最大且与频率无关。

(2) 低于 f_b 时，$|T|$ 随着频率减小而减小，直到 $|a|$ 和 $|1/\beta|$ 两曲线交叉点，$|T|$ 其变为单位增益。低于这个点后，C 相当于开路，故运算放大器工作在全开环增益状态，有 $H_0 = [r_d/(R+r_d)]a_0 = 90.9 \times 10^3 = 909\text{V/V} = 59.2\text{dB}$。

(3) 高于 f_0 时，$|T|$ 随着频率增大而减小，直到 f_t 附近 $|a|$ 和 $|1/\beta|$ 两曲线再次交叉。超过该交叉点后，$|H|$ 的斜率变为 $-40\text{dB}/10$ 倍频，其中 $-20\text{dB}/10$ 倍频是积分器电路自身产生的，另外 $-20\text{dB}/10$ 倍频是由偏离函数 $D = 1/(1+1/T)$ 产生的。

(4) 在很高频率处，C 相当于导线，导致直通增益为 $a_{\text{ft}} \approx r_o/R = 10^{-3}\text{V/V} = -60\text{dB}$。$H(\mathrm{j}f)$ 的幅值曲线变平需要包含一对零点来抵消极点对产生的影响（参见题 4.43）。

(5) 显然，至少到 f_t 之前，积分器电路表现为一个恒定 GBP 的运算放大器，它的 GBP $\approx f_0$，直流增益为 H_0，-3dB 带宽频率为 f_0/H_0。

幅值和相位误差

由于直通效应的出现超过了积分器的有效范围，故可以忽略。将式（4.13）应用于当前电路得：

$$H(\mathrm{j}f) \approx \frac{-1}{\mathrm{j}f/f_{0(\text{ideal})}} \times \frac{1}{1+1/T(\mathrm{j}f)} \quad (4.37)$$

根据式（4.14），该式表明 $H(\mathrm{j}f)$ 同时表现出幅值误差和相位误差。我们对 $f_b \ll f \ll f_1$ 这段频率范围比较感兴趣，因为此时的环路增益最大，为：

$$T = a\beta \approx \frac{a_0}{\mathrm{j}f/f_b} \times \beta_\infty(\mathrm{j}f/f_1) = \beta_\infty \frac{f_t}{f_1} \quad (4.38\text{a})$$

代入式（637）可得一个直观的结果：

$$H(\mathrm{j}f) \approx \frac{-1}{\mathrm{j}f/[f_{0(\text{ideal})}/(1+1/T)]} \quad (4.38\text{b})$$

表明运算放大器环路增益的滚降使积分器的单位增益频率从 $f_{0(\text{ideal})}$ 降为 $f_0 = f_{0(\text{ideal})}/(1+1/T)$。在本例中，$T = 0.9989 \times 10^6/(109.88 \times 10^3) = 9.09$，故单位增益频率从 100kHz 降低到 $(100/(1+1/9.09))\text{Hz} = 90.09\text{kHz}$（与 PSpice 仿真结果 89.74kHz 基本相符）。

这个频率的下降并不一定是不好的，因为我们可以预先设定 $f_{0(\text{ideal})}$ 为另外一个值，等到它要衰减 $1+1/T$ 时，刚好可以变为我们想要的值。在本例中，则需要预设计 $1/(2\pi RC) = (100\text{kHz}) \times (1+1/9.09) = 111\text{kHz}$，这只需将 R 从 $100\text{ k}\Omega$ 降低为 $(100/111)$ $\text{k}\Omega = 90.09\text{k}\Omega$（PSpice 仿真结果为 $88.65\text{k}\Omega$）。而实际上，T 的减小而引入预失真的设计方法不太可取，因为 f_t 会受到生产工艺偏差、老化等因素影响。更好的做法是使用 f_t 更大的运算放大器来达到 $f_0(\approx f_1)$，因为更大的 f_t 会有更大的 T，也就会减小不利因素对其的影响。而 f_t 更大，有效频率范围的上限也会更高，就像更大的 a_0 会减小有效频率范围一样（参见习题 4.45）。

根据式（4.35a），积分器会有 $90°$ 的相移。实际上，由于有两个转折点，在有效频率的上下限相移都会偏离 $90°$。下面将会看到，高频端的相移是基于积分电路的滤波器（例如双积分器环路）中问题的根源。为了进一步研究，假设 $r_d = \infty$，$r_o = 0$，故 $\beta_\infty = 1$ 且第二个截断点就在 f_t 的右边。在这些条件下，可以将在有效频率范围内较高频率处的积分器响应近似表示为：

$$H(\mathrm{j}f) \approx \frac{-1}{\mathrm{j}f/f_{0(\mathrm{ideal})}} \frac{1}{1+\mathrm{j}f/f_t} \tag{4.39}$$

上式表现出 $\varepsilon_\phi = -\arctan(f/f_t)$ 的相位误差。我们最关心的是 f_0 附近的 ε_ϕ。由于设计得好的积分器有 $f_{0(\mathrm{ideal})} \ll f_t$，那么对于 $f \ll f_t$，可以近似有：

$$\varepsilon_\phi \approx -f/f_t \tag{4.40}$$

引人适当的相位超前，以抵消由极点频率 f_t 所引起的相位滞后，可以减小 ε_ϕ。这个过程称为相位误差补偿。

积分器的无源补偿

图 4.21a 所示电路中使用一个输入并联电容 C_c 对积分器进行补偿。如果给出的电容值满足 $|Z_{C_c}(\mathrm{j}f_t)| = R$ 或者 $1/(2\pi f_t C_c) = R$，那么 C_c 的高通作用引起的相位超前就可以补偿低通项 $1/(1+\mathrm{j}f/f_t)$ 引起的相位滞后。因此，就扩展了可忽略相位误差的频率范围。这种技术称为零极点相消。它要求：

$$C_c = 1/(2\pi R f_t) \tag{4.41}$$

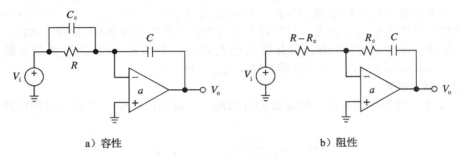

a）容性　　　　　　　　　　b）阻性

图 4.21　积分器的无源补偿

由图 4.21b 所示电路可以得到类似的结论。该电路采用一个反馈串联电阻 R_c，并将输入电阻阻值从 R 降至 $R - R_c$。这种方法表现出了比电容补偿更好的微调功能。可以证明（见习题 4.4），倘若适当选取元件值以使得开环输出阻抗 Z_o 与 R_c 相比可以忽略，令

$$R_c = 1/(2\pi C f_t) \tag{4.42}$$

可使 $H(\mathrm{j}f) \to H_{\mathrm{ideal}}$。

由于制造过程的偏差，无法准确获得 f_t。因此对于每一单个运算放大器，都必须对 C_c 和 R_c 进行微调。尽管如此，由于 f_t 对温度和电源的变化很灵敏，所以很难维持补偿不变。

积分器的有源补偿

采用有源补偿可以巧妙地克服无源补偿的缺点。它利用双运算放大器的匹配和跟踪特性，用另一个非常一致的频率限制器件来补偿一个器件频率限制，因此把它称为有源补偿。

虽然这项技术很常用（会在 4.7 节再一次讨论），下面只着重介绍图 4.22 所示积分器补偿的两种常见方案。

参考图 4.22a 所示的方案，应用叠加定理，可得：

$$V_o = -a_1\left(\frac{1}{1+\mathrm{j}f/f_0}V_i + \frac{\mathrm{j}f/f_0}{1+\mathrm{j}f/f_0}A_2 V_o\right), \quad A_2 = \frac{1}{1+\mathrm{j}f/f_{t2}}$$

式中：$f_0 = 1/(2\pi RC)$。为了求出 $H = V_o/V_i$，代入 $a_1 \approx f_{t1}/(\mathrm{j}f)$ 消去 A_2，为了反映出匹配，令 $f_{t2} = f_{t1} = f_t$，可得 $H(\mathrm{j}f) = H_{\mathrm{ideal}} \times 1/(1+1/T)$，式中：

$$\frac{1}{1+1/T} = \frac{1+\mathrm{j}f/f_t}{1+\mathrm{j}f/f_t - (f/f_t)^2} = \frac{1-\mathrm{j}(f/f_t)^3}{1-(f/f_t)^2+(f/f_t)^4} \tag{4.43}$$

最后一步表现出一个有趣的性质：有理化过程使分子中 f/f_t 的一阶和二阶项相互抵消，只留下三阶项。因此当 $f \ll f_t$ 时，近似可得：

$$\varepsilon_\phi \approx -(f/f_t)^3 \tag{4.44}$$

这个误差远比式(4.40)的误差要小。通过 PSpice 仿真，图 4.22a 所示补偿方案的效果在图 4.23 中作了展示。

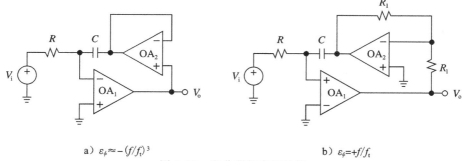

a) $\varepsilon_\phi \approx -(f/f_t)^3$　　　　　　　　　b) $\varepsilon_\phi = +f/f_t$

图 4.22　积分器的有源补偿

图 4.22b 所示电路中，OA_1 在它的反馈通路上含有反相运算放大器 OA_2，所以为了保持负反馈，需要交换 OA_1 输入端的极性。可以证明(参见习题 4.51)：

$$\frac{1}{1+1/T} = \frac{1+\mathrm{j}f/(0.5f_t)}{1-(\mathrm{j}f/f_t)-(f/(0.5f_t))^2}$$
$$\approx \frac{1+\mathrm{j}f/f_t}{1-3(f/f_t)^2}$$

式中，忽略了 f/f_t 的高阶项。此时，有：

$$\varepsilon_\phi \approx +f/f_t \qquad (4.45)$$

虽然这个值不如式(4.44)的值来得小，但是这个相位误差具有正极性的优点(下面将会用到这个特点)。

Q 增强补偿

已经发现非理想运算放大器对双积分环路滤波器(例如状态变量滤波器和双二阶滤波器)的影响是增加 Q 的实际值，使它高于理想运算放大器假设下预期的设计值。这种效应确切地称为 Q 增强。而针对利用两个积分器和第三个放大器引入 A 相位误差的双二阶结构的情况进行分析的结果为：

$$Q_{\text{actual}} \approx \frac{Q}{1-4Qf_0/f_t} \qquad (4.46)$$

式中：f_0 为积分器单位增益频率；f_t 是运算放大器过渡频率；Q 是理性运算放大器取极限 $f_t \to \infty$ 的品质因数。图 4.24 示出了设计值 $Q=25$ 和 $f_t=1\text{MHz}$ 时情况，Q_{actual} 随 f_0 的增加而增加，直至 $f_0 \approx f_t/(4Q)=(10^6/100)\,\text{Hz}=10\text{kHz}$ 时变为无穷大。在这个频率点电路开始振荡。

除了 Q 增强外，运算放大器有限的 GBP 也会使滤波器的 f_0 发生偏移[9]，即

$$\frac{\Delta f_0}{f_0} \approx -(f_0/f_t) \qquad (4.47)$$

LAPLACE $\{v(P,N)\} = \{100\text{k}/(1+s/62.832)\}$

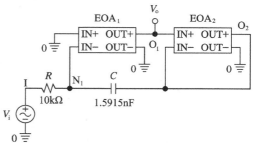

a) PSpice有源补偿的积分器电路

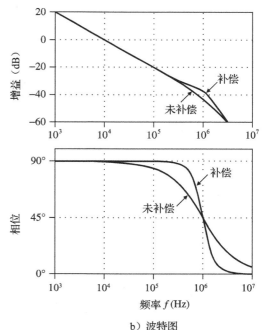

b) 波特图

图 4.23　为了便于比较，加入了未经补偿前的曲线，即将电容正极板直接接到 V。

对于小的 Q 偏移，由式(4.46)得：

$$\frac{\Delta Q}{Q} \approx 4Qf_0/f_t \qquad (4.48)$$

这些方程表明，如果想让 $\Delta f_0/f_0$ 和 $\Delta Q/Q$ 在给定范围内，GBP 需要满足特定条件。

例 4.9 在图 3.36 所示的双二阶滤波器中，要实现 $f_0 = 10\text{kHz}$，$Q = 25$ 和 $H_{0\text{BP}} = 0\text{dB}$。由于 GBP 有限，$\beta$ 和 Q 会与设计值有所偏离。设计值的程度不超过它的 1%。求偏离程度不超过 1% 时各个元件的值。

解：

由 $R_1 = R_2 = R_5 = R_6 = 10\text{k}\Omega$，$R_3 = R_4 = 250\text{k}\Omega$

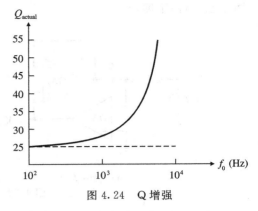

图 4.24 Q 增强

和 $C_1 = C_2 = (5/\pi)\text{nF}$，为了满足 f_0 和 Q 的设计要求，分别需要 $f_t \geqslant f_0/(\Delta f_0/f_0) = (10^4/0.01)\,\text{Hz} = 1\text{MHz}$ 和 $f_t \geqslant (4 \times 25 \times 10^4/0.01)\,\text{Hz} = 100\text{MHz}$。其中，$Q$ 的条件要求更苛刻，故 GBP$\geqslant 100\text{MHz}$。

如果采用相位误差补偿来抵消 Q 增强的影响，会很大程度上地放宽 Q 条件对 GBP 的苛刻要求。下面举个例子来加以说明。◀

例 4.10 (1)当运算放大器的 GBP$=1\text{MHz}$ 时，借助 PSpice 仿真例 4.9 中双二阶滤波器的带通响应(利用和图 4.23 所示同类型的拉普拉斯模块)。(2)求当与 R_1 跨接时能为三个运算放大器模块提供无源补偿的 C_c，并求出补偿后的响应。(3)对 C_1 和 C_2 进行预失真设计，使得谐振频率为 10.0kHz。(4)使用有源补偿重复以上设计。对比两种方案并做评价。

解：

(1)电路如图 4.25 所示。图 4.26a 所示"未补偿"曲线为没用 C_c 进行补偿前的带通响应曲线。显然，未经补偿前的电路有 Q 增强现象。

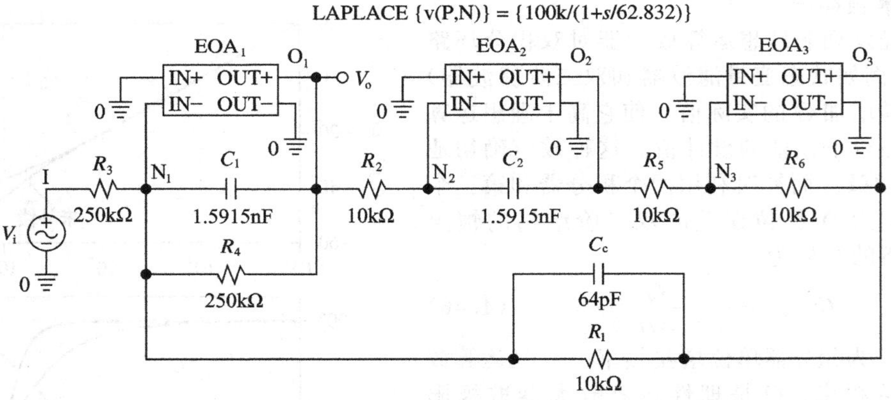

LAPLACE {v(P,N)} = { 100k/(1+s/62.832)}

图 4.25 在 PSpice 中用无源器件实现的例 4.10

(2)为了对两个积分放大器和极点频率为 $f_B = f_t/2$ 的单位增益反相放大器进行补偿，我们使用一个 $C_c = 4/(2\pi R_1 f_t) = (2/(\pi\,10^4 \times 10^6))\,\text{F} \approx 64\text{pF}$ 的电容，这个电容是根据式(4.41)计算所得值的 4 倍。经过 C_c 补偿后的带通响应曲线即图 4.26a 所示的"未补偿"曲线。虽然 Q 增强产生的影响已经被中和了，但是如式(4.47)所示的那样，响应仍旧表现出一定的频率偏移。

(3)为了补偿该频率偏移，我们对 C_1 和 C_2 进行预失真设计 $100 \times f_0/f_t = 1\%$，即将它们从 1.5915nF 降低为 1.5756nF。相应的响应曲线绘制在图 4.26b 中。借助 PSpice 的光标，我们测量到谐振频率为 10.0kHz，-3dB 带宽为 $f_L = 9.802\text{kHz}$ 和 $f_H = 10.202\text{kHz}$，

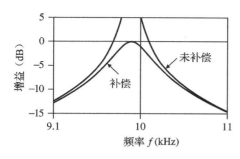

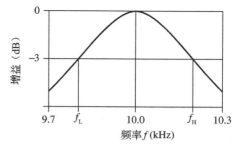

a）图4.25所示双二阶滤波器在用 C_c 进行
补偿后和补偿前的带通响应

b）对 C_1 和 C_2 进行预失真设计后的响应

图　4.26

故 $Q=25$。

（4）为使用有源补偿，我们对图 4.27 所示的反相放大器重新进行布线。根 据式（4.5），第二个积分器和反相放大器产生的相位误差之和为正，与第一个积分器相反。因此仅仅通过反相放大器的重新布线就得以中和总的相位误差。PSpice 仿真表明在该电路中不存在频率偏移，故 C_1 和 C_2 的值保持不变。然而，Q 的值却有所下降。根据经验，将 R_4 提高到 504 $\mathrm{k\Omega}$ 可以使 Q 保持为 25。◄

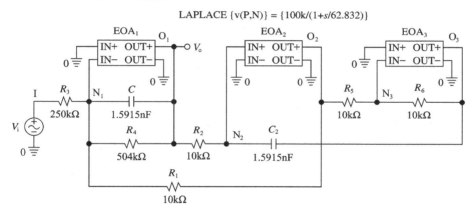

图 4.27　在 PSpice 中用有源器件实现的例 4.10

4.6　有限 GBP 对滤波器的影响

在对有源滤波器的研究中，我们假设运算放大器是理想的，这样我们就可以不用考虑运算放大器的特性，而是只研究滤波器的响应。现在我们希望能同时研究运算放大器增益随着频率增大会滚降对滤波器性能造成的影响。不像纯阻性电路，滤波器反馈系数 $\beta(\mathrm{j}f)$ 与频率有关，因而环路增益 $T(\mathrm{j}f)=a(\mathrm{j}f)\times\beta(\mathrm{j}f)=a(\mathrm{j}f)/(1/\beta(\mathrm{j}f))$。该式表明环路增益中既有 $a(\mathrm{j}f)$ 的零极点，也有 $\beta(\mathrm{j}f)$ 的零极点（即 $1/\beta(\mathrm{j}f)$ 的极零点）。下面我们将会看到，根数量的增加会使偏离函数 $D(\mathrm{j}f)=1/[1+1/T(\mathrm{j}f)]$ 的计算变得复杂，$H(\mathrm{j}f)$ 也变复杂。幸运的是，我们可以借用电脑进行 SPICE 仿真，省去了手工计算的麻烦。

一阶滤波器

用图 4.3b 所示的 1MHz 运算放大器将图 3.9a 所示电路重新在 PSpice 软件仿真中画出，即图 4.28a 所示电路。设计参数为 $H_{0(\mathrm{ideal})}=-R_2/R_1=-10\mathrm{V/V}$ 和 $f_{0(\mathrm{ideal})}=1/(2\pi R_2 C)=20\mathrm{kHz}$。只有在 $a\,|(\mathrm{j}f)|$ 和 $|1/\beta(\mathrm{j}f)|$ 的交点（即 f_t 附近）前，实际的响应才会接近理想值，如图 4.28b 所示。用光标测得 $H_0=-9.999\mathrm{V/V}$ 和 $f_0=16.584\mathrm{kHz}$。高

于交点后，$|H|$ 的斜率从 $-20\mathrm{dB}/10$ 倍频变为 $-40\mathrm{Db}/10$ 倍频。当频率更高时，C 的作用相当于一根导线，故有 $|H| \to a_{\mathrm{ft}} \approx r_{\mathrm{o}}/R_1 = 0.01\mathrm{V/V}(=-40\mathrm{dB})$。

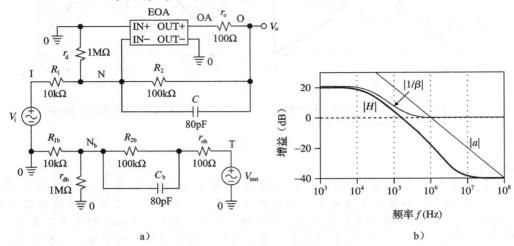

图 4.28　一阶低通滤波器及其频率特性

根据式(4.12)，可得：

$$H(\mathrm{j}f) = \frac{V_{\mathrm{o}}}{V_{\mathrm{i}}} \approx \frac{-10}{1+\mathrm{j}f/(20\times10^3)} \times \frac{1}{1+1/T(\mathrm{j}f)} + \frac{0.01}{1+T(\mathrm{j}f)} \tag{4.49}$$

开环增益 $a(\mathrm{j}f)$ 在 $10\mathrm{Hz}$ 有一个极点，而反馈系数 $\beta(\mathrm{j}f)$ 有一个 $20\mathrm{kHz}$ 的零点和一个 $200\mathrm{kHz}$ 的极点，故 $T|(\mathrm{j}f)|$ 在 $10\mathrm{Hz}$ 和 $200\mathrm{kHz}$ 处各有一个极点，且在 $20\mathrm{kHz}$ 处有个零点。当 $T|(\mathrm{j}f)| \gg 1$ 时，这些根对 $H(\mathrm{j}f)$ 的影响有限。而在超过交叉频率点后，$H(\mathrm{j}f)$ 与理想值明显偏离，开始是由于在交叉处的极点导致了偏离，后来是由用于产生高频渐近线 $|H(\mathrm{j}f)| \to -40\mathrm{dB}$ 的零点对（在 $10\mathrm{MHz}$ 左右）所导致的（果然高频部分的响应与图 4.20b 所示的非常接近，因为高频时 C 相对于 R_2 占主导，使电路变得像积分器）。

用图 4.3b 所示的 $1\mathrm{MHz}$ 运算放大器将图 3.10a 所示的高通滤波器重新在 PSpice 软件仿真中画出，即如图 4.29a 所示。设计参数为 $H_{0(\mathrm{ideal})} = -R_2/R_1 = -10\mathrm{V/V}$ 和 $f_{0(\mathrm{ideal})} = 1/(2\pi R_1 C) = 1\mathrm{kHz}$。只有在 $a|(\mathrm{j}f)|$ 和 $|1/\beta(\mathrm{j}f)|$ 的交点（即 $100\mathrm{kHz}$ 附近）前，实际的响应

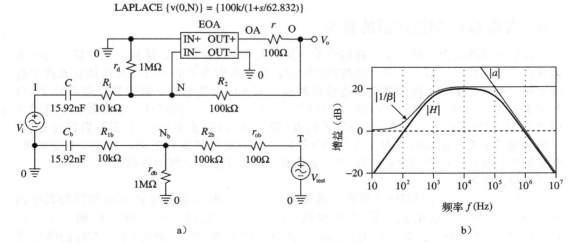

图 4.29　一阶高通滤波电路及其频率响应

才会接近理想值。用光标测得 $H_0 = -9.987\text{V/V}$ 和 $f_0 = 990\text{Hz}$。高于交叉频率点后响应表现出低通特性。由于直通效应出现在至少比图 4.28a 所示低 10 倍的频率处，故在当前例子中忽略直通效应，将式(4.12)代入得：

$$H(\mathrm{j}f) = \frac{V_\mathrm{o}}{V_\mathrm{i}} \approx -10 \frac{f/10^3}{1+\mathrm{j}f/10^3} \times \frac{1}{1+1/T(\mathrm{j}f)} \tag{4.50}$$

$\beta(\mathrm{j}f)$ 在 100Hz 和 1kHz 附近各有一个极点和零点，故 $T(\mathrm{j}f)$ 在 10Hz 和 100Hz 各有一个极点，在 1kHz 处有个零点。只要 $T|(\mathrm{j}f)| \gg 1$，这些根对 $H(\mathrm{j}f)$ 的影响有限。到交叉频率点后，由于交叉点处极点的作用，$H(\mathrm{j}f)$ 会开始偏离。事实上，总体的响应相当于一个宽频带通滤波器(参见题 4.58)。

二阶滤波器

图 4.30 所示的为一个常见的有代表性的多通道反馈结构二阶滤波器(如练习 4.1)。当运放的增益 $a(s) = \infty$，$r_\mathrm{d} = \infty$ 和 $r_\mathrm{o} = \infty$，该电路的传输函数可以表示为：

$$H(s) = H_{0\mathrm{BP}} \frac{(s/\omega_0)/Q}{\dfrac{s^2}{\omega_0^2} + \dfrac{1}{Q}\dfrac{s}{\omega_0} + 1 + \dfrac{1}{a(s)}\left(\dfrac{s^2}{\omega_0^2} + \dfrac{2Q^2+1}{Q}\dfrac{s}{\omega_0} + 1\right)} \tag{4.51}$$

式中：$H_{0\mathrm{BP}}$，ω_0 和 Q 即式(3.71)的值。显然，只要 $a(s)$ 足够大，括号内的分母产生的影响就可以忽略，使 $H(s) \to H_{0\mathrm{BP}} H_{\mathrm{BP}}(s)$。但是 $a(s)$ 随着频率增大滚降，使括号内的分母的影响越来越大，导致三个滤波器参数出现了偏移。甚至，从 f_t 开始出现的极点会导致 $H(s)$ 出现滚降，从而 $H(s)$ 的下降斜率从 $-20\text{dB}/10$ 倍频变为 $-40\text{dB}/10$ 倍频。

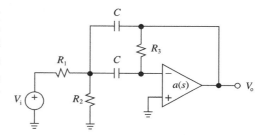

图 4.30　多路反馈带通滤波器

练习 4.1　推导式(4.51)

我们最关心的是谐振频率和 -3dB 带宽与设计值的偏离程度。可以证明[9]，只要 $Qf_0 \ll f_\mathrm{t}$，就有：

$$\frac{\Delta f_0}{f_0} = -\frac{\Delta Q}{Q} \approx -Qf_0/f_\mathrm{t} \tag{4.52}$$

显然，$Q \times f_0$ 以 GBP 的形式显示了对滤波器性能要求的苛刻程度。

例 4.11　在图 4.30 的电路中，采用 10nF 电容和其他合适的元器件，使电路的 $H_{0\mathrm{BP}} = 0\text{dB}$，$f_0 = 10\text{kHz}$，$Q = 10$，并且在有限 GBP 影响下带宽偏离设计值的程度不大于 1%。求满足条件的各个元件的值。

解：

利用式(3.72)和式(3.73)，可得 $R_1 = 15.92\text{k}\Omega$，$R_2 = 79.98\text{k}\Omega$ 和 $R_3 = 31.83\text{k}\Omega$。由于 $BW = f_0/Q$，根据式(4.52)可得 $\Delta BW/BW \approx -2Qf_0/f_\mathrm{t}$。因此，GBP $\geqslant 2 \times 10 \times 10^4/0.01 = 20\text{MHz}$。◀

另一种使用高 GBP 运算放大器的方法是预失真滤波器参数，使实际值和说明书所给的值正好一致。在这方面，PSpice 仿真是一种非常有价值的工具，它能根据需要的 f_t 确定预失真值的大小。

例 4.12　设计一个滤波器，使它满足例 4.11 的要求，要求采用的是 1MHz 运算放大器。

解：

由 $f_\mathrm{t} = 1\text{MHz}$ 可得 $Qf_0/f_\mathrm{t} = 0.1$。故由式(4.52)，希望降低 f_0 和升高 Q 的幅度约为 10%。为了得到更加精确的估值，使用 PSpice 对图 4.31a 所示电路进行仿真，仿真结果显示在图 4.31b 中。可以看到，整体的频率响应都有一定的偏移，且在高频部分下降斜率为 $-40\text{dB}/10$ 倍频而不是 $-20\text{dB}/10$ 倍频。光标测试结果显示在底部，从测试结果可知 $H_{0\mathrm{BP}} = 0.981\text{V/V} = -0.166\text{dB}$，$f_\mathrm{L} = 8.73\text{kHz}$，$f_\mathrm{H} = 9.55\text{kHz}$ 和 $f_0 = 9.13\text{ kHz}$，故有 $Q = $

$9.13/(9.55-8.73)=11.3$。

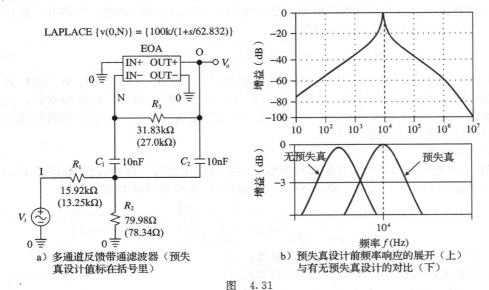

a）多通道反馈带通滤波器（预
真设计值标在括号里）

b）预失真设计前频率响应的展开（上）
与有无预失真设计的对比（下）

图 4.31

为了实现要求的参数值，对电路进行重新设计，使 $f_0=(10\times(10/9.13))\text{kHz}=10.95\text{kHz}$，$Q=10(10/11.3)=8.85$ 和 $H_{0BP}=(1/0.981)\text{V/V}=1.02\text{V/V}$。再次利用式（3.72）和式（3.73），得到图 4.31a 所示括号内的电阻值。在图 4.31b 所示的底部是预失真设计后的响应，通过光标测试，可得 $f_0=10.0\text{kHz}$ 和 $Q=10$。◀

例 4.13 采用 $a_0=80\text{dB}$ 和 GBP$=1\text{MHz}$ 的运算放大器来实现 DABP 滤波器，然后借助 PSpice 深入研究其性能。讨论你的发现。

解：

借助 PSpice 仿真图 4.32a 所示电路得到的响应表示在图 4.32b 所示的上方，结果表明非理性运算放大器会造成 f_0、Q 和 H_0 的减小。为了更好地理解这个问题，我们可以移除

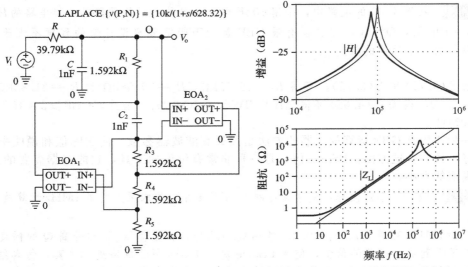

a）DABP滤波器

b）频率响应$|H|$（上）以及总的感性阻抗$|Z_L|$（下）
（细线显示的是理想运算放大器结构中的响应）

图 4.32

R 和 C，为这个总的阻抗为感性的电路添加测试电流源 I_t，通过 $Z_L = V_o/I_t$ 就可以方便地测试出感性阻抗的大小。显然，运算放大器增益的滚降会使 L 的有效值增大，甚至在 10^5 Hz 和 10^6 Hz 之间出现峰值，并在高频处表现出 $Z_L \rightarrow R_1$。幸运的是，超过 10^5 Hz 后，C 占据主导，使 $|H|$ 的下降斜率为 $-20\mathrm{dB}/10$ 倍频。我们可以通过使用更快的运算放大器来显著改善响应。例如，将运算放大器 GBP 从 1MHz 提高到 10MHz 后，重新运行 PSpice 仿真，可以看到，得到的响应更加接近理想值。　　◀

小结

回顾本节中积分器和滤波器的例子，我们知道，至少到直通效应起作用前，开环增益随着频率增大出现的滚降会造成滤波器频率特性的偏移，同时在高频处的下降斜率更陡。感兴趣的读者要想对有限 GBP 对滤波器的影响进行更加详细的研究，可以查阅参考文献[9]。在本书的范围内，仅限于利用计算机仿真来求实际响应，即采用制造商提供的更加逼真的宏模型，然后按照例 4.10 和例 4.12 的方法进行预失真。根据经验，选择运算放大器的 GBP 时至少要比滤波器乘积 Qf_0 高一个数量级，以降低由环境变化和制造工艺不稳定对 GBP 产生的影响。

4.7　电流反馈放大器

以上研究的运算放大器都是对电压进行响应的，所以也称为电压反馈运算放大器（VFA）。正如我们已经知道的，它们的动态特性受增益带宽积和转换速率的限制。相比之下，电流反馈运算放大器（CFA）工作在电流模式，如图 4.33 所示。因为电流模式工作受杂散节点电容的影响更小，必然要比电压模式工作快得多。制造 CFA 采用了高速互补双极工艺，因此 CFA 比 VFA 快几个数量级。

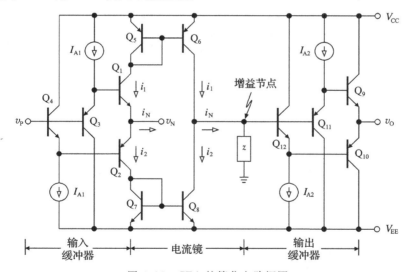

图 4.33　CFA 的简化电路框图

如图 4.34 的简化电路所示，CFA 由三级组成的：（1）一个单位增益输入缓冲器；（2）一对镜像电流源；（3）一个输出缓冲器。输入缓冲器主要由推挽对 Q_1 和 Q_2 组成，它是 CFA 的反相输入端，同时为输出节点 v_N 提供很低的阻抗。当接入一个外部网络时，虽然会看到 i_N 在稳态时接近零，但是推挽对能轻松地提供或吸收大电流 i_N。射极跟随器 Q_3 和 Q_4 用来驱动 Q_1 和 Q_2，其目的是能够使同相输入端 v_P 的阻抗增加，同时有利于降低偏置电流大小。这些射极跟随器也能提供适当的 pn 结压降，使 Q_1 和 Q_2 偏置在正向有源区，从而减小交越失真。通过设计，输入缓冲器能够使 v_N 跟踪 v_P。这与普通 VFA 很像，不同之处在于普通 VFA 是通过负反馈实现 v_N 跟踪 v_P 的。

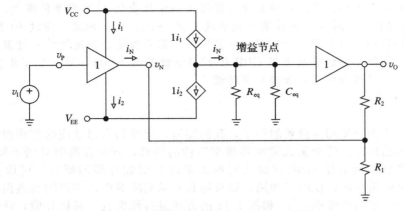

图 4.34　连接成同相放大器的 CFA 框图

外部网络从 v_N 节点吸收的任何电流都会在推挽对电流之间产生失衡，即

$$i_1 - i_2 = i_N \tag{4.53}$$

镜像电流源 Q_5-Q_6 和 Q_7-Q_8 对 i_1 和 i_2 进行复制，并在公共节点(称为增益节点)相加。这个节点的电压又通过一个由 Q_9 和 Q_{10} 组成的大单位增益缓冲器缓冲到外部电路。忽略这个缓冲器的输入偏置电流，由欧姆定律可得：

$$V_o = z(\mathrm{j}f)I_n \tag{4.54}$$

式中：$z(\mathrm{j}f)$ 是增益节点对地的净等效阻抗，称为开环跨阻抗增益。这个电路的传递特性与 VFA 的很像，不同之处在于这里的误差信号 i_N 是电流而不是电压，而且增益 $z(\mathrm{j}f)$ 是以 V/A 计而不是以 V/V 计的。由于这些原因，CFA 也称为跨阻抗放大器。

图 4.34 所示的总结了 CFA 的相关特征，这里将 z 被分解成了跨阻分量 R_{eq} 和跨容分量 C_{eq}。令 $z(\mathrm{j}f) = R_{eq} // [1/(\mathrm{j}2\pi f C_{eq})]$ 并展开，可得：

$$z(\mathrm{j}f) = \frac{z_0}{1 + \mathrm{j}f/f_b} \tag{4.55}$$

$$f_b = \frac{1}{2\pi R_{eq} C_{eq}} \tag{4.56}$$

式中：$z_0 = R_{eq}$ 是 $z(\mathrm{j}f)$ 的直流值。从直流到 f_b，增益 $z(\mathrm{j}f)$ 近似为一个常数；大于 f_b 后，以 -1(10 倍频/10 倍频)的速度随着频率增加而滚降。一般来说，R_{eq} 是 10^6 数量级(这使 z_0 的数量级是 $1V/\mu A$)，C_{eq} 的数量级为 10nF，故 f_b 在 10^5 Hz 数量级。

例 4.14　CLC401 CFA 的 $z_0 \approx 0.71V/\mu A$ 和 $f_b \approx 350kHz$。(1)求 C_{eq}。(2)当 $v_O = 5V$(直流)时求 i_N。

解：
(1) $R_{eq} \approx 710k\Omega$，$C_{eq} = 1/(2\pi R_{eq} f_b) \approx 0.64pF$。
(2) $i_N = v_O/R_{eq} \approx 7.04\mu A$. ◀

闭环增益

图 4.35a 展示了一个简化的带有负反馈网络的 CFA 模型。当外部信号 V_i 使 CFA 输入端失衡时，输入缓冲器就会开始产生(或吸收)失衡电流 I_n。根据式(4.54)，这股电流会使 V_o 向正极性(或负极性)方向摆动，直至反馈环路抵消原来的失衡为止，由此确定 I_n 是一个误差信号。

利用叠加原理，可得：

$$I_n = \frac{V_i}{R_1 // R_2} - \frac{V_o}{R_2} \tag{4.57}$$

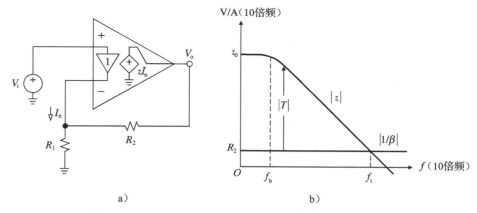

图 4.35　同相 CFA 放大器和环路增益 $|T|$ 的可视化图形

显然，反馈信号 V_o/R_2 是一股电流，反馈因子 $\beta = 1/R_2$ 是以 A/V 计的。代入式(4.54)并整理可得闭环增益为：

$$A(\mathrm{j}f) = \frac{V_o}{V_i} = \left(1 + \frac{R_2}{R_1}\right)\frac{1}{1 + 1/T(\mathrm{j}f)} \tag{4.58}$$

$$T(\mathrm{j}f) = \frac{z(\mathrm{j}f)}{R_2} \tag{4.59}$$

式中：$T(\mathrm{j}f)$ 为环路增益。这是因为环绕流经的电流首先乘以 $z(\mathrm{j}f)$ 转换成电压，然后除以 R_2 后重新转换成电流，经历的总增益是 $T(\mathrm{j}f) = z(\mathrm{j}f)/R_2$。在图 4.35b 所示 $|z|$ 和 $|1/\beta|$ 的 10 倍频坐标图中，可由两曲线间的 10 倍频差值求出 $|T|$ 的值。例如，在某个频率处有 $|z| = 10^5$ V/A 和 $|1/\beta| = 10^3$ V/A，可得 $|T| = 10^{5-3} = 10^2$。

制造商努力使 $z(\mathrm{j}f)$ 相对 R_2 最大，这样可以使 $T(\mathrm{j}f)$ 最大并减小增益误差。因此，尽管反相输入端是缓冲器的低阻抗输出节点，但反相输入电流 $I_n = V_o/z$ 还是非常小。当 $z \to \infty$ 时有 $I_n \to 0$，表明 CFA 会理想地提供输出所需的任何条件以迫使 I_n 为零。因此，输入电压约束条件为：

$$V_N \to V_P \tag{4.60a}$$

输入电流约束条件为：

$$I_P \to 0, \quad I_N \to 0 \tag{4.60b}$$

这些条件对于 CFA 仍然成立，不过其原因与在 VFA 的不同。在 CFA 中是通过设计而在 VFA 中是通过负反馈作用使式(4.60a)成立的；在 CFA 中是经由负反馈作用而在 VFA 中是经由设计使得式(4.60b)成立的。可以用这些约束条件来分析 CFA 电路，这与常规 VFA 的分析非常像[11]。

动态 CFA 特性

为了研究图 6.34 所示 CFA 的动态特性，将式(4.55)代入式(4.59)后再后代入式(4.58)中。当 $z_0/R_2 \gg 1$ 时，有：

$$A(\mathrm{j}f) = A_0 \times \frac{1}{1 + \mathrm{j}f/f_t} \tag{4.61}$$

$$A_0 = 1 + \frac{R_2}{R_1}, \quad f_t = \frac{1}{2\pi R_2 C_{eq}} \tag{4.62}$$

式中：A_0 和 f_t 分别为闭环直流增益和带宽。如果 R_2 在千欧数量级且 C_{eq} 在皮法数量级，则 f_t 一般在 10^8 Hz 数量级。通过观察可以发现，对于给定的 CFA，闭环带宽仅仅依赖于 R_2。因此我们可以用 R_2 设定 f_t，然后通过 R_1 设定 A_0。CFA 优于常规运算放大器的第一个主要优点是，可以在独立于带宽下控制增益。图 4.36a 所示的说明了带宽不变性。

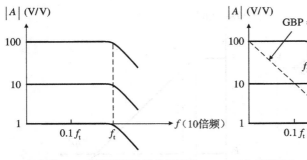
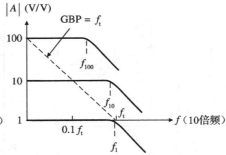

a）理想CFA，闭环带宽为增益的函数　　b）实际CFA，闭环带宽为增益的泛函数

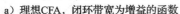

图　4.36

接下来研究瞬态响应。给图 4.35a 所示电路加一阶跃信号 $v_I = V_{im}u(t)$，由式（4.57）可得电流 $i_N = V_{im}/(R_1 /\!/ R_2 - v_O/R_2)$。参照图 4.34 所示电路，也可写成 $i_N = v_O/R_{eq} + C_{eq} \mathrm{d}v_O/\mathrm{d}t$。消去 i_N，当 $R_2 \ll R_{eq}$ 时有：

$$R_2 C_{eq} \frac{\mathrm{d}v_O}{\mathrm{d}_t} + v_O = A_0 V_{im}$$

解得：

$$v_O = A_0 V_{im}[1 - \exp(t/\tau)]u(t)$$
$$\tau = R_2 C_{eq} \tag{4.63}$$

这个响应是一个与输入阶跃幅度无关的指数瞬态响应，其中时间常数受 R_2 的控制，而与 A_0 无关。例如，CLC401 运算放大器，在 R_2 1.5kΩ 时有 $\tau = (1.5 \times 10^3 \times 0.64 \times 10^{-12})\mathrm{s} \approx$ 1ns。上升时间为 $t_R = 2.2\tau \approx 2.2\mathrm{ns}$，建立时间（终值 0% 以内）为 $t_S \approx 7\tau \approx 7\mathrm{ns}$。这和产品手册上的 $t_R = 2.5\mathrm{ns}$ 和 $t_S = 10\mathrm{ns}$ 基本相符。

既然 R_2 控制闭环动态特性，产品手册上通常会推荐一个最优值，一般为 $10^3 \Omega$ 数量级。用做电压跟随器工作时，要移去 R_1，但必须保留 R_2 来设置器件的动态特性。

高阶影响

基于上述的分析，一旦 R_2 被设定，动态特性就不会受闭环增益的影响。然而，实际上，CFA 的带宽和上升时间会随着 A_0 变化而有微小变化（虽然不像 VFA 中的变化明显）。主要原因在于输入缓冲器的非零输出电阻 r_n 使环路增益略微降低，对闭环动态特性造成响应的恶化。采用图 4.37a 所示电路中更加真实的 CFA 模型，应用叠加原理可得 $I_n = V_i/[r_n + (R_1 /\!/ R_2)] - \beta V_o$。这里反馈因子 β 可由电流分流公式和欧姆定律求得：

$$\beta = \frac{R_1}{R_1 + r_n} \times \frac{1}{R_2 + (r_n /\!/ R_1)} = \frac{1}{R_2 + r_n(1 + R_2/R_1)} \tag{4.64}$$

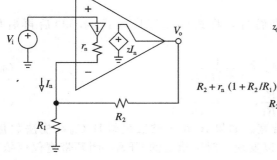
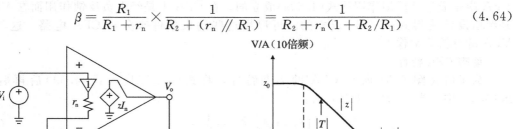

a）　　　　　　　b）

图 4.37　输入缓冲器输出阻抗 r_n 的影响

显然，r_n 的作用是，将 $|1/\beta|$ 曲线由 R_2 上移至 $R_2+r_n(1+R_2/R_1)$。如图 4.37b 所示，这会使交叉频率（这里记为 f_B）降低，在式(4.62)中令 $f_t \to f_B$，$R_2 \to R_2+r_n(1+R_2/R_1)$ 可求出这个频率。结果可用下面形式来表示：

$$f_B = \frac{f_t}{1+r_n/(R_1 \ /\!/ \ R_2)} \tag{4.65}$$

式中：f_t 是当 $r_n \to 0$ 时 f_B 的外推值。

例 4.15　某 CFA 在 $1/\beta=1.5$ 时，有 $f_t=100$。如果 $R_2=1.5\text{k}\Omega$、$r_n=50\Omega$，分别求 $A_0=1\text{V/V}$，10V/V 和 100V/V 时的 R_1，f_B 和 t_R，并对结果进行讨论。

解：

对上面的电路，由式(4.62)和式(4.65)，可得：
$$R_1 = R_2/(A_0-1)$$
$$f_B = 10^8/(1+A_0/30)$$

另外，$t_R \approx 2.2/(2\pi f_B)$。当 $A_0=1\text{V/V}$，10V/V 和 100V/V 时，分别可得 $R_1=\infty$，166.7Ω 和 15.15Ω；$f_B=96.8\text{MHz}$，75.0MHz 和 23.1MHz；$t_R=(2.2/(2\pi \times 96.8 \times 10^6))\text{s}=3.6\text{ns}$，$4.7\text{ns}$ 和 15.2ns。它的带宽降低仍然优于 VFA 的带宽降低（带宽分别被降低到原值 $\frac{1}{2}$，$\frac{1}{10}$ 和 $\frac{1}{100}$ 倍），如图 4.36b 所示。◀

预失真 R_1 和 R_2 值可以补偿带宽的降低。首先在已知的 A_0 处，用已知的 f_B 求 R_2。然后用已知的 A_0 求 R_1。

例 4.16　(1)重新设计例 4.15 的放大器，使其在 $A_0=10\text{V/V}$ 时，f_B 为 100MHz（而不是 75MHz）。(2)假设 $z_0=0.75\text{V/}\mu\text{A}$，求直流增益误差。

解：

(1) 对于 $f_B=100\text{MHz}$，需要 $R_2+r_n(1+R_2/R_1)=1.5\text{k}\Omega$，或是 $R_2=(1500-50 \times 10)\Omega=1\text{k}\Omega$。然后，$R_1=R_2/(A_0-1)=(10^3/(10-1))\Omega=111\Omega$。

(2) $T_0=\beta z_0=(1/1500) \times 0.75 \times 10^6=500$ 时，直流增益误差为 $\varepsilon \approx -100/T_0=-0.2\%$。◀

显然 r_n 会恶化 CFA 的动态响应。近来，在很多 CFA 的结构中，会在输入缓冲器上加负反馈以显著减小有效输出阻抗。例如 OPA84（可以网上查找产品手册）的 CFA，其有效的反相输入电阻为 2.5Ω，这使得设置增益的器件有更大的选择范围（不受带宽影响）。

CFA 的应用

以上研究都重点集中在同相放大器上，其实也可以用 CFA 组成其他熟知的电路拓扑[11]。例如，在图 4.35a 所示电路中如果把 R_1 提离地，将 V_i 经由 R_1 加上，同时同相输入端接地，可得熟悉的反相放大器。它的直流增益为 $A_0=-R_2/R_1$，带宽可由式(4.65)得到。同样，还可以用 CFA 组成求和或差分放大器，I-V 转换器等等。CFA 工作和 VFA 是非常类似的，其不同之处在于，CFA 具有比 VFA 更快的动态特性，但它有一个致命的缺陷（将在第 6 章介绍）：在它的输出和反相输入端的引脚之间决不能接有电容，因为这样容易造成电路振荡。事实上，放大器稳定工作要求 $1/\beta \geqslant (1/\beta)_{\min}$（这里 $(1/\beta)_{\min}$ 由产品手册给出）。

与 VFA 相比，CFA 的输入失调电压和输入偏置电流特性通常会更差。另外，它们只能提供较低的直流环路增益（通常在 10^3 数量级或更小）。而且，由于它们的带宽更宽，所以会引入更多的噪声。CFA 适合应用在中等精度的高速场合。

PSpice 模型

CFA 制造商为了方便产品的应用会提供产品的宏模型。另外，用户也可以设计简化的模型，对诸如噪声和稳定性等特性进行快速测试。图 4.38 示出了这样一个模型。

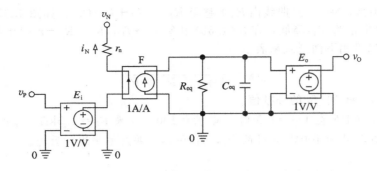

图 4.38 用 VCVS(E_i和 E_o)和 CCCS(F)搭建的 CFA 简化 PSpice 模型

例 4.17 借助 PSpice 对例 4.15 的运算放大器进行仿真,测试其(1)频率响应和(2)瞬态响应。在频率响应中表现 $z(jf)$,$1/\beta$ 和 $A(jf)$ 的幅值曲线,并测量直流增益误差。在瞬态响应中表现输入 $v_i(t)$ 为 1V 阶跃信号时 $v_O(t)$ 和 $i_N(t)$。对这些结果进行评价。

解:

(1)利用图 4.39 所示电路可以得到图 4.40a 所示电路。用光标测试可知直流增益为 $A_0 = 9.981$V/V,说明直流误差为 $100(9.981-10)/10 = -0.19\%$。结果与例 4.5(2)相符。

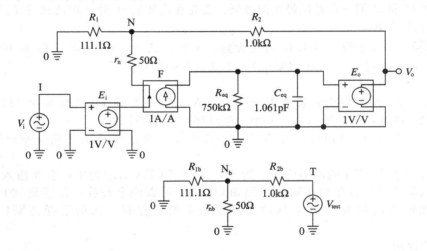

图 4.39 例 4.15 的 CFA 电路在 PSpice 中关于频率响应和瞬态响应的仿真结果。$|z|$ 的曲线为 V(O)/(−I(rn)),$|1/\beta|$ 的曲线为 V(T)/I(rnb),$|A|$ 的曲线为 DB(V(O)/V(I))

(2)接下来,我们将图 4.39 所示的交流源 V_i 换成 1V 的阶跃信号,并进行瞬态响应仿真,结果示于图 4.40b 中。由图 4.40a 所示曲线中交越频率为 100MHz,可知瞬态响应时间常数为 $\tau = (1/(2\pi 10^8))$s$= 1.59$ns。注意到通过电阻 r_n 的电流尖脉冲,开始时很高,为 $i_N(0) = v_i(0)/(r_n + R_1 // R_2) = (1/(50+111.1 // 1000))A= 6.7$mA;等到瞬态响应结束,该电流值下降了很多,变为 $i_N(\infty) = v_O(\infty)/R_{eq} \approx 10$V/(750kΩ)$= 13.3\mu$A。 ◀

高速电压反馈放大器

高速互补双极制造工艺的应用和对高速产品需求的出现,促进了更快的电压反馈放大器(VFA)[12]和电流反馈放大器(CFA)(前面刚刚提到的)的发展。虽然,标准 VFA 和高速 VFA 之间的界定不断变化,但是在写作本书时,GBP>50MHz 且 SR>100V/μs 的 VFA 就算是高速 VFA[13]。图 4.41 和图 4.42 所示的为两种目前最常用的高速 VFA 电路结构。

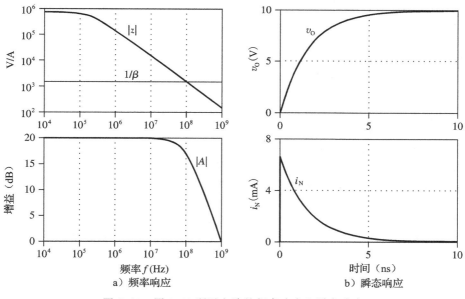

a）频率响应 b）瞬态响应

图 4.40 图 4.39 所示电路的频率响应和瞬态响应

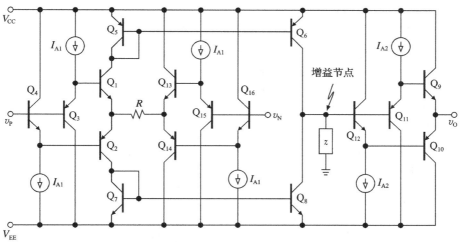

图 4.41 由 CFA 导出的 VFA 简化电路图

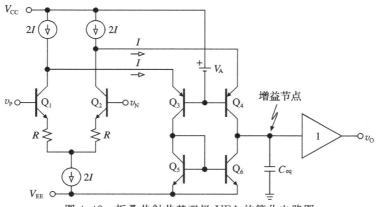

图 4.42 折叠共射共基双极 VFA 的简化电路图

图 4.41 所示的 VFA 与图 4.33 所示的 CFA 很像, 不同之处在于, 增加了一个单位增益缓冲器(Q_{13}到 Q_{16})用于增大 v_N 的输入阻抗, 另外还用两个输入缓冲器驱动动态控制电阻 R。对增益节点电容 C_{eq} 进行充电/放电的电流与 $(v_P - v_N)/R$, 即与输入电压差的幅度成正比, 因此, 这个 VFA 仍具有 CFA 的转换特性。然而, 这个电路在其他方面都表现出 VFA 特征, 即, 在节点 v_P 和 v_N 有高输入阻抗, 随着闭环增益的增加而降低闭环带宽, 以及具有比 CFA 更好的直流特性(两匹配输入缓冲器的直流误差能够互相抵消)。这种结构可用于包括反相积分器在内的所有传统的 VFA 电路。例如, LT1363(70MHz, 1000V/μs)运算放大器采用的就是这种结构。

高速和低压供电的趋势驱动了折叠共射共基电路结构的产生, 这种结构可以广泛应用于互补双极工艺和 CMOS 工艺中。在图 4.42 所示的双极型例子中[14], v_P 和 v_N 之间的任何失衡都会导致共射极 npn 对 Q_1 和 Q_2 的集电极电流失衡。这个电流失衡接下来又被馈送到共基 pnp 对 Q_3 和 Q_4 的发射极(因此称为折叠共射共基)。镜像电流源 Q_5 和 Q_6 是后一对有源负载, 为增益节点提供高电压增益, 在这里信号通过一个合适的单位增益级缓冲到外面。采用这种结构的产品有 EL2044C 型低功耗/低电压 120MHz 单位增益带宽运算放大器和能提供 300MHz 单位增益带宽, SR = 400V/μs 和 t_s = 30ns(0.1%)的 TH S4401 型高速 VFA。

习题

4.1节

4.1 对图 4.1b 所示的 741 运算放大器进行仿真后用光标测量得 a_0 = 185 200V/V, f_b = 5.62Hz, f_t = 870.1kHz 且 ph a(jf_t) = $-116.7°$。(a)假设高阶根可以用一个单极点 f_p($f_p > f_t$)表示, 估计 f_p 符合 ph a(j870.1kHz) = $-116.7°$。(b)计算出相应的 f 和 a(jf_t)并评价。

4.2 已知某恒定 GBP 的运算放大器在 f = 10Hz 的幅值为 80dB, 在 f = 320Hz 处相位角为 $-58°$, 计算 a_0, f_b 和 f_t。

4.3 由于制造工艺存在偏差, 某 741 运算放大器的第二级增益为 $-a_2$ = -544V/V ± 20%, (a)这回对 a_0, f_b 和 f_t 产生怎样的影响? (b)当 C_c = 30pF ± 10% 时重复上诉计算。

4.4 已知某恒定 GBP 运算放大器有 $|a(j100\text{Hz})|$ = 1V/mV 和 $|a(j1\text{MHz})|$ = 10V/V, (a)∡a = $-60°$ 时的频率。(b)$|a|$ = 2V/V 时的频率。(提示:从线性化幅值曲线入手)

4.2 节

4.5 由例 4.2 可知 $A(jf) = H_{0LP} \times H_{LP}$。求 H_{0LP}, f_0 和 Q 的值。

4.6 (a)将 n 个完全相同的同相放大器级联在一起, 组成一个复合放大器, 且每个放大器的直流增益是 A_0。证明复合放大器的总带宽为 $f_B = (f_1/A_0)\sqrt{2^{1/n} - 1}$。(b)如果将 n 个直流增益为 $-A_0$ 的反相放大器级联在一起, 求复合放大器总带宽的表达式。

4.7 (a)重做例 4.2, 但是, 设计时采用三个直流增益为 10V/V 的 741 同相运算放大器进行级联。(b)比较单运算放大器设计, 双运算放大器设计和三运算放大器设计的 -3dB 带宽并讨论。

4.8 (a)考虑 A_0 = 2V/V 的同相放大器和 A_0 = -2V/V 的反相放大器的级联。如果两个放大器的 GBP = 5MHz, 求复合放大器的 -3dB 带宽。(b)求 1% 幅值误差带宽和 5° 相位误差带宽。

4.9 (a)在图 P1.64 所示电路中, 如果 $R_1 = R_2 = \cdots = R_6 = R$, $r_d \gg R$, $r_o \ll R$ 和 f_t = 4MHz, 求反相放大器的闭环 GBP。(b)如果将源 v_1 加在了同相输入端并将 R_1 的左端接地, 求闭环 GBP。(c)参照(b)问, 只是将 R_1 的左端改为悬空, 试讨论。

4.10 (a)利用一个 10MHz 带宽的运算放大器, 设计一个两输入求和放大器, 使得 $v_0 = -10(v_1 + v_2)$。求它的 -3dB 带宽。(b)重做上一题, 设计一个五输入求和放大器, 即 $v_O = -10(v_1 + \cdots + v_5)$。与(a)问中的放大器进行比较并讨论。

4.11 已知采用的是 741 运算放大器, 求以下电路的 -3d 带宽。(a)图 P1.17 所示电路。(b)图 P1.19 所示电路。(c)图 P1.22 所示电路。(d)图 P1.72 所示电路。

4.12 在图 2.21 中, 已知所有运算放大器的 GBP = 8MHz。求三级运算放大器 IA 的 -3dB 带宽。计算电位器旋臂全部下移的情况和全部上移的情况。

4.13 在图 2.23 所示的双运算放大器 IA 中, 令 $R_3 = R_1$ = 1kΩ, $R_4 = R_2$ = 9kΩ 和 $f_{t1} = f_{t2}$ =

1MHz。求 IA 分别处理 V_2 和 V_1 时的 $-3dB$ 带宽。

4.14 在 f_t 有限、运算放大器理想以及电阻比完全匹配的条件下，画出并标记习题 4.13 中 IA 的 $\{CMRR\}_{dB}$ 的频率图。

4.15 设计一个 $A = 10V/V$ 的三级运算放大器仪器仪表放大器，采用三个同一系列的恒定 GBP，JFET 输入的运算放大器。令 $A = A_I \times A_{II}$，如果要使最坏情况输出直流误差 E_o 最小，如何选择 A_I 和 A_{II} 使总的 $-3dB$ 带宽最大呢？

4.16 采用图 P1.33 所示的拓扑，对三个信号 v_1、v_2、v_3 求和。有两种方案可供选择：$v_O = v_1 + v_2 + v_3$ 和 $v_O = -(v_1 + v_2 + v_3)$。从未修调的直流输出误差 E_o 最小的角度触发，哪一种选择最好？使 $-3dB$ 带宽最大呢？

4.17 需要设计一个单位精益缓冲器，有下列方案可供选择。(a) 电压跟随器；(b) $A_0 = 2V/V$ 的同相放大器，后接一个 2：1 的分压器；(c) 两个单位增益反相放大器的级联。这几个电路都有一些优缺点，假设采用的是恒定 GBP 运算放大器，比较这三种方案的优缺点。

4.18 在图 1.42a 所示电路中，已知 $R_1 = 10k\Omega$，$R_2 = 20k\Omega$，$R_3 = 120k\Omega$，$R_4 = 30k\Omega$ 和 $f_t = 27MHz$。除了 f_t 是有限的以外，运算放大器是理想的。求反相放大器的闭环 GBP。

4.19 在图 2.2 所示电路中，如果 $R = 200k\Omega$，$R_1 = R_2 = 100k\Omega$，输入端有一个 $200k\Omega$ 并联电阻接地。除了恒定 GBP 以外（1.8kHz 时，开环增益等于 80dB），运算放大器是理想的。求该高灵敏度 $I\text{-}V$ 转换器的闭环增益和带宽。

4.20 图 P1.21 所示电路是用三个 $10k\Omega$ 电阻和一个 $a_0 = 50V/mV$，$I_B = 50nA$，$I_{os} = 10nA$，$V_{os} = 0.75mV$，$\{CMRR\}_{dB} = 100dB$ 和 $f_t = 1MHz$ 的运算放大器实现的。设 $V_I = 5V$，在开关断开和闭合两种情况下，求最大直流输出误差和小信号带宽。

4.3 节

4.21 如果用一个 $a_0 = 10^5 V/V$，$f_b = 10Hz$，$r_d \gg R$，$r_o \ll R$ 的运算放大器和 $R = 10k\Omega$ 的电阻实现图 2.4a 所示的浮动负载 $V\text{-}I$ 转换器，画出并标记从负载端看进去的阻抗 $Z_o(j f)$ 的幅值波特图，并由此求出等效电路的元件值。

4.22 在图 2.7 所示电路中，如果运算放大器的 $a_0 = 10^5 V/V$，$f_t = 1MHz$，$r_d = \infty$，$r_o = 0$，$R_1 = R_2 = 18k\Omega$ 和 $R_3 = 2k\Omega$，求从 $V\text{-}I$ 转换器的负载端看进去的阻抗 $Z_o(j f)$。

4.23 如果图 2.6a 所示的 Howland 电流泵是由四个 $10k\Omega$ 电阻和一个 $a_0 = 10^5 V/V$，$f_t = 1MHz$，$r_d = \infty$，$r_o = 0$ 的运算放大器实现的。画出并标记出从负载端看进去的阻抗 Z_o 的幅值图，并从物理的角度阐明结果。

4.24 图 1.21b 所示负电阻转换器是由三个 $10k\Omega$ 电阻和一个 GBP = 1MHz 的运算放大器实现的。求它的输入阻抗 Z_{eq}。如果 f 从 0 变化到 ∞，输入阻抗是如何变化的？

4.25 图 2.12b 所示负载接地电流放大器是由 $R_1 = R_2 = 10k\Omega$ 和一个 $f_t = 10MHz$，$r_d = \infty$，$r_o = 0$ 的运算放大器实现的。如果用一个与 $30k\Omega$ 电阻并联的电源来驱动放大器，且放大器驱动的是 $2k\Omega$ 负载。画出并标记增益、由电源端看进去的阻抗和自负载端看进去的阻抗的幅值图。

4.26 某恒定 GBP 的 JFET 输入运算放大器的 $a_0 = 10^5 V/V$，$f_t = 4MHz$ 和 $r_o = 100\Omega$。将它接成一个反相放大器，其中 $R_1 = 10k\Omega$，$R_2 = 20k\Omega$。求电路与 $0.1\mu F$ 负载电容发生谐振的频率和电路的 Q 值。

4.27 在图 1.42a 所示的电路中，令 $R_1 = R_2 = R_3 = 30k\Omega$，$R_4 = \infty$，且运算放大器有 $a_0 = 300V/mV$，$f_b = 10Hz$。设 $r_d = \infty$，$r_o = 0$，画出并标记 R_2 和 R_3 的连接点到地的阻抗 $Z(j f)$ 的幅值图（采用对数-对数坐标）。

4.28 在图 1.134b 所示的电路中，将 $10k\Omega$ 和 $30k\Omega$ 电阻统一换成 $1k\Omega$ 电阻，将 $20k\Omega$ 电阻换成 $18k\Omega$ 电阻。设 $r_d = \infty$，$r_o = 0$ 和 $f_t = 1MHz$，画出并标记出从输入源端着进去的阻抗 $Z(j f)$ 的幅值图（采用对数-对数坐标）。

4.29 图 4.3b 所示的运算放大器由一个单位增益反相放大器和两个相同的 $10k\Omega$ 电阻构成，(a) 画出输出阻抗 $Z_o(j f)$ 的幅值图，并找到渐近线和转折点。求等效电路。(b) 对输入阻抗 $Z_i(j f)$ 重复 (a) 问计算。

4.4 节

4.30 分析例 2.2 中高灵敏度 $I\text{-}V$ 转换器对 10nA 阶跃输入的响应（运算放大器除了 $f_t = 1MHz$ 和 SR = $5V/\mu s$ 外是理想的）。

4.31 分析 Howland 电流泵对 1V 阶跃输入的响应（电路采用四个 $10k\Omega$ 电阻和一个 1MHz 带宽运算放大器实现，用于驱动 $2k\Omega$ 负载）。

4.32 (a) 用由 $\pm 15V$ 稳压电源供电的 741C 类运算放大器设计一个电路，使该电路输出满足 $v_O = -(v_I + 5V)$，且小信号带宽尽量大。(b) 求它的带宽和 FPB。

4.33 用一个峰值为 $\pm V_{im}$ 频率为 f 的方波驱动

$A_0 = -2V/V$ 的反相放大器。若 $V_{im} = 2.5V$，观察到发现当 f 升至 250kHz 时，输出波形由梯形变成三角形；当 $f = 100kHz$ 时，发现当 V_{im} 降至 0.4V 时，转换速率限制没有了。如果输入一个 3.5V (RMS) 的交流信号，那么电路的有效带宽是多少？这个电路是受小信号限制还是大信号限制？

4.34 求例 4.2 中级联放大器对 1mV 阶跃输入的响应。

4.35 一级联放大器由运算放大器 OA$_1$ 和接在它后面的运算放大楼 OA$_2$ 组成。OA$_1$ 是一个 $A_0 = +20V/V$ 的同相放大器，OA$_2$ 是一个 $A_0 = -10V/V$ 的反相放大器。画出电路图；如果要得到 100kHz 总带宽的 5V(RMS) 全功率输出信号，求 f_{t1}、SR$_1$、f_{t2} 和 SR$_2$ 的最小值。

4.36 在图 2.23 所示的双运算放大器 IA 中，令 $R_3 = R_1 = 1k\Omega$，$R_4 = R_2 = 9k\Omega$，$f_{t1} = f_{t2} = 1MHz$。如果(a) $V_1 = 0$，阶跃信号加至 V_2 处，(b) $V_2 = 0$，阶跃信号加至 V_1 处，(c) 阶跃信号加至 V_1 和 V_2 连接处，求小信号阶跃响应.

4.37 采用 LF353 双 JFET 输入运算放大器(标称值为 $V_{os(max)} = 10mV$，GBP$= 4MHz$，SR$= 13V/\mu s$)，(a) 设计一个级联放大器，使它的总增益为 100V/V，并具有总失调调零功能。(b) 求小信号带宽和 FPB。(c) 如果电路的输入为 50mV(RMS) 的交流信号，求它的有效工作频率范围。这个电路是受小信号限制还是大信号限制？

4.38 将一个 JFET 输入运算放大器连接成一个反相放大器，该放大器的 $A_0 = -10V/V$，用 1V(峰峰值) 的交流信号驱动。假设 $a_0 = 200V/mV$，$f_t = 3MHz$ 和 SR$= 13V/\mu s$，估计反相输入电压 v_N 在 $f = 1Hz$，10Hz，…，10MHz 时的峰峰值幅度并讨论。

4.39 在图 2.2 所示的高灵敏度 I-V 转换器中，令 $R = 100k\Omega$，$R_1 = 10k\Omega$，$R_2 = 30k\Omega$，运算放大器的 $f_t = 4MHz$，SR$= 15V/\mu s$。除了这些限制以外，把运算放大器看成理想的。如果 $i_1 = 20\sin(2\pi ft)\mu A$。求这个电路的有效带宽。这个电路是受小信号限制还是大信号限制？

4.40 一电压跟随器中采用的是 SR$= 0.5V/\mu s$，$f_t = 1MHz$ 的运算放大器。式(4.30)表明如果想在这样一个电压跟随器中不受转换速率的限制，必须将输入阶跃幅度限制在约 80mV 以下。如果将同一个运算放大器组成：(a) 增益为 $-1V/V$ 的反相放大器，(b) 增益为 $+2V/V$ 的同相放大器，(c) 增益

为 $-2V/V$ 的反相放大器，求允许的最大输入阶跃信号。

4.41 设图 P1.64 所示电路中的电阻相等，对于峰值为 1V 的正弦输入，要求 1MHz 有效带宽时的最小 SR 和 f_t。

4.5 节

4.42 (a) 运用式(4.13)计算图 4.20a 所示积分器传递函数 $H(s)$ 的零点对在 s 域中的位置。提示：频域与 s 域中对应点关系有 $a(s) \approx \omega_t/s$ 和 $T(s) = a(s)\beta_\infty \approx a(s)$。(b) 找到一个传输函数 $H_m(jf)$，使它的响应能尽可能接近图 4.20a 所示积分器的频率响应 $H(jf)$。可以从以下两点着手：最初的极点估计为 100Hz 和 1MHz，零点估计为 10MHz，尝试这些值，直到 PSpice 画出的仿真曲线 $|H_m(jf)|$ 与 $|H(jf)|$ 相符为止(你可以将两条曲线放在一起，比较他们的符合程度)。

4.43 预测图 4.20a 所示积分器在 10mV 阶跃输入下的瞬态响应，并对比在 $a \to \infty$ 限制下的积分器瞬态响应。

4.44 将图 4.20a 所示的运算放大器用一个性能更好的取代，新运算放大器有(a) $f_t = 100MHz$，(b) $a_0 = 10^4 V/V$。画出并标记 a，$1/\beta$ 和 H 的幅值图，并计算该积分器的单位增益频率。与图 4.20b 所示曲线作比较并评价。

4.45 用四个 10kΩ 电路，一个 3.183nF 电容和一个 $a_0 = 106$dB，$r_d = \infty$ 和 $r_o = 0$ 的 1MHz 带宽运算放大器构造一个 Deboo 积分器。(a) 画出并标记 $a(jf)$、$1/\beta(jf)$ 和 $H(jf)$ 的幅值图。(b) 计算单位增益频率的偏移。

4.46 用四个 10kΩ 电路，一个 1nF 电容和一个 $a_0 = 1V/mV$，$r_d = \infty$ 和 $r_o = 0$ 的 1MHz 带宽运算放大器构造一个 Deboo 积分器，预测其对 10mV 阶跃输入的瞬态响应，并对比 $a \to \infty$ 条件下的积分器响应。

4.47 (a) 设 $r_d = \infty$，$r_o = 0$，$a(jf) \approx f_t/jf$，求图 4.21a 所示带补偿的积分器的 $H(jf)$。(b) 证明 $C_c = C/(f_t/f_0 - 1)$ 时有 $H \approx H_{ideal}$。(c) 当 $f_0 = 10kHz$ 时，求各个元件的值，并用 PSpice 验证 $f_t = 1MHz$ 时的情况。

4.48 (a) 设 $r_d = \infty$，$r_o = 0$，$a(jf) \approx f_t/jf$，求图 4.21b 所示带补偿的积分器的 $H(jf)$。(b) 证明 $R_c = 1/(2\pi Cf_t)$ 时有 $H \approx H_{ideal}$。(c) 如果 $r_o = 100\Omega$，求 $f_0 = 10kHz$ 时各个元件的值，并用 PSpice 验证 $f_t = 1MHz$ 时的情况。

4.49 (a) 求图 4.22b 所示电路的 $H(jf)$，对它进行有理化并舍去高阶项，证明当 $f \ll f_t$ 时，有 $\varepsilon_\phi \approx +f/f_t$。(b) 用 PSpice 验证 $f_0 =$

10kHz，$f_t = 1$MHz 时的情况。

4.50　(a)求习题 4.45 中 Deboo 积分器相位误差表达式。(b)将电阻 R_c 与电容相串联，可以提供相位补偿，求这个电阻的大小。

4.51　将图 4.22a 所示电路概括后得到图 P4.51 所示有源补偿电路（参见 Electronics and Wireless World，May 1987），这个电路可以进行相位误差控制。证明这个电路的误差函数是 $(1 + \mathrm{j}f/(\beta_2 f_{t2}))/(1 + \mathrm{j}f/f_{t1-} f^2/(\beta_2 f_{t1} f_{t2}))$，其中，$\beta_2 = R_1/(R_1 + R_2)$。如果运算放大器匹配，且 $R_1 = R_2$ 会出现什么情况？这个电路有什么用途？

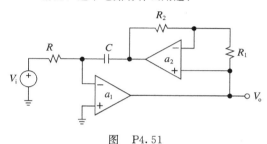

图　P4.51

4.52　习题 4.51 所示的有源补偿方法也能运用在 Deboo 积分器中，如图 P4.52 所示（参见 Proceedings of the IEEE，February 1979，pp.324-325）。证明当放大器匹配且 $f \ll f_t$ 时，有 $\varepsilon_\phi \approx -(f/0.5f_t)^3$。

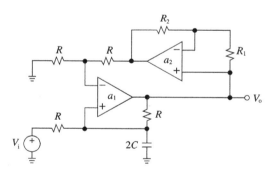

图　P4.52

4.6 节

4.53　求图 4.28a 所示低通滤波器的反馈系数 $\beta(\mathrm{j}f)$ 的表达式，并求出零、极点。

4.54　画出并标记图 4.28a 所示低通滤波器的输出阻抗 $Z_o(\mathrm{j}f)$ 的幅值图。

4.55　求图 4.29a 所示低通滤波器的反馈系数 $\beta(\mathrm{j}f)$ 的表达式，并求出零、极点。

4.56　由于运算放大器的有限 GBP，图 4.29a 所示高通滤波器实际表现为带通滤波器，$H(\mathrm{j}f) = H_{0Bp} H_{BP}(\mathrm{j}f)$。(a)设 $r_d = \infty$，$r_o = 0$，扩展式(4.50)，求出 H_{0BP} 的表达式。

(b)计算出该带通响应的 -3dB 带宽，与高通响应中的 -3dB 带宽作比较并评价。

4.57　用低增益高带宽($a_0 = 10$V/V，$f_t \rightarrow \infty$)的运算放大器实现例 4.11 中的电路，求该电路的 H_{0BP}、Q 和 f_0。

4.7 节

4.58　在本题和下一题中，均假设 CFA 的 $z_0 = 0.5$V/μA，$C_{eq} = 1.59$pF，$r_n = 25\Omega$，$I_p = 1\mu$A，$I_N = 2\mu$A，$(1/\beta)_{\min} = 1$V/mV。另外，假设输入缓冲器的失调电压是 $V_{os} = 1$mV。(a)利用这个 CFA，设计一个 $A_0 = -2$V/V 且带宽尽可能大的反相放大器。带宽是多少？直流环路增益是多少？(b)若 $A_0 = -10$V/V，带宽与(a)问的相同，重做(a)问。(c)若采用直流增益为 1V/V 的差分放大器，重做(a)问。

4.59　(a)采用习题 4.58 的 CFA 设计一个带宽最大的电压跟随器。(b)若采用单位增益反相放大器，重做(a)问，并比较它们的闭环 GBP。(c)修改这两个电路，使它们的闭环带宽缩小一半。(d)在各种不同的电路中，比较最大直流输出误差。

4.60　(a)采用习题 4.58 的 CFA，设计两种直流灵敏度为 -10V/mA 的 I-V 转换器。(b)比较它们的闭环带宽和最大输出误差。

4.61　产品手册上推荐用图 P4.61 所示电路来调整闭环动态特性。设采用习题 4.58 的 CFA 数据，估算当电位器旋臂由一端滑至另一端时的闭环带宽和上升时间。

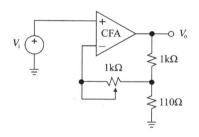

图　P4.61

4.62　采用习题 4.58 的 CFA 设计一个 $Q = 5$ 的二阶 10MHz 低通滤波器。

4.63　(a)对于图 4.41 所示电路，由 CFA 导出的 VFA，画出它的图 4.34 所示形式的方框图。然后，将每个输入缓冲器的输出电阻记为 r_o，求开环增益 $a(\mathrm{j}f)$ 和转换速率 SR 的表达式。(b)设 $Z(\mathrm{j}f)$ 可由 1MΩ 电阻和 2pF 电容相并联建模，且有 $R = 500\Omega$ 和 $r_o = 25\Omega$。如果 $R_1 = R_2 = 1$kΩ，求 a_0、f_b、f_t、β、T_0、A_0 和 f_B。(c)如果输入为 1V 阶跃信号，求 SR。

参考文献

1. J. E. Solomon, "The Monolithic Operational Amplifier: A Tutorial Study," *IEEE J. Solid-State Circuits,* Vol. SC-9, December 1974, pp. 314–332.
2. S. Franco, *Electric Circuits Fundamentals,* Oxford University Press, New York, 1995.
3. R. I. Demrow, "Settling Time of Operational Amplifiers," Application Note AN-359, *Applications Reference Manual,* Analog Devices, Norwood, MA, 1993.
4. C. T. Chuang, "Analysis of the Settling Behavior of an Operational Amplifier," *IEEE J. Solid-State Circuits,* Vol. SC-17, February 1982, pp. 74–80.
5. J. Williams, "Settling Time Measurements Demand Precise Test Circuitry," *EDN,* Nov. 15, 1984, p. 307.
6. P. R. Gray, P. J. Hurst, S. H. Lewis, and R. G. Meyer, *Analysis and Design of Analog Integrated Circuits*, 5th ed., John Wiley & Sons, New York, 2009, ISBN 978-0-470-24599-6.
7. P. O. Brackett and A. S. Sedra, "Active Compensation for High-Frequency Effects in Op Amp Circuits with Applications to Active RC Filters," *IEEE Trans. Circuits Syst.,* Vol. CAS-23, February 1976, pp. 68–72.
8. L. C. Thomas, "The Biquad: Part I—Some Practical Design Considerations," and "Part II—A Multipurpose Active Filtering System," *IEEE Trans. Circuit Theory,* Vol. CT-18, May 1971, pp. 350–361.
9. A. Budak, *Passive and Active Network Analysis and Synthesis,* Waveland Press, Prospect Heights, IL, 1991.
10. Based on the author's article "Current-Feedback Amplifiers Benefit High-Speed Designs," *EDN,* Jan. 5, 1989, pp. 161–172. © Cahners Publishing Company, a Division of Reed Elsevier Inc., Boston, 1997.
11. R. Mancini, "Converting from Voltage-Feedback to Current-Feedback Amplifiers," *Electronic Design Special Analog Issue,* June 26, 1995, pp. 37–46.
12. D. Smith, M. Koen, and A. F. Witulski, "Evolution of High-Speed Operational Amplifier Architectures," *IEEE J. Solid-State Circuits,* Vol. SC-29, October 1994, pp. 1166–1179.
13. Texas Instruments Staff, *DSP/Analog Technologies,* 1998 Seminar Series, Texas Instruments, Dallas, TX, 1998.
14. W. Kester, "High Speed Operational Amplifiers," *High Speed Design Techniques,* Analog Devices, Norwood, MA, 1996.
15. W. Jung, *Op Amp Applications Handbook* (Analog Devices Series), Elsevier/Newnes, Burlington, MA, 2005, ISBN 0-7506-7844-5.

第 5 章

噪　声

噪声通常是指任何会污损或干扰所关心信号的扰动。由输入偏置级电流和输入失调电压引起的失调误差就是我们熟知的噪声例子（这里的噪声指直流噪声）。然而，还有很多其他形式的噪声，特别是交流噪声。除非采取适当的降噪手段，否则噪声会明显降低电路的性能。根据噪声源的不同，可以将交流噪声分为外部噪声（或干扰噪声），内部噪声（或固有噪声）两类。

干扰噪声

这种类型的噪声是由电路与外界之间，甚至是电路自身的不同部分之间多余的相互作用产生的。这种相互作用可以是电的、磁的、电磁的，甚至是机电的（比如拾音器噪声和压电噪声）。电的相互作用和磁的相互作用，是通过相邻电路之间或同一电路的相邻部分之间的寄生电容和互感产生的。电磁干扰的出现是因为每根导线和引线都构成了一个潜在的天线。外部噪声也可能会在无意间，通过接地总线和供电电源总线进入电路。

干扰噪声可以是周期的、间歇的或者完全随机的。将来自于电力线路的频率和它的谐波、无线电台、机械开关电弧、电抗元件电压尖脉冲等的静电和电磁噪声降到最小，可以降低或防止干扰噪声。这些防护措施包括滤波、去耦、隔离、静电和静电屏蔽、重新定位元件和引脚、采用消声器网络、消除接地回路和采用低噪声供电电源等。虽然干扰噪声常常被误解成"不可捉摸的"，然而它还是可以用一种合理的方法对它进行解释和处理的。

固有噪声

尽管能够设法消除全部干扰噪声，但是电路仍会呈现固有噪声。这种噪声形式本质上就是随机的。它源于各种随机现象，例如，电阻中电子的热扰动，半导体中电子空穴对随机地产生和重组等。由于热扰动，电阻中每个振动的电子都会形成一个极小的电流。将这些电流进行代数累加，就形成了净电流和由此产生的电压。虽然净电压均值为零，但是由于单个电流瞬时幅度和方向都是随机分布的，所以净电压会不断波动。即使把电阻静静地放在抽屉里，这些波动仍然会发生。因此，我们可以假设电路中的每个节点电压和每个支路电流都是在它们的期望值附近不断地波动的。

信噪比

噪声的存在会降低信号的质量，最终限制了能被成功检测、测量和解释的信号大小。可以用信噪比（SNR）

$$\mathrm{SNR} = 10 \lg \frac{X_s^2}{X_n^2} \tag{5.1}$$

来表示在噪声存在的条件下，信号质量。式中，X_s 是信号的均方根（RMS）值，X_n 是噪声分量的 RMS 值。SNR 越差，就越难从噪声中恢复有用信号。尽管经过适当的信号处理过程（比如信号平均），可以将湮没在噪声中的信号恢复出来，但是要让 SNR 像其他的设计限制条件一样尽量的高。

电路设计者对噪声的关注程度最终依赖于应用对性能的要求。随着运算放大器输入失调误差性能的巨大改善，以及 A/D 转换器和 D/A 转换器分辨率的很大提高，噪声在高性能系统的误差预算分析中成为越来越重要的因素。下面举一个 12 位 A/D 转换器系统的例子，注意到当最大标定值为 10V 时，1/2 LSB（最低有效位）对应于 $(10/2^{13})\mathrm{V} = 1.22\mathrm{mV}$，它自身可能就会给转换器设计带来问题。在实际环境中，由传感器产生的信号要求得到相当大的放大，以达到 10V 的最大标定值。设典型的满刻度传感器输出为 10mV，这里 1/2 LSB 等于 1.22μV。如果放大器产生 1μV 的输入参考噪声，就会使 LSB 分辨率失效！

为了充分利用高档精密的设备和系统，设计者必须能够理解噪声的机理；对噪声进行计算，仿真和测量；根据要求使噪声最小。本章将会对这些问题进行介绍。

章节重点

本章先从介绍噪声的概念、计算、测量方法和频谱入手。然后再探讨噪声的动态特性，其中，一些实用工具会重点介绍，包括分段图解积分、粉噪声的切线原理，以及 PSpice 仿真。紧接着会讲述一些常见的噪声源，包括二极管、BJT、JFET 和 MOSFET 的噪声模型。最后，本章将会应用上述材料，探讨在电压反馈和电流反馈下放大器电路的噪声特性。在噪声不可以忽略的电路中，将会着重介绍光敏二极管放大器的噪声处理，包括图解噪声计算和噪声滤波。除此之外，本章还囊括了低噪声运算放大器。

噪声本身就是一个巨大的课题，已经有基本专门论述噪声的参考书[1,2]。本书拘于必要性的原则，我们讨论的范围将只限制在噪声的概念以及运算放大器用户关注的主要问题。

5.1 噪声特性

既然噪声是一个随机过程，就无法预估一个噪声变量的瞬时值。然而，可以在统计的基础上对噪声进行处理。这就要求引入专门的术语以及专用的计算和测量。

RMS 值和波峰因素

用下标 n 代表噪声量，将噪声电压或噪声电流 $x_n(t)$ 的均方根（RMS）值 $X_n(t)$ 定义成：

$$X_n = \left(\frac{1}{T} \int_0^T x_n^2(t) \mathrm{d}t \right)^{1/2} \tag{5.2}$$

式中：T 是合适的平均时间间隔；RMS 值的平方或 X_n^2 成为均方值。从物理意义角度考虑，X_n^2 代表 1Ω 电阻中 $x_n(t)$ 小信号的平均功率。

在电压比较器应用中，例如，A/D 转换器和精密多谐振荡器，精度和分辨率会被噪声值所影响，但是不受噪声 RMS 值的影响。在这些情况下，更多关注的是期望的噪声峰值。许多噪声具有如图 5.1 所示的高斯分布或者正态分布，因此，可以使用概率的方法来对其瞬时值进行估计。波峰因数（CF）是噪声的峰值与噪声的 RMS 值的比值。虽然原则上所有 CF 的取值都有可能，但是 $x_n(t)$ 在超过某一特定的 X 后的概率，会随着 X 的增加而迅速降低，就如分布曲线下的剩余面积所示。适当的计算后，我们可以得到，对高斯噪声来说，CF 超过 1 的概率为 32%，CF 超过 2 的概率为 4.6%，CF 超过 3 的概率为 0.27%，CF 超过 3.3 的概率为 0.1%，CF 超过 4 的概率为 0.0063%。实际中我们通常取高斯噪声的峰峰值为 RMS 值的 6.6 倍，因为瞬时值在 99.9% 的时间范围内都会在这个接近 100% 的范围内。

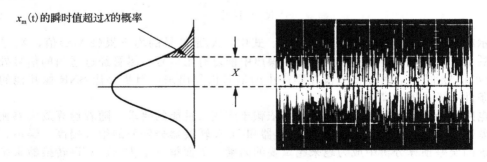

图 5.1　电压噪声（右图）和幅度的高斯分布

噪声观察和测量

电压噪声可以通过有足够灵敏度的示波器来进行观察。示波器的一个好处在于，我们可以利用它来观察到实际的信号，由此来确定噪声是内部噪声而不是由外界引起的噪声，例如，60 Hz 噪声。一种估计 RMS 值的方法，是观测到噪声的最大波动，然后将这个峰峰值除以 6.6。另一种主观因素更小的方法是，采用两个相同校准过的信道来观测噪声，调节其中一个信道的失调，直到两条噪声轨迹刚好重合为止，然后如果移除两个噪声源，并测量两条纯轨迹之差，其结果近似为 RMS 值的 2 倍。

噪声可以通过万用表来测量。交流表主要有两种，一种是真 RMS 表，一种是平均值表。真 RMS 表可以得到正确的 RMS 值，与输入的波形无关。平均值表则通过正弦波形的 RMS 值进行校准。它先将输入信号整流，并计算其平均值，然后再乘以系数 $(1/\sqrt{2})/(2/\pi) = 1.11$。其中，$2/\pi$ 来自于正弦交流信号平均值和峰值的比值，$1/\sqrt{2}$ 来自于正弦交流信号 RMS 值与峰值的比值。对高斯噪声来说，其 RMS 值是平均值的 $\sqrt{\pi/2} = 1.25$ 倍。因此通过平均值表得到的噪声数值需要乘以系数 $1.25/1.11 = 1.13$，或者，对信号增益而言需要增加 $20\lg 1.13 \approx 1\text{dB}$，以得到正确的值。

噪声加和

在噪声分析中，我们常常需要计算串联噪声电压的 RMS 值，或者并联噪声电流的 RMS 值。如果两个噪声源为 $x_{n1}(t)$ 和 $x_{n2}(t)$，那么这两个噪声源和的均方可以表示为：

$$X_n^2 = \frac{1}{T}\int_0^T [x_{n1}(t) + x_{n2}(t)]^2 \mathrm{d}t = X_{n1}^2 + X_{n2}^2 + \frac{2}{T}\int_0^T x_{n1}(t)x_{n2}(t)\mathrm{d}t$$

如果两个信号是不相关的，通常情况下它们是不相关的，那么它们乘积的平均值等于零。所以，我们可以将两个信号源的 RMS 值以勾股定理的形式进行相加，即

$$X_n = \sqrt{X_{n1}^2 + X_{n2}^2} \tag{5.3}$$

这个式子表明如果噪声源拥有不同的强度，那么为了减小噪声，我们需要把精力主要花费在减小最强的噪声源上。比如，两个噪声源，一个的 RMS 值为 $10\mu V$，另一个为 $5\mu V$。我们可以利用上面的式子计算得到两个噪声源的 RMS 值加和为 $\sqrt{10^2 + 5^2}\mu V = 11.2\mu V$。这个加和电压仅仅是主要噪声源 RMS 值的 1.12 倍。因此，我们可以得到这样的结果：把主要噪声源 RMS 值减小 13.4% 和完全消除较弱的噪声源得到的结果是一样的。

正如上文所说的，变换到输入端的直流误差也是一种噪声。因此在进行预算误差分析时，我们必须把直流噪声和 RMS 交流噪声进行平方加和。

噪声频谱

由于 X_n^2 代表了由 $x_n(t)$ 在一个 1Ω 电阻上产生的平均噪声功耗，那么 RMS 的物理意义则和普通交流信号的物理意义相同。然而，与普通交流信号不同的是，普通交流信号的功耗一般集中在一个特定的频率上，而噪声信号的功率则广泛分布在所有的频谱上。因此，当我们提及 RMS 噪声时，我们必须明确我们观察，测量或者计算得到的噪声 RMS 值所在的频率带范围。

通常情况下，噪声功率往往由频率带宽以及该频带在频谱中的位置所决定。噪声功率随着频率变化的速率，称为噪声功率密度，在电压噪声的情况下，记作 $e_n^2(f)$，在电流噪声的情况下，记作 $i_n^2(f)$。我们有：

$$e_n^2(f) = \frac{\mathrm{d}E_n^2}{\mathrm{d}f}, \quad i_n^2(f) = \frac{\mathrm{d}I_n^2}{\mathrm{d}f} \tag{5.4}$$

式中：E_n^2 和 I_n^2 分别为噪声电压的均方值和噪声电流的均方值。需要注意的是，$e_n^2(f)$ 和 $i_n^2(f)$ 的单位分别为伏特平方每赫兹(V^2/Hz)和安培平方每赫兹(A^2/Hz)。从物理意义的角度考虑，噪声功率频谱密度表示了噪声电压在 1 Hz 的带宽上的功率，并且是关于频率 f 的一个函数。当我们在频率为横轴的图上画出这个函数时，我们可以清楚地看到噪声在频

率上是如何分布的。在集成电路中，两个最常见的功率密度分布形式是白噪声和 $1/f$ 噪声。

$e_n(f)$ 和 $i_n(f)$ 的值称作噪声谱密度。它们的单位分别为伏特每平方根赫兹($V/\sqrt{Hz}$)和安培每平方根赫兹($A/\sqrt{Hz}$)。某些制造商会以噪声功率密度的形式明确器件的噪声，而另外一些则会以噪声谱密度的形式。两者之间可以通过平方或者开平方根的方法进行转换。

将式(5.4)两端同时乘以 df，并且从我们所关注的频率下限 f_L 积分到频率上限 f_H，我们可以得到功率密度形式的 RMS 值为：

$$E_n = \left(\int_{f_L}^{f_H} e_n^2(f)\,df \right)^{1/2}, \quad I_n = \left(\int_{f_L}^{f_H} i_n^2(f)\,df \right)^{1/2} \tag{5.5}$$

白噪声和 $1/f$ 噪声

白噪声的特征在于其频谱密度是均匀的，即 $e_n = e_{nw}$ 和 $i_n = i_{nw}$，其中，e_{nw} 和 i_{nw} 是一个适当的常数。这种噪声之所以称为白噪声，是因为它和白色光十分相像（白色光包含了所有可见光频率，并且每个频率的值都一样）。当白噪声通过扬声器放出时，我们可以听到类似瀑布的声音。由式(5.5)，我们可以得到：

$$E_n = e_{nw}\sqrt{f_H - f_L}, \quad I_n = i_{nw}\sqrt{f_H - f_L} \tag{5.6}$$

这表明白噪声的 RMS 值随着频率带宽的平方根增加而增加。当 $f_H \geqslant 10f_L$ 时，我们可以近似得到 $E_n \approx e_{nw}\sqrt{f_H}$ 和 $I_n \approx i_{nw}\sqrt{f_H}$，这里的误差会小于 5%。

对式(5.6)两边同时取平方，我们可以得到 $E_n^2 = e_{nw}^2(f_H - f_L)$ 和 $I_n^2 = i_{nw}^2(f_H - f_L)$。这表明白噪声的功率与带环成正比，并且与频带在频谱中的位置无关。因此，在 20Hz 和 30Hz 之间的 10Hz 噪声功率与 990Hz 和 1kHz 之间的 10Hz 噪声功率相等。

另外一个常见的噪声是 $1/f$ 噪声，我们之所以这么称呼它，是因为它的功率密度随着频率按下式的规律变化，$e_n^2(f) = K_v^2/f$ 和 $i_n^2(f) = K_i^2/f$，其中，K_v 和 K_i 是合适的常数。$1/f$ 噪声的频谱密度为 $e_n(f) = K_v/\sqrt{f}$ 和 $i_n = K_i/\sqrt{f}$。这表明当我们在对数坐标图上以频率为轴画出它们的图形时，功率密度的斜率是 -1(10 倍频/10 倍频)，频谱密度的斜率是 -0.5(10 倍频/10 倍频)。代入式(5.5)并积分可以得到：

$$E_n = K_v\sqrt{\ln(f_H/f_L)}, \quad I_n = K_i\sqrt{\ln(f_H/f_L)} \tag{5.7}$$

对式(5.7)两边进行同时取平方，我们可以得到，$E_n^2 = K_v^2\ln(f_H/f_L)$，以及 $I_n^2 = K_i^2\ln(f_H/f_L)$。这表明 $1/f$ 噪声功率和频带上、下限之比的对数成正比，而与频带在频谱中的位置无关。因此，$1/f$ 噪声在每 10 倍频上的噪声内容是相同的。如果噪声在某个特定的 10 倍频中的 RMS 是已知的话，那么该噪声在 m 个 10 倍频上的 RMS 值，可以通过乘以 $\sqrt{m}$ 来得到。例如，如果在 1Hz 和 10Hz 之间某 $1/f$ 噪声的 RMS 值为 $1\mu V$，那么在低于 1Hz 的 9 个 10 倍频范围内（频率为 32 年一周期）的 RMS 值等于 $\sqrt{9} \times 1\mu V = 3\mu V$。

集成电路噪声

集成电路中的噪声是由白噪声和 $1/f$ 噪声一起构成的，如图 5.2 所示。在高频段，噪声主要表现为白噪声形式，在低频段，则主要表现为 $1/f$ 噪声形式。频率边界，即转角频率，是图 5.2 所示 $1/f$ 渐近线和白噪声电平的交点。功率密度可以用解析的方法表示为：

$$e_n^2 = e_{nw}^2\left(\frac{f_{ce}}{f} + 1\right), \quad i_n^2 = i_{nw}^2\left(\frac{f_{ci}}{f} + 1\right) \tag{5.8}$$

式中：e_{nw} 和 i_{nw} 是白噪声电平；f_{ce} 和 f_{ci} 是转角频率。$\mu A741$ 运算放大器的数据表，如图 5A.8 所示，表明这款放大器的 $e_{nw} \approx 20nV/\sqrt{Hz}$，$f_{ce} \approx 200Hz$，$i_{nw} \approx 0.5pA/\sqrt{Hz}$，以及 $f_{ci} \approx 2kHz$。代入式(5.8)和式(5.5)并对其进行积分，我们得到：

$$E_n = e_{nw}\sqrt{f_{ce}\ln(f_H/f_L) + f_H - f_L} \tag{5.9a}$$

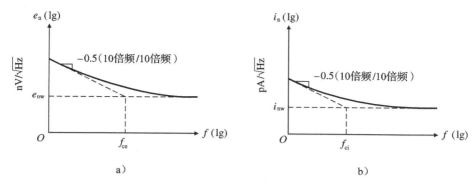

图 5.2 典型集成电路噪声密度

$$I_n = i_{nw} \sqrt{f_{ci}\ln(f_H/f_L) + f_H - f_L} \tag{5.9b}$$

例 5.1 请估计 741 运算放大器在以下频率带上的输入电压噪声的 RMS 值：(1)0.1Hz～100Hz(仪器仪表范围)；(2)20Hz～20kHz(音频范围)；(3)0.1Hz～1MHz(宽带范围)。

解：

(1) 由式(5.9a)可以得，$E_n = 20 \times 10^{-9} \times \sqrt{200\ln(10^2/0.1) + 10^2 - 0.1}\,\text{V} = 0.770\mu\text{V}$

(2) $E_n = 20 \times 10^{-9} \times \sqrt{1382 + 19\,980}\,\text{V} = 2.92\mu\text{V}$

(3) $E_n = 20 \times 10^{-9} \times \sqrt{3224 + 10^6}\,\text{V} = 20.0\mu\text{V}$ ◀

我们观察到 $1/f$ 噪声在低频为主要噪声，而白噪声则在高频为主要噪声——并且带宽越宽，噪声越大。因此，为了减小噪声，我们应该将带宽严格限制在能够符合要求的最小范围内。

5.2 噪声的动态分析

在输入端得到噪声密度以及系统的频率响应的情况下，最常见的分析方法就是计算输出端的噪声 RMS 大小。一个比较典型的例子就是电压放大器。在输出端口噪声密度为 $e_{no}(f) = |A_n(\text{j}f)|\,e_{ni}(f)$，其中，$e_{ni}(f)$ 是输入端的噪声密度，$A_n(\text{j}f)$ 是噪声增益。在频率 f_L 上输出端得到的噪声 RMS 值为：

$$E_{no}^2 = \int_{f_L}^{\infty} e_{no}^2(f)\text{d}f$$

或

$$E_{no}^2 = \left(\int_{f_L}^{\infty} |A_n(\text{j}f)|\,e_{ni}^2(f)\text{d}f\right)^{1/2} \tag{5.10a}$$

另外一个比较常见的方法则是通过跨阻放大器计算。如果输入噪声密度是 $i_n(f)$，跨导噪声增益为 $Z_n(\text{j}f)$，我们可以得到：

$$E_{no}^2 = \left(\int_{f_L}^{\infty} |Z_n(\text{j}f)|\,i_{ni}^2(f)\text{d}f\right)^{1/2} \tag{5.10b}$$

上述方法也可以扩展到其他各种放大器种类中，比如电流放大器，阻抗放大器。如果输入的噪声是白噪声，那么将 $f_L \to 0$ 简化计算。

噪声等效带宽(NEB)

当白噪声以频谱密度 e_{nw} 输入到一个简单的 RC 滤波器(见图 5.3a)中，根据式(5.10)，我们可以得到：

$$E_{no} = e_{nw}\left(\int_{f_L}^{\infty} \frac{\text{d}f}{1 + (f/f_0)^2}\right)^{1/2} = e_{nw}\sqrt{\text{NEB}} \tag{5.11a}$$

式中：f_0 是 -3dB 频率；$\text{NEB} = f_0\dfrac{\pi}{2} - f_0\arctan\dfrac{f_L}{f_0}$，是白噪声等效带宽。NEB 相当于一

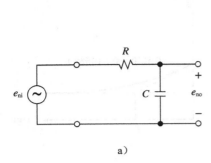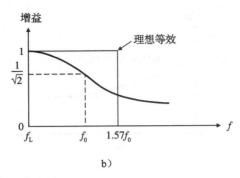

图 5.3 噪声等效带宽（NEB）

个砖墙式带通滤波器，以 $f_{lower} = f_0 \arctan(f_L/f_0)$ 为下限截止频率，$f_{higher} = f_0 \pi/2 = 1.57 f_0$ 为上限截止频率。大多数情况下会有 f_L 远小于 f_0，因此在 x 远小于 1 的情况下，我们可以近似估计得到 $f_{lower} \approx f_0 f_L / f_0 = f_L$，根据 $\arctan x \approx x$。NEB 则可以重新化简为：

$$\text{NEB} \approx 1.57 f_0 - f_L \tag{5.11b}$$

参考图 5.3b 所示曲线，我们发现系数 0.57 作为逐渐滚降的结果，计算了大于 f_0 的传输噪声。这个性质也适用于一阶低通滤波器，例如，RC 网络。由于大多数放大器的闭环响应都近似于一个以 $f_B = \beta f_t$ 为 -3dB 频率的一阶方程。这些放大器对通过其中的白噪声都在频率 $1.57 f_B$ 处做了截断。

如果白噪声增益为 $A_n(jf)$，低通截止频率 $f_L = 0$，那么我们可以得到 NEB 为：

$$\text{NEB} = \frac{1}{A_{n(max)}^2} \int_0^\infty |A_n(jf)|^2 df \tag{5.12}$$

式中：$A_{n(max)}$ 为噪声增益的峰值。NEB 表示理想功率增益相应的面积与原电路的功率增益响应的面积相同时，理想功率增益响应的频率范围。

NEB 可以通过高阶响应来计算。对于一个 n 阶平坦低通响应，我们有：

$$\text{NEB}_{MF} = \int_0^\infty \frac{df}{1 + (f/f_0)^{2n}} \tag{5.13a}$$

计算结果为当 $n = 1$ 时，$\text{NEB}_{MF} = 1.57 f_0$；当 $n = 2$ 时，$\text{NEB}_{MF} = 1.11 f_0$；当 $n = 3$ 时，$\text{NEB}_{MF} = 1.05 f_0$；当 $n = 4$ 时，$\text{NEB}_{MF} = 1.025 f_0$。由此我们可以发现，$n$ 不断增大，NEB_{MF} 不断地接近 f_0。相同地，我们可以证明标准二阶低通带通方程 H_{LP} 以及 H_{BP} 的噪声等效带宽为：

$$\text{NEB}_{LP} = Q^2, \quad \text{NEB}_{BP} = Q \pi f_0 / 2 \tag{5.13b}$$

当 NEB 不能被计算时，我们可以通过图像积分估计，或者利用计算机以数值方法积分得到。

例 5.2 利用 PSpice，求图 5.4a 所示的 741 运算放大器电路的 NEB（$f_L = 1\text{Hz}$）。

解：

根据图 5.4b 所示的增益图，我们可以得到的 $|A|$ 最大值为 51V/V。那么我们可以使用 PSpice 中的 s 函数，求得此曲线下的面积，以得到 NEB。根据式（5.12），我们将结果除以 $51^2 = 2601$。结果如图 5.4b 所示，利用 PSpice 的光标功能，我们可以测量得到 $f_H = 1052\text{Hz}$，$\text{NEB} = (1052 - 1)\text{Hz} = 1051\text{Hz}$。 ◀

$1/f$ 噪声的上限截止频率

与白噪声的计算方法相似，我们可以找到一个与 f_H 相关的表达式来表示，在 $1/f$ 噪声穿过一个以 f_0 为 -3dB 频率的一阶低通滤波器后的 E_{no}。根据功率密度函数 $e_{ni}^2(f) = K_v^2/f$，我们应用式（5.10a）可以求得频率在 f_L 以上的总输出 RMS 噪声为：

$$E_{no} = K_v \left(\int_{f_L}^\infty \frac{df}{f[1 + (f/f_0)^2]} \right)^{1/2} = K_v \sqrt{\ln \frac{f_H}{f_L}} \tag{5.14a}$$

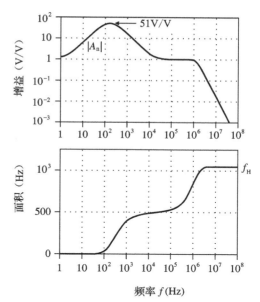

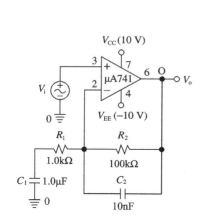

a）例题5.2的PSpice电路　　　b）电压增益|A|（上图），为得到NEB，画出函数
　　　　　　　　　　　　　　　　（SVm(O)*Vm(O)）/2601（下图）

图　5.4

式中：$f_H = f_0 \sqrt{1+(f_L/f_0)^2}$ 是砖墙式带通滤波器的上限截止频率，f_L 为下限截止频率大多数实际情况中有 $f_L \ll f_0$，因此我们可以利用下式来简化：

$$f_H \approx f_0 \tag{5.14b}$$

分段线性图解积分法

通常噪声增益和噪声密度只能用图形形式来表示。在这种情况下，E_{no} 可以通过图形积分来估计，正如下面这个例子所表示。

例5.3 噪声的频谱密度如图 5.5 所示，放大器的噪声增益特性如图 5.5 所示。计算噪声通过放大器后所产生的大于 1Hz 的总 RMS 输出噪声。

解：

为了求出输出密度 e_{no}，我们需要将两条曲线的点对点相乘，从而得到图 5.5 所示底部的图。显然，采用线性化波特图能很大程度上简化图形相乘过程。接下来，我们对 e_{no}^2 从 $f_L = 1Hz$ 到 $f_H = \infty$ 进行积分。为了简化这个步骤，我们可以将积分区间分成三个步骤。

当 $1Hz \leqslant f \leqslant 1kHz$ 时，根据式（5.9a）以及 $e_{nw} = 20nV/\sqrt{Hz}$，$f_{ce} = 100Hz$，$f_L = 1Hz$，$f_H = 1kHz$，我们可以得到 $E_{no1} = 0.822\mu V$。

当 $1kHz \leqslant f \leqslant 10kHz$ 时，噪声密度 e_{no} 会随着 f 以 +1（10 倍频/10 倍频）的速度增加，因此我们有：

$$e_{no}(f) = (20nV/\sqrt{Hz}) \times (f/10^3) = 2 \times 10^{-11} f V/\sqrt{Hz}$$

从而得到：

$$E_{no2} = 2 \times 10^{-11} \left(\int_{10^3}^{10^4} f^2 df \right)^{1/2} = \left(2 \times 10^{-11} \times \left(\frac{1}{3} f^3 \Big|_{10^3}^{10^4} \right)^{1/2} \right) V = 11.5\mu V$$

当 $10kHz \leqslant f \leqslant \infty$ 时，$e_{nw} = 200nV/\sqrt{Hz}$ 的白噪声通过 $f_0 = 100kHz$ 的低通滤波器。由式（5.13b），可得 $E_{no3} = (200 \times 10^{-9} \times (1.57 \times 10^5 - 10^4)^{1/2})V = 76.7\mu V$。

最后我们把所有分量以 RMS 形式加起来，可以得：

$$E_{no} = \sqrt{E_{no1}^2 + E_{no2}^2 + E_{no3}^2} = \sqrt{0.822^2 + 11.5^2 + 76.7^2}\,\mu V = 77.5\mu V。$$

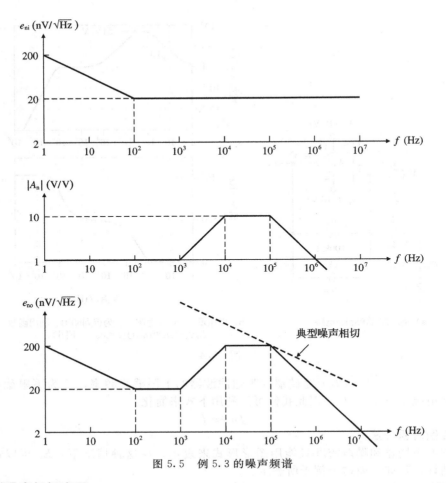

图 5.5　例 5.3 的噪声频谱

典型噪声相切定理

　　分析前面例子的结果，我们发现 E_{no3} 对噪声的贡献最大，它代表了大于 10kHz 的噪声。那么是否存在一个快速估计这个值的方法呢？这种方法是存在的，粉噪声相切原则给出了这种方法。

　　粉噪声曲线在每 10 倍频中的噪声能量相同。它的噪声密度斜率是 -0.5（10 倍频/10 倍频）。粉噪声原则表明，如果我们把粉噪声曲线降至与噪声曲线 $e_{no}(f)$ 相切，那么噪声曲线相切的领域部分对 E_{no} 的贡献最大。如图 5.6 底部所示，最接近的相切部分就是产生 E_{no3} 的部分。这样就能设 $E_{no} \approx E_{no3} = 76.7\mu V$，而不用去计算 E_{no1} 和 E_{no2}。由这种近似所导致的误差是不明显的，尤其是考虑到生产变化对噪声数据的影响。随着讨论的进行，我们将会常常用到这个原则。

5.3　噪声源

　　为了能够很好地选择和使用集成电路，系统设计师需要对噪声在半导体器件中产生的机制有一定了解。接下来我们讨论噪声产生的机制。

　　热噪声

　　热噪声也称为约翰逊噪声，存在于所有无源阻性元件中，包括实际电感和电容的杂散串联电阻。热噪声是由于电子（或者空穴）在热作用下随机运动而产生的。热噪声与直流电流无关，因此即使放在抽屉中，电阻也会产生热噪声。

　　如图 5.6a 所示，热噪声模型可以等效为一个频谱密度为 e_R 的噪声电压和一个无噪声的电阻串联而形成的模型。其噪声功率密度可以表示为：

$$e_R^2 = 4kTR \qquad (5.15a)$$

式中：$k = 1.38 \times 10^{-23}$ J/K（玻耳兹曼常数）；T 为热力学温度。在室温 25℃ 时，$4kT = 1.65 \times 10^{-20}$ W/Hz。一个要记住的数据为 25℃ 时 $e_R \approx 4\sqrt{R}$ nV/$\sqrt{Hz}$，R 以千欧计。例如，$e_{100\Omega} \approx (4 \times \sqrt{0.1})$ nV $\sqrt{Hz} = 1.26$ nV/$\sqrt{Hz}$，$e_{10k\Omega} = 12.6$ nV/$\sqrt{Hz}$。

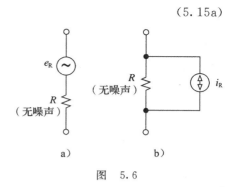

图　5.6

因为可以将戴维南定理转换成诺顿定律，所以也可将噪声电流 i_R 和另一个无噪声电阻相并联来模仿热噪声，如图 5.6b 所示。可得 $i_R^2 = e_R^2/R^2$，即

$$i_R^2 = 4kT/R \qquad (5.15b)$$

上述方程表明热噪声是一种白噪声。纯电抗元件没有热噪声。

例 5.4　一个室温下的 $10k\Omega$ 电阻。求：(1)电压频谱密度。(2)电流频谱密度。(3)噪声电压在音频范围内的 RMS 值。

解：

(1) $e_R = \sqrt{4kTR} = \sqrt{1.65 \times 10^{-20} \times 10^4}$ V $\sqrt{Hz} = 12.8$ nV/$\sqrt{Hz}$。

(2) $i_R = e_R/R = 1.28$ pA/$\sqrt{Hz}$。

(3) $E_R = e_R\sqrt{f_H - f_L} = 12.8 \times 10^{-9} \times \sqrt{20 \times 10^3 - 20}$ V $= 1.81 \mu$V。　◀

散粒噪声

每当电荷穿过一个势垒，例如二极管和晶体管，都会产生散粒噪声。穿过势垒这个事件是一个纯随机过程，并且微观直流电流是随机电流元波动的结果。散粒噪声有一个统一的功率密度，即

$$i_n^2 = 2qI \qquad (5.16)$$

式中：$q = 1.602 \times 10^{-19}$C 是电子电荷量；$I$ 是穿过势垒的直流电流。散粒噪声存在于 BJT 的基极电流以及电流输出的 D/A 转换器中。

例 5.5　求不同情况下，在 1MHz 带宽下二极管电流的信噪比。

(1) $I_D = 1\mu$A；(2) $I_D = 1$nA。

解：

(1) $I_n = \sqrt{2qI_Df_H} = \sqrt{2 \times 1.62 \times 10^{-19} \times 10^{-6} \times 10^6}$ A $= 0.57$nA(RMS)，因此，

SNR $= 20$ lg$[(1\mu$A$)/(0.57$nA$)] = 64.9$dB。

(2) 采用类似的计算过程，可得 SNR $= 34.9$dB。观察发现，降低工作电流会使 SNR 值下降。　◀

闪烁噪声

闪烁噪声，又称为 $1/f$ 噪声，或者接触噪声，存在于所有有源器件以及一部分无源器件中。根据器件的不同，闪烁噪声的产生有不同的原因。在有源器件中，主要原因是穿过势阱。当电流流过势阱时，势阱会随机地捕获和释放电荷载流子，从而导致电流产生随机波动。在 BJT 器件中，这些势阱与基射极结的杂质和晶体缺失有关。在 MOSFET 中，它们与硅和二氧化硅边界上的额外电子能态有关系。在有关器件中，MOSFET 中所含有的这种噪声最多。这也是在低噪声 MOSFET 应用中最关注的一点。

闪烁噪声常常和直流电流有关，其功率密度有以下形式：

$$i_n^2 = K\frac{I^a}{f} \qquad (5.17)$$

式中：K 是器件常数；I 是直流电流；a 是另一个器件常数，范围从 0.5 到 2。

闪烁噪声也会在一些无源器件中出现，比如碳质电阻。在碳质电阻中，除了已存在的热噪声外还存在闪烁噪声，因此又称为附加噪声（excess noise）。然而，热噪声在没有直流电流时候依然存在，而闪烁噪声则要求直流电流存在。线绕电阻中 $1/f$ 噪声最小，而对于碳质电阻来说，其工作条件不同，$1/f$ 噪声可能会大上一个数量级。碳膜电阻和金属膜电阻的噪声介于两者之间。然而，如果应用要求给定的电阻传输的是一个小电流，那么热噪声将起主要作用，根据所使用的电阻信号不同，它的值可能会有一点差别。

雪崩噪声

这种形式的噪声存在于反向击穿的 pn 结中。在空间电荷层中的强电场的作用下，电子获得足够的动能，它们碰撞晶格产生出新的电子空穴对，从而导致了雪崩击穿的发生。这些新的电子空穴对以雪崩的形式产生出新的其他电子空穴对。最终的电流由流经反向偏置结的随机分布的噪声尖峰组成。然而，雪崩噪声常常比散粒噪声更加剧烈。齐纳二极管也因噪声巨大而著称。这就是为什么采用能隙电压基准而不采用齐纳二极管基准的原因之一。

半导体器件的噪声模型

我们希望能够检测半导体器件中噪声互相干涉的机制，从而帮助读者建立一个运算放大器中噪声特性的基本概念。我们建立的模型中，使用无噪声器件，但是采用合适的噪声源来表示噪声，其中 e_n 表示电压噪声源，i_n 表示电流噪声源，就如图 5.6 所示的一样。总结结果如表 5.1 所示。

表 5.1　半导体器件的噪声模型以及噪声功率密度
（模型中的器件假设是无噪声的，噪声归结为一定的噪声源）

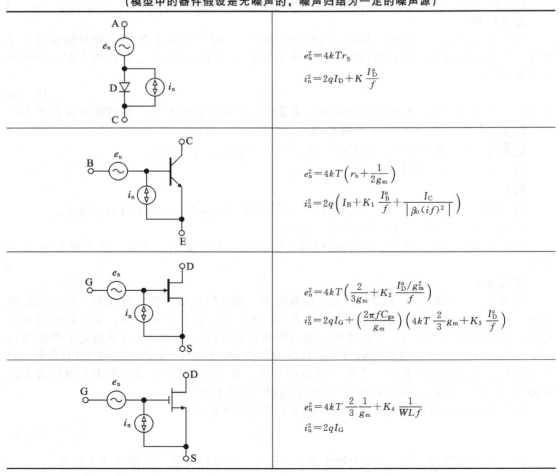

	$e_n^2 = 4kTr_S$ $i_n^2 = 2qI_D + K\dfrac{I_D^a}{f}$
	$e_n^2 = 4kT\left(r_b + \dfrac{1}{2g_m}\right)$ $i_n^2 = 2q\left(I_B + K_1\dfrac{I_B^a}{f} + \dfrac{I_C}{\left|\beta_0(if)^2\right|}\right)$
	$e_n^2 = 4kT\left(\dfrac{2}{3g_m} + K_2\dfrac{I_D^a/g_m^2}{f}\right)$ $i_n^2 = 2qI_G + \left(\dfrac{2\pi fC_{gs}}{g_m}\right)\left(4kT\dfrac{2}{3}g_m + K_3\dfrac{I_D^a}{f}\right)$
	$e_n^2 = 4kT\dfrac{2}{3}\dfrac{1}{g_m} + K_4\dfrac{1}{WLf}$ $i_n^2 = 2qI_G$

pn 结同时产生散粒噪声和闪烁噪声，因此我们用一个无噪二极管以及一个并联的噪声电流源 i_n 表示，如表 5.1 所示。除此之外，还有一个与其串联的噪声电压源 e_n，其用来表示二极管体电阻产生的热噪声。此模型中，噪声源的功率密度可以表示为：

$$i_n^2 = 2qI_D + \frac{KI_D^a}{f} \tag{5.18a}$$

$$e_n^2 = 4kTr_s \tag{5.18b}$$

$$e_n^2 = 4kT\left(r_b + \frac{1}{2g_m}\right) \tag{5.19a}$$

$$i_n^2 = 2q\left(I_B + K_1\frac{I_B^a}{f} + \frac{I_C}{|\beta(jf)|^2}\right) \tag{5.19b}$$

式中：r_b 是本征基极电阻；I_B 和 I_C 分别是基极和集电极的直流电流；$g_m = qI_C/(kT)$ 是跨导；K_1 和 a 为适当的器件常数；$\beta(jf)$ 是正向电流增益，其随频率的增高而变小。

在 e_n^2 的表达式中，第一项表示 r_b 产生的热噪声，第二项则表示集电极电流中散粒噪声在输出端的效应。在 i_n^2 表达式中，前两项表示基极电流中的散粒噪声和闪烁噪声，最后一项则表示集电极电流中的散粒噪声在输入端口的效应。

为了得到一个较高的增益 β，BJT 的基极区域常常是轻掺杂的，并且十分薄。然而，这会增加本征基极电阻 r_b。并且，跨导 g_m 和基极电流 I_B 直接与 I_C 是正比例关系。因此，减小电压噪声的设计（较小的 r_b 和较高的 I_C）和减小电流噪声的设计（较高的 β 以及较低的 I_C）是相冲突的。在 BJT 运算放大器设计中，需要权衡这两个设计的利弊。

JFET 的噪声电压功率密度可以表示为：

$$e_n^2 = 4kT\left(\frac{2}{3g_m} + K_2\frac{I_D^a/g_m^2}{f}\right) \tag{5.20a}$$

$$i_n^2 = 2qI_G + \left(\frac{2\pi fC_{gs}}{g_m}\right)^2\left(4kT\frac{2}{3}g_m + K_3\frac{I_D^a}{f}\right) \tag{5.20b}$$

式中：g_m 是跨导；I_D 是漏极直流电流；I_G 是栅极漏电流；K_2，K_3 以及 a 是合适的器件常数；C_{gs} 是栅极源极间的寄生电容。

在 e_n^2 的表达式中，第一项表示沟道中产生的热噪声，第二项则表示漏极电流中的闪烁噪声。在室温和低频的情况下，i_n^2 表达式中的所有项都可以忽略不计。这使得 JFET 看起来并不存在输入电流噪声。然而，栅极漏电流会随着温度而快速增加，因此 i_n^2 在高频段不能被忽略。

与 BJT 相比，FET 有低得多的 g_m，这表明以 FET 为输入端的运算放大器会有更大的电压噪声。JFET 的 e_n^2 中含有闪烁噪声。这些不足之处在室温下，都会被更好的电流噪声特性所补偿。

MOSFET 的噪声功率密度为：

$$e_n^2 = 4kT\frac{2}{3g_m} + K_4\frac{1}{WLf} \tag{5.21a}$$

$$i_n^2 = 2qI_G \tag{5.21b}$$

式中：g_m 是跨导；K_4 是器件常数；W 和 L 为沟道宽度和长度。与 JFET 相似，i_{n2} 在室温下可以忽略，但是 i_n^2 会随着温度升高而增大。

在 e_{n2} 表达式中，第一项表示了沟道电阻产生的热噪声，第二项则表示了闪烁噪声。在以 MOSFET 为输入级的运算放大器中，后者往往更加重要。闪烁噪声与管子 WL 面积成反比，因此这种类型的噪声可以通过设计大沟道面积的输入级来补偿。正如我们在第 3 章讨论的，当大沟道面积和共中心布局技术结合在一起，能显著改善输入失调电压和失调漂移特性。

PSpice 噪声建模

当对噪声分析时，我们可以利用 SPICE 计算电路中每个电阻的热噪声密度，以及每个二极管和晶体管的散粒噪声密度和闪烁噪声密度。当使用运算放大器宏模型时，需要频谱密度为图 5.2 所示的噪声源。因为 SPICE 是根据下式来计算二极管的噪声电流的：

$$i_d^2 = \text{KF}\,\frac{I_D^{\text{AF}}}{f} + 2qI_D = 2qI_D\left(\frac{\text{KF}\times I_D^{\text{AF}-1}/(2q)}{f} + 1\right)$$

式中：I_D 为二极管偏置电流；q 为电子电荷量；KF 和 AF 为用户自定参数。这是一个具有白噪声电平 $i_w^2 = 2qI_D$ 的功率密度，转角频率 $f_c = \text{KF}\times I_D^{\text{AF}-1}/(2q)$。如果我们令 AF=1，那么对于给定的 i_w^2 和 f_c，可以将计算简化为下式，从而求出 I_D 和 KF：

$$I_D = i_w^2/(2q), \quad \text{KF} = 2qf_c$$

一旦我们得到了一个电流噪声源，就可以利用 CCVS 计算出电压噪声源的大小。

例 5.6 利用 PSpice 验证例 5.1。

解：

我们需要构造一个 $e_{nw}=20\text{nV}/\sqrt{\text{Hz}}$，$f_{ce}=200\text{Hz}$ 的源 e_n。首先，构造一个噪声电流源，它的 $i_w=1\text{pA}/\sqrt{\text{Hz}}$，$f_c=200\text{Hz}$。然后，采用值为 20nV/pA 的 H 型源将它转换成 e_n。如图 5.7a 所示，我们用 $I_D = ((1\times10^{-12})^2/(2\times1.602\times10^{-19}))\text{A} = 3.12\mu\text{A}$ 来偏置二极管，并且令 $\text{KF} = 2\times1.602\times10^{-19}\times200 = 6.41\times10^{-17}\text{A}$。1GF 电容将二极管产生的交流电流耦合到以 H 为表示的流控电压源。二极管的 PSpice 模型如下：

```
.model Dnoise D(KF=6.41E-17,AF=1)
```

这个仿真结果可以在图 5.7b 中看到。PSipce 的光标功能可以测量图中特定位置的值，我们由此可以得到当 $0.1\text{Hz}\leqslant f\leqslant100\text{Hz}$ 时，$E_n\approx0.77\mu\text{V}$；当 $20\text{Hz}\leqslant f\leqslant20\text{kHz}$ 时，$E_n\approx3\mu\text{V}$；当 $0.1\text{Hz}\leqslant f\leqslant1\text{MHz}$ 时，$E_n=20\mu\text{V}$。这与例 5.1 得到的结果相同。◀

5.4　运算放大器中的噪声

运算放大器噪声可以用三个等效噪声源来表示：一个频谱密度为 e_n 的电压噪声源，两个频谱密度分别为 i_{np} 和 i_{nn} 的电流噪声源。如图 5.8 所示，实际运算放大器可以视为由一个无噪声运算放大器和与输入端相连的噪声源组成。这个模型和用来模仿输入失调电压 V_{os} 和输入偏置电流 I_P 以及 I_N 的模型类似。这些参数本身就是特殊噪声形式。然而，要注意的一点就是，由于噪声随机的特性，$e_n(t)$，$i_{np}(t)$，$i_{nn}(t)$ 的大小和方向都不停地在变化，并且噪声项以 RMS 值相加而不是直接代数相加。

噪声密度在数据单中可以查到，并且有如图 5.2 所示的典型形式。对于对称输入器件来说，例如，共模放大器（VFA），i_{np} 和 i_{nn} 都可以用单独的密度 i_n 表示，但是它们都是不相关的。为了防止两者之间混淆，我们应该用不同的符号对其进行表示。对电流反馈放大器（CFA），由于输入缓冲器的存在，输入是不对称的。因此，i_{np} 和 i_{nn} 是不同的，并且用不同符号分别表示。

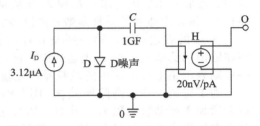

a）使用一只二极管作为 PSpice 的源来表征电压噪声

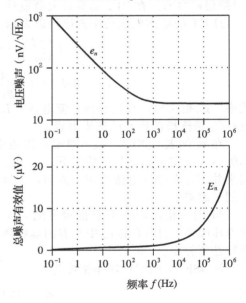

b）频谱密度 e_n（上图）为 V(ONOISE)，总噪声有效值 E_n（下图）为 SQRT(S(V(ONOISE)*V(ONOISE)))

图　5.7

正如在精密直流应用中一样，知道由 V_{os}、I_P 和 I_N 引起的直流输出误差 E_o 是很重要的。而在低噪声应用中，我们更加关注总 RMS 噪声输出 E_{no}。一旦知道了 E_{no}，就可以将它换算到输入端，与有效信号进行比较，从而计算出信噪比 SNR，以及电路最终的分辨率。这里我们要对图 5.9a 所示的电阻反馈电路进行说明，它是许多电路的基础，如反向放大器和同相放大器，差分放大器和求和放大器，以及其他一些电路。值得一提的是，如果有外部源电阻的话，那么图 5.9 所示的电阻必须包含这些电阻。例如，如果将节点 A 从地电位拉高，并且用内部电压源 v_S 驱动它，那么我们必须将 R_1 替换成 $R_s + R_1$，而后进行计算。

总输入频谱密度

我们的第一个任务就是找到运算放大器输入端口等效的总频谱密度 e_{ni}。与应用叠加定理计算由 V_{os}，I_P 和 I_N 产生的总输入误差相似，我们将噪声信号用 RMS 方式相加。因此，由噪声电压 e_n 可以得到 e_n^2。噪声电流 i_{np} 和 i_{R3} 都流过电阻 R_3，所以由式 (5.15)，我们可以得

$$(R_3 i_{np})^2 + (R_3 i_{R_3})^2 = R_3^2 i_{np}^2 + 4kTR_3$$

根据上述计算，我们可以得到式 (3.10)。因此我们可以说噪声电流 i_{nn}，i_{R1} 以及 i_{R2} 流过 $R_1 /\!/ R_2$ 并联网络，它们产生 $(R_1 /\!/ R_2)^2 (i_{nn}^2 + i_{R_1}^2 + i_{R_2}^2) = (R_1 /\!/ R_2)^2 i_{nn}^2 + 4kT(R_1 /\!/ R_2)$。将所有项加起来，我们可以得到总输入噪声频谱密度为：

$$
\begin{aligned}
e_{ni}^2 = {} & e_n^2 + R_3^2 i_{np}^2 + (R_1 /\!/ R_2)^2 i_{nn}^2 \\
& + 4kT[R_3 + (R_1 /\!/ R_2)]
\end{aligned}
\tag{5.22}
$$

对于具有对称输入端和不相关噪声电流的运算放大器，有 $i_{np} = i_{nn} = i_n$，其中，i_n 是数据单中给出的噪声电流密度。

为了对各个项的相对权值有更深刻的了解，我们考虑 $R_3 = R_1 /\!/ R_2$ 这个熟悉而又常用的例子。在这个条件的限制下，式 (5.22) 可以化简为：

$$e_{ni}^2 = e_n^2 + 2R^2 i_n^2 + 8kTR \tag{5.23a}$$
$$R = R_1 /\!/ R_2 = R_3 \tag{5.23b}$$

图 5.10 表明 e_{ni} 以及它的三个单独分量关于 R 的函数。虽然电压项 e_n 与 R 无关，但是电流项 $\sqrt{2}Ri_n$ 随着 R 的增加以 1(10 倍频/10 倍频) 的速度增加，热量项 $\sqrt{8kTR}$ 随着 R 的增加以 0.5(10 倍频/10 倍频) 速度增加。

我们发现如果 R 足够的小，电压噪声则会起主导作用。取 $R \to 0$ 极限，我们可以得到 $e_{ni} \to e_n$，因此 e_n 又称为短路噪声：这是因为噪声由

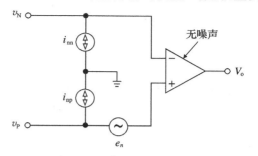

图 5.8　运算放大器噪声模型

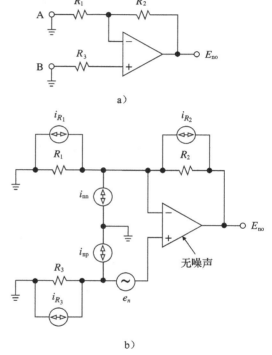

a)

b)

图 5.9　电阻反馈运算放大器电路及其噪声模型

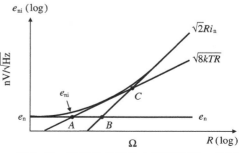

图 5.10　运算放大器输入频谱噪声 e_{ni} 关于式 (5.23b) 中 R 的函数

运算放大器内部元件产生，与外电路无关。当 R 足够大时，电流噪声则起主导作用。取 $R \to \infty$ 极限，我们可以得 $e_{\mathrm{ni}} \to \sqrt{2} R i_{\mathrm{n}}$，因此 i_{n} 又称为开路噪声。这种形式的噪声是右输入偏置电流流过外部电阻产生的。当 R_{s} 处于中间时，热噪声也可能会起作用，这取决于相对于其他两项的大小。在例图中，热噪声在点 A 超过电压噪声，电流噪声在点 B 超过电压噪声，电流噪声在点 C 超热噪声。A，B 和 C 点的相对位置在不同的运算放大器之间是不相同的，可用这个性质来比较不同的器件。

注意到，为了提供偏置电流补偿，我们常常需要安装一个虚设电阻 $R_3 = R_1 /\!/ R_2$，在减小噪声的条件下，我们则希望 $R_3 = 0$，因为这个电阻仅仅增加了电路的噪声而已。当 R_3 必不可少时，我们则可以用一个合适的大电容与 R_3 并联，以减小 R_3 带来的热噪声。这样也能抑制那些偶然进入同相输入端的外部噪声。

RMS 输出噪声

与失调和漂移类似，e_{ni} 会被电路的噪声增益放大。这个增益与信号增益不一定相同，因此为了避免混淆，我们把信号增益记作 $A_{\mathrm{s}}(\mathrm{j}f)$，噪声增益记作 $A_{\mathrm{n}}(\mathrm{j}f)$。由前面的知识，$A_{\mathrm{n}}(\mathrm{j}f)$ 的直流值 $A_{\mathrm{n}0} = 1/\beta = 1 + R_1/R_2$。另外，对于增益带宽积为常数运算放大器来说，$A_{\mathrm{n}}(\mathrm{j}f)$ 的闭环带宽 $f_{\mathrm{B}} = \beta f_{\mathrm{t}} = f_{\mathrm{t}}/(1 + R_2/R_1)$，其中，$f_{\mathrm{t}}$ 是运算放大器的单位增益频率。因此可以将输出频谱密度表示成：

$$e_{\mathrm{no}} = \frac{1 + R_2/R_1}{\sqrt{1 + (f/f_{\mathrm{B}})^2}} e_{\mathrm{ni}} \tag{5.24}$$

噪声可以在一个有限的时间间隔 T_{obs} 中观测到。从 $f_{\mathrm{L}} = 1/T_{\mathrm{obs}}$ 到 $f_{\mathrm{H}} = \infty$ 对 e_{no}^2 进行积分可以得总 RMS 输出噪声。利用式(5.9)，式(5.12)和式(5.22)可得：

$$E_{\mathrm{no}} = \left[1 + \frac{R_2}{R_1}\right] \times \left[e_{\mathrm{nw}}^2 \left(f_{\mathrm{ce}} \ln \frac{f_{\mathrm{B}}}{f_{\mathrm{L}}} + 1.57 f_{\mathrm{B}} - f_{\mathrm{L}}\right) + R_3^2 i_{\mathrm{npw}}^2 \left(f_{\mathrm{cip}} \ln \frac{f_{\mathrm{B}}}{f_{\mathrm{L}}} + 1.57 f_{\mathrm{B}} - f_{\mathrm{L}}\right) \right.$$
$$\left. + (R_1 /\!/ R_2)^2 i_{\mathrm{nnw}}^2 \left(f_{\mathrm{cin}} \ln \frac{f_{\mathrm{B}}}{f_{\mathrm{L}}} + 1.57 f_{\mathrm{B}} - f_{\mathrm{L}}\right) \right.$$
$$\left. + 4kT(R_3 + R_1 /\!/ R_2)(1.57 f_{\mathrm{B}} - f_{\mathrm{L}})\right]^{1/2} \tag{5.25}$$

这个表达式表明了低频设计中的几个因素：(1)选择具有低噪声电平 e_{nw} 和 i_{nw}，以及低转角频率 f_{ce} 和 f_{ci} 的运算放大器；(2)保持外部电阻足够小，以使得电流噪声和热噪声与电压噪声相比可以忽略；(3)把噪声增益带宽严格控制在要求的最小值上。

工业标准 OP77 运算放大器是特别为低噪声应用而设计的。它具有 $f_{\mathrm{t}} = 8\mathrm{MHz}$，$e_{\mathrm{nw}} = 3\mathrm{nV}/\sqrt{\mathrm{Hz}}$，$f_{\mathrm{ce}} = 2.7\mathrm{Hz}$，$i_{\mathrm{nw}} = 0.4\mathrm{pA}/\sqrt{\mathrm{Hz}}$，$f_{\mathrm{ci}} = 140\mathrm{Hz}$ 的特点。

例 5.7 一个 741 运算放大器被连接成反相放大器，其中 $R_1 = 100\Omega$，$R_2 = 200\mathrm{k}\Omega$，$R_3 = 68\mathrm{k}\Omega$。求(1)假设 $e_{\mathrm{nw}} = 20\mathrm{nV}/\sqrt{\mathrm{Hz}}$，$f_{\mathrm{ce}} = 200\mathrm{Hz}$，$i_{\mathrm{nw}} = 0.5\mathrm{pA}/\sqrt{\mathrm{Hz}}$，$f_{\mathrm{ci}} = 2\mathrm{kHz}$，求大于 0.1Hz 的输出总噪声 RMS 值和峰峰值。(2)用 PSpice 验证第一题的答案。

解：

(1) 我们已知 $R_1 /\!/ R_2 = 100 /\!/ 200\mathrm{k}\Omega \approx 67\mathrm{k}\Omega$，$A_{\mathrm{n}0} = 1 + R_2/R_1 = 3\mathrm{V/V}$，$f_{\mathrm{B}} = (10^6/3)\mathrm{Hz} = 333\mathrm{kHz}$。电压噪声分量 $E_{\mathrm{noe}} = 3 \times 20 \times 10^{-9} \times [200\ln(333\times10^3/0.1) + 1.57\times333\times10^3 - 0.1]^{1/2}\mathrm{V} = 43.5\mu\mathrm{V}$。电流噪声分量

$$E_{\mathrm{noi}} = 3 \times [(68\times10^3)^2 + (67\times10^3)^2]^{1/2} \times 0.5 \times 10^{-12} \times [2\times10^3\ln(333\times10^4) + 523\times10^3]^{1/2}\mathrm{V} = 106.5\mu\mathrm{V}$$。热噪声分量 $E_{\mathrm{noR}} = 3 \times [1.65\times10^{-20}(68+67)\times10^3 \times 523\times10^3]^{1/2}\mathrm{V} = 102.4\mu\mathrm{V}$。于是，我们得：

$$E_{\mathrm{no}} = \sqrt{E_{\mathrm{noe}}^2 + E_{\mathrm{noi}}^2 + E_{\mathrm{noR}}^2} = \sqrt{43.5^2 + 106.5^2 + 102.4^2}\mu\mathrm{V} = 154\mu\mathrm{V}(\mathrm{RMS})$$

或者 $6.6 \times 154\mu\mathrm{V} = 1.02\mathrm{mV}$(峰峰值)

(2) 由于 PSpice 学生版本中的 741 宏模型并没加入噪声参数，我们使用与 741 有相同

的开环相应的传递函数来等效无噪声的 741 运算放大器，并且加入 3 个噪声源表示 e_n，i_{nn} 和 i_{np}（这三个噪声源必须在统计上是独立的），如图 5.7a 所示。图 5.11 所示的电路使用与图 5.7a 所示的二极管相同的 PSpice 模型。

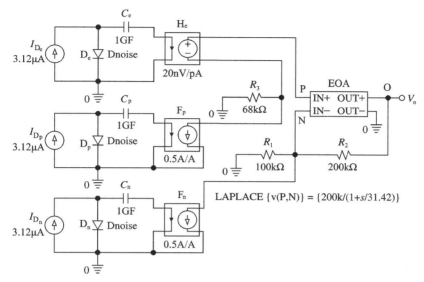

图 5.11　测量 741 运算放大器的 PSpice 电路

.model Dnoise D(KF=6.41E-17,AF=1)

由此我们可以得到如图 5.12b 所示的曲线，其结果与手算结果的 $154\mu V$ 相似。在标尺中，我们可以利用粉噪声切线原则来估计 E_{no}。事实上，图 5.12a 表明了大多数噪声来自极点频率 333Hz，所以 $E_{no} \approx (210nV) \times (1.57 \times 333kHz)^{1/2} = 152\mu V$（RMS）和手算结果 $154\mu V$ 十分接近！　◀

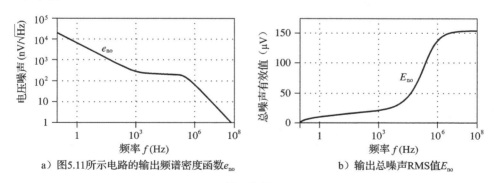

a）图5.11所示电路的输出频谱密度函数e_{no}　　　b）输出总噪声RMS值E_{no}

图　5.12

对于噪声来说，例 5.7 电路的性能并不好，因为 E_{noi} 和 E_{noR} 都远远大于 E_{noe}。这可以通过缩小电路中所有电阻来改善。一个很好的经验公式是，令 $E_{noi}^2 + E_{noR}^2 \leqslant E_{noe}^2 / 3^2$，虽然这仅仅能使 E_{no} 超过 E_{noe} 5% 左右或更少。

例 5.8　缩小例 5.7 电路中所有电阻，使得 $E_{no} = 50\mu V$。

解：

需要 $E_{noi}^2 + E_{noR}^2 = E_{no}^2 - E_{noe}^2 = 50^2 - 43.5^2 = (23.6\mu V)^2$。令 $R = R_3 + R_1 // R_2$，得到

$$E_{noi}^2 = 3^2 \times R^2 (0.5 \times 10^{-12})^2 \times [2 \times 10^3 \ln(333 \times 10^4) + 523 \times 10^3] = 1.24 \times 10^{-18} R^2$$ 以及

$$E_{noR}^2 = 3^2 \times 1.65 \times 10^{-20} \times R \times 523 \times 10^3 = 7.77 \times 10^{-14} R$$

为使 $1.24\times10^{-18}R^2+7.77\times10^{-14}R=(24.6\mu\mathrm{V})^2$，得到 $R=7\mathrm{k}\Omega$。因此，$R_3=R/2=3.5\mathrm{k}\Omega$，以及 $1/R_1+1/R_2=1/(3.5\mathrm{k}\Omega)$。由于 $R_2=2R_1$，从而得到 $R_1=5.25\mathrm{k}\Omega$ 和 $R_2=10.5\mathrm{k}\Omega$。 ◀

信噪比

E_{no} 除以直流信号增益 $|A_{s0}|$，可以得到总 RMS 输入噪声为：

$$E_{\mathrm{ni}}=\frac{E_{\mathrm{no}}}{|A_{s0}|} \tag{5.26}$$

需要再次强调的是，信号增益 A_s 和噪声增益 A_n 是可以不同的。反相放大器就是一个熟知的例子。知道 E_m 后，就可以求出输入信噪比：

$$\mathrm{SNR}=20\ \lg\frac{V_{i(\mathrm{RMS})}}{E_{\mathrm{ni}}} \tag{5.27}$$

式中：$V_{i(\mathrm{RMS})}$ 是输入电压的 RMS 值。信噪比决定了电路最终的分辨率。对于一个跨阻型的放大器来说，总 RMS 输入噪声 $I_{\mathrm{ni}}=E_{\mathrm{no}}/|R_{s0}|$，其中，$|R_{s0}|$ 为直流跨阻信号增益。那么，信噪比 $\mathrm{SNR}=20\ \lg(I_{i(\mathrm{RMS})}/I_{\mathrm{ni}})$。

例 5.9 计算例 5.7 电路的信噪比，如果输入是一个 $V_p=0.5\mathrm{V}$ 的交流信号。

解：

既然 $A_{s0}=-2\mathrm{V/V}$，那么有 $E_{\mathrm{ni}}=(154/2)\mu\mathrm{V}=77\mu\mathrm{V}$。另外，$V_{i(\mathrm{RMS})}=(0.5/\sqrt{2})\mathrm{V}=0.354\mathrm{V}$。因此 $\mathrm{SNR}=20\ \lg[0.354/(77\times10^{-6})]=73.2\mathrm{dB}$。 ◀

CFA 中的噪声

上述方程也可以应用于 CFA 中。正如之前所提到的，输入缓冲器的存在使得输入端不对称，因此 i_{np} 和 i_{nn} 是不同的。另外，由于 CFA 是宽带放大器，它们通常比常规运算放大器有更多的噪声。

例 5.10 根据 CLC401 CFA 的数据表单我们可以得到 $z_0\approx710\mathrm{k}\Omega$，$f_b\approx350\mathrm{k}\Omega$，$r_n\approx50\Omega$，$e_{\mathrm{nw}}\approx2.4\mathrm{nV}/\sqrt{\mathrm{Hz}}$，$f_{\mathrm{ce}}\approx50\mathrm{kHz}$，$i_{\mathrm{npw}}\approx3.8\mathrm{pA}/\sqrt{\mathrm{Hz}}$，$f_{\mathrm{cip}}\approx100\mathrm{kHz}$，$i_{\mathrm{nnw}}\approx20\mathrm{pA}/\sqrt{\mathrm{Hz}}$，$f_{\mathrm{cin}}\approx100\mathrm{kHz}$。如果这个 CFA 接成一个同相放大器，且 $R_1=166.7\Omega$，$R_2=1.5\mathrm{k}\Omega$，并且用一内部电阻为 100Ω 的源来驱动这个放大器。求大于 $0.1\mathrm{Hz}$ 的总 RMS 输出噪声。

解：

既然 $f_t=z_0f_b/R_2=166\mathrm{MHz}$，我们有 $f_B=f_t/[1+r_n/(R_1/\!/R_2)]=124\mathrm{MHz}$。由式（5.25）可得 $E_{\mathrm{no}}=10\times[(33.5\mu\mathrm{V})^2+(3.6\mu\mathrm{V})^2+(35.6\mu\mathrm{V})^2+(28.4\mu\mathrm{V})^2]^{1/2}\approx566\mu\mathrm{V}$（RMS）以及 $6.6\times566\mu\mathrm{V}\approx3.7\mathrm{mV}$（峰峰值） ◀

噪声过滤

既然噪声会随着噪声增益带宽平方根的增加而增加，那么可以通过缩小带宽来降低噪声。最常用的技术则是将信号通过一个 R 足够小的简单 RC 滤波网络，这样就不会显著增加已有的噪声。这种滤波器对输出负载效应很敏感，因此可能需要用一个电压跟随器。然而，这样会使得噪声再加深这个跟随器的噪声，而这个跟随器的等效带宽 $\mathrm{NEB}=(\pi/2)f_t$ 是比较宽的。

图 5.13 所示的拓扑结构将运算放大器放在 RC 网络的前面，这样运算放大器自身的噪声就能滤除。另外，把 R 接在反馈环路中可将它的值缩小到原值的 $\frac{1}{1+T}$，由此可以显著降低输出负载。尽管 T 会随着频率的增加而降低，C 的存在能很好地保持低输出阻抗，

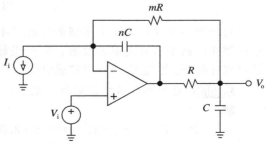

图 5.13　低通滤波器，输入可以是电压也可以是电流

直至频率上限。mR 和 nC 的作用则是提供频率补偿，在 6.2 节我们将会讨论这个问题。在这里提到它是为了说明这个电路对容性负载显示出很好的容差。

这个电路既可以过滤电压噪声，也能过滤电流噪声。可以证明：

$$V_o = H_{Lp} mRI_i + (H_{LP} + H_{BP})V_i \qquad (5.28)$$

$$f_0 = \frac{1}{2\pi \sqrt{mnRC}}, \quad Q = \frac{\sqrt{m/n}}{m+1} \qquad (5.29)$$

式中：H_{LP} 和 H_{BP} 是标准二阶低通函数和带通函数。这个滤波器可以用于电压基准和广电二极管放大器的降噪。

5.5　光敏二极管放大器中的噪声

在对低电平信号探测领域，噪声一个十分重要的课题，例如，仪器仪表应用和高精度 I-V 转换器。特别地，关注最多的领域是光敏二极管放大器，因此此处将详细研究这种类型的放大器。

图 5.14a 所示的光敏二极管对入射光的响应是电流 i_s，随后运算放大器将这个电流转换成电压 V_o。在实际分析中，我们可以利用图 5.14b 所示的模型来等效。图中 R_1 和 C_1 代表二极管和运算放大器的反相输入端对地的复合电阻和复合电容，C_2 代表 R_2 的杂散电容。仔细地设计印制电路板的布局，可将 C_2 保持在 1pF 的范围或者更少。通常 $C_1 \gg C_2$，$R_1 \gg R_2$。

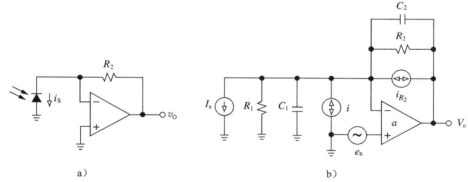

a)　　　　　　　　　　　b)

图 5.14　光敏二极管放大器及其噪声模型

我们关心信号的增益 $A_s = V_o / I_s$ 以及噪声的增益 $A_n = e_{no}/e_{ni}$。为此目的，需要求出反馈因子 $\beta = Z_1/(Z_1+Z_2)$。$Z_1 = R_1 // [1/(j2\pi f C_1)]$，$Z_2 = R_2 // [1/(j2\pi f C_2)]$。展开后可以得到：

$$\frac{1}{\beta} = \left(1 + \frac{R_2}{R_1}\right)\frac{1+jf/f_z}{1+jf/f_p} \qquad (5.30a)$$

$$f_z = \frac{1}{2\pi(R_1 // R_2)(C_1+C_2)}, \quad f_p = \frac{1}{2\pi R_2 C_2} \qquad (5.30b)$$

$1/\beta$ 函数的低频渐近线为 $1/\beta_0 = 1+R_2/R_1$，高频渐近线为 $1/\beta_\infty = 1+C_1/C_2$，两个转折点分别为 f_z 和 f_p。如图 5.15a 所示，交越频率为 $f_x = \beta_\infty f_t$，因此噪声增益为 $A_n = (1/\beta)/(1+jf/f_x)$，或

$$A_n = \left(1 + \frac{R_2}{R_1}\right)\frac{1+jf/f_z}{(1+jf/f_p)(1+jf/f_x)} \qquad (5.31)$$

我们也可以观察到，当 $a \to \infty$ 时，我们可以得到 $A_{s(ideal)} = R_2/(1+jf/f_p)$，因此信号增益为：

$$A_s = \frac{R_2}{(1+jf/f_p)(1+jf/f_x)} \qquad (5.32)$$

如图 5.15b 所示。当 $C_1 \gg C_2$ 时，噪声增益曲线上有一个明显的峰值，这是光敏二极管放大器一个很差的特性。在 R_2 上并联一个电容可以降低这个峰值，然而这也会降低信

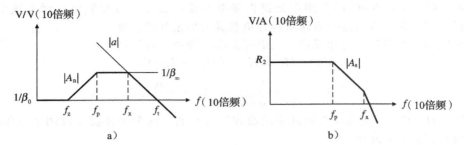

图 5.15 光敏二极管放大器的噪声增益 A_n 和信号增益 A_s

号增益带宽 f_p。

例 5.11 在图 5.14 的电路中，运算放大器采用 OPA627 JFET 输入运算放大器，其参数有 $f_t=16\mathrm{MHz}$，$e_{nw}=4.5\mathrm{nV}/\sqrt{\mathrm{Hz}}$，$f_{ce}=100\mathrm{Hz}$，$I_B=1\mathrm{pA}$。如果 $R_1=100\mathrm{G\Omega}$，$C_1=45\mathrm{pF}$，$R_2=10\mathrm{M\Omega}$，$C_2=0.5\mathrm{pF}$。求在 $0.01\mathrm{Hz}$ 以上的总输出噪声 E_{no}。

解：

根据给出的数据可以得到，$1/\beta_0\approx1\mathrm{V/V}$，$1/\beta_\infty=91\mathrm{V/V}$，$f_z=350\mathrm{Hz}$，$f_p=31.8\mathrm{kHz}$，$f_x=176\mathrm{kHz}$。另外，根据式(5.15b)和式(5.16)，可得 $i_{R2}=40.6\mathrm{fA}/\sqrt{\mathrm{Hz}}$ 和 $i_n=0.566\mathrm{fA}/\sqrt{\mathrm{Hz}}$。我们发现噪声 e_n 的增益为 A_n，其中 i_n 和 i_{R2} 中的噪声增益与信号增益一致。输出噪声密度如图 5.16 所示，即 $e_{noe}=|A_n|\,e_n$，$e_{noi}=|A_s|\,i_n$，$e_{noR}=|A_s|\,i_{R2}$。

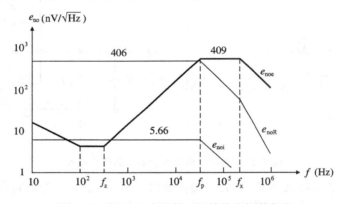

图 5.16 例 5.11 中光敏二极管输出频谱密度

粉噪声相切定理揭示了噪声的主要成分为 f_x 附近的电压噪声 e_{noe} 和 f_p 附近的热噪声 e_{noR}。因为采用的 JFET 输入运算放大器，电流噪声可以忽略不计。因此，$E_{noe}\approx(1/\beta_\infty)e_n$ $\sqrt{(\pi/2)f_x-f_p}=(91\times4.5\times10^{-9}\times\sqrt{(1.57\times176-31.8)\times10^3})\ \mathrm{V}=202\mu\mathrm{V}$（RMS），$E_{noR}=R_2i_{R2}\times\sqrt{(\pi/2)f_p}\approx91\mu\mathrm{V}$。最终可得 $E_{no}\approx\sqrt{202^2+91^2}=222\mu\mathrm{V}$（RMS）。通过 PSpice 仿真，可以得到仿真结果为 $E_{no}=230\mu\mathrm{V}$（RMS），由此可见之前的手算结果还是比较合理的。◄

噪声过滤

图 5.17 所示的为修改后的光敏二极管放大器采用了图 5.13 所示的电流滤波方

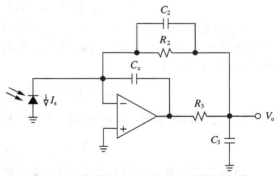

图 5.17 带噪声过滤的光敏二极管放大器

法，从而降低了噪声。在选择滤波器截止频率 f_0 时，必须注意的是不要降低信号增益带宽。另外，Q 的最优解是噪声特性和响应特性相互折中的结果，例如峰值和振铃。一种合理的方法则是从 $C_c=C_2$ 和 $R_3C_3=R_2C_c$ 入手，这样当 $m\gg1$ 时则有 $m=1/n$，$Q\approx1$。于是微调 C_c 和 R_3 就可以得到噪声特性和响应特性之间最好的折中。

例 5.12 假设例 5.11 中的参数不变，求图 5.17 所示电路中 C_c，R_3 和 C_3 最合适的值

解：

设 $C_c=C_2=0.5$pF. 方便起见，取 $C_3=10$nF。则可以得到 $R_3=R_2C_c/C_3=500\Omega$

对不同的 R_3 值进行 PSpice 仿真，我们可以得到一个很好的折中值 $R_3=1$kΩ，由此可得大约 24kHz 的信号增益带宽，以及 $E_{no}\approx80\mu$V（RMS）。因此滤波可以将噪声减小至之前计算出来的 230μV 的 1/3。当在实验室中做实验电路时，由于 PSpice 模型中没有计算寄生参数，所以经验调整是很有必要的。 ◀

T 反馈光敏二极管放大器

正如我们所知道的，采用 T 网络就有可能用不太高的电阻实现极高的灵敏度。为了评价它对直流和噪声的影响，可以采用图 5.18 所示的模型。T 网络通常是由 $R_3/\!/R_4\ll R_2$ 来实现的，因此 R_2 扩大到等效值 $R_{eq}\approx(1+R_4/R_3)R_2$，并有 $i_R^2\approx i_{R2}^2=4kT/R_2$。可以证明这里噪声增益和信号增益分别是：

$$A_n\approx\left(1+\frac{R_2}{R_1}\right)\left(1+\frac{R_4}{R_3}\right)\frac{1+jf/f_z}{(1+jf/f_p)(1+jf/f_x)} \tag{5.33a}$$

$$A_s\approx\frac{(1+R_4/R_3)R_2}{(1+jf/f_p)(1+jf/f_x)} \tag{5.33b}$$

$$f_z=\frac{1}{2\pi(R_1/\!/R_2)(C_1+C_2)},\quad f_p=\frac{1}{2\pi(1+R_4/R_3)R_2C_2} \tag{5.34}$$

这表明两种增益的放大器的直流值都被放大了 $1+R_4/R_3$ 倍。实际应用中，我们发现 $E_{noR}\approx(1+R_4/R_3)\times R_2 i_R\sqrt{\pi f_p/2}=[(1+R_4/R_3)kT/C_2]^{1/2}$，这说明热噪声会随着因子 $1+R_4/R_3$ 的平方根增加而增加。因此，我们必须适当限制这个因子，这样才能避免增加不必要的噪声。结果说明，将高灵敏度放大器与大面积光敏二极管相连接时，选择 T 网络是很值得的。这些器件中的大电容会产生足够的噪声增益峰值，可使热噪声增加而不会危及总噪声性能。

例 5.13 在图 5.18 所示的电路中，设其中的运算放大器是例 5.11 中的 OPA627 运算放大器，设其中的二极管是大面积光敏二极管，这样 $C_1=2$nF，其他参数保持不变。求（1）要使直流灵敏度为 1V/nA，求 T 网络的元件参数。（2）求总 RMS 输出噪声和信号带宽。

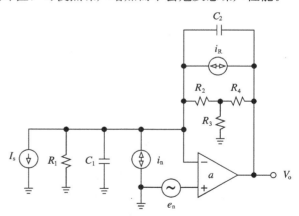

图 5.18 T 网络光敏二极管放大器

解：

（1）现在有 $1/\beta_0\approx1+R_4/R_3$，$1/\beta_\infty=1+C_1/C_2=4000$V/V，以及 $f_x=\beta_\infty f_t=4$kHz。为避免不必要增加电压噪声，假设 $1/\beta_0<1/\beta_\infty$，或者 $1+R_4/R_3<4000$。则有：

$$E_{noe}\approx(1/\beta_\infty)e_n\sqrt{\pi f_x/2}=1.43\text{mV}$$

为避免不必要增加热噪声，假设 $E_{noR}\leqslant E_{noe}/3$，或者

$$[(1+R_4/R_3)kT/C_2]^{1/2}\leqslant E_{noe}/3$$

从而得到 $1+R_4/R_3\leqslant27(<4000)$。则 $R_2=(10^9/27)\Omega=37$MΩ。

取 $R_2=36.5$MΩ，$R_3=1.00$kΩ，$R_4=26.7$kΩ

（2）信号带宽为 $f_B = f_p = (1/(2\pi \times 10^9 \times 0.5 \times 10^{-12}))\,\text{Hz} = 318\,\text{Hz}$。此外，$E_{noR} \approx 0.5\,\text{mV}$，$E_{noi} = 10^9 \times 0.566 \times 10^{-15}\sqrt{1.57 \times 318}\,\text{V} = 12.6\,\mu\text{V}$ 和 $E_{no} \approx \sqrt{1.43^2 + 0.5^2}\,\text{mV} = 1.51\,\text{mV}$ (RMS)。 ◀

5.6 低噪声运算放大器

正如 5.4 节所述，运算放大器噪声特性中的品质因数受白噪声电平 e_{nw} 和 i_{nw}、转角频率 f_{ce} 和 f_{ci} 的影响。它们的值越低，运算放大器的噪声就会越小。在宽带应用中，通常只关心白噪声电平。然而，在仪器仪表应用中，转角频率也可能很重要。

工业标准 OP27 低噪声精密运算放大器的噪声特性如图 5.19 所示。这个器件采用了第 3 章里所述的一部分特性来设计，这些特性包括，输入电流相消（Q_6），中心对称布局（Q_{1A}/Q_{1B}-Q_{2A}/Q_{2B}），偏上失调电压裁剪（R_1-R_2）。这个运算放大器还加入了输入保护二极管对。此运算放大器的噪声特性如图 5.20ab 所示，有 $e_{nw} = 3\,\text{nV}/\sqrt{\text{Hz}}$，$f_{ce} = 2.7\,\text{Hz}$，$i_{nw} = 04\,\text{pA}/\sqrt{\text{Hz}}$，$f_{ci} = 140\,\text{Hz}$。音频放大器 NE5533 的噪声特性以及 741 运算放大器的噪声特性如图 5.20c 所示，两者之间的差别还是比较明显的。在接下来的讨论中，我们采用 OP27 作为基本低噪声设计的标准。

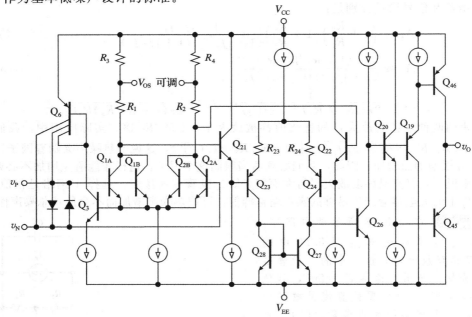

图 5.19 OP27 低噪声高精度运算放大器简化电路图

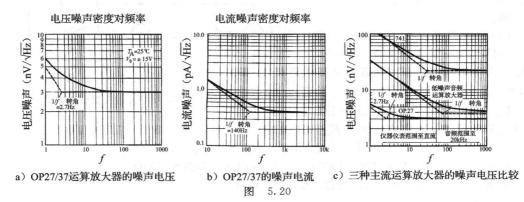

a）OP27/37运算放大器的噪声电压　　b）OP27/37的噪声电流　　c）三种主流运算放大器的噪声电压比较

图 5.20

除了可编程运算放大器外，用户是无法控制运算放大器的噪声特性的。然而，大致理解这些特性是如何产生的有助于用户对器件的选择。与输入失调电压和输入偏置电流相似，电压噪声和电流噪声也非常依赖于输入级差分晶体管对的制造工艺和工作条件。电压噪声还会受输入对的负载和第二级的影响。当将后面各级产生的噪声换算到输入端时，它的值通常是很小的。这是因为要将这个噪声除以所有正向通道上的总增益。

差分输入对噪声

适当选择晶体管的种类、几何尺寸，以及工作电流，可以将差分输入对产生的噪声最小化。在 BJT 输入运算放大器中，根据式(5.19a)，BJT 电压噪声依赖于基极分布电阻 r_b 和跨导 g_m。在 OP27 运算放大器中，差分对 BJT 通过条状(长且狭窄的发射极两端都被基极结包围)实现的，这样可以使得 r_b 最小，并用远远高于正常集电极电流的电流(每边 $120\mu A$)对差分输入对进行偏置，以增加 g_m。然而，工作电流的增加会对输入偏置电流 I_B 和输入噪声电流 i_n 产生不好的影响。如图 5.19 所示，在 OP27 中，电流抵消技术可以降低 I_B。然而，噪声密度不会被抵消，而是以 RMS 的形式相加。因此，在电流抵消电路中，i_{nw} 高于式(5.18b)计算得到的散粒噪声值。

当应用要求更大的外部电阻时，FET 输入运算放大器是一个较好的选择，因为 FET 输入运算放大器的噪声电流电平比 BJT 输入运算放大器的噪声电流电平低几个数量级，至少在室温附近是这样的。另一方面，FET 倾向于具有更高的电压噪声，因为它的 g_m 要比 BJT 的 g_m 低。一个 JFET 输入运算放大器的例子就是 OPA827 运算放大器，它在 1kHz 有 $e_n = 4nV/\sqrt{Hz}$，$i_n = 2.2fA/\sqrt{Hz}$。

在 MOSFET 中，$1/f$ 噪声也是一个比较重要的因素。根据式(5.21a)，$1/f$ 噪声分量可以通过使用大面积器件来降低。另外，经验发现 p 沟道元件比 n 沟道元件具有更小的 $1/f$ 噪声。这表明，采用 p 沟道输入晶体管可以实现 CMOS 运算放大器的最佳噪声特性。一个较为优秀的低噪声 CMOS 运算放大器的例子就是 OPA320 运算放大器，它在 1kHz 有 $e_n = 8.5nV/\sqrt{Hz}$，$i_n = 0.6fA/\sqrt{Hz}$(你在网上搜索低噪声 JFET 和 CMOS 运算放大器，以得到更多有用产品的信息)。

输入对负载噪声

另一个重要的噪声源是差分输入对的负载。在通用运算放大器(例如 741 运算放大器)中，这个负载是用镜像电流源有源负载来实现的，以使得增益最大。然而，有源负载以噪声大著称，这是因为它们会放大自身的噪声电流。一旦将有源噪声负载除以第一级跨导，并转换成等效输入噪声电压后，会明显恶化噪声特性。事实上，在 741 运算放大器中，有源负载产生的噪声要大于差分输入对自身产生的噪声。

OP27 运算放大器采用电阻性负载输入级，从而避免了这个问题，如图 5.19 所示。在 CMOS 运算放大器中，把从有源负载中产生的噪声换算到输入端时，要将它乘以负载的 g_m 和差分输入对的 g_m 的比值。因此，采用具有低 g_m 值的负载可以显著降低这种噪声分量。

第二级噪声

最后一个可能对 e_n 有贡献作用的是第二级，尤其是当第二级是用 pnp 晶体管实现的时候。因为这样会产生电平漂移和额外的增益，如图 5.19 的 Q_{23} 和 Q_{24} 所示。pnp 晶体管是一个表面器件，因此具有大 $1/f$ 噪声和小 β。如果将这种噪声换算到输入端，会显著增加 f_{ce}。OP27 通过采用射极跟随器 Q_{21} 和 Q_{22}(见图 5.19)，将第一级与 pnp 对相隔离，从而消除了这个缺陷。

超低噪声运算放大器

高精密仪器仪表通常要求有超高的开环增益来实现要求的线性度，与此同时，必须有超低的噪声，以确保有足够的 SNR。在这些情况小，对价格和可用性的权衡可能会促进能满足这些要求的专用电路的开发。

如图 5.21 所示，这是一个专用的低噪声运算放大器，它的直流特性与高精密传感器的要求是一致的，交流特性适合于专业的音频工作。这个电路采用了具有差分前端的低噪声 OP27 运算放大器，即增加了开环增益，又降低了电压噪声。前端是由三个并联连接的 MAT-02 低噪声双 BJT 组成的，它们工作在集电极电流（每个晶体管 1mA）不太高的条件下。并联排列可以使复合器件的基极分布电阻缩小到原值的 $1/\sqrt{3}$，同时使高集电极电流扩大 g_{m} 倍。由此可得，$e_{\mathrm{nw}}=0.5\mathrm{nV}/\sqrt{\mathrm{Hz}}$，$f_{\mathrm{ce}}=1.5\mathrm{Hz}$。

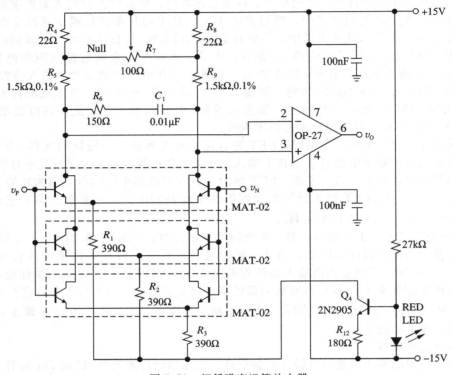

图 5.21　超低噪声运算放大器

与 R_{12} 和 LED 相连的晶体管 Q_4 产生了一个不随温度变化的 6mA 电流汇。这个电流吸收的是三个差分输入对上的电流，然后流过 R_1 和 R_3。R_6 和 C_1 给大于 10 的闭环增益提供频率补偿。R_7 将输入失调电压调零。

由前端提供的额外增益将总直流增益增至 $a_0=3\times10^7\mathrm{V}/\mathrm{V}$。其他的参数有 $i_{\mathrm{nw}}=15\mathrm{pA}/\sqrt{\mathrm{Hz}}$，$\mathrm{TC}_{(\mathrm{VOS})}=0.1\mu\mathrm{V}/^{\circ}\mathrm{C}(\max)$，$\mathrm{GBP}=150\mathrm{MHz}$，$A_0=10^3\mathrm{V}/\mathrm{V}$，$\{\mathrm{CMRR}\}_{\mathrm{dB}}=130\mathrm{dB}$。类似的前端设计也可以用来提升噪声特性，例如仪器仪表放大器和音频前置放大器。

习题

5.1 节

5.1　分别在 $f_1=10\mathrm{Hz}$ 和 $f_2\gg f_{\mathrm{ce}}$ 处进行两次集成电路噪声点测量。可得 $e_{\mathrm{n}}(f_1)=20\mathrm{nV}/\sqrt{\mathrm{Hz}}$ 和 $e_{\mathrm{n}}(f_2)=6\mathrm{nV}/\sqrt{\mathrm{Hz}}$。求从 1mHz 到 1MHz 的 RMS 噪声。

5.2　考虑两个串联的集成电路噪声源 e_{n1} 和 e_{n2}，类型和式子(5.8)一样，(a)证明两个噪声源的组合等效噪声 e_{n} 仍是式(5.8)的类型，通过单独的噪声底和转折频率得到它的白噪声底 e_{nw} 和转折频率 f_{ce}。(b)如果 e_{n1} 满足 $e_{\mathrm{nw1}}=30\mathrm{nV}/\sqrt{\mathrm{Hz}}$，$f_{\mathrm{ce1}}=400\mathrm{Hz}$，$e_{\mathrm{n2}}$ 满足 $e_{\mathrm{nw2}}=40\mathrm{nV}/\sqrt{\mathrm{Hz}}$，$f_{\mathrm{ce2}}=100\mathrm{Hz}$，计算从 1Hz 到 1MHz 的总噪声 E_{n}。

5.2 节

5.3　(a)使用积分表(可以从网络上找到)，证明式(5.11)。(b)证明式(5.14)。

5.4 (a)假设 $f_L=0$，确定图 4.6a 所示的由两个相同级数串联而成的放大器的 NEB。该 NEB 和单独即的 NEB 相比哪个大？通过波特图的面积来鉴别。(b)如何近似闪烁噪声频率 f_H。

5.5 (a)考虑式(5.13b)中 $Q=1/\sqrt{2}$ 的情况，比较 NEB_{BP} 和 NEB_{LP}，并比较 NEB_{LP} 和一阶电路的 NEB，用波特图的面积来做比较；(b)当 $Q=10$ 时，比较 NEB_{BP} 和 NEB_{LP}。

5.6 手算例 5.2 的 f_H。提示：运用式(5.12)、式(5.11b)和式(5.13b)。

5.7 (a)一个滤波器由一个 RC 网络，紧接着一个缓冲器和另一个 RC 网络组成，求其 NEB；(b)一个滤波器由一个 CR 网络，紧接着一个缓冲器和另一个 RC 网络组成，求其 NEB；(c)一个滤波器由一个 RC 网络，紧接着一个缓冲器和另一个 CR 网络组成，求其 NEB；(d)按噪声递减的顺序排列这三种滤波器。

5.8 如果 $A_n(s)$ 的两个零点是 $s=-20\pi\times rad/s$，$s=-2\pi\times10^3\ rad/s$。四个极点是 $s=-200\pi rad/s$，$s=-400\pi rad/s$，$s=-2\pi\ 10^4\ rad/s$ 和 $s=-2\pi\times10^4\ rad/s$。求 NEB。

5.9 某噪声源的 $f_{ce}=100Hz$，$e_{nw}=10nV/\sqrt{Hz}$，将它加在一个中频增益为 40dB，$f_L=10Hz$ 和 $f_H=1kHz$ 的无噪声宽带带通滤波器上。求总输出噪声，用典型噪声切相定理验证。

5.10 某电压基准通过 FET 输入运算放大器电压跟随器缓冲到外部。电压基准的输出噪声 e_{n1} 满足 $e_{nw1}=100nV/\sqrt{Hz}$ 和 $f_{ce1}=20Hz$。由运算放大器本身产生噪声建模为 e_{n2}(和 e_{n1} 串联)，其 $e_{nw2}=25nV/\sqrt{Hz}$ 和 $f_{ce1}=200Hz$。此外，该运算放大器通过外部电容 C_c 进行主极点补偿，其 GBP=1MHz。(a)计算跟随器输出端处超过 0.1Hz 的总噪声；(b)如果 C_c 增加使得 GBP=10kHz，重新计算(a)问。

5.11 某放大器的频谱噪声 e_{no} 构成如下：在小于 100Hz 时噪声是 $f_{ce}=1Hz$，$e_{nw}=10nV/\sqrt{Hz}$ 的 $1/f$ 噪声；从 100Hz 到 1kHz 时，以 -1(10 倍频/10 倍频)的速率滚降；从 1kHz 到 10kHz 时，稳定在 $e_{nw}=1nV/\sqrt{Hz}$；大于 10kHz 时，以 -1(10 倍频/10 倍频)的速率滚降。画出并标注出 e_{no}。计算大于 0.01Hz 的总 RMS 噪声，并用典型噪声切相定理验证。

5.3 节

5.12 一个集成电路电流源的噪声在两个不同频率下得到测量，分别为 $i_n(250Hz)=6.71pA/\sqrt{Hz}$，$i_n(2500Hz)=3.55pA/\sqrt{Hz}$。(a)求 i_{nw} 和 f_{ci}。(b)如果该源驱动 $1k\Omega$ 的电阻，求电阻两端的噪声电压的 e_{nw}

和 f_{ce}。(c)在电阻两端并联 10nF 的电容，求大于 0.01Hz 的总 RMS 噪声 E_n。

5.13 一个 $I_s=2fA$，$r_s\approx0$，$K=10^{-16}A$，以及 $a=1$ 的二极管正偏在 $I_D=100\mu A$，通过一个 3.3V 的供电电源和适当的串联电阻 R。供电电源本身的噪声可以看成白噪声，其 $e_{ns}=100nV/\sqrt{Hz}$。结合供电电源噪声 e_{ns}，电阻噪声 e_{nr} 和二极管噪声 i_n，求二极管上的总噪声电压 $e_n(f)$，并用式(5.8)的形式来表示。求 e_{nw} 和 f_{ce}。提示：分析噪声时，将二极管替换为其交流等效模型，包含一个无噪声的电阻 $r_d=V_T/I_D=(26mV)/I_D$。

5.14 当对 LT1009 2.5V 基准二极管进行适当的偏置时，它相当于一个具有 $e_n^2\approx(118nV/\sqrt{Hz})^2$ $(30/f+1)$ 叠加噪声的 2.5V 源。如果将二极管电压通过一个 $R=10k\Omega$，$C=1\mu F$ 的 RC 滤波器，计算在 1min 的间隔内输出端上观察到的峰峰值噪声。

5.15 一个二极管分别工作在(a)正向偏置电流为 $50\mu A$ 和(b)反向偏置电流为 1pA 的条件下，求能和它产生相同大小的室温噪声的电压值。

5.16 证明由电阻 R 和电容 C 组成的并联电路上的总 RMS 噪声电压是 $E_n=\sqrt{kT/C}$，且和 R 无关。(b)求流过电阻 R 和电感 L 串联电路噪声电流的总 RMS 值的表达式。

5.17 (a)在室温条件下，某电阻产生的 e_{nw} 与 741 运算放大器的 e_{nw} 相同。求这个电阻值。(b)求反向偏置二极管电流，这个电流产生的 i_{nw} 与 741 运算放大器的 i_{nw} 相同。将这个电流与 741 运算放大器输入偏置电流比较，结果如何？

5.4 节

5.18 在图 1.18 所示的差分放大器中，令 $R_1=R_3=10k\Omega$，$R_2=R_4=100k\Omega$。如果采用的是(a)741 运算放大器；(b)OP27 运算放大器，求大于 0.1Hz 的总输出噪声 E_{no}。分别比较各个分量 E_{noe}，E_{noi} 和 E_{noR}，并进行讨论。对于 741 运算放大器，$f_t=1MHz$，$e_{nw}=20nV/Hz$，$f_{ce}=200Hz$，$i_{nw}=0.5pA/Hz$，$f_{ci}=2kHz$；对于 OP27 运算放大器，$f_t=8MHz$，$e_{nw}=3nV/Hz$，$f_{ce}=2.7Hz$，$i_{nw}=0.4pA/Hz$，$f_{ci}=140Hz$。

5.19 采用一个 741 运算放大器设计一个电路，它有三个输入 v_1、v_2 和 v_3，产生的输出 $v_O=2(v_1-v_2-v_3)$；由此，计算它的大于 1Hz 的总输出噪声。

5.20 在图 1.81 所示的桥式放大器中，令 $R=100k\Omega$，$A=2V/V$，采用的是 741 运算放大器。计算大于 1Hz 的总输出噪声。

5.21　对于图 2.2 所示的 I-V 转换器，已知 $R=10\text{k}\Omega$，$R_1=2\text{k}\Omega$，$R_2=18\text{k}\Omega$，采用的是 OP27 运算放大器，习题 5.19 给出了这种运算放大器的特性。求大于 0.1Hz 的总 RMS 输出噪声。(b)如果 i_1 是一个峰值为 $\pm10\mu\text{A}$ 的三角波，求 SNR。

5.22　对于图 1.64 所示的反相放大器，(a)如果所有的电阻都是 10kΩ，采用的是 741 运算放大器。求大于 0.1Hz 的总输出噪声。(b)如果 $v_1=(0.5\cos(10t)+0.25\cos(300t))\text{V}$，求 SNR。

5.23　JFET 输入运算放大器的 $e_{nw}=18\text{nV}/\text{Hz}$，$f_{ce}=200\text{Hz}$，$f_t=3\text{MHz}$，将它接成一个反相积分器，其中，$R=159\text{k}\Omega$，$C=1\text{nF}$。计算大于 1Hz 的总输出噪声。

5.24　采用 GBP=1MHz 的运算放大器，来设计一个 $A_0=60\text{dB}$ 的放大器。评估两种设计方案，即单运算放大器实现和例 4.2 形式的双运算放大器级联实现。已知电阻足够的低，以至于可忽略电流噪声和电阻噪声。哪一种电路设计方案的噪声更大，大多少？

5.25　采用 OP227 双运算放大器，设计一个增益为 $10^3\text{V}/\text{V}$ 的双运算放大器仪器仪表放大器，并求大于 0.1Hz 的总输出噪声。使噪声在实际中尽可能的低。OP227 是由同一个封装中的两个 OP27 运算放大器组成，因此采用习题 5.19 中的数据。

5.26　参照图 2.20 的三运算放大器仪器仪表放大器，考虑第一级的情况，它的输出为 v_{O1} 和 v_{O2}。(a)如果 OA_1 和 OA_2 是密度为 e_n 和 i_n 的双运算放大器，证明这一级的总输入功率密度 $e_{ni}^2=2e_n^2+[(R_G//2R)_3 i_n]^2/2+4kT(R_G//2R_3)$。(b)如果 $R_G=100\Omega$，$R_3=50\Omega$，运算放大器用的是 OP227 双运算放大器包，运算放大器的特性和习题 5.19 给出的 OP-27 特性相同。计算第一级产生的大于 0.1Hz 的总 RMS 噪声。

5.27　(a)在图 2.21 所示三运算放大仪器仪表放大器中，调整电位器使增益为 $1\times10^3\text{V}/\text{V}$。利用习题 5.27 的结果，计算大于 0.1Hz 的总输出噪声。(b)对于峰值为 10mV 的正弦输入，求 SNR。

5.28　使用 PSpice 来验证例 5.10 中的 CFA 噪声。

5.29　图 5.9a 所示电路中，$R_1=R_3=10$，$R_2=10\text{k}$，而它的输出从带通滤波器处观测 NEB=100Hz。读数是 0.120mV(均方根)，因为 R_1，R_3 太小，所以可以当做是最初的电压噪声。接着，在运放的各个引脚串联进一个 $500\text{k}\Omega$ 的电阻产生一个稳定的电流噪声。此时输出读数是 2.25mV 均方根，计算 e_n 和 i_n。

5.30　(a)图 5.13 中噪声滤波器的传递函数。(b)修改电路使得成为一个 $H=-10H_{LP}$ 反相电压运算放大器。

5.31　使用两个 $0.1\mu\text{F}$ 电容，确定图 5.13 所示 $f_0=100\text{Hz}$ 和 $Q=1/2$ 的噪声滤波器中电阻值。如果运算放大器是 741 运算放大器，计算在 V_i 和 I_i 都是零的时候在 0.01Hz 时滤波器的总均方根噪声。

5.32　用图 5.13 所示电压输入噪声滤波器，设计一个电路过滤习题 5.15 中的 LT1009 参考二极管的电压，在 $1\mu\text{V}$(均方根)，0.01Hz 时的输出噪声。假设 OP-27 运放的性能由习题 5.19 给出。

5.33　一个学生将 LT1009 2.5V 恒压二极管的输出连接到一个电压跟随器和一个单位增益反相器中，以便创造一个 2.5V 的双重缓冲参考值。这个运算放大器是 GBP=1MHz，$e_{nw}=10\text{ nV}/\sqrt{\text{Hz}}$，$f_{ce}=250\text{Hz}$，的 JFET 型的。而反相器使用两个 20kΩ 的电阻。计算在 +2.5V 和 -2.5V，1Hz 时的输出噪声。哪一个的噪声更小，为什么？这是一个好的设计吗？可以有改善的建议吗？

5.34　用 PSpice 画出例 5.11 中的 e_{noe}，e_{noi}，e_{noR}，e_{no}。用 s 和 sqrtl 两个 probe 函数求 E_{no}。

5.35　在例 5.11 的光点二极管放大器中，在 R_2 上并联一个额外的电容 $C_f=2\text{pF}$，这样对噪声有什么影响？对信号带宽有什么影响？

5.36　使用 PSpice 验证例 5.12。

5.37　推导式(5.33)和式(5.34)。

5.38　重新计算例 5.11，其中 R_2 用 $R_3=2\text{k}\Omega$，$R_4=18\text{k}\Omega$ 的 T 型网络代替，其余的不变。评价你的结果。

5.39　用 PSpice 来验证例 5.13。

5.40　修改例 5.13 的电路，在不减少信号带宽的情况下，过滤噪声。则电路总共的噪声是多少？

5.41　一种流行的噪声消减技术是将 N 个一样的电压源按照图 P5.41 所示的样子连接起来。(a)如果电阻的噪声可以忽略，则输出密度 e_{no} 和单个电压源密度 e_n 的关系是 $e_{no}=e_n/\sqrt{N}$。(b)计算最大的电阻值，用 e_n 表示，使得电阻的均方根误差小于电压源均方根误差的 10%。

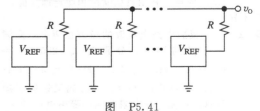

图　P5.41

5.42 图 P5.41 所示电路采用了四个 LT1009 参 考二极管(见习题 5.14)和四个 $10k\Omega$ 电阻,一个输出点和地之间的 $1\mu F$ 的电容。(a)计算 1Hz 的输出噪声。(b)如果三个 LT1009 断开,只保留其中一个,重复以上计算。

参考文献

1. H. W. Ott, *Noise Reduction Techniques in Electronic Systems,* 2d ed., John Wiley & Sons, New York, 1988.
2. C. D. Motchenbacher and J. A. Connelly, *Low-Noise Electronic System Design,* John Wiley & Sons, New York, 1993.
3. A. P. Brokaw, "An IC Amplifiers User's Guide to Decoupling, Grounding, and Making Things Go Right for a Change," Application Note AN-202, *Applications Reference Manual,* Analog Devices, Norwood, MA, 1993.
4. A. Rich, "Understanding Interference-Type Noise," Application Note AN-346, and "Shielding and Guarding," Application Note AN-347, *Applications Reference Manual,* Analog Devices, Norwood, MA, 1993.
5. F. N. Trofimenkoff, D. F. Treleaven, and L. T. Bruton, "Noise Performance of *RC*-Active Quadratic Filter Sections," *IEEE Trans. Circuit Theory*, Vol. CT-20, No. 5, September 1973, pp. 524–532.
6. A. Ryan and T. Scranton, "Dc Amplifier Noise Revisited," *Analog Dialogue,* Vol. 18, No. 1, Analog Devices, Norwood, MA, 1984.
7. M. E. Gruchalla, "Measure Wide-Band White Noise Using a Standard Oscilloscope," *EDN,* June 5, 1980, pp. 157–160.
8. P. R. Gray, P. J. Hurst, S. H. Lewis, and R. G. Meyer, *Analysis and Design of Analog Integrated Circuits*, 5th ed., John Wiley & Sons, New York, 2009, ISBN 978-0-470-24599-6.
9. S. Franco, "Current-Feedback Amplifiers," *Analog Circuits: World Class Designs*, R. A. Pease ed., Elsevier/Newnes, New York, 2008, ISBN 978-0-7506-8627-3.
10. W. Jung, *Op Amp Applications Handbook* (Analog Devices Series), Elsevier/Newnes, New York, 2005, ISBN 0-7506-7844-5.
11. R. M. Stitt, "Circuit Reduces Noise from Multiple Voltage Sources," *Electronic Design,* Nov. 10, 1988, pp. 133–137.
12. J. G. Graeme, *Photodiode Amplifiers–Op Amp Solutions,* McGraw-Hill, New York, 1996.
13. G. Erdi, "Amplifier Techniques for Combining Low Noise, Precision, and High Speed Performance," *IEEE J. Solid-State Circuits,* Vol. SC-16, December 1981, pp. 653–661.
14. A. Jenkins and D. Bowers, "NPN Pairs Yield Ultralow-Noise Op Amp," *EDN,* May 3, 1984, pp. 323–324.

第6章
稳 定 性

自从 Harold S. Black 在 1927 年提出负反馈的概念以来，负反馈已经成为电子科学和控制科学，以及其他领域的应用科学（例如生物系统建模）的基础。正如前面几章提到的，负反馈能够改善多种性能，包括抑制生产和环境变化导致的增益不稳定性，减小由于器件非线性产生的失真，频带扩展和阻抗变换。负反馈的优点在高增益的放大器（例如运算放大器）中更加明显。

然而，负反馈的引入也有一定的代价，可能会导致振荡。一般来说，如果无论输入端输入什么，系统环路中都能够产生一个稳定的信号，那么就说产生了振荡。为了产生振荡，系统必须在环路中产生足够的相位偏移，使得负反馈变成正反馈。同时还要产生足够的环路增益，使得不加任何输入的情况下，还能产生输出振荡。

本章重点

本章系统分析了导致不稳定的原因，并给出了适当的解决办法来使电路稳定，也就是所谓的频率补偿技术。这使得负反馈的优点得到了充分的利用。本章从许多稳定性相关的概念开始，比如相位裕度、增益裕度、尖峰和振铃、闭合速率、借助反馈比分析环路增益以及借助电压/电流注入进行环路增益测量。

接下来，举例说明一些最常用的内部频率补偿的方案：主极点补偿、零极点补偿、米勒补偿、右半平面零点控制补偿和前馈补偿等。本章还将进一步介绍含有反馈极点的电路，特别是杂散输入电容和容性负载的影响。接下来，本章还将讨论一些流行的补偿方案，比如输入滞后和超前反馈补偿。在研究了电流反馈放大器的稳定性之后，本章将以复合放大器的稳定性做结束。

稳定性在计算机仿真领域得到了广泛的应用，不仅引入了一个新的指标，而且也可以当做手工计算估计的验证工具。本章还广泛地应用 PSpice 来对之前的补偿方案进行直观的验证。

6.1 稳定性问题

只有电路在有任何振荡的可能性下，依然保持稳定，负反馈的优势才能够发挥出来。为了进行直观的讨论[1,2]，在参照图 6.1 所示的反馈系统的时候进行简化，我们假定单向模型并且没有馈通效应，这样我们可以利用式（4.13），得：

$$A(jf) = \frac{V_o}{V_i} = A_{ideal} \times D(jf) \qquad (6.1)$$

式中：A_{ideal} 是当 $a \to \infty$ 时的闭环增益；

$$D(jf) = \frac{1}{1 + 1/T(jf)} \qquad (6.2)$$

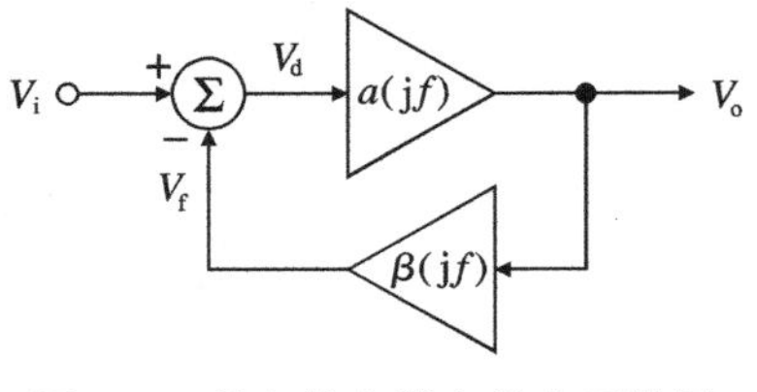

图 6.1 单向放大器和单向反馈网络的负反馈系统

为误差函数。

其中，

$$T(jf) = a(jf)\beta(jf) \qquad (6.3)$$

表示环路增益。这个我们可以通过 1.7 节里提到的利用反馈比分析的方法得到。正如我们知道的，一旦放大器检测到误差信号 V_d，便会去减少它。但是从放大器响应到利用反馈网络使响应稳定返回输入需要一定的时间。这个组合时延使得放大器倾向于对误差信号进行过校正，特别是在环路增益更高的情况下。如果过校正超过原始的误差，那么就会产生再生作用，因此 V_d 的幅值将发散（而不是收敛），最终导致不稳定。信号幅值将按照指数规律增长，直到电路固有的非线性限制它的进一步增长为止，迫使系统要么进入饱和，要么产生振荡。这取决于系统函数的阶次。与此相反，能够使 V_d 收敛的电路就是稳定的电路。

增益裕度

一个系统的稳定与否取决于环路增益 T 随频率的变化而变化的方式。为了进行证明，假设频率 $f_{-180°}$ 表示在该点处的相位角是 $-180°$。于是 $T(jf_{-180°})$ 表示实数而且为负。例如，-0.5、-1、-2 均表示反馈已经由正转负。我们考虑如下三种重要的情况。

如果 $|T(jf_{-180°})|<1$，那么式(1.40)可以重新写成：

$$A(jf_{-180°}) = \frac{a(jf_{-180°})}{1 + T(jf_{-180°})}$$

因为分母大于"1"，所以上式可得 $A(jf_{-180°})$ 小于 $a(jf_{-180°})$。由于反复环绕环路流过的信号的幅度会逐渐降低，并最终消失，因此电路是稳定的。而且 $A(s)$ 的极点必然落在 s 平面的左半平面。

如果 $T(jf_{-180°})=-1$，由上述方程可得 $A(jf_{-180°}) \to \infty$，这表明电路由此可以在输入为零的条件下，维持一个输出信号！电路是一个振荡器，这表明 $A(s)$ 必然在虚轴上有一对共轭极点。振荡器总是受到以某种形式存在于放大器输入端的交流噪声的激励。某一恰好在 $f=f_{-180°}$ 的交流噪声分量产生反馈分量 $V_f = -V_d$。在求和网络中将这一分量进一步放大到 -1 倍，由此可以得到 V_d 本身。因此这个分量进入到环路，就可以在很长时间内保持住。

如果 $T(jf_{-180°})>-1$，就不能够用上述的公式，而需要采用数学工具来预估电路的特性。这里需要说明的是现在的 $A(s)$ 可能在 s 平面的右半平面有一对共轭极点。因此一旦振荡器开始工作，幅度就会不断增长，直至某些电路的非线性将环路增益降至"1"为止。这些非线性既可以是固有的（例如非线性的 VTO），也可以是有意设计的（例如某些外部钳位网络）。此后，把振荡器归为保持类型。

增益裕度给出了稳定性的定量度量，定义为：

$$\text{GM} = 20 \lg \frac{1}{|T(jf_{-180°})|} \tag{6.4}$$

GM 的含义是指，$|T(jf_{-180°})|$ 变成"1"导致不稳定之前，可被增加的分贝数。

例如，某电路的 $|T(jf_{-180°})|=1/\sqrt{10}$，它的 $\text{GM}=20 \lg \sqrt{10}=10\text{dB}$，这是一个合理的裕度。与此成对比的是，另一个电路的 $\text{GM}=20 \lg \sqrt{2}$，它的 $\text{GM}=3\text{dB}$，这个裕度就很小。只要制造过程中变化或者环境改变引起增益 a 的略微增长，就可能很容易地导致不稳定！图 6.2(上)给出了 GM 的可视化图形表示。

相位裕度

另一种且更常用的定量表示稳定性的方法是利用相位。在这种情况下，此时关注的是 T 在穿越频率 f_x 处的相位角。按照定义，在穿越频率处有 $|T|=1$，定义相位裕度 ϕ_m 为在 $\angle T(jf_x)$ 达到 $-180°$，导致不稳定之前，可以被降低的度数。有 $\phi_m = \angle T(jf_x)-(-180°)$，即

$$\phi_m = 180° + \angle T(jf_x) \tag{6.5}$$

图 6.2(下)表示了相位裕度的图形。为了研究相位裕度的含义，我们研究 $|D(jf_x)|$。

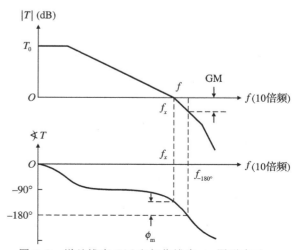

图 6.2 增益裕度 GM 和相位裕度 ϕ_m 图形表示

因为$\measuredangle T(jf_x)=\phi_m-180°$，我们有：
$$T(jf_x)=1\times\exp[j(\phi_m-180°)]=-1\times\exp(j\phi_m)$$

将上式代入式(6.2)，得到：
$$|D(jf_x)|=\left|\frac{1}{1+1/(-1e^{j\phi_m})}\right|=\left|\frac{1}{1-e^{-j\phi_m}}\right|$$
$$=\left|\frac{1}{1-(\cos\phi_m-j\sin\phi_m)}\right|=\frac{1}{\sqrt{(1-\cos\phi_m)^2+(\sin\phi_m)^2}}$$

其中，我们使用了欧拉恒等式。同时由于$\cos^2\phi_m+\sin^2\phi_m=1$，我们有：
$$|D(jf_x)|=\frac{1}{\sqrt{2(1-\cos\phi_m)}} \tag{6.6}$$

让我们用图6.3所示的反馈电路来说明上述概念。

三极点运算放大器的电路的开环增益是：
$$a(jf)=\frac{10^5}{(1+jf/10^3)(1+jf/10^5)(1+jf/10^7)} \tag{6.7}$$

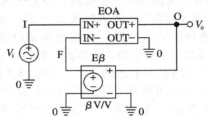

图6.3　PSpice电路仿真不同大小的反馈情况下三极点运算放大器

幅值和相位经计算分别为：
$$|a(jf)|=\frac{10^5}{\sqrt{[1+(f/10^3)^2]\times[1+(f/10^5)^2]\times[1+(f/10^7)^2]}} \tag{6.8a}$$
$$\measuredangle a(jf)=-[\arctan(f/10^3)+\arctan(f/10^5)+\arctan(f/10^7)] \tag{6.8b}$$

并且通过PSpice绘图，如图6.4a所示（幅值单位是dB，在左边标出，相位单位是(°)，在右边标出）。特别地，我们用逐渐陡峭的折线来表示幅值，并且用一致的值来标记特定的相位值。

$$相位(°)\leftrightarrow4.5\times斜率(dB/10倍频) \tag{6.9}$$

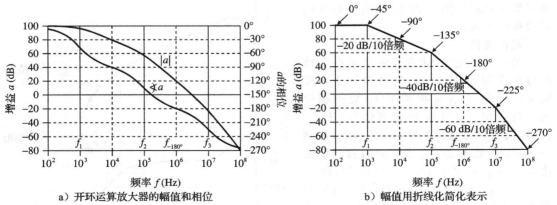

a）开环运算放大器的幅值和相位　　　　b）幅值用折线化简化表示

图　6.4

因此从直流到 f_1，我们画一条斜率为 0dB/10 倍频。而在式(6.9)中表示相位为 $0°$。从 f_1 到 f_2，我们画一条斜率为 -20dB/10 倍频，表示相位 $4.5 \times (-20)$ 或者 $-90°$。在 f_1 点恰好斜率是 0dB/10 倍频。所以相对应的相位是 $4.5 \times (-10)$ 或者 $45°$。同样的 f_2 到 f_3 部分斜率为 -40dB/10 倍频，此时相位 $-180°$。在 f_2 点的相位是 $-135°$，并且过了 f_3 之后，斜率变成 -60dB/10 倍频，而相位达到了 $-270°$。

我们现在想要研究在增加独立的频率反馈的值之后的闭环响应。此时 $\sphericalangle T(jf) = \sphericalangle a(jf)$，我们有以下几种重要的情况。

- 当 $\beta = 10^{-4}$ 的时候，我们发现如果在图 6.4b 所示曲线中画出 $1/\beta$（$1/\beta = 10^4 = 80$dB），将和增益曲线相交于 $f_x \approx 10$kHz，此时 $\sphericalangle a(jf_x) \approx -90°$。结果 $\phi_m \approx 180° + \sphericalangle T(jf_x) = 180° + \sphericalangle a(jf_x) = 180° - 90° = 90°$。图 6.5 展示了一个主极点频率是 f_x 的闭环响应。图 6.6a 所示的 β 值($=1$mV)的阶跃响应，是近似一条指数曲线。一旦输入跳回零，$v_O(t)$ 将以指数形式衰减，这样的电路是稳定的。

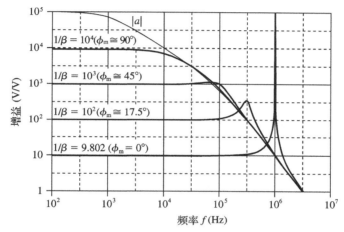

图 6.5　不同反馈值下图 6.3 所示电路的闭环响应。降低 $1/\beta$ 曲线的 β 的值，使得曲线的交叉频率有更大的相移，因此获得更小的相位裕度。为此，尖峰也将变得明显（见图 6.6）

- 将 β 从 10^{-4} 升到 10^{-3} 的时候，如图 6.4b 所示，$1/\beta$ 线将低至 60dB，同时 $f_x \approx 100$kHz，而且 $\sphericalangle a(jf_x) \approx -135°$，所以 $\phi_m \approx 180° - 135° = 45°$。现在闭环增益在 f_x 之前有一个小的尖峰，在此之后转降直到频率 $|a(jf_x)|$ 处。由式(6.6)我们有 $|D(jf_x)| = 1/\sqrt{2 \times (1 - \cos 45°)} = 1.307$ 所以式(6.1)表明 $|A(jf_x)| = 10^3 \times 1.307$，比 A_{ideal} 高出 30.7%。回顾系统理论，频域的尖峰对应着时域的振铃。这在图 6.6b 所示的，β 值($=1$mV)的阶跃信号下的瞬态响应中得到证实。一旦我们把输入降到零，$v_O(t)$ 也会降到零，虽然有微弱的振铃。我们总结为 $\phi_m = 45°$ 的电路依然是稳定的，虽然在实际应用中一定的尖峰和振铃是不需要的。

- 将 β 升到 10^{-2}，会使得图 6.4b 所示的 $1/\beta$ 线低至 40dB，所以 f_x 现在是 100kHz 和 1MHz 的几何平均值，或者 $f_x \approx \sqrt{10^5 \times 10^6}$ Hz $= 316$kHz，而且 $\sphericalangle a(jf_x)$ 是 $-145°$ 和 $180°$ 的算术平均值，或者 $-162.5°$，所以 $\phi_m \approx 180° - 162.5° = 17.5°$。随着相位裕度的减小，峰值和振铃都变得更加明显。事实上，我们现在有 $|D(jf_x)| = 1/\sqrt{2 \times (1 - \cos 17.5°)} = 3.287$，所以式(6.1)表示 $A(jf_x) \approx 10^2 \times 3.28$，或者差不多 $3.3 \times A_{ideal}$！图 6.6c 表示对于 β 值($=10$mV)的阶跃响应，一旦我们把输入降为零，$v_O(t)$ 会伴随着明显的振铃降低。我们总结为，$\phi_m = 17.5°$ 的电路依然是稳定的，但是在大部分的应用中并不适用，因为它有明显的尖峰和振铃。

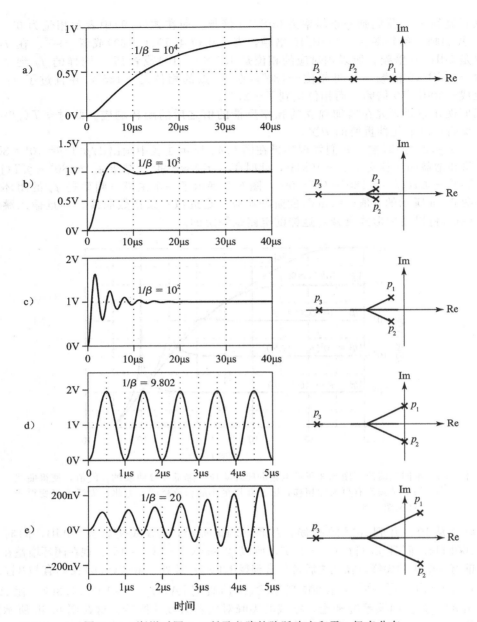

图 6.6 β 渐增时图 6.3 所示电路的阶跃响应和零、极点分布

- 利用 PSpice 的光标测试图 6.4a 发现，$f_{-180°} = 1.006\text{MHz}$，此时 $|a(f_{-180°})| = 9.802\text{V/V}$，所以我们让 $\beta = 1/9.802 = 1.02 \times 10^{-1}$，我们得到 $f_x \approx 1.006\text{MHz}$，并且 $\measuredangle a(jf_x) = -180°$ 或者 $\phi_m = 0°$。结果 $|D(jf_x)|$ 迅速增大到无穷，表示发生了振荡。这在图 6.6d 所示的，表示 100mV 的阶跃响应中得到了响应。
- 将 β 升到 2×10^{-1} 使得 $1/\beta$ 变得更低，f_x 进入到另一个象限，因此 $\phi_m < 0°$，它使得内部噪声产生了一个渐增的振荡。及时用很小 1nV 的阶跃信号来当噪声，我们也获得图 6.6e 所示的响应。

我们也能够从复频域中的极点直观地看出这些行为。假定在式（6.7）中 $jf \to (s/2\pi)$，代入到式（6.2）中，再代入到式（6.1）中，简化后得到：

$$A(s) = \cfrac{10^5}{\beta 10^5 + \left(1 + \cfrac{s}{2\pi 10^3}\right)\left(1 + \cfrac{s}{2\pi 10^5}\right)\left(1 + \cfrac{s}{2\pi 10^7}\right)}$$

分母的根表示 $A(s)$ 的极点，经过计算和简化，我们得到表 6.1 所示的极点。这些数据在图 6.6 所示的右边部分得到很直观体现。从没有反馈 $\beta=0$ 到逐渐增加 β，使得两个最小的极点更加接近，直到它们重合，然后再分开变成复共轭，朝着虚轴移动。一旦移动到虚轴，它们会导致稳定的振荡。一旦它们移动到复平面的右半平面，它们会导致逐渐增加的振荡。

表 6.1　图 6.3 所示电路的闭环极点

β	$p_1(s^{-1})$	$p_2(s^{-1})$	$p_3(s^{-1})$
0	$2\pi(-1.0\text{k})$	$2\pi(-100\text{k})$	$2\pi(-10\text{M})$
10^{-4}	$2\pi(-12.4\text{k})$	$2\pi(-88.5\text{k})$	$2\pi(-10\text{M})$
10^{-3}	$2\pi(-50\text{k}+\text{j}87.2\text{k})$	$2\pi(-50\text{k}-\text{j}87.2\text{k})$	$2\pi(-10\text{M})$
10^{-2}	$2\pi(-45.4\text{k}+\text{j}313\text{k})$	$2\pi(-45.4\text{k}-\text{j}313\text{k})$	$2\pi(-10.01\text{M})$
1.02×10^{-1}	$2\pi(0+\text{j}1.0\text{M})$	$2\pi(0-\text{j}1.0\text{M})$	$2\pi(-10.1\text{M})$
2×10^{-1}	$2\pi(46.7\text{k}+\text{j}1.34\text{M})$	$2\pi(46.7\text{k}-\text{j}1.34\text{M})$	$2\pi(-10.2\text{M})$

观察图 6.5，如果能够容忍一定的尖峰的产生，比如 $\phi_{\text{m}}=45°$，必须限制其工作在 $1/\beta \geqslant 10^3\text{V/V}$。如果是想要一个增益很小的放大器，比如 $1/\beta=50\text{V/V}$ 或者 $1/\beta=2\text{V/V}$ 呢？电路在这些情况下会产生振荡。幸好巧妙的频率补偿技术能够帮助我们稳定任何增益的放大器，包括那些我们现在认为很难稳定的，比如 $\beta=1$。

例 6.1　(1)如果想要在图 6.3 所示的放大器中获得相位裕度 $60°$，最小的噪声增益 $1/\beta$ 是多少？(2)求出 $|D(\text{j}f_{\text{x}})|$ 并且给出评论。(3)用 PSpice 证明。

解：

(1) 由式(6.5)，我们有 $\not{\land}\text{T}(\text{j}f_{\text{x}})=\phi_{\text{m}}-180°=60°-180°=-120°$。图 6.4a 表示 $f_{-120°}$ 比 100kHz 大约低一个倍频程。初始估计 $f_{-120°}=50\text{kHz}$，并且反复迭代式(6.8b)直到得到 $f_{-120°}=59.2\text{kHz}$。接下来使用式(6.8a)直到找到 $|a(f_{-120°})|\approx1453\text{V/V}$。这是对于该放大器 $\phi_{\text{m}}\geqslant60°$ 时候 $1/\beta$ 的最小值。

(2) 进一步我们得到：

$$|D(\text{j}f_{\text{x}})| \approx \frac{1}{\sqrt{2\times(1-\cos 60°)}} = 1$$

因为直流的时候，我们有 $T_0=10^5/1453=68.8$，此时，$D_0=1/(1+1/68.6)=0.986<|D(\text{j}f_{\text{x}})|$ 表明峰值并不明显。

(3) 用图 6.3 所示的 $\beta=1/1453=0.688\times10^{-3}\text{V/V}$ 的电路，我们有图 6.7 所示的响应曲线图。我们能够说，除了少量的峰值和振铃，对于大部分的应用，$\phi_{\text{m}}=60°$ 的在稳定性与 $\phi_{\text{m}}=90°$ 时的一样好。但是它通过降低 $1/\beta$ 的可接受值，10^4V/V 到 1453V/V，或者近似

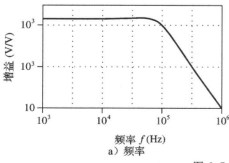
a）频率

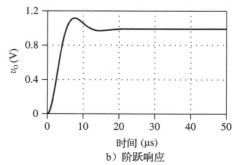
b）阶跃响应

图 6.7　$\phi_{\text{m}}=60°$

17dB，使得可能的闭环增益范围变大。

尖峰和振铃

频域中峰值现象的存在通常伴随着时域中的振铃现象出现，反之亦然。如图 6.8 所示，可以用增益峰值 GP(以 dB 计)和过冲 OS(以百分比计)来量化这两种效应。因为这两种效应的产生需要一对复极点，所以在一阶效应中它们都不存在。对于一个二阶全极点系统，当 $Q>1/\sqrt{2}$ 时，会出现尖峰，当 $\zeta<1$ 时，会出现振铃现象。这里品质因数 Q 和阻尼系数 ζ 的关系为 $Q>1/(2\zeta)$ 或者 $\zeta>1/(2Q)$。参考文献[3]很好地介绍了二阶系统，从中可以得到：

$$GP = 20\lg\frac{2Q^2}{\sqrt{4Q^2-1}}, \quad Q>1/\sqrt{2} \tag{6.10}$$

$$OS(\%) = 100\exp\frac{-\pi\zeta}{\sqrt{1-\zeta^2}}, \quad \zeta<1 \tag{6.11}$$

$$\phi_m = \arccos\left(\sqrt{4\zeta^4+1}-2\zeta^2\right) = \arccos\left(\sqrt{1+\frac{1}{4Q^4}-\frac{1}{2Q^2}}\right) \tag{6.12}$$

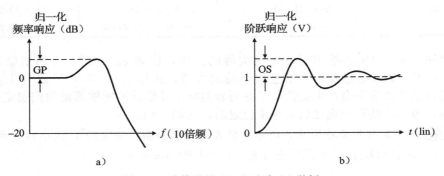

图 6.8　峰值增益 GP 和过冲 OS 举例

结合这三个方程组可以得到图 6.9 所示曲线，这些曲线给出尖峰现象和振铃现象和相位裕度之间的关系。观察发现，$\phi_m\leqslant\arccos(\sqrt{2}-1)=65.5°$ 时，就会发生尖峰现象；当 $\phi_m\leqslant\arccos(\sqrt{5}-1)=76.3°$ 时，就会发生振铃现象。记住下面经常碰到的 $GP(\phi_m)$ 和 $OS(\phi_m)$ 的值很有用处。

$$GP(60°)\approx 0.3dB, \quad OS(60°)\approx 8.8\%$$
$$GP(45°)\approx 2.4dB, \quad OS(45°)\approx 23\%$$

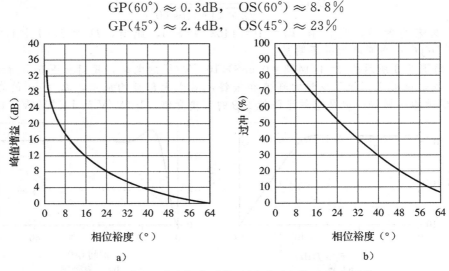

图 6.9　对于二阶全极点系统，GP 和 OS 关于 ϕ_m 的函数

取决于具体的情况，闭环响应可能会有一个极点，一对极点或者多个极点。幸运的是，更高阶的电路响应通常只受一个极点对的控制，因此图 6.9 所示的图形给许多实际关注的电路提供一个更好的出发点。

截止频率

今天一个工程师必须具备能够快速判断电路稳定程度的能力。一种非常流行的用来判断复频域左半平面的极点或者零点(这样的电路称为最小相位系统)的电路的方法就是利用截止频率(ROC)，定义为交叉频率右边的 $|1/\beta|$ 和 $|a|$ 曲线的斜率之差，即

$$\text{ROC} = \left|\frac{1}{\beta(\text{j}f_\text{x})}\right| \text{的斜率} - |a(\text{j}f_\text{x})| \text{的斜率} \tag{6.13}$$

一旦我们知道 ROC，利用式(6.9)来估计相位裕度：

$$\{\phi_\text{m}\}((°)) \approx 180° - 4.5 \times \{\text{ROC}\}(\text{dB}/10 \text{倍频}) \tag{6.14}$$

下面将通过图 6.10 所示的典型情况来阐明。

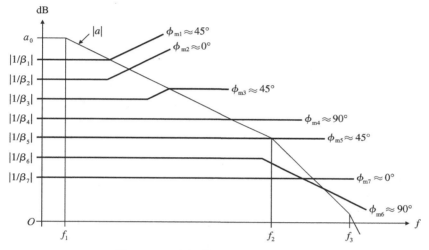

图 6.10 不同反馈因子类型下的 ROC

$|1/\beta_4|$、$|1/\beta_5|$、$|1/\beta_7|$ 曲线非常的平坦，表明频率独立的反馈类型已经在图 6.5 中展示。因此，对于 $|1/\beta_4|$，式(6.13)给出 $\text{ROC}_4 = (0 - (-20))\text{dB}/10$ 倍频 $= 20\text{dB}/10$ 倍频。所以 $\phi_4 \approx 180° - 4.5 \times 20 = 90°$。而 $|1/\beta_5|$，我们有 $\text{ROC}_5 = (0 - (-30))\text{dB}/10$ 倍频 $= 30\text{dB}/10$ 倍频，所以 $\phi_5 \approx 180° - 4.5 \times 30 = 45°$。对于 $|1/\beta_7|$，我们有 $\text{ROC}_7 = (0 - (-40))\text{dB}/10$ 倍频 $= 40\text{dB}/10$ 倍频，所以 $\phi_7 \approx 180° - 4.5 \times 40 = 0°$。

$|1/\beta_1|$、$|1/\beta_2|$ 指的是频率为零时的 $1/\beta$，因此也是 β 的一个极点频率。环路里的一个极点表明相位衰减，因此消耗了相位裕度。实际上，$|1/\beta_2|$ 曲线有 $\text{ROC}_2 = (+20 - (-20)) = 40\text{dB}/10$ 倍频，所以 $\phi_2 \approx 180° - 4.5 \times 40 = 0°$。相位裕度比 $|1/\beta_1|$ 曲线要高，转折点频率设置为与交叉频率一样，所以 $\text{ROC}_1 = (10 - (-20))\text{dB}/10$ 倍频 $= 30\text{dB}/10$ 倍频，因此 $\phi_\text{m1} \approx 45°$。

$|1/\beta_6|$ 曲线表示了 β_6 的一个极点频率或者零点频率。环路中一个左半平面零点引入一个超前相位。因此改善了 ϕ_m。实际上 $\text{ROC}_6 = (-20 - (-40))\text{dB}/10$ 倍频 $= 20\text{dB}/10$ 倍频，所以 $\phi_6 \approx 90°$(在这个电路中 β_6 的电路比 β_7 的电路更加稳定，即使 $f_\text{x6} > f_\text{x7}$！)。因此把 ROC 作为 $|1/\beta|$ 和 $|a|$ 曲线在 f_x 处的夹角。夹角越小，电路越稳定。

6.2 相位裕度和增益裕度的测量

在设计负反馈电路的过程中，我们需要观察它的相位裕度 ϕ_m，以保证系统的稳定性满足我们的要求，如果不满足要求，则需要采取频率补偿措施。以图 6.11 所示的电路为例子，该电路由一个反相放大器，容性 $R_\text{L}C_\text{L}$ 负载，以及反向输入集散电容 C_n 组成。C_L 和

C_n 都会在系统中产生一个极点，因此相位裕度存在两次衰减。

反馈比分析方法

如果运算放大器可以通过戴维南或者诺顿等效，则可以使用反馈比分析方法画出 $T(jf)$。接着可以找到 f_x，测量 $\angle T(jf_x)$ 的相位裕度。最后，设 $\phi_m = 180° + \angle T(jf_x)$。或者可以找到 $f_{-180°}$，测量 $|T(jf_{-180°})|$，并且令 $\mathrm{GM} = -20\lg$ $|T(jf_{-180°})|$。

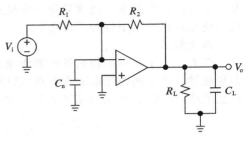

图 6.11　用于说明稳定性评价的电路例子

例 6.2　设图 6.11 所示的运算放大器有如下参数，$a_0 = 105\mathrm{V/V}$，$r_d = 1\mathrm{M\Omega}$，$r_o = 100\Omega$，以及两个极点 10Hz 和 2MHz。(1)如果 $R_2 = 2R_1 = 100\mathrm{k\Omega}$，$R_L = 2\mathrm{k\Omega}$，$C_n = 3\mathrm{pF}$，$C_L = 1\mathrm{nF}$，用 PSpice 计算 ϕ_m 和 GM，(2)C_n 的加入会让相位裕度减小多少？C_L 的加入又会减小多少？(3)如果 $C_n = C_L = 0$，那么 ϕ_m 是多少？试着对你的结果作出评价。

解：

(1) 如图 6.12a 所示，我们利用拉普拉斯函数的非独立源，来建立开环响应模型。接着，设电路的输入为 0，在拉普拉斯源输出节点将环路断开，并且放入一个测试电压源 V_t，可以求得由 V_t 产生的电压 V_r，并设 $T(jf) = -V_r/V_t$。系统的幅频特性和相频特性如图 6.12b 所示。利用 PSpice 的光标功能，可以得到 $f_x = 276.4\mathrm{kHz}$，$\angle T(jf_x) = 125.3°$，那么 $\phi_m = 180° - 125.3° = 54.7°$。$f_{-180°} = 792\mathrm{kHz}$ 以及 $|T(jf_{-180°})| = -12.7\mathrm{dB}$，则 $\mathrm{GM} = 12.7\mathrm{dB}$。

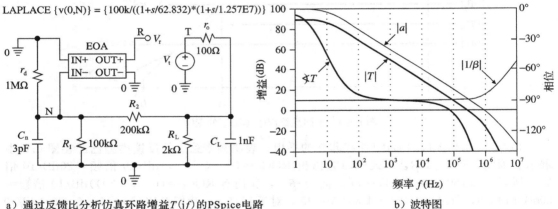

a) 通过反馈比分析仿真环路增益 $T(jf)$ 的 PSpice 电路　　　　　　　b) 波特图

图　6.12

(2) 将 C_n 置 0，可以得到 $f_x = 290.1\mathrm{kHz}$，$\angle T(jf_x) = -108.1°$，那么 $\phi_m = 180° - 108.1° = 71.9°$。由此可得，$C_n$ 的存在将系统的相位裕度 ϕ_m 减小了 $71.9° - 54.7° = 17.2°$。设 $C_n = 3\mathrm{pF}$ 和 $C_L = 0$，可以得到 $f_x = 279.8\mathrm{kHz}$，$\angle T(jf_x) = -116.2°$，$\phi_m = 180° - 116.2° = 63.8°$，那么由 C_L 减少的相位裕度为 $63.8° - 54.7° = 9.1°$。

(3) 设 $C_n = C_L = 0$，那么 $f_x = 294.3\mathrm{kHz}$，$\angle T(jf_x) = -98.4°$，那么 $\phi_m = 81.6°$。在这个情况下，$1/|\beta|$ 图会变得平坦，同时 $\angle T(jf_x)$ 含有运算放大器存在的 10Hz 极点 $-90°$，和由于 2MHz 极点的 $-8.4°$。显然，C_n 和 C_L 的存在会导致系统存在一对 β 极点，或者 $1/\beta$ 零点对，从而导致 $1/|\beta|$ 曲线在高频端向上弯的双折线（见图 6.12b）。这会增加 ROC，并且减少 ϕ_m。　◀

双注入技术

反馈比分析方法假设运算放大器有一个与源有关的模型。如果运算放大器是晶体管层面的或者是宏模型层面的，那么我们就不能注入这么一个源，因此我们需要使用其他的方法来测量相位裕度 ϕ_m。R. D. Middlebrook 提出了一个求解 $T(jf)$ 的方便方法，如图 6.13

所示。这个方法采用了逐次注入电压和电流技术。

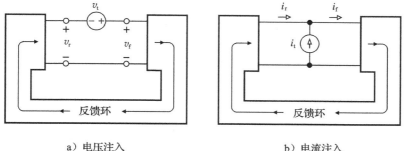

a）电压注入 b）电流注入

图 6.13

步骤如下。

首先，设所有外部信号源为 0，从而将电路置于"休眠"状态。接下来，将反馈环路断开，并插入一个串联的测试源 v_t，如图 6.13a 所示。由 v_t 引起的扰动在电路中会产生 v_f 并向前传播，直到环路得到了一个返回信号 v_r 为止，设

$$T_v = -\frac{v_r}{v_f} \qquad (6.15a)$$

接下来，移除测试源 v_t，在同一组线之间并联一个测试电流源 i_t，如图 6.13b 所示。又 i_t 引起的扰动会产生信号 i_f 并沿电路向前传播，直到环路接收到一个返回信号 i_r 为止，设

$$T_i = -\frac{i_r}{i_f} \qquad (6.15b)$$

可以证明[4] 环路增益 T 为：

$$\frac{1}{1+T} = \frac{1}{1+T_v} + \frac{1}{1+T_i} \qquad (6.16)$$

解出 T，可得：

$$T = \frac{T_v T_i - 1}{T_v + T_i + 2} \qquad (6.17a)$$

或者，根据式（6.15）可得：

$$T = \frac{(v_r/v_f) \times (i_r/i_f) - 1}{2 - V_r/v_f - i_r/i_f} \qquad (6.17b)$$

例 6.3 假设例 6.2 的电路采用±10V 供电的 741 运算放大器，利用 PSpice 的 741 宏模型求相位裕度。

解：

由于没有运算放大器的非独立源模型，我们不能使用反馈比分析方法。但是，我们可以使用逐次注入测试方法来检测图 6.14 所示电路，从而我们可以得到图 6.15 所示曲线。从图 6.15 可以看到，T_v 和 T_i 对 T 的贡献。利用 PSpice 中的光标功能，我们可以得到 $f_x = 283.6\text{kHz}$，文 $T(jf_x) = -122.7°$，那么 $\phi_m = 180° - 122.7° = 57.3°$。

注：有人可能会试图把环路在运算放大器的输出端口断开（端口 6），并使用反馈比分析方法来对电路进行分析。这样做是错误的，因为注入的测试源会直接驱动负载电容 C_L，从而导致运算放大器内部电阻 r_o 产生的极点消失不见了。因此，这里必须使用注入测试源的方法来分析这个电路。 ◄

单注入近似

由于环路增益 $T(jf)$ 是一个电路的内部特性，无论我们从哪里断开环路并加入测试源，$T(jf)$ 都应该是不变的。如果我们在另外一个地方断开图 6.14 所示电路的环路，我们会得到同样的 T，虽然 T_v 和 T_i 会随着我们断开环路的点的不同而变化。我们想知道是否

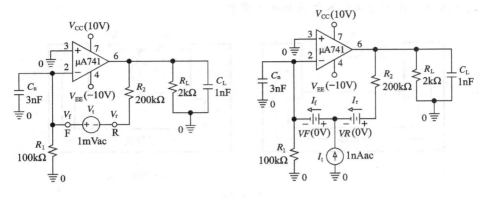

a) 电压注入   b) 电流注入

图 6.14 例 6.3 电路环路增益计算方法通过

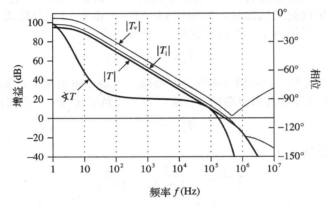

图 6.15 例 6.3 电路图的波特图

$|T_v|$ 和 $|T_i|$ 轨迹表示为 DB(-V(B)/V(F)) 和 DB(-I(VR)/I(VF))，$|T|$ 和文 T 轨迹表示为
DB((V(R) $*$ I(VR)$-$V(F) $*$ I(VF)/(2 $*$ V(F) $*$ I(VF)$-$V(F) $*$ I(VR))) 和 P((V© $*$ I(VR)$-$
V(F) $*$ I(VF))/(2 $*$ V(F) $*$ I(VF)$-$V(R) $*$ I(VF)$-$V(F) $*$ I(VR)))

存在一个最适合加入测试源的节点，并且知道这是为什么。根据含有 T_v 和 T_i 的项我们可
以找到上述问题的答案，如果 T_v 和 T_i 满足下面的条件：

$$\frac{1+T_v}{1+T_i} = \frac{Z_r}{Z_f} \tag{6.18}$$

式中：Z_f 和 Z_r 是从前向（forward）和反馈（return）方向看进去的阻抗，其值与插入注入信
号的点有关，如图 6.16a 所示。根据式(6.16)，项 $(1+T_v)$ 和 $(1+T_i)$ 以并联阻抗的形式组
合在一起，因此如果其中有一项比另外一项大很多，那么数值小的那一项则起到主要作
用，我们可以仅仅从一个点注入信号源来快速估计 T 的大小。当然，如果我们从 R_2 处断
开例 6.3 的电路的环路，并且满足 $Z_f \gg Z_r$ 条件，则有 $(1+T_v) \ll (1+T_i)$，因此可以仅仅
使用单电压注入来计算，估计得 $T \approx T_v = -V_r/V_f$。事实上，将图 6.16b 所示的电路放到
PSpice 中仿真后可以得到，$f_x = 283.6\text{kHz}$，$\phi_m = 57.3°$，但是只用了单点注入。

关于馈通的考虑

为了强化对稳定性的理解，我们前面故意忽略了信号通过环路，直接从输入端口传输
到输出端口的可能性。在更准确的分析中，我们必须使用图 1.37 所示更加通用的模块，
其增益可以通过式(1.72)计算，有：

$$A = \frac{A_{ideal}}{1+1/T} + \frac{a_{ft}}{1+T}$$

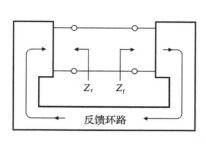

a）从前向和反馈方向看进去的Z_f和Z_r阻抗

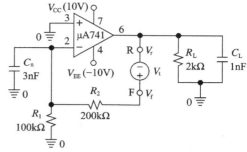

b）例6.3电路单次注入近似

图　6.16

式中：a_{ft}是馈通增益，相当于当$a \to \infty$时候的A的值。根据式（6.1），我们可以将式化简成有意义的形式：

$$A(jf) = A_{ideal} D_{eff}(jf) \tag{6.19a}$$

式中：有效误差函数为：

$$D_{eff}(jf) = D(jf)\left[1 + \frac{a_{ft}(jf)}{T(jf)A_{ideal}}\right] \tag{6.19b}$$

该式子是$D(jf)$的细化版本，考虑了系统的馈通。在第 1 章的许多例子中，如果$T(jf)$足够大，那么就可以使得$|T(jf)A_{ideal}| \gg |a_{ft}(jf)|$，这时馈通效应可以忽略。然而，交越频率$f_x$附近则不可忽略，因为$T(jf_x)$已经变成了单位增益。

作为例子，考虑图 6.17 所示的I-V转换器，如果一个运算放大器的极点和直流增益已经被矫正，以致$\phi_m = 67.4°$，仅仅比不产生尖峰的相位裕度$65.5°$高一些。即使环路分析没有产生峰值，从$|A|$图中也能看到峰值。显然，信号馈通会加强在f_x附近的输出值V_o，而这个增加量并不能在环路分析中得到（之所以会出现这个问题，是因为在这个特定的例子中，相对于R值，r_o相当的高，因此会存在相当严重的馈通效应。馈通效应会使得瞬态响应过程中，将初始电压锁在$-4V$上）。

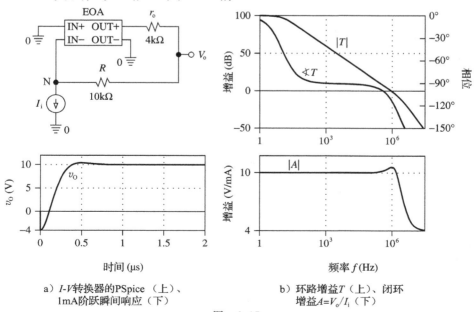

a）I-V转换器的PSpice（上）、　　　　b）环路增益T（上）、闭环
1mA阶跃瞬间响应（下）　　　　　　　增益$A = V_o/I_i$（下）

图　6.17

感兴趣的读者可以查阅相关的计算机仿真技巧的文献，这些文献会说明如何在存在大量馈通效应的情况下处理闭环增益。

6.3 运算放大器的频率补偿

当信号经过反馈回路时，它会经历一系列不同的时延。首先信号会直接经过运算放大器中的晶体管，接着经过电路周围的元件，包括寄生元件。如果总时延使得$\angle T(jf_x) \leqslant -180°$，那么电路将会发生振荡，因此需要修改$T(jf)$，从而保证系统有足够的相位裕度$\phi_m$，即频率补偿。由于$T = a\beta$，频率补偿要求我们修改$a(jf)$，或者$\beta(jf)$，或者两者都修改。

我们首先分析如何对$a(jf)$进行与频率无关的补偿。虽然这个方法常常被集成电路工程师所采用，使用者仍然需要了解不同补偿方式，因为不同的补偿方式可能会对不同的应用产生不同的影响。特别地，集成电路工程师常常将芯片设计到一个给定的ϕ_m，即使是对于最难配置补偿的电路，比如电压跟随器，因为它的$\beta = 1$。在某些个例中，我们有$T(jf) = a(jf) \times 1 = a(jf)$，也就是说，此时$T(jf)$刚好和$a(jf)$相同。采用图6.18所示的标准化的运算放大器模型，这个模型有两个跨导级，其中直流增益分别为$a_{10} = -g_1 R_1$，$a_{20} = -g_2 R_2$。这两级之后是一个单位增益的电压级，所以总体的直流增益为$a_0 = a_{10} a_{20}$。三个RC网络建立三个频率极点为$f_k = 1/(2\pi R_k C_k)$，$k = 1$，2，3。根据元件的值，我们可以得到：

$$a_0 = (-200) \times (-500) \times 1\text{V/V} = 10^5\,\text{V/V}, \quad f_1 = 1\text{kHz}$$
$$f_2 = 100\text{kHz}, \quad f_3 = 10\text{MHz}$$

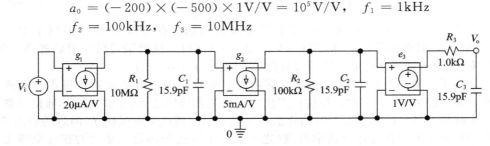

图6.18 研究频率补偿的三极点运算放大器模型归纳

主极点补偿

一种比较流行的补偿方法是，将主极点频率从f_1减小到一个新的值$f_{1\text{new}}$，从而使得补偿后的响应，从低频到交越频率，主要由这个单独的极点主导，对于$\beta = 1$的情况，主极点频率为交越频率f_t。我们可以得到$\angle T(jf_t) = -90° + \phi_{t(\text{HOR})}$，其中，$-90°$是由$f_{1\text{new}}$产生的相移，$\phi_{t(\text{HOR})}$则是由于高阶根产生的相移。

在例6.3中，有$\phi_{t(\text{HOR})} = 90° - 122.7° = -32.7°$。补偿后的相位裕度为$\phi_m = 180° + \angle T(jf_t) = 180° - 90° + \phi_{t(\text{HOR})}$，也就是：

$$\phi_m = 90° + \phi_{t(\text{HOR})} \tag{6.20}$$

如果我们将$f_{1\text{new}}$定得足够小，我们可以将$\phi_{t(\text{HOR})}$控制到任意小。例如$\phi_m = 60°$时，我们需要$\phi_{t(\text{HOR})} = -30°$。

降低f_1的一个简单的方法则是，故意增大产生f_1节点的电容值。在图6.18所示的三极点放大器中，我们仅仅需要增加一个并联电容C_c，将其与C_1相并联，从而减小第一极点频率，由$f_1 = 1/(2\pi R_1 C_1)$，减小到：

$$f_{1(\text{new})} = \frac{1}{2\pi R_1 (C_1 + C_c)} \tag{6.21}$$

单极点响应常常有一个常数增益带宽积，$\text{GBP} = a_0 \times f_{1(\text{new})} = 1 \times f_t$，由此我们可以估计$f_{1\text{new}}$的值。因此，我们首先根据理想相位裕度来选择$f_t$，接下来我们可以估计系统的主极点频率为：

$$f_{1(\text{new})} = \frac{f_t}{a_0} \tag{6.22a}$$

最后，我们可以根据式(6.21)，求得理想的 C_c。

例 6.4 (1)根据图 6.18 所示的电路，为了使得在 $\beta=1$ 时，有 $\phi_m\approx45°$，求与 C_1 并联的 C_c 的电容值。(2)用 PSpice 验证结果，并且评论你的结果。(3)如果要求 $\phi_m\approx60°$，重复(1)，(2)两题

解：

(1) 为了使得 $\phi_m\approx45°$，我们设定 $f_t=f_{-135°}$，图 6.4 所示的揭示了 $f_{-135°}=f_2=100\text{kHz}$，因此根据式(6.22a)，我们可以得到 $f_{1(new)}=(10^5/10^5)\text{Hz}=1\text{Hz}$。将其代入式(6.21)，我们得到：

$$1=\frac{1}{2\pi\,10^7\times(15.9\times10^{-12}+C_c)}$$

解得 $C_c=999C_1\approx15.9\text{nF}(\gg C_1)$

(2) 利用图 6.19 所示的 PSpice 电路，我们可以得到如图 6.20 所示的曲线。光标测量得到 $f_t=78.6\text{kHz}$ 和 $\sphericalangle a(jf_t)=-128.6°$，那么 $\phi_m=180°-128.6°=51.4°$。这与目标值 $f_t=100\text{kHz}$，$\phi_m=45°$ 相近。其中，f_t 比补偿前的交越频率(3MHz)小很多。然而，图 6.4 所示的揭示了系统的相移大约为 $-195°$，这说明当 $\beta=1$ 时，电路可能会变得不稳定。显然地，带宽骤降是我们为了将系统变稳定所付出的必要的代价。

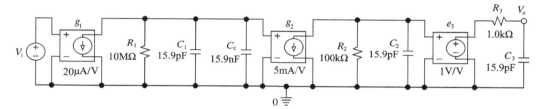

图 6.19　在 $\phi_m=45°\beta_{=1}$ 使用并联电容 C_c 时的主极点补偿

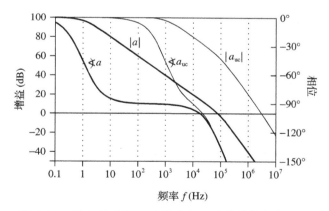

图 6.20　图 6.19 电路下补偿响应(a)和非补偿相应(a_{uc})

(3)如果 $\phi_m=60°$，我们需要设 $f_t=f_{-120°}$，此时有 $f_t=59.2\text{kHz}$。重新计算上述过程，我们可以得到 $f_{1(new)}=0.592\text{Hz}$，$C_c\approx26.9\text{nF}$。重新运行 PSpice 程序，我们可以得到 $f_t=52.4\text{kHz}$，$\sphericalangle a(jf_t)=-118°$，因此现在有 $\phi_m=62°$。　◀

例 6.5　如果 C_c 与图 6.18 所示的 C_1 并联，为了保证系统的相位裕度在 $\beta=0.1$ 时有 $\phi_m\approx60°$，试求 C_c 的大小。并且利用 PSpice 画出开环和闭环增益。

解：

由于 β 与频率无关，$T(jf)$ 和 $a(jf)$ 具有相同的极点。然而，我们有 $\text{GBP}=a_0\times f_{1(new)}=(1/\beta)\times f_x$，那么式(6.22a)变为如下形式：

$$f_{1(\text{new})} = \frac{f_x}{\beta a_0} \tag{6.22b}$$

为了保证 $\phi_m = 60°$，我们得 $f_{1(\text{new})} = ((59.2 \times 10^3)/(0.1 \times 10^5))\,\text{Hz} = 5.92\,\text{Hz}$。将其代入式 (6.21)，我们可以得到 $C_c \approx 2.67\,\text{nF}$。根据图 6.21 所示的 PSpice 电路，我们可以得到如图 6.22 所示的曲线，其中环路增益 $|T|$ 与 $|a|$ 和 $1/\beta$ 不同。根据光标工具，我们可以得到 $f_x = 52.5\,\text{kHz}$ 和 $\angle a(jf_x) = -118°$，那么 $\phi_m = 62°$。

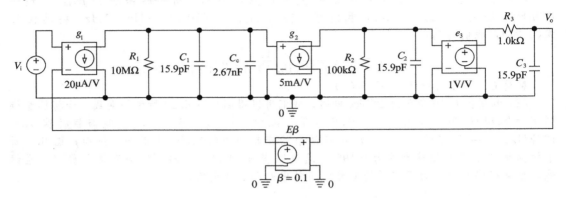

图 6.21　$\phi_m = 60°$，$\beta = 0.1\text{V/V}$ 的图 6.18 所示运算放大器补偿

　　观察到当增加 $1/\beta$ 时，补偿变得不那么保守了。读者有兴趣的话，可以自行验证系统在没有 C_c 的情况下将接近振荡，正如图 6.5 和图 6.6 所示。◀

　　需要指出的是，图 6.18 所示的模型是建立在运算放大器中级和级之间互相独立这个前提上的，因此改变前一级的电容并不会影响后一级。在实际放大器中，通过增加电容来改变其中一个极点往往会影响系统中其他的极点，因此这个补偿方法仅仅是一个开始。为了得到理想的相位裕度，我们需要做一些微调，这往往需要 PSpice 等可视化工具的帮助。

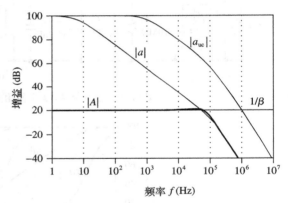

图 6.22　图 6.21 电路的开环增益 a，闭环增益 A，补偿前电路增益 a_{uc}

极点零点补偿

　　人为插入与 C_c 串联的合适电阻 $R_c (\ll R_1)$ 是可以适当增加 GBP 的。可以证明，R_c 的存在往往会给系统加入一个左半平面的零点 LHPZ，这个零点还可以用于补偿较高的 f_t。一个常用的方法是，将这个零点与现存的第二个极点相抵消，从而得到一个零极点相消的结果，这可以将系统的相位提高 90°。

　　从物理的角度考虑图 6.23 所示电路，我们可以得到如下结论：(1) 在低频段，C_c 的阻抗远大于 R_c 的阻抗，因此 R_c 表现为开路，式 (6.21) 仍然成立。(2) 当我们将频率逐渐升高时，C_c 的阻抗会慢慢减小，直到它的阻抗和 R_c 相同为止。这回使得在频率 f_z 处有 $1/|(2\pi jf_z C_c)| = R_c$，或者 $f_z = 1/(2\pi R_c C_c)$。(3) 对于 $f \gg f_z$，C_c 则近似等效为短路，与 C_1 一起和 $R_1 /\!/ R_c$ 单独组成系统的额外的极点。总而言之，R_c 的出现会保持 $f_{1\text{new}}$ 不变，但是会引入一个 f_z 频率处的零点，以及一个新的 f_4 处的极点。此时有：

$$f_{1(\text{new})} = \frac{1}{2\pi R_1 (C_1 + C_c)}, \quad f_z = \frac{1}{2\pi R_c C_c}, \quad f_4 \approx \frac{1}{2\pi R_c C_1} \tag{6.23}$$

例 6.6　当 $\beta = 1$ 时，为了保证系统相位裕度为 45°，求补偿电阻 R_c 和补偿电容 C_c，并用 PSpice 验证。

解：

零极点相消后，$a(\mathrm{j}f)$ 只剩下三个极点频率，它们分别为 $f_{1\text{new}}$，f_3 和 $f_4(\gg f_{1\text{new}})$。让我们暂时忽略 f_3，并且设 $f_t = f_4$。设 $f_{1\text{new}} = f_t/a_0$，$f_z = f_2$，那么我们有：

$$\frac{1}{2\pi R_1(C_1 + C_c)} = \frac{1}{a_0}\frac{1}{2\pi R_c C_c}, \quad \frac{1}{2\pi R_c C_c} = f_2$$

代入已知的数据，$R_1 = 10\text{M}$，$C_1 = 15.9\text{pF}$，$a_0 = 10^5\text{V/V}$，$f_2 = 100\text{kHz}$。我们可以得到关于未知数 R_c 和 C_c 的两个方程，从而可以解得 $R_c = 3.2\text{k}\Omega$，$C_c = 496\text{pF}$。运行 PSpice 程序的结果为：当 $f_t = 2.42\text{MHz}$，$\not{\prec}a(\mathrm{j}f_t) = -140.4°$ 时，有 $\phi_m = 39.6°$。这个结果和目标相位裕度 45° 还有一定差距，这是因为我们忽略了 f_3。为了增加此时的相位裕度，需要增加 C_c，并且成比例地减小 R_c，为了保持零极点相消。这么做会导致 $f_{1\text{new}}$ 和 f_4 分开。利用 PSpice 进行多次迭代后，我们可以将 C_c 升高到 560pF，将 R_c 减小到 2.84kΩ，从而得到 $f_t = 2.28\text{MHz}$，$\not{\prec}a(\mathrm{j}f_t) = -135°$，从而有 $\phi_m = 45°$ 最终的电路，如图 6.23 所示，它的响应如图 6.24 所示，与图 6.20 所示的比较后发现，利用零极点相消技术得到的系统具有更加宽的带宽。　◀

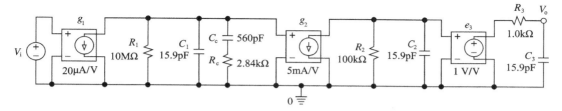

图 6.23　$\beta = 1$，$\phi_m \approx 45°$ 零极点补偿

米勒补偿

目前运算放大器中主要片上的频率补偿方法是由 1960 年代的 741 运算放大器开创的。我们之前讨论了并联补偿和零极点补偿方法，虽然在教学上能够实现，但是上述的两种方法并不能应用在芯片制造中，因为补偿电容 C_c 常常需要巨大的面积。利用米勒效应对电容的倍增作用，可以在某一个内部反馈通路上接入一个电容 C_c。我们会看到米勒补偿方法同时会带来两个附加的好处，分别是极点分离和较大的转换速率（SR）。

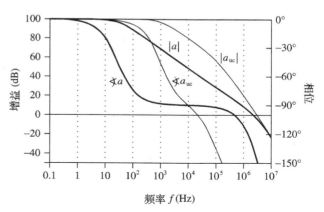

图 6.24　图 6.23 电路的补偿响应（a）和非补偿响应（a_{uc}）

为了关注米勒效应的本质，先只看运算放大器的前两级，如图 6.25 所示。在没有 C_c 的情况下，我们知道电路有两个极点，分别为：

$$f_1 = \frac{1}{2\pi R_1 C_1}, \quad f_2 = \frac{1}{2\pi R_2 C_2} \tag{6.24}$$

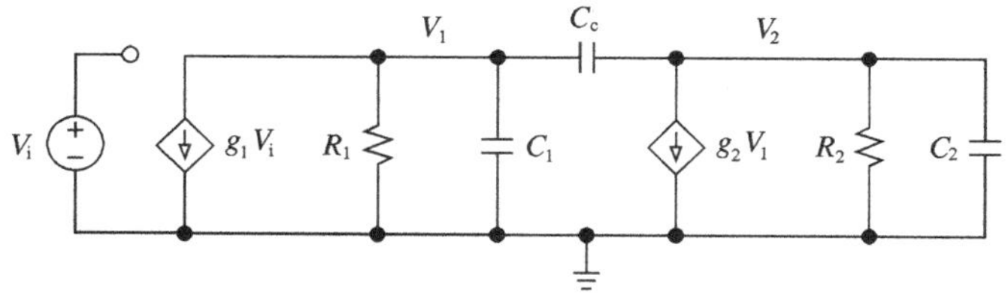

图 6.25　带米勒补偿的两极点放大器

在 C_c 加入电路之后,通过详细的交流分析(见习题 6.31),我们可以得到:

$$\frac{V_2}{V_i} = a_0 \frac{1 - \mathrm{j}f/f_z}{(1 + \mathrm{j}f/f_{1(\mathrm{new})})(1 + \mathrm{j}f/f_{2(\mathrm{new})})} \tag{6.25}$$

式中:

$$a_0 = g_1 R_1 g_2 R_2, \quad f_z = \frac{g_2}{2\pi C_c} \tag{6.26a}$$

$$f_{1(\mathrm{new})} \approx \frac{f_1}{(g_2 R_2 C_c)/C_1}, \quad f_{2(\mathrm{new})} \approx \frac{(g_2 R_2 C_c) f_2}{C_1 + C_c(1 + C_1/C_2)} \tag{6.26b}$$

由于 f_1 除以 $g_{m2} R_2 C_c$,而 f_2 乘以 $g_{m2} R_2 C_c$,C_c 的出现会降低第一个极点,并且提高第二个极点,这个现象称为极点分离。如图 6.26 所示,当除以 $g_{m2} R_2 C_c$ 时,极点分离是对系统有益的,因为 $f_{2(\mathrm{new})}$ 的上移可以使 $f_{1(\mathrm{new})}$ 不用下移那么多。从而,系统中新的主极点可以比并联电容补偿方法提供一个更加宽的GBP。根据 GBP$= a_0 \times f_{1(\mathrm{new})}$,以及式(6.24)和式(6.26),可以得到:

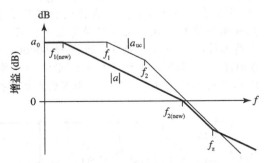

图 6.26　图 6.25 两极点的放大器米勒补偿和极点分裂

$$\mathrm{GBP} \approx \frac{g_1}{2\pi C_c} \tag{6.27}$$

将主极点表示为与补偿电容有关的式子是十分必要的,我们可以得到:

$$f_{1(\mathrm{new})} \approx \frac{1}{2\pi R_1 [(g_2 R_2) C_c]} \tag{6.28}$$

这个式子能够说明,由于米勒效应,小电容 C_c 被乘以了一个大的二级系数(在我们的例子中,有 $g_2 R_2 = 500$),从而和 R_1 一起形成了一个低频主极点。但是,在大的瞬态过程中,补偿电容 C_c 对转换速率会产生一定的影响,正如我们先前所述的那样(见式(4.33))。

观察发现,米勒效应不仅仅改变了极点对的位置,还产生了一个右半平面的零点。这个右半平面的零点产生了相位时延,可能会减小系统的相位裕度。从物理角度上看,当通过 C_c 注入节点 V_2 中的电流和从 $g_2 V_1$ 源抽走的电流相同时,R_2 中没有电流通过,因此 V_2 点电位变为 0,如图 6.27a 所示。这在频率 f_z 附近会发生,以至于 $(V_1 - 0)/|1/(2\pi \mathrm{j} f_z C_c)| = g_2 V_1$,

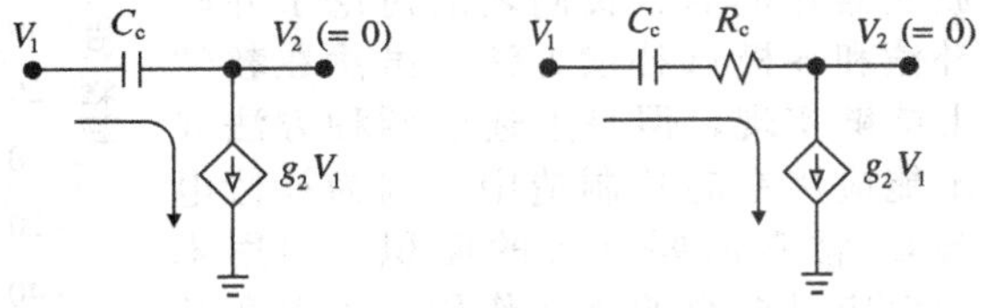

a) 构成右半平面零点部分电路的形象化　　b) R_c 控制零、极点

图　6.27

因为 f_z 由式(6.26a)给出。当 $f > f_z$ 时,通过 C_c 流入的电流将会大于从 $g_2 V_1$ 源抽走的电流,这会导致极点反转,因此系统会由负反馈变成正反馈。

例 6.7 当 $\beta = 1$ 时,求图 6.18 所示电路的米勒补偿电容 C_c,使得系统相位裕度等于 75°,用 PSpice 验证你的结果。

解:

根据式(6.20),需要 $\phi_{t(\mathrm{HOR})} = -15°$。假设有一个时刻 $\phi_{t(\mathrm{HOR})}$ 仅与 $f_{2(\mathrm{new})}$ 有关。那么,f_t 必然满足 $-15° = -\arctan(f_t/f_{2(\mathrm{new})})$,$f_t = 0.268 f_{2(\mathrm{new})}$。设 $f_{1(\mathrm{new})} = f_t/a_0$,我们得到:

$$\frac{f_1}{(g_2 R_2 C_c)/C_1} = \frac{0.268}{10^5} \frac{(g_2 R_2 C_c) f_2}{C_1 + C_c(1 + C_1/C_2)}$$

代入我们已知的数据,我们可以得到 $C_c = 2.2\mathrm{pF}$。图 6.18 所示的 PSpice 电路仿真结果说明,当 $C_c = 2.2\mathrm{pF}$ 时,系统相位裕度为 68°,因此我们还可以增加 C_c,因为相位裕度会由于高阶极点而产生一些时延。根据经验,我们将 C_c 设定为 2.9pF,仿真结果得到 $f_t =$

1.06MHz，$\phi_\mathrm{m}=74.8°$。最终电路如图 6.28 所示，其响应如图 6.29 所示。

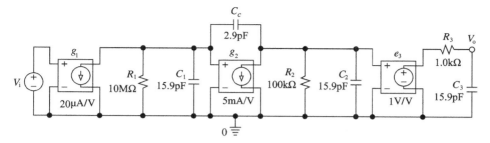

图 6.28　当 $\beta=1$ 时，相位裕度等于 $75°$ 的米勒补偿

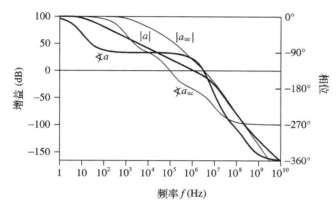

图 6.29　图 6.28 电路的补偿响应(a)和非补偿响应(a_uc)

右半平面零点控制

在例 6.7 中，右半平面（RHP）零点在频率为 $f_z=(5\times10^{-3}/(2\pi\times2.9\times10^{-12}))$Hz＝274MHz 处，这个频率比 f_t 高很多，以至于它对 ϕ_m 的影响是微乎其微的。然而事实往往不是这样的（二级 CMOS 运算放大器就是一个常常受到右半平面零点影响的例子）。为了更加深入地分析，我们使用式(6.26)的形式来表示 f_z，即

$$f_z = \frac{g_2}{g_1}\mathrm{GBP} \tag{6.29}$$

式中：$\mathrm{GBP}=a_0\times f_{1\mathrm{new}}$。只要 $g_2\gg g_1$，我们就可以得到 $f_z\gg\mathrm{GBP}$，因此 $f_t\approx\mathrm{GBP}$，那么 f_z 对系统的影响则可以忽略。如果 g_2 和 g_1 比较接近，或者 g_2 甚至比 g_1 还小，这种情况下，我们的相位裕度会出现两次转折，第一次是在 f_z 处有一个 $+20$dB 的转折，第二次是由 f_z 产生的相位时延。

为了改善这个缺点，我们可以在反馈回路中加入一个与 C_c 串联的电阻 R_c，如图 6.27b 所示。在低频段，C_c 的阻抗远远大于 R_c，因此 R_c 可以忽略不计，因此式(6.26b)仍然成立。然而，R_c 的出现改变了系统的零点，我们将复平面零点 s_z 放到满足式$(V_1-0)/[1/(s_zC_\mathrm{c})+R_\mathrm{c}]=g_2V_1$ 的位置。由此我们可以得到零点的位置为：

$$s_z = \frac{1}{(1/g_2-R_\mathrm{c})C_\mathrm{c}} \tag{6.30a}$$

因此零点处的频率有如下形式：

$$f_{z(\mathrm{new})} = \frac{1}{2\pi(1/g_2-R_\mathrm{c})C_\mathrm{c}} \tag{6.30b}$$

R_c 的存在可以消除分母，将 f_z 提高并且将相位时延拉倒离 f_x 较远的地方。若设$R_\mathrm{c}=1/g_2$，我们可以得到 $f_{z(\mathrm{new})}\to\infty$，因此式(6.25)的分子变成了单位 1。进一步增大 R_c，使

$R_c > 1/g_2$，可以改变 $f_{z(new)}$ 的极性，使其成为一个左半平面零点（LHP Z）。这种补偿方法十分有效，因为它产生了相位超前，正如右半平面零点会产生相位时延一样，从而改善了相位裕度。

例 6.8 （1）利用 PSpice 仿真求解图 6.30 所示二级运算放大器补偿前的相位裕度；（2）求解 C_c 和 R_c 的值，并说明如何求解，利用 PSpice 验证系统补偿后的 f_t 和 ϕ_m；（3）如果设 $R_c=0$，讨论这会对系统带来怎样的影响，并用 PSpice 验证；（4）为了将相位裕度提高到 $60°$，如何改变 R_c

解：

（1）在没有 R_c 和 C_c 补偿网络的情况下，我们可以通过 PSpice 得到 $f_t=223\mathrm{MHz}$，$\angle a(\mathrm{j}f_t)=-177°$，由此得到 $\phi_m=3°$，这说明系统必须要补偿。

（2）观察后我们可以得到 $a_0=(-100)\times(-50)\mathrm{V/V}=5000\mathrm{V/V}$，$f_1=1\mathrm{MHz}$，$f_2=10\mathrm{MHz}$。为了使得 $f_{z(new)} \to \infty$，我们设 $R_c=1/g_2=(1/10^{-3})\Omega=1\mathrm{k}\Omega$。那么，为了使相位裕度在 $45°$ 附近，我们设 $f_t=f_{2(new)}$。代数据入式（6.26b）和式（6.22a），我们解得 $C_c=2.144\mathrm{pF}$。通过 PSpice 仿真图 6.30 所示的电路，我们得到图 6.31 所示的系统响应，其中有 $f_t=58.7\mathrm{MHz}$，$\angle a(\mathrm{j}f_t)=-129.4°$，$\phi_m=50.6°$。

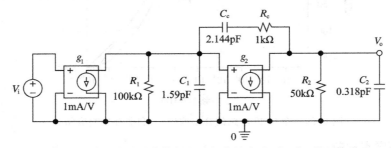

图 6.30   当 $\beta=1$ 时，米勒补偿使得电路相位裕度达到 $45°$，并且有 $f_z - > \infty$

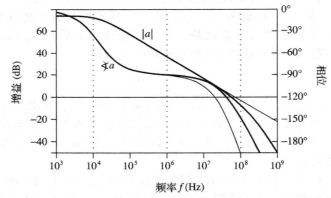

图 6.31   图 6.30 所示的电路的频率响应（该曲线为 $R_c=0$ 的响应）

（3）如果 $R_c=0$，我们可以根据式（6.26）得到 $f_z \approx 74.2\mathrm{MHz}$，$f_{2(new)} \approx 74.2\mathrm{MHz}$。这些频率虽然在数值上相同，但是由于零点是在右半平面而极点在左半平面，零点和极点是相互共轭的。利用式（6.25），我们可以计算幅值大小，式中与 f_z 和 $f_{2(new)}$ 有关的项相互抵消，只剩下和 $f_{1(new)}$ 有关的项。然而，当我们计算相位时，f_z 和 $f_{2(new)}$ 都会对相位时延作出贡献，并且降低相位裕度 ϕ_m。这一点可以通过图 6.31 中的细线证实，细线是在 $R_c=0$ 的情况下 PSpice 仿真得到的结果。通过光标工具，我们得到 $f_t=72.4\mathrm{MHz}$，$\angle a(\mathrm{j}f_t)=-177.3°$，$\phi_m=2.7°$。可见 R_c 在系统中有十分重要的地位（虽然这个电路的情况和图 6.10 所示的 $1/\beta_4$ 相似，但是 ROC 推理在这里是不适用的，因为这不是最小相位电路）。

（4）将 R_c 提高 1kΩ，可以将系统的零点移到右半平面，因此可以给系统引入相位超前（将系统重新变为最小相位电路）。微调 R_c，我们可以得到，如果 $R_c = 1.25$kΩ，那么有 $f_t = 60$MHz，$\measuredangle a(\mathrm{j}f_t) = -119.3°$，$\phi_m = 60.7°$。◀

前馈补偿

在多级放大器中，常常有一级是整个系统的带宽瓶颈，因为这一级会引入相当严重的相位时延。馈通补偿可以在这个瓶颈级附近产生一个高频旁路，由此可以抑制这一级在交越频率附近产生的相位时延，从而增加相位裕度。这个原则可由图 6.32 所示电路（上）阐释，在这个例子中，二级运算放大器实现的反相放大器具有两个极点，分别为 1kHz 和 100kHz。显然，瓶颈级是第一级，补偿电容 C_{ff} 补偿了系统的旁路。

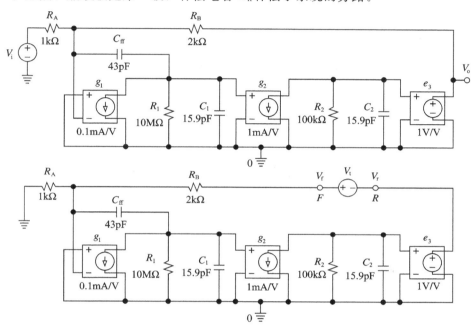

图 6.32　反相放大器的前馈补偿（上）绘制 T 的电压注入电路

为更深入的分析，根据图 6.32 所示底部的电路图画出 T 图，图中注入的节点只需要一个就能满足要求。显然，根据图 6.33 所示无补偿电容 C_{ff} 的电路的 $|T_{uc}|$ 图，我们可以看到其 0dB 处的斜率为 -40dB/10 倍频，这说明电路在振荡的边缘。在加入 C_{ff} 之后，系统瓶颈极点频率从 $1/(2\pi R_1 C_1)$ 减小到 $1/[2\pi R_1(C_1 + C_{ff})]$，同时也产生了一个介于 100kHz 和 1MHz 之间的零点。这个零点将系统的 ROC 减小了近一半。事实上，光标工具测量得到补偿后的

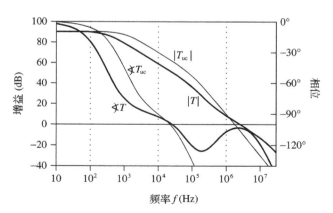

图 6.33　图 6.32 电路的环路增益（T_{uc} 针对非补偿）

电路有 $f_x = 2.56$MHz，$\measuredangle T(\mathrm{j}f_x) = -103.4°$，$\phi_m = 76.6°$。图 6.34 所示响应的微小的尖峰和过冲是由于补偿后系统的开环响应存在一个零极点对引起的。系统的阶跃响应有两个指数瞬态过程：一个快速指数瞬态过程，这个过程导致了系统的过冲；一个慢速指数瞬态过

程，这个过程也称为长尾过程，把系统的稳态值拉倒了－2V。长尾过程将会大大延长系统的建立时间，这可能在个别应用中是一个十分严重的问题。

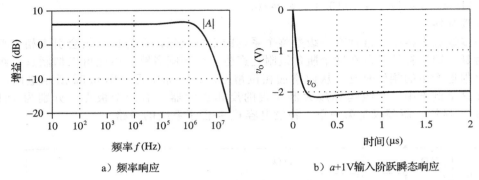

a）频率响应　　　　　　　　　　　　b）a+1V输入阶跃瞬态响应

图 6.34　图 6.32 所示电路闭环响应（上）

三个代表性的例子

如图 6.35 所示，我们接下来讨论三个频率补偿技术的例子。

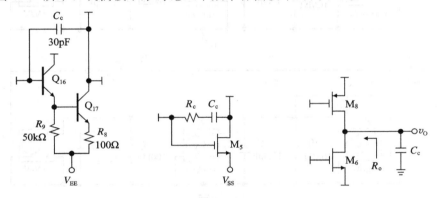

a）741二级运算放大器　　b）二级CMOS运算放大器　　c）共源共栅CMOS运算放大器

图 6.35　频率补偿

741 运算放大器电路如图 3A.2 所示，这个电路采用了 30pF 的米勒补偿电容，这个电容接在第二级的达林顿对和第一级之间。这个系统的反馈电路在图 6.35a 所示电路中也有重复。第二级有大约 －500V/V 的增益，这说明米勒电容在第一级等效的输入电容为 $500 \times$ (30pF)＝15nF。

图 6.35b 所示电路显示了图 3.4a 所示的二级 CMOS 运算放大器补偿子电路。我们在此处采用米勒补偿。然而，由于 MOSFET（该例子中的 g_{m5}）以较低的跨导著称，由米勒补偿引入的零点频率比较小，并且已经小到明显拉低了系统相位裕度。因此，我们必须加入一个串联补偿电阻 $R_c = 1/g_{m5}$，从而将系统的零点拉倒无穷远。

如 6.35c 画出了折叠共源共栅结构运算放大器（见图 3.4b）补偿子电路。这个拓扑显著的优点就是，所有节点的输出电阻都比较小，因此在不同节点上由集散电容产生的极点都是高频极点。从而，系统的整体响应由输出极点 $f_b = 1/(2\pi R_o C_c)$ 主导。如果直流增益是 $a_0 = g_{m1} R_o$，那么可以得到 GBP＝$a_0 f_b = g_{m1}/(2\pi C_c)$。在输出端加上负载电容可以大大增加系统的稳定性，并且将系统的相位裕度提高到 90°左右，但是这是以牺牲系统的 GBP 为代价的。因此，折叠共源共栅结构运算放大器十分适合那些驱动电容负载的电路应用，比如开关电容滤波器。

6.4　有反馈极点的运算放大器电路

　　目前，大部分运算放大器都使用了片上补偿技术，这些运算放大器又称为内部补偿运算放大器，它们使用了 6.3 节所讲的各种补偿技术，从而使得系统在使用与频率无关的反馈时，达到的相位裕度满足

$$\phi_{\mathrm{m}} = 90° + \phi_{\mathrm{x(HOR)}}$$

式中：$\phi_{\mathrm{x(HOR)}}$ 为系统高阶根（HOR）产生的、在交越频率 f_{x} 处的相位时延。大部分运算放大器是在 $\beta=1$ 的条件下得到补偿的，在这个条件下，f_{x} 与单位增益频率 f_{t} 相同，这些运算放大器又称为单位增益稳定运算放大器。为了得到更快的闭环动态响应，一些运算放大器会在 $\beta_{(\mathrm{max})}<1$ 的情况下对系统进行补偿，比如 $\beta_{(\mathrm{max})}=0.2$，这个情况下交越频率 f_{x} 介于 $1/\beta_{(\mathrm{max})}$ 和 $|a(\mathrm{j}f)|$ 图线之间。当然也有一些未补偿运算放大器，它们专门为闭环增益为 $1/\beta_{(\mathrm{max})}$ 或更大的系统设计。

　　如果反馈网络包含电抗元件，无论是内部的还是寄生的，系统的相位裕度都可能会比要求的小一些，所以用户必须自己重新设计反馈网络，将系统的相位裕度调整到期望的值。我们尤其关心反馈路径中的极点，因为它们带来的系统相位延迟可能会将整个环路系统变得不稳定。例 6.2 向读者展示了两种类型的反馈极点：一是由于反相器输入电容带来的反馈极点，二是输出负载电容带来的极点。我们现在将两个例子单独进行分析。为了看清问题的本质，我们假设系统只有一个零点，因此我们有 $\phi_{\mathrm{x(HOR)}}=0$。

微分器

　　图 6.36a 所示的微分器因为存在一个反馈回路的极点而广为人们所熟知。信号反馈节点之前的低通 RC 网络产生了一个极点，这个反馈环路中的极点产生相位时延。我们可以参考图 6.37a 所示的 PSpice 电路的仿真结果，该电路使用了一个 GBP=1MHz 的运算放大器，系统的单位增益频率为 $f_0=1/(2\pi RC)=1\mathrm{kHz}$。这个系统的响应 $|H(\mathrm{j}f)|=|V_{\mathrm{o}}/V_{\mathrm{i}}|$ 如图 6.37b 所示，图中也有 $|a|$ 和 $|1/\beta|$ 的图像，因此可以形象地观察到环路增益 $|T|$ 与其他两个有差异。因此只要 $|T|\gg1$，我们可以得到 $H\to H_{\mathrm{ideal}}=-\mathrm{j}f/f_0$。然而，当信号频率接近交越频率 f_{x} 时，$|H|$ 就会出现一个较大的尖峰；当信号频率超过 f_{x} 时，我们有 $|T|\ll1$，$|H|$ 会以 $|a|$ 的速率滚降。虽然 $H(\mathrm{j}f)$ 可以根据分析得到，正如习题 6.42 所示，但是从图中可以发现，系统的 ROC 达到了 40dB/10 倍频，因此系统的相位裕度会接近 0，这与图 6.10 所示 $|1/\beta_2|$ 的图像较为相似。利用 PSpice 的光标工具测量后，我们得到 $f_{\mathrm{x}}=31.6\mathrm{kHz}$，$\measuredangle T(\mathrm{j}f_{\mathrm{x}})=-178.2°$，$\phi_{\mathrm{m}}=1.8°$。这说明电路在振荡的边缘。

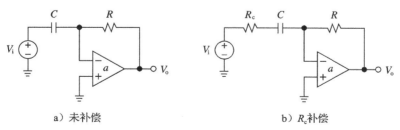

a）未补偿　　　　　　　　　　b）R_{c} 补偿

图 6.36　差分电路

　　一个使得差分器变得较为稳定的方法是，在系统中插入一个串联电阻 R_{c}，如图 6.36b 所示。在低频段，R_{c} 起不到什么作用，因为 R_{c} 的阻抗远远小于 C_{c} 的阻抗。但是到了高频段，C_{c} 相对于 R_{c} 相当于短路，噪声增益趋向于 $1/\beta_{\infty}=1+R/R_{\mathrm{c}}$，这说明 $|1/\beta|$ 图线中必然会有一个极点频率。调整 R_{c} 的值，使得极点刚好在交越频率附近，这能减小 ROC，并且产生 45° 左右的相位裕度，这和图 6.10 所示的 $|1/\beta_3|$ 图线较为相似。

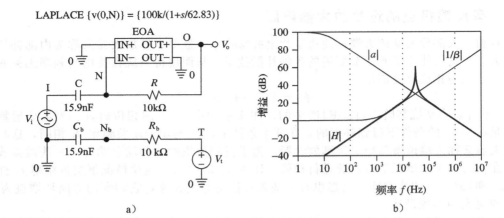

a) b)

图 6.37 针对 1kHz 单位增益频率的微分电路。图 b 所示的为其频率特性。反馈回路的 $1/\beta$ 在图
a 所示的底部用下标 b 表示其元件。$|H|$ 的轨迹是 $(V(O)/V(I))$，$|a|$ 的轨迹是 DB(V
(OA)/($-V(N)$))，而 $|1/\beta|$ 的轨迹是 DB(V(T)/V(Nb))

例 6.9 将图 6.37a 所示微分器电路的相位裕度调节至 45°附近，求所需串联电阻 R_c
大小，并用 PSpice 验证计算结果。

解：

观察图 6.37b 所示响应曲线，我们发现 $|a(jf_x)|=30\text{dB}=31.6\text{V/V}$。为了将系统极点刚好
放在 f_x 附近，我们必须设 $1/\beta_\infty=1+10^4/R_c=31.6$，即 $R_c=326$。PSpice 仿真电路如图 6.38a 所
示，我们得到如图 6.38b 所示的曲线，利用光标工具我们得到系统相位裕度为 53.8°。 ◀

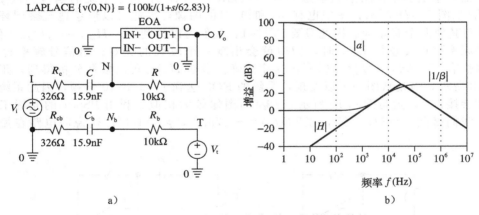

a) b)

图 6.38 $\phi_m\approx45°$ 补偿的微分器(b)是其频率特性

杂散输入电容补偿

现实中所有运算放大器都有杂散电容，反向对地端的净电容 C_n 是一个需要考虑的重
要因素，有：

$$C_n = C_d + C_c/2 + C_{ext} \tag{6.31}$$

式中：C_d 是输入端口之间的差分电容；$C_c/2$ 是每个输入端对地的共模输入电容；C_{ext} 是电
路各个器件、接口、焊点等导致的外部寄生电容。因此当输入端连在一起时，净电容是
C_d 和 $C_c/2$ 之和。特别地，每个上述的器件都有大约几个 pF 的等效电容。

正如差分器例子中所述，C_n 生成了一个反馈极点，从而导致相位时延，拉低了系统
相位裕度。为了增加相位裕度，一个常用的方法是，使用反馈电容 C_f，使系统反馈相位超

前，如图 6.39a 所示。假设 $r_i = \infty$，$r_o = 0$，我们可以证明噪声增益为：

$$\frac{1}{\beta(\mathrm{j}f)} = \left(1 + \frac{R_2}{R_1}\right)\frac{1 + \mathrm{j}f/f_z}{1 + \mathrm{j}f/f_p}, f_z = \frac{1}{2\pi(R_1 \; /\!/ \; R_2)(C_n + C_f)}, f_p = \frac{1}{2\pi R_2 C_f} \quad (6.32)$$

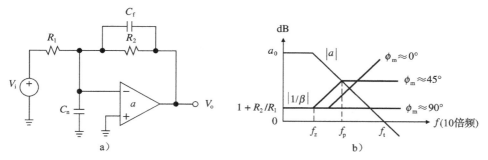

图 6.39 使用反馈电容 C_f 来补偿漏电容 C_n

如果没有 C_f，则由于 C_n 的存在，噪声增益会在 f_z 转折。如果 f_z 并没有低到使得 ROC 达到 40dB/10 倍频，电路就会产生过冲和振铃。从物理的角度考虑，反向输入端产生的阻抗是并联类型的，同时也是感性的，这一点并不令人惊讶，因此 C_n 可能会与感性元件发生谐振，如图 4.11b 所示。

插入 C_f 后，系统的 f_z 会变低，从而可以建立一个等于 f_p 的二级转折频率。在比这个频率高的地方，噪声增益会趋向于高频渐近线 $1/\beta_\infty = 1 + Z_{C_f}/Z_{C_n} = 1 + C_n/C_f$。适当的防止这个二级转折点，我们可以增加系统的相位裕度。如果相位裕度为 45°，那么我们可以将 f_p 置于 $|a|$ 图上，从而使 $f_p = \beta_\infty f_t$。重写式子 $1/(2\pi R_2 C_f) = f_t/(1 + C_n/C_f)$ 我们可以得到：

$$C_f = (1 + \sqrt{1 + 8\pi R_2 C_n f_t})/(4\pi R_2 f_t), \quad \phi_m \approx 45° \quad (6.33\mathrm{a})$$

其次，我们可以使系统的相位裕度补偿到 90°。在这个情况下，我们可以将 f_p 放在 f_z 的顶端，从而可以实现零极点相消。这会使得 $|1/\beta|$ 图线变得平缓，渐近线变为 $1/\beta_\infty = 1 + R_2/R_1$。重写式子 $1 + C_n/C_f = 1 + R_2/R_1$，我们得到：

$$C_f = (R_1/R_2)C_n, \quad \phi_m = 90° \quad (6.33\mathrm{b})$$

这个方法，也称为中和补偿方法，与示波器探头的补偿相似。然而，使得相位裕度等于 90° 的代价则是系统的闭环带宽会低至 f_p。

例 6.10 假设图 6.39a 所示的运算放大器有如下参数：$a_0 = 105\mathrm{V/V}$，$f_t = 20\mathrm{MHz}$，$C_d = 7\mathrm{pF}$，$C_c/2 = 6\mathrm{pF}$。(1)如果 $R_1 = R_2 = 30\mathrm{k\Omega}$，$C_{ext} = 3\mathrm{pF}$，利用 PSpice 验证系统没有足够的相位裕度。(2)如果系统的相位裕度为 45°，求解 C_f 和 f_B，并用 PSpice 验证结果。(3)如果使用中和补偿，重复(2)问的计算，并与(2)问的结果比较。

解：

(1) 我们有 $C_n = (7+6+3)\mathrm{pF} = 16\mathrm{pF}$。把 $C_f = 0$ 代入图 6.40a 所示的 PSpice 电路，我们可以得到未补偿的图线 $|A_{uc}|$ 和 $1/\beta_{uc}$，如图 6.40b 所示。其交越频率为 2.53MHz，其中由 a 和 β_{uc} 产生的相移为 $-165.3°$，那么 $\phi_m = 14.7°$。这个系统相位裕度不符合要求。

(2) 由式(6.33a)，我们可以得到 $C_f = 2.2\mathrm{pF}$。另外，$f_B = (1/(2\pi \times 30 \times 10^3 \times 2.2 \times 10^{-12}))\mathrm{Hz} = 2.4\mathrm{MHz}$。PSpice 仿真结果得到 $|A|$ 和 $1/\beta$ 图，其中得到系统的交越频率为 3.03MHz。系统的相移为 $-117.6°$，相位裕度为 62.4°。另外，运行 PSpice 得到 $f_B = 2.7\mathrm{MHz}$。

(3) 代入 $C_f = 16\mathrm{pF}$，我们得到 $f_B = 0.332\mathrm{MHz}$，系统的带宽变得更低了。◀

如图 6.41a 所示，电路的同相端口有许多杂散输入电容，电路中已经明确地标出来了。系统总电容 C_n 已经由式(6.31)给出。然而，$C_1 = C_c/2 + C_{ext}$ 和 R_1 并联，所以我们得到 $A_{ideal} = 1 + Z_2/Z_1$，$Z_1 = R_1 \; /\!/ \; [1/(\mathrm{j}2\pi f C_1)]$，$Z_2 = R_2 \; /\!/ \; [1/(\mathrm{j}2\pi f C_f)]$。我们可以利用

$$C_f = (R_1/R_2)(C_c/2 + C_{ext}) \quad (6.34)$$

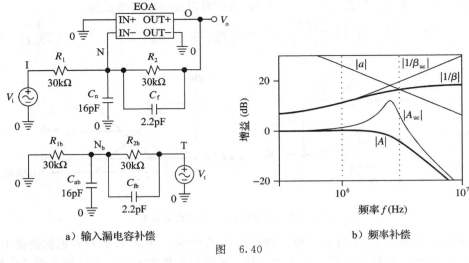

a）输入漏电容补偿   b）频率补偿

图 6.40

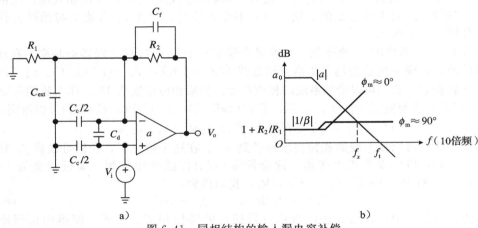

图 6.41 同相结构的输入漏电容补偿

将 A_{ideal} 变得与频率无关。C_f 的效果如图 6.41b 所示。系统实际增益为 $A(jf) \approx (1+R_2/R_1)/(1+jf/f_x)$，$f_x = \beta_\infty f_t = f_t/(1+C_n/C_f)$。

例 6.11 如果图 6.41a 所示的电路和习题 6.10 有相同的参数，如何使其变得稳定？并求解 $A(jf)$

解：

$C_f = (30/30) \times (6+3) = 9\text{pF}$，$f_x = (2 \times 10^7/(1+16/9))\text{Hz} = 7.2\text{MHz}$

$$A(jf) \approx \frac{2}{1+jf/(7.2\text{MHz})}\text{V/V}$$ ◄

通过仔细的元件布局和布线，C_{ext} 可以最小化，但是不能消除。因此，反馈回路中常常会有一个小电容 C_f，其大小在几个 pF 左右，用来抵消如式（6.31）所示的 C_n 的副作用。

容性负载隔离

在某些应用中，外部负载是容性的。采样-保持放大器和峰值检测器都是典型的容性负载应用。当运算放大器驱动一个同轴电缆时，电缆的分布电容会使得负载变得容性。为了分析容性负载，我们从图 6.42a 所示的简单电路开始分析。如图 6.42b 所示，在暂时忽略 $C_s R_s$ 网络的情况下，负载 C_L 和运算放大器输出端的 z_o，共同组成了系统的极点，从而增加了系统环路的相位时延。这会减小系统的相位裕度，甚至可能造成过冲和振铃。从物理角度分析这个电路，跟随器的输出电阻是并联类型的，因此也是感性的，所以 C_L 可能会和感性元件 L_{eq} 发生共振，如图 4.11b 所示。为了减小系统的振铃，我们必须加大系统的阻尼系数。C_sR_s 缓冲器可以提供这个功能。

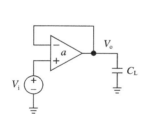

a) 电容负载的电压跟随器

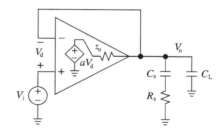

b) 利用缓冲电路实现稳定

图 6.42

考虑图 6.43 所示的 PSpice 电路，电路中的运算放大器有 $f_t = 1\mathrm{MHz}$，$z_o = 100\Omega$，$C_L = 50\mathrm{nF}$。由于 $\beta = 1$，$T = a$，如果没有缓冲器，电路会给出如图 6.44 所示的未补偿电路（uc）响应。环路增益 T_{uc} 包含两个极点，分别为 $10\mathrm{Hz}$ 和 $1/(2\pi z_o C_L) \approx 32\mathrm{kHz}$。系统的在 0dB 处的 ROC 为 40dB/10 倍频，这说明系统会发生振荡。光标工具给出 $f_x = 177\mathrm{kHz}$，$T_{uc}(\mathrm{j}f_x) = -169.8$，$\phi_m = 10.2°$。

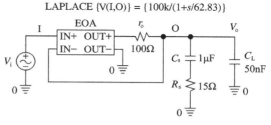

图 6.43 电容负载的电压跟随器的 PSpice 电路

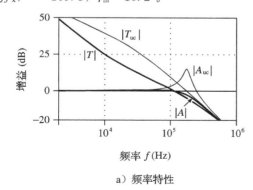

a) 频率特性

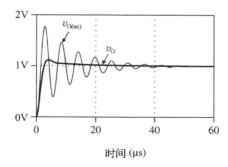

b) 图6.43的跟随器的阶跃响应

图 6.44

开环输出阻抗 z_0 在直流时是比较小的，但是会变成一个和频率有关的复函数。因此，缓冲器网络必须通过经验得到。我们以一个较大的 C_s 开始试探，调整 R_s，直到系统的增益峰值（GP）和过冲（OS）达到所期望值为止。接着，我们降低 C_s，同时保持系统的 GP 和 OS 在一个能接受的水平。

我们可以得到如图 6.43 所示的缓冲器参数，$|T|$ 图像在 0dB 处的 ROC 降低了。事实上，光标工具测量得到 $f_x = 115\mathrm{kHz}$，$\sphericalangle T(\mathrm{j}f_x) = -119°$，$\phi_m = 61°$。

如图 6.45 所示，使容性负载电路变得稳定的一个主要方法是，利用如反相/同相放大器、加法/差分放大器一样的阻性电路。这也称为内环补偿，这个方法使用了一个小的串联电阻 R_s，去耦合了运算放大器的输出节点负载电容 C_L；使用了一个合适的反馈电容 C_f，提供了 C_L 附近高频旁路，也抵消了输入杂散电容 C_n 的副作用。我们可以发现由 C_f 引入的相位超前会与由 C_L 引入的相位滞后相抵消。中和补偿的设计方程为：

$$R_s = (R_1/R_2)r_o, \quad C_f = (1 + R_1/R_2)^2 \cdot (r_o/R_2)C_L \tag{6.35a}$$

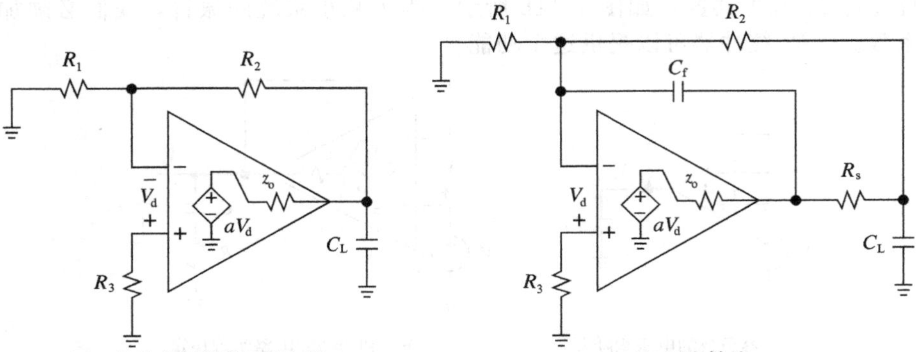

a) 一般的电阻并联反馈电路   b) 环内补偿

图 6.45

另外，闭环带宽为：

$$f_B = \frac{1}{2\pi(1 + R_2/R_1)R_s C_L} \tag{6.35b}$$

闭环带宽由外部元件决定，与运算放大器的 GBP 无关。

例 6.12 假设图 6.45a 所示的电路被配置成了反相放大器，并且有 $R_1 = 30\text{k}\Omega$，$R_2 = 120\text{k}\Omega$，$C_L = 50\text{-nF}$。（1）如果运算放大器有 $a_0 = 05\text{V/V}$，$f_t = 10\text{MHz}$，$r_o = 100\Omega$，求使用中和补偿时的 R_s 和 C_f。并求闭环带宽。（2）用 PSpice 验证结果，与未补偿的系统作比较。

解：

（1）根据式（6.35），得 $R_s = (30/120) \times 100\Omega = 25\Omega$，$C_f = (1 + 30/120)^2 \times (0.1/120) \times 50 \times 10^{-9}\text{F} = 65\text{pF}$，$f_B = (1/[2\pi(1 + 120/30) \times 25 \times 50 \times 10^{-9}])\text{Hz} = 25.5\text{kHz}$

（2）利用 PSpice 仿真图 6.46a 所示电路，我们得到图 6.46b 所示的响应曲线。如果没有补偿，系统的相位裕度为 $7.2°$。在补偿的情况下，系统的相位裕度达到 $90°$，$f_B = 24\text{kHz}$。使交越频率为 1MHz，由外部器件决定的 f_B 则十分小，这就是使用中和补偿的代价。 ◀

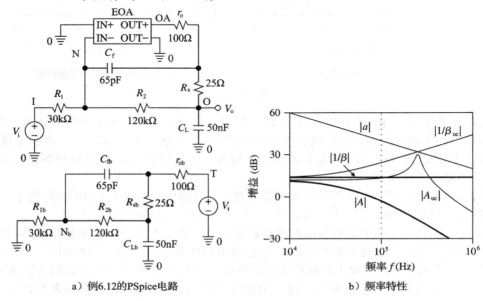

a) 例6.12的PSpice电路   b) 频率特性

图 6.46

正如之前所提的，在高频段 z_s 已经不再是纯阻性的了，因此上面的方程只是在估计 R_s 和 C_f 时候适用。最优值可以在实验室中利用实际电路依次测试得到。

驱动容性负载的需求不断升高，使得各大公司开始设计能自动补偿容性负载的特殊运算放大器。AD817 以及 TL1360 运算放大器则可以驱动无限大的容性负载。特殊的内部电路可以检测负载的大小，从而自动调整开环响应，使得系统能够保持一个合适的相位裕度。这个过程，对用户来说，是完全透明的，而且也是在负载电容不固定或不明确的情况下相当有效的，比如负载是没有接匹配电阻的同轴线。

其他因素导致的不稳定

具有高增益的放大器，例如运算放大器以及电压比较器，如果系统没有合适的补偿电路或结构，系统的不稳定会因为一系列潜在的原因产生。两个比较常见的导致系统不稳定的原因是接地阻抗，以及不合适的电源滤波。这两个问题都会产生供电线和接地线的分布阻抗，这些阻抗可能在高增益器件周围，产生伪反馈通路，使系统变得不稳定。

通常，为了减小地线阻抗，我们常常使用接地片，特别是在宽带宽应用以及音频应用中。除此之外，我们还可以通过使用两个单独的地线来进一步减小这个问题。第一个为信号地，为系统关键电路提供回路，例如信号源电路，反馈网络，电压基准；另一个为功率地，为次要电路提供回路，比如高电流负载，数字电路等。所有这些努力都是为了使得直流和交流信号在信号地中的电流尽量的小，从而可以保证地线之间的等电势。为了避免地线的等电位条件受到干扰，两个地线可以在电路中的一点相交。

伪反馈回路也可以组成功率地线。由于地线存在阻抗，由负载电流变化导致的供电电流的变化会引发运算放大器各个端口的电压变化。由于 PSRR 是有限的，这些变化可能会使得输入端口电压发生改变，从而产生一个不直接的反馈回路。为了将这种反馈回路中断，每个供电电压节点必须接上一个 $0.01\mu F$ 到 $0.1\mu F$ 的旁路去耦电容，如图 1.43 所示。使用低 ESR、低 ESL 的陶制电容往往能带来更好的效果，特别是表面封装电容。为了这个方案更加有效，引线的长度必须越短越好，电容离运算放大器越近越好。同样，反馈网络的元件必须离反相输入端近一些，从而可以减少式(6.31)中杂散电容 C_{ext} 的出现。制造商常常会为用户提供合适的印制电路板和电路结构。

6.5 输入时延补偿和超前反馈补偿

输入时延补偿和超前反馈补偿都是比较常用的补偿技巧，它们通过控制噪声增益 $1/\beta(jf)$，使得系统的 ROC 降低，从而使得电路变得稳定。

输入时延补偿

如图 6.47a 所示的是一个通用阻性反馈网络电路，输入时延补偿技术能通过在运算放大器输入端口接上 $C_c R_c$ 网络，重新设定电路的噪声增益。在低频段，C_c 相当于一个开路电路，因此补偿网络对电路没有影响，此时电路的低频噪声增益还是我们熟悉的 $1/\beta_0 = 1 + R_2/R_1$。然而，到了高频段，补偿 C_c 相当于短路，此时电路的噪声增益达到：

$$\frac{1}{\beta_\infty} = 1 + \frac{R_2}{R_1} + \frac{R_2 + (1 + R_2/R_1)R_3}{R_c}$$

一旦我们根据所期望的噪声容限确定了 f_x 的值，那么只要调整 R_c，使得其满足 $1/\beta_\infty = |a(jf_x)|$，正如图 6.47b 所示，系统的相位裕度就能达到 45°左右。因此 R_c 的值可以由下式确定：

$$R_c = \frac{R_2 + (1 + R_2/R_1)R_3}{|a(jf_x)| - (1 + R_2/R_1)} \tag{6.36a}$$

噪声容限的高频转折点是 $1/(2\pi R_c C_c)$，这个频率是 R_c 和 C_c 的阻抗相同时的频率。为了将相位裕度限制在一定的范围内，我们通常将这个频率控制在 f_x 的 10 倍频以内。因此有：

$$C_c = \frac{5}{\pi R_c f_x} \tag{6.36b}$$

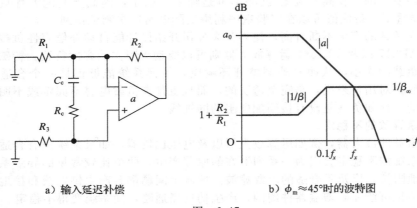

a）输入延迟补偿　　　　　　b）$\phi_\mathrm{m}\approx45°$时的波特图

图　6.47

输入时延技术常常用来稳定未补偿或失调的运算放大器，以及使用了补偿运算放大器，但是存在反馈极点，比如容性负载电路。

例 6.13　差分放大电路采用了 4 个 10kΩ 电阻以及一个未补偿的运算放大器，运算放大器的参数如下：$a_0=10^5$V/V，两个极点频率分别为 1kHz，1MHz。（1）说明电路是否需要补偿。（2）设计一个输入时延网络，使其相位裕度到 60°，用 PSpice 验证结果。

解：

（1）设噪声增益为 2V/V，未补偿电路的交越频率为 ROC 达到 40dB/10 倍频斜率处，这说明系统的相位裕度可以忽略。事实上，根据图 6.48a 所示的 PSpice 电路仿真得到的结果，在没有 R_c 和 C_c 补偿的情况下，系统的相位裕度为 8°。

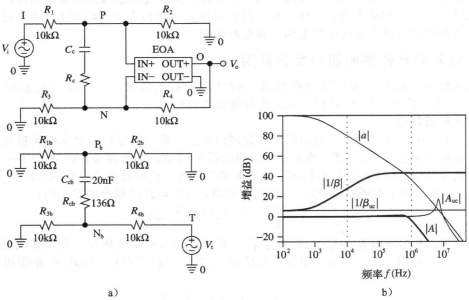

图 6.48　例 6.13 中不同输入滞后补偿的放大器，图 b 所示的为其频率特性 $|A|$ 的轨迹为 DB(V(O)/V(I))，$|a|$ 的轨迹为 DB(V(O)/(V(P)-V(N)))，而 $|1/\beta|$ 的轨迹为 DB(V(T)/V(N_b)-V(P_b)))

（2）当相位裕度为 60°时，我们需要 $f_\mathrm{x}=f_{-120°}$。利用光标工具，我们得到 $f_{-120°}=$

581kHz，$|a(\text{j}_{f-120°})|=43.5\text{dB}$，或 149V/V。将这些值以及 $R_3=5\text{k}\Omega$ 代入式（6.36），我们得到 $R_c=136\Omega$，$C_c=20\text{nF}$。加入反馈 R_c 和 C_c，我们得到 $f_x=584\text{kHz}$，$\angle T(\text{j}f_x)=-125.7°$，$\phi_\text{m}=54.3°$。◀

输入时延补偿的一个比较常见的应用是，将那些总是工作在 $\beta=1$ 情况下的未补偿运算放大器电路变得稳定。有一个比较经典的例子是，LF356/357 运算放大器对。356 运算放大器使用了 10pF 的片上补偿电容 C_c，从而得到在 $\beta\leqslant1$ 情况下 $\text{GBP}=5\text{MHz}$，$\text{SR}=12\text{V/}\mu\text{s}$；357 运算放大器是未补偿运算放大器，为了得到更快的动态过程而使用了 3pF 的补偿电容，有参数 $\text{GBP}=20\text{MHz}$ 和 $\text{SR}=50\text{V/}\mu\text{s}$。但是仅仅在 $\beta\leqslant0.2$，或者噪声增益 $1/\beta\geqslant5\text{V/V}$ 时才适用。如果我们希望 357 运算放大器工作在 $1/\beta\leqslant5\text{V/V}$ 时，会怎么样呢？图 6.49 显示了采用输入时延补偿的方法来稳定 $\beta=1$ 的电压跟随器。我们将式(6.36a)应用于这个情况，我们得到 $R_c=R_f/(5-1)=R_f/4$，那么有 $R_f=12\text{k}\Omega$，$R_c=3\text{k}\Omega$。接下来，我们应用式(6.36a)，代入 $f_x=\text{GBP}/5=4\text{MHz}$，我们得 $C_c=(5/(\pi\times3\times10^3\times4\times10^6))\text{F}=133\text{pF}$，则使用 130pF 的电容。

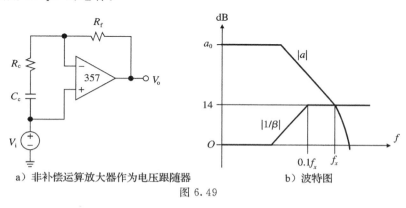

a）非补偿运算放大器作为电压跟随器   b）波特图

图 6.49

输入时延补偿提供了稳定电容负载电路的一种思路，正如下面这个例子。

例 6.14 利用输入延迟补偿稳定例 6.12 所示的电路，使其相位裕度达到 $45°$。

解:

我们采用图 6.50a 所示的没有 R_cC_c 网络的 PSpice 电路，得到了运算放大器，以 C_1 为

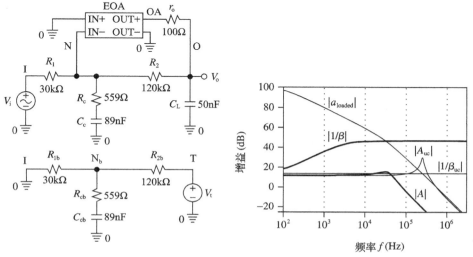

a）例6.12中电容负载的电路的输入时延补偿   b）频率特性

图 6.50 $|a_\text{loaded}|$ 的轨迹为 $\text{DB}(V(O)/(-V(N)))$，$|1/\beta|$ 的轨迹为 $\text{DB}(V(T)/V(N_b))$

负载时的 $|a_{\text{loaded}}|$ 图。接下来，我们使用光标工具找到 $f_{-135°} = 32\text{kHz}$，$|a_{\text{loaded}}(\text{j}f_{-135°})| = 46.836\text{dB}$，即 220V/V。正如例 6.13 所示，我们得到 $R_c = 559\Omega$，$C_c = 89\text{nF}$。再次使用光标工具，我们得到 $\phi_m = 39.4°$。之所以距离目标相位裕度 $45°$ 还差 $5.6°$，是因为 $0.1f_x$ 处有一个转折频率上。 ◀

与内部补偿相比，输入时延补偿方法能在内部存在补偿电容的情况下，提供更高的转换速率。电容接在两个输入端口之间，因此电压降会变得相当的小，然而，由高转换速率提供的建立时间则会变得相对长，因为 f_z 和 f_p 处的零、极点对会使电路出现一个较长的拖尾过程。

然而这个方法存在一个比较重大的缺陷，它会引入更多的高频噪声，因为噪声增益图在交越频率 f_x 附近会突然上升。另外一个缺陷则是闭环差分输入阻抗 Z_d 会变得小得多，因为 Z_d 和 $Z_c = R_c + 1/(\text{j}2\pi f C_c)$ 相并联，而 Z_c 远小于 Z_d。虽然在反相配置上，这些问题并不重要，但是这些问题可能会在非反向配置中引入不可容忍的高频输入负载和馈通效应。输入时延补偿因此并不是十分的流行。

超前反馈补偿

这种技术采用反馈电容 C_f 在反馈通路上产生的相位超前。这个超前被设计成出现在需要增大 ϕ_m 的交叉频率 f_x 附近。另一方面，可以将这种方法看成修改 f_x 附近 $|1/\beta|$ 曲线，以降低截止 ROC 的斜率。参考图 6.51a 所示电路，假设 $r_d = \infty$ 和 $r_o = 0$，我们有 $1/\beta = 1 + Z_2/R_1$，$Z_2 = R_2 /\!/ [1/(\text{j}2\pi f C_f)]$。展开后可得：

$$\frac{1}{\beta(\text{j}f)} = \left(1 + \frac{R_2}{R_1}\right)\frac{1 + \text{j}f/f_z}{1 + \text{j}f/f_p} \tag{6.37}$$

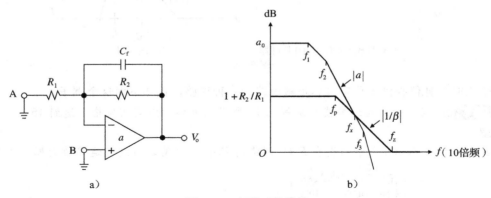

图 6.51 超前反馈补偿

式中：$f_p = 1/(2\pi R_2 C_f)$；$f_z = (1 + R_2/R_1)f_p$。$|1/\beta|$ 曲线的低频渐近线和高频渐近线分别是 $|1/\beta_0| = 1 + R_2/R_1$，$|1/\beta_\infty| = 0\text{dB}$，两个拐点在 f_p 和 f_z 上。

由 $1/\beta(\text{j}f)$ 产生的相位滞后在 f_p 和 f_z 的几何均值处最大，因此 C_f 的最优值就是能够使这个均值与交叉频率相一致的值，即 $f_x = \sqrt{f_p f_z} = f_p\sqrt{1 + R_2/R_1}$。在这种条件下，有 $|a(\text{j}f_x)| = \sqrt{1 + R_2/R_1}$，可以利用这个方程经过不断试探求出 f_x。一旦知道了 f_x，就可以求出 $C_f = 1/(2\pi R_2 f_p)$，即

$$C_f = \frac{\sqrt{1 + R_2/R_1}}{2\pi R_2 f_x} \tag{6.38}$$

闭环带宽是 $1/(2\pi R_2 C_f)$。另外，C_f 有助于抑制反相输入杂散电容 C_n 的影响。

容易证明，在 f_p 和 f_z 的几何均值处，有 $\angle(1/\beta) = 90° - 2\arctan\sqrt{1 + R_2/R_1}$，因此 $1 + R_2/R_1$ 的值越大，$1/\beta$ 对 ϕ_m 的贡献也就越大。例如，当 $1 + R_2/R_1 = 10$ 时，我们有 $\angle(1/\beta) = 90° - 2\arctan\sqrt{10} \approx -55°$，其中，$\angle T = \angle a - (-55°) = \angle a + 55°$。我们发现对于这种工作在给定

ϕ_m 条件下的补偿电路，开环增益必须满足 $\measuredangle a(\mathrm{j}f_\mathrm{x}) \geqslant \phi_\mathrm{m} - 90° - 2\arctan\sqrt{1 + R_2/R_1}$。

例 6.15 (1)采用一个 $a_0 = 10^5\mathrm{V/V}$，$f_1 = 1\mathrm{kHz}$，$f_2 = 100\mathrm{kHz}$，$f_3 = 5\mathrm{MHz}$ 的运算放大器，设计一个 $A_0 = 20\mathrm{V/V}$ 的同相放大器。由此，证明电路需要补偿。(2)采用超前反馈方法使它稳定，求相位裕度。(3)求闭环带宽。

解:

(1) 当 $A_0 = 20\mathrm{V/V}$ 时，我们采用 $R_1 = 1.05\mathrm{k\Omega}$ 和 $R_2 = 20.0\mathrm{k\Omega}$ 的电阻。于是有 $\beta_0 = 1/20\mathrm{V/V}$，$a_0\beta_0 = (10^5/20)\mathrm{V/V} = 5000\mathrm{V/V}$。因此，在没有补偿的情况下，我们有:

$$T(\mathrm{j}f) = \frac{5000}{[1 + \mathrm{j}f/10^3][1 + \mathrm{j}f/10^5][1 + \mathrm{j}f/(5\times10^6)]}$$

利用试探法，我们可以得到在 $f = 700\mathrm{kHz}$ 时，有 $|T| = 1$，$\measuredangle T(\mathrm{j}700\mathrm{kHz}) = -179.8°$，$\phi_\mathrm{m} = 0.2°$。这说明这个电路需要补偿。

(2) 再次使用试探法，可得 $f = 1.46\mathrm{MHz}$ 时，$|a| = \sqrt{20}\mathrm{V/V}$，$\measuredangle a(\mathrm{j}1.46\mathrm{MHz}) = -192.3°$。令式 6.38 中 $f_\mathrm{x} = 1.46\mathrm{MHz}$，我们得到 $C_\mathrm{f} = 24.3\mathrm{pF}$。另外，$\phi_\mathrm{m} = 180° + \measuredangle a - (90° - 2\arctan\sqrt{20}) = 180° + (-192.3°) - (90° - 2\times77.4°) = 52.5°$。

(3) $f_{-3\mathrm{dB}} = 1/(2\pi R_2 C_\mathrm{f}) = 327\mathrm{kHz}$　◀

观察发现超前反馈补偿并不具有输入之后补偿的转换速率优点；然而，它能够更好地过滤掉内部产生的噪声。对于给定的应用，当用户选择最适合的方法时，这些都是需要考虑的因素。

6.6　电流反馈放大器电路的稳定性

电流反馈放大器(CFA)的开环响应 $z(\mathrm{j}f)$ 仅在某指定的频率范围内受单个极点的控制。在这个频率范围以外，高阶根就会起作用，它会增加总的相位偏移。当 CFA 接入与频率无关的反馈时，仅仅只要令 $1/\beta \geqslant (1/\beta)_\mathrm{min} = |z(\mathrm{j}f\phi_\mathrm{m} - 180°)|$，其中，$f\phi_\mathrm{m} - 180°$ 是 $\measuredangle z = \phi_\mathrm{m} - 180°$ 处的频率，就能给出具有规定相位裕度的无条件稳定。将 $1/\beta$ 曲线降至 $(1/\beta)_\mathrm{min}$ 以下，就可以增加系统的相位偏移，从而降低系统相位裕度，引入不稳定因素。这一特性与欠补偿运算放大器的特性很相似。可从 $|z(\mathrm{j}f)|$ 和 $\measuredangle z(\mathrm{j}f)$ 的数据表单中得到 $(1/\beta)_\mathrm{min}$ 的值。与电压反馈放大器(VFA)类似，CFA 电路中的不稳定也是由外部电抗元件产生的反馈相位滞后引起的。

反馈电容的效果

为了分析反馈电容的影响，参照图 6.52a 所示电路。在低频段，C_f 相当于开路，因此利用式(4.44)可以得到 $1/\beta_0 = R_2 + r_\mathrm{n}(1 + R_2/R_1)$。在高频段，$R_2$ 被 C_f 短路，因此有 $1/\beta_\infty = 1/\beta|_{R_2 \to 0} = r_\mathrm{n}$。由于 $1/\beta_\infty \ll 1/\beta_0$，交越频率 f_x 就落入具有更大相位偏移的区域，如图 6.52b 所示。如果这个偏移达 $-180°$，那么电路就会产生振荡。

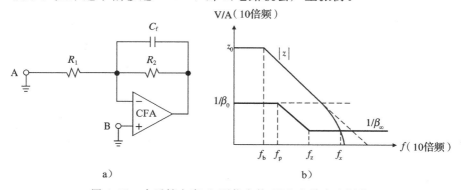

图 6.52　大反馈电容 C_f 可能会使 CFA 电路产生振荡

因此我们可以得出这样的结论，在 CFA 电路中必须避免采用直接电容反馈。具体来说，对于数值的反相或者米勒积分器，除非采用适当的措施使它们稳定，如习题 6.62，否则就不能在 CFA 电路中采用这些积分器。然而，对于同相或者 Deboo 积分器，在 f_x 的领域中 β 的值仍然受负反馈通路上电阻的控制，因此这些积分器是可以接受的。同样，也可以在那些输出端和反相输入端之间不含有直接相连电容的滤波器电路中方便地使用 CFA，例如 KRC 滤波器。

杂散输入电容补偿

如图 6.53a 所示，C_n 与 R_1 并联。将 $R_1 /\!/ [1/(j2\pi f C_n)]$ 替换式（4.64）中的 R_1，经过简单的代数运算，我们可以得到：

$$\frac{1}{\beta} = \frac{1}{\beta_0}(1 + jf/f_z) \tag{6.39a}$$

$$\frac{1}{\beta_0} = R_2 + r_n\left(1 + \frac{R_2}{R_1}\right), \quad f_z = \frac{1}{2\pi(R_1 /\!/ R_2 /\!/ r_n)C_n} \tag{6.39b}$$

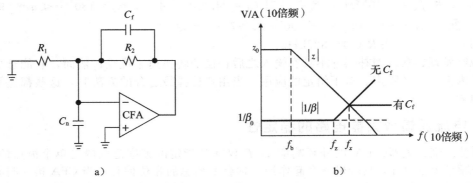

图 6.53   CFA 电路中的输入滞后补偿

如图 6.53b 所示，$1/\beta$ 曲线在 f_z 处开始上升，如果 C_n 足够大，在 $f_z < f_x$，电路就会变得不稳定。

与 VFA 类似，利用一个小反馈电容 C_f 来消除 C_n 的影响，可以使得 CFA 稳定。C_f 与 R_2 一起产生了 $1/\beta$ 的一个极点频率 $f_p = 1/(2\pi R_2 C_f)$。当 $\phi_m = 45°$ 时，$f_p = f_x$。观察发现 f_x 是 f_z 和 $\beta_0 z_0 f_b$ 的几何均值。令 $1/(2\pi R_2 C_f) = \sqrt{\beta_0 z_0 f_b f_z}$，求解可得：

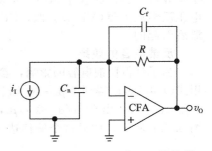

图 6.54   基于 CFA 的 *I-V* 转换器

$$C_f = \sqrt{r_n C_n/(2\pi R_2 z_0 f_b)} \tag{6.40}$$

一个常见的应用是将 CFA 与电流输出 D/A 转换器相连接，以产生快速 *I-V* 变换（见图 6.54）。这里杂散电容是 D/A 转换器输出电容和 CFA 输入电容组合的结果。

例 6.16　用一个电流输出 D/A 转换器驱动一个 CFA。这个 CFA 的 $z_0 = 750\text{k}\Omega$，$f_b = 200\text{kHz}$，$r_n = 50$。假设 $R = 1.5\text{k}\Omega$，$C_n = 100\text{pF}$，求解当相位裕度为 45° 时的 C_f 值。用 PSpice 验证你的结果。

解：

$C_f = \sqrt{50 \times 100 \times 10^{-12}/(2\pi \times 1.5 \times 10^3 \times 1.5 \times 10^{11})}\,\text{F} = 1.88\text{pF}$。对于更大的相位裕度，这个电容值还会增大，但是也会降低 *I-V* 转换器的速率。利用图 4.37 所示的简化 CFA 模型，我们可以得到图 6.55 所示的 PSpice 仿真电路。由于同相输入是接地的，我们可以将输入缓冲器和 r_n 接地。PSpice 仿真结果如图 6.56 所示。未补偿的电路（*uc*）没有充分的相位裕度，$\phi_m = 32.6°$，这导致系统产生振铃和过冲。补偿后的电路的相位裕度有

74°，这说明电路没有振铃和过冲。闭环电路的—3dB 频率大约在 70MHz 附近。

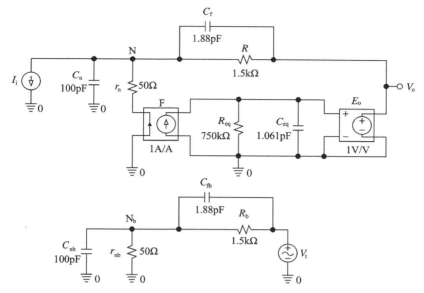

图 6.55 例 6.16 中 CFA I-V 转换器的 PSpice 电路。完整电路（上）$1/\beta$ 反馈电路（下）

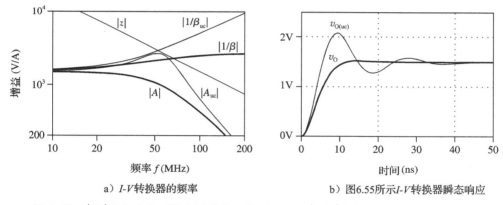

a）I-V转换器的频率

b）图6.55所示I-V转换器瞬态响应

图 6.56 $|A|$ 的轨迹为对数坐标下的 V(O)/I(rn)，$|1/\beta|$ 的轨迹 V(T)/（−I(rnb)）

6.7 复合放大器

两个或更多的运算放大器可以通过组合来实现整体性能的改善。设计者需要意识到当一个运算放大器放置于另一个运算放大器的反馈回路时，稳定性问题就会产生。接下来，我们会命名单个运算放大器的增益，如 a_1 和 a_2，以及复合器件的增益为 a。

增加回路增益

在一个双运算放大器的封装中的两个运算放大器可以通过级联的连接方式来创造出一个复合放大器，其增益为 $a=a_1 a_2$，远大于单个增益 a_1 和 a_2。我们希望这样的复合器件来提供更大的回路增益，以及因此更低的增益误差。然而，如果我们将单一的组合增益频率标记为 f_{t1} 和 f_{t2}，我们会观察到在高频率处即 $a=a_1 a_2 \cong (f_{t1}/\mathrm{j}f)(f_{t2}/\mathrm{j}f)=-f_{t1}f_{t2}/f^2$，复合响应的相移接近−180°，因此需要频率补偿。

在足够高闭环直流增益的应用中，复合放大器可以通过图 6.57a 所示的反馈-超前方法来稳定。一般来说，这样的电路可以是反相电路或者非反相电路，这取决于我们是否在节点 A 或 B 插入输入源。$|a|$ 的分贝图通过将 $|a_1|$ 和 $|a_2|$ 的分贝图相加而得到。这在

图 6.57b 中说明，适用情况为运算放大器匹配或 $a_1 = a_2$。

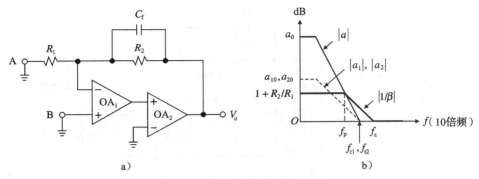

a)　　　　　　　　b)

图 6.57　反馈补偿的复合放大器

我们知道，$1/\beta$ 曲线在 $f_p = 1/(2\pi R_2 C_f)$ 处有极点频率，在 $f_z = (1 + R_2/R_1)f_p$ 处有零点频率。对于 ROC = 30dB/10 倍频或 $\phi_m = 45°$，我们将 f_p 恰好放置在 $|a|$ 曲线上。这样可得 $1 + R_2/R_1 = |a(jf_p)| = f_{t1}f_{t2}/f_p^2$。将 f_p 解出，并令 $C_f = 1/(2\pi R_2 f_p)$，可得：

$$C_f = \sqrt{(1 + R_2/R_1)/(f_{t1}f_{t2})}/(2\pi R_2) \tag{6.41}$$

闭环带宽是 $f_B = f_p$。可以看出 C_f 以倍数 $(1 + R_2/R_1)^{1/4}$ 增加会使交越频率 f_x 与几何平均数 $\sqrt{f_p f_z}$ 重叠，并因此最大化 ϕ_m；然而，这也会按比例降低闭环带宽。

例 6.17　图 6.57a 所示的电路用作非反相电路，放大器电阻为 $R_1 = 1\text{k}\Omega$，$R_2 = 99\text{k}\Omega$。(1)假设运算放大器 GBP = 1MHz，求解令 $\phi_m = 45°$ 的 C_f，然后在单个运算放大器实现情况下比较。(2)求解令相位裕量最大的 C_f，此时 ϕ_m 和 f_p 的值是多少？(3)如果 C_f 增加超过了(2)问中解出的值会如何？

解：

(1) 在节点 B 插入输入源。设式(6.41)中 $f_{t1} = f_{t2} = 1\text{MHz}$，我们得到当相位裕度为 45° 时，有 $C_f = 16.1\text{pF}$。另外有 $T_0 = a_0^2/100 = 4 \times 10^8 \text{V/V}$，$f_B = f_p = 100\text{kHz}$。如果采用的是运算放大器，则有 $\phi_m = 90°$，$T_0 = a_0/100 = 2 \times 10^3 \text{V/V}$，$f_B = (10^6/100)\text{Hz} = 10\text{kHz}$。

(2) $C_f = (100)^{1/4} \times 16.1\text{F} = 50.8\text{pF}$，$f_p = 31.62\text{kHz}$，$\phi_m = 180° + \measuredangle a - \measuredangle(1/\beta) \approx 180° - 180° - [\arctan(f_x/f_z) - \arctan(f_x/f_p)] = -(\arctan 0.1 - \arctan 10) = 78.6°$。

(3) 在 C_f 超过 50.8pF 后仍然增加它的值，会使 ϕ_m 减小，最终趋向于 0。说明过补偿是不利的。　　◀

在图 6.57 所示电路中我们已经通过其反馈网络使其稳定。一种替代的补偿类型是通过使用局部反馈来控制第二个运算放大器的极点，在图 6.58 有说明。复合响应 $a = a_1 A_2$ 有直流增益 $a_0 = a_{10}(1 + R_4/R_3)$，两个极点频率在 f_{b1} 和 $f_{B2} = f_{t2}/(1 + R_4/R_3)$。没有第二

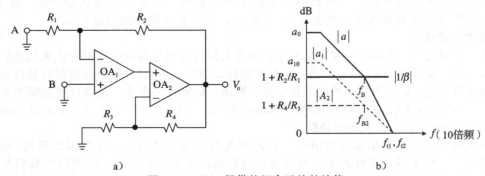

a)　　　　　　　　b)

图 6.58　OA_2 提供的组合运放的补偿

个放大器，闭环带宽将会是 $f_{B1}=f_{t1}/(1+R_2/R_1)$。第二个放大器存在的话，带宽将是 $f_B=(1+R_4/R_3)\cdot f_{B1}=f_{t1}(1+R_4/R_3)/(1+R_2/R_1)$。如果我们对准 f_B 和 f_{B2}，那么很显然 ROC＝30dB/10 倍频或者 $\phi_m=45°$。因此，令 $f_{t1}(1+R_4/R_3)/(1+R_2/R_1)=f_{t2}/(1+R_4/R_3)$，则可得：

$$1+R_4/R_3 = \sqrt{(f_{t2}/f_{t1})(1+R_2/R_1)} \tag{6.42}$$

我们观察到为了使 OA_2 的意义更为显著，应用时必须要求足够高的闭环增益。

例 6.18 假设在图 6.58a 所示电路中的运算放大器有 GBP＝1MHz，请确定能作为直流增益为－100 反向放大器的合适元件。并与单个运算放大器的实现方法比较。

解：

在节点 A 插入输入源，然后使得 $R_1=1k\Omega$ 和 $R_2=100k\Omega$，$R_4/R_3=\sqrt{101}-1=9.05$，得 $R_3=2k\Omega$ 和 $R_4=18k\Omega$。则直流环路增益为 $T_0=a_{10}(1+R_4/R_3)/(1+R_2/R_1)\approx2\times10^4$，闭环带宽为 $f_B=f_t/10=100kHz$。如果只有一个放大器，则 $\phi_m=90°$，$T_0\approx2\times10^3$ 和 $f_B\approx10kHz$，包括有第二级放大器引入的数量级的变化。◀

优化直流和交流特性

一些应用期望能够结合一个低失调、低噪声的器件的直流特性，比如一个双极电压反馈放大器（VFA）与一个高速器件的动态特性，如一个电流反馈放大器（CFA）。这两种技术上矛盾的规格可以通过复合放大器来满足。在图 6.59a 所示的拓扑中，使用了局部反馈的 CFA 来偏移 $|a_1|$ 分贝曲线上移 $|A_2|_{dB}$，并因此将直流环路增益改善了相同的值。只要 $f_{B2}\gg f_{t1}$，由 $f=f_{B2}$ 处的极点频率造成的相移在 $f=f_{t1}$ 处并不显著，表明我们可以使 VFA 工作在单位反馈因子或者最大带宽处。令

$$1+R_4/R_3 = 1+R_2/R_1 \tag{6.43}$$

会使复合器件的闭环带宽 f_{t1} 最大化。这会增加目前 $f_B=f_{t1}$ 的复合设备的闭环带宽最大化。

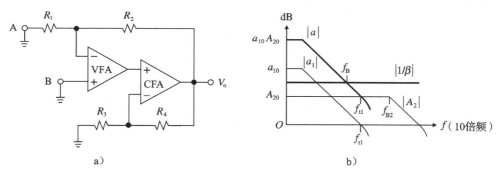

a)   b)

图 6.59　VFA-CFA 复合放大器

复合拓扑提供了除带宽外的其他重要优势。因为 CFA 工作在 VFA 的反馈回路中，它的通常较差的输入直流和噪声特性在相对于复合器件的输入的情况下变得不显著，此时它们会除以 a_1。而且，由于 CFA 提供了大部分的信号摆幅，VFA 的压摆率要求会极大地放松，因此保证了对复合器件高的全功率带宽（FPB）容量。最后，由于 VFA 并不需要去驱动输出负载，以及没有自热效应，例如热反馈变得微不足道，因此该复合设备保持最佳输入漂移特性。

通过一个 CFA 实现的闭环增益量是有实际限制的。即使这样，使用一个 CFA 作为一个复合放大器的部分也是要付出代价的。比如，假定我们需要一个整体直流增益 $A_0=10^3$ V/V，但是使用一个 CFA 的话只能有 $A_{20}=50V/V$。确切地说，VFA 必须工作在增益 $A_0/50=20V/V$ 和带宽 $f_{t1}/20$ 之下。在不提及压摆率以及热漂移的优势下，这仍然比单用 VFA 要好 50 倍。

在图 6.59a 所示电路中，复合放大器的带宽由 VFA 决定，因此 CFA 提供的超过该频

带的放大作用被浪费了。图 6.60 所示电路中的另一种拓扑通过使其直接参与反馈模式而不仅仅是在高频将 OA_2 的动态特性完全利用。这个电路工作过程如下。

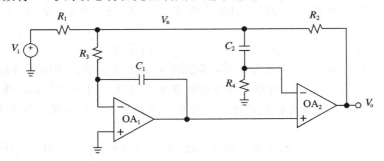

图 6.60 使用 OA_1 的直流特性和 OA_2 的交流特性的复合放大器

直流时，电容相当于开路，电路会简化为图 6.57a 所示情况，所以 $a_0 = a_{10} a_{20}$。很明显，直流特性是由 OA_1 设置的，而 OA_1 为 OA_2 提供了任何迫使 $V_n \rightarrow V_{os1}$ 的驱动力。而且，任何在 OA_2 反向输入的净偏置电流都会由于 C_2 的直流阻断作用而避免干扰节点 V_n。

随着工作频率的增加，我们会看到，在交叉网络 $C_2 R_4$ 逐渐将 OA_2 的操作模式从开环改变到闭环的同时，OA_1 的增益 $A_1 = -1/(jf/f_1)$，$f_1 = 1/(2\pi R_3 C_1)$ 会逐渐降低。在交叉网络频率 $f_2 = 1/(2\pi R_4 C_2)$ 以上，我们能够写出 $V_o \approx a_2 (A_1 V_n - V_n)$，或者

$$V_o \approx -\frac{a_{20}}{1+jf/f_{b2}} \frac{1+jf/f_1}{jf/f_1} V_n$$

如果令 $f_1 = f_{b2}$，或者 $R_3 C_1 = 1/(2\pi f_{b2})$，那么很明显，我们会得到零、极点消除，以及 $V_o = -a V_n$，$a = a_{20}/(jf/f_1) = a_{20} f_{b2}/jf \approx a_2$，说明高频动态特性完全由 OA_2 控制。

在实际实现中，零、极点消除是难以保持的，这是因为 f_{b2} 是一个不明确的参数。因此，针对一个输入阶跃，复合器件将不能完全稳定，直到积分环路稳定至其最终值为止。这样产生的稳定时间瑕疵在某些应用中可能是个问题。

提高相位精度

我们知道，一个单极点放大器展示出一个 $1/(1+1/T) = 1/(1+jf/f_B)$ 的误差函数，其相位误差为 $\varepsilon_\phi = -\arctan(f/f_B)$ 或者 $\varepsilon_\phi = -(f/f_B)$。这个误差在要求高相位精度的应用中是不允许的。在图 6.61 所示电路中，OA_2 围绕 OA_1 提供了正反馈在很宽的带宽上维持低的相位误差，而不是无补偿的情况。这与 4.5 节中的积分器的正补偿是类似的。

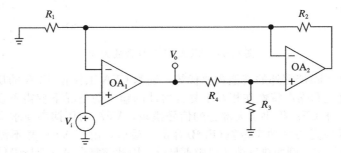

图 6.61 高相位精度复合放大器

为了分析电路，令 $\beta = R_1/(R_1+R_2)$，$\alpha = R_3/(R_3+R_4)$。注意到 OA_2 是一个非反相放大器，增益为 $A_2 = (1/\beta)/[1+jf/(\beta f_{t2})]$。因此围绕 OA_1 的反馈因子是 $\beta_1 = \beta \times A_2 \times \alpha = \alpha/[1+jf/(\beta f_{t2})]$。

复合器件的闭环增益是 $A = A_1 = a_1/(1+a_1 \beta_1)$，这里我们用了 OA_1 工作在非反相模式的情况。令 $a_1 \approx f_{t1}/(jf)$ 与 $\beta_1 = \alpha/[1+jf/(\beta f_{t2})]$，并令 $f_{t1} = f_{t2} = f$，对于 $\alpha = \beta$，我们得到：

$$A(\mathrm{j}f) = A_0 \frac{1+\mathrm{j}f/f_B}{1+\mathrm{j}f/f_b-(f/f_B)^2} \tag{6.44}$$

式中：$A_0=1+R_2/R_1$；$f_B=f_t/A_0$。正如 4.5 节讨论过的，这个误差函数提供了非常小的相位误差的优点，即 $\varepsilon_\phi=-\arctan(f/f_B)^3$ 或者 $\varepsilon_\phi \approx -(f/f_B)^3$，在 $f \ll f_B$ 时。

图 6.62(上)所示表示了增益为 $A_0=10\mathrm{V/V}$、用到一对匹配的 10MHz 运算放大器的复合放大器的 PSpice 仿真结果，所以 $f_B=1\mathrm{MHz}$。例如，在 f_B 的 1/10 处或 100kHz 处，复合电路提供了 $\varepsilon_\phi=-0.057°$，这要比单个运算放大器 $\varepsilon_\phi=-5.7°$ 的实现方法要好得多。

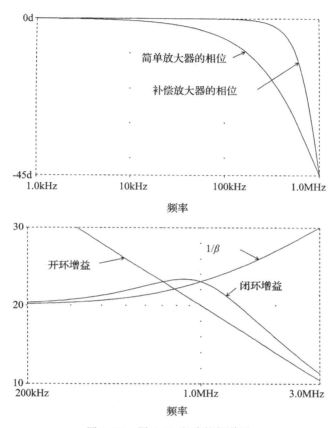

图 6.62　图 6.61 电路的频谱图

图 6.62(下)所示展示的稳定情况揭示了在 $|1/\beta_1|$ 曲线中的一段上升，这是由于 OA_2 在 $f=\beta f_{t2}$ 处引入了反馈极点。这个频率足够高，但不破坏 OA_1 的稳定性，但也足够低造成了一定的增益尖峰：这就是我们为了提高动态性所付出的相位误差特性的代价！

习题

6.1 节

6.1　假设一个环路增益如图 6.1 所示的 $T_0=10^4$，三个极点为 $10^2\mathrm{HZ}$，$10^6\mathrm{Hz}$，和 $10^7\mathrm{Hz}$。
(a)计算 $f_{-180°}$，和 GM。(b)计算 f_x，和 ϕ_m。(c)计算当 $\phi_m=60°$ 时，需降低 T_0 的值。

6.2　$\mu A702$ 运算放大器，第一个单片运算放大器，$a_0=3600\mathrm{V/V}$，三个极点为 1MHz，4MHz，和 40MHz。(a)计算 $\phi_m \geqslant 45°$ 时，β 的范围。(b)计算电路振荡的时候 β 的范围。

以及最接近的振荡频率。

6.3　(a)$\phi_m=30°$ 时，系统峰值增益在 f_x 的百分比？(b)求 ϕ_m，当 $|D(\mathrm{j}f_x)|=2$ 时？当 $|D(\mathrm{j}f_x)|=3\mathrm{dB}$ 时？当 $|D(\mathrm{j}f_x)|=-3\mathrm{dB}$ 时？(c)计算在图 6.21 中 $\phi_m=75°$ 时的 β。以及 $|D(\mathrm{j}f_x)|$ 的值？

6.4　有一个 $\beta=0.1\mathrm{V/V}$ 的开环增益为 $a(\mathrm{j}f)=a_0/[(1+\mathrm{j}f/f_1)\times(1+\mathrm{j}f/f_2)]$ 的电压放大器。(a)如果闭环直流增益为 $A_0=9\mathrm{V/V}$，计

算 a_0；用 f_1 和 f_2 的形式写出 $A(jf)$ 的标准表达式。(b)如果 $f=10\text{kHz}$ 时，$A(jf)$ 的相位和幅值是 $-90°$ 和 $(90/11)\text{V/V}$，计算 f_1 和 f_2 的值？(c)计算交叉频率 f_x，和相位裕度 ϕ_m。(d)计算 ϕ_m，当 $\beta=1\text{V/V}$ 的时候。

6.5 一个开环增益为 $a(s)=100/[(1+s/10^3)(1+s/10^5)]$ 的运算放大器被放到一个负反馈环路中。(a)用反馈因素 β 的函数写出闭环增益 $A(s)$ 的表达式。计算 β 的值使得 $A(S)$ 的极点重合。(b)计算交叉频率 f_x 的值，以及相位裕度 f_x。

6.6 一个直流增益 $a_0=10^5$ 以及极点频率为 $f_1=1\text{kHz}$，$f_2=1\text{MHz}$，和 $f_3=10\text{MHz}$ 的运算放大器在频率独立反馈的工作模式下，(a)计算 $\phi_m=60°$ 时的 β，以及此时的 GM 值？(b)计算当 $\text{GM}=20\text{dB}$ 的时候的 β，以及此时的 ϕ_m？

6.7 一个两极点为 $f_1=100\text{kHz}$ 和 $f_2=2\text{MHz}$，而且 $a_0=10^3\text{V/V}$ 的运算放大器与一个单位增益跟随器连接。计算其 ϕ_m、ζ、Q、GP、OS 的值和 $A(jf)$。这个电路有什么用途呢？

6.8 一个有三个同样极点 $a(jf)=a_0/(1+jf/f_1)^3$ 的运算放大器被放置到一个独立频率反馈因素为 β 的负反馈电路。计算 $f_{-180°}$ 的表达式，以及 T 值。

6.9 (a)证明一个直流回路增益 $T_0=10^2$，三个极点为 $f_1=100\text{kHz}$，$f_2=1\text{MHz}$ 和 $f_3=2\text{MHz}$ 的电路是不稳定的。(b)让电路稳定的一个办法是减少 T_0 的值。计算 $\phi_m=45°$ 的时候 T_0 需要被减少的值。(c)另一种让电路稳定的方法是重新设计它的一个或多个极点。计算 $\phi_m=45°$ 时候极点 f_1 需要减少的值。(d)当 $\phi_m=60°$ 的时候，重新计算(b)和(c)问。

6.10 一个 $a(jf)=10^5(1+jf/10^4)/[(1+jf/10)(1+jf/10^3)]\text{V/V}$ 的运算放大器被放在一个独立频率为 β 的负反馈环路里。(a)计算 $\phi_m\geqslant45°$ 时 β 的范围。(b)当 $\phi_m\geqslant60°$ 重新计算。(c)计算 ϕ_m 最小化的时候的 β 值，以及此时的 $\phi_{m(\min)}$？

6.11 两个负反馈系统在频率 f_1 处进行比较，如果第一个系统 $T(jf_1)=10\underline{/-180°}$，第二个系统 $T(jf_1)=10\underline{/-90°}$，哪个系统有更小的幅值误差？哪个有更小的相位误差？

6.12 一个 $\beta=0.1\text{V/V}$ 的负反馈电路用示波器来观察。如果对于一个 1V 阶跃输入，有一个 12.6% 的超调，并且终值为 9V。而且对于交流输入，在 $f=10\text{kHz}$ 时输入、输出的相位相差 $90°$。假定是一个第二极点错误的运放，求出他的开环响应。

6.13 只有最小相位系统才考虑接近速率。证明这个理论，通过比较最小相位系统 $H(s)=$ $(1+s/2\pi10^3)/[(1+s/2\pi10)(1+s/2\pi10^2)]$ 的波特图和 $H(s)=(1+s/2\pi10^3)/[(1+s/2\pi10)(1+s/2\pi10^2)]$，两者很相似，除了后者的零点在复平面的右半平面。

6.2 节

6.14 (a)一个 $r_i=\infty$，$r_o=0$ 的运算放大器，作为反向积分器的时候，在 $f_0=10\text{kHz}$ 时，$a(jf)=10^3/(1+jf/10^3)$。利用反馈比分析法来计算它的相位裕度。(b)当 $a(jf)$ 在 1MHz 处多出一个极点，重新计算。(c)对计算结果进行分析。

6.15 当交换习题 6.14 中的电容电阻，使之成为一个反向微分器，重新计算。

6.16 如果 $R_1=\infty$ 和 $R_2=0$ 时，图 6.14 所示的电路成为一个电压跟随器，计算它的相位裕度和增益裕度。使用两种不同的注入角度，来证明，即使 T_v 或者 T_i 从注入点看进去变化，T 依然不变。

6.17 假设例 2.2 里的高精度 I-V 转换器和 741 运算放大器有和图 6.14 所示一样的 C_n 和 R_L—C_L 值。找到一个注入点，只有一个注入点满足，并且利用它计算 ϕ_m 和 G_M 比较它和例 6.2 中的 C_n 和 C_L 时的相位损耗，同时解释为什么在电流电路中，这越来越不重要。

6.18 图 P6.18 表现了对某些运算放大器极性电压注入方式分析的方法。(a)计算 $a=16\text{V/V}$，$Z_o=Z_1=1\text{k}\Omega$，$Z_2=2\text{k}\Omega$ 时的 T。(b)计算 T_v。(c)通过以上的结果，你认为 T_i 的值应该为多少？(d)用电流注入的方法重新求上面的值。

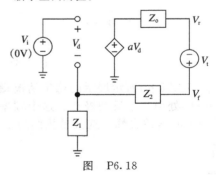

图　P6.18

6.19 一个单位增益反相放大器在峰值出现的时候，$\phi_m=\arccos(\sqrt{2}-1)$。假设 a_{ft} 是一个实数，计算当使得在峰值时 $|A(jf_x)|>1$ 的 a_{ft} 的值。

6.3 节

6.20 $\mu\text{A}702$ 运算放大器 $a_0=3600\text{V/V}$，$f_1=1\text{MHz}$，$f_2=4\text{MHz}$，和 $f_3=40\text{MHz}$，设计成一个单位增益缓冲器。假定我们在不影

响 f_2 和 f_3 的前提下，改变 f_1 值，估计在主极点补偿下的 $f_{1(new)}$，在 (a) $\phi_m = 60°$，(b) GM = 12dB，(c) GP = 2dB，(d) OS = 5% 时。

6.21 对于一个直流增益 $T_o = 10^3$ 的负反馈环路，一个主极点在 1kHz，一对极点在 250kHz。(a) 证明在 $\beta = 1$ 的时候，环路是不稳定的。(b) f_1 降低到多少的时候，$\phi_m = 45°$。(c) 另一个方法使电路稳定的方法是，减少 T_0，以便幅值曲线往下移动使得 f_x 降低到一个更小相位滞后的频率范围。则，T_o 应该降低到多少，使得 $\phi_m = 45\%$ (d) 重复 (b) 问 (c) 问，如果 $\phi_m = 60°$。

6.22 一个运算放大器的直流增益是 $a_0 = 10^5$ V/V，极点频率为 $f_1 = 100$kHz，$f_2 = 1$MHz，$f_3 = 10$MHz，通过等效电阻 R_1、R_2、R_3 可以产生 3 个节点。(a) 使用线性化波特图来证明当 $\beta = 1$V/V 电路不稳定。(b) 一种使电路稳定的方法是，加上一个 R_c 和 R_2 并联的补偿，以便提高 f_2，降低 a_0。画出新的波特图，如果 $R_c = R_2/99$，同时证明这造成了 a_0 两个两极的增加，以及 f_2 两个量级的减少。那么 f_x 和 ϕ_m 怎么变化呢？(c) 计算 $\phi_m = 60°$ 的时候 R_c/R_2。

6.23 假设图 6.21 所示终端的 C_1 达不到，但是 C_2 可以，重复例 6.5，但是 C_c 并联 C_2。和例子相比较，并且评论。

6.24 一个 $a_0 = 10^4$ V/V，$f_1 = 1$kHz 和可调节极点频率 f_2 的运算放大器，计算 β 和 f_2 在直流增益为 60dB 的时候最大的闭环响应。并且计算他的 −3dB 频率。

6.25 一个学生想要设计一个使用电压比较器的直流增益为 10^4 V/V，极点频率为 100kHz，另一对极点频率为 10MHz 的单位增益电压缓冲器。(a) 使用 ROC 来证明这个电路是不稳定的。(b) 虽然比较器是针对开环系统，学生依然可以使得缓冲器稳定，通过引入一个额外的主极点 f_d，采用加入额外的 RC 网络的方式，正如图 P6.25 所示。计算 $\phi_m = 70°$ 的时候的 f_d 的值。因此假定 $R = 30$kΩ，找到一个额外的 C 值，求补偿后的 $T(jf)$。

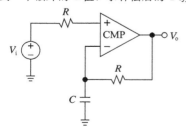

图　P6.25

6.26 一个学生想要用三个一样的 CMOS 反相器来组成一个快速反相放大器，通过图 P6.26 所示的方式。每个反相器的 $g_m = 1$mA/V，$r_o = 20$k，以及他的输出和地之间的等效电容 $C = 1$pF。(a) 假定 $R_2 = 2R_1 = 200$kΩ，使用 ROC 来证明电路不稳定。(b) 找到一个 C_c 放到输出和地之间，使得电路稳定且 $\phi_m = 70°$ 用 PSpice 来证明，求其实际的相位裕度和闭环 −3dB 的频率。

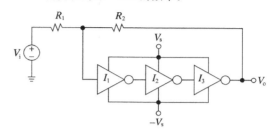

图　P6.26

6.27 计算图 P6.27 所示电路图增益 $a_1(jf) = V_{o1}/V_i$ 的表达式。因此假定 $R_c R_1$ 和 $C_c C_1$，证明式 (6.23)。提示：可以使用两种实根，比如 ω_a, ω_b，你可以近似处理 $(1 + s/\omega_a) \times (1 + s/\omega_b) \approx s/\omega_a + s^2/(\omega_a \omega_b)$。

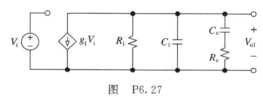

图　P6.27

6.28 对于 $\phi_m \approx 60°$、$\beta = 0.2$ 时图 6.18 所示的电路图的零、极点补偿，确定 R_c 和 C_c。用 PSpice 验证。

6.29 对于 $\phi_m \approx 60°$，习题 6.27 的电路的零、极点补偿，确定 R_c 和 C_c。

6.30 推导式 (6.25) 和式 (6.26)。提示：在 V_1 和 V_2 节点用 KCL，然后消除 V_1，然后使用习题 6.28 的提示。

6.31 一个直流增益为 40 000V/V，三个极点频率为 100kHz、3MHz 和 5MHz 的运算放大器运行在 $\beta = 0.5$V/V 时，(a) 画出线性化的 $|T|$ 波特图，大致估计 f_x 和 ϕ_x。这个电路稳定吗？(b) 首先假定两个极点在反相器的输入和输出节点，直流增益为 −200V/V，输入和输出阻抗分别为 $R_1 = 100$kΩ 和 $R_2 = 10$kΩ。确定一个连接到输入和输出端的电容 C_c，使得 $\phi_m = 45°$ 的时候电路稳定。(c) 计算 g_m、C_1 和 C_2？计算新的极点频率和 RHP 的零点频率？使用这些值来写出 $T(jf)$ 的表达式。

6.32　考虑两个运算放大器，它们的开环增益是

$$a_1(jf) = \frac{10^4(1+jf/10^5)}{(1+jf/10^3)(1+jf/10^7)}$$

$$a_2(jf) = \frac{10^4(1-jf/10^5)}{(1+jf/10^3)(1+jf/10^7)}$$

画出线性化的波特图（相频和幅频），计算当 $\beta=1$ 时候的相频裕度，比较两个比较器，评论它们的异同。

6.33　为习题 6.26 的电路通过 I_2 找到 R_cC_c 网络，在 $\phi_m=75°$ 下进行米勒补偿，以及除零。并且通过 PSpice 进行验证。

6.34　两级 CMOS 运算放大器通过 RHP 零点进行相位衰减。一个方法是通过电阻 R_c 去掉多余的零点，来开发电压缓冲器的单向性，可以用图 P6.34 所示 $1V_o$ 独立源的电路。这个缓冲器在阻止对输出的正向输出的时候，用去掉右半平面零点，来保持倍增的米勒补偿效应。计算增益 $a(s)=V_o/V_i$，的，证明传递零点已经被移到了无穷大。以及计算极点 f_1 和 f_2 的近似表达式，假设 $f_1 \ll f_2$。

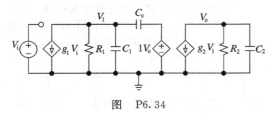

图　P6.34

6.35　通过 PSpice，图 6.32 所示的前馈补偿运算放大器的闭环增益在 6.593dB 达到峰值。如果我们想在第二级用电容 C_c 进行米勒补偿。则在同个运算放大器闭环峰值的时候，C_c 的值为多少？用 PSpice 来比较两种补偿方式，然后评论。

6.4 节

6.36　一个内部补偿运算放大器的开环增益能用主极点为 f_1 及单个高频极点 f_2 近似计算，从而得到由高阶根引起的相位偏移。（a）假定 $a_0=10^6$V/V，$f_1=10$Hz，和 $\beta=1$V/V，计算实际带宽 f_B 和相位裕度 ϕ_m，如果 $f_2=1$MHz。（b）当 $\phi_m=60°$ 的时候的 f_2，以及 f_B 的值。（c）在 $\phi_m=45°$ 的时候重新计算（b）问。

6.37　一个 $a(jf)=10^5/(1+jf/10)$ 的运算放大器被放在 $\beta(jf)=\beta_0/(1+jf/10^5)^2$ 的负反馈环里，计算 β_0 的值。（a）振荡发生的时候，（b）$\phi_m=45°$，（c）GM=20dB。

6.38　Howland 电流泵有一个恒定 GBP 的运算放大器和四个一样的电阻。根据接近率，只要负载是电阻或者电容的，这个电路是稳定的，如果是电感的，则可能是不稳定的，此时应该如何补偿。

6.39　图 6.36a 所示的微分器的一种频率补偿是加一个合适的并联的反馈电容 C_f 和电阻 R。假定 $C=10$nF，$R=78.7$kΩ 和 GBP=1MHz，在 $\phi_m=45°$ 时确定 C_f 的值。

6.40　一种避免输入电容干扰使电路稳定的方法，是减小所有的电阻值，提高 f_z，直到 $f_z \geqslant f_x$ 为止。（a）减小例 6.10 中电路的电阻值，使得 $\phi_m=45°$ 的时候，$C_f=0$。（b）在 $\phi_m=60°$ 的时候，重复计算。（c）分析这种方法的优点和缺点。

6.41　图 2.2 所示高精度 I-V 转换器的 $R=1$MΩ，$R_1=1$kΩ，$R_2=10$kΩ，以及 LF351 JFET 输入运算放大器，它的 GBP=4MHz。（a）假定一个输入电容 $C_n=10$pF，证明这个电路没有足够的相位裕度。（b）找到一个 C_f 值，接入到输入、输出之间的时候，可以提供中立补偿。计算此时补偿电路的闭环带宽。

6.42　使用 GBP=10MHz 和 $r_o=100$Ω 的运算放大器，找到最大的 C_L 连接到图 6.45a 所示电路，使得 $\phi_m \geqslant 45°$。如果（a）$R_1=R_2=20$kΩ，（b）$R_1=2$kΩ，$R_2=18$kΩ，（c）$R_1=\infty$，$R_2=0$，（d）在 $\phi_m \geqslant 60°$ 的时候重复（c）问。

6.43　利用习题 6.42 中运算放大器的数据，设计一个运算放大器，在所有电阻和为 200kΩ 的时候，$A_0=+10$V/V 的，如果它能够驱动一个 10nF 的负载。使用 PSpice 来验证他的频率和瞬态响应。

6.5 节

6.44　假设图 6.47a 所示的运算放大器 $r_d=\infty$ $r_o=0$，计算它的噪声增益 $1/\beta(jf)$ 的表达式。同时计算 $1/\beta_0$，$1/\beta_\infty$，f_p，f_z。

6.45　某个运算放大器 $a_0=10^5$V/V，$f_1=10$kHz，$f_2=3$MHz，$f_3=30$MHz，用作一个有两个 20kΩ 的反相放大器。如果要求 $\phi_m=45°$，使用输入滞后补偿使它稳定。并且，求得 $A(jf)$。

6.46　如果要求 $\phi_m=65°$，使用输入滞后补偿使例 6.26 的电压比较器稳定。

6.47　在图 P6.48 所示电路中，令 $R_1=R_2=R_4=100$kΩ，$R_3=10$kΩ，运算放大器的 $a_0=10^5$V/V，$f_1=10$kHz，$f_2=200$kHz，$f_3=2$MHz。（a）证明电路是不稳定的。（b）如果要求 $\phi_m=45°$，用输入滞后补偿使它稳定。（c）求补偿后的闭环带宽。

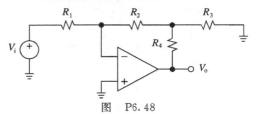

图　P6.48

6.48 某欠补偿运算放大器的 GBP$=25$MHz 和 $\beta_{\max}=0.1$V/V，可以用在一个灵敏度为 0.1V/μA 的 I-V 转换器中。一个设计者考虑两种方案：一种方案是使用 100kΩ 的反馈电阻和输入滞后补偿，另一种方案是使用 T 网络。分析两种电路设计，并比较它们闭环带宽，由于 V_{os} 造成的输出误差和直流增益误差。

6.49 图 6.57 所示的 OPA637 运算放大器是一个欠补偿放大器。当 $1/\beta\geqslant5$V/V 时，它的 SR$=135$V/μs，GBP$=80$MHz。由于运算放大器没有被补偿成单位增益稳定，所以图示的积分器就会是不稳定的。（a）如图 6.57 所示接入一个补偿电容 C_c，证明这会使电路稳定。如果要求 $\phi_m=45°$，求 C_c 的值。（b）求补偿后 $H(jf)$ 的表达式，指出电路特性能作为一个积分器的频率范围。

6.50 某运算放大器的 GBP$=6$MHz 和 $r_o=30\Omega$。把它用于输出负载为 5nF 的单位增益电压跟随器。设计一个能使它稳定的输入滞后网络。然后用 PSpice 验证它的频率响应和瞬态响应。

6.51 某迁移补偿运算放大器的 CBP$=80$MHz 和 $\beta_{\max}=0.2$V/V。用这个放大器设计一个单位增益反相放大器，求 $A(jf)$。

6.52 某运算放大器的 $a_0=10^6$V/V，两个相等的极点频率 $f_1=f_2=10$Hz。将它与 $R_1=1$kΩ 和 $R_2=20$kΩ 连接成一个反相放大器。（a）如果要求 $\phi_m=45°$，采用超前反馈补偿使电路稳定；然后，求 $A(jf)$。（b）求能使 ϕ_m 最大的 C_f；然后，求 ϕ_m，以及相应的闭环带宽。

6.6 节

6.53 图 6.54 所示的 CFA 积分器，在求和节点和反相输入引脚之间接入一个串联电阻 R_2，使在频域上 $1/\beta\geqslant(1/\beta)_{\min}$，因此避免不稳定问题。（a）利用波特图分析电路的稳定性。（b）假设为习题 4.58 的 CFA 参数，如果要求 $f_0=1$MHz，求合适的元件值。（c）列出这个电路可能存在的缺陷。

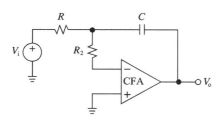

图 P6.54

6.54 用习题 4.66 的 CFA 来设计一个 $f_0=$

10MHz 和 $H_{0BP}=0$dB 的巴特沃兹带通滤波器。考虑另外两种设计方案，即多重反馈带通滤波器方案和 KRC 带通滤波器方案。你会选择哪一种设计方案，为什么？画出最终的电路图。

6.55 某 CFA 的 $r_n=50\Omega$ 和开环直流增益为 1V/μA。可用两个极点频率近似它的频率响应，一个在 100kHz，另一个在 100MHz。将这个 CFA 组成一个单位增益电压跟随器。（a）如果要想得到 45° 的相位裕度，求所需的反馈电阻，闭环带宽是多少？（b）如果想要得到 60° 的相位裕度，重做（a）问。

6.7 节

6.56 某电路是由两个直流增益为 $A_{10}=A_{20}=\sqrt{|A_0|}$V/V 放大器级联而成。（a）将这个电路与例 6.15 电路进行比较。（b）若与例 6.16 电路比较，结果如何？

6.57 （a）参照图 6.57a 所示的电路，证明当 $C_f=(1+R_2/R_1)^{3/4}/[2\pi R_2(f_{t1}f_{t2})^{1/2}]$ 时，ϕ_m 最大。（b）证明 $\phi_{m(\max)}\geqslant45°$ 的条件是 $1+R_2/R_1\geqslant\tan^2 67.5°=5.8$。（c）假设采用的是 741 运算放大器，如果电路工作在 $A_0=-10$V/V 的反相放大器状态，且具有最大相位裕度，求各个元件值。由此，求出 ϕ_m 的实际值和 $A(jf)$。

6.58 式（6.42）的另一种形式是 $1+R_4/R_3=\sqrt{(1+R_2/R_1)/2}$，这里假设 $f_{t1}=f_{t2}$。（a）证明这种形式的 $\phi_m\approx65°$。（b）用它来设计一个直流增益 $A_0=-50$V/V 的复合放大器。（c）假设 $f_{t1}=f_{t2}=4.5$MHz，求 $A(jf)$。

6.59 在图 6.60 所示的复合放大器中，假设 OA$_1$ 的 $a_{10}=100$V/mV，$f_{t1}=1$MHz，$V_{os1}\approx0$ 和 $I_{B1}=0$。OA$_2$ 的 $a_{20}=25$V/mV，$f_{t2}=500$MHz，$V_{os2}=5$mV 和 $I_{B2}=20\mu$A。在 $f_2=0.1f_1$ 的约束条件下，求能使 $A_0=-10$V/V 的各个元件值。求输出直流误差 E_o 和闭环带宽 f_B 是多少？

6.60 （a）求图 6.61 所示复合放大器的 ϕ_m、GP 和 OS。（b）求电路的 1° 相位误差带宽。并将结果与具有相同 A_0 的单运算放大器电路，以及由两个直流增益都为 $\sqrt{A_0}$ 的放大器级联而成的电路的 1° 相位误差带宽进行比较。

6.61 图 P6.65 所示有源补偿电路（见 IEEE Trans. Circuits Syst., vol. CAS-26, Feb. 1979, pp. 112-117），无论 OA$_1$ 是处于反相工作模式还是处于同相工作模式，都能正常工作。证明 $V_o=[(1/\beta)V_2+(1-1/\beta)V_1]/(1+1/T)1/(1+1/T)=(1+jf/(\beta_2 f_{t2}))/(1+jf/(\beta f_{t1})-f^2/(\beta f_{t1}\beta_2 f_{t2}))$，$\beta=R_1/(R_1+R_2)$，$\beta_2=R_3/(R_3+R_4)$。

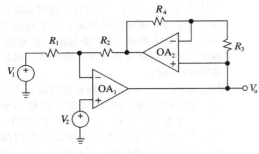

图 P6.61

6.62 用习题 6.61 的电路设计一个高相位精度的 (a) 电压跟随器。(b) 灵敏度为 $10\mathrm{V/mA}$ 的 $I\text{-}V$ 转换器。(c) 直流增益为 $100\mathrm{V/V}$ 的差分放大器。已知运算放大器匹配，且 $f_\mathrm{t} = 100\mathrm{MHz}$。

参考文献

1. J. K. Roberge, *Operational Amplifiers: Theory and Practice,* John Wiley & Sons, New York, 1975.
2. S. Rosenstark, *Feedback Amplifiers Principles,* Macmillan, New York, 1986.
3. R. C. Dorf and R. H. Bishop, *Modern Control Systems*, 12th ed., Prentice Hall, Upper Saddle River, NJ, 2011.
4. R. D. Middlebrook, "Measurement of Loop Gain in Feedback Systems," *Int. J. Electronics*, Vol. 38, No. 4, April 1975, pp. 485–512.
5. P. J. Hurst, "A Comparison of Two Approaches to Feedback Circuit Analysis," *IEEE Trans. on Education*, Vol. 35, No. 3, August 1992, pp. 253–261.
6. R. D. Middlebrook, "The General Feedback Theorem: A Final Solution for Feedback Systems," *IEEE Microwave Magazine*, April 2006, pp. 50–63.
7. M. Tian, V. Visvanathan, J. Hantgan, and K. Kundert, "Striving for Small-Signal Stability", *IEEE Circuits and Devices Magazine*, Vol. 17, No. 1, January 2001, pp. 31–41.
8. P. R. Gray, P. J. Hurst, S. H. Lewis, and R. G. Meyer, *Analysis and Design of Analog Integrated Circuits*, 5th ed., John Wiley & Sons, New York, 2009.
9. S. Franco, *Analog Circuit Design—Discrete and Integrated,* McGraw-Hill, New York, 2014.
10. J. G. Graeme, "Phase Compensation Counteracts Op Amp Input Capacitance," *EDN*, Jan. 6, 1994, pp. 97–104.
11. S. Franco, "Simple Techniques Provide Compensation for Capacitive Loads," *EDN*, June 8, 1989, pp. 147–149.
12. Dr. Alf Lundin, private correspondence, September 2003.
13. J. Williams, "High-Speed Amplifier Techniques," Application Note AN-47, *Linear Applications Handbook Volume II,* Linear Technology, Milpitas, CA, 1993.
14. A. P. Brokaw, "An IC Amplifiers User's Guide to Decoupling, Grounding, and Making Things Go Right for a Change," Application Note AN-202, *Applications Reference Manual,* Analog Devices, Norwood, MA, 1993.
15. A. P. Brokaw, "Analog Signal Handling for High Speed and Accuracy," Application Note AN-342, *Applications Reference Manual,* Analog Devices, Norwood, MA, 1993.
16. J.-H. Broeders, M. Meywes, and B. Baker, "Noise and Interference," *1996 Design Seminar,* Burr-Brown, Tucson, AZ, 1996.
17. S. Franco, "Demystfying Pole-Zero Doublets," EDN, Aug. 27, 2013 http://www.edn.com/electronics-blogs/analog-bytes/4420171/Demystifying-pole-zero-doublets.
18. Based on the author's article "Current-Feedback Amplifiers Benefit High-Speed Designs," *EDN,* Jan. 5, 1989, pp. 161–172. © Cahners Publishing Company, 1997, a Division of Reed Elsevier Inc.
19. J. Williams, "Composite Amplifiers," Application Note AN-21, *Linear Applications Handbook Volume I,* Linear Technology, Milpitas, CA, 1990.
20. J. Graeme, "Phase Compensation Perks Up Composite Amplifiers," *Electronic Design,* Aug. 19, 1993, pp. 64–78.
21. J. Graeme, "Composite Amplifier Hikes Precision and Speed," *Electronic Design Analog Applications Issue,* June 24, 1993, pp. 30–38.
22. J. Wong, "Active Feedback Improves Amplifier Phase Accuracy," *EDN,* Sept. 17, 1987.

第7章

非线性电路

到目前为止，我们所讨论的所有电路都是在线性条件下工作的。采用下述措施可实现电路线性工作：(1)使用负反馈来强制运算放大器工作在其线性区；(2)使用线性元件来实现反馈网络。

使用一个正反馈的高增益放大器，或者根本不使用反馈，会使得器件基本上工作在饱和区。这种双稳态的特性具有高度的非线性并且是电压比较器和施密特触发器电路的基础。

非线性的特性也能够通过在反馈网络中使用非线性元件如二极管或模拟开关来实现。常见的例子如精密整流器、峰值检测器，以及采样-保持放大器。另外一类非线性电路，利用BJT可以预估的指数特性来实现不同的非线性传递特性，例如对数放大和模拟乘法。

章节重点

本章从电压比较器及其诸如响应时间和逻辑电平的特性开始。随后介绍一些常见的应用：电平检测、开关控制、窗口比较器、条形图计，以及脉宽调制。比较器的部分总结了施密特触发器及其在消抖和滞回开关控制中的应用。

本章的第二部分包含了基于二极管的非线性电路及其应用，如超级二极管、半波和全波整流电路，以及交流/直流转换器。

本章的最后介绍模拟开关、峰值检测器，以及采样-保持放大器。

7.1 电压比较器

电压比较器的功能是将其一个输入端的电压 v_P 和它另外一个输入端的电压 v_N 相比较，然后输出一个低电平 V_{OL} 或高电平 V_{OH} 的电压。如下面的式子所示：

$$v_O = V_{OL}, v_P < v_N \tag{7.1a}$$
$$v_O = V_{OH}, v_P > v_N \tag{7.1b}$$

正如图7.1a所示，电压比较器所使用的图形符号与运算放大器所使用的图形符号是一样的。我们能看到，v_P 和 v_N 是模拟量，因为它们能够取得连续的值，v_O 是一个二进制量，因为它只能取得 V_{OL} 和 V_{OH} 这两个值中的一个。我们可以把比较器看作为一个1位A/D转换器。

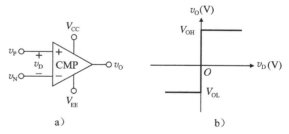

图7.1 电压比较器的符号及其理想电压传递曲线(所有电压均以地为参考)

通过引入输入差分电压 $v_D = v_P - v_N$，上面的表达式也可以写为当 $v_D < 0\mathrm{V}$ 时，$v_O = V_{OL}$，以及当 $v_D > 0\mathrm{V}$ 时，$v_O = V_{OH}$。比较器的电压传递曲线(VTC)如图7.1b所示，它是一条非线性的曲线。在原点处，该曲线是一条垂直的线段，表示该处的增益为无穷大，即 $v_O/v_D = \infty$。实际比较器的电压传递曲线只能够近似于这条理想的曲线，其增益一般在 $10^3\mathrm{V/V} \sim 10^6\mathrm{V/V}$。在原点之外，比较器的电压传递曲线包含两条水平线，分别位于 $v_O = V_{OL}$ 和 $v_O = V_{OH}$。这两个电平并不一定要是对称的，尽管，在某些应用中可能会希望它们是对称的。最重要的是，这两个电平应当分隔得足够远，从而使得它们之间能够准确地区分。例如，在数字电路中，要求 $V_{OL} \approx 0\mathrm{V}$ 和 $V_{OH} \approx 5\mathrm{V}$。

响应时间

在高速应用中，当比较器的输入从 $v_P < v_N$ 变化为 $v_P > v_N$ 时，比较器的响应速度是十分重要的，反之亦然。比较器的速度通过响应时间来表征，也叫做传输时延 t_{PD}，其定义为，输入端给定阶跃跳变到输出端完成 50% 电平转移所需要的时间。图 7.2 展示了测试 t_{PD} 所需要的设定。尽管输入的阶跃信号的幅值通常是在 100mV 的数量级，但所选择的输入信号范围应当超出使输出发生状态转换所需的最小输入范围。这个超出的电压叫做输入过驱动电压 V_{od}，典型输入过驱动电压的值为 1mV、5mV 和 10mV。通常，t_{PD} 随着 V_{od} 的增加而减小。根据具体的器件和 V_{od} 的取值，t_{PD} 的取值范围在几个微秒到几个纳秒之间。

用作比较器的运算放大器

当速度要求并不高的时候，运算放大器能够作为一个极好的比较器来使用[1]，特别是考虑到众多常用运算放大器系列都拥有极高的增益和低的输入失调。典型运算放大器的电压传递曲线如图 1.46 所示，其中，我们将 v_D 的单位用 μV 来表示，从而使得电压传递曲线在线性区的斜率能够可视化。在比较器的应用中 v_D 可能是一个大信号，所以将它的单位用 V 来表示比用 μV 来表示更加合理。如果我们这样来表示的话，横轴会被压缩得非常厉害，从而使得线性区的电压传递曲线与纵轴相重叠，最终得到类似图 7.1b 所示的图形。

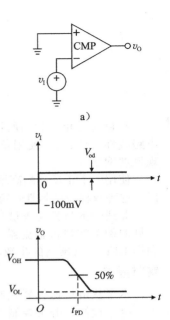

图 7.2   比较器的时间响应

图 7.3a 所示的电路图使用了一个 301 运算放大器来将 v_I 与 V_T 进行比较。当 $v_I < V_T$ 时，该电路给出 $v_O = -V_{sat} \approx -13V$，而当 $v_I > V_T$ 时，该电路给出 $v_O = +V_{sat} \approx +13V$。这种特性在其电压传递曲线和电压波形上均有体现。由于当 v_I 升高到 V_T 以上时，v_O 会变为高电平，所以该电路称为阈值检测器。如果 $V_T = 0$，该电路又称为过零检测器。

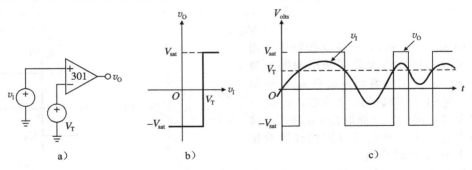

图 7.3   阈值检测器

当运算放大器用作比较器时，由于没有负反馈，运算放大器对 v_N 没有控制，理解这一点非常重要。运算放大器在这种情况下是工作在开环模式下的，而又由于其极高的增益，运算放大器大部分时间工作在饱和状态。显然，此时 v_N 不再跟随 v_P！

尽管在图 7.3c 中绘出了瞬态的输出传递曲线，我们知道，实际情况下，由于摆率的限制，输出会有一定的时延。假设我们使用一个 741 运算放大器，那么，输出到达 50% 所需的时间为 $t_R = V_{sat}/SR = (13V)/(0.5V/\mu s) = 26\mu s$，这个时延在很多应用中是无法接受的。采用 301 运算放大器的原因就是其内部没有补偿电容 C_c，所以它的摆率比 741 运算放大器的更大。频率补偿在负反馈电路中是不可或缺的，而在开环应用中却是多余的，因为它只会不必要地降低比较器的速度。

无论运算放大器是否有内部补偿，其都设计为用于负反馈条件下，因而，其动态性能并没有比较针对开环应用而优化。此外，它们的输出电平通常对数字电路接口来说是无法识别的。电压比较器工作过程中所特有的这些以及其他需求，促使我们对高增益运算放大器进行有针对性的优化，而这种运算放大器也就叫做比较器。

通用集成电路比较器

图 7.4 给出了最早也是最常用的电压比较器之一，LM311 比较器。其输入级包含了 pnp 射极跟随器 Q_1 和 Q_2，以驱动差分输入对 Q_3-Q_4。差分对的输出依次被 Q_5-Q_6 和 Q_7-Q_8 两对管子放大，从而实现了一个驱动输出管 Q_O 基极的单端电流。电路的工作过程是，当 $v_P < v_N$ 时，Q_8 为 Q_O 的基极提供了电流，其工作在强导通状态；当 $v_P > v_N$ 时，基极的驱动没有了，Q_O 也因而关断。总而言之：

$$Q_O = 关断, v_P > v_N \tag{7.2a}$$
$$Q_O = 导通, v_P < v_N \tag{7.2b}$$

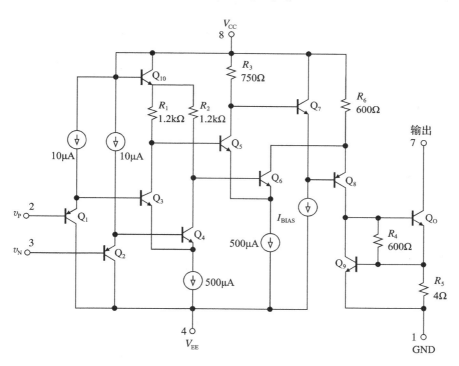

图 7.4 LM311 电压比较器简化电路图（由德州仪器提供）

Q_7 和 R_5 的作用是为 Q_O 提供过载保护，原理按照 3.8 节针对运算放大器所讨论的方法。

在导通期间，Q_O 能够提供高达 50mA 的电流。当关断的时候，它流过通常为 0.2nA 的可忽略的漏电流。无论是 Q_O 的集电极还是发射极（忽略 R_5），都能够通过外部对 Q_O 进行所需要的偏置。最常见的偏置电路包含一个纯上拉电阻 R_C，如图 7.5a 所示，当 $v_P < v_N$ 时，Q_O 饱和，并且可以用一个电压源 $V_{CE(sat)}$ 来建模。因而，$v_O = V_{EE(logic)} + V_{CE(sat)}$。通常，$V_{CE(sat)} \approx 0.1V$，因而我们能够近似认为：

$$v_O = V_{OL} \approx V_{EE(logic)}, \quad v_P < v_N \tag{7.3a}$$

当 $v_P > v_N$ 时，Q_O 关断，可以用开路来建模，如图 7.5c 所示。根据上拉电阻的作用，我们能写出：

$$v_O = V_{OH} \approx V_{CC(logic)}, \quad v_P > v_N \tag{7.3b}$$

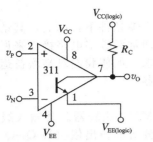 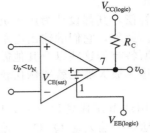 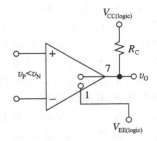

a）使用上拉电阻R_C偏置LM311　　　b）输出低电平等效电路　　　c）输出高电平等效电路

图 7.5

上面的表达式说明输出逻辑电平由用户控制。例如，令 $V_{CC(logic)} = 5V$，且 $V_{EE(logic)} = 0V$ 则能够兼容 TTL 和 CMOS 电平。令 $V_{CC(logic)} = 15V$，且 $V_{EE(logic)} = -15V$ 能够实现 $\pm 15V$ 的输出电平，但却不会受到运算放大器不确定饱和电压的影响。如果我们令 $V_{CC(logic)} = V_{CC} = 5V$ 且 $V_{EE(logic)} = V_{EE} = 0V$，311 运算放大器也能够工作在单 5V 供电的条件下。实际上，在单电源供电模式下，器件能够在 $V_{CC} = 36V$ 之内的范围正常工作。

图 7.6a 展示了另一种常用的偏置电路，使用了一个下拉电阻 R_E 来使得 Q_O 工作在类似射极跟随器的结构中。这种替代的结构在与接地负载相连时十分有用，例如晶闸管整流器（SCR），具体的例子将在 7.5 节中讨论。图 7.6b 绘出了两种偏置方式下的电压传递曲线，注意两种传递曲线的极性不同。

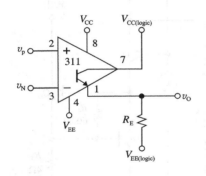 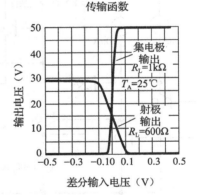

a）使用下拉电R_E偏置的LM311　　　b）上拉和下拉电压传递曲线的比较（由德州仪器提供）

图 7.6　两种偏置方式下的串压传递曲线

图 7.7 绘出了 311 运算放大器对不同的输入过驱动信号的响应时间。这里对应于 $V_{od} = 5mV$ 的响应，通常用于对比不同的比较器。基于这些图表，我们能够确定，当与一个几千欧姆数量级的上拉电阻配合使用时，311 运算放大器大概是一个 200ns 的比较器。

正如其他的运算放大器一样，电压比较器同样受到直流输入误差的影响，这个影响会使得输入的触发点偏移一个误差：

$$E_I = V_{os} + R_n I_N - R_p I_P \tag{7.4}$$

式中：V_{os} 是输入的失调电压；I_N 和 I_P 分别是流入同相端和反相端引脚的电流；R_n 和 R_p 分别是从对应端口引脚看过去的外部直流电阻。在网络上搜索 LM311 比较器的数据手册，能够得到在典型室温的情况下，$V_{os} = 2mV$，$I_{os} = 6nA$。数据手册也给出了消除失调误差的电路图。

另外一类非常常见的比较器，特别是在低成本单电源应用中常见的比较器，是 LM339 象限比较器及其衍生产品。如图 7.8 所示，其差分输入级通过 pnp 达林顿管对 Q_1-Q_2 和

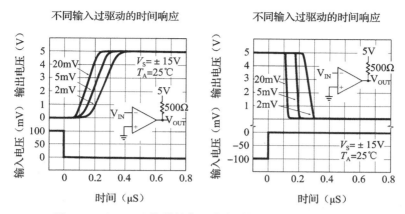

图 7.7　LM311 比较器的典型响应时间（由德州仪器提供）

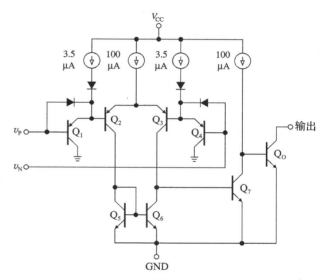

图 7.8　LM339 象限比较器简化电路图
（由德州仪器提供）

Q_3-Q_4 来实现，从而实现了低的输入电流，同时使得输入电压范围扩展到 0V（相应的，LM311 比较器的输入电压范围只能低至 $V_{EE}+0.5V$，即在负电源的 0.5V 以上）。电流镜 Q_5-Q_6 构成了这一级的有源的负载，同时也转换为 Q_7 单端驱动。这一晶体管提供额外增益的同时也为开集电极输出管 Q_O 提供基极驱动。Q_O 的状态由 v_P 和 v_N 依据式（7.2）控制。集电极开路输出级与集电极开路 TTL 门电路类似，都适合线连"或"操作。开通时，Q_O 能够吸收的电流在典型情况下是 16mA，最小是 6mA；当关断时，集电极漏电流的典型值为 0.1nA。

其他相关的特征参数为，典型情况下，$V_{os}=2mV$，$I_B=25nA$，以及 $I_{os}=5nA$。此外，工作供电电源范围为 2～36V，输入电压范围为 0V 到 $V_{CC}-1.5V$。

比较器有很多种型号可供选用，例如双比较器封装或者四比较器封装的型号，低电压型号，FET 输入版本，以及轨对轨版本。LMC7211 比较器是一个微功率 CMOS 比较器，并在输入和输出端都支持轨对轨电压；LMC7221 比较器与之类似，但输出为漏极开路输出。

高速比较器

为了实现响应时间在 10ns 或更低数量级的超高速比较器，可以通过使用那些包含高速逻辑器件的电路技术和制造工艺，例如，使用肖特基 TTL 和 ECL。此外，为了完全满足这个要求，用户也必须使用合适的电路布局技术和电源旁路[2]。

这些比较器通常会具有输出锁存的功能，从而使得其能够在锁存触发器上锁定输出并长时间保持，直到下一个触发信号到来为止。这个特点在闪烁 A/D 转换器中非常有用。图 7.9 给出了这种比较器的图形符号和时序图。为了保证准确的输出数据，v_D 必须在锁存使能信号有效前至少 $\{t_S\}$ns 内有效，并且必须维持有效至 $\{t_H\}$ns。这里的 t_S 和 t_H 分别叫做建立和保持时间。常见的锁存比较器的例子是 CMP05 比较器和 LT1016 比较器。其中，后者 $t_S=5ns$，$t_H=3ns$ 和 $t_{PD}=10ns$。

在一些比较器中另外一个有用的功能是选通控制，这个功能能够将器件的输出设置为高阻，从而使该器件无效。这个功能的目的是方便在微处理器的总线接口上的应用。此外，为了增加灵活性，某些比较器的输出提供了真（Q）和非真（$\overline{Q}$）两种形式。

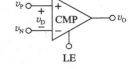

比较器的 SPICE 仿真

如同其他的运算放大器一样，电压比较器通过 SPICE 宏模型仿真是最有效率的。如图 7.10a 所示电路，使用了从网络上下载的 337 宏模型来仿真如图 7.10b 所示的电压传递曲线（VTC）（注意，在这个模型中有 $28\mu V$ 的失调电压）。类似地，我们可以使用图 7.10a 所示电路来仿真不同过驱动下的响应时间，其响应时间如图 7.11 所示。在 311 比较器的例子中，过驱动电压越高，传输时间越短。

7.2 比较器应用

比较器的应用范围包括了信号的生成和传输的不同阶段，以及自动控制和测量。这些比较器既会独立出现，也会作为系统的一部分出现，常见的应用包含 A/D 转换器、开关式稳压器、函数发生器、V-F 转换器、电源监测器，以及其他的一些应用。

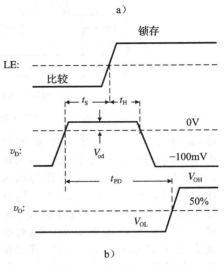

图 7.9 带锁存功能的比较器及其波形

电平检测器

电平检测器也称为阈值检测器。其功能是监测能够用电压来表示的物理量，并在该物理量高于（或低于）某一规定值时给出信号，该规定的值也称作设定值。检测器的输出根据应用的要求会被用于触发特定的动作。典型的例子就是用于激活报警指示器，例如一个发光二极管或一个蜂鸣器，打开某个电动机或加热器或者向微处理器发送一个中断。

正如图 7.12 所示，一个基本检测器的组成部分包括：（1）一个电压基准 V_{REF}，以用于实现一个稳定的阈值；（2）一个分压器 R_1 和 R_2，用来按比例调整输入 v_I；（3）一个比较器。从而使得当 $v_I[R_1/(R_1+R_2)]=V_{REF}$ 时触发。把这个特殊的输入值 v_I 记为 V_T，从而得到：

$$V_T = (1 + R_2/R_1)V_{REF} \tag{7.5}$$

对于 $v_I < V_T$，Q_O 关断，所以 LED 熄灭。当 $v_I > V_T$ 时，Q_O 饱和，并使得 LED 发光，从而，在 v_I 升高到 V_T 以上时给出指示。R_3 的功能是为基准二极管提供偏置，R_4 的功能是设定 LED 的电流。

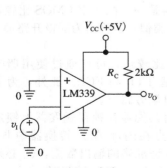

a）PSpice电路

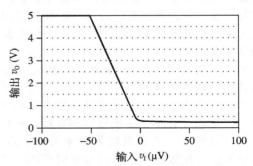

b）339电压比较器的电压传递曲线

图　7.10

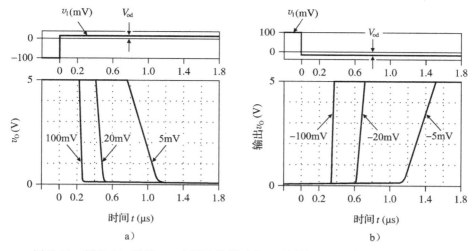

图 7.11　图 7.10a 所示 339 电压比较器对应于不同输入过驱动电压的响应时间

例 7.1　在图 7.12 所示电路中，设
$V_{REF} = 2.0V$，$R_1 = 20k\Omega$，$R_2 = 30k\Omega$，
假设使用 377 比较器，其 $V_{os} = 2mV$（最
大值），且 $I_B = 250nA$（最大值），估算电
路最差情况下的误差。

解：

在这个电路中，因为 $R_p \approx 0$，I_P 的
影响几乎为零。由于 I_N 流出比较器，当
比较器要触发时，I_N 会使反相输入电压
上升（$R_1 /\!/ R_2$）$I_N = 3mV$（最大值）。当这
个电压与 V_{os} 同相相加时，就会出现最坏
的情况。此时净反相输入电压上升了
$V_{os} + (R_1 /\!/ R_2)I_N = (5+3)mV = 8mV$（最
大值）。这与 V_{REF} 降低 8mV 电压的效果

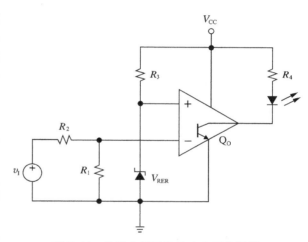

图 7.12　带发光指示的基本电平检测器

是一样的。从而 $V_T = (1+30/20) \times (2-0.008)V = 4.78V$，而不是 $V_T = 5.00V$。　◀

如果 v_I 就是 V_{CC} 自己，那么这个电路就能够检测其自身的供电电源，并且像一个过压
指示器一样工作。如果比较器输入引脚互换一下，使得 $v_N = V_{REF}$，且 $v_P = v_I/(1+R_2/
R_1)$，那么我们就能获得一个欠压指示器。

例 7.2　使用 379 比较器，一个 LM385-2.5V 基准二极管（$I_R \approx 1mA$），以及两个
HLMP-4700 LED（$I_{LED} \approx 2mA$ 且 $V_{LED} \approx 1.8V$），设计一个电路来监测一个 12V 的汽车电
池，使得当电池电压高于 13V 时，第一个指示灯亮，当电池电压低于 10V 时，第二个指
示灯亮。

解：

我们需要两个比较器，一个用于过压检测，另一个用于欠压检测。两个比较器共用同
一个基准二极管，并且 v_I 都等于电池电压 V_{CC}。对于过压电路，我们需要 $13 = (1+R_1/
R_2) \times 2.5$ 和 $R_4 = (13-1.8)/2$；采用 $R_1 = 10.0k\Omega$ 和 $R_2 = 42.4k\Omega$，均为 1% 精度，以及
$R_4 = 5.6k\Omega$。对于欠压电路，我们交换输入引脚，有 $10 = (1+R_2/R_1) \times 2.5$ 和 $R_4 = (10-
1.8)/2$；采用 $R_1 = 10.0k\Omega$ 和 $R_2 = 30.1k\Omega$，均为 1% 精度，以及 $R_4 = 3.7k\Omega$。为了偏置基
准二极管，使用 $R_3 = ((12-2.5)/1)k\Omega \approx 10k\Omega$。　◀

开关控制

电平检测能够应用于检测任何能通过传感器转换成电压的物理量。典型的例子是温度、压力、拉力、位移、液面、光强或声强。另外，比较器不仅可以监视变量，还可以对它进行控制。

图 7.13 展示了一个简单的温度控制器，或叫做恒温器。其中使用了 339 类型的比较器，使用了 LM335 温度传感器来检测温度，并且使用 LM395 高 β 功率晶体管来开通或关断加热器，从而使温度维持在通过 R_2 设定的设定值附近。图中的 LM335 是一个有源基准二极管，可以用来产生一个与温度相关的电压，温度与电压的关系为 $V(T)=T/100$，式中，温度 T 是热力学温度，单位是 K。R_5 的作用是为传感器提供偏置。为了保证电路能够在一个较宽的温度范围内正常工作，传感器电桥必须能够稳定工作。这个功能由 LM329 6.9V 基准二极管来提供，而它是由 R_4 来提供偏置的。

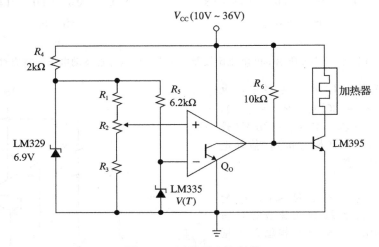

图 7.13　开关温度控制器

电路按照下面介绍的方式工作。当温度高于设定值时，我们有 $v_N>v_P$；Q_O 饱和并且使得 LM395 和加热器的组合电路关断。当温度降低到设定值以下时，则有 $v_N<v_P$；Q_O 进入截止区，从而使得由 R_6 提供的电流流入 LM395 的基极。从而，LM395 饱和，使得加热器全开。

传感器和加热器都放置在一个烘箱中的，例如，可以用作维持石英晶体恒温。这也正是基片恒温的基础，这一技术通常会用于稳定电压基准和对数/反对数放大器的特性。我们会在第 11 章中看到相应的例子。

例 7.3 在图 7.13 所示的电路中，求得一个合适的电阻值，使得设定值能够通过一个 $5k\Omega$ 的电位器被设置为 $50\text{℃}\sim100\text{℃}$ 之间的任何一个值。

解：
由于 $V(50\text{℃})=((273.2+50)/100)\text{V}=3.232\text{V}$，且 $V(100\text{℃})=3.732\text{V}$，流经 R_2 的电流为 $((3.732-3.232)/5)\text{A}=0.1\text{mA}$。从而，$R_3=(3.232/0.1)\text{k}\Omega=32.3\text{k}\Omega$（使用 32.4k$\Omega$，1% 精度），且 $R_1=((6.7-3.732)/0.1)\text{k}\Omega=31.7\text{k}\Omega$（使用 31.6k$\Omega$，1% 精度）。◀

窗口检测器

窗口检测器又称为窗口比较器，其功能是用来指示一个给定的电压是否落在某个指定的范围或窗口中。其功能通过一对电平检测器来实现，其阈值 V_{TL} 和 V_{TH} 指定了窗口的上限和下限。参照图 7.14a 所示电路，我们可以看出，当 $V_{TL}<v_I<V_{TH}$ 时，Q_{O1} 和 Q_{O2} 均关断，所以 R_C 将 v_O 拉高到 V_{CC}，从而实现高电平输出。而当 v_I 超出该范围时，两个比较器中的某一个的输出晶体管会导通（当 $v_I>V_{TH}$ 时 Q_{O1} 导通，当 $v_I<V_{TL}$ 时 Q_{O2} 导通），从而将

v_O 拉到 0V 附近。图 7.14b 绘出了电压转换曲线的结果。

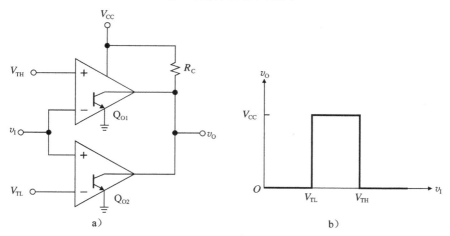

图 7.14 窗口检测其及其电压转换曲线

如果将 R_C 用一个 LED 替换，并串联一个合适的限流电阻，那么该 LED 会在输入 v_I 落在窗口外时发光。如果我们希望 LED 在 v_I 落在窗口内时发光，就必须在比较器和 LED 电阻对之间插入一个反相级。一个反相的例子在图 7.15 所示电路中使用 2N2222 晶体管实现。

此窗口比较器用来检测它自己的供电电压是否在容许范围内。上方的比较器在 V_{CC} 低于给出的电压下限时将 2N2222 晶体管的基极电压拉低，并且，下方的比较器则会在 V_{CC} 高于电压上限时将晶体管基极电压拉低；在其中任何一种情况下，LED 都会熄灭。当 V_{CC} 在容许的电压范围内时，两个比较器的输出晶体管都关断，从而使得 R_4 开通 2N2222 晶体管，进而使 LED 发光。

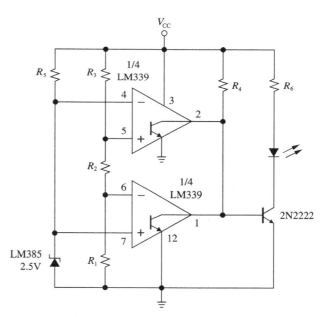

图 7.15 供电监测器，V_{CC} 在指定范围内时 LED 发光

例 7.4 指定一个合适的器件值，从而使得图 7.15 所示的 LED 在 V_{CC} 落在 5V±5% 的范围内时发光，这个范围也是常见的数字电路工作所需的电压范围。假设 $V_{LED} \approx 1.5V$，并且 $I_{LED} \approx 10mA$，$I_{B(2N2222)} \approx 1mA$。

解：

由 $V_{CC} = 5 \times (1+5\%)V = 5.25V$，我们希望下方的比较器 $v_N = 2.5V$。对于 $V_{CC} = 5 \times (1-5\%)V = 4.75V$，我们希望上方的比较器 $v_P = 2.5V$。使用两次电压分压公式得 $2.5/5.25 = R_1/(R_1+R_2+R_3)$ 和 $2.5/4.75 = (R_1+R_2)/(R_1+R_2+R_3)$。令 $R_1 = 10.0k\Omega$；从而我们能得到 $R_2 = 1.05k\Omega$ 和 $R_3 = 10.0k\Omega$。此外有，$R_4 = ((5-0.7)/1)k\Omega = 4.3k\Omega$，$R_5 = ((5-2.5)/1)k\Omega \approx 2.7k\Omega$ 和 $R_6 = ((5-1.5)/10)k\Omega \approx 330\Omega$。 ◀

窗口比较器通常用在生产线上来检测某个电路是否超出了给定的容限。在这种或其他的自动测试和测量应用中，V_{TL} 和 V_{TH} 通常由电脑经过一对 D/A 转换器来给出。

条形图显示器

条形图显示器能够直观地反映输入信号电平。这种电路是窗口检测器的一种衍生产品，它将输入信号的范围分割成一系列连续的窗口或阶梯，然后使用一串 LED 来指示在给定时间内输入落在哪一个窗口范围内。窗口的数目越多，条形显示的分辨率就越高。

图 7.16 显示了常见的 LM3914 条形图显示器。输入信号上、下限通过下输入基准(R_{LO})和上输入基准(R_{HI})引脚的电压设置。内部的电阻串将这个输入范围划分为 10 个连续的窗口，并且每个比较器都会在 v_I 升高到相应的基准电压以上时，使二极管发光。输入电平能够使用柱状图显示或使用移动的点来表示，显示方式通过控制引脚 7 上的逻辑电平来控制。

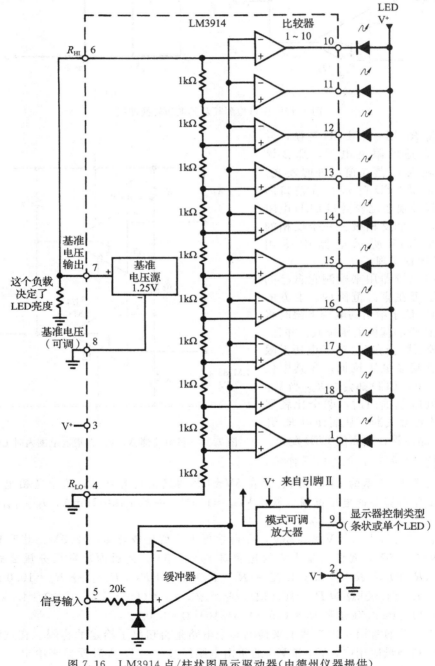

图 7.16   LM3914 点/柱状图显示驱动器（由德州仪器提供）

该电路还包含一个输入缓冲器来避免对外部输入源产生负载效应，以及一个 1.25V 的基准源来为输入范围的设计提供辅助。按照图 7.16 所示的连接，输入信号的范围是 $0\sim1.25\text{V}$；然而，通过基准源自举的方法，如图 7.17 所示，可以将输入上限扩展到 $(1+R_2/R_1)1.25+R_2 I_{\text{ADJ}}$，式中，$I_{\text{ADJ}}$ 是流出引脚 8 的电流。由于 $I_{\text{ADJ}}\approx75\mu\text{A}$，将 R_2 设定在几千欧以下的范围内，就能够使得 $R_2 I_{\text{ADJ}}$ 的端电压可忽略，因而输入电压范围为 0V 到 $(1+R_2/R_1)1.25\text{V}$。该电路还能够配置成多种形式，例如使用多个器件来获得更高的分辨率，或者以零为中心。更多的细节可以查询数据手册。

LM3915 显示器与 LM3914 显示器相类似，它们的区别在于 LM3915 显示器的电阻串的值设置成了能够产生 3dB 指数式的阶梯。这种类型的显示用于范围很宽的输入信号，例如音频电平、功率或光强。LM3916 显示器与 LM3915 显示器类似，而它的阶梯步长设置为 VU 表的读数，这种类型的读数通常用于音频或视频应用。

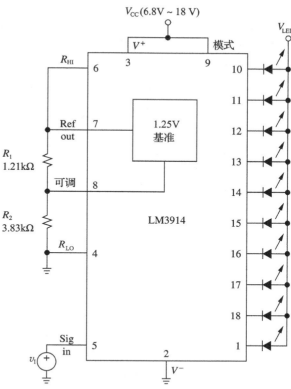

图 7.17　0V 到 5V 条形图显示器（来自德州仪器）

脉宽调制

如果使用一个比较器来比较一个缓慢变化的信号 v_I 和一个高频的三角波信号 v_T，输出 v_O 是一个与 v_T 频率相同的矩形波，但是它的对称性由 v_I 控制。图 7.18 展示了正弦输入 v_I 的情况。

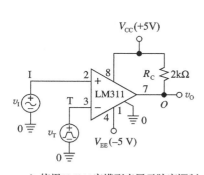

a）使用LM311宏模型来展示脉宽调制

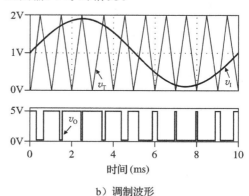

b）调制波形

图　7.18

v_O 的对称度由占空比来表示：

$$D(\%) = 100\,\frac{T_\text{H}}{T_\text{L}+T_\text{H}} \tag{7.6}$$

式中：T_L 和 T_H 分别为 v_O 在给定的 v_TR 周期内维持低电平和高电平的时间。例如，如果 v_O 高电平持续了 0.75ms 且低电平持续了 0.25ms，那么 $D(\%)=100\times0.75/(0.75+0.25)=75\%$。从而可以得出上面例子中，占空比为：

$$D(\%) = 100 \frac{v_\mathrm{I}}{2\mathrm{V}} \tag{7.7}$$

也就是，当 v_I 在 $0 < v_\mathrm{I} < 2\mathrm{V}$ 的范围内变化时，D 会在 $0 < D < 100\%$ 的范围内变化。我们能够将 v_O 看作一个宽度被 v_I 控制或被 v_I 调制的脉冲序列。脉宽调制（PWM）通常应用于信号传输和功率控制。

7.3 施密特触发器

在研究了没有反馈的高增益运算放大器的特性后，我们现在来看一看有正反馈的放大器，或称为施密特触发器。负反馈会倾向于维持运算放大器工作在线性区，而正反馈则会强制运算放大器进入饱和区。这两种类型的反馈在图 7.19 中做了比较。在上电时，两个电路一开始都有 $v_\mathrm{O} = 0$。然而，对这两个电路来说，任何会使得 v_O 偏离零的输入扰动都会引起相反的响应。采用负反馈的运算放大器会趋向于抵消扰动并且回归到 $v_\mathrm{O} = 0$ 的平衡状态。而在正反馈的条件下却不是这样，因为这时的响应会与扰动的方向相同，从而增强扰动而不是抵消扰动。随后反复的再生作用会使得放大器进入饱和区。饱和区有两个状态，包括 $v_\mathrm{O} = V_\mathrm{OH}$ 和 $v_\mathrm{O} = V_\mathrm{OL}$。

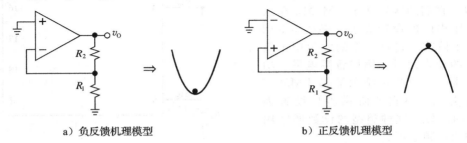

a）负反馈机理模型　　　　　　b）正反馈机理模型

图　7.19

在图 7.19 所示电路中，负反馈就像一个放在碗底的小球，而正反馈则像是放置在圆顶的小球。如果我们晃动碗来模拟电噪声，小球最终会回归到底部的平衡位置，但是如果摇动的是圆顶的话，小球就会落在任意一边。

反相施密特触发器

图 7.20 所示电路使用了一个分压电路来为 301 运算放大器提供直流正反馈。这个电路可以看做一个阈值由输出控制的反相类型的阈值检测器。由于输出有两个稳定状态，其阈值有两个可能的值，也就是：

$$V_\mathrm{TH} = \frac{R_1}{R_1 + R_2} V_\mathrm{OH}, \quad V_\mathrm{TL} = \frac{R_1}{R_1 + R_2} V_\mathrm{OL} \tag{7.8}$$

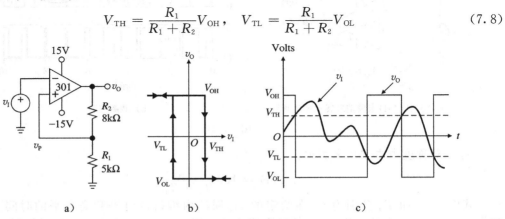

图 7.20　反相施密特触发器，电压转换曲线以及示例波形

由于其输出饱和电压为±13V，按照图 7.20 所示的器件值可得 $V_{TH} = +5V$ 和 $V_{TL} = -5V$，或者表示为 $V_T = \pm 15V$。

用来展示电路特点最直观的办法就是，画出它的电压转换曲线。因而，对于 $v_I \ll 0$，这个放大器在 $V_{OH} = +13V$ 处饱和，给定了 $v_P = V_{TH} = +5V$。随着输入 v_I 增加，电路的工作点也随之在传递曲线上方的一段移动，一直到输入 v_I 到达 V_{TH} 为止。在这一点上，正反馈的再生作用，会使得输出 v_O 以运算放大器能够达到的最快速度迅速从 V_{OH} 变为 V_{OL}。而这一变化也会使得 v_P 的电压从 V_{TH} 迅速变为 V_{TL}，或者说，从 +5V 变为 -5V。如果我们希望再次改变输出，我们就必须把 v_I 一直降低到 $v_P = V_{TL} = -5V$，在这个节点上 v_O 会迅速变回到 V_{OH}。总的来说，当 $v_N = v_I$ 接近 $v_P = V_T$ 时，v_P 会迅速地变化，以远离 v_N。这种行为正好与负反馈相反，在负反馈中，v_P 会跟随 v_N 变化而变化。

观察图 7.20b 所示的电压转换曲线，我们可以看出，当从左往右时，阈值电压是 V_{TH}，而从右往左时，阈值电压是 V_{TL}。这也同样能够从图 7.20c 看出来，在图 7.20 所示曲线中，当 V_I 上升时，输出会在 v_I 与 V_{TH} 相交时翻转，当在 v_I 下降时，输出会在 v_I 与 V_{TL} 相交时翻转。需要注意的是，在外部控制下，工作点可以在电压转换曲线上的水平部分上沿任何方向移动，而在正反馈的作用下，工作点只能在电压转换曲线的垂直部分按照顺时针方向移动。

对于电压传输曲线上拥有两个分开的跃变点曲线，称其拥有*磁滞特性*。磁滞的宽度定义为：

$$\Delta V_T = V_{TH} - V_{TL} \tag{7.9}$$

在前面的例子中，可以表示为：

$$\Delta V_T = \frac{R_1}{R_1 + R_2}(V_{OH} - V_{OL}) \tag{7.10}$$

按照图中的器件参数，$\Delta V_T = 10V$。如果需要的话，ΔV_T 可以通过改变 R_1/R_2 的比值来改变。通过减小这个比值，将使得 V_{TH} 和 V_{TL} 越来越接近，直到在极限 $R_1/R_2 \to 0$ 下，两个垂直跳变点将会在原点重合。这是这个电路就变成了一个反相过零检测器。

同相施密特触发器

图 7.21a 所示电路与图 7.20a 所示电路类似，不同之处是图 7.21 所示电路中把 v_I 加在了同相端。当 $v_I \ll 0$ 时，输出会饱和在 V_{OL}。如果我们希望 v_O 转换状态，我们必须将 v_I 升高到一个足够高的值，使得 v_P 超过 $v_N = 0$，因为只有这时比较器的输出才会跃变。这个 v_I 的值，记为 V_{TH}，它必须满足 $(V_{TH} - 0)/R_1 = (0 - V_{OL})/R_2$，或者

$$V_{TH} = -\frac{R_1}{R_2}V_{OL} \tag{7.11a}$$

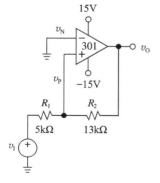

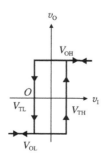

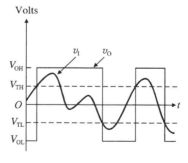

a）同相施密特触发器   b）VTC   c）采样波形

图 7.21

在 v_O 翻转到了 V_{OH} 后，如果我们希望 v_O 翻转回 V_{OL}，就必须降低 v_1。翻转触发电压 V_{TL} 必须满足 $(V_{OH}-0)/R_2=(0-T_{HL})/R_1$，或

$$V_{TL}=-\frac{R_1}{R_2}V_{OH} \tag{7.11b}$$

从而，如图7.21b所示的电压转换曲线与图7.20b所示的不同，其垂直的部分转换曲线是逆时针的。同相施密特触发器的输出曲线与反相施密特触发器类似，除了极性与后者相反外。其磁滞窗口可以表示为：

$$\Delta V_T=\frac{R_1}{R_2}(V_{OH}-V_{OL}) \tag{7.12}$$

这个窗口能够通过改变 R_1/R_2 的比例来改变。在极限值 $R_1/R_2\to0$ 处，我们能够得到一个同相的过零检测器。

电压转换曲线偏移

在单电源供电的施密特触发器中，我们需要偏移电压传递曲线，使它完全处于第一象限之中。图7.22a所示的电路通过一个上拉电阻 R_2 就实现了图7.22b所展示的正向偏移。

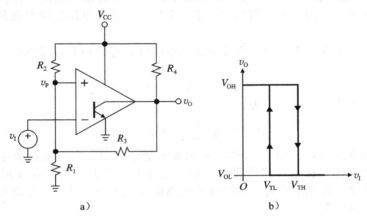

图7.22　单电源供电反相施密特触发器

为了找到合适的用于设计的关系式，我们使用叠加定理，有：

$$v_P=\frac{R_1\,/\!/\,R_3}{(R_1\,/\!/\,R_3)+R_2}V_{CC}+\frac{R_1\,/\!/\,R_2}{(R_1\,/\!/\,R_2)+R_3}v_O$$

正如我们所知，这个电路使得 $V_{OL}\approx0\mathrm{V}$。为了获得 $V_{OH}\approx V_{CC}$，我们令 $R_4\ll R_3+(R_1\,/\!/\,R_2)$。于是有当 $v_O=V_{OL}=0$ 时，$v_P=V_{TL}$，且当 $v_O=V_{OH}=V_{CC}$ 时，$v_P=V_{TH}$，从而可得：

$$V_{TL}=\frac{R_1\,/\!/\,R_3}{(R_1\,/\!/\,R_3)+R_2}V_{CC},\quad V_{TH}=\frac{R_1}{R_1+(R_2\,/\!/\,R_3)}V_{CC}$$

重写这两个式子可得：

$$\frac{1}{R_2}=\frac{V_{TL}}{V_{CC}-V_{TL}}\Big(\frac{1}{R_1}+\frac{1}{R_3}\Big),\quad \frac{1}{R_1}=\frac{V_{CC}-V_{TH}}{V_{TH}}\Big(\frac{1}{R_2}+\frac{1}{R_3}\Big) \tag{7.13}$$

由于我们有4个未知电阻，但只有两个等式，所以我们可以先指定两个电阻，例如 R_4 和 $R_3\gg R_4$，然后解出另外两个。

例7.5　图7.22a所示的比较器使用 LM339 运算放大器且 $V_{CC}=5\mathrm{V}$。求合适的电阻值，使得 $V_{OL}=0\mathrm{V}$，$V_{OH}=5\mathrm{V}$，$V_{TL}=1.5\mathrm{V}$，$V_{TH}=2.5\mathrm{V}$。

解：

令 $R_4=2.2\mathrm{k}\Omega$（一个合理的值），以及 $R_3=100\mathrm{k}\Omega$（这个值远大于 $2.2\mathrm{k}\Omega$）。然后，$1/R_2=(1.5/3.5)\times(1/R_1+1/100)$，且 $1/R_1=1/R_2+1/100$。解得 $R_1=40\mathrm{k}\Omega$（使用 $39\mathrm{k}\Omega$）以及 $R_2=66.7\mathrm{k}\Omega$（使用 $68\mathrm{k}\Omega$）。　◀

图 7.23a 所示的是同相的单电源施密特触发器。这里，R_1 和 R_2 的作用是为 v_N 提供一个合适的偏置。令 $R_5 \ll R_3 + R_4$ 来确保 $V_{OH} \approx V_{CC}$，并且根据类似的原理，我们能够得到（参见习题 7.10）：

$$\frac{R_3}{R_4} = \frac{V_{TH} - V_{TL}}{V_{CC}}, \qquad \frac{R_2}{R_1} = \frac{V_{CC} - V_{TL}}{V_{TH}} \qquad (7.14)$$

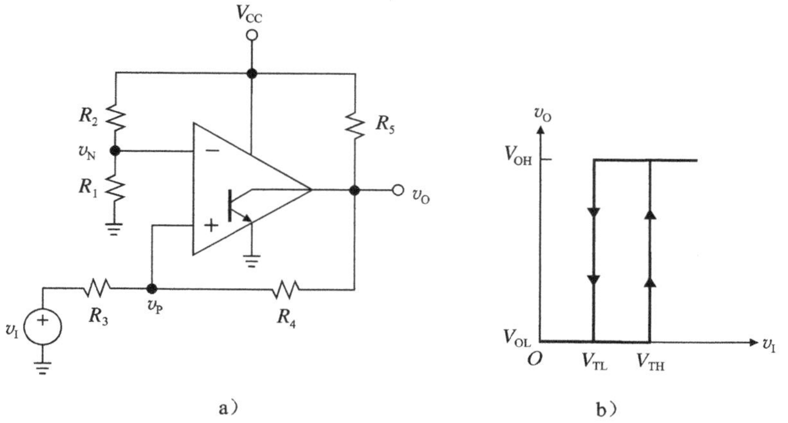

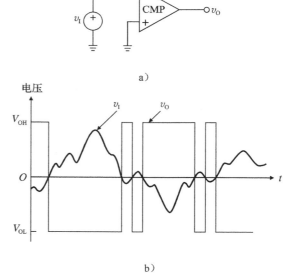

图 7.23 单电源供电同相施密特触发器

这些等式可以用来确定所需要的 V_{TL} 和 V_{TH}。

消除比较器抖动

在比较器处理缓慢变化的信号的过程中，当输入信号在阈值电压附近时，比较器可能会产生多个输出翻转，或跳变。图 7.24 所示给出了一个例子。这种抖动称为比较器抖动。这些跳变是由叠加在输入信号上的交流噪声产生的。当信号经过阈值电压附近时，噪声被全开环的运算放大器增益放大，使得输出发生抖动。例如，对于 LM311 比较器，其典型增益为 200V/mV，为了保证输出摆幅小于 5V，要求输入噪声的峰值必须小于 (5/200 000) = 25μV。在基于计数器的应用中，抖动是不可接受的。

这个问题能够通过磁滞来解决，如图 7.25 所示。在这个例子中，当 v_I 到达当前的阈值时，电路会翻转并且产生另一个阈值电压，所以，v_I 必须向反方向摆回到新的阈值电压才能够使 v_O 再次翻转。只要使磁滞窗口大于最大的噪声峰峰值，就能够避免输出跳变。

图 7.24 比较器抖动

即使是在输入信号相对来说比较纯净的系统中，引入小的（例如几个毫伏的）磁滞也是值得的。这样可以避免由于杂散交流反馈所引起的潜在振荡，而这些杂散交流反馈通常是由寄生电容和供电电源，及接地总线上的分布阻抗引起的。这种稳定技术在闪烁 A/D 转换器中特别重要。

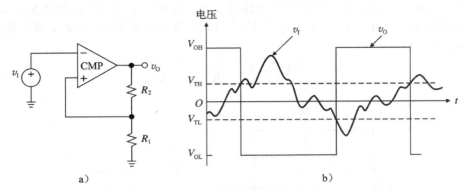

图 7.25   使用磁滞来消除抖动

开关控制器中的磁滞

磁滞在开关控制器中用来防止水泵、电炉和电动机过于频繁地开关。例如，考虑如图 7.13所示的温度控制器，它的比较器输出驱动一个功率开关(例如继电器或者三端双向晶闸管)来开关家用电炉，我们能够很容易地把它用在家用恒温控制器中。如果一开始温度低于设定值，比较器会开通电炉，从而使气温升高。升高的气温被温度传感器监测并以一个不断升高的电压的形式传递给比较器。当温度升高到了设定值时，比较器会发生反转并关闭电炉。然而，只要在电炉关闭后温度稍微下降一点，就足够再次触发比较器使其翻转。其结果是，电炉会在开与关之间不停地循环切换。

一般来说，温度不需要如此快速地调节控制。允许一个几度的磁滞，能够在保证环境舒适度的前提下显著减小电炉开关循环。这些通过提供一个小的磁滞我们就能够实现。

例 7.6   修改例 7.3 中的温度控制器从而保证一个约为 ±1℃ 的磁滞。LM375 功率晶体管典型的 $V_{BE(on)} = 0.9V$。

解：

在输出 v_O 和同相端 v_P 之间连接一个正反馈电阻 R_F，从而 $\Delta v_P = \Delta v_O R_W / (R_W + R_F)$，式中，$R_W$ 是电位器决定的加在 R_F 上的等效电阻。当悬臂在中心点时，$R_W = (R_1 + R_2/2) // (R_3 + R_2/2) = 17.2k\Omega$。使用 $\Delta v_O = 0.7V$ 以及 $\Delta v_P = \pm 1 \times 10mV = 20mV$，可以解得 $R_F \approx 750k\Omega$。   ◀

7.4   精密整流器

半波整流器(HWR)是指只允许波形的正半部分(或负半部分)通过，而阻塞波形的另外半部分的电路。如图 7.26a 所示的正极性的半波整流器的特性为：

$$v_O = v_I, \quad v_I > 0 \tag{7.15a}$$

$$v_O = 0, \quad v_I < 0 \tag{7.15b}$$

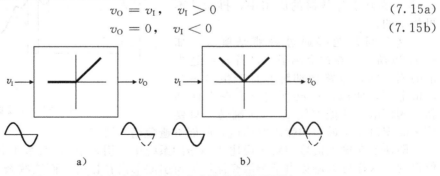

a)   b)

图 7.26   半波整流器(HWR)和全波整流器(FWR)

一个全波整流器(FWR)，除了能够允许波形的正半部分通过外，还会将波形的负半部分取反后输出。它的传输特性如图 7.26b 所示，即当 $v_I > 0$ 时，$v_O = v_I$，当 $v_I < 0$ 时，

$v_O = -v_I$，或更直观地，有：

$$v_O = |v_I| \tag{7.16}$$

全波整流器也称作绝对值电路。

整流器采用诸如二极管这种类型的非线性器件实现。典型二极管的非零正向导通压降 $V_{D(on)}$ 可能会在低电压信号整流时导致不可接受的误差。正如我们将要了解的，把二极管放在一个运算放大器的负反馈回路中，则能够克服这种缺点。

半波整流器

通过分别讨论 $v_I > 0$ 和 $v_I < 0$ 这两种情况，有助于我们分析图 7.27 所示电路的工作情况。

（1）$v_I > 0$：作为对正极性输入的响应，运算放大器的输出 v_{OA} 同样会摆动到正极性，从而使得二极管开通，并形成如图 7.28a 所示的负反馈回路。这就使得我们能够应用虚地原理并得到 $v_O = v_I$。我们能够看出，为了使得 v_O 跟随 v_I，运算放大器的输出会抬高到比输出高一个二极管压降，即 $v_{OA} = v_O + V_{D(on)} \approx v_O + 0.7\text{V}$。将二极管放置在有效的反馈回路中能消除由于其正向压降产生的误差。为了强调负反馈的显著作用，这种二极管和运算放大器的组合称作超级二极管。

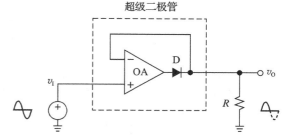

图 7.27　基本半波整流器

（2）$v_I < 0$：当运算放大器的输出摆动到负极性时，二极管被关断，并使得流经 R 的电流变为 0。从而，$v_O = 0$。如图 7.28b 所示，运算放大器在这种情况下工作在开环状态模式下，从而使得 $v_P < v_N$，输出电压在 $v_{OA} = V_{OL}$ 处饱和输出。$V_{EE} = -15\text{V}$ 时，$v_{OA} \approx -13\text{V}$。

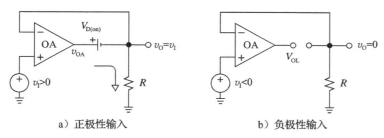

a）正极性输入　　　　　　　　　　　b）负极性输入

图 7.28　基本半波整流电路等效电路

这个电路的一个缺点是，当 v_I 从负变为正的时候，运算放大器的输出必须结束饱和状态，并从 $v_{OA} = V_{OL} \approx -13\text{V}$ 摆动到 $v_{OA} \approx v_I + 0.7\text{V}$ 来建立负反馈回路。而这一切都需要时间，并且，如果 v_I 在此时发生了明显的变化，v_O 可能会有不可接受的失真。图 7.29a 所示的改进型半波整流器克服了这个缺点，它使用了第二个二极管来钳位运算放大器输出的饱和电平到仅比地电位低一个二极管压降的电平。像前面一样，我们分两种情况讨论。

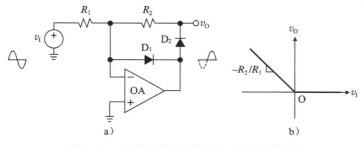

a）　　　　　　　　　　　　　　　　b）

图 7.29　改进型半波整流器和电压转换波形

(1)$v_I > 0$：正极性的输入使得 D_1 导通，从而在运算放大器周围形成一个负反馈回路。根据虚地原理，我们有 $v_N = 0$，从而此时 D_1 将运算放大器输出钳位至 $v_{OA} = -V_{D1(on)}$。此外，D_2 关断，所以流经 R_2 的电流为 0，因而，$v_O = 0$。

(2)$v_I < 0$：负极性的输入使得运算放大器的输出摆动到正，从而使 D_2 导通。这形成了一个经由 D_2 和 R_2 的负反馈回路，仍然使得 $v_N = 0$。显然，D_1 此时关断，所以从运算放大器输出端流出到 R_2 的电流一定等于从 R_1 流入 v_I 的电流，即 $(v_O - 0)/R_2 = (0 - v_I)/R_1$。从而可得 $v_O = (-R_2/R_1)v_I$。此外，$v_{OA} = v_O + V_{D2(on)}$。

电路的特性可以总结为：

$$v_O = 0, \quad v_I > 0 \tag{7.17a}$$

$$v_O = -(R_2/R_1)v_I, \quad v_I < 0 \tag{7.17b}$$

其电压转换曲线如图 7.29b 所示。总而言之，这个电路是一个带增益的半波整流器。当 $v_O > 0$ 时，运算放大器输出 v_{OA} 仍然钳位在比 v_O 高一个二极管压降的电位；而当 $v_O = 0$ 时，v_{OA} 钳位在 $-0.7V$，即在线性区内。因而，由于没有与运算放大器饱和相关的时延和运算放大器电压摆幅的降低，电路的动态特性变好。

全波整流器

获得信号的绝对值的一种方法是将一个信号本身和它的反相半波整流值按照 1 比 2 的比例相加，如图 7.30 所示。此处 OA_1 提供一个反相半波整流，OA_2 将 v_I 和半波整流器输出 v_{HW} 按照 1 比 2 的比例相加，从而得到 $v_O = -(R_5/R_4)v_I - (R_5/R_3)v_{HW}$。考虑到当 $v_I > 0$ 时，$v_{HW} = -(R_2/R_1)v_I$，而当 $v_I < 0$ 时，$v_{HW} = 0$。我们可以得到：

$$v_O = A_p v_I, \quad v_I > 0V \tag{7.18a}$$

$$v_O = -A_n v_I, \quad v_I < 0V \tag{7.18b}$$

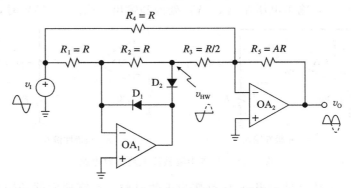

图 7.30 精密全波整流器或绝对值电路

式中：

$$A_n = \frac{R_5}{R_4}, \quad A_p = \frac{R_2 R_5}{R_1 R_3} - A_n \tag{7.19}$$

我们希望输入波形的两部分都被放大相同的倍数 $A_p = A_n = A$，从而我们就能够得到当 $v_I > 0$ 时，$v_O = Av_I$，而当 $v_I < 0$ 时，$v_O = -Av_I$。

从而

$$v_O = A|v_I| \tag{7.20}$$

实现这个目标的一种方法是使用 $R_1 = R_2 = R_4 = R$，$R_3 = R/2$，并且令 $R_5 = AR$，如图 7.30 所示，从而，$A = R_5/R$。

由于电阻的精度受限，A_p 和 A_n 会有所区别，其差值为：

$$A_p - A_n = \frac{R_2 R_5}{R_1 R_3} - 2\frac{R_5}{R_4}$$

该差值在 R_2 和 R_4 最大，且 R_1 和 R_3 最小时达到最大（由于 R_5 出现在每一项中，可以忽略不计）。将精度百分比记为 p 并代入 $R_2=R_4=R(1+p)$ 和 $R_1=2R_3=R(1-p)$ 可得：

$$|A_p - A_n|_{max} = 2A\left(\frac{1+p}{(1-p)^2} - \frac{1}{1+p}\right)$$

式中：$A=R_5/R$。当 $p\ll1$ 时，我们可以忽略 p 的高阶幂，并使用近似公式 $(1\pm p)^{-1}\approx(1\mp p)$。可以估计出 A_p 和 A_n 之间最大的百分比差值为：

$$100\left|\frac{A_p - A_n}{A}\right|_{max} \approx 800p$$

例如，使用 1% 精度的电阻，A_p 和 A_n 最大偏差可能为 $800\times0.01=8\%$。为了减小这个误差，我们既可以使用精度更高的电阻，如激光修调集成电路电阻阵列，也可以修调前四个电阻其中的一个，例如 R_2。

图 7.31 给出了另一种全波整流器的电路，它只需要两个匹配的电阻。当 $v_1>0$ 时，D_1 导通，使得 OA_1 的反相端保持虚地。由于 OA_1 的输出钳位至 $-V_{D1(on)}$，D_2 关断，使得 R_4 能够将 v_I 传递到 OA_2。而后者如同同相放大器一样工作，有：

$$v_O = A_p v_I$$

式中：

$$A_p = 1 + \frac{R_3}{R_2}$$

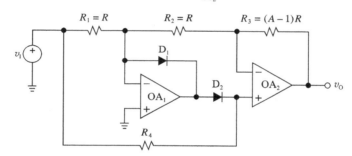

图 7.31　只使用两个匹配电阻的全波整流器

当 $v_1<0$ 时，D_1 关断，且 D_2 被 R_4 正向偏置。OA_1 经由反馈通路 D_2-OA_2-R_3-R_2，仍然使其反相输入端保持虚地。根据 KCL，$(0-v_1)/R_1=(v_O-0)/(R_2+R_3)$，即

$$v_O = -A_n v_I$$

式中：

$$A_n = \frac{R_2 + R_3}{R_1}$$

令 $A_p=A_n=A$，能够得到 $v_O=A|v_1|$。这种情况可以通过令 $R_1=R_2=R$ 和 $R_3=(A-1)R$ 来实现，如图 7.31 所示。显然，这里只需要两个互相匹配的电阻。

精密绝对值电路最常见的应用是交流/直流转换，也就是，生成一个与交流波形幅值成正比的直流电压。为了完成这个任务，交流信号首先被进行全波整流，随后经过低通滤波器来获得直流电压。这个电压是被整流后波形的平均值，即

$$V_{avg} = \frac{1}{T}\int_0^T |v(t)|\,\mathrm{d}t$$

式中：$v(t)$ 是交流波形；T 是其周期。将 $v(t)=V_m\sin(2\pi ft)$ 代入，其中，V_m 是峰值，$f=1/T$ 是频率，得：

$$V_{avg} = (2/\pi)V_m = 0.637V_m$$

对一个交流/直流转换器进行极性校准，可以使得其输出一个交流信号的均方根（RMS）值为：

$$V_{RMS} = \left(\frac{1}{t}\int_0^T v^2(t)\,\mathrm{d}t\right)^{1/2}$$

将 $v(t)=V_m\sin(2\pi ft)$ 代入并积分得：

$$V_{\text{RMS}} = V_{\text{m}}/\sqrt{2} = 0.707 V_{\text{m}}$$

图 7.32a 给出了平均值、方均根和峰值之间的关系。这些关系对正弦波成立而不一定对其他波形成立。这些关系表明，为了从 V_{avg} 获得 V_{RMS}，我们需要将前者乘以$(1/\sqrt{2})/(2/\pi)=1.11$。交流/直流转换器的完整的框图在图 7.32b 中给出。

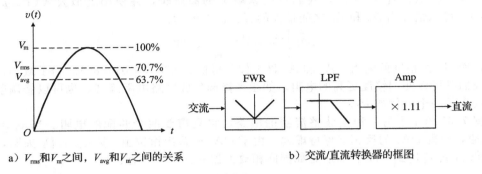

a）V_{rms}和V_{m}之间，V_{avg}和V_{m}之间的关系　　　　b）交流/直流转换器的框图

图　7.32

图 7.33 给出了一个实用的交流/直流转换器。其 1.11V/V 的增益通过一个 $50\text{k}\Omega$ 的电位器获得，其中的电容提供了一个截止频率为 $f_0=1/(2\pi R_5 C)$ 的低通滤波器，其中，R_5 是与 C 并联的节点电阻，或者 $1.11\times200=222\text{k}\Omega$。因而，$f_0=0.717\text{Hz}$。使用 LT1122 快速稳定 JFET 输入运算放大器，这个电路能够处理峰峰值为 10V、带宽为 2MHz 的交流信号。

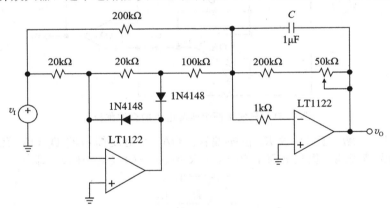

图 7.33　宽带交流/直流转换器

这里的电容必须足够大，以便保证输出的纹波在指定的范围内。这就要求 f_0 必须小于最小工作频率 f_{min}。由于全波整流将频率增大为原来的 2 倍，则 C 的取值原则为

$$C \gg \frac{1}{4\pi R_5 f_{\text{min}}}$$

根据保守的经验公式，C 超出上式右边项的倍数应当至少等于输出容许的以小数计的纹波误差的倒数。例如，当纹波误差为 1‰ 时，C 必须是右边项的 $1/0.01=100$ 倍。为了将这种误差限制在音频范围的低端，即 $f_{\text{min}}=20\text{Hz}$，上面电路中电容的取值为 $C=100/(4\pi\times222\times10^3\times20)\text{F}\approx1.8\mu\text{F}$。

7.5　模拟开关

很多电路需要电子开关，也就是说，要求开关状态可以通过电压控制。常见的例子有斩波运算放大器，D/A 变换器，函数发生器，S/H 放大器和开关功率电源。在数据采样系统中，开关也用来确定信号路由，而在可编程设备中则用来配置电路。

正如图 7.34a 所示，SW 的导通或断开取决于控制输入端 C/O 的逻辑电平。当 SW 导通时，无论流经它的电流多大，其上的压降为零，而当 SW 断开时，无论其两端电压为多大，流经它的电流为零，即有图 7.34b 所示特性曲线。这种特性能够使用很多种器件近似，只要具有高的导通关断电阻比值，例如场效应晶体管（FET）。一个 FET 如同一个可变的电阻一样工作，这个电阻称为沟道电阻，其电阻值由施加在 FET 上叫作栅 G 的控制端和沟道的某一端之间的电压控制。沟道两端的端口称为源 S 或漏 D，且因为 FET 的结构是对称的，这两端通常可以互换。

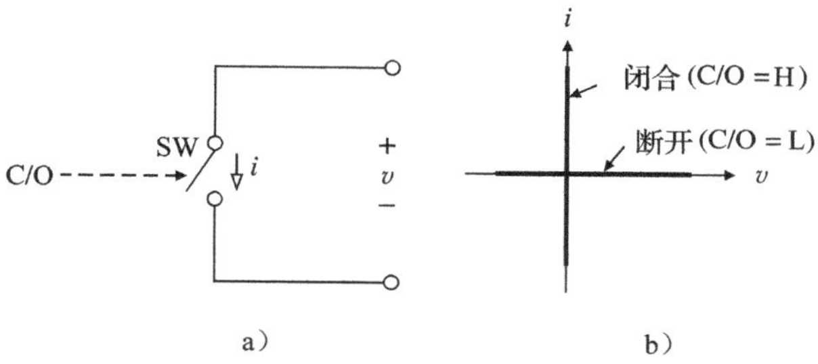

JFET 开关

图 7.35 给出了 n 沟道 JFET（或简称 nJFET）的特性曲线。每条曲线代表在栅源之间施加不同控制电压 v_{GS} 时的 I-V 特性曲线。当 $v_{GS}=0$ 时，沟道是强导电的，这也是 JFET 称作常通器件的原因。随着 v_{GS} 逐步减小，沟道的导电能力逐步减弱，直到 v_{GS} 减小到截止阈值电压 $V_{GS(off)}<0$ 为止，进一步当 $v_{GS}\leqslant V_{GS(off)}$ 时，沟道的导电能力变为零，就如同开路一般。$V_{GS(off)}$ 根据器件的不同，通常在 $-0.5V$ 到 $-10V$ 之间。

图 7.34　理想开关及其 I-V 特性曲线

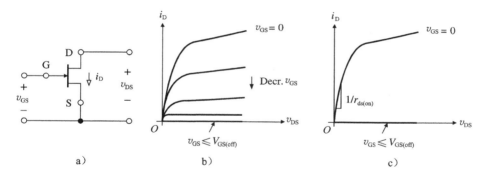

图 7.35　n 沟道 JFET（$V_{GS(off)}<0$）及其 I-V 特性曲线

在开关的应用中，我们只关心两个曲线，即与 $v_{GS}=0$ 和 $v_{GS}\leqslant V_{GS(off)}$ 相关的曲线。前一个具有相当的非线性；然而当沟道当做导通的开关时，其工作点接近 $v_{DS}=0V$，此时其曲线非常陡也近似线性。其斜率与一个电阻的 $r_{ds(on)}$ 成反比，这个电阻也称作沟道的**动态电阻**，有：

$$\frac{\mathrm{d}i_D}{\mathrm{d}v_{DS}}=\frac{1}{r_{ds(on)}} \tag{7.21}$$

对于理想的开关，这个电阻应当为零；在实际中，其范围是 $10^2\ \Omega$ 或更小，具体取决于器件类型。当沟道截止时，其电阻近乎无穷大。在这种情况下唯一需要考虑的潜在的电流就是漏电流，也就是，漏极截止电流 $I_{D(off)}$ 和栅极反向电流 I_{GSS}。在室温下，这些电流通常在皮安数量级；然而，温度每升高 10℃，它们就将变为原来的 2 倍。接下来我们会看到，在某些应用中这可能需要特别关注。

一种常用的 nJFET 是 2N4371（siliconix）晶体管，其室温下工作参数为：$-4V\leqslant V_{GS(off)}\leqslant -10V$，$r_{ds(on)}\leqslant 30\Omega$，$I_{D(off)}\leqslant 100pA$，流出栅极的 $I_{GSS}\leqslant 100pA$，开通时延 $\leqslant 15ns$，关断时延 $\leqslant 20ns$。图 7.36 给出了一个典型的开关应用。开关的作用是在电源 v_1 和负载 R_L 之间提供一个通/断的连接，而开关驱动电路则是将 TTL 兼容的 O/C 控制信号转换为合适的栅极驱动。

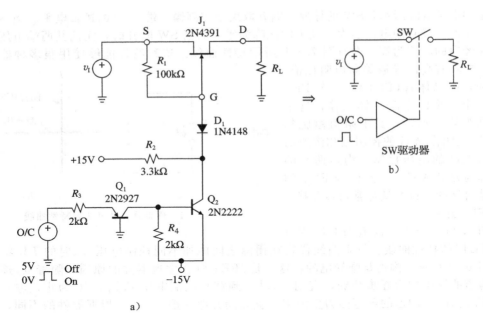

图 7.36 作为开关的 n 沟道 JFET

当 O/C 为低电平（≈0V）时，Q_1 的 E-B 结截止，所以 Q_1 和 Q_2 都截止。由于 R_2 的上拉作用，D_1 反偏，从而使得 J_1 的栅极维持在与沟道相同的电位。我们也就能够得到，无论 v_I 是何值，$V_{GS}=0$，此时，开关是强导通状态。

当 O/C 为高电平（≈5V）时，Q_1 导通并强制 Q_2 饱和，从而将栅极强制下拉到 −15V 附近。当栅电压为负值时，开关断开。为了防止 J_1 意外地导通，我们必须限制 v_I 在负方向上的范围，即

$$v_{I(min)} = V_{EE} + V_{CE2(sat)} + V_{D1(on)} + V_{GS(off)} \tag{7.22}$$

举例来说，当 $V_{GS(off)}=-4V$ 时，我们可得 $v_{I(min)} \approx (-15+0.1+0.7-(-4))V \approx -10V$，也就是说电路只能够在输入高于 −10V 时正常工作。

在高速工作要求下[2]，在控制输入和 Q_2 的基极之间连接一个 100pF 的电容能够加速 Q_2 的开通和关断，此外，在 Q_2 的基极和集电极之间（二极管阳极接基极）使用 JP2810 肖特基二极管能够消除 Q_2 的存储时延。JFET 驱动器以及 JFET 驱动器的组合电路均有很多厂商提供相应的集成电路芯片。

因为图 7.36 所示的开关电位必须跟随输入信号 v_I，所以它需要特殊的驱动器。如果开关能够维持在近乎恒定的电位，例如运算放大器的虚地电位，那么驱动器就能够简化甚至省略，就如图 7.37 所示。这种电路称作模拟接地开关或者电流开关，它使用一个 pJFET 来直接兼容逻辑电平。pJFET 和 nJFET 相似，但其关断电压为正值，或者说 $V_{GS(off)}>0$。此外，制造 pJFET 的技术与低成本晶体管技术兼容。这个开关按照如下的方式工作。

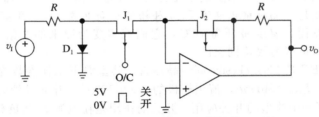

图 7.37 使用 p 沟道 JFET 的模拟接地开关

当输入控制信号 O/C 为低时，我们有 $v_{GS1} \approx 0$，从而使得 J_1 强导通。为了补偿 $r_{ds1(on)}$，在反馈回路中使用了一个伪 JFET J_2，并将其栅源短接，使其一直导通。J_1 和 J_2 是一对匹配的器件，从而保证 $r_{ds2(on)} = r_{ds1(on)}$，因而有 $v_O/v_I = -1V/V$。

当 O/C 为高时，$v_{GS1} > v_{GS1(off)}$，J_1 关断且信号传输被阻断，此时 $v_O/v_I = 0$。D_1 有钳位作用，以防止在 v_I 的正半周内沟道意外导通。总而言之，这个电路在 O/C 为低电平时提供单位增益，在 O/C 为高电平时，提供零增益。

图 7.37 所示的原理在求和运算放大器中非常有用。将输入电阻-二极管-开关组合重复 k 次，就能够得到一个 k 通道模拟选通器，这是一种广泛用在数据采样和音频信号转接中的器件。AH5010 四重开关在同一封装内包含四个 pFET 开关，相关的钳位二极管和一个伪 FET。通过一个外部运算放大器和五个电阻，就能够实现一个四路选通器，且通过级联多个 AH5010，就能够几乎扩展到任何数量的通道。

MOSFET 开关

由于 MOS 技术构成了 VLSI 的基础，当模拟和数字功能必须存在于同一块芯片上时，MOSFET 开关技术就变得非常吸引人。MOSFET 既有常通类型，或叫耗尽型，也有常断类型，或叫增强型。由于后者构成了 CMOS 技术的基础，其更加常见。

图 7.38 给出了增强型 n 沟道 MOSFET(或简称 nMOSFET)的特性图。其特点类似于 nJFET，但当 $v_{GS} = 0$ 时，该器件关断。为了使沟道导电，v_{GS} 必须升高到某一个阈值电压 $V_{GS(on)} > 0$；v_{GS} 比 $V_{GS(on)}$ 大得越多，沟道的导电能力就越强。按照图 7.37 所示的是用作模拟接地的方式，当栅电压为低时，nMOSFET 断开，当栅电压为高时，nMOSFET 连通。

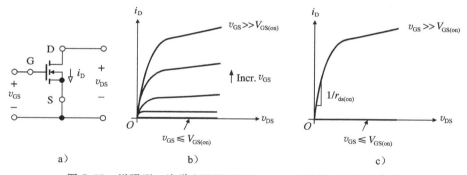

图 7.38　增强型 n 沟道 MOSFET($V_{GS(on)} > 0$)及其 I-V 特性曲线

如果 nMOSFET 用图 7.36 所示那种浮动方式连接，由于 v_{GS} 本身是 v_I 的函数，nMOSFET 的通态导电能力不再是同样的高，而是会随着 v_I 变化而变化。沟道的导电能力在 v_I 的正半周比其负半周要弱很多，而在 v_I 足够大时，nMOSFET 会被关断。这些缺点可以通过使用一对互补的 MOS(CMOS)FET 来消除，这一对互补的 MOSFET，一个用于处理 v_I 的负半周，另一个处理 v_I 的正半周。这对互补 MOSFET 前者是一个增强型的 nMOSFET，后者是一个增强型的 pMOSFET，后者的特性与前者相似，但是它的开启阈值电压为负值。相应地，为了让一个 pMOSFET 开通，我们需要 $v_{GS} < V_{GS(on)} < 0$；v_{GS} 相对于 $V_{GS(on)}$ 越低，沟道的导电性就越强。正常工作时，pMOSFET 的驱动信号必须与 nMOSFET 的驱动信号相位相反。如图 7.39a 所示，在对称供电的条件下，驱动信号通过一个普通的 CMOS 反相器提供。

当 C/O 为高时，nMOSFET M_n 的栅极为高而 pMOSFET M_p 的栅极为低，从而这两个管子都导通。如图 7.39b 所示，M_n 只在信号的负半周提供低阻通路，而 M_p 只在信号的正半周提供低阻通路。从而，作为一个组合，它们在整个 $V_{SS} \leqslant v_I \leqslant V_{DD}$ 的范围内，提供了足够低的并联电阻。相对应，当 C/O 为低时，两个 FET 都关断且信号传输被阻断。

图 7.39a 所示电路也称作传输门，它有多种型号和性能等级可供使用。最老的例子是

CD4066 四重双向转换开关和 CD4051 8 通道多路复用/去复用器，这两个器件最早由 RCA 提供。4051 转换开关也具有逻辑电平转换功能。这就使开关在受无极性逻辑电平驱动时，可以工作在双极性模拟信号条件下。参考数据手册能够获得更多型号的 MOS 开关产品的相关信息。

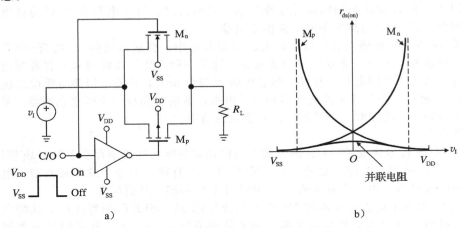

图 7.39　CMOS 传输门及其动态电阻与 v_I 的函数关系

7.6　峰值检测器

峰值检测器的功能是捕捉输入信号的峰值，并产生一个 $v_O = v_{I(peak)}$。为了达到这个目标，v_O 必须在 v_I 到达峰值前一直跟随 v_I。随后，这个峰值将被保持，直到一个更高的峰值出现为止，这时，电路会将输出值 v_O 更新到新的峰值。图 7.40a 给出了输入和输出波形的示例。峰值检测器可以应用于测试测量仪器中。

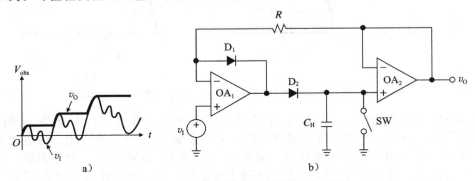

图 7.40　峰值检测器的波形图和电路图

从前面的描述中我们能够确定下面四个模块：（1）一个模拟存储器，用于存储最近一次峰值——这就是图 7.40 所示的电容，它存储电荷的能力使得它能够作为电压存储器使用，即 $V = Q/C$；（2）一个单向电流开关，用于在新的峰值到来时给电容充电，这里是图 7.40 所示的二极管；（3）一个在新的峰值到来时用于强制电容电压跟随输入电压的器件，这里是图 7.40 所示的跟随器；（4）一个开关，用于将 v_O 复位至零，通过与电容并联一个 FET 放电开关来实现。

图 7.40 所示的电路实现了以上要求的模块，它们分别是 C_H、D_2、OA_1 和 SW。OA_2 的功能是为电容的电压提供一级缓冲，来防止负载和 R 使得电容放电。此外，D_1 和 R 防止峰值被检测到后 OA_1 进入饱和状态，从而提高了在新的峰值到来时电路的恢复速度。这个电路按照如下的方式工作。

当一个新的峰值到来时，OA_1 的输出 v_1 摆动到正极性，使得 D_1 关断而 D_2 开通，如图 7.41a 所示。OA_1 通过反馈通路 D_2-OA_2-R 来维持其输入的虚短。由于没有电流流经 R，那么就会有输出 v_O 跟随 v_I。这种工作状态称作跟随模式，在这种模式下，OA_1 提供电流经由 D_2 给 C_H 充电，其输出升高到比 v_O 高一个二极管压降的电位，即 $v_1 = v_O + V_{D2(on)}$。

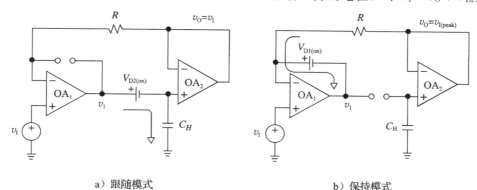

a）跟随模式　　　　　　　　　　　　　b）保持模式

图 7.41　峰值检测器等效电路

在输入信号峰值过后，v_I 开始下降，从而使得 OA_1 的输出下降。从而 D_2 关断且 D_1 导通，这使得 OA_1 的反馈通路发生变化，如图 7.41b 所示。根据虚短概念，OA_1 的输出变为比 v_I 低一个二极管压降的电位，即 $v_1 = v_I - V_{D1(on)}$。这种工作状态称作保持模式，在这种模式下，电容电压维持不变，R 的功能则是为 D_1 提供一个电流通路。

我们可以看到，在 OA_1 的反馈通路中放置 D_2 和 OA_2 可以消除由 D_2 的压降和 OA_2 输入失调电压产生的误差。我们只需要保证 OA_2 的输入偏置电流足够小，以使得电容在不同峰值间的放电尽可能少。对 OA_1 的要求是，输入直流误差必须足够小，并且有足够高的输出电流能力，以便在尖峰到来时快速地给 C_H 充电。此外，由于 r_{o1} 和 C_H，以及 OA_2 在反馈通路中产生了极点，OA_1 必须要能够维持稳定。这通常通过在 D_1 和 R 上并联合适的补偿电容来实现。典型情况下，R 的数量级是千欧姆级，而补偿电容是几十皮法数量级。

通过改变二极管的极性能让这个电路检测输入 v_I 的负向峰值。

电压下降和电压反弹

在保持模式下，v_O 应当严格地维持一个定值。但在实际中，由于漏电流，电容会缓慢地充电或放电，而这取决于漏电流的极性。漏电的来源众多，比如，来自二极管，电容和复位开关漏电；印制电路板的漏电；以及 OA_2 的输入偏置电流。使用电容关系式 $i = C dv/dt$ 并把电容节点漏电流记作 I_L，我们可以定义电压下降速率为：

$$\frac{dv_O}{dt} = \frac{I_L}{C_H} \qquad (7.23)$$

例如，一个 1nA 的漏电流流经一个 1nF 的电容会产生一个 $(10^{-9}/10^{-9})$V/S = 1V/s = 1mV/ms 的电压下降率。通过减小漏电流的各个组成部分能够减小电压下降。

在模拟存储电路中，一个实际电容最关键的限制因素就是泄漏和介质吸收。泄漏会导致器件在保持模式下缓慢放电；介质吸收会导致电容在经历了快速电压变化后，电压重新向先前的电压变化。这种反弹效应来自于大块电解质中的电荷存储现象，它可以用一系列串联的内部 RC 级且每一级都与 C_H 并联来建模。考虑图 7.42a 所示的一阶模型，我们可以看到，即使 C_H 在 SW 闭合后立即放电，由于串联电阻 R_{DA} 的存在，C_{DA} 仍会保留一些电荷。在 SW 断开后，C_{DA} 会把它的一部分电荷传递回给 C_H 并达到平衡，这就造成了如图 7.42b 所示的反弹效应。尽管下降过程会涉及不止一个时间常数，但为了表征这个下降过程，通常用一个时间常数就够了。C_{DA} 的大小一般要比 C_H 小一个或几个数量级，其时间常数的范围从零点几毫秒到零点几秒。有一些类型的电容具有低的泄漏和介质吸收，这些类型包含聚苯乙烯、聚丙烯和聚四氟乙烯等[3]。

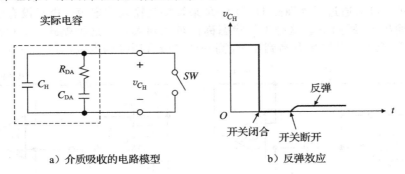

a）介质吸收的电路模型　　　　　b）反弹效应

图　7.42

使用 3.3 节讨论过的输入防护技术，可以尽可能减小印制电路板的漏电。如图 7.43 所示，在当前电路中的保护环被 v_O 驱动，并且保护环包围所有与 OA_2 同相端相关的引线。

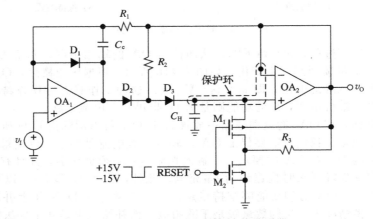

图 7.43　用于扩展保持的峰值检测器

通常会选用场效应管输入的运算放大器作为 OA_2，以便利用其低输入偏置电流的特性。然而，随着温度每增大 10℃，这个电流会增大 1 倍。所以，如果需要在一个较大的温度范围内工作，使用超低输入偏置电流的晶体管输入运算放大器更好。

当二极管反偏时，同样随着温度每增加 10℃，其反向漏电流增加 1 倍。如图 7.43 所示电路，通过使用第三个二极管 D_3 和一个上拉电阻 R_2 来消除二极管漏电的效应。在跟随模式下，D_2-D_3 二极管对像一个单向开关一样工作，但其上的压降是原先的 2 倍。在保持模式，R_2 把 D_3 的阳极电位拉到和阴极的相同，从而消除了 D_3 的漏电；只用 D_2 来维持反偏。

类似的技术可以用于减小复位开关漏电流。在前面的例子中，这个开关使用两个 3N163 增强型 pMOSFET（siliconix）。若在这两个场效应管上施加负脉冲，这两个管子就开通，并将使 C_H 放电。当负脉冲结束时，两个场效应管都关断；而此时 R_3 将 M_1 的源端电位拉高到与其漏端相同，M_1 的漏电流则被消除；开关电压只由 M_2 维持。如果要实现 TTL 兼容设计，可以使用一个合适的电平转换器，例如 DH0034。

图 7.43 所示的运算放大器比较好的选择是双 JFET 输入器件，例如精密高速 OP247 运算放大器。图 7.43 所示二极管可以使用通用器件，例如 1N714 或 1N4148 二极管，电阻可以选用在 $10k\Omega$ 数量级合理的值。电容 C_c 的值通常在几十皮法，用于在跟随模式下使连接了电容负载的运算放大器 OA_1 电路保持稳定。为了减小漏电的影响，C_H 应当足够大，为了保证在快速变化峰值到来时的响应速度，C_H 又应当足够的小。一个比较合理的取值是 1nF 左右。

速度限制

峰值检测器的速度被运算放大器的摆率和运算放大器 OA_1 能够给 C_H 充放电的最大速度所限制。后者是 I_{sc1}/C_H，其中，I_{sc1} 是 OA_1 的短路输出电流。例如，当 $C_H = 0.5nF$，运算放大器有 $SR_1 = 30V/\mu s$ 和 $I_{sc1} = 20mA$，从而有 $I_{sc1}/C_H = 40V/\mu s$，可知速度被 SR_1 所限制。然而，当 $C_H = 1nF$ 时，我们可以得到 $I_{sc1}/C_H = 20V/\mu s$，此时速度被 I_{sc1} 所限制。OA_1 的输出驱动电流能够通过将 D_3 替换为一个 npn 晶体管的 B-E 结来提升，晶体管的集电极经过一个电阻接到 V_{CC}，此电阻取值范围在 $10^2\Omega$ 数量级，以保证电流峰值在一个安全的范围内。

7.7 采样-保持放大器

为了响应某一适当的逻辑指令，被采样信号的值常常会需要在下一个采样指令到来前保持。我们已经在第 3 章的自归零运算放大器中接触到了这个概念，那里的关键问题是失调电压消零。

采样-保持放大器（SHA）是如图 7.44a 所示的电路，它能够瞬时地采样到输入信号的值。虽然在数据采样理论中数学计算很方便，但是由于物理电路本身的动态限制，瞬时采样是无法实现的。实际的电路是在给定的一段时间内跟随输入，随后在采样-保持周期的剩余时间保持输入的最后一个值。图 7.44b 给出了跟随保持放大器（THA）的波形。尽管两个波形之间有明显的差别，但工程师常将 SHA 和 THA 名称互用。

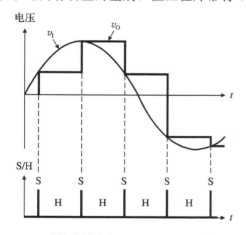 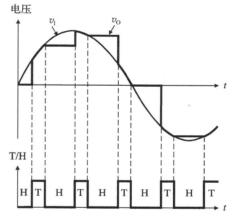

a）采样-保持放大器（SHA）的理想响应   b）跟随保持放大器（THA）的理想响应

图 7.44

图 7.45 给出了一种最常见 THA 的拓扑结构。这个电路很容易使人联想到峰值检测器，不同之处是用受外部控制的双向开关代替了二极管开关。根据具体情况，双向开关对 C_H 充电或放电。这个电路按照如下的方式工作。

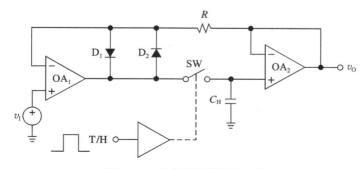

图 7.45 基本跟随保持放大器

在跟随模式下，SW 闭合，从而构成围绕 OA_1 的反馈通路 SW-OA_2-R。OA_1 在这里作为电压跟随器，为 C_H 提供任意的电流，以满足 v_O 跟随 v_I。

在保持模式下，SW 断开，使得 C_H 的电压能够维持在开关断开前的瞬间电压；OA_2 再将这个电压缓冲输出。D_1 和 D_2 的功能是防止 OA_1 饱和，从而在新的跟随指令到来时，加快 OA_1 的恢复速度。

这里的开关通常是 JFET，MOSFET 或者是肖特基二极管桥，并配备合适的驱动电路来使得 T/H 指令兼容 TTL 或 CMOS 逻辑。对 OA_1 的主要要求是：（1）低输入直流误差；（2）足够大的输出电流能力，以便能够给 C_H 快速充电或放电；（3）高的开环增益，以便减小增益误差，以及由开关 SW 上压降和 OA_2 输入失调电压引起的误差；（4）适当的频率补偿，以便提供足够快的动态和建立特性。补偿电容通常使用一个与二极管并联的约几十皮法的旁路电容。对 OA_2 的要求是，（1）低的输入偏置电流，以便尽可能减小电压下降；（2）足够快的动态特性。正如峰值检测的例子，C_H 必须是一个低漏电、低电介质吸收的电容，例如聚四氟乙烯电容或聚苯乙烯电容[3]。对其值的选择则要权衡低漏电和快速充放电时间之间的关系来确定。

图 7.45 所示的基本 THA 能够使用分立的运算放大器和无源器件来实现，也可以购买整装单片集成电路。常见的例子是 LM398 BiFET THA。

THA 性能参数

在跟随模式下，THA 应当像一个普通的运算放大器一样工作，所以它的性能通过运算放大器的直流和增益误差、动态特性，以及其他的参数来表征。然而，在从跟随模式变为保持模式或相反的过程中，以及在保持模式下，其特性则是由 THA 专有的参数来表征的。下面的参数使用图 7.46 所示放大的时序图作为参考来说明。

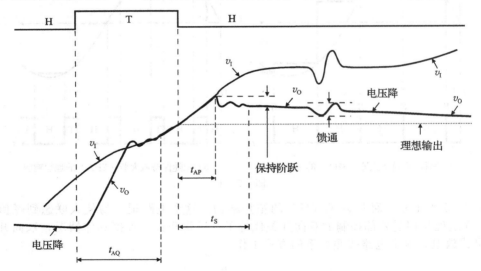

图 7.46　THA 术语

（1）捕获时间（t_{AQ}）。跟随指令发出后，v_O 开始向 v_I 摆动，而 t_{AQ} 就是在接收到跟随指令后到 v_O 能够在规定的误差范围内跟随 v_I 所需要的时间。这个过程包括开关驱动和开关的传输时延、由于运算放大器摆率限制和建立时间所产生的时延。捕获时间随着跳变的大小和误差范围的减小而增大。通常定义捕获时间的条件是 10V 的电压跳变，以及最大值的 1%、0.1% 和 0.01% 的误差范围。在切换到保持模式前，输出必须完全捕获输入。

（2）缝隙时间（t_{AP}）。由于开关和驱动器的传输时延，在接收到保持指令后，v_O 仍然会继续跟随 v_I 一段时间。这段时间就是缝隙时间。如果想得到精确的定时，就必须将保持指令提前 t_{AP}。

（3）缝隙不确定时间（Δt_{AP}）。也叫做缝隙抖动。它代表了不同采样之间缝隙时间的变化。如果通过将保持信号提前 t_{AP} 来补偿 t_{AP}，那么 Δt_{AP} 就决定了最终的时间误差，以及对于给定分辨率下的最大采样频率。缝隙抖动导致了输出误差 $\Delta v_O = (dv_I/dt)\Delta t_{AP}$，也就是说实际的采样波形可以看做理想采样波形和一个噪声成分的求和。相对于一个采用频率为 f_i 的正弦输入的理想采样电路，信噪比为：

$$\text{SNR} = -20\,\lg[2\pi f_i \Delta t_{AP(RMS)}] \tag{7.24}$$

式中：$\Delta t_{AP(RMS)}$ 是 Δt_{AP} 的均方根（RMS）值，这里假设后者与 v_I 不相关。典型情况下，Δt_{AP} 比 t_{AP} 小一个数量级，并且，t_{AP} 比 t_{AQ} 小一到两个数量级。

（4）保持模式建立时间（t_S）。在接收到保持指令后，需要一些时间来使输出稳定到指定的误差范围内，这范围可能是 1%、0.1% 或 0.01%。这个时间就是保持模式建立时间。

（5）保持阶跃。因为开关的寄生电容存在，当电路切换到保持模式时，在开关驱动器和 C_H 之间会出现一个不希望出现的电荷转移，从而造成 C_H 上的电压发生变化。这个对应的变化 Δv_O 称作保持阶跃、消隐误差或采样-保持失调。

（6）馈通。在保持模式器件中，v_O 应当与输入 v_I 的任何变化相互独立。但在实际中，由于 SW 上的杂散电容，会存在一种从 v_I 到 v_O 的小量的交流耦合，这称作馈通。这里的电容与 C_H 构成一个交流的电压分压器，因而，对于一个输入变化 Δv_I，会造成一个输出的变化

$$\Delta v_O = [C_{SW}/(C_{SW} + C_H)]\Delta v_I$$

式中：C_{SW} 是开关上的电容。馈通抑制比是：

$$\text{FRR} = 20\,\lg\frac{\Delta v_I}{\Delta v_O} \tag{7.25}$$

给出了杂散耦合的度量。例如，如果 FRR=80dB，保持模式中变化 $\Delta v_I = 10V$，则会引起 $\Delta v_O = \Delta v_I/10^{80/20} = (10/10^4)V = 1mV$。

（7）电压降。THA 和峰值检测器一样会受到压降限制。为了获得快速捕获，C_H 必须比较小，此时，电压降就必须特别考虑。

在使用 JFET 开关时，馈通是由漏源电容 C_{ds} 造成的，而保持阶跃是栅源电容造成的（对于分立器件来说，这些电容通常在皮法数量级范围内）。当驱动器将栅压从 v_O 附近拉到 V_{EE} 附近时，从 C_H 上放掉的电荷为 $\Delta Q \approx C_{gd}(V_{EE} - v_O)$，从而造成一个保持阶跃为：

$$\Delta v_O \approx \frac{C_{gd}}{C_{gd} + C_H}(V_{EE} - v_O) \tag{7.26}$$

这个阶跃的大小随着 v_O 变化而变化。例如，设 $C_H = 1nF$ 且 $V_{EE} = -15V$，当 $v_O = 0$ 时，对于每个皮法的 C_{gd}，保持阶跃约为 $-15mV/pF$，当 $v_O = 5V$ 时，为 $-20mV/pF$，当 $v_O = -5V$ 时，则为 $-10mV/pF$。一个仅有几个皮法的 C_{gd} 就可能造成无法接受的误差！

有很多技术用来使得与信号相关的保持阶跃最小化。其中一个技术就是使用 CMOS 传输门来实现开关，如图 7.37a 所示。由于两个 FET 是由反相的信号来驱动的，一个 FET 在注入电荷的时候，另一个则会移出电荷，如果将它们的几何尺寸进行合理的缩放，这两部分电荷就会互相抵消。

另一个可选的技术如图 7.47 所示。当电路进入保持时，OA_4 产生一个正向的输出摆动。由叠加定理可知，这个摆动取决于 v_O 以及栅上的负阶跃。这个设计的目的是通过 C_3 向 C_H 注入电荷，电荷量等于从 C_{gd} 上移出的电荷量，从而保证净电荷转移量为零。R_7 使保持阶跃独立于输出，并通过 R_{10} 将其调整为零。为了校准电路，先调整 R_7 使得保持阶跃与 $v_I = \pm15V$ 相等，然后，利用 R_{10} 将剩余的失调调零。

为了达到高速的目标，电路采用快速运算放大器，并且通过 LT1010 快速功率缓冲器来在跟随模式给 C_H 充放电，以便强化 OA_1。此外，环绕 OA_1-OA_2 对的局部反馈使得输入级和输出级的建立动态相隔离并简化。此处 OA_3 不再在控制环路之中，其输入失调电压也不再是无关的了；但是，它的失调和输入缓冲器的失调在校准 R_{10} 时被自动补偿了。对于

长的保持周期，OA_3 可以用诸如 LF356 之类的 FET 输入器件替代，以减小压降。

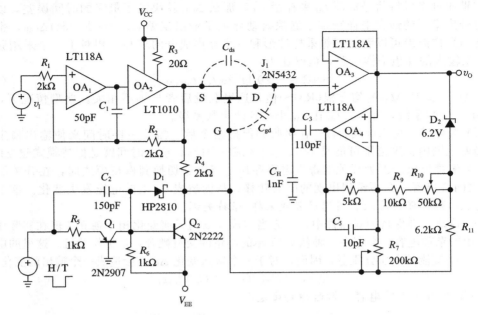

图 7.47　采用电荷转移补偿使保持阶跃最小的 5MHz THA（由 Linear Technology 提供）

　　如果开关工作在虚地的条件下，电荷补偿就能够简化。这就是积分型 THA 的情况。之所以叫做积分型，是因为保持电容被放置在输出运算放大器的反馈通路中，如图 7.48 所示。因为开关一直与虚地相连，那么从求和节点 C_{gd} 移出的电荷就是一个常数，与 v_O 无关。从而，保持阶跃看上去就像是一个恒定的失调，并且能够轻松地使用常规技术调零，就像调整 OA_1 的失调一样。在这种更容易补偿的保持阶跃下，保持电容能够显著地减小，以获得更快的捕获时间。HA5330 高速单片 THA 采用了 70nF 的保持电容，误差范围为 0.01%，具有 $t_{AQ}=400ns$。

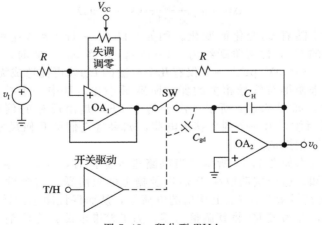

图 7.48　积分型 THA

　　图 7.49 给出了一个改进型积分型 THA，它能够同时优化电压降、保持阶跃和馈通。在跟随模式，SW_3 断开而 SW_1 和 SW_2 闭合。在这个模式下，电路如同图 7.48 所示的那样工作，v_O 向 v_1 摆动。在保持模式，SW_1 和 SW_2 断开而 SW_3 闭合，从而使得电路保持在采样阶段捕获的电压。注意，通过 SW_3 将地短接到缓冲器的输入，所以可以抑制 v_1 上的任何变

化，从而显著改善 FRR。此外，由于 SW$_1$ 和 SW$_2$ 上的电压都非常接近零，开关漏电可以被忽略。此时，漏电的主要来源是 OA 的输入偏置电流。然而，将 OA 的同相输入端送回到其值与 C_H 大小相同的虚设电容 C，这样所产生的保持阶跃和压降近似能抵消 C_H 的保持阶跃和压降。一个采用了这种技术的 THA 的例子就是 SHC803/804。它在典型环境温度下的标称值为：$t_{AQ}=250$ns 和 $t_S=100$ns，它们的误差范围都是 0.01%；$t_{AP}=15$ns；$\Delta t_{AP}=\pm15$ps；FRR $=\pm0.005\%$ 或 86dB；保持模式失调为 ±2mV；电压下降速率为 $\pm0.5\mu$V/μs。

有很多种途径可以获得 THA，它们的性能和价格的范围都很宽。可以参考产品分类目录来熟悉可用的产品。

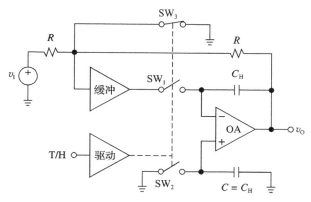

图 7.49 改进型 THA(开关设置为保持模式)

习题

7.1 节

7.1 (a)利用由 ±15V 稳压电源供电的 311 比较器，设计一个阈值检测器，使其在 $v_I>1$V 时，$v_O\approx0$V；$v_I<1$V 时，$v_O\approx5$V。(b)将条件改为当 $v_I>-1$V 时，$v_O\approx5$V；$v_I<-1$V 时，$v_O\approx-5$V，重新设计此阈值检测器。(c)当条件改为 $v_I>0$V 时，$v_O\approx2.5$V；$v_I<0$V 时，$v_O\approx-2.5$V，重新设计此阈值检测器。

7.2 节

7.2 某一类型的热敏电阻的热特性可以表示成 $R(T)=R(T_0)\exp[B(1/T-1/T_0)]$，式中，$T$ 为热力学温度，T_0 是某一参考温度，B 是一个适当的常数，这三个数的单位都是 K。使用一个 337 型比较器和 $R(25℃)=100\Omega$ 的热敏电阻，令 $B=4000$K，设计一个桥式比较器电路，使它满足 $T>100℃$ 时，$v_O=V_{OH}$ 和 $T<100℃$ 时，$v_O=V_{OL}$。假设元件容差为 10%，采取措施对设定值进行调整，并简述校准过程。

7.3 使用一个运放，两个 339 型比较器，一个 2N2222 npn 晶体管，以及需要的电阻，设计一个电路，使其能接收输入数据 v_I 和输入控制 V_T，$0<V_T\leqslant2.5$V，并在 $-V_T\leqslant v_I\leqslant V_T$ 时使一个 10mA 的 LED 发光。假设供电电源为 ±5V。

7.4 使用两个 339 型的比较器和习题 7.2 中的热敏电阻，其 $R(25℃)=10$kΩ，及 $B=4000$K，设计一个电路，使得当 $0℃\leqslant T\leqslant5℃$ 时，$v_O\approx5$V，在其他情况下，$v_O\approx0$V。假设供电电源是单 5V 供电。

7.5 证明图 P7.5 所示的窗口检测器，其中心值由 v_1 控制，其窗口宽度由 v_2 控制；然后绘制 $v_1=3$V，$v_2=1$V 时 VTC 曲线并标注。

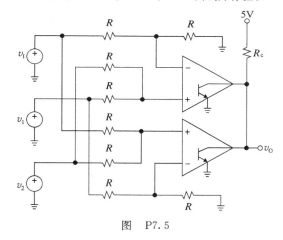

图 P7.5

7.6 使用三个 339 型的比较器，一个 LM385 2.5V 基准二极管，一个例 7.2 中的 HLMP-4700 LED，设计一个电路来监控 15V$\pm5\%$ 的供电电源，并在电源处在指定范围内使 LED 发光。

7.7 使用一个 LM385 2.5V 基准二极管，一个 LM339 象限比较器，以及四个例 7.2 中的 HLMP4700 LED，设计一个 0V 到 4V 的条形图显示计。这个电路的输入阻抗必须大于 100kΩ，且必须使用单 5V 电源供电。

7.8 使用一个 ±15V 供电的 311 比较器，设计一个电路，使其能够接受 ±10V 的三角波，生成一个峰值为 ±5V 的方波，要求能够通过一个 10kΩ 的电位器控制其占空比 D 在 5%

到 75% 内变化。

7.3 节

7.9 在图 7.20a 所示的电路中，令 v_I 为一个峰值为 $\pm10V$ 的三角波，$\pm V_{sat}=\pm13V$。修改这个电路，使得电路方波输出的相位相对于输入的相位能够在 0° 到 70° 之间变化。画出电位器抽头在中间位置时输入和输出的波形。

7.10 (a)推导式(7.14)。(b)在图 7.23 所示的电路中，设计电阻的值，使得电路满足 $V_{OL}=0V$，$V_{OH}=5V$，$V_{TL}=1.5V$，$V_{TH}=2.5V$ 且 $V_{CC}=5V$。尝试使输入偏置电流的影响最小。

7.11 假设 $V_{D(on)}=0.7V$ 且 $\pm V_{dsat}=\pm13V$，绘制图 P7.11 所示施密特触发器的 VTC 图并标注。

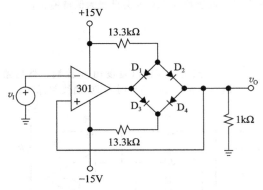

图　P7.11

7.12 (a)假设图 7.20a 所示的运放在 $\pm13V$ 处饱和，假设一个 $R_3=33k\Omega$ 的电阻连接在节点 v_P 和 $-15V$ 之间，绘制 VTC 曲线并标注。(b)对图 7.21a 所示的电路做适当的修改，使得 $V_{TL}=1V$ 且 $V_{TH}=2V$。

7.13 (a)使用图 8.11 所示类型的 CMOS 反相器和在 $10k\Omega$ 到 $100k\Omega$ 间的电阻，设计一个同相施密特触发器，其 $V_{TL}=(1/3)V_{DD}$ 且 $V_{TH}=(2/3)V_{DD}$；假设 $V_T=0.55V_{DD}$。(b)修改这个电路。(c)如何把前面的电路转换成反相型的施密特触发器？

7.14 合理地修改习题 7.2 中的电路，使其具有 $\pm0.5℃$ 的迟滞。简述校正过程。

7.15 在图 7.20a 所示的施密特触发器中，令输入 v_I 通过一个分压电路施加在反相输入引脚上，分压电路由两个 $10k\Omega$ 电阻构成，将两个 4.3V 齐纳二极管背对背阳极与阳极串联在一起，用它们替代 R_1。输出 v_O 在 R_2 与齐纳网络的连接处。画出电路图。假设二极管正向导通压降为 0.7V，绘制 VTC 曲线。

7.16 在图 P1.18 所示的电路中，令电源为一个

可变的电源，记作 i_I，并令运放在 $\pm10V$ 处饱和。(a)绘制出 i_I 在 $-1mA\leqslant i_I\leqslant 1mA$ 范围内时 v_O 相对于 v_I 的曲线，并标记。(b)在 i_I 上并联一个 $2k\Omega$ 的电阻后，绘制出 i_I 在 $-2mA\leqslant i_I\leqslant 2mA$ 范围内时 v_O 相对于 v_I 的曲线，并标记。

7.17 一个电路包含一个 311 比较器和三个相等的电阻，$R_1=R_2=R_3=10k\Omega$。311 比较器使用 15V 和地供电，并且 $V_{EE(logic)}=0$。此外，R_1 连接在 15V 电源和同相输入引脚之间，R_2 连接在同相输入引脚和开漏极输出引脚之间，R_3 连接在开漏极输出引脚和地之间。并且，输入 v_I 是加在比较器的反相输入引脚上。画出这个电路图，并且在如下条件下绘制电路的 VTC 曲线。输出 v_O 为 (a)R_1 和 R_2 的连接点处；(b)R_2 和 R_3 的连接点处。

7.18 考虑从图 8.17a 所示电路中移出 R、C 和 OA。剩下的部分是一个同相施密特触发器，其输入节点标记为 v_{TR}，其输出节点标记为 v_{SQ}。假设 $R_1=10k\Omega$，$R_2=13k\Omega$，$R_3=4.7k\Omega$，且齐纳二极管是 5.1V 器件，假设二极管正向导通压降为 0.7V。绘制出该电路的 VTC 曲线。

7.19 (a)使用 5V 供电的 339 比较器，设计一个反相施密特触发器，使得 $V_{OL}=2.0V$，$V_{OH}=3.0V$，$V_{TL}=2.0V$ 以及 $V_{TH}=3.0V$。(b)修改你的电路，使得 $V_{TL}=0V$，且 $V_{TH}=5.0V$。

7.4 节

7.20 假设图 7.29a 所示电路中 $R_2=2R_1$，且运放的同相输入端提离地线并接到 $-5V$ 参考电压。画出并标记该电路的 VTC 曲线。然后，如果 v_I 是一个峰值为 $\pm10V$ 的三角波，绘制并标记 v_O。

7.21 在图 7.29a 所示的电路中，$R_1=R_2=10k\Omega$，并且在 $+15V$ 电源和运放的反相输入引脚之间添加第三个电阻 $R_3=150k\Omega$。(a)绘制出该电路的 VTC 曲线并标记。(b)将电路中二极管极性倒置，重做一遍。

7.22 $10k\Omega$ 电阻的一端由电源 v_I 驱动，另一端不接器件(浮动)。将不接器件的一端标记为 v_O，使用一个超级二极管来实现一个可变精密钳位电路，这个电路在 $v_I\leqslant V_{clamp}$ 时有 $v_O=v_I$，而在 $v_I\geqslant V_{camp}$ 时有 $v_O=V_{clamp}$。在一个 $100k\Omega$ 电位器的调节下，V_{clamp} 可以在 0V 到 10V 之间连续变化。假设采用的是 $\pm15V$ 的电源。列出你所设计的电路的优点和缺点。

7.23 合理地修改图 7.30 所示电路中的 FWR，

使得当其输入峰值为 $\pm 15\text{V}$ 的三角波时，其输出为 $\pm 5\text{V}$ 的三角波，但输出的频率变为原值的两倍。假设供电电源为 $\pm 10\text{V}$ 电源。

7.24 使用 PSpice 来了解图 7.30 所示电路中 FWR 的特性，给定输入为峰值为 $\pm 5\text{V}$ 的正弦波。使用 $\pm 7\text{V}$ 供电的 LM324 运放，1N4148 二极管和 $R=10\text{k}\Omega$ 的电阻，且 $A=1$。画出 v_I、v_O 和 v_{HW}，从输入频率为 1kHz 开始。返回 PSpice，增加输入的频率直到电路的输出开始失真为止。基于你所看到的现象，你能否解释一下其出现的原因？

7.25 假设图 7.31 所示电路中的 FRW 有 $R_1=R_2=R_4=10\text{k}\Omega$ 且 $R_3=20\text{k}\Omega$。当 $v_I=10\text{mV}$，1V 和 -1V 时，求各个节点的电压。对于正偏的二极管，设 $v_D=(26\text{mV})\ln[i_D/(20\text{fA})]$。

7.26 讨论图 7.31 所示电路中 FER 电阻失配的影响，推导出 $100\,|\,(A_p-A_n)/A\,|$ 的表达式。与图 7.30 所示电路中的 FWR 做比较并讨论。

7.27 考虑从图 7.31 所示电路中获得电路：将 R_1 和 R_4 的左端接地，将 OA_1 的同相输入端抬离地线并使用电源 v_I 驱动。（a）证明修改后的电路，在 $v_I>0$ 时，有 $v_O=A_p v_I$，且在 $v_O<0$ 时，有 $v_O=-A_n v_I$，式中，$A_p=1+(R_1+R_3)/R_1$ 且 $A_n=R_3/R_2$。（b）当 $v_O=5\,|\,v_I\,|$ 时，求电路各个元件的值。列出该电路的优点和缺点。

7.28 考虑从图 7.31 所示电路中获得电路：移除 R_1，将 R_4 的左端接地，将 OA_1 的同相输入端抬离地线并使用电源 v_I 驱动。如果 $R_2=R_3=R$，分析修改后的电路。然后讨论电路电阻失配的影响。

7.29 （a）求图 P7.29 所示电路的 VTC 曲线。（b）假设 $\pm V_{sat}=\pm 13\text{V}$ 且 $V_{D(on)}=0.7\text{V}$，求当 $v_I=+3\text{V}$ 和 $v_I=-5\text{V}$ 时所有节点的电压。（c）列出这个电路的优点和缺点。

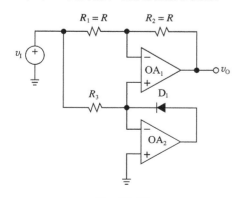

图　P7.29

7.30 图 7.30 所示的电路修改后能够变成一个高输入阻抗的 FWR，将其两个反相输入均抬离地线并将其相接，然后使用共模输入 v_I 驱动，此外移除 R_4，并将 R_1 的左端接地。（a）假设 $R_1=R_2=R_3=R$，且 $R_5=2R$，求修改后电路的 VTC 曲线。（b）假设 $V_{D(on)}=0.7\text{V}$，当 $v_I=+2\text{V}$ 和 $v_I=-3\text{V}$ 时，求所有节点的电压。（c）讨论电阻失配的影响。

7.31 （a）求图 P7.31 所示电路的 VTC 曲线，假设 $V_{D(on)}=0.7\text{V}$，求当 $v_I=+1\text{V}$ 和 $v_I=-3\text{V}$ 时，所有节点的电压。（b）合理地修改这个电路，使得其能够接受两个输入 v_1 和 v_2 并且输出 $v_O=|\,v_1+v_2\,|$。

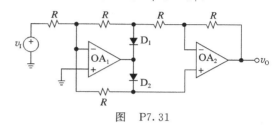

图　P7.31

7.32 使用图 P7.31 所示的电路图，重做习题 7.24。

7.33 讨论图 7.30 所示 FWR 的 OA_1 和 OA_2 的输入失调电压 V_{os1} 和 V_{os2} 的影响。

7.5 节

7.34 使用一个 311 比较器，一个 2N4391 nJFET 以及一个 741 运放，设计一个电路，使其能够接收一个模拟输入信号 v_I 和两个控制信号 v_1 和 v_2，并且输出一个信号 v_O，当 $v_1>v_2$ 时，$v_O=10v_I$，当 $v_1<v_2$ 时 $v_O=-10v_I$。假设采用 $\pm 15\text{V}$ 供电。

7.35 对于小的 $|V_{DS}|$ 值，MOSFET 的沟道电阻能够表示为 $1/r_{ds(on)}\approx k(\,|\,v_{GS}\,|-|\,V_{GS(on)}\,|)$，式中，$k$ 叫做器件跨导参数，单位是 A/V^2。假设图 7.37a 所示传输门供电为 $\pm 5\text{V}$ 供电，完全互补的 FET 的 $k=100\text{A}/\text{V}^2$ 且 $|V_{GS(on)}|=2.5\text{V}$，求当 $v_I=\pm 5\text{V}$，$\pm 2.5\text{V}$ 时的净开关阻值。如果 $R_L=100\text{k}\Omega$，对应的 v_O 是多少？

7.6 节

7.36 在图 7.40b 所示电路中，将 OA_1 的同相输入接地，并将电源 v_I 经由一个与反馈电阻 R 阻值相同的电阻接入 OA_1 的反相输入端。讨论修改后的电路如何工作，求其对一个幅度不断增加的正弦输入的响应。

7.37 设计一个峰峰值检测器，即，这个电路输出 $v_O=v_{I(max)}-v_{I(min)}$。

7.38 使用图 7.29a 所示的电路作为起点，设计一个电路，使其提供幅值峰值检测器的功

能，即 $v_O = |v_{Imax}|$。

7.39 三个图 7.27 所示类型的超级二极管由三个电源 v_1、v_2 和 v_3 驱动，它们的输出接在一起，并且通过一个 $10k\Omega$ 的电阻接到 $-15V$ 上。这个电路能够提供什么功能？如果将二极管的极性倒置会发生什么？如果输出的公共节点通过一个分压器与反相输入端的公共节点相连，会出现什么情况？

7.7 节

7.40 合理地修改图 7.45 所示的 THA，使电路的增益为 $2V/V$。修改后电路的主要缺点是什么？你会怎样克服？

7.41 在图 7.48 所示的 THA 中，令 $C_{gd}=1pF$，$C_H=1nF$，并且令 C_H 上的净泄漏电流为 $1nA$，且从左向右流动。假设 $v_I=1.000V$，求下列条件下的 v_O：(a)电路刚切换到保持模式后。(b)切换后 $50ms$。

7.42 图 P7.42 所示的 THA 使用反馈电容 $C_F = C_H$ 来为 C_H 上漏电产生的压降提供一阶补偿。(a)解释电路如何工作。p 沟道 JFET J_1 和 n 沟道 JFET J_2 和 J_3 的作用是什么。(b)假设每个电容的平均泄漏电流为 $1nA$ 且泄漏的失配为 5%，估算 $C_F = C_H = 1nF$ 条件下的电压降。如果将 C_F 用一根导线替代，这时的漏电流是多少？

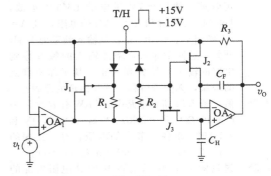

图 P7.42

参考文献

1. J. Sylvan, "High-Speed Comparators Provide Many Useful Circuit Functions When Used Correctly," *Analog Dialogue,* Vol. 23, No. 4, Analog Devices, Norwood, MA, 1989.

2. J. Williams, "High-Speed Comparator Techniques," Application Note AN-13, *Linear Applications Handbook Volume I,* Linear Technology, Milpitas, CA, 1990.

3. S. Guinta, "Capacitance and Capacitors," *Analog Dialogue,* Vol. 30, No. 2, Analog Devices, Norwood, MA, 1996.

4. B. Razavi, *Principles of Data Conversion System Design,* IEEE Press, Piscataway, NJ, 1995.

5. R. J. Widlar, "Unique IC Buffer Enhances Op Amp Designs, Tames Fast Amplifiers," Application Note AN-16, *Linear Applications Handbook Volume I,* Linear Technology, Milpitas, CA, 1990.

6. D. A. Johns and K. W. Martin, *Analog Integrated Circuit Design,* John Wiley & Sons, New York, 1997.

第 8 章

信号发生器

到目前为止所研究的电路可以归类于处理电路，因为它们都是对已有信号进行处理的。现在要研究这样一类电路，它们本身就是用来产生信号的。尽管有时信号是从传感器中得到的，但是大多数情况下都需要将它们在系统中进行综合。最常见的例子有：用于计时和控制的时钟脉冲；用于信息传输和存储的信号载波；用于显示信息的扫描信号；用于自动检测和测量的测试信号；用于电子音乐和语音合成的音频信号等。

信号发生器的功能是产生具有指定特征，例如频率、幅度、形状以及占空比的波形。有时会通过适当的控制信号将这些特征设计成可在外部编程的，压控振荡器就是一个最典型的例子。通常来说，信号发生器是利用某些反馈形式以及像电容那样其特性与时间相关的器件来实现的。最主要的两类信号发生器就是将要研究的正弦振荡器和张弛振荡器。

正弦振荡器

这种振荡器利用了系统理论的概念，在复平面的虚轴上创造出一对共轭极点，从而得到持续的正弦振荡。我们曾在第 6 章中十分关注的不稳定性问题现在被用来获取期望中的振荡。

一个周期波的正弦纯度是通过它的总谐波畸变来表示的：

$$\mathrm{THD}(\%) = 100 \sqrt{D_2^2 + D_3^2 + D_4^2 + \cdots} \tag{8.1}$$

式中：D_k，$k=2, 3, 4, \cdots$是给定波形的傅里叶级数中第 k 次谐波与基波的幅值之比。例如，三角波中，$D_k = 1/k^2$，$k=3, 5, 7, \cdots$，它的 $\mathrm{THD} = 100 \times \sqrt{1/3^4 + 1/5^4 + 1/7^4 + \cdots} \approx 12\%$，这表明如果把三角波看作正弦波的一个粗略的近似，那么它的 THD 就有 12%。另一方面，一个纯的正弦波形除基波外的各次谐波均为零，因此在这种情况下 THD=0%。很显然，设计一个正弦波发生器的目标就是要使 THD 值尽可能低。

张弛振荡器

这种振荡器使用双稳态器件，如转换器、施密特触发器、逻辑门和触发器等来对电容重复地进行充电和放电。用这种方法得到的典型波形有三角波、锯齿波、指数波形、方波和脉冲波形。在研究过程中，经常需要求出给一个电容充放电达到一个给定的 Δv 所需的时间 Δt。最常见的两种充/放电形式是线性和指数形式的。

如果以一个恒定的电流 I 驱动电容 C，那么它将会以一个恒定的速率充电或放电，产生一个如图 8.1a 所示的线性暂态或斜坡。工程师们经常用一个易于记忆的关系式来描述这个斜坡：

$$C\Delta v = I\Delta t$$

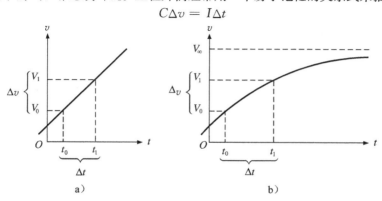

图 8.1　线性和指数波形

或者"$C\Delta v$ 等于 $I\Delta t$"。这样就可以将恒定速率下变化 Δv 所需的时间估算为:

$$\Delta t = \frac{C}{I}\Delta v \tag{8.2}$$

电容 C 通过一个串联电阻 R 进行充电或放电,会产生一个指数形式的瞬态响应。对于图 8.1b 所示形式,瞬时电容电压为:

$$v(t) = V_\infty + (V_0 - V_\infty)\exp[-(t - t_0)/\tau]$$

式中:V_0 是电压初值;V_∞ 是当 $t \to \infty$ 时所能达到的稳态电压值;$\tau = RC$ 是控制瞬态响应的时间常数。这个等式的成立与 V_0 和 V_∞ 的值和极性无关。瞬态响应值在 t_1 时刻达到一个指定的中介值 $V_1 = V_\infty + (V_0 - V_\infty)\exp[-(t_1 - t_0)/\tau]$。将等式两边取自然对数并解出 $\Delta t = t_1 - t_0$,就可以将使电容 C 从 V_0 变化为 V_1 所需的充放电时间估算为:

$$\Delta t = \tau \ln \frac{V_\infty - V_0}{V_\infty - V_1} \tag{8.3}$$

在以后的章节中,我们将会经常用到这一等式。

本章重点

本章先研究正弦波振荡器,从文氏电桥振荡器开始研究,再到正交振荡器,最后到其他能在虚轴上自动产生一对复共轭极点的电路。对于不同极点配置的振荡器电路,通过 PSpice 来仿真它们的特性行为。

接着通过一些使用集成电路的典型应用,如 555 计时器,来研究不稳定和双稳态的多谐振荡器。

然后研究三角波和锯齿波发生器,其中也包含电压控制类型的发生器,同时也会提到三角波-正弦波转换器。这一部分使用了如 8038 波形发生器、射极耦合的 VCO 和 XR2206 函数产生器等一些常见的集成电路。

本章还包括电压-频率、频率-电压转换器和由它们组成的常规应用。

8.1 正弦波发生器

毫无疑问,无论是从数学的意义上还是从实际的意义上,正弦波都是最基本的波形之——在数学上,任何其他波形都可以表示为基本正弦波的傅里叶组合;而从实际上来讲,它作为测试信号、参考信号,以及载波信号而被广泛地使用。尽管正弦波本身非常简单,但是如果对其纯度要求较高,那么正弦波的产生也是一项具有挑战性的工作。在运算放大器电路中,最适于产生正弦波的是文氏电桥振荡器和正交振荡器,我们将在后面对这两种振荡器进行讨论。另一种以三角波到正弦波的转换为基础的技术将在 8.4 节进行讨论。

基本文氏电桥振荡器

图 8.2a 所示的电路既应用了经由 R_2 和 R_1 的负反馈,也应用了经由串并联 RC 网络的正反馈。电路的特性行为取决于是正反馈占优势还是负反馈占优势。RC 网络中的元件并不需要完全等值;尽管如此,这样做会让元件的类型和分析简单化。

可以将这个电路看作一个同相放大器,它对 V_p 进行放大,其放大倍数为:

$$A = \frac{V_o}{V_p} = 1 + \frac{R_2}{R_1} \tag{8.4}$$

为了简化,在这里我们假设运算放大器是理想的。反过来,V_p 是由运算放大器本身通过两个 RC 网络产生的,其值为:

$$V_p = [Z_p/(Z_p + Z_s)]V_o$$

式中:$Z_p = R /\!/ [1/(\mathrm{j}2\pi fC)]$;$Z_s = R + 1/(\mathrm{j}2\pi fC)$

展开后可以得到:

$$B(\mathrm{j}f) = \frac{V_p}{V_o} = \frac{1}{3 + \mathrm{j}(f/f_0 - f_0/f)} \tag{8.5}$$

式中:$f_0 = 1/2\pi RC$。信号经过整个环路的总增益为 $T(\mathrm{j}f) = AB$ 或者表示为:

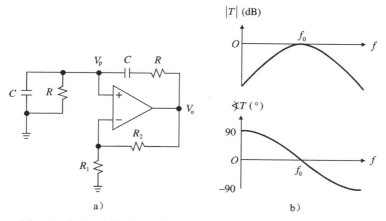

图 8.2 文氏电桥电路以及在 $R_2/R_1 = 2$ 情况下的环路增益 $T(\mathrm{j}f)$

$$T(\mathrm{j}f) = \frac{1 + R_2/R_1}{3 + \mathrm{j}(f/f_0 - f_0/f)} \tag{8.6}$$

这是一个带通函数，因为它在高频和低频处均趋于零。它的峰值出现在 $f = f_0$ 处，其值为：

$$T(\mathrm{j}f_0) = \frac{1 + R_2/R_1}{3} \tag{8.7}$$

$T(\mathrm{j}f_0)$ 为实数，这表明了一个频率为 f_0 的信号经过环路一周后，其净相移为零。根据 $T(\mathrm{j}f_0)$ 的大小，有三种不同的可能性。

（1）$T(\mathrm{j}f_0) < 1$，也就是 $A < 3\mathrm{V}/\mathrm{V}$。在运算放大器输入端出现的频率为 f_0 的任何扰动先被放大 $A < 3\mathrm{V}/\mathrm{V}$ 倍，然后再放大 $B(\mathrm{j}f_0) = \frac{1}{3}\mathrm{V}/\mathrm{V}$ 倍，最终的净增益小于 1。从直观上可以看出，这一扰动每次绕环路后均会减小，直到其降到零为止。这时可以认为回路的负反馈（通过 R_2 和 R_1）胜过了正反馈（通过 Z_s 和 Z_p），使其成为一个稳定的系统。因此，这个电路的极点位于复平面的左半平面内。

（2）$T(\mathrm{j}f_0) > 1$，也就是 $A > 3\mathrm{V}/\mathrm{V}$。这时正反馈超过了负反馈，说明频率为 f_0 的扰动会被再生地放大，导致整个电路进入一个幅值不断增长的振荡过程中。此时电路是不稳定的，它的极点位于复平面的右半平面。可以知道，振荡会不断增大，直到运算放大器达到饱和极限为止。因而，可以通过示波器或 PSpice 看到 v_0 呈现为一个削波的正弦波形。

（3）$T(\mathrm{j}f_0) = 1$，或 $A = 3\mathrm{V}/\mathrm{V}$。这种情况称为中性的稳定状态，因为此时正负反馈量相等。任何频率为 f_0 的扰动首先被放大 $3\mathrm{V}/\mathrm{V}$，然后再缩小 $\frac{1}{3}\mathrm{V}/\mathrm{V}$，这说明电路一旦工作，就会无限地持续下去。已经知道，这对应于有一个极点恰好位于 $\mathrm{j}\omega$ 轴上。$\angle T(\mathrm{j}f_0) = 0°$ 和 $|T(\mathrm{j}f_0)| = 1$，在频率 $f = f_0$ 处振荡所需的两个条件称为巴克豪森准则（Barkhausen criterion）。$T(\mathrm{j}f_0)$ 的带通特性使得振荡只能发生在频率为 $f = f_0$ 处；任何在其他频率处的振荡都会由于此时的 $\angle T \neq 0°$ 且 $|T| < 1$ 而受到遏制。由式(8.7)，达到中性稳定状态必须满足

$$\frac{R_2}{R_1} = 2 \tag{8.8}$$

这说明只要满足了这一条件，运算放大器周围的元件在频率 $f = f_0$ 处，就构成了一个平衡电桥。

在一个实际回路中，由于元件值的变化很难保持该桥的完全平衡。此外，为了使得 (1)打开电源后振荡能够自动地进行，并且(2)将其幅值保持在运算放大器的饱和极限之下以避免过度的畸变，必须要有某些措施保证。要达到这两个目的，可通过让比值 R_2/R_1

与幅度有关，以使得在低信号电平时比值略大于 2 来保证振荡开始，而在高信号电平时比值略小于 2 以限制振荡幅度。然后，一旦振荡开始，它就会不断增长，并且自动稳定在某个中间幅度电平，此处正好 $R_2/R_1=2$。

幅度稳定可以采取很多种方式，它们都是利用非线性元件根据信号的幅度来减小 R_2 或者增大 R_1 的。为了给讨论提供一个直观的基础，还将继续使用函数 $T(jf)$。不过由于现在电路出现了非线性，因此讨论是在增量的意义上进行的。

自动振幅控制

图 8.3a 应用了一个简单的二极管-电阻器网络来控制 R_2 的有效值。在低信号电平时二极管截止，因此 $100\text{k}\Omega$ 电阻此时不起作用。从而有 $R_2/R_1=22.1/10.0=2.21$，或者 $T(jf_0)=(1+2.21)/3=1.07>1$，也就是说，此时振荡在建立。当振荡不断增长，这两个二极管以交替半周期导通的方式逐渐进入导通状态。在二极管充分导通的限制下，R_2 的值会变为 $(22.1//100)=18.1\text{k}\Omega$，使得 $T(jf_0)=0.937<1$。然而，在此极限值到达之前，振幅会自动地稳定在二极管导通的某个中间电平上，这里正好满足 $R_2/R_1=2$，或者 $T(jf_0)=1$。如图 8.4a 所示的是 PSpice 仿真的结果，此时的振荡频率设计在 $f_0=1/[2\pi\times(159\text{k}\Omega)\times(1\text{nF})]\approx1\text{kHz}$ 上。如图 8.4b 所示，振荡会自然地开始和增长，直到它的幅值稳定在 1V 左右为止。

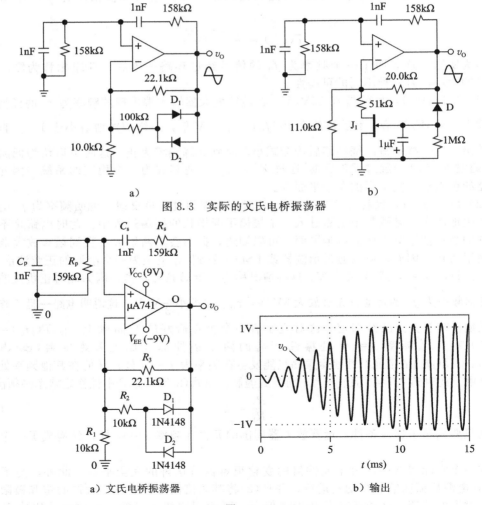

a)   b)

图 8.3   实际的文氏电桥振荡器

a) 文氏电桥振荡器   b) 输出

图   8.4

上述电路的一个缺点是，V_{om} 对二极管正向压降非常敏感。图 8.3b 所示的电路通过使用 nJFET 作为稳定元件克服了这个缺陷[1]。打开电源后，当 $1\mu F$ 电容还在放电时，栅极电压接近 0V，说明此时沟道电阻较低。JFET 有效地将 $51k\Omega$ 的电阻接地，从而有 $R_2/R_1 \approx 20.0/(11.0//51) \approx 2.21 > 2$，这样振荡开始建立起来。二极管和 $1\mu F$ 电容组成了一个负峰值检测器，其电压会随着振荡的增长变得越来越负。这样，JFET 的导电性会不断下降，最终达到完全截止的状态，此时可以得到 $R_2/R_1 \approx 20.0/11.0 = 1.82 < 2$。但是，振幅会自动稳定在某一中间电平处，这里 $R_2/R_1 = 2$。将相应的栅源极电压记为 $V_{GS(crit)}$，输出振幅峰值记为 V_{om}，可以得到 $-V_{om} = V_{GS(crit)} - V_{D(on)}$。例如，若 $V_{GS(crit)} = -4.3V$，则有 $V_{om} \approx (4.3+0.7)V = 5V$。

图 8.5 给出了另一种常用的稳定幅度的结构[2]，这里利用一个二极管限幅器更为简便地控制振幅。通常，输出信号较小时二极管截止，使得 $R_2/R_1 = 2.21 > 2$。振荡幅值不断增大，直到二极管在交替出现的输出波形峰值处导通为止。由于钳位网络的对称性，这些峰值也是对称的，即 $\pm V_{om}$。可以考虑当 D_2 开始导通的时刻来估算 V_{om} 的值。假设经过 D_2 的电流仍然可以忽略不计，将 D_2 阳极的电压记为 V_2，利用 KCL 定律可以写出 $(V_{om}-V_2)/R_3 \approx [V_2-(-V_S)]/R_4$，此时 $V_2 = V_n + V_{D2(on)} \approx V_{om}/3 + V_{D2(on)}$。消去 V_2 可以解出 $V_{om} \approx 3[(1+R_4/R_3)V_{D2(on)} + V_S]/(2R_4/R_3 - 1)$。例如，当 $R_3 = 3k\Omega$，$R_4 = 20k\Omega$，$V_S = 15V$，且 $V_{D(on)} = 0.7V$，我们得到 $V_{om} \approx 5V$。

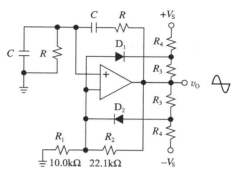

图 8.5 利用限幅器来稳定幅度的文氏电桥振荡器

实际考虑

振荡的精确性和稳定性受无源元件的质量和运算放大器动态特性的影响，应选择聚碳酸酯电容器和薄膜电阻器作为正反馈网络中的元件。为了补偿元件的容差，实际的文氏电桥电路中通常含有适当的微调电容器，以便对 f_0 作精细调节，并使 THD 值最小。采用适当的微调后，THD 值可以达到 0.01%[1]。可以看到，由于正反馈网络的滤波作用，在同相输入端所得到的正弦电压波形 v_p 一般要比 v_o 的正弦波形更为纯净。因此，取 v_p 作为输出更为理想，但这样需要一个缓冲器来避免对电路性能的干扰。

对于某一给定输出峰值幅度 V_{om}，为了避免转换速率限制的影响，运算放大器应满足 $SR > 2\pi V_{om}f_0$。一旦满足了这一条件，限制因素就变为有限的 GBP，使实际振荡频率下移。可以证明[2]如果应用一个具有常数增益带宽乘积的运算放大器，并且该运算放大器满足 $GBP \geq 43f_0$，频率下移可在 8% 以内。为了补偿这种频率下移，可以将正反馈网络的元件值进行适当的预失真，采用的方法与 4.5 节和 4.6 节中滤波器预失真技术相同。

频率的下限由电抗网络元件值的大小决定。如果使用场效应管输入级运算放大器来减小输入偏置电流误差，R 值的范围可以容易地扩大到几十兆欧数量级。例如，应用 $C = 1\mu F$ 和 $R = 15.9M\Omega$，可以得到 $f_0 = 0.01Hz$。

正交振荡器

可以将上面的概念一般化而由任何能够给出 $Q=\infty$ 以及 $Q<0$ 的二阶滤波器来完成一个振荡器。为了达到这个目的，首先将输入接地，因为此时不再需要输入；接下来，对初始值为负的 Q 进行设计，将极点强制在复平面的右半平面，从而保证振荡的建立；最后，包括一个适当与幅度有关的网络自动将极点拉回 $j\omega$ 轴上，给出 $Q=\infty$，即持续振荡。

其中最令我们感兴趣的是具有双积分器环路的滤波器拓扑结构，因为它们给出了两个正交的振荡器，也即相对相移为 90° 的两个振荡器。图 8.6a 所示的是该结构的一个例子，它由一个反相积分器 OA_1 和一个同相（或 Deboo）积分器 OA_2 组成（此电路使用 LM334 四运算放大器电路的一半，它的模型可以在 PSpice 的库里找）。默认积分器是理想的，在如图 8.6 所示的器件参数下，单位增益频率为 $f_0=1/[2\pi\times(159\text{k}\Omega)\times(1\text{nF})]\approx1\text{kHz}$。实际上，如第 4 章所述，由于运算放大器开环增益的衰减，积分器会存在损耗。为了补偿这个损耗并保证电路能够在 $Q<0$ 时启动，按照式（3.22），要求 $R_5>R_4$。在这个条件下，振荡器会和图 8.6b 所示电路一样开始振荡，直到如图 8.5 所示的二极管网络导通，并将振荡的幅值稳定在 5V。图 8.6c 所示波形中，V_{o1} 有一定的失真，但是因为 Deboo 积分器的滤波作用，V_{o2} 是纯净的。

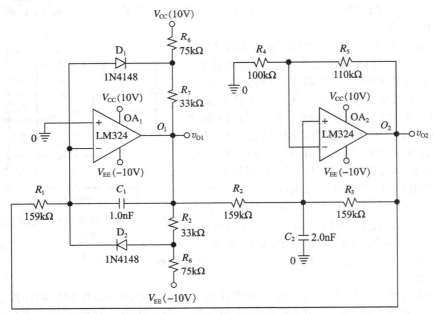

a）正交振荡器

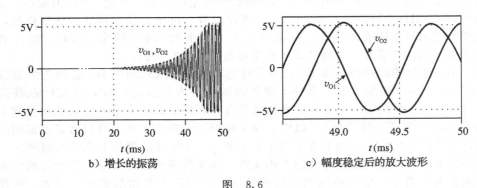

b）增长的振荡　　　　　　c）幅度稳定后的放大波形

图　8.6

8.2　多谐振荡器

多谐振荡器是专门为定时应用而设计的再生电路，可划分为双稳态、非稳态和单稳态三种。

在双稳态多谐振荡器中，两种状态都是稳定的，因此只能借助外部指令将电路强制到一个指定的状态。这就是常用的触发器，而根据外部指令产生的方式，它可以有不同的叫法。

非稳态多谐振荡器可以不需外部指令而自动地在两种状态间切换，所以也称作自振荡多谐振荡器，通常都用一个电容器和一个石英晶体构成某一合适的网络来对它进行定时控制。

单稳态多谐振荡器，又称单触发器，仅在它的两个状态之一是稳定的。若要通过外部触发指令强制它进入另一状态，那么在经过一段适当的定时网络设定的时延之后它会自动返回到它的稳定状态。

在这里关心的是非稳态和单稳态多谐振荡器。这些电路都是用电压比较器或逻辑门实现的，尤其是用 CMOS 门。

基本的自振荡多谐振荡器

在图 8.7a 所示的电路中，301 运算放大器比较器和正反馈电阻 R_1 及 R_2 组成了一个反相施密特触发器。假设两个对称的输出饱和在 $\pm V_{sat} = \pm 13V$，而该施密特触发器的阈值也对称，为 $\pm V_T = \pm V_{sat}R_1/(R_1 + R_2) = \pm 5V$。反相输入信号是由运算放大器自身经由 RC 网络给出的。

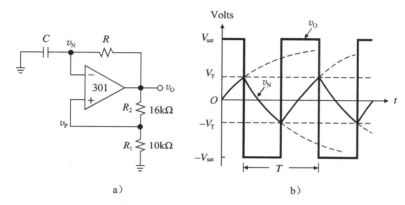

图 8.7　基本的自振荡多谐振荡器

在电源打开的时刻($t=0$)，v_O 会变化到 $+V_{sat}$ 或 $-V_{sat}$，这是因为施密特触发器只有这两种稳定状态。假设它为 $+V_{sat}$，而有 $v_P = +V_T$。于是，电流将会通过 R 给电容 C 充电至 V_{sat}，从而导致 v_N 以时间常数 $\tau = RC$ 呈指数上升。当 v_N 增大到 $v_P = +V_T$ 时，v_O 瞬时降至 $-V_{sat}$，从而电容器中电流反向，同时 v_P 急剧降至 $-V_T$。因此，此时 v_N 又朝着 $-V_{sat}$ 指数下降，直至到达 $v_P = -V_T$ 为止。同时在这一点上，v_O 又重新增至 $+V_{sat}$，如此这般地重复这一循环过程。很显然，一旦电源开启，电路能够建立并保持振荡，v_O 在 $+V_{sat}$ 和 $-V_{sat}$ 之间来回变化，而 v_N 则在 $+V_T$ 和 $-V_T$ 之间以指数形式转换。在电源开启一段时间之后，波形就变为周期性波形。

所关注的振荡频率可由振荡周期 T 求得，即 $f_0 = 1/T$。由于饱和值是对称的，v_O 的占空比为 50%，所以只需求出 $T/2$。应用式(8.3)，其中，$\Delta t = T/2$，$\tau = RC$，$V_\infty = V_{sat}$，$V_0 = -V_T$ 和 $V_1 = +V_T$，得到：

$$\frac{T}{2} = RC\ln\frac{V_{sat} + V_T}{V_{sat} - V_T}$$

代入 $V_T = V_{sat}/(1 + R_2/R_1)$ 并简化得：

$$f_0 = \frac{1}{T} = \frac{1}{2RC\ln(1 + 2R_1/R_2)} \tag{8.9}$$

如用图 8.7 所示的元件值，则 $f_0 = 1/(1.62RC)$。如果 $R_1/R_2 = 0.859$，则有 $f_0 = 1/(2RC)$。

可以看到 f_0 仅由外部元件决定。尤其是，它不受 V_{sat} 的影响，由前已知，这个参数随运算放大器和供给电压的不同而变化，因此是一个不确定的参数。V_{sat} 的任何变化都将导致 V_T 成比例地变化，由此确保了相同的转换时间，即同一振荡频率。

最大工作频率由比较器的速度决定。用 301 运算放大器作比较器，电路会产生一个相当好的方波，频率可达 8kHz。利用高速器件可以显著扩展频率范围。但是在较高频率下，同相放大器输入端对地的寄生电容成为一个限制因素。可以利用一个恰当的电容与 R_2 并联对此进行补偿。

最低工作频率决定于 R 和 C 的实际上限值，以及反相输入节点上的净泄漏量。在这种情况下，应选择 FET 输入级比较器。

尽管 f_0 的大小不受 V_{sat} 不确定性的影响，但为了得到一个波形清晰和更为期望的方波幅值，稳定输出电平还是需要的。利用一个适当的电压钳位网络就可以很容易做到这一点。如果想改变 f_0，一种方便的办法是，采用一组成 10 倍频的电容阵列和一个波段开关用作 10 倍电容值选择，再用一个可变电阻在已选定的 10 倍频内连续调谐。

例 8.1 设计一个满足以下要求的方波发生器：(1) f_0 可以在 1Hz~10kHz 之间，以 10 倍频步长进行变化；(2) f_0 必须在每 10 倍频内可连续改变；(3) 幅度必须为 ±5V，且稳定。假设电源为未经稳压的 ±15V 电源。

解：

为了确保输出稳定在 ±5V，应用一个如图 8.8 所示的二极管桥式钳位电路。当运算放大器饱和在 +13V 时，电流通过 R_3-D_1-D_5-D_4，因此将 v_O 钳位在 $V_{D1(\mathrm{on})} + V_{Z5} + V_{D4(\mathrm{on})}$。为了将其限制在 5V 上，用 $V_{Z5} = 5 - 2V_{D(\mathrm{on})} = (5 - 2 \times 0.7)\mathrm{V} = 3.6\mathrm{V}$。当运算放大器饱和在 −13V 时，电流通过 D_3-D_5-D_2-R_3，将 v_O 钳位在 −5V 上。

要使 f_0 以 10 倍频为步长变化，则可利用图 8.8 所示的四个电容和波段开关。同时为了让 f_0 在每 10 倍频内连续变化，可用一个电位器来代替 R。为了妥善处理元件的容差，在相邻的两个 10 倍频之间应保证有足够的覆盖量。为了稳妥起见，将连续可变的范围设定为

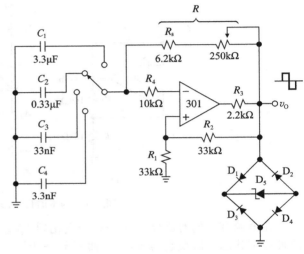

图 8.8   例 8.1 中的方波发生器

0.5~20，也即在 40:1 的范围上。那么有 $R_{\mathrm{pot}} + R_s = 40R_s$，或者 $R_{\mathrm{pot}} = 39R_s$。为了把输入偏置电流误差保持在一个较低的水平上，令 $I_{R(\mathrm{min})} \gg I_B$，比如说 $I_{R(\mathrm{min})} = 10\mu\mathrm{A}$。另外，令 $R_1 = R_2 = 33\mathrm{k}\Omega$，从而使 $V_T = 2.5\mathrm{V}$。于是，$R_{\mathrm{max}} = ((5 - 2.5)/(10 \times 10^{-6}))\Omega = 250\mathrm{k}\Omega$。因为 $R_s \ll R_{\mathrm{pot}}$，所以选用一个 250kΩ 的电位器。可以得到，$R_s = (250/39)\mathrm{k}\Omega = 6.4\mathrm{k}\Omega$(用 6.2kΩ)。

为了求出 C_1，令 $f_0 = 0.5\mathrm{Hz}$，并把电位器置于最大值处。利用式(8.9)，$C_1 = (1/[2 \times 0.5 \times (250 + 6.2) \times 10^3 \times \ln 3])\mathrm{F} = 3.47\mu\mathrm{F}$。最接近的标称值为 $C_1 = 3.3\mu\mathrm{F}$。所以，$C_2 = 0.33\mu\mathrm{F}$，$C_3 = 33\mathrm{nF}$，$C_4 = 3.3\mathrm{nF}$。

R_4 的作用是在电源切断的瞬间保护比较器的输入级。此时电容器仍在充电，并且 R_3 中的电流要馈向桥式电路、R_2、R_3，以及外接负载，若存在的话。当 $v_O = +5\mathrm{V}$，$v_N = -2.5\mathrm{V}$，且电位器置零时，R 吸收的电流最大。其值为 $([5 - (-2.5)]/6.2)\mathrm{mA} = 1.2\mathrm{mA}$。同时，我们有 $I_{R_2} = (5/66)\mathrm{mA} = 0.07\mathrm{mA}$。令桥式电路中电流为 1mA，允许最大负载电流为 1mA，可以得到 $I_{R_3(\mathrm{max})} = (1.2 + 0.07 + 1 + 1)\mathrm{mA} \approx 3.3\mathrm{mA}$。因此，$R_3 = ((13 - 5)/3.3)\mathrm{k}\Omega = 2.4\mathrm{k}\Omega$(为安全起见使用 2.2kΩ)。二极管电桥采用 CA3039 二极管。◄

图 8.9 给出了一个在单电源供电下工作的多谐振荡器。利用一个高速比较器，电路振荡频率可达几百千赫兹。已经知道，电路有 $V_{\mathrm{OL}} \approx 0$，而且若 $R_4 \ll R_3 + (R_1 \!/\! R_2)$，则有 $V_{\mathrm{OH}} \approx V_{\mathrm{CC}}$。在电源打开的瞬间($t = 0$)，电容 C 仍然在放电，迫使 v_O 升高，C 通过 R 朝 V_{CC} 充电。当 v_N 达到 V_{TH} 时，v_O 快速下降，使 C 朝地电位放电。因此，振荡具有周期性，

其占空比为 $D(\%)=100T_{\mathrm{H}}/(T_{\mathrm{L}}+T_{\mathrm{H}})$ 和 $f_0=1/(T_{\mathrm{L}}+T_{\mathrm{H}})$。应用两次式(8.3)，先令 $\Delta t=T_{\mathrm{L}}$，$V_{\infty}=0$，$V_0=V_{\mathrm{TH}}$，和 $V_1=V_{\mathrm{TL}}$，再用 $\Delta t=T_{\mathrm{H}}$，$V_{\infty}=V_{\mathrm{CC}}$，$V_0=V_{\mathrm{TL}}$ 和 $V_1=V_{\mathrm{TH}}$，合并后得到：

$$f_0=\frac{1}{RC\ln\left(\dfrac{V_{\mathrm{TH}}}{V_{\mathrm{TL}}}\times\dfrac{V_{\mathrm{CC}}-V_{\mathrm{TL}}}{V_{\mathrm{CC}}-V_{\mathrm{TH}}}\right)} \tag{8.10}$$

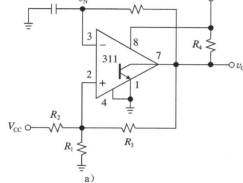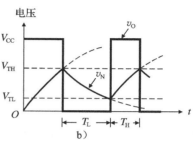

图 8.9　单电源自振荡多谐振荡器

为了简化元件类型，并使占空比达到 $D=50\%$，可令 $R_1=R_2=R_3$，于是 $f_0=1/(RC\ln4)=1/(1.39RC)$。在初始预计 $5\%\sim8\%$ 的数量级下，这种类型的振荡器很容易接近 0.1% 的稳定度。

例 8.2　在图 8.10 所示的电路中 $V_{\mathrm{CC}}=5\mathrm{V}$，计算使 $f_0=1\mathrm{kHz}$ 时各元件的大小，并用 PSpice 验证。

解：

采用 $R_1=R_2=R_3=33\mathrm{k}\Omega$，$R_4=2.2\mathrm{k}\Omega$，$C=10\mathrm{nF}$，以及 $R=73.2\mathrm{k}\Omega$。使用图 8.8a 所示的 PSpice 电路，可以得到图 8.8b 所示的波形图。光标测量显示 $T=1.002\mathrm{ms}$，也就是说，$f_0=998\mathrm{Hz}$。　◄

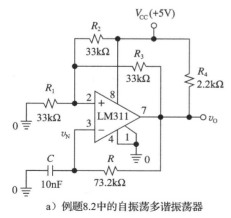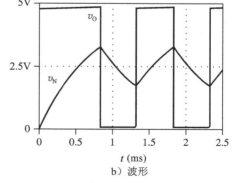

　　　a）例题8.2中的自振荡多谐振荡器　　　　　　　　　b）波形

图　8.10

利用 CMOS 门实现的自振荡多谐振荡器

当模拟与数字功能共存于同一芯片时，CMOS 逻辑门特别具有吸引力。CMOS 门电路具有非常高的输入阻抗，轨到轨(rail-to-rail)输入范围和输出摆幅，极低的功耗，低速度以及逻辑电路的低成本。最简单的门电路是如图 8.11 所示的反相器。可以把这个门电路看成一个反相阈值检测器，给出当 $v_I < V_T$ 时，$v_O = V_{OH} = V_{DD}$ 和当 $v_I > V_T$ 时，$v_O = V_{OL} = 0$。阈值 V_T 是由内部晶体管工作的结果，通常为 V_{DD} 的一半，即 $V_T \approx V_{DD}/2$。起保护作用的二极管通常处于截止状态，避免 v_I 高于 $V_{DD} + V_{D(on)}$，或者低于 $-V_{D(on)}$，从而保护各个场效应管对付可能存在的静电放电现象。

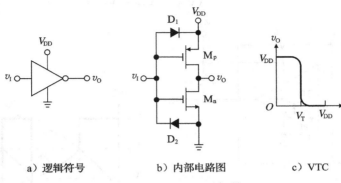

a）逻辑符号　　　　b）内部电路图　　　　c）VTC

图 8.11　CMOS 反相器

　　在图 8.12a 所示的电路中，假设电源接通的瞬间（$t=0$），v_2 升高。接下来，由于 I_2 的反相作用，v_O 保持低电位，而 C 开始通过 R 向 $v_2 = V_{DD}$ 充电。这样产生的指数上升经由 R_1 传送到 I_1 作为信号 v_1。一旦 v_1 上升到 V_T，I_1 改变状态，将 v_2 拉到低电位，迫使 I_2 拉动 v_O 上升到高电位。由于电容 C 上的电压不能瞬时改变，所以 v_O 的阶跃变化使 v_3 由 V_T 变为 $V_T + V_{DD} \approx 1.5 V_{DD}$，如时序图所示。这些变化与施密特触发器中的变化类似，都是在瞬间变化的。

　　当 v_3 是高电位而 v_2 是低电位时，电容 C 会通过 R 向 $v_2 = 0$ 放电。一旦 v_3 的值降至 V_T，电路会回到先前的状态；也就是，v_2 升高而 v_O 下降。v_O 的阶跃变化使 v_3 从 V_T 跃变到 $V_T - V_{DD} \approx -0.5 V_{DD}$，此后 v_3 会重新向 $v_2 = V_{DD}$ 充电。如图 8.12 所示，v_2 和 v_O 在 0 和 V_{DD} 来回改变，但两者的相位相反，并且每次 v_3 达到 V_T 时，它们都发生突然变化。

　　为了求出 $f_0 = 1/(T_L + T_H)$ 的值，再次应用式（8.3），首先用 $\Delta t = T_H$，$V_\infty = 0$，$V_0 = V_T + V_{DD}$，和 $V_1 = V_T$，再用 $\Delta t = T_L$，$V_\infty = V_{DD}$，$V_0 = V_T - V_{DD}$ 和 $V_1 = V_T$。结果为：

$$f_0 = \frac{1}{RC\ln(\frac{V_{DD} + V_T}{V_T} \times \frac{2V_{DD} - V_T}{V_{DD} - V_T})} \quad (8.11)$$

对于 $V_T = V_{DD}/2$，可以得到 $f_0 = 1/(RC\ln 9) = 1/(2.2RC)$ 和 $D(\%) = 50\%$。在实际情况下，由于生产过程的偏差，V_T 的值会不完全相同。这会影响到 f_0，从而限制了该电路仅用在频率精确度不高的场合。

　　可以看到，如果将 v_3 直接加到 I_1 上，输入保护二极管会对 v_3 进行钳位，从而显著改变了时序。采用去耦电阻 $R_1 \gg R$（在实际中，取 $R_1 \approx 10R$）就可以避免这一点。

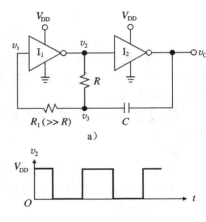

a）

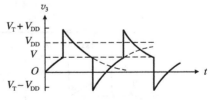

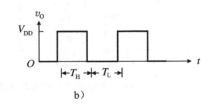

b）

图 8.12　CMOS 门自振荡多谐振荡器

CMOS 晶体振荡器

在精确的计时应用中，要求的频率比由简单 RC 振荡器所能提供的更为精确和稳定。晶体振荡器可以满足这些要求，图 8.13 给出了一个例子。由于电路利用了一块石英晶体的机电谐振特性来设置 f_0，因此，它更像一个调谐放大器而非多谐振荡器。这里的想法是将一个包括晶体的网络置于高增益反相放大器的反馈回路中。这个网络将输出信号的一部分返回到输入端，使得由晶体设定的频率再放大以维持振荡。

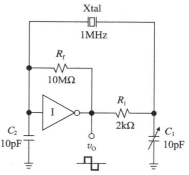

图 8.13 CMOS 门晶体振荡器

通过将 CMOS 门偏置到接近它的 VTC 中心，它可以作为一个高增益放大器工作，此处它的斜率最陡，因而增益最大。如图 8.13 所示，利用一个普通的反馈电阻 R_f，将直流工作点建立在 $V_o = V_i = V_T \approx V_{DD}/2$。由于 CMOS 门极低的输入漏电流，$R_f$ 的值可以取得相当大。其余元件的作用是为了有助于实现适当的衰减和相位，同时提供一个低通滤波器的作用，防止晶体高次谐波的振荡。

尽管对于一些特殊的频率，晶体必须定制，但是有许多常用的频率是无需定制就可利用的。例如用于数字手表的晶体频率为 32.768kHz，用于电视机调谐器的频率为 3.579 545 MHz，用于数字钟应用的频率为 80kHz、1MHz、2MHz、4MHz、5MHz、8MHz 等等。如图 8.13 所示，可以通过改变其中一个电容来对晶体振荡器进行微调。图 8.13 所示的晶体振荡器可以很容易地达到 $1 \times 10^{-6}/℃$（每摄氏度百万分之一）数量级的稳定性[4]。

时钟发生器的占空比不需保持在 50% 上。在要求完美方波对称的应用场合可以通过将该振荡器反馈给一个触发器来实现。这样产生的方波就有 $D(\%) = 50\%$，但频率只有振荡器的一半。为了获得期望的频率，需用固有频率为所需频率 2 倍的石英晶体。

单稳态多谐振荡器

一旦在输入端接收到一个触发信号，单稳态多谐振荡器就会产生某一给定持续时间为 T 的脉冲。这个持续时间可以通过对一时钟源计算一给定数目的脉冲数来数字式地产生，也可以通过一个电容器作为暂停控制以模拟方式产生。单稳态多谐振荡器用于产生选通指令和时延，以及开关消抖中。

图 8.14 所示的电路采用一个"或非"（NOR）门 G 和一个反相器 I。仅当两个输入均为低电平时，"或非"门产生一个高电平输出；如果至少有一个输入是高电平，"或非"门输出低电平。在正常情况下，v_I 为低电平，而 C 处于稳态，所以由于 R 的上拉作用，$v_2 = V_{DD}$，而经反相器作用，$v_O = 0$。另外，因为"或非"门两输入均为低电平，所以它输出高电平，或 $v_1 = V_{DD}$，这表明电容 C 上电压为 0。

一个触发脉冲 v_I 的到达将引起"或非"门将 v_1 拉至低电平。由于 C 上的电压不能瞬时改变，v_2 也降至低电位，这又引起 v_O 变成高电平。即

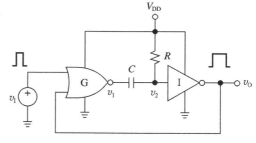

a)

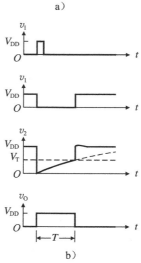

b)

图 8.14 CMOS 门的一次触发

使此时触发脉冲被撤除，由于 v_0 为高电平，"或非"门会保持 v_1 为低电平。但是这一状态不可能无限持续下去，因为此时 V_{DD} 正通过 R 对 C 充电。事实上，一旦 v_2 达到 V_T，反相器就发生翻转，迫使 v_0 回到低电平。作为响应，"或非"门迫使 v_1 为高电平，而 C 又将这个跳变传给反相器，这就像施密特触发器那样使初始转换加速。如图 8.11b 所示，即使 v_2 试图从 V_T 摆动到 $V_T + V_{DD} \approx 1.5 V_{DD}$，反相器内部的保护二极管 D_1 会将 v_2 钳位到 V_{DD} 附近，从而使 C 放电。现在电路又回到了触发脉冲到来之前的稳定状态了。时间间隔 T 可以通过式(8.3)计算得到：

$$T = RC\ln \frac{V_{DD}}{V_{DD} - V_T} \tag{8.12}$$

式中：$V_T = V_{DD}/2$。可求出 $T = RC\ln 2 = 0.69RC$。

当每次触发脉冲作用(含在持续期 T 内触发)时，一个可再触发的单稳态多谐振荡器就重新开始一个新的周期。与此相反，一个不可再触发的单稳态多谐振荡器在持续周期 T 内对触发是不灵敏的。

8.3 单片定时器

随着对非稳态和单稳态的功能器件需求的日益增长[4]，一种称为集成电路定时器的特殊电路出现了。在各种各样的现成产品中，由于成本和功能多样化等原因而应用最广泛的是 555 定时器。另一个被广泛应用的产品是 2240 定时器，它将定时器和一可编程计数器相结合，从而提供了额外的定时灵活性。

555 定时器

如图 8.15 所示，555 定时器的基本模块包括：(1)三个完全相同的电阻；(2)两个电压比较器；(3)一个触发器；(4)一个 BJT 开关 Q_0。这些电阻将比较器的电压阈值设置在 $V_{TH} = (2/3)V_{CC}$ 和 $V_{TL} = (1/3)V_{CC}$。由于要实现附加的灵活性，因此电压阈值上限的节点通过引脚 5 可由外部接入，使得用户可以自行调整 V_{TH} 的值。无论 V_{TH} 的值是多少，总是有 $V_{TL} = V_{TH}/2$。

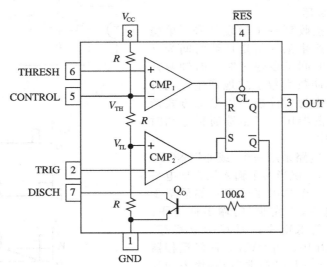

图 8.15　555 定时器模块图

触发器的状态由比较器按下列方式控制：(1)只要触发器输入(TRIG)电压降至 V_{TL}，CMP_2 激活，并设置触发器，使 Q 为高电平而 $\overline{Q}$ 为低电平；由于 Q_0 基极为低电压，因此处于截止状态。(2)只要电压阈值输入端(THRESH)电压高于 V_{TH}，CMP_1 激活并清除触发器，使 Q 为低电平而 $\overline{Q}$ 为高电平。由于一个高的电压通过 100Ω 电阻加在基极上，因此

Q_O 深度导通。总之，将 TRIG 降至低于 V_{TL} 时，Q_O 截止；而将 THRESH 升高至大于 V_{TH} 时，Q_O 深度导通。触发器的复位输出($\overline{RES}$)用来将 Q 置为低电平并使 Q_O 导通，而与此时比较器的输入情况无关。

555 定时器有两种类型：即双极性型和 CMOS 型。双极性型可工作在很宽的电压范围内，典型值为 $4.5V \leqslant V_{CC} \leqslant 18V$，且能够流出和吸收 200mA 的输出电流。TLC555 定时器是一种常用的 CMOS 型计时器，它是为工作在电源电压 2~18V 的范围设计的，其吸收和流出的输出电流能力分别为 80mA 和 8mA。晶体管开关是一个增强型 nMOSFET。CMOS 定时器的优点是具有低的功耗、很高的输入阻抗和满程的输出摆幅。

作为非稳态多谐振荡器的 555 定时器

图 8.16 示出如何用三个外部元件将 555 定时器构成非稳态振荡器进行工作的。为了理解电路的工作原理，还需要参考图 8.15 所示的内部结构图。

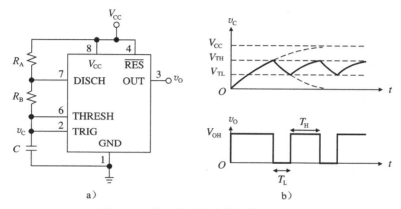

图 8.16　作为非稳态多谐振荡器的 555

当电源打开($t=0$)时，电容器仍在放电，TRIG 的输入电压小于 V_{TL}。这将迫使 Q 为高电平，且保持 BJT 截止，于是允许 V_{CC} 通过串联电阻 $R_A + R_B$ 给电容 C 充电。一旦 v_C 到达 V_{TH}，CMP_1 激活且 Q 为低电平。于是 Q_O 导通，将 DISCH 引脚电压拉到 $V_{CE(sat)} \approx$ 0V。然后，C 通过 R_B 向地放电。一旦 v_C 到达 V_{TL}，CMP_2 就激活，迫使 Q 变为高电平，Q_O 截止。这样就为非稳态工作的一个新的循环重新创造了条件。

时间段 T_L 和 T_H 可以通过式(8.3)求得。在 T_L 内时间常数为 $R_B C$，因而 $T_L = R_B C$ $\ln(V_{TH}/V_{TL}) = R_B C \ln 2$；在 T_H 内时间常数为 $(R_A + R_B)C$，因而 $T_H = (R_A + R_B) C \ln[(V_{CC} - V_{TL})/(V_{CC} - V_{TH})]$。于是，有：

$$T = T_L + T_H = R_B C \ln 2 + (R_A + R_B) C \ln \frac{V_{CC} - V_{TH}/2}{V_{CC} - V_{TH}} \tag{8.13}$$

代入 $V_{TH} = (2/3)V_{CC}$，解出 $f_0 = 1/T$ 和 $D(\%) = 100 T_H/(T_L + T_H)$，得：

$$f_0 = \frac{1.44}{(R_A + 2R_B)C}, \quad D(\%) = 100 \frac{R_A + R_B}{R_A + 2R_B} \tag{8.14}$$

可以看到，振荡特性是由外部元件决定的，而与 V_{CC} 无关。当 v_C 接近一阈值时，为避免电源噪声造成错误的触发，在引脚 5 和地之间引入一个 $0.01\mu F$ 的旁路电容，它可以去除 V_{TH} 和 V_{TL} 的毛刺。当温度稳定度为 $0.005\%/℃$ 且电源稳定度为 $0.05\%/V$ 以下时，555 定时器非稳态振荡器的定时精度可达 1%。

例 8.3　在图 8.16 所示的电路中，给出适当的元件值使 $f_0 = 50kHz$ 且 $D(\%) = 75\%$。

解：

令 $C = 1nF$，从而 $R_A + 2R_B = 1.44/(f_0 C) = 28.85k\Omega$，令 $(R_A + R_B)/(R_A + 2R_B) = 0.75$，给出 $R_A = 2R_B$。解得 $R_A = 14.4k\Omega$(用 $14.3k\Omega$)和 $R_B = 7.21k\Omega$(用 $7.15k\Omega$)。◀

　　由于 V_{TH} 和 V_{TL} 在振荡周期内仍然是稳定的，所以在 555 定时器中应用双比较器比应用前节所提到的单比较器有更高的工作频率。实际上，一些 555 型电路可以很容易地工作到兆赫兹的范围。频率上限是由比较器、触发器，以及晶体管开关的组合传输时延决定的。频率下限决定于外部元件值实际上能做成多大。因为极低的输入电流，CMOS 定时器可以采用大的外部电阻，因此不需要过大的电容也可以获得很大的时间常数。

　　由于 $T_H > T_L$，电路总是有 $D(\%) > 50\%$。在 $R_A \ll R_B$ 极限下，可以得到近似对称的占空比；但是，R_A 太小会导致过多的功耗。要得到完全对称的波形，最好的办法是利用前面一节中所讨论过的输出触发器。

作为单稳态多谐振荡器的 555 定时器

　　图 8.17 给出了单稳态工作的 555 定时器连接方法。在正常情况下，TRIG 输入保持在高电平，由于 Q 为低电平，这说明电路处于稳态。另外，BJT 开关 Q_0 关闭，使得 C 保持在放电状态，即 $v_C \approx 0$。

　　当 TRIG 输入降低到低于 V_{TL}，电路被触发。此时 CMP_2 将触发器 Q 置为高电平，并将 Q_0 关闭。于是，V_{CC} 通过 R 对电容 C 进行充电。但是，一旦 v_0 到达 V_{TH}，靠上的比较器将触发器清除，迫使 Q 置为低电平，且使 Q_0 深度导通。电容迅速放电，电路又重新回到触发脉冲到来前的稳态。

　　脉冲宽度 T 可由式(8.3)求出：

$$T = RC\ln\frac{V_{CC}}{V_{CC} - V_{TH}} \qquad (8.15)$$

令 $V_{TH} = (2/3)V_{CC}$，可得 $T = RC\ln3$，即

$$T = 1.10RC \qquad (8.16)$$

再次注意到，它与 V_{CC} 无关。为了进一步消除噪声的干扰，在引脚 5 和地之间连接一个 $0.01\mu F$ 的电容(见图 8.15)。

电压控制

　　若需要，555 定时器的定时特性可以通过 CONTROL 输入来调制。改变 V_{TH} 偏离它的正常值 $(2/3)V_{CC}$，会得到更长或更短的电容充电时间，这取决于 V_{TH} 是增大还是减小。

　　当定时器构成非稳态振荡器工作时，调制 V_{TH} 会使 T_H 变化，但保持 T_L 不变，如式(8.13) 所给出。因此，输出波形就是一串具有可变重复周期的等宽度脉冲。这种调制方式称为脉冲位置调制(PPM)。

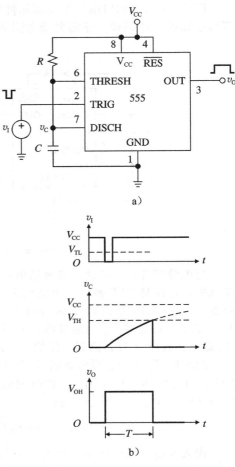

图 8.17　作为单稳态多谐振荡器的 555 定时器

　　当定时器构成单稳态振荡器工作时，调制 V_{TH} 会改变 T，如式(8.15)所给出。如果单稳态电路是由连续脉冲串来触发的，则输出也是一个脉冲串，其频率与输入相同，但脉冲宽度受到 V_{TH} 调制。将这种调制方式叫做脉冲宽度调制(PWM)。

　　PPM 和 PWM 代表了在信息存储和传输中两种常见的编码形式。应该注意，一旦 V_{TH} 从外部写入，V_{TH} 和 V_{CC} 就不再相关联；因此，定时特性将与 V_{CC} 的值有关。

例 8.4　在例 8.3 的多谐振荡器中，假设 $V_{CC} = 5V$，如果 CONTROL 输入端的电压经由交流耦合被一峰值为 1V 的外部正弦波形所调制，求 f_0 和 $D(\%)$ 的变化范围。

解:

V_{TH} 的变化范围为 $(2/3)5\pm1V$，即介于 $4.333\sim2.333V$。代入式(8.13)，得到 $T_L=4.96\mu s$ 和 $7.78\mu s\leqslant T_H\leqslant31.0\mu s$，于是得到 $27.8kHz\leqslant f_0\leqslant78.5kHz$，$61.1\%\leqslant D(\%)\leqslant86.2\%$。 ◀

定时器/计数器电路

在需要很长时延的实际应用中，定时器元件的值可能会大得不切实际。通过采用合适大小的元件，然后通过一个二进制计数器来展宽这个多谐振荡器的时间标尺的方法可以克服这个缺点。这个想法在常见的 2240 定时器/计数器电路中及其他类似电路中得到应用。如图 8.18 所示，2240 定时器的基本组成部分是一个时基振荡器（TBO），一个 8 位计数器，以及一个控制触发器（FF）。TBO 与 555 定时器非常类似，不同的是 R_B 已去除，以减少外部元件数，同时比较器阈值变为 $V_{TL}=0.27V_{CC}$ 和 $V_{TH}=0.73V_{CC}$，这样就可使式(8.13)的对数值真正为 1。因此，时基为：

$$T = RC \tag{8.17}$$

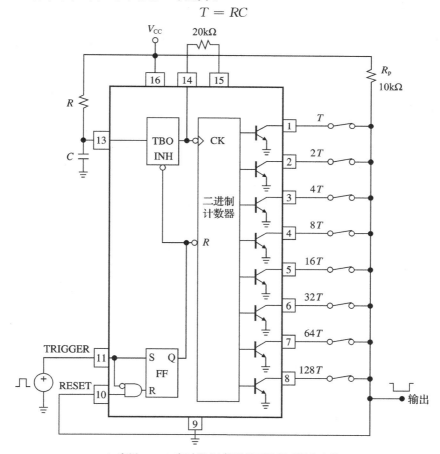

a）应用XR2240定时器/计数器的可编程延迟发生器

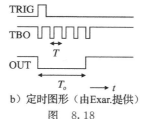

b）定时图形（由Exar.提供）

图　8.18

二进制计数器由八个触发器组成，它们用集电极开路的 BJT 来缓冲。通过将计数器输出适当组合，以线连"或"电路的方式连接到一个公共提升电阻 R_P 上来得到所期望的时间扩展量。一旦选定了某种特定组合，只要选中输出中任一个是低电平，输出就是低电平。例如，仅将引脚 5 连接到提升电阻，则有 $T_o = 16T$，如果将引脚 1，3 和 7 连接到提升电阻，则有 $T_o = (1+4+64)T = 69T$，其中，T_o 是输出定时周期的持续期。通过适当的连接组合，可以将 T_o 设置为 $T \leq T_o \leq 255T$ 范围内的任意值。

控制触发器的目的是将外部输入 TRIGGER 和 RESET 指令转化为对 TBO 和计数器的适当控制。电源接通的瞬间电路处于复位状态，此时 TBO 截止，所有开路集电极输出均为高电平。一旦接收到一个外部触发脉冲，控制触发器变成高电平，并通过启动 TBO 和迫使计数器的公共输出节点为低电平来开始一个定时周期。现在 TBO 要一直工作到由线连"或"电路构成的数到达为止。此时，输出为高电平，使控制触发器复位并停止 TBO。现在这个电路又处于复位状态，等待下一个触发脉冲的到来。

将两个或者两个以上的 2240 计数器级联，就有可能得到真正更长的时延。例如，两个 8 位计数器级联得到一个 16 位的等效计数器，T_o 可以在从 $T \sim 65 \times 10^3 T$ 的范围内变化。以这种方式，利用相对小的定时元件值就可以产生几小时，几天，甚至几个月的时延。由于计数器不影响定时精度，所以 T_o 的精度仅与 T 的精度有关，T 的精度通常是 0.5% 左右，可以通过调整 R 来对 T 进行精细调谐。

8.4　三角波发生器

以恒定电流交替地对一个电容器充电和放电，就可以产生三角波。在图 8.19a 所示的电路中，为 C 充电的电流由 OA 提供，它是一个用作浮动负载的 $V\text{-}I$ 转换器的 JFET 输入级运算放大器。这个转换器接收来自按施密特触发器构成的 301 运算放大器比较器的二电平驱动。由于 OA 引入的反相作用，所以施密特触发器必须是一个同相型的。图中，钳位二极管用来将施密特触发器输出电平稳定在 $\pm V_{clamp} = \pm(V_{Z5} + 2V_{D(on)})$。因此，施密特触发器的输入阈值是 $\pm V_T = \pm(R_1/R_2)V_{clamp}$。

图 8.19b 所示波形表示出电路的特性行为。假设电源接通（$t=0$）时，CMP 摆动至 $+V_{sat}$，因此 $v_{SQ} = +V_{clamp}$。OA 将该电压转换成值为 V_{clamp}/R 的电流，该电流从左边流入 C。这样就使 v_{TR} 直线下降。直到 v_{TR} 降至 $-V_T$，施密特触发器翻转，v_{SQ} 由 $+V_{clamp}$ 变为 $-V_{clamp}$。OA 将这个新电压转化为一个电容器电流，其大小与原电流相同，但方向相反。于是，v_{TR} 直线上升。当 v_{TR} 上升到 $+V_T$ 时，施密特触发器再次翻转，据此重复以上的循

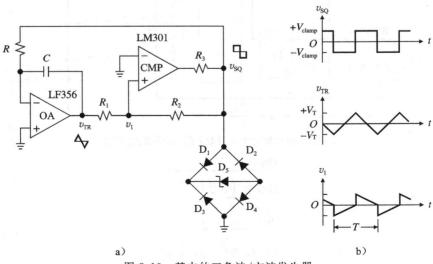

a)　　　　　　　　　　　　　　b)

图 8.19　基本的三角波/方波发生器

环。图 8.19b 也显示了 CMP 同相输入端 v_1 的波形。由叠加原理，这个波形是 v_{TR} 和 v_{SQ} 的线性组合，并且只要它到达 0V，施密特触发器就会发生翻转。

由于对称性，v_{TR} 由 $-V_T$ 升至 $+V_T$ 所需时间为 $T/2$。由于电容器是工作在恒流状态，所以可以用式(8.2)，利用 $\Delta t = T/2$，$I = V_{clamp}/R$ 和 $\Delta v = 2V_T = 2(R_1/R_2)V_{clamp}$。令 $f_0 = 1/T$ 得：

$$f_0 = \frac{R_2/R_1}{4RC} \tag{8.18}$$

上式表明 f_0 仅与外部元件有关，这是一个期望的特性。一般来说，f_0 可以通过调整 R 连续地变化，或者通过调整 C 而以 10 倍频变化。工作频率上限由 OA 中的 SR 和 GBP 以及 CMP 的响应速度限定；其下限由 R 和 C 尺寸的大小，以及 OA 的输入偏置电流和电容的漏电量限定。FET 输入级的运算放大器通常可以作为 OA，这是一种好的选择，而 CMP 应该是一个未经补偿的运算放大器，若采用一个高速电压比较器则更理想。

例 8.5 在图 8.19a 所示电路中，求适当的元件值，以产生峰值为 ±5V 的方波和峰值为 ±10V 的三角波，且 f_0 在 10Hz～10kHz 的范围内连续可变。

解：

需要 $V_{Z5} = V_{clamp} - 2V_{D(on)} = (5 - 2 \times 0.7)V = 3.6V$ 和 $R_2/R_1 = V_{clamp}/V_T = 5/10 = 0.5$（用 $R_1 = 20k\Omega$，$R_2 = 10k\Omega$）。因为 f_0 必须在一个 1000:1 的范围内变化，所以 R 应该由一个电位器和一个电阻 R_s 串联实现，使之有 $R_{pot} + R_s = 1000R_s$，或者 $R_{pot} \approx 10^3 R_s$。用 $R_{pot} = 2.5M\Omega$ 和 $R_s = 2.5k\Omega$。当 $R = R_{min} = R_s$，希望 $f_0 = f_{0(max)} = 10kHz$。由式(8.18)，$C = (0.5/(10^4 \times 4 \times 2.5 \times 10^3))F = 5nF$。$R_3$ 的作用是在所有工作条件下为 R，R_2，二极管电桥，以及输出负载提供电流。现在，$I_{R(max)} = V_{clamp}/R_{min} = (5/2.5)mA = 2mA$ 和 $I_{R_2(max)} = V_{clamp}/R_2 = (5/10)mA = 0.5mA$。令电桥中的电流为 1mA，并让负载中最大电流为 1mA，于是有 $I_{R_3(max)} = (2 + 0.5 + 1 + 1)mA = 4.5mA$。接下来，$R_3 = ((13 - 5)/4.5)k\Omega = 1.77k\Omega$（为安全起见用 1.5$k\Omega$）。二极管电桥采用 CA3039 二极管阵列。　◀

斜率控制

通过图 8.20a 所示的修正，充电和放电时间可以各自单独地调整以产生不对称的波形。当 $v_{SQ} = +V_{clamp}$，D_3 导通，D_4 截止，所以放电电流为 $I_H = [V_{clamp} - V_{D(on)}]/(R_H + R)$。当 $v_{SQ} = -V_{clamp}$，D_3 截止，D_4 导通，所以充电电流为 $I_L = [V_{clamp} - V_{D(on)}]/(R_L + R)$。充电

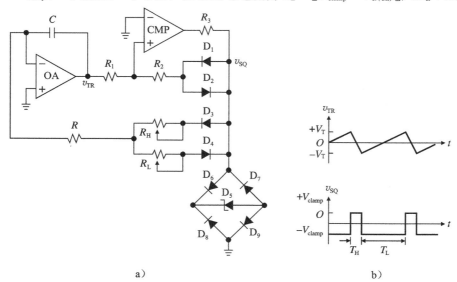

a)　　　　　　　　b)

图 8.20　可单独调整斜率的三角波发生器

和放电时间分别为 $C \times 2V_T = I_L T_L$ 和 $C \times 2V_T = I_H T_H$。D_1 和 D_2 的作用是补偿 D_3 和 D_4 产生的 $V_{D(on)}$ 项。在图 8.20 所示 D_1 和 D_2 的情况下，有 $V_T/R_1 = [V_{clamp} - V_{D(on)}]/R_2$。联合以上关系可以得到：

$$T_L = 2\frac{R_1}{R_2}C(R_L + R), \quad T_H = 2\frac{R_1}{R_2}C(R_H + R) \tag{8.19}$$

振荡频率为 $f_0 = 1/(T_H + T_L)$。值得注意的是，如果一边的斜率比另一边的陡峭得多，v_{TR} 将接近一个锯齿波，而 v_{SQ} 是一窄脉冲串。

压控振荡器

在许多实际应用中，需要 f_0 能自动地编程可控，例如，通过一个控制电压 v_I。这种电路称为压控振荡器(VCO)，它设计成 $f_0 = kv_I$，$v_I > 0$，这里 k 是 VCO 的灵敏度，单位是 Hz/V。

图 8.21 给出了一个常用的 VCO 实现。这里，OA 是一个 V-I 转换器，它使 C 中的电流与 v_I 成正比。为了保证电容器充电以及放电，这个电流必须在相反的极性之间交替改变。下面将会看到，极性是受 nMOSFET 开关控制的。另外，CMP 构成了一个施密特触发器，当输出 BJT 饱和时，其输出电平为 $V_{OL} = V_{CE(sat)} \approx 0V$；当 BJT 截止时，$V_{OH} = V_{CC}/(1 + R_2/R_1) = 10V$。由于同相输入是从输出端直接得到的，所以触发器阈值也为 $V_{TL} = 0V$ 和 $V_{TH} = 10V$。该电路工作原理如下所述。

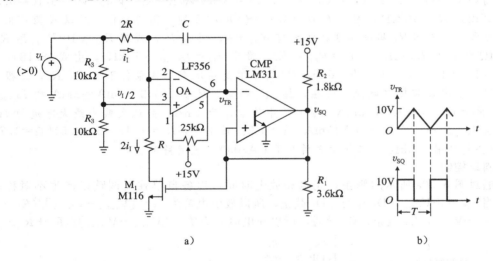

a)　　　　　　　　　　　　　　b)

图 8.21　电压控制三角波/方波振荡器(电源电压为 ±15V)

由于运算放大器和电压分压器的作用，OA 的两个输入端的电压均为 $v_I/2$，因此通过电阻 2R 的电流在任何时候都是 $i_1 = (v_I - v_I/2)/(2R) = v_I/(4R)$。假设施密特触发器的初始状态为低电平，即 $v_{SQ} \approx 0V$。此时，门电位为低电平，M_1 截止，所以由 2R 电阻提供的全部电流都流入了电容 C，使得 v_{TR} 直线下降。

一旦 v_{TR} 下降到 $V_{TL} = 0V$，施密特触发器翻转，迫使 v_{SQ} 跃变到 8V。当门电位为高电平时，M_1 导通，将 R 与地短接，吸收电流为 $(v_I/2)/R = 2i_1$。由于该电流只有一半来自 2R 电阻，另一半必须来自电容 C。所以，M_1 导通可以改变电容 C 中电流的方向而不影响它的幅值大小。此时，v_{TR} 直线上升。

当 v_{TR} 上升到达 $V_{TH} = 10V$ 时，施密特触发器翻转到 0V，让 M_1 截止，并重建前面半个循环的条件。因此，电路就振荡起来了。应用式(8.2)，用 $\Delta t = T/2$，$I = v_I/(4R)$ 和 $\Delta v = V_{TH} - V_{TL}$，解出 $f_0 = 1/T$，得：

$$f_0 = \frac{v_I}{8RC(V_{TH} - V_{TL})} \tag{8.20}$$

当 $V_{TH} - V_{TL} = 10V$，得到 $f_0 = kv_I$，$k = 1/(80RC)$。例如，采用 $R = 10k\Omega$，$2R = 20k\Omega$ 和 $C = 1.25nF$，得到灵敏度 $k = 1kHz/V$。于是，v_I 在 $10mV \sim 10V$ 改变，就可以使 f_0 在 $10Hz \sim 10kHz$ 之间变化。

式（8.20）的精度在高频时受限于 OA、CMP 和 M_1 的动态特性，在低频时受限于 OA 的输入偏置电流和输入失调电压。为了将输入失调电压调至零，可将 v_I 置为一个低值（比如说 $10mV$），然后调节失调置零电位器使占空比为 50%。另一个误差来源是 FET 开关的沟道电阻 $r_{ds(on)}$。M116 FET 的特性数据上给出典型值 $r_{ds(on)} = 100\Omega$。当 $R = 10k\Omega$，也就代表误差仅为 1%；若要消除此误差，可将 R 值由 $10k\Omega$ 减小为 $10k\Omega - 100\Omega = 9.9k\Omega$。

三角波到正弦波转换

如果一个三角波通过一个具有正弦特性的 VTC 电路，输出就是一个正弦波，如图 8.22a 所示。由于非线性波的形状与频率无关，当与三角波输出的 VCO 用在一起时，这种正弦波产生的方式就特别方便。这是因为三角波发生器能够产生比文氏电桥振荡器宽得多的频率范围。通过利用二极管和晶体管的非线性，实际的波形成形器近似有一个正弦的 VTC 特性[4]。

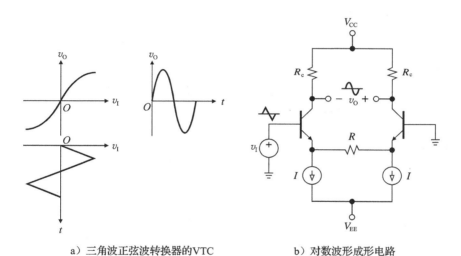

a）三角波正弦波转换器的VTC　　　　b）对数波形成形电路

图 8.22

在图 8.22b 所示的电路中，通过对发射极反馈差分对的过驱动，可以近似得到一个正弦波形的 VTC 特性。在输入过零点附近，差分对增益近似为线性的；但是，在接近任一端的峰值时，其中一个 BJT 将驱动到截止的边缘，此时 VTC 变成对数特性，形成一个渐圆的三角波。当 $RI \approx 2.5V_T$ 和 $V_{im} \approx 6.6V_T$ 时，输出的 THD 最小[4]，约为 0.2%。这里 V_{im} 是三角波的峰值，V_T 为热电势（室温下 $V_T \approx 26mV$）。换算后 $RI \approx 65mV$，$V_{im} \approx 172mV$，这说明三角波必须经合理地加权，以适合波形成形器的要求。

例 8.6 设计一个电路将频率为 $1kHz$，峰值为 $\pm5V$ 的三角波转换为一个峰值为 $\pm5V$，参考地的正弦波形，并通过 PSpice 画出输入、输出波形。在这里使用 PSpice 库中有模型的 LF411 JFET 输入级运算放大器。假设电源电压为 $\pm9V$。

解：

首先，使用一个电压分压器（见图 8.23a 的 R_1 和 R_2）将 $\pm5V$ 的输入 v_T 转换为一个驱动 Q_1 基极的电压，电压值为 $\pm172mV$。接着，令 $R_7 = 65\Omega$，得到 $(65\Omega) \times (1mA) = 2.5V_T = 65mV$。最后，使用基于 LF411 的差分放大器将两集电极的误差电压转换为单端输出 v_S。

由波形图可以看到，v_S 是一个非常好的正弦波形。

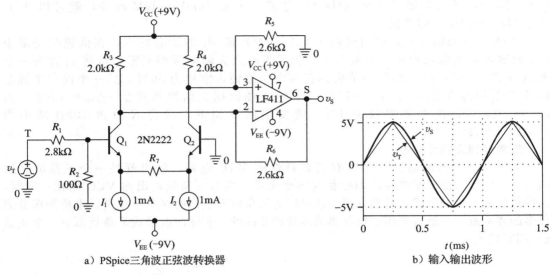

a）PSpice三角波正弦波转换器　　　　b）输入输出波形

图　8.23

8.5　锯齿波发生器

以恒定速率对一个电容器充电，然后用一个开关让电容器快速放电，就可以产生一个锯齿波。图 8.24 所示的电路就利用了这一原理。电容 C 的驱动电流由一个浮动负载的 V-I 转换器 OA 提供。为使 v_{ST} 以正斜率直线上升，i_I 必须总是从求和节点流出，即 $v_I < 0$。R_2 和 R_3 确定了阈值为 $V_T = V_{CC}/(1+R_2/R_3) = 5V$。

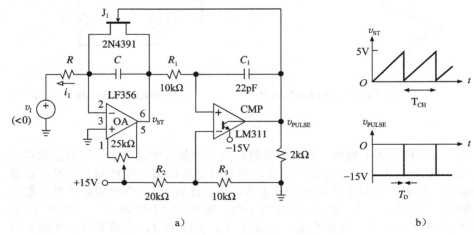

图 8.24　电压控制锯齿波/脉冲波形振荡器

在电源接通的瞬间($t=0$)，电容 C 仍在放电，311 比较器输入为 $v_P = 0V$ 和 $v_N = 0V$，这表明输出 BJG 处于饱和状态，且 $v_{PULSE} \approx -15V$。当门电压处于这个低电位时，nJFET J_1 截止，此时允许 C 充电。一旦继续上升的 v_{ST} 达到 V_T，比较器输出的 BJT 截止，从而通过 2kΩ 的电阻将 v_{PULSE} 拉到地电位。由于 C_1 提供正反馈作用，所以状态的改变是瞬间发生的。由于此时 $v_{GS} = 0V$，JFET 开关关闭，C 快速放电，将 v_{ST} 降为 0V。

由于 C_1 在 v_{PULSE} 从 $-15 \sim 0V$ 的变化过程中积累电荷，比较器不能对 v_{ST} 上的这一变化瞬间作出响应。这样一个短暂的作用(其持续时间 T_D 与 R_1C_1 成正比)用来确保电容 C 得以完全放电。在图 8.24 给出的元件值下，$T_D < 1\mu s$。经过这一短暂时间后，v_{PULSE} 回到 $-15V$，J_1 重新截止，C 再次重新充电。因此，循环重复进行。

利用式(8.2)，$\Delta t = T_{\text{CH}}$，$I = |v_I|/R$ 和 $\Delta v = V_T$，可以求得充电时间 T_{CH}。令 $f_0 = 1/(T_{\text{CH}} + T_D)$，得到

$$f_0 = \frac{1}{RCV_T/|v_I| + T_D} \tag{8.21}$$

由于 $T_D \ll T_{\text{CH}}$，上式可以简化为：

$$f_0 = \frac{|v_I|}{RCV_T} \tag{8.22}$$

这就表明 f_0 与控制电压 v_I 成线性关系。当 $R = 90.9k\Omega$，$C = 2.2nF$，$f_0 = k|v_I|$，$k = 1kHz/V$，所以 v_I 从 $-10mV \sim -10V$ 的变化，可以使 f_0 在 $10Hz \sim 10kHz$ 之间变化。如果电路直接用电流沉 i_I 驱动的话，那么该电路就可以作为一个电流控制振荡器（CCO）。这样，$f_0 = i_I/(CV_T)$。锯齿波 CCO 通常应用于电子音乐中，其中控制电流由一个指数型 V-I 转换器提供，它设计的灵敏度为每伏 8 个音阶，可在 10 个 10 倍频的范围内工作，典型值为 $16.3516Hz \sim 16.744kHz$。

实际考虑

对于 OA 的一种上佳选择是采用兼具低输入偏置电流和好的转换速率性能的 FET 输入级运算放大器。低输入偏置电流对控制范围的低端十分关键，而好的转换速率性能对高端至关重要。输入失调电压在 CCO 模式下不是很关键；但在 VCO 模式下，将失调调整至零可能是必不可少的。同时，J_1 应具有低漏电和低 $r_{\text{ds(on)}}$ 值。

这种振荡器的高频精度受限于式(8.21)中 T_D 的存在。可以通过加速电容器充电来补偿时延 T_D，从而对产生的误差进行补偿。让 V_T 随频率的升高而减小，例如，通过适当的串联电阻 R_4 将负值 v_I 耦合到 R_2 和 R_3 间的节点处，就可以实现上述的补偿。可以证明（见习题 8.31），选取 $R_4 = (R_2 /\!/ R_3) \times (RC/T_D - 1)$ 可以使 f_0 与 $|v_I|$ 成线性比例关系，但是所付出的代价是在高频处锯齿波的幅度会略微减小。

8.6　单片波形发生器

这类发生器也称为函数发生器，它设计的目的是在最少外部器件的情况下提供基本波形。波形发生器的核心是一个产生三角波和方波的 VCO。将三角波通过一个片上波形成形器就可以得到正弦波，而把振荡器的占空比变为非常不对称的情形，就可以得到锯齿波和脉冲波形。最常用的两种 VCO 结构是电容接地型和射极耦合型[4]，两者均可单独应用，也可以作为复杂系统的一部分，如锁相环（PLL），语音解码器，V-F 转换器和 PWM 控制器等。

电容接地型压控振荡器

这类电路的基本原理是，对一个接地电容充电和放电，其速率由可编程的电流发生器控制。参看图 8.25a 所示振荡器，可以看到开关 SW 位于上面位置时，让 C 在电流源 i_H 设定的速率下充电。一旦 v_{TR} 上升到阈值上限 V_{TH}，施密特触发器改变状态，将 SW 拨到下面位置，让 C 在电流沉 i_L 设定的速率下放电。一旦 v_{TR} 下降到 V_{TL}，触发器再次改变状态，将 SW 拨到上面位置，并重复这个循环过程。

为了实现自动频率控制，i_H 和 i_L 可由外部控制电压 v_I 进行控制。如果 i_H 和 i_L 的大小相等，则输出波形是对称的。相反，如果其中一个比另一个大得多，v_{TR} 会接近一个锯齿波。

电容接地的结构用于温度稳定的 VCO 设计，其工作频率可达几十 MHz。利用这种结构的两种常见产品是 NE566 函数发生器和 ICL8038 精密波形发生器。

ICL8038 波形发生器

在图 8.26 所示的电路中[5]，Q_1 和 Q_2 构成两个可控制的电流源，其大小由外部电阻 R_A 和 R_B 设定。Q_1 和 Q_2 的驱动由射极跟随器 Q_3 提供，同时它也对 Q_1 和 Q_2 的基极射极

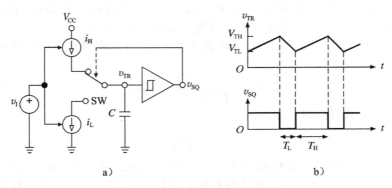

图 8.25 电容接地型压控振荡器

电压降进行补偿，以产生 $i_A = v_I/R_A$ 和 $i_B = v_I/R_B$，而 v_I 以 V_{CC} 作为基准，如图 8.26 所示。在 i_A 直接流入 C 的同时，i_B 转向电流镜 Q_4-Q_5-Q_6，这里由于 Q_5 和 Q_6 的共同作用，使电流极性反相，并且放大 2 倍。结果得到一个大小为 $2i_B$ 的电流沉。

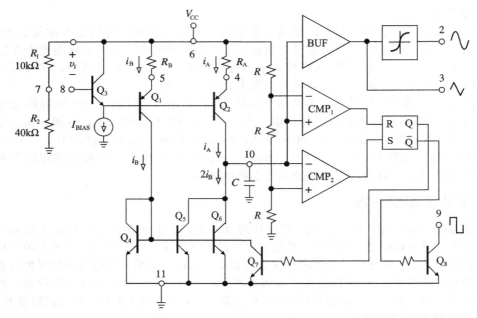

图 8.26 ICL8038 波形发生器的简化电路图（由 Harris semiconductor 提供）

施密特触发器与 555 定时器中所用的类似，并有 $V_{TL} = (1/3)V_{CC}$ 和 $V_{TH} = (2/3)V_{CC}$。当触发器输出 Q 为高电平时，Q_7 饱和并将 Q_5 和 Q_6 的基极拉至低电平，关闭电流沉。于是，C 由 $i_H = i_A$ 设定的速率充电。一旦电容电压达到 V_{TH}，CMP_1 被激活，触发器清除，Q_7 截止，电流镜起作用。现在从 C 流出的净电流为 $i_L = 2i_B - i_A$；只要 $2i_B > i_A$，此电流会让 C 放电。一旦降至 V_{TL}，CMP_2 被激活，重置触发器，由此重复前面的循环。可以证明（见习题 8.32）：

$$f_0 = 3 \times (1 - \frac{R_B}{2R_A}) \frac{v_I}{R_A\,CV_{CC}}, \quad D(\%) = 100(1 - \frac{R_B}{2R_A}) \tag{8.23}$$

当 $R_A = R_B = R$ 时，该电路产生对称波形，其频率为 $f_0 = kv_I$，$k = 1.5/(RCV_{CC})$。如图 8.26 所示，电路配备有一个单位增益的缓冲器以隔离 C 上建立的波形，一个将三角波转换为低畸变正弦波的波形成形器和一个借助外部提升电阻提供方波输出的开路集电极晶体管(Q_8)。

图 8.27 给出了在 8038 波形成形器中采用的波形成形器[5]。这个电路称为折点波形成形器，它在设定的信号电平上利用了一组折点，从而通过分段线性近似来适配一条非线性的 VTC 特性。这个电路是专为处理幅度在 $(1/3)V_{CC}$ 和 $(2/3)V_{CC}$ 之间交替变化的三角波设计的，电路中采用了示于图中右边的一串电阻以建立关于中间值 $(1/2)V_{CC}$ 对称的两组折点电压值。然后用偶数编号的射极跟随器 BJT 对这些电压进行缓冲。电路工作过程如下。

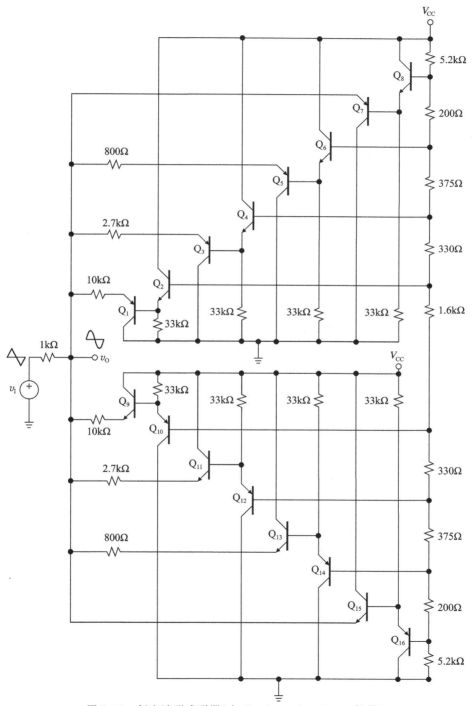

图 8.27 折点波形成形器(由 Harris semiconductor 提供)

当 v_I 接近于 $(1/2)V_{CC}$ 时，所有奇数编号的 BJT 截止，使得 $v_O = v_I$。于是，VTC 的初值斜率为 $a_0 = \Delta v_O/\Delta v_I = 1V/V$。当 v_I 上升至第一个折点处时，共基极 BJT Q_1 导通，输入源电压加载。使 VTC 的斜率由 a_0 变为 $a_1 = (10/(1+10))V/V = 0.909V/V$。$v_I$ 继续上升到达第二个折点时，Q_3 导通，将斜率变为 $a_2 = ((10\,/\!/\,2.7)/[1+(10\,/\!/\,2.7)])V/V = 0.680V/V$。对于大于 $(1/2)V_{CC}$ 的其余折点，这一过程一直重复下去，而对于小于 $(1/2)V_{CC}$ 的各个折点，也是一样。当 v_I 远离其中间值时，斜率逐渐减小，所以电路得到一条近似的正弦 VTC，其 THD 大约为 1% 或更小。可以看到，与各个折点处相关的偶数编号和奇数编号的 BJT 都是互补的。这样就形成了对应的基极射极电压降的一阶抵消，从而获得更可预期和稳定的折点。

8083 的基本应用[5]

在图 8.28 所示的基本连接中，控制电压 v_I 通过内部电压分压器 R_1 和 R_2 对 V_{CC} 分压获得（见图 8.26），因此 $v_I = (1/5)V_{CC}$。代入式(8.23)得到：

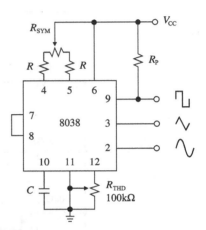

图 8.28　具有固定频率和 50% 占空比的基本 CL8038 接法

$$f_0 = \frac{0.3}{RC}, \quad D(\%) = 50\% \tag{8.24}$$

上式表明 f_0 与 V_{CC} 无关，这一点正是所期望得到的。通过选择合适的 R 和 C，电路可以在 $0.001Hz \sim 1MHz$ 之间的任意频率下振荡。f_0 的热漂移的典型值是 $50 \times 10^{-6}/℃$。为获得最优性能将 i_A 和 i_B 限制在 $1\mu A \sim 1mA$ 的范围内。

要得到完全对称的波形，i_L 和 i_H 之间的比例必须为 $2:1$。通过调节 R_{SYM}，可以将正弦波畸变保持在 1% 左右。如果将 $100k\Omega$ 电位器连接在引脚 12 和 11 之间，则可以控制波形成形器的平衡程度来进一步减小 THD。

如前所述，方波输出电路具有开路集电极特点，因此需要一个提升电阻 R_p。方波、三角波和正弦波的峰峰值分别为 V_{CC}、$0.33V_{CC}$ 和 $0.22V_{CC}$。这三种波形均对 $V_{CC}/2$ 中心对称。如果在 8038 波形成形器中使用两个电源，可以使波形以地为中心对称。

例 8.7 假设在图 8.28 所示的电路中，$V_{CC} = 15V$，求适当的元件值使 $f_0 = 10kHz$。

解：

令 $i_A = i_B = 100\mu A$，恰好处于推荐的范围之中。然后，$R = ((15/5)/0.1)k\Omega = 30k\Omega$ 和 $C = (0.3/(10 \times 10^3 \times 30 \times 10^3))F = 1nF$。采用 $R_p = 10k\Omega$ 和 $R_{SYM} = 5k\Omega$，可以由 $\pm 20\%$ 的对称程度调节。接下来，重新计算 R 为 $(30-5/2)k\Omega = 27.5k\Omega$（用 $27.4k\Omega$）。为了校准这个电路，调节 R_{SYM} 使方波的占空比为 $D(\%) = 50\%$，调整 R_{THD} 直到正弦波的 THD 最小。◀

改变引脚 8 的电压可提供频率自动扫描。在某些应用中，必须以 V_{CC} 为参考的控制电压是不希望有的。可以通过在地和一个负电源之间给 8038 成形器供电来避免这一点，如图 8.29 所示。图中还示出了一个运算放大器，它将电压 v_I 转换为电流 i_I，然后将此电流平均分配给 Q_1 和 Q_2。这种结构还可以消除由于 Q_3 和 Q_1-Q_2 对基极射极电压降的不完全抵消所引起的误差。为了得到精确的 V-I 转换，运算放大器的输入失调电压必须置零。图中电路设计成 $i_I = v_I/(5k\Omega)$，超过 $800:1$ 的范围，且可按如下步骤校准：(1)用 $v_I = 10.0V$ 且 R_3 的滑臂位于中间，调节 R_2 使 $D(\%) = 50\%$；然后，调节 R_1 得到设计所需的满程频率 f_{FS}；(2)用 $v_I = 10.0mV$，调节 R_4 使 $f_0 = f_{FS}/10^3$；然后，调节 R_3 使 $D(\%) = 50\%$；如果有必要，可再调节 R_4；(3)用 $v_I = 1V$，调节 R_5 以得到最小的 THD。

射极耦合 VCO

这种 VCO 采用了一对交叉耦合的达林顿二极管和一个射极耦合的定时电容器，如

图 8.30a 所示[4]。两级均由匹配的射极电流提供偏置，其集电极的摆幅被钳位二极管 D_1 和 D_2 限制在一个二极管的压降上。

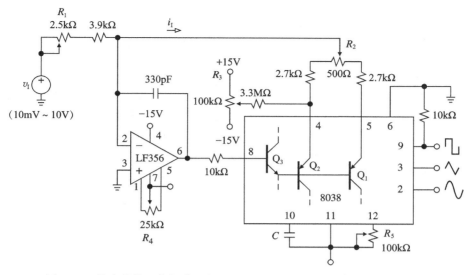

图 8.29　作为线性压控振荡器的 ICL8038（由 Harris semiconductor 提供）

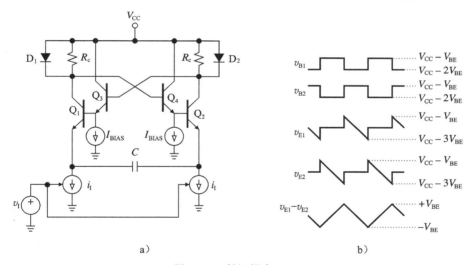

图 8.30　射极耦合 VCO

两级之间的交叉耦合确保了在任何时刻 Q_1-D_1 或 Q_2-D_2 之间有且仅有一个导通。这种双稳态特性行为类似于在触发器实现中的交叉耦合反相器。但是，与触发器不同的是，两个发射极间的电容耦合使电路以非稳态多谐振荡器的方式在其两个状态中交替变换。在任意半个周期内，电容器接在导通这一级的极板仍然处于某一恒定的电位，而与截止这一级连接的另一个极板则以 i_1 设定的速率直线下降。当降至相应 BJT 的射极导通阈值时，后者导通，交叉耦合引起的正反馈作用使另一个 BJT 截止。因此，C 以 i_1 设定的速率交替地进行充电和放电。

图 8.30b 所示的波形更为清晰地显示了电路的工作情况。值得注意的是两级电路中射极的波形除了有半个周期的时延外，是完全一样的。将它们输入到一个高输入阻抗的差分放大器中，则会产生一个对称的三角波，其峰峰值为基极射极电压降的两倍。经由式(8.2)可以求得振荡频率，用 $\Delta t=T/2$ 和 $\Delta v=2V_{BE}$，令 $f_0=1/T$ 可得：

$$f_0 = \frac{i_I}{4CV_{BE}} \tag{8.25}$$

上式表明了 CCO 电路的作用。

　　射极耦合振荡器具有几个优点：（1）结构简单而且对称；（2）适合于自动频率控制；（3）由于它由非饱和 npn BJT 组成，所以内在具有高频工作的能力。但是，在图 8.30a 所示的基本结构中，它也有一个主要的缺点，即 V_{BE} 的热漂移，其典型值为 $-2\text{mV}/℃$。有许多在温度变化时稳定 f_0 的方法[4]。一种方法使 i_I 与 V_{BE} 成比例，从而使其比值与温度无关。用到这一技术的常见器件是 NE560 和 XR-28/15 中的锁相环。还有另一些方法可修正基本电路，以完全消除 V_{BE} 项。尽管增加了电路复杂度，降低了可用频率范围的上限，但是这些方法可以将热漂移限制在 $20 \times 10^{-6}/℃$ 以下。利用这一技术的产品有 XR2206/07 单片函数发生器和 AD537 *V-F* 转换器。

XR2206 函数发生器

　　这种器件使用一个射极耦合的 CCO 来产生三角波和方波，并用对数波形成形器将三角波转换为正弦波[4]。对 CCO 的参数设计，使得该电路连接成图 8.31 所示的基本结构时，振动频率为：

$$f_0 = \frac{1}{RC} \tag{8.26}$$

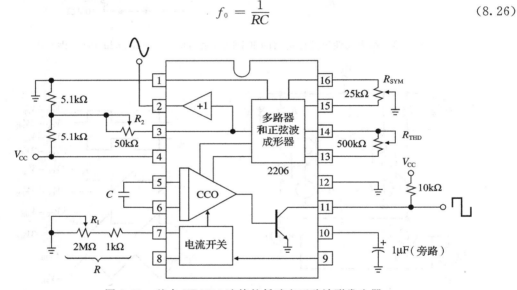

图 8.31　基本 XR2206 连接的低畸变正弦波形发生器

　　振荡频率范围从 $0.01\text{Hz} \sim 1\text{MHz}$ 以上，并且有典型热稳定度为 $20 \times 10^{-6}/℃$。R 的推荐范围为 $1\text{k}\Omega \sim 2\text{M}\Omega$，最佳范围为 $4\text{k}\Omega \sim 200\text{k}\Omega$。如图 8.31 所示，利用一个电位器改变 R 的值，可使 f_0 的变化范围为 $2000:1$。通过调节 R_{SYM} 和 R_{THD} 可以分别调整其对称性和畸变。在电路被恰当地校准后，可以达到 $\text{THD} \approx 0.5\%$。

　　正弦波的幅度和偏移均由连接在引脚 3 上的外部电阻网络决定。将从此引脚向外看到的等效电阻记为 R_3，峰值幅度大约为 R_3 的每千欧姆 60mV。例如，当 R_2 的滑臂置于中央，正弦波形的峰值为 $[25 + (5.1 /\!/ 5.1)] \times (60\text{mV}) \approx 1.65\text{V}$。正弦波的偏移与由外部网络建立的直流电压相同。在图 8.31 所示的元件值下，这个值为 $V_{CC}/2$。

　　将引脚 13 和 14 开路，会使波形成形器失去整形为圆弧的功能，因此输出波形为三角波。它的偏移与正弦波相同；但是，它的峰值大约是正弦波的两倍。方波输出是开路集电极型的，所以需要一个提升电阻。

　　图 8.32 显示了另一种常用的 2206 成形器结构，它利用了器件与两个单独的定时电阻 R_1 和 R_2 一起工作的能力。当控制引脚 9 开路或者驱动到高电平时，仅 R_1 有效，电路振

荡频率为 $f_1 = 1/(R_1 C)$；类似地，当引脚 9 为低电平时，仅 R_2 有效，电路振荡频率为 $f_2 = 1/(R_2 C)$。因此，频率可以在这两个值之间键控，它们通常被称为符号频率和空间频率，其值由 R_1 和 R_2 独立设定。频率移位键控(FSK)是在电信链路上传输数据的一个常用方法。如果 FSK 的控制信号是从方波输出中获得的，R_1 和 R_2 将交替在振荡的半个周期中有效。可以利用这一特性将 2206 成形器连接成一个锯齿波/脉冲发生器。

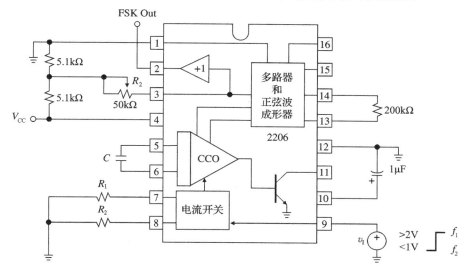

图 8.32　正弦 FSK 成形器(由 Exar 提供)

8.7　*V-F* 转换器和 *F-V* 转换器

电压-频率转换器(VFC)的功能是接收某一模拟输入 v_1 并产生一个频率为

$$f_o = kv_1 \qquad (8.27)$$

的脉冲串，其中，k 为 VFC 的灵敏度，单位为 Hz/V。这样，VFC 就提供了一个简单的 A/D 转换。做这种转换的主要原因是脉冲串的传输和编码要比模拟信号精确得多，特别是传输线路较长和有噪声的情况下。如果需要，价格低廉的光耦合器或者脉冲变压器可以在不损失精度的条件下实现电气隔离。另外，将 VFC 和二进制计数器和数字输出装置组合在一起，就形成了一个廉价的伏特计[6]。

通常 VFC 要比 VCO 有更为苛刻的性能要求。典型的要求是：(1)较宽的动态范围(4 个 8 倍频或更大)；(2)工作在相当高频率的能力(几百千赫兹或更高)；(3)低的线性度误差(从零点到满程偏离直线的偏差小于 0.1%)；(4)随温度和电源电压变化的变化具有高比例因子精度和稳定性。另一方面，只要它的电平与标准逻辑信号兼容，输出波形并不是最重要的。VFC 分为两类：宽带多谐振荡器和充电平衡式 VFC[4]。

宽带多谐振荡器 VFC

这类电路本质上就是压控非稳态多谐振荡器，只是设计时要时刻注意到 VFC 的性能指标。这种多谐振荡器通常就是图 8.30 所示的基本 CCO 框架下温度稳定型的一个变形。图 8.33 所示的 AD537 就是这种类型的常见产品[7]。运算放大器和 Q_1 组成了一个缓冲 *V-I* 转换器，它根据 $i_1 = v_1/R$ 将 v_1 转换为 CCO 的驱动电流 i_1。通过对 CCO 的参数选取，使 $f_O = i_1/(10C)$，或

$$f_O = \frac{v_I}{10RC} \qquad (8.28)$$

至少在 4 个 10 倍频的动态范围内，这一关系式是相当准确的，这个动态范围的满程电流可高达 1mA，满程频率可高达 100kHz。例如，当 $C = 1nF$，$R = 10k\Omega$ 和 $V_{cc} = 15V$，

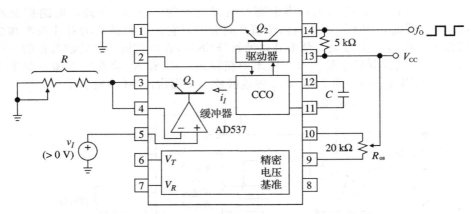

图 8.33　AD537 V-F 转换器（由 Analog Devices 提供）

当 v_I 在 $1\text{mV}\sim10\text{V}$ 之间变化时，电流 i_I 的变化范围为 $0.1\mu\text{A}\sim1\text{mA}$，而 f_O 的变化范围为 $10\text{Hz}\sim100\text{kHz}$。为了使在这个范围的低端 V-I 转换误差最小，可以通过 R_{os} 从内部将运算放大器的输入失调误差置零。当用适当质量的电容器，如具有低热漂移和低介质吸收的聚苯乙烯或 NPO 陶瓷电容器时，线性度误差的标称值在 $f_O\leqslant10\text{kHz}$ 时典型值为 0.1%，在 $f_O\leqslant100\text{kHz}$ 时为 0.15%。

图 8.33 所示结构为 $v_I>0$ 的情况，但只要将运算放大器的同相输入端接地，把 R 左端与地之间的连线断开，并将 v_I 接于此处，就可以得到 $v_I<0$ 时的结构。如果将控制电流从反相器输入端流出，这个器件也可以作为一个电流-频率（I-F）转换器（CFC）。例如，将引脚 5 接地，并用一个光敏二极管代替 R，则流出的电流就将光强度转换为频率。

AD537 还包括一个片上精密电压基准，用来稳定 CCO 的比例因子，得到的热稳定度一般为 $30\text{ppm}/℃$。为了进一步增强这个器件功能的多样性，用户可以利用基准电路的两个节点，即 V_R 和 V_T。电压 V_R 是一个稳定的 1.00V 电压基准。在图 8.33 所示电路中，从引脚 7 获得 v_I，可产生 $f_O=1/(10RC)$，如果 R 是一个电阻传感器，例如，光敏电阻或热敏电阻，它就可以将光或温度转换为频率。

电压 V_T 与热力学温度 T 成线性比例关系，关系式为 $V_T=(1\text{mV/K})\cdot T$。例如，当 $T=25℃=298.2\text{K}$ 时，有 $V_T=298.2\text{mV}$。如果从图 8.33 所示的引脚 6 得到 v_I，则 $f_O=T/(RC\times10^4\text{K})$，表明该电路将热力学温度转换为频率。例如，当 $R=10\text{k}\Omega$ 和 $C=1\text{nF}$ 时，灵敏度是 10Hz/K。其他温度刻度，如摄氏温度和华氏温度，经由 V_R 适当地偏置输入范围也可以实现转换。

例 8.8 在图 8.34 所示的电路中，计算元件值，使其完成摄氏温度到频率的转换，灵敏度为 $10\text{Hz}/℃$；然后简述校准过程。

解：
当 $T=0℃=273.2\text{K}$ 时，有 $V_T=0.2732\text{V}$，并且希望 $f_O=0$。因此，R_3 必须构成一个 0.2732V 的压降。令 $0.2732/R_3=(1.00-0.2732)/R_2$，则得出 $R_2=2.66R_3$。由于灵敏度为 $10\text{Hz}/℃$，希望 $10=1/(10^4RC)$，其中 $R=R_1+(R_2//R_3)$ 是从 Q_1 看到的有效电阻。令 $C=3.9\text{nF}$，于是 $R=2.564\text{k}\Omega$。取 $R_3=2.74\text{k}\Omega$，求出 $R_2=(2.66\times2.74)\text{k}\Omega=7.29\text{k}\Omega$（用 $6.34\text{k}\Omega$ 电阻并联一个 $2\text{k}\Omega$ 的电位器）。最后，$R_1=2.564-(2.74//7.29)\Omega=572\Omega$（用 324Ω 电阻串联一个 500Ω 的电位器）。

为了进行校准，将此集成电路置于 $0℃$ 的环境中，并调整 R_2 使电路刚好振荡，比如说 $f_O\approx1\text{Hz}$。然后将集成电路移至 $100℃$ 的环境中，调整 R_1 使 $f_O=1.0\text{kHz}$。◀

图 8.34 给出了 AD537 的另一个有用的特性，也就是能在一对双绞线上传输信息。这对双绞线用作两个目的：一是给器件供电；二是用电流调制的方式携带频率数据。在

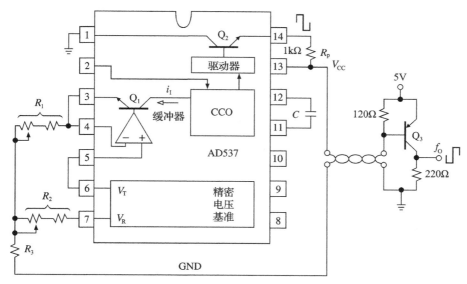

图 8.34　AD537 作为二线传输的温度-频率转换器的应用

图 8.34所示参数下，被 AD537 吸收的电流在两个值之间交替变化，即当 Q_2 截止时的半个周期内，电流为 1.2mA，当 Q_2 导通时的半个周期内，电流为 $1.2+[5-V_{EB3(sat)}-V_{CE2(sat)}]/R_p \approx (1.2+[5-0.8-0.1]/1)$mA＝5.3mA。这个电流差被 Q_3 以跨在 120Ω 电阻上的电压降而检测到。这个电压值在电流为 1.2mA 时应当足够低，以使得 Q_3 截止，而在电流为 5.3mA 时，应该足够高，使 Q_3 处于饱和状态。因此 Q_3 在接收端重建了一个 5V 的方波。由于 AD537 具有高 PSRR，所以在 120Ω 电阻上产生约 0.5V 的纹波不会影响它的性能。

充电平衡式 VFC

在充电平衡式技术中提供一个电容器[8]，对它以正比于输入电压 v_1 的速率连续充电，与此同时，又以速度 f_0 从电容器中抽出这些离散的电荷包，从而使净电荷流动总是零。其结果就是 $f_0=kv_1$。图 8.35 说明了采用 VFC32 V-F 转换器的原理。

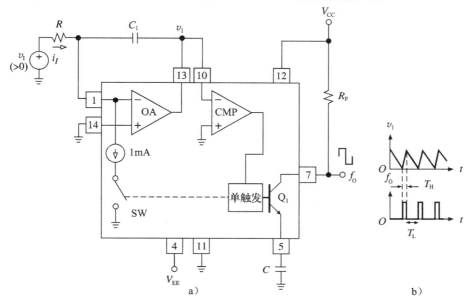

图 8.35　VFC32 电压-频率转换器（由 Texas Instruments 提供）

OA 将电压 v_I 转换为电流 $i_I=v_I/R$，此电流流入它的求和节点；选择适当的 R 值，总有 $i_I<1\text{mA}$。当 SW 打开时，i_I 流入 C_1，使 v_1 直线下降。一旦 v_1 降至 0V，CMP 开始工作并产生一个精密的单次触发脉冲，将 SW 闭合并使 Q_1 导通一段时间 T_H，这个时间由 C 设定。为了简化，省略了有关单次触发脉冲的细节，在阈值为 7.5V，充电电流为 1mA 时，给出：

$$T_H = \frac{7.5\text{V}}{1\text{mA}}C \tag{8.29}$$

SW 的闭合引起大小为 $(1\text{mA}-i_I)$ 的净电流从 OA 的求和节点流出。于是，在 T_H 内，v_1 直线上升一个 $\Delta v_1=(1\text{mA}-i_I)T_H/C_1$ 的量。在单次触发脉冲移去之后，SW 打开，v_1 又重新以 i_I 设定的速率下降。可以求出 v_1 回到零所需的时间 $T_L=C_1\Delta v_1/i_I$。消去 Δv_1 并令 $f_O=1/(T_L+T_H)$，由式(8.29)可得：

$$f_O = \frac{v_I}{7.5RC} \tag{8.30}$$

式中：f_O 的单位为 Hz；v_I 的单位为 V；R 的单位为 Ω；C 的单位为 F。正如期望的，f_O 和 v_I 呈线性比例关系。另外，占空比 $D(\%)=100\times T_H/(T_H+T_L)$ 为：

$$D(\%) = 100\frac{v_I}{R\times 1\text{mA}} \tag{8.31}$$

它同样与 v_I 成正比。为求更好的线性度，推荐的特性数据是最大占空比为 25%，对应于 $i_{I(\max)}=0.25\text{mA}$。

上面等式中没有出现 C_1，这说明它的容差和漂移量不是很关键，因此它的值可以自由选择。但是，为了获得最佳性能，特性数据中推荐使用的 C_1 值应使 $\Delta v_1\approx 2.5\text{V}$。另一方面，式(8.30)中还是出现了 C，所以它必须是低漂移型的，例如 NPO 陶瓷。如果 C 和 R 具有大小相等但是符号相反的热系数，则总漂移可以降到 $20\times 10^{-6}/℃$。为了在 v_I 较小时还能准确工作，必须要将 OA 的输入失调电压置零。

VFC32 可给出 6 个 10 倍频的动态范围，其典型的线性度误差值在满程频率是 10kHz，100kHz，1000kHz 时，分别为 0.005%、0.025%、0.05%。尽管图 8.35 只给出了 $v_I>0$ 时的接法，但此电路同样适用于 $v_I<0$ 以及电流输入的情况，这一点与前面讨论过的 AD537 相同。

例 8.9 在图 8.35 所示的电路中，选择合适的元件值，使最大输入为 10V 时产生的最大输出频率为 100kHz。电路应具有失调电压置零和满频程调节能力。

解：

有 $T=(1/10^5)\text{s}=10\mu\text{s}$。为使 $D(\%)_{\max}=25\%$，用 $T_H=2.5\mu\text{s}$。由式(8.29)，$C=(2.5\times 10^{-6}\times 10^{-3}/7.5)\text{F}=333\text{pF}$（用容差为 1% 的 330pF NPO 电容器）。由式(8.30)，$R=(10/(7.5\times 330\times 10^{-12}\times 10^5))\Omega=40.4\text{k}\Omega$（用 34.8kΩ，1% 金属膜电阻串联一个 10kΩ 金属陶瓷电位器用于满频程调节）。令 $\Delta v_{1(\max)}=2.5\text{V}$，于是 $C_1=((10^{-3}\times 2.5\times 10^{-6})/2.5)\text{F}=1\text{nF}$。

为将 OA 输入失调电压调至零，利用图 3.20b 所示的结构，其中 $R_A=62\Omega$，$R_B=150\text{k}\Omega$ 和 $R_C=100\text{k}\Omega$。校准过程同例 8.8。◀

频率–电压转换器

频率–电压(F–V)转换器(FVC)实现的是前面所述过程的逆过程，它接收一个频率为 f_I 的周期波形，产生模拟输出电压：

$$v_O = kf_I \tag{8.32}$$

式中：k 是 FVC 的灵敏度，单位为 V/Hz。FVC 在电动机的速度控制和旋转测量中作为转速计来使用。另外，它与 VFC 连接可以将传输的脉冲串转换为模拟电压。

一个充电平衡式 VFC 采用周期信号作为比较器的输入，而运算放大器在反馈回路内接入电阻 R，并将它的输出作为电路输出，这样就很容易构成一个 FVC 电路，如图 8.36 所示。

输入信号通常需要适当调整，使其产生的电压对 CMP 来说有可靠的过零点。图 8.36 所示的是用于适配 TTL 和 CMOS 型的输入的高通网络。每当 v_I 到达其负峰值时，CMP 工作，产生一个单触发脉冲，使 SW 闭合，并使 C_1 在由式(8.29)给出的 T_H 时间内流出 1mA 的电流。作为此电流脉冲串的响应，v_O 开始上升，直到 OA 的求和节点以 1mA 电流包输出的电流被 v_O 通过 R 连续注入的电流完全抵消为止，即 $f_I\times10^{-3}\times T_H=v_O/R$。由式(8.29)解出：

$$v_O = 7.5RCf_I \tag{8.33}$$

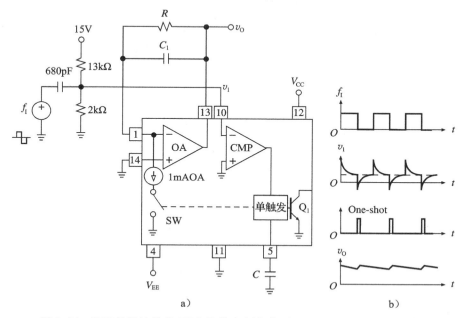

图 8.36　$F\text{-}V$ 转换连接的 VFC 及其响应波形(由 Texas Instruments 提供)

如前所述，C 的值由最大占空比 25% 决定，而 R 决定了 v_O 的最大值。和 VFC 的情况相同，必须将 OA 的输入失调电压调至零，以避免在频率低端时转换精度变差。

在 SW 连续两次闭合之间，R 在某种程度上会迫使 C_1 放电，从而产生输出纹波。这是不希望看到的，尤其是在纹波信号比最差的转换范围低端。最大纹波为 $V_{r(max)} = (1\text{mA})T_H/C_1$。由式(8.29)，得到

$$V_{r(max)} = \frac{C}{C_1}7.5\text{V} \tag{8.34}$$

该式表明 C_1 适当变大可以减小纹波。但是，如果电容太大，会降低对 f_I 快速变化的响应速度，因为这个响应的时间常数由 $\tau=RC_1$ 决定。因此，C_1 的最佳值是两个对立要求的折中。

图 8.37 以方框图的形式给出了一个以隔离形式传输模拟信号的典型 VFC-FVC 结构。图中 v_I 通常是一个已经由某仪器仪表放大器放大后的传感器信号。VFC 将 v_I 转换为一串电流脉冲串送入 LED，光敏晶体管在接收端恢复这个脉冲串，然后 FVC 将频率转换回模拟信号 v_O。图示例子采用一个光隔离器，当然也可以采用其他形式的隔离耦合，例如光纤链路，脉冲变压器和射频(RF)链路。

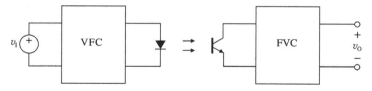

图 8.37　以隔离形式传输模拟信息

习题

8.1 节

8.1 图8.2a所示的文氏电桥电路中，对于在正反馈网络中的任意元件值，证明：$B(jf_0)=1/(1+R_s/R_p+C_p/C_s)$ 和 $f_0=1/(2\pi\sqrt{R_s R_p C_s C_p})$，其中，$R_p$ 和 C_p 并联，而 R_s 和 C_s 串联。试证在稳定状态下，等式 $R_2/R_1=R_s/R_p+C_p/C_s$ 成立。

8.2 在图 8.13a 所示电路中，不考虑限幅器，分别求出当反馈电阻为 22.1kΩ、20.0kΩ 和 18.1kΩ 时 $T(s)$ 的表达式。然后求出这三种情况下极点的位置。

8.3 习题 8.1 已经指出，可以通过改变比如 R_p 的值来改变文氏电桥振荡器的频率。但是，为了保持中性稳定，也必须改变 R_s，以保持 R_s/R_p 比值为一常数。图 P8.3 所示的电路[9] 可以避免这一限制。(a)证明当 f_0 与习题 8.1 中相同时，但是中性稳定要求为 $(R_2/R_1)(1+R_3/R_p)=R_s/R_p+C_p/C_s$。(b)如果令 $R_2/R_1=C_p/C_s$，证明上述条件可简化为 $R_3=(R_1/R_2)R_s$。(c)假设运算放大器为足够快的 JFET 输入型的，求 f_0 的变化范围。

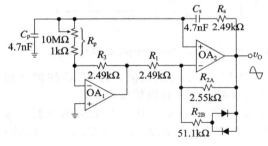

图　P8.3

8.4 考虑一个文氏电桥振荡器，其并联参数为 $C_p=20nF$ 和 $R_p=10kΩ$，串联参数为 $C_s=1.0nF$ 和 $R_s=20kΩ$。令电源电压为 ±9V，设计图 8.5 所示类型的非线性网络以满足 ±5V峰值的振荡。并用 PSpice 调整设计的参数，给出预计的和实际的振荡频率。如果将二极管移除会发生什么？

8.5 估计图 8.6a 所示正弦振荡器在电源开通后，二极管导通前的 s 平面极点的位置。

8.2 节

8.6 在图 8.7a 所示的电路中，令 $R=330Ω$，$C=1nF$，$R_1=10kΩ$ 和 $R_2=20kΩ$。设电源电压为 ±15V，若在 301 运算放大器的同相输入端和 −15V 电源之间接上第三个电阻 $R_3=30kΩ$，求 f_0 和 $D(\%)$。

8.7 在图 8.7a 所示的电路中，令 $R_1=R_2=$ 10kΩ，设控制电压 v_I 通过一个 10kΩ 的串联电阻连接在比较器的同相端。画出修正后的电路，证明它能够进行自动占空比控制。用 v_I 表示 $D(\%)$ 和 f_0 的表达式是什么？v_I 可能的范围是多大？

8.8 在图 8.9a 和图 8.12a 所示的电路中，选择适当的元件值使 $f_0=100kHz$。电路必须提供精确调节 f_0 的措施。

8.9 (a)用 339 比较器设计一个单电源供电的非稳态多谐振荡器，其频率 $f_0=10kHz$，占空比 $D(\%)=60\%$。(b)令 $D(\%)=40\%$，重做(a)问。

8.10 在图 8.12a 所示的反相器中，当 $V_{DD}=5V$ 时，其阈值标称值如下：典型值 $V_T=2.5V$，最小值 1.1V，最大值 4.0V。(a)选择适当元件值，使频率的典型值为 $f_0=100kHz$。(b)求出由于 V_T 变化而引起的 f_0 偏移的百分比。

8.11 与图 8.12a 所示的两门振荡器相比，图 P8.11 所示的三门振荡器总能确保振荡。设 $V_T=0.5V_{DD}$，画出时间波形并导出 f_0 的表达式。

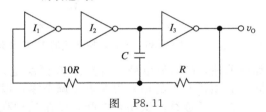

图　P8.11

8.12 在图 P8.11 所示电路中，如果去掉电容，并将电阻用导线代替，则这个电路称为环形振荡器，通常用于测量逻辑门的传输时延。(a)画出以时间为横轴的门输出电压波形；导出平均门传输时延 t_P 和振荡频率 f_0 之间的关系。(b)这个电路可以扩展为四个门的环状电路吗？请予以解释。

8.13 设阈值的范围同习题 8.10，在图 8.14a 所示的一次触发电路中，求出适当的元件值使典型值 $T=10\mu s$；再计算 T 的偏移百分比。

8.14 用两个 CMOS"与非"门电路设计一个一次触发电路，解释其工作原理，画出波形，并导出 T 的表达式("与非"门的输出仅在两个输入均为高电平时，才为低电平)。

8.15 在8.14(a)所示电路中，将 G 的输出与 I 的输入直接连接，在 G 较低的输入端与地之间插入一个电阻 R，再通过一个串联电容 C 把 I 的输出送回到 G 的低端输入，这样就可以得到一个单次触发电路。请画出修改后的电路，绘制并标注它的波形，令 $R=100\text{k}\Omega$，$C=220\text{pF}$ 和 $V_\text{T}=0.4V_\text{DD}$，求出 T 的值。

8.3 节

8.16 将图 8.16a 所示的 555 非稳态多谐振荡器作如下修改：将 R_B 短路，在 R_A 的底部节点和引脚 7 之间插入一个串联电阻 R_C。(a)画出改动后的电路并证明当 $R_\text{C}=R_\text{A}/2.362$ 时，D(%)=50%。(b)选择适当的元件值，使 $f_0=10\text{kHz}$ 且 D(%)=50%。

8.17 (a)若将 TLC555 CMOS 定时器的 THRE-SHOLD 和 TRIGGER 引脚连接在一起构成公共输入端，证明这个器件构成了一个反相施密特触发器，且 $V_\text{TL}=(1/3)V_\text{DD}$，$V_\text{TH}=(2/3)V_\text{DD}$，$V_\text{OL}=0\text{V}$，$V_\text{OH}=V_\text{DD}$，其中，$V_\text{DD}$ 为电源电压。(b)仅用一个电阻和一个电容，将此电路连接为一个 80kHz 的自振荡多谐振荡器，并证明其占空比为 50%。

8.18 设计一个 555 一次触发电路，利用一个 $1\text{M}\Omega$ 的电位器使其脉冲宽度可以在 1ms 到 1s 之间任意变化。

8.19 一个 $8\mu\text{s}$ 555 一次触发器的电源电压为 $V_\text{CC}=15\text{V}$。若要使 T 从 $8\mu\text{s}$ 延长到 $20\mu\text{s}$，则 CON-TROL 端的输入电压应该为多大？如果要将 T 从 $8\mu\text{s}$ 缩短到 $5\mu\text{s}$，结果又是怎样？

8.20 用一个供电电源 $V_\text{CC}=5\text{V}$ 的 555 定时器，设计一个压控非稳态多谐振荡器，当 $V_\text{TH}=(2/3)V_\text{CC}$ 时，它的振荡频率为 $f_0=10\text{kHz}$，并可以通过外部改变 V_TH 使频率可以在 $5\text{kHz}\leqslant f_0\leqslant20\text{kHz}$ 范围内变化。对应于上述频率范围的两端频率，V_TH 和 D(%)相应的值是多少？

8.21 在图 8.18 所示电路中，确定使 $T=1\text{s}$ 和 $T_0=3\text{min}$ 的适当元件值及输出端连接图。

8.4 节

8.22 在图 8.19a 所示的电路中，将 OA 的同相输入端与地断开，接到一个 $+3\text{V}$ 电源上。画出修改后的电路；绘制并标注它的波形。若 $R=30\text{k}\Omega$，$C=1\text{nF}$，$R_1=10\text{k}\Omega$，$R_2=13\text{k}\Omega$，$R_3=2.2\text{k}\Omega$，D_5 是一个 5.1V 基准的二极管，计算 f_0 和 D(%)。

8.23 在图 8.19a 所示的电路中，令 $R_1=R_2=R=10\text{k}\Omega$，$R_3=3.3\text{k}\Omega$，$V_\text{D(on)}=0.7\text{V}$，$V_\text{Z5}=3.6\text{V}$，并设控制电源 v_1 通过一个 $10\text{k}\Omega$ 串联电阻接在 OA 的反相输入端。画出修改后的电路，并证明它能够实现自动占空比控制。用 v_1 表示 D(%)和 f_0 的表达式是什么？v_1 可能的范围是多大？

8.24 使用可以在 PSpice 库中找到模型的一个 LF411 运算放大器和一个 LM311 比较器，(a)设计如图 8.19a 所示的电路以产生 80kHz 三角波/方波，其峰值为 $\pm5\text{V}$。设电源电压为 $\pm9\text{V}$。(b)用 PSpice 验证。(c)逐渐减小 C 的值并用 PSpice 仿真，直到电路行为与原先的仿真不同为止，该电路可以到多大的频率？

8.25 在图 8.20a 所示的电路中，确定适当的元件值使两个波形峰值均为 5V，而 T_L 和 T_H 都可以在 $50\mu\text{s}\sim50\text{ms}$ 之间独立调节。

8.26 用一个 CMOS 运算放大器连成 Deboo 积分器，用一个 CMOS 555 定时器按照习题 8.17 的方法接成一个施密特触发器，设计一个单电源供电的三角波发生器。然后画出它的波形并推导 f_0 的表达式。

8.27 在图 8.21a 所示的 VCO 中，可以通过在控制电源 v_1 和剩余电路间插入一个可变的串联电阻 R_s 以补偿元件容差带来的影响；以及适当降低 C 的标称值，从而在两个方向上为 k 提供调节量。设计一个 $k=1\text{kHz/V}$ 的 VCO，k 可以在 $\pm25\%$ 的范围内变化。

8.28 图 P8.28 给出了另一种常用的 VCO。绘制并标注它的波形，并用 v_1 表示 f_0。

8.29 设计一个波形成形电路，它接受图 8.21 所示 VCO 输出的三角波，并将其转换为幅度和偏移均可变的正弦波。幅度和偏移分别可以在 $0\sim5\text{V}$ 和 $-5\text{V}\sim+5\text{V}$ 的范围内独立调节。

8.30 图 P8.30 给出了一个简陋的三角波到正弦波的转换器。设 v_S 和 $v_\text{T}/(1+R_2/R_1)$，有(a)过零点斜率相同，(b)峰值等于 $V_\text{D(on)}$。设 $I_\text{D}=1\text{mA}$ 时，$V_\text{D(on)}=0.7\text{V}$，如果 v_TR 的峰值为 $\pm5\text{V}$，求 R_1 和 R_2 的值；然后用 PSpice 画出 v_T 和 v_S 对时间的曲线。

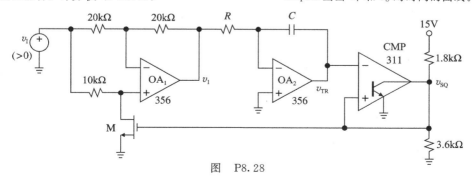

图　P8.28

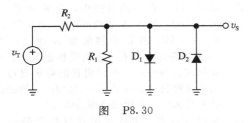

图 P8.30

8.31 图P8.30 所示简陋三角波到正弦波的转换器可以通过使三角波输入的边缘变圆，并将顶部和底部裁剪得以改善。图 P8.34 所示电路提供了一个在零点斜率为 1V/V 的 VTC，此时所有二极管关断。当 v_T 的峰值上升并接近一个二极管压降，D_1 和 D_2 其中一个会导通，将 R_2 接入电路中。此时，VTC 的斜率减小到 $R_1/(R_1+R_2)$。当 v_T 的峰值进一步上升，v_S 接近到二个二极管的压降时，D_3-D_4 对管导通，裁剪波形的顶部，或者 D_5-D_6 对管导通，裁剪波形的底部。令 $V_{sm}=2\times0.7V=1.4V$，得到 $V_{tm}=(\pi/2)\times1.4V=2.2V$，假设二极管有 $\{I_S\}_A=2\{f\}$ Hz，$nV_T=26mV$，所以在 0.7V 时电流为 1mA。为了求得适当的 R_1 和 R_2 值，假设有如下约束：（1）当 v_T 到达它的正峰值 V_{tm} 时，流过 D_3-D_4 管对的电流为 1mA；（2）当 v_T 到达它的正峰值的一半时，即 $V_{tm}/2$，让 VTC 的斜率匹配正弦波在该点的斜率，已经证明该斜率是 $\cos 45° = 0.707V/V$。（a）根据上述约束，求 R_1 和 R_2 的值。（b）采用一峰值为 $\pm2.2V$，频率为 1kHz 三角波通过 PSpice 仿真该电路，并画出 v_T 和 v_S 以时间横轴的曲线。逐渐改变 R_1 和 R_2 的值并重复仿真，直到得到一个你比较满意的正弦波形为止。（c）使用（b）问中最优化的波形成形器，设计一电路，该电路可以接收峰值为 $\pm5V$，并将其转换为峰值为 $\pm5V$ 正弦波。提示：在输入端，用一个适当的电压分压器替换 R_1，在满足前面的要求下适应不断增大的三角波。在输出端，用 741 运算放大器构成一个适当的放大器。

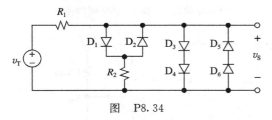

图 P8.34

8.5 节

8.32 （a）在图 8.24a 所示电路中电源 v_I 和 311 运算放大器的反相输入引脚之间接入一个电阻 R_4，证明 $V_T=V_{T0}-k|v_I|$，$V_{T0}=V_{CC}/[1+$

$R_2/(R_3 /\!/ R_4)]$，$k=1/[1+R_4/(R_2 /\!/ R_3)]$。（b）若令 $R_4=(R_2 /\!/ R_3)(RC/T_D-1)$，证明式(8.21)中的 T_D 项可以消除，并给出 $f_0=|v_I|/(RCV_{T0})$。（c）设 $T_D\approx0.75\mu s$，确定适当的元件值使灵敏度为 2kHz/V，低频锯齿波的幅度为 5V。这个电路可以用来补偿 T_D 所产生的误差。

8.6 节

8.33 推导式(8.23)。

8.34 设 $V_{CC}=15V$，设计一个 $f_0=1kHz$，$D(\%)=99\%$ 的 ICL8038 锯齿波发生器。电路必须提供 $\pm20\%$ 的频率调节量。

8.35 在图 8.29 所示的 VCO 中，确定 C 使满刻度频率为 20kHz。

8.36 设 $V_{CC}=15V$，设计一个 XR-2206 锯齿波发生器，其 $f_0=1kHz$，$D(\%)=99\%$，锯齿波峰值为 5V 和 8V。

8.7 V-F 和 F-V 转换器

8.37 （a）用一个 AD537 VFC 设计一个电路，它接收 $-10V<v_S<10V$ 之间的电压，并将它转换为 $0Hz<f_0<20kHz$ 之间的频率。这个电路由 $\pm15V$ 未经稳压的电源供电。（b）输入为 $4mA<i_S<20mA$，输出为 $0<f_0<100kHz$，重做题（a）问。

8.38 用华氏温度刻度，重做例 8.8。

8.39 图P8.39 所示的电路中，VFC32 具有双极性输入。（a）在 $v_I>0$ 和 $v_I<0$ 的情况下分析该电路，并确定使 $f_0=k|v_I|$ 的电阻条件。（b）确定适当的元件值使 VFC 的灵敏度为 8kHz/V。

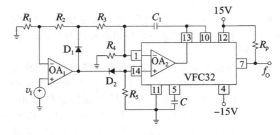

图 P8.39

8.40 在图 8.36 所示电路中，确定适当的元件值使它在输入满刻度时为 80kHz，最大纹波为 8mV 时，产生输出满刻度值 8V。然后，计算在 f_I 满刻度变化时它将输出固定在 0.1% 以内所需的时间。

8.41 用一个 4N28 光耦合器设计一个外部电阻网络，为例 8.9 中的 VFC 和习题 8.43 中的 FVC 提供光耦合连接。4N28 晶体管有 $I_{C(min)}=1mA$，二极管正向电流 $I_D=10mA$。设电源电压为 $\pm15V$。

参考文献

1. "Sine Wave Generation Techniques," Texas Instruments Application Note AN-263, http://www.ti.com/lit/an/snoa665c/snoa665c.pdf.
2. E. J. Kennedy, *Operational Amplifier Circuits: Theory and Applications,* Oxford University Press, New York, 1988.
3. J. Williams, "Circuit Techniques for Clock Sources," Linear Technology Application Note AN-12, http://cds.linear.com/docs/en/application-note/an12fa.pdf.
4. A. B. Grebene, *Bipolar and MOS Analog Integrated Circuit Design,* John Wiley & Sons, New York, 1984.
5. *Linear & Telecom ICs for Analog Signal Processing Applications,* Harris Semiconductor, Melbourne, FL, 1993–1994, pp. 7-120–7-129.
6. P. Klonowski, "Analog-to-Digital Conversion Using Voltage-to-Frequency Converters," Analog Devices Application Note AN-276, http://www.analog.com/static/imported-files/application_notes/185321581AN276.pdf.
7. B. Gilbert and D. Grant, "Applications of the AD537 IC Voltage-to-Frequency Converter," Analog Devices Application Note AN-277, http://www.analog.com/static/imported-files/application_notes/511072672AN277.pdf.
8. J. Williams, "Design Techniques Extend V/F Converter Performance," *EDN,* May 16, 1985, pp. 153–164.
9. P. Brokaw, "FET Op Amps Add New Twist to an Old Circuit," *EDN,* June 5, 1974, pp. 75–77.

第9章
电压基准与稳压电源

电压基准/稳压电源具有从一个欠稳定的电源 V_I 中得到稳定直流电源 V_O 的功能。它的一般结构如图 9.1 所示。

作为稳压电源的情况，V_I 通常是一个不精确的电源，例如经变压器和二极管简单整流滤波后的输出电压。稳压电源的输出 V_O 可以给其他电路供电，这些电路统称为负载，并用从电源中吸取的电流 I_O 来表征。

图 9.1　一个电压基准/稳压电源的基本连接

作为电压基准的情况，V_I 是已经稳定到一定程度的电压，电压基准的作用是产生一个更加稳定的电压 V_O，令其为其他电路提供基准。电压基准的作用相当于乐队中确定音高的音叉。例如，数字万用表的满刻度精度就是由内部一个合适质量的电压基准确定的。类似地，电源，A-D 转换器，D-A 转换器，V-F 转换器和 F-V 转换器，传感器电路，VCO，对数/反对数放大器，以及一些其他电路或系统都需要某种基准或尺度，以满足所需的精度。因此电压基准的主要要求是精确度和稳定性。典型的稳定性要求为 $100 \times 10^{-6}/℃$（每摄氏度百万分之几）或者更好。为了使自身发热引起的误差最小，电压基准应有一定的电流输出能力，通常为几毫安数量级。

传统上，电压标准一直由韦斯顿（Weston）电池确定。韦斯顿电池是一种在 20℃ 时产生 1.018 636 V 可再生电压的化学装置，具有 $40 \times 10^{-6}/℃$ 的温度系数。现在，固态基准已经具备更好的稳定性。尽管半导体器件受温度影响较大，灵活的补偿技术也可以将温度系数保持在 $1 \times 10^{-6}/℃$ 以下！这些技术可得到具有可预期温度系数的电压或电流，能够用于温度检测中。这就是各种单片温度传感器和信号调节器的基础。

稳压电源的性能要求与电压基准相同，只是不如后者那样严格，并且需要大得多的电流输出能力。输出电流范围为 $100mA \sim 10A$（甚至更高），具体数值由稳压电源的类型决定。

在本章中，我们讨论两种常见的类型，即线性稳压电源和开关稳压电源。线性稳压电源通过持续调整串联在 V_I 和 V_O 中的功率晶体管来控制 V_O。这种电路结构简单，但因为晶体管的功耗，电路的效率较低。

开关稳压电源中的晶体管是一个高频率的开关，消耗的能量低于持续导通的情况，所以具有更高的效率。另外，与线性稳压电源不同，开关稳压电源可以产生高于输入电压、甚至与输入电压有相反极性的输出电压；它们可以提供相互隔离的多路输出，可以不通过庞大的变压器直接连在交流电源线上。做到这些的代价是需要线圈、电容和更为复杂的控制电路，以及严重的噪声干扰。即便如此，开关稳压电源还是广泛地应用于功率计算机和便携式仪器中。即便是对于模拟系统的电源设计，也常利用开关稳压电源高效率和轻重量的优点来形成前置稳压电源，再后置线性稳压电源产生纯净的输出电压[1]。

本章重点

本章首先讨论电压基准和稳压电源的性能指标：线路和负载调整率，纹波抑制比，温度系数和电路稳定性，并用熟悉的电路加以评估。

接下来详细讨论电压基准，先从温度补偿齐纳二极管基准开始，再讨论带隙电压基准和单片温度传感器，其中包含一些应用中的变化，比如电流基准设计和热电偶信号调节。

本章接下来讨论线性稳压电源，重点介绍电路保护和实际应用中的温度考虑。同时也描述了一些具体供电应用，例如，低压差稳压器和供电监控电路。

本章的第二部分讨论开关稳压电源。先介绍 buck（降压）型，boost（升压）型，buck-boost（反极性）型变换器的基本拓扑，以及线圈、电容的选择和效率的计算。接下来介绍现在广泛应用的电压模式控制和峰值电流模式控制。适当详细地介绍峰值电流模式下的斜坡补偿，以及升压型变换器中的右半平面零点作用。开关控制的核心是误差放大器设计，这要依据第 6 章的内容。所有这些概念都通过一定数量的设计实例和 PSpice 仿真来实际说明。

9.1　性能要求

电压基准或稳压电源在持续变换的外部环境下维持恒定输出的能力是由若干性能参数表征的，比如线路调整率和负载调整率，以及温度系数等等。在电压基准中，输出噪声和长期稳定度都是很有意义的。

线路和负载调整率

线路调整率，也称为输入或电压调整率，它给出了在输入改变情况下电路保持预定输出能力的一种度量。如果是电压基准，输入通常为一个未经稳压的电压，或者至少是一个性能比电压基准本身差的稳压电源的输出。如果是稳压电源，其输入通常为 60Hz 的交流电，通过一个降压变压器，一个二极管桥式整流器和一个电容滤波器而得到，这会带来显著的纹波影响。根据图 9.1 所示的符号，定义

$$线路调整率 = \frac{\Delta V_O}{\Delta V_I} \tag{9.1a}$$

式中：ΔV_O 是由输入电压变化 ΔV_I 引起的输出电压变化。根据不同情况可以采用 mV 或 μV 为单位。另一种定义是：

$$线路调整率(\%) = 100 \times \frac{\Delta V_O/V_O}{\Delta V_I} \tag{9.1b}$$

单位是%/V。如果查找目录就会发现，这两种形式目前都被采用。

另一个相关的参数是纹波抑制比（RRR），用分贝表示为：

$$\{RRR\}_{dB} = 20 \lg \frac{V_{ri}}{V_{ro}} \tag{9.2}$$

式中：V_{ro} 是由在输入端的纹波 V_{ri} 引起的输出纹波。RRR 特别用作稳压电源中馈通到输出电压上的纹波（通常为 120Hz）量大小的标记。

负载调整率给出了在改变负载的条件下电路维持预定输出电压的能力，即

$$负载调整率 = \frac{\Delta V_O}{\Delta I_O} \tag{9.3a}$$

电压基准和稳压电源都应表现为理想的电压源，即能提供一个与负载电流无关的预定电压。这种器件的 $i\text{-}v$ 特性是一条位于 $v = V_O$ 处的垂线。实际中的电压基准或稳压电源的输出阻抗不为零，其结果就是 V_O 与 I_O 还有一点依赖关系。这种依赖作用是通过负载调整率来表示的，单位以 mV/mA（或 mV/A）计，视输出电流能力大小而定。另一种定义式为

$$负载调整率(\%) = 100 \times \frac{\Delta V_O/V_O}{\Delta I_O} \tag{9.3b}$$

它用%/mA（或%/A）表示，即输出电压相对变化的百分数表示。

例 9.1 $\mu A7805$ 5V 稳压电源的特性数据表明，当 V_I 在 7V 到 25V 变化时，V_O 通常变化 3mV，而当 I_O 变化范围为 0.25A 到 0.75A 时，V_O 变化 5mV。另外，$\{RRR\}_{dB}$ 在 120Hz 时等于 78dB。(1)估算这个器件的典型线路和负载调整率。该稳压电源的输出阻抗是多少？(2)计算每伏特 V_{ri} 所产生的输出纹波 V_{ro} 量。

解：

（1）线路调整率＝$\Delta V_O/\Delta V_I=(3\times 10^{-3}/(25-7))V/V=0.17mV/V$。另一种表达方式为线性调整率$=100\times(0.17mV/V)/(5V)=0.0033\%/V$。负载调整率$=\Delta V_O/\Delta I_O=(5\times 10^{-3}/[(750-250)\times 10^{-3}])=10mV/A$。还可以表示为负载调整率$=100(10mV/A)/(5V)=0.2\%/A$。输出阻抗为$\Delta V_O/\Delta I_O=0.01\Omega$。

（2）$V_{ro}=V_{ri}/10^{78/20}=0.126\times 10^{-3}\times V_{ri}$。因此，1V、120Hz 纹波输入会产生0.126mV 的输出纹波。 ◀

温度系数

V_O 的温度系数记为 $TC(V_O)$，用来度量在改变温度条件下电路维持预定输出电压 V_O 的能力。有两种定义方式：

$$TC(V_O)=\frac{\Delta V_O}{\Delta T} \tag{9.4a}$$

式中：$TC(V_O)$单位为 mV/℃或 μV/℃，或者

$$TC(V_O)(\%)=100\times\frac{\Delta V_O/V_O}{\Delta T} \tag{9.4b}$$

式中：$TC(V_O)$单位为％/℃。若用10^6 代替 100，则 $TC(V_O)$的单位是$\times 10^{-6}$/℃。性能好的电压基准可以将 TC 限制在每摄氏度百万分之几。

例 9.2 REF101KM 10V 高精度电压基准的典型线路调整率为 0.001％/V，负载调整率为 0.001％/mA，TC 的最大值为 1×10^{-6}/℃。计算 V_O 在下列情况下的改变量：（1）V_I由 13.5V 变为 35V；（2）I_O 有 $\pm 10mA$ 的变化；（3）温度由 0℃变为 70℃。

解：

（1）由式（9.1b），$0.001\%/mA=100\times(\Delta V_O/10)/(35-15)$，即 ΔV_O 的典型值为 2.15mV。

（2）由式（9.3b），$0.001\%/mA=100\times(\Delta V_O/10)/(\pm 10mA)$，即 ΔV_O 的典型值为 $\pm 1mV$。

（3）由式（9.4b），10^{-6}/℃$=10^6\times(\Delta V_O/10)/(70℃)$，即最大值 $\Delta V_O=0.7mV$。由此可见，这些变化值对于一个 10V 电压源来说是相当小的。 ◀

在电压基准中，输出噪声和长期稳定度也是很重要的。前文中提到的 REF101 在频率从 0.1Hz 到 10Hz 范围内具有噪声输出典型的峰峰值为 $6\mu V$，长期稳定度为 50×10^{-6}/(1000h)。这就意味着在 1000h（约 42d）内，基准输出变化通常为 $(50\times 10^{-6})\times 10V=0.5mV$

举例说明

现在应用以上概念来分析图 9.2 所示的经典并联调整时的稳压器。输入电压较为粗糙，但假设它在已知的界限内，即 $V_{I(min)}\leqslant V_I\leqslant V_{I(max)}$，目标是要产生一个输出 V_O，它对输入及负载变化尽可能的不灵敏。利用齐纳二极管接近垂直的 i-v 特性就能达到以上要求。如图 9.3a 所描述的，这一特性可以近似为一条斜率为 $1/r$，V 轴上的截距为 $-V_{Z0}$ 的直线，

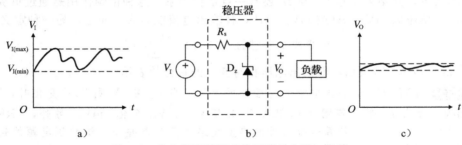

图 9.2 作为并联调整式稳压器的齐纳二极管

因此，沿这条直线任意一个工作点的两个对应坐标 V_z 和 I_z 之间的关系为 $V_z=V_{Z0}+r_zI_z$。电阻 r_z 称为齐纳二极管的**动态电阻**，通常为几欧姆到几百欧姆数量级，具体值由二极管本身决定。齐纳二极管通常工作在标称功率的 50% 处，因此，一个 6.8V，0.5W，1Ω 的齐纳二极管在 50% 功率处有 $I_z=(P_z/2)/V_z=((500/2)/6.8)\text{mA}\approx37\text{mA}$。另外，$V_{Z0}=V_z-r_zI_z=(6.8-10\times37\times10^{-3})\text{V}=6.43\text{V}$。

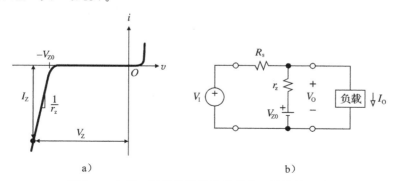

图 9.3　击穿二极管特性以及并联稳压器等效电路

很显然，一个齐纳二极管可以用一个电压源 V_{Z0} 和一个串联电阻 r_z 来建模，因此图 9.2b 所示电路可以重画为图 9.3b 所示电路。为了起到稳压器作用，在所有可能的输入和负载情况下，二极管都必须在击穿区内很好地工作。尤其是，I_z 绝不能低于规定的某个安全值 $I_{Z(\min)}$。通过简单分析便可得知，R_s 必须满足：

$$R_s\leqslant\frac{V_{I(\min)}-V_{Z0}-r_zI_{Z(\min)}}{I_{Z(\max)}+I_{O(\max)}} \tag{9.5}$$

$I_{Z(\min)}$ 值的选择是综合考虑最坏情况下正常工作和避免过多的功耗的需要作出的。通常选择 $I_{Z(\min)}\approx(1/4)I_{O(\max)}$。

现在可以计算线路和负载调整率了。应用叠加原理，得到

$$V_O=\frac{r_z}{R_s+r_z}V_I+\frac{R_s}{R_s+r_z}V_{Z0}-(R_s\,/\!/\,r_z)I_O \tag{9.6}$$

等式中仅右边第二项是期望的一项，其余两项均与输入和负载有关，即

$$线路调整率=\frac{r_z}{R_s+r_z} \tag{9.7a}$$

$$负载调整率=-(R_s\,/\!/\,r_z) \tag{9.7b}$$

将这两式乘以 $100/V_O$ 就可以得到百分比形式。

例 9.3　一个待稳压的电压为 $10\text{V}\leqslant V_t\leqslant20\text{V}$，它由一个 6.8V、0.5W、10Ω 的齐纳二极管进行稳压，并且要供给的负载是 $0\leqslant I_O\leqslant10\text{mA}$。(1) 求 R_s 的适当值，计算线路和负载调整率。(2) 计算 V_I 和 I_O 的最大变化值对 V_O 产生的影响。

解：

(1) 令 $I_{z(\min)}\approx(1/4)I_{O(\max)}=2.5\text{mA}$。于是，$R_s\leqslant((10-6.43-10\times0.0025)/(2.5+10))=0.284\text{k}\Omega$（采用 270Ω）。线路调整率 $=(10/(270+10))\text{V/V}=35.7\text{mV/V}$；乘以 $100/6.5$ 得到 0.55%/V。负载调整率 $=-(10\,/\!/\,270)\text{mV/mA}=-9.64\text{mV/mA}$，或 $-0.15\%/\text{mA}$。

(2) 令 V_t 由 10V 变为 20V，可得 $\Delta V_O=(35.7\text{mV/V})\times(10\text{V})=0.357\text{V}$，即 V_O 的变化为 5.5%。令 I_O 由 0 变为 10mA，可得 $\Delta V_O=-(9.64\text{mV/mA})\times(10\text{mA})=-0.096\text{V}$，即 V_O 的变化为 -1.5%。　◀

借助于运算放大器，可以极大地改善二极管的线路和负载调整能力。图 9.4 所示的电路将 V_O，即输出电压给二极管供电。结果得到一个稳定得多的电压 V_z，再经过运算放大

器的放大得到：

$$V_O = \left(1 + \frac{R_2}{R_1}\right)V_Z \tag{9.8}$$

这种技术被确切地称为自调整技术，它将线路(输入)和负载调整率的重任从二极管转换到运算放大器。该电路的另一个优点是，V_O 是可调节的，例如，通过改变 R_2 可以改变它的大小。另外，现在能够提高 R_3 的值以避免不必要的功耗和自热效应。

通过分析，可得：

$$负载调整率 \approx -\frac{z_o}{1 + \alpha\beta} \tag{9.9}$$

式中：α 和 z_o 是开环增益和输出阻抗；$\beta = R_1/(R_1 + R_2)$。注意到由于是单电源工作，因此在 V_I 上变化 1V，被运算放大器所感知的是既作为 1V 的电源变化，又当作 0.5V 的共模输入的变化。这就导致了最坏的输入失调电压变化 $\Delta V_{os} = \Delta V_I(1/PSRR + 1/(2CMRR))$ 与 V_Z 相串联。运算放大器给出 $\Delta V_O = (1 + R_2/R_1)\Delta V_{os}$，所以

$$线路调整率 = \left(1 + \frac{R_2}{R_1}\right) \times \left(\frac{1}{PSRR} + \frac{0.5}{CMRR}\right) \tag{9.10}$$

注意到，由于 z_o、α、PSRR 和 CMRR 的值都与频率有关，所以线路和负载调整率的值也与频率有关，通常，这两个参数值随频率升高而恶化。

例 9.4　假设图 9.4 所示的电路采用典型 741 运算放大器直流参数，计算线路和负载调整率。

解：

负载调整率 = $(-75/[1 + 2 \times 10^5 \times 39/(39 + 24)])$ V/mA = -0.6μV/mA = -0.06×10^{-6}/mA。采用 1/PSRR = 30μV/V 和 1/CMRR = $10^{-90/20}$ = 31.6μV/V，得到线路调整率 = $(1 + 24/39) \times (30 + 15.8)10^{-6}$ V/V = 74μV/V = 7.4×10^{-6}/V。二者均比图 9.3 所示的有了很大的改善。◀

落差电压

图 9.4 所示电路只要 V_I 不降得过低而使运

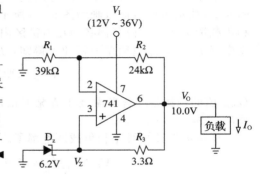

图 9.4　自调整的 10V 基准

算放大器达到饱和状态都能正常工作，对于电压基准和稳压电源来说通常都是这样。在电路正常工作时，V_I 和 V_O 之间的最小差值成为落差电压 V_{DO}。在图 9.4 所示的电路中，741 运算放大器要求 V_{CC} 至少比 V_O 高 2V，所以这时 $V_{DO} \approx 2$V。另外，由于 741 运算放大器的最大额定电压为 36V，因此输入电压的允许范围是 12V < V_I < 36V。

启动电路

在图 9.4 所示的自调整电路中，V_O 由 V_Z 决定，反过来，V_Z 又与 V_O 有关，而且 V_O 必须比 V_Z 大，以保持二极管的反向偏置。如果在电源接通的瞬间，V_O 没有摆到一个比 V_Z 大的值，则二极管将永远无法导通，这就使通过 R_3 的正反馈超过了通过 R_1 和 R_2 的负反馈。这个结果就是一个处于 $V_O = V_{OL}$ 状态下的施密特触发器，这是我们所不希望的。在大多数自偏置电路中，这种现象是常见的，需要采用一种适当的电路来予以避免，这种电路称为启动电路。启动电路应为放大器提供过量的激励并阻止其在电源接通的瞬间造成上文所述的不希望的锁住状态。

图 9.4 所示的应用例子中由于应用了运算放大器的内部特性，所以会正常启动。参照图 3.1所示电路，注意到电源接通的瞬间，当 v_P 和 v_N 仍为 0 时，741 运算放大器的前两级仍未截止，使得 I_B 将输出级导通。于是，V_O 正向摆动，直至齐纳二极管导通，电路稳定在 $V_O = (1 + R_2/R_1)V_Z$ 上。但是，如果采用的是其他类型的运算放大器，电路可能永远无法将自己自举起来，所以需要一个启动电路。在 9.4 节中将举例说明。

9.2 电压基准

除了线路和负载调整率外，由于集成电路元件的性能受温度影响很大[2]，所以温度稳定性是电压基准性能要求中最苛刻的。例如，对于硅 pn 结，它是构成二极管和 BJT 的基础，它的正向偏置电压 V_D 和电流 I_D 间的关系为 $V_D = V_T \ln(I_D/I_s)$，其中，V_T 为热电势，I_s 为饱和电流。它们的表达式分别为：

$$V_T = kT/q \tag{9.11a}$$
$$I_s = BT^3 \exp(-V_{G0}/V_T) \tag{9.11b}$$

式中：$k = 1.381 \times 10^{-23}$，称为玻耳兹曼常数；$q = 1.602 \times 10^{-19} \mathrm{C}$，它是电子电荷；$T$ 是热力学温度；B 为比例常数；$V_{G0} = -1.205\mathrm{V}$ 是硅的能隙电压。

热电势的 TC 为：

$$TC(V_T) = k/q = 0.0862\mathrm{mV/℃} \tag{9.12}$$

结电压降 V_D 在已知偏置为 I_D 时的 TC 为 $TC(V_D) = \partial V_D/\partial T = (\partial V_T/\partial T)\ln(I_D/I_s) + V_T \partial[\ln(I_D/I_s)]/\partial T = V_D/T - V_T \partial(3\ln T - V_{G0}/V_T)/\partial T$ 结果为：

$$TC(V_D) = -\left(\frac{V_{G0} - V_D}{T} + \frac{3k}{q}\right) \tag{9.13}$$

假设 25℃时 $V_D = 650\mathrm{mV}$，得到 $TC(V_D) \approx -2.1\mathrm{mV/℃}$。工程师们应牢记这个结果。温度每上升 1℃，硅结电压下降 2mV。式(9.12)和式(9.13)构成解决温度稳定性问题中最常用的两条途径的基础，即温度补偿齐纳二极管基准和能隙基准。式(9.12)也是构成固态热敏电阻(温度传感器)的基础。

温度补偿齐纳二极管基准

前一节所提到的自调整基准中，V_O 的温度稳定性不会比 V_Z 本身更好。如图 9.5a 所示，$TC(V_Z)$ 是 V_Z 和 I_Z 的函数。有两种不同的机理破坏 I-V 特性：场发射击穿，主要在 5V 以下，产生负的 TC 值；雪崩击穿一般在 5V 以上，并产生正的 TC 值。齐纳二极管的温度补偿方法的实质是为齐纳二极管串联一个正向偏置的二极管，并使二者的 TC 值大小相等但符号相反，然后精细调节 I_Z 使复合器件的 TC 值为 0[3]。图 9.5b 说明了这种方法的实现，其中的补偿二极管采用常规 IN821-9 二极管系列。将这个复合器件的电压重新标定为 $V_Z = (5.5 + 0.7)\mathrm{V} = 6.2\mathrm{V}$，用电流为 7.5mA，使 $TC(V_Z)$ 最小。这个 TC 值的范围是从 $100 \times 10^{-6}/℃$(1N821 二极管)到 $5 \times 10^{-6}/℃$(1N829 二极管)。

基于温度补偿齐纳二极管的自调整基准，已在单片形式下可资利用了。一种常用的例子是 LT1021 二极管精密基准(可以在网上找到)，有 $5 \times 10^{-6}/℃$ 的温漂误差，以及纹波抑制超过 100dB。

另一种常用的器件[4]是 LM329 精密基准二极管，如图 9.6(底部)所示。该器件采用齐纳二极管 Q_3 与 Q_{13} 的 BE 结串联，达到 TC 的范围为 $100 \times 10^{-6}/℃$ 到 $6 \times 10^{-6}/℃$，具体值由电路决定。器件中还包含有源反馈电路，以降低有效动态电阻到典型值为 $r_z = 0.6\Omega$，最大值为 1Ω。除了稳定性高，动态电阻很低之外，它还充当一个普通的齐纳二极管工作，通过一个串联电阻对它进行偏置以提供并

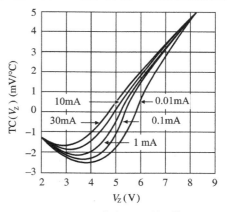

a) $TC(V_Z)$ 作为 V_Z 和 I_Z 的函数

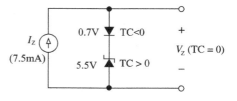

b) 温度补偿的击穿二极管

图 9.5

联调整。它的偏置电流可以是 0.6mA 到 15mA 的任意值。

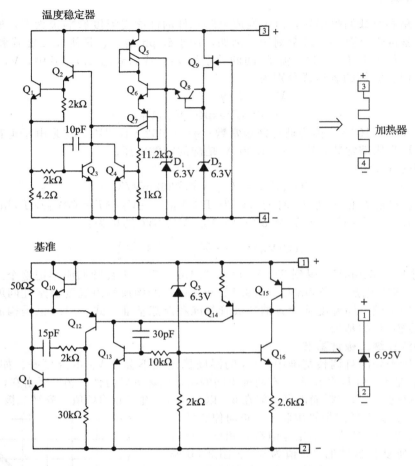

图 9.6　LM399 6.95V 温度稳定基准的电路

基片恒温技术可以进一步改善温度稳定性[4]。图 9.6 所示的 LM399 稳定基准应用了前面所提到的 LM329 有源二极管（如底图所示）来提供恰当的基准，并利用适当的稳压电路（如顶图所示）测量基片温度，且将其保持在始终高于最大期望外界温度的某个设定值上。温度检测是通过 Q_4 的 B-E 结来完成的，而基片由功率晶体管 Q_1 进行加热。在电源打开的瞬间，Q_1 先将基片加热至 90℃，外界温度在 0℃ 到 70℃ 间变化，接下来，保持基片温度高于外界温度，且二者差值不超过 2℃。这样，TC 的典型值为 $0.3 \times 10^{-6}/℃$。另一种温度稳定基准为 LTZ1000 超精度基准（网上可查），有 $0.05 \times 10^{-6}/℃$ 的温漂。这类器件的一个明显缺陷是，需要额外的电能来加热芯片。例如，在 25℃ 时，LM399 功耗为 300mW。图 9.10 给出了 LM399 的一种应用。

击穿二极管的一大缺点是噪声问题，尤其是雪崩噪声，因为此处雪崩击穿是主要的，它会使器件受到 5V 以上的击穿电压的干扰。一种称为埋层式的二极管结构[4]可以显著地减小噪声，同时改善长期稳定性和提高重复生产的能力。LM399 利用这种结构在从 10Hz 到 10kHz 内达到噪声标称值为 $7\mu V$(RMS)。若噪声的影响过大，就需要应用 7.4 节所讨论的噪声滤波技术来解决。

能隙(bandgap)电压基准

由于最好的击穿电压范围是 6V 到 7V，所以通常需要 10V 数量级的电源电压。在低电压电源供电的系统，例如电源电压为 5V 中，这一要求将成为一个缺陷。能隙电压基准可以克服这一限制，此基准之所以这样命名，是因为其输出主要决定于能隙电压 $V_{G0} =$ 1.205V 的缘故。这种基准是基于这样一个想法：即将具有负值 TC 的 B-E 结的压降 V_{BE} 加在与热电势 V_T 成比例的电压 KV_T 上，而 V_T 有正的 TC 值[2]。参照图 9.7a 所示电路，有 $V_{BG} = KV_T + V_{BE}$，所以 $TC(V_{BG}) = KTC(V_T) + TC(V_{BE})$，这说明，要使 $TC(V_{BG}) = 0$，就需要 $K = -TC(V_{BE})/TC(V_T)$，应用式（9.12）和式（9.13）得

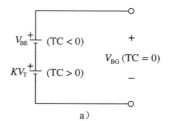

$$K = \frac{V_{G0} - V_{BE}}{V_T} + 3 \qquad (9.14)$$

将上式代入 $V_{BG} = KV_T + V_{BE}$ 可得：

$$V_{BG} = V_{G0} + 3V_T \qquad (9.15)$$

在 25℃ 时，有 $V_{BG} = (1.205 + 3 \times 0.0257)\text{V} = 1.282\text{V}$。

图 9.7b 给出了一种常用的能隙电池的实现方法。这种电池因其发明者而得名 Bro-kaw 电池[5]，其电路是基于两个射极面积不同的 BJT。Q_2 的射极面积为 A_E，而 Q_1 的射极面积是它的 n 倍，所以，由式（3.32），二者的饱和电流满足 $I_{s1}/I_{s2} = n$。因为它们的集电极电阻相同，在运算放大器的作用下，二者的集电极电流也相同。忽略基极电流，就有 $KV_T = R_4 \cdot (I_{C1} + I_{C2}) = 2R_4 I_{C1}$，即

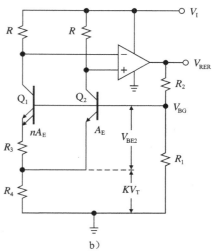

图 9.7 能隙电压基准

$$KV_T = 2R_4 \frac{V_{BE2} - V_{BE1}}{R_3}$$

$$= \frac{2R_4}{R_3} V_T \ln \frac{I_{C2} I_{s1}}{I_{s2} I_{C1}} = \frac{2R_4}{R_3} V_T \ln n$$

上式说明：

$$K = 2\frac{R_4}{R_3} \ln n \qquad (9.16)$$

可以通过调整比率 R_4/R_3 来精确地调节这个常数。运算放大器将电池电压抬高到 $V_{REF} = (1 + R_2/R_1)V_{BG}$。

例 9.5 假设 $n = 4$ 且 $V_{BE2}(25℃) = 650\text{mV}$，在图 9.7b 所示的电路中，计算 R_4/R_3 的值，使得在 25℃ 时 $TC(V_{BG}) = 0$，以及 R_2/R_1 值，使得 $V_{REF} = 5.0\text{V}$。

解：

由式（9.14），$K = (1.205 - 0.65)/0.0257 + 3 = 24.6$。于是，$R_4/R_3 = K/(2 \ln 4) = 8.87$。另外，令 $5.0 = (1 + R_2/R_1)1.282$ 可得 $R_2/R_1 = 2.9$。 ◄

能隙概念也可以用于 CMOS 技术，通过利用寄生 BJT 效应而实现，例如图 9.8a 所描述的阱-晶体管（well BJT）。由于 p 衬底是连到电路中最负电压端，比如地端，因此，电路其余部分必须合理地连接，图 9.8b 展示了一种可能方式。通常晶体管都会被制作成相同大小的发射极区域，所以可以通过调节电阻大小来偏置晶体管工作，从而确定 KV_T 值。通过负反馈，运算放大器维持其正负输入端在相同的电势上，所以 Q_2 上被强制流过的电流为 Q_1 的小了 $1/m_p$。这是留作一道练习题（习题 9.7）去证明下式：

$$V_{BG} = V_{EBL} + KV_T, \quad K = m_p \frac{R_2}{R_1} \ln(m_p) \qquad (9.17)$$

阱-晶体管（well BJT）由于基极区域形状长和掺杂轻而表现出高的基极阻抗 r_B，所以为了

减少通过 r_B 压降，习惯上将晶体管偏置在适当低电流上。

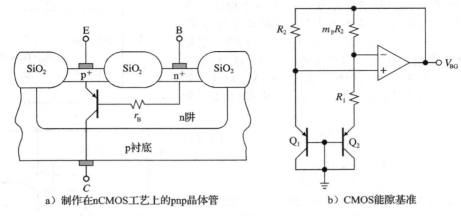

　a）制作在nCMOS工艺上的pnp晶体管　　　　　　　b）CMOS能隙基准

图　9.8

　　正因为能隙基准（另几种实现方法[2]将在习题 9.5 和习题 9.6 中讨论）具有在低压电源下工作的能力，所以它作为系统的一部分有着广泛的应用，例如，稳压电源；D/A 转换器，A/D 转换器，V-F 转换器和 F-V 转换器；条线图仪表以及电源监视电路等。它们也可作为单独的产品使用，如两端或三端基准，有时它们还提供外部修调的能力。

　　两端基准的一个例子是，已经熟悉的 LM385 2.5V 微功率基准二极管。除了能隙电池，该器件还包括其他电路，用于使其动态电阻最小，并提升电池电压至 2.5V。通常，它的 TC 值为 $20 \times 10^{-6}/℃$，动态电阻为 $0.4Ω$。它的偏置由一个平滑的串联电阻提供，而工作电流可以是介于 20uA 到 20mA 间的任意值。

　　REF05 5V 精确基准是三端基准的一个例子。它的输出为 $5.00V \pm 30mV$，外部调整范围可大于 $\pm 300mV$。REF 05A 型的典型 $TC = 3 \times 10^{-6}/℃$（$-55℃ \leq T \leq 125℃$），线路调整率 $-0.006\%/V$（$8V \leq V_1 \leq 33V$），而负载调整率 $0.005\%/mA$（$0 \leq I_0 \leq 10mA$），输出噪声峰峰值为 $10\mu V$（频率范围从 0.1Hz 到 10Hz），长期稳定度为 $65 \times 10^{-6}/1000h$。

单片温度传感器

　　能隙电池中的电压 KV_T 与热力学温度呈线性比例关系（如 PTAT）。由此它就构成了各种单片温度传感器的基础[6]，例如 VPTAT 和 IPTAT，二者的区别是看它们产生的是 PTAT 电压还是 PTAT 电流，这些传感器在集成电路生产中都具有低成本的优点，也不像其他敏感元件，例如，热电偶，RTD，以及热敏电阻那样需要昂贵的线性化电路。除了温度测量和控制外，它通常还用于液体水平检测，流速测量，风速和风向测定，PTAT 电路偏置，以及热电偶冷结补偿。另外，由于 IPTAT 对较长导线上的压降不敏感，所以它们还应用于遥感中。

　　LM335 精密温度传感器是一种常用的 VPTAT。如图 9.9a 所示，这种器件的工作与基准二极管的相同，不同的是它的电压符合 PTAT，且 $TC(V) = 10mV/K$。因此，在室温下有 $V(25℃) = (10mV/K) \times (273.2 + 25)K = 2.982V$，这个器件还备有第三端用来对 TC 进行精密调整，LM335A 型要求室温具有 $\pm 1℃$ 的初始室温精度。当在温度 25℃ 校准后，在 $-40℃ \leq T \leq 100℃$ 时的典型精度为 $\pm 0.5℃$，它的工作电源可以是 0.5mA 到 5mA 之间的任意值，动态电阻小于 $1Ω$。

　　AD590 两端温度传感器是一种常用的 IPTAT。对用户来说，它表现为一个高阻抗的电流源，并具有 $1\mu A/K$ 的灵敏度。将它接在一个接地电阻上，如图 9.9b 所示，这样便构成了一个 VPTAT，灵敏度为 $R \times (\mu A/K)$。AD590M 型要求室温精度的最大值为 $\pm 0.5℃$。在 25℃ 校准后，当 $-55℃ \leq T \leq 150℃$ 时，最大精度为 $\pm 0.3℃$。只要跨在这个器件两端的电压在 4V 到 30V 之间，它就处于正常工作状态。

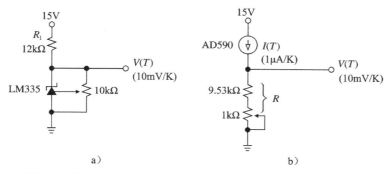

图 9.9 利用 LM335VPTAT 和 AD590IPTAT 的基本温度传感器

另一些处理温度的器件包含摄氏温度和华氏温度传感器，以及热电偶信号调节器。具体产品可参阅制造商的产品目录。

9.3 电压基准应用

在应用电压基准时，应特别注意防止外部电路与互连线，以避免基准性能受到影响，这就要求选用精密运算放大器和低漂移电阻，以及配以特别的连线及电路构造技术。作为一个例子考虑图 9.10 所示的电路，该电路利用了精密运算放大器将温度稳定基准的输出提高到 10.0V。

例 9.6 LM399 具有 $TC_{max} = 2 \times 10^{-6}/℃$ 和 $r_{z(max)} = 1.5\Omega$，而 LT1001 有 $TC(V_{os})_{max} = 1\mu V/℃$，$TC(I_B) \approx 4pA/℃$，$CMRR_{min} = 106dB$ 以及 $PSRR_{min} = 103dB$，评估一下 10V 输出下的最坏漂移量和最坏的线路调整率。

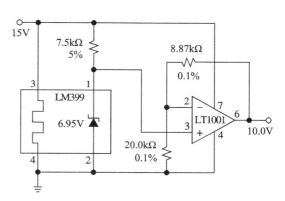

图 9.10 缓冲 10V 基准

解：

由 LM399 引起的最大漂移量为 $(2 \times 10^{-6} \times 6.95)V/℃ = 13.9\mu V/℃$，而由 LT1001 的总输入误差引起的漂移量为 $(1 \times 10^{-6} + (20 // 8.87) \times 10^3 \times 4 \times 10^{-12})V/℃ \approx 1\mu V/℃$；于是，最坏情况输出漂移量为 $(1 + 8.87/20) \times (13.9 + 1)\mu V/℃ = (1.44 \times 14.9)\mu V/℃ = 21.5\mu V/℃$。由 LM399 引起的最坏的线路调整率为 $(1.5/(1.5 + 7500))V/V = 200\mu V/V$，而由 LT1001 产生的最坏线路调整率为 $(10^{-103/20} + 0.5 \times 10^{-106/20})\mu V/V = (7.1 + 2.5)\mu V/V = 9.6\mu V/V$；于是，最坏情况下的线路调整率总量为 $1.44(200 + 9.6)\mu V/V = 303\mu V/V$。为了给出一个定量的概念，即电源电压变化 1V 所产生的效果与温度变化 $(303/21.5)℃ \approx 14℃$ 时的效果是相同的。在这个例子中很明显，应用精密运算放大器后对性能造成的影响是可以忽略不计的。◀

电流源

用一个电压跟随器来自举电压基准的公共端，就构成了一个电流基准[7]，如图 9.11 所示。在运算放大器的作用下，跨在 R 两端的电压总是为 V_{REF}，所以电路中有：

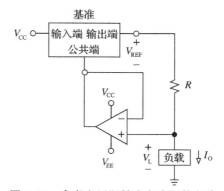

图 9.11 参考电压源转为电流源的电路

$$I_O = \frac{V_{REF}}{R} \tag{9.18}$$

上式中忽略了负载上的电压 V_L。并假设不会发生饱和效应。V_L 值的允许范围称为该电流源的电压裕量(voltage compliance)。

例9.7 图 9.11 所示电路采用了一个 5V 基准,且 TC$=20\mu$V/℃,线路调整率$=50\mu$V/V,落差电压 $V_{DD}=3$V,JEFT 输入级运算放大器具有 TC$(V_{os})=5\mu$V/℃ 和 $\{CMRR\}_{dB}=100$dB。(1)确定 R 的值,使 $I_O=10$mA。(2)计算最坏情况下的 TC(I_O)值,以及由负载端看到的电阻 R_o。(3)设电源为 ±15V,计算电压裕量。

解:

(1) $R=(5/10)$kΩ$=500$Ω(选用 499Ω,1%)

(2) T 改变 1℃,在最坏情况下,R 两端电压改变 $(20+5)\mu$V/℃$=25\mu$V/℃;对应 I_O 的变化是 $(25\times10^{-6}/500)$A/℃$=50$nA/℃,若 V_L 改变 1V,则 V_{REF} 改变 50μV/V,V_{os} 改变 $10^{-100/20}$V/V$=10\mu$V/V,I_O 最大变化为 $((50+10)\times10^{-6}/500)A/V=120$nA/V。因此,$R_{o(min)}=(1V)/(120nA)=8.33$MΩ。

(3) $V_L \leqslant V_{CC}-V_{DO}-V_{REF}=(15-3-5)V=7$V。 ◀

自举原理也能应用到二极管基准的情况,以实现电流源或者电流沉(current sink)。如图 9.12 所示,两个电路中均有 $I_O=V_{REF}/R$。R_1 的作用是为二极管提供偏置。如果采用 LM385 基准二极管,当 $V_L=0$ 时令偏置电流为 100μA,则可得 $R_1=150$kΩ。电流源的电压裕量为 $V_L \leqslant V_{OH}-V_{REF}$,电流汇的电压裕量为 $V_L \geqslant V_{OL}+V_{REF}$。当选用 741 运算放大器和 2.5V 二极管时,电流源中 $V_L \leqslant 10.5$V,电流汇中 $V_L \geqslant -10.5$V。

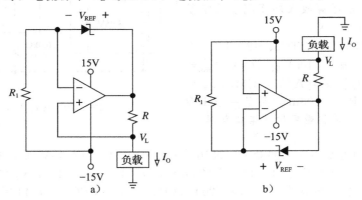

图 9.12 利用基准二极管实现电流源和电流汇

若以上电路无法满足负载电流要求,则可采用增流晶体管。图 9.13a 所示电路中采用了一个 pnp BJT 提供电源电流。在运算放大器的作用下,设置电流电阻 R 两端的电压为 V_{REF},所以流入射极的电流为 $I_E=V_{REF}/R$,流出集电极的电流大小为 $I_C=[\beta/(\beta+1)]I_E$,所以 $I_O=[\beta/(\beta+1)]V_{REF}/R \approx V_{REF}/R$,电压裕量为 $V_L \leqslant V_{CC}-V_{REF}-V_{EC(sat)}$。

例9.8 在图 9.13a 所示的电路中,采用 741 运算放大器,$V_{CC}=15$V,LM385 2.5V 二极管,其偏置电流为 0.5mA,以及一个 2N2905 BJT,其中 $R_2=1$kΩ。(1)计算 R 和 R_1 的值,使 $I_O=100$mA。(2)设 BJT 采用典型参数值,计算电源的电压裕量,校对 741 运算放大器是在规定范围内运行的。

解:

(1) 现有 $R=(2.5/0.1)$Ω$=25$Ω(采用 24.9Ω,1%),以及 $R_1=((15-2.5)/0.5)$kΩ$=25$kΩ(选用 24kΩ)。

(2) $V_L \leqslant (15-2.5-0.2)V=12.3$V。741 运算放大器的输入为 $(15-2.5)$V$=12.5$V,

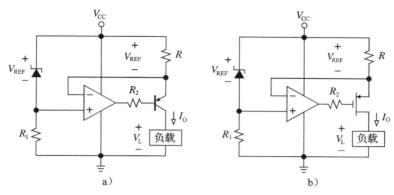

图 9.13　采用增流晶体管的电流源

它处于规定输入电压范围内。设 $\beta=100$，因此 $I_B=1\text{mA}$，计算可得 741 运算放大器的输出为 $V_{CC}-V_{REF}-V_{EB(on)}-R_2 \cdot I_B=(15-2.5-0.7-1\times1)\text{V}=10.8\text{V}$（低于 $V_{oH}=13\text{V}$），吸收电流为 1mA（低于 $I_{SC}=25\text{mA}$）。于是，741 运算放大器是在规定范围内工作的。　◀

若要得到更高的输出电流，可以用功率 pnp 复合晶体管（达林顿（Darlington）级）或功率增强型 pMOSFET 代替电路中的晶体管，如图 9.13b 所示。此时我们可能就需要采用散热片，这一点将在 9.5 节中讨论。

温度传感器应用

应用温度计测量 $V(T)$ 和 $I(T)$ 时，二者都是以摄氏温度或华氏温度校准定标的，而不是以热力学温度（K）计量的。如果采用 VPTAT 或 IPTAT，就需要一个恰当的调节电路[6]。

图 9.14 所示电路通过 AD590IPTAT 检测温度，它的电流表达为 $I(T)=273.2\mu\text{A}+(1\mu\text{A}/℃)T$，$T$ 以 ℃ 计。由叠加原理

$$V_O(T) = R_2(273.2+T)\times10^{-6} - 10R_2/R_1$$

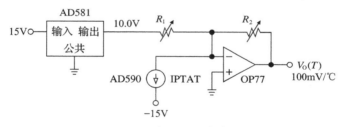

图 9.14　摄氏温度传感器

可以看出，若令 $R_1=(10/(273.2\times10^{-6}))\Omega=36.6\text{k}\Omega$，则式中有两项可抵消得到，$V_O(T)=R_2 10^{-6}/T$，$T$ 以 ℃ 计。对于灵敏度为 $100\text{mV}/℃$ 的传感器，选用 $R_2=(100\text{mV})/(1\mu\text{A})=100\text{k}\Omega$，

为了补偿各种容差，用一个 $35.7\text{k}\Omega$ 的电阻串联一个 $2\text{k}\Omega$ 的电位器作为 R_1，而 R_2 则由一个 $97.6\text{k}\Omega$ 电阻和一个 $5\text{k}\Omega$ 电位器串联而成。为了校准电路，(1)将 IPTAT 置于冰水容器（$T=0℃$）中，调整 R_1 使 $V_O(T)=0\text{V}$；(2)将 IPTAT 置于沸水（$T=100℃$）中，调整 R_2 使 $V_O(T)=10.0\text{V}$。

温度传感器的另一个应用是热电偶测量中的冷接点补偿[6]。热电偶也是一个温度传感器，它由两根不同金属的导线组成，产生电压的形式为：

$$V_{TC} = \alpha(T_J - T_R)$$

式中：T_J 是测量中的温度或热接点温度；T_R 是基准或冷接点温度，它是在将热电偶与测量器件引线（通常为铜）连接处形成的；α 是塞贝克（Seebeck）系数。例如，J 型热电偶是由铁和康铜（55% 铜和 45% 镍）组成的，其 $\alpha=52.3\mu\text{V}/℃$

可以看出，热电偶本身仅提供相对温度信息。如果要测量 T_J 而不考虑 T_R，就必须利

用另一个传感器来测量 T_R，作为例子如图 9.15 中所示。再次应用叠加原理，有：

$$V_O = \left(1 + \frac{R_2}{R_1 /\!/ R_3}\right)\alpha(T_J - T_R) + R_2(273.2 + T_R) \times 10^{-6} - 10R_2/R_1$$

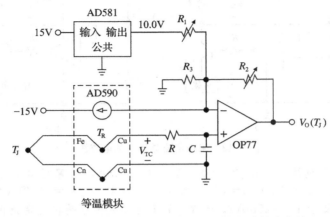

图 9.15　利用 AD590 IPTAT 进行热电偶冷接点补偿

式中：T_J 和 T_R 的单位均为℃。如前所述，选取适当的 R_1 来抵消 273.2 这一项，选 R_3 来抵掉 T_R，调整 R_2 得到所需的输出灵敏度。

例 9.9　若图 9.15 所示的热电偶为 J 型，$\alpha = 52.3\mu A/℃$，选取适当元件值使输出灵敏度为 10mV/℃。简述校准步骤。

解：
如前所述，令 $R_1 = (10/(273.2 \times 10^{-6}))\Omega = 36.6k\Omega$，抵消 273.2 这一项。这样

$$V_O = \left(1 + \frac{R_2}{R_1 /\!/ R_3}\right)\alpha(T_J - T_R) + R_2 T_R 10^{-6}$$

接下来，令 $[1 + R_2/(R_1 /\!/ R_3)]\alpha = R_2 10^{-6} = 10mV/℃$，抵消 T_R 这一项，并使输出灵敏度符合要求。结果为 $R_2 = 10.0k\Omega$ 和 $R_3 = 52.65\Omega$。

在实际中我们应用 $R_3 = 52.65\Omega$，1%，并对 R_1 和 R_2 做以下调整：（1）将热接点置于冰水中，调整 R_1，使 $V_O(T_J) = 0V$；（2）将热接点置于温度已知的热环境中，调整 R_2 得到所需输出（第二步调整中也可借助热电偶电压仿真器来完成）。

为了抑制由热电偶导线引起的噪声，可以利用图中所示的 RC 滤波器，比如说可取 $R = 10k\Omega$ 和 $C = 0.1\mu F$。　　　◀

热电偶冷接点补偿器作为完整的集成电路组件，也可资利用，例如 AD594/5/6/7 系列和 LT1025。

9.4　线性稳压电源

图 9.16 描述了一种稳压电源的基本组成，这个电路利用达林顿管对 Q_1-Q_2（也称为串联导通单元），将功率从一个未经稳压的输入源 V_1，转移到一个预定稳定电压 V_O 的负载上。反馈网络 R_1 和 R_2 对 V_O 进行采样，并将它的一部分馈入误差放大器（EA）用于与基准 V_{REF} 作比较。放大器中的串联导通单元与其驱动一起迫使误差接近于零。这类稳压电源是一种经典的串并联反馈电路，并且可以将它看成是一个配备有达林顿电流增强器的同相运算放大器，于是有：

$$V_O = \left(1 + \frac{R_2}{R_1}\right)V_{REF} \tag{9.19}$$

由于误差放大器输出的电流一般是毫安数量级，而负载上吸收的电流为安培数量级，所以需要一个 $10^3 A/A$ 的电流增益。通常，一个单电源 BJT 是不够的，可以用达林顿管对

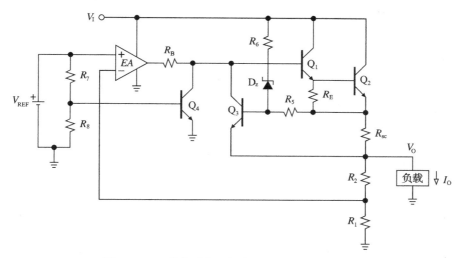

图 9.16 一种典型的双极稳压电源的简化电路图

管来代替它，它的总电流增益为 $\beta \approx \beta_1 \times \beta_2$。可以看到一个 npn BJT 若要工作在正向有源区，即有 $I_C = \beta I_B$ 的区域，则必须满足条件 $v_{BE(on)}$ 和 $v_{CE} \geqslant V_{CE(sat)}$，一个低功率 BJT 通常具有 $\beta \approx 100$，$V_{BE(on)} \approx 0.7V$，$V_{CE(sat)} \approx 0.1V$；一个功率 BJT 通常有 $\beta \approx 20$，$V_{BE(on)} \approx 1V$，$V_{CE(sat)} \approx 0.25V$。

保护措施

一个功率 BJT 性能的可靠性是由一系列因素决定的，其中包括功耗大小、电流和电压额定值、最高结点温度，以及二次击穿（它是由在 BJT 内热点的形成引发的一种现象，会将总负载不均匀地分配于器件的不同区域）。以上因素为 i_C-v_{CE} 特性确定了一个有限的范围，称为安全工作区域（SOA），如果器件在此区域内工作，就不会冒器件失效或性能下降的风险。

稳压电源都装备有专门的电路，用于在电流过载，二次击穿，以及热过载等情况下保护功率级，每一种保护电路在正常工作情况下都是不工作的，但是，一旦出现了超出安全界限的趋势，它们马上就会被激活。

电流过载保护是由最大额定功率因素决定的。由于串联导通 BJT 消耗的功率为 $P \approx (V_I - V_O) I_O$，为了运行安全，必须保证 $I_O \leqslant P_{max}/(V_I - V_O)$。图 9.17 所示的保护方法与第 3 章末尾所讨论的对运算放大器中所应用的保护方法相同，采用一种强制性措施，将 I_O 保持在极限 $I_{SC} = P_{max}/V_I$ 以下，当输出对地短路或 $V_O = 0$ 时就会达到这个极限。众所周知，由此而得设计方程为：

$$R_{SC} = \frac{V_{BE3(on)}}{I_{SC}} \qquad (9.20)$$

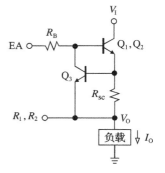

图 9.17 输出过载保护

为了将串联导通 BJT 限制在其 SOA 内，必须降低它的集电极电流，以避免集电极射极电压高于安全水平，这种现象可能发生在未经稳压的输入线路上有高压瞬态存在的情况。可利用齐纳二极管来实现这一保护，如图 9.16 所示。这个二极管正常情况是截止的，一旦 V_I 超过了安全电平，它就会导通。然后由 D_z 提供的电流会使 Q_3 导通，并将电流从串联导通 BJT 基极移开，这与电流过载时的情况一样。R_5 的作用是使 Q_3 基极与功率 BJT 的低阻抗射极之间退耦，而 R_6 用来限制通过 D_z 的电流，尤其是当输入线路存在较大噪声峰值时。

过度的自热可能会引起 BJT 的永久性损耗，除非将结点温度保持在安全水平以下，通常等于或低于 175℃。对于串联导通 BJT 的保护是通过测量它的瞬时温度，并在发生热过载时，就减小集电极电流来达到的。在图 9.16 所示的电路中，Q_4 提供了这种保护措施，

Q_4 是一个组装在紧靠串联导通单元热耦合的 BJT。利用 V_{BE4} 负的 TC 检测到温度。在允许的温度条件下，BJT 设计成截止的，一旦温度超过 175℃，BJT 就会导通。如果 Q_4 导通，它就会对串联导通 BJT 基极中的电流进行分流，以此降低导通程度，甚至完全旁路而使其截止，直到温度降至可以容许的范围为止。

例 9.10 在图 9.16 所示的电路中，假设 $V_{BE4}(25℃)=700\text{mV}$，$\text{TC}(V_{BE4})=-2\text{mV}/℃$，计算 R_7 和 R_8 的值，在 175℃ 时引起热截止。设 V_{REF} 是一个能隙基准。

解：

Q_4 导通所需的电压为 $V_{BE4}(175℃)=V_{BE4}(25℃)+\text{TC}(V_{BE4})\times(175-25)℃\approx700\text{mV}+(-2\text{mV}/℃)\times150℃\approx400\text{mV}$，忽略 I_{B4}，令 $0.4=[R_8/(R_8+R_7)]\times1.282$，得 $R_7/R_8=2.2$。设 $I_{B4}=0.1\text{mA}$，令 $V_{REF}/(R_7+R_8)\approx10I_{B4}$，得 $R_7=880\Omega$ 和 $R_8=400\Omega$ ◀

效率

一个稳压器的效率被定义为 $\eta(\%)=100\times(P_O/P_I)$，其中，$P_O(=V_OI_O)$ 是输送到负载的平均功率，$P_I(=V_II_I)$ 是从输入源吸收的功率。从输入电压源 V_I 流出的电流 I_I 将负载和包括能隙基准、误差放大器，以及反馈网络的控制电路分离开来，因为只有毫安数量级，所以后者的电流相对于 I_O 可忽略不计，我们估计 $I_I\approx I_O$ 并有

$$\eta(\%)\approx100\times\frac{V_O}{V_I} \tag{9.21}$$

例 9.11 在图 9.16 所示的电路中，令 $R_B=510\Omega$，$R_E=3.3\text{k}\Omega$，$R_{SC}=0.3\Omega$，假定误差放大器的输出线性跟随输入，V_I 为 0.25V，对于能隙基准和典型的 BJT，(1)计算 R_2/R_1 比值使得 $V_O=5.0\text{V}$。(2)在输出电流 $I_O=1\text{A}$ 下，求误差放大器的输出电压。(3)计算落差电压。(4)对于给定的 I_O，求最大的效率。(5)如果 V_I 从汽车电池中获取，那么效率是多少？

解：

(1) 列出等式 $5=(1+R_2/R_1)\times1.282$，那么有：
$$R_2/R_1=2.9$$

(2) 当 $I_O=1\text{A}$，我们有 $I_{B2}=I_{E2}/(\beta_2+1)=(1/21)\text{A}=47.6\text{mA}$，$I_{E1}=I_{B2}+V_{BE2(on)}/R_{E2}\approx48\text{mA}$，因此，误差放大器提供 $I_{OA}=I_{B1}=I_{E1}/(\beta_1+1)=(48/101)\text{A}\approx0.475\text{mA}$，这样，$V_{OA}=V_{RB}+V_{BE1(on)}+V_{BE2(on)}+V_{R_{SC}}+V_O=(0.51\times0.475+0.7+1+0.3\times1+5)\text{V}\approx7.25\text{V}$。

(3) 允许留有 0.25V 空间给 EA，很明显为了使电路正常工作，有：
$$V_I\geqslant(7.25+0.25)\text{V}=7.5\text{V}$$
因此，$V_{DO}=(7.5-5)\text{V}=2.5\text{V}$

(4) 由于 $V_I\geqslant7.5\text{V}$，根据式(9.21)得到：
$$\eta(\%)\leqslant100\times5/7.5\approx67\%$$

(5)对于 $V_I=12\text{V}$，效率为：
$$\eta(\%)\leqslant100\times5/12\approx42\%$$ ◀

单片稳压电源

图 9.16 所示的基本框架或者它的不同形式都属于单片电路。最早期的两类畅销产品是具有正稳压电源的 μA7800 系列和负稳压电源的 μA7900 系列（可以从网上找到）。μA78G 系列和 μA7800 系列类似，除了将图 9.16 中的 R_1-R_2 电阻对省略，以及用户可以利用被称作控制引脚的误差放大器的反相输入端来外部设置 V_O。这种称为四端可调稳压电源的器件在遥感应用中是特别有用的，如图 9.18 所示，将反馈网络恰好接在负载两端，并配备有单独的返回线，以保证调整后的电压恰好加在负载两端，而与在导线的杂散电阻 r_S 上产生任何压降无关。四端 7900 型负稳压电源称为 μA79G。

另一类常用的产品是三端可调稳压电源。其中，LM317 正稳压电源和 LM337 负稳压电源是最广为熟知的两个例子。在图 9.19a 所示的 LM317 功能结构图中[8]，二极管为 1.25V 能隙基准，偏置电流为 50μA。误差放大器无论在何种驱动下都提供将输出引脚电

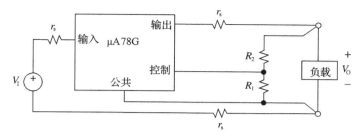

图 9.18 具有远距离检测的可调稳压电源

压保持在比调节引脚电压高出 1.25V。因此，按图 9.19b 所示的接法，得 $V_O = V_{ADJ} +$
1.25V，根据叠加原理，$V_{ADJ} = V_O/(1+R_1/R_2) + (R_1 /\!/ R_2) \times (50\mu A)$ 可得

$$V_O = \left(1 + \frac{R_2}{R_1}\right) \times 1.25V + R_2 \times (50\mu A) \tag{9.22}$$

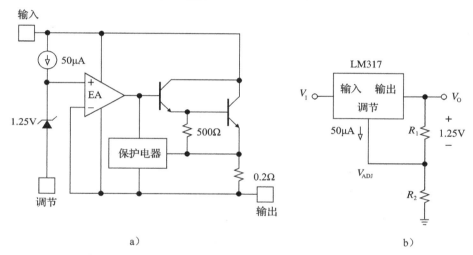

图 9.19 LM317 三端可调稳压电源的功能结构和典型连接

R_1 和 R_2 的作用除了设置 v_O 的值外，还要为误差放大器和其余电路在负载不存在时的静
态电流保留一个对地通路。用户数据手册建议采用一个 5mA 电流通过 R_1 来达到这一要
求。接下来，可以证明 $50\mu A$ 电流所产生的作用可以忽略，所以 $V_O = (1+R_2/R_1)1.25V$。
通过改变 R_2 的值，V_O 就可以在 1.25V 到 35V 之间任意调节。另一种可调节的稳压产品
是 LT3080，读者可以在网上找到它的电路结构和有用的应用建议。

低压差电压稳压电源

考虑到效率和功率的损失，以及低压差便携功率系统的需求，这就导致了低落差电压
稳压电源的出现。为了更进一步地观察落差电压 V_{DO}，参考图 9.20 所示常用的拓扑结构，
每一个电路由串联器件以及它的驱动构成，由电压 v_X 控制。回忆式 $V_{DO} = V_{I(min)} - V_O$，其
中，$V_{I(min)}$ 是在控制环路停止稳压之前的最低输入电压，我们可以同时对 3.7 节中的 OVS
进行估计。

由图 9.20a 所示的拓扑结构可以知道 $V_{DO} = V_{EC1(EOS)} + V_{BE2(on)} + V_{BE3(on)}$，其中，
$V_{EC1(EOS)}$ 是 Q_1 在临界饱和区时发射极和集电极两端电压。我们使用典型值，$V_{DO} = (0.25 +$
$0.7 + 1)V \approx 2V$。图 9.20b 所示的是图 9.20a 所示的 MOS 版本(由于 FET 的输入阻抗近乎
无穷大，在这种情况下串联旁路就由单功率管 M_2 起作用)。我们知道：

$$V_{DO} = V_{SD1(EOS)} + V_{GS2} = V_{OV1} + V_{tn} + V_{OV2}$$

式中：V_{OV} 是过驱动电压；V_{tn} 是阈值电压。假设 3.7 节中的典型值为：

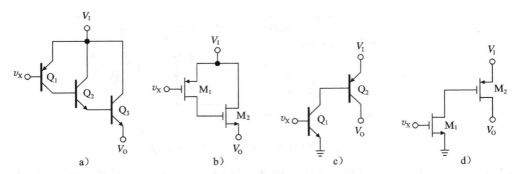

图 9.20　常见的几种稳压电源的输出拓扑结构

$$V_{DO}=(0.25+0.75+0.25)V\approx1.25V$$

在全部的拓扑结构中串联器件都是一个电压跟随器(BJT 情况下是共集，MOS 情况下是共漏)，这样的话，本质上速度变快，而且它的低输出阻抗免受电容负载影响。然而，V_{DO}电压在很多情况下变得特别高。

考虑 3.7 节对于轨到轨的分析，我们可以用共射(CE)或共源(CS)来替代共集(CC)或者共漏(CD)，从而有意义地减小 V_{DO}。这就形成了图 9.20c 所示的拓扑结构，从图中我们知道 $V_{DO}=V_{EC2(EOS)}(\approx0.25V)$，$V_{DO}=V_{SD2(EOS)}=V_{OV2}(\approx0.25V)$，这就相对低了很多。然而，降低 V_{DO}值是有代价的，使用共射或共源(CE/CS)结构会使得输出阻抗变高，由电容电阻负载形成的反馈极点会破坏控制环稳定性，一种普遍的做法是，运用 6.4 节讨论过的阻尼补偿技术，使用精确电容和 ESR 电阻值范围的输出电容。

图 9.21 展现了 LDO 稳压电源的一个例子，为避免由于应用 R_{sc}而升高 V_{DO}，pnp BJT 应配备有附加一个小面积集电极，为过载保护电路提供集电极电流检测信息。LDO 常用于为开关稳压电源的较大噪声输出提供后置调整。

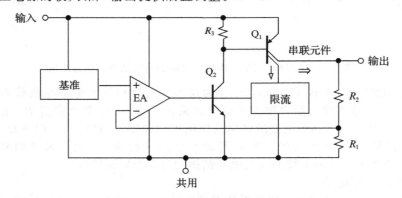

图 9.21　低落差电压稳压电源方框图

9.5　线性稳压电源应用

稳压电源的主要用途是作为电源，尤其是作为分散电源，在那里把未经稳压的电压送到不同的子系统，然后由专门的稳压器就地给予稳压。除了一些简单要求外，线性稳压电源通常是很容易应用的。

如图 9.22 所示，这个器件应该总是配有一个输入电容，用来减少输入导线上杂散电感的影响，尤其是在将这个稳压电源放在远离未调整电源的地方更应如此。并且还应有一个输出电容，用来增强电路对负载电流突变的反应能力。为了得到更理想的结果，就要利用粗的导线和引线，让接头尽可能短，并将两个电容尽量靠近稳压电源。根据具体情况，可能还需要用散热片来保持内部温度，使其处在一个可容许的范围内。

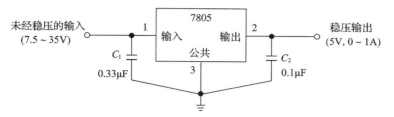

图 9.22　μA7805 稳压电源的典型电路接法（版权所有，仙童半导体公司授权使用）

供电电源

借助于几个外部元件，就可以将一个稳压电源（像电压基准那样）组成各种各样实用的电压源或电流源，稳压电源与电压基准的主要区别在于前者能够提供高得多的电流。

将一个稳压电源的公共端的电压提高至一个适当的值，就可以得到更高的输出电压。在图 9.23a 所示电路中有：

$$V_O = V_{REG} + R_2 \times V_O / (R_1 + R_2)$$

或者
$$V_O = \left(1 + \frac{R_2}{R_1}\right) V_{REG} \tag{9.23}$$

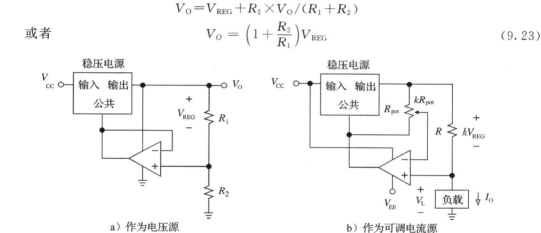

a）作为电压源　　　　　　b）作为可调电流源

图 9.23　稳压电源组成

运算放大器（有已调整的输出供电，用于消除任何 PSRR 和 CMRR 误差）的作用是防止公共的负载加载反馈网络上。但是，如果这个端点的电流足够小（例如在可调稳压电源 LM317 和 LM337 中就是这样），就可不用运算放大器来隔离负载，电路可简化为图 9.19b 所示的这样熟悉的形式。

例 9.12　设在图 9.23a 所示电路中一个 7805 型 5V 稳压器，其额定值为 $V_{DO} = 2V$，$(V_{In} - V_{Cmmon})_{max} = 35V$。确定合适的电阻值使得 $V_O = 15.0V$，并讨论线路和负载调整率。求出 V_{CC} 允许值的范围？

解：

由 $15 = (1 + R_2/R_1) \times 5$ 得到 $R_2/R_1 = 2$。令 $R_1 = 10k\Omega$，$R_2 = 20k\Omega$。为精确调节 V_O，将一个 $1k\Omega$ 的电位器置于 R_1 和 R_2 之间，并将旋臂接至同相输入端。线路和负载调整率的百分比值由 7805 稳压器数据手册讨论所得。但是，其现在的 mV/V 和 mV/A 值是 7805 的 $1 + R_2/R_1 = 3$ 倍大。这个运算放大器使得 V_{Common} 维持在 10V，因而 $V_{CC(max)} = (10 + 35)V = 45V$。并且，$V_{CC(min)} = V_O - V_{DO} = (15 + 2)V = 17V$。◀

在图 9.23b 所示电路中，运算放大器将稳压电源的公共端自举累加在输出负载上所建立的电压 V_L 上。而该稳压电源将 R 两端电压保持在 kV_{REG} 中，其中，k 代表电位器旋臂和稳压电源输出端之间电位器所占的份额，$0 \leqslant k \leqslant 1$。所以，不考虑 V_L，只要不发生饱和，电路就有：

$$I_O = k \frac{V_{REG}}{R} \tag{9.24}$$

我们因而得到了一个可调电流源，其电压裕量为 $V_L \leqslant V_{CC} - V_{DO} - kV_{REG}$。如果需要的是一个电流阱，则可以采用一个负的稳压电源，在 V_{CC} 一定的情况下，为使电压裕量达到最大，就应选用 V_{DO} 和 V_{REG} 较低的稳压电源。一个 317 或 337 型可调稳压电源就是一个不错的选择。

例 9.13 在图 9.23b 所示电路中采用一个 LM317 型 1.25V 稳压器，其额定值为 $V_{DO} = 2V$ 和最大线路调整率为 0.07%/V。设运用一只 $10k\Omega$ 电位器，一个运算放大器，$\{CMRR\}_{dB} \geqslant 70dB$，以及 $\pm 15V$ 电源，计算值以得到一个 0～1A 的可调电流；接下来，计算电压裕量和 $k=1$ 时从负载向里看的最小等效电阻。

解：
$R = 1.25\Omega$，1.25W（采用 1.24Ω）。$V_L \leqslant (15-2-1.25)V = 11.75V = 9.75V$。$V_L$ 改变 1V，最差情况下，I_O 将改变 $((1.25 \times 0.07/100 + 10^{-70/20})/1.25)mA = 0.953mA$，则 $R_{o(min)} = (1V)/(0.953mA) = 1.05k\Omega$。　◀

温度考虑

消耗在串联导通 BJT 基-集电结上的电能转化成了热能，会升高结温度 T_J，为了避免对 BJT 造成永久性破坏，T_J 必须保持在某一安全界限以下，对于硅器件，这个界限值在 150℃～200℃ 范围内。为避免出现过高的温度堆积，热量必须从硅片中排出到外壳，再由外壳排到周围环境中去，在热平衡点处，一个恒定功耗的 BJT 对于周围温度，所上升的温度可以表示为：

$$T_J - T_A = \theta_{JA} P_D \tag{9.25}$$

式中：T_J 和 T_A 是结温度和周围温度；P_D 是消耗功率；θ_{JA} 是结到周围热电阻，以℃/W 计。这个电阻代表着每消耗一单位功率所上升的温度，它由数据清单给出。例如，当 $\theta_{JA} = 50℃/W$ 时，芯片消耗 1W 功率，温度上升到比周围温度高 50℃。如果 $T_A = 25℃$，$P_D = 2W$，则 $T_J = T_A \times \theta_{JA} P_D = (25+50 \times 2)℃ = 125℃$。也可以将 θ_{JA} 看做该器件散热能力的一种度量。θ_{JA} 越低，一定 P_D 下温度的升高值就越小。显然，对于给定的 $T_{A(max)}$、θ_{JA} 和 $T_{j(max)}$ 为 P_D 确定了一个上限。

热传递过程可用电传导过程来建模，这里功率相当于电流，温度相当于电压，热电阻相当于欧姆电阻。这种模拟方法由图 9.24 所示的模型给出，电路处于自然空气状态，即无任何冷却措施。热电阻 θ_{JA} 由两部分组成，即

$$\theta_{JA} = \theta_{JC} + \theta_{CA} \tag{9.26}$$

式中：θ_{JC} 是从结到外盒的热电阻；θ_{JA} 是外盒到外界的热电阻。应用欧姆定律和 KVL 定律，若其他参数已知，就可算出热流路经上任一点的温度。如果此路径中的热阻超过一个，则总热阻为各个热阻之和。

分量 θ_{JC} 是由器件的电路布局和包装外壳决定的。为了有助于减小 θ_{JC}，将该器件包在一个适当大的外盒中，并将耗热最多的集电极区域直接与外盒相连，图 9.25 给出了两种常用的包装，以及对 $\mu A7800$ 和 $\mu A7900$ 系列的温度额定值。数据清单中通常仅给出 θ_{JC} 和 θ_{JA}；

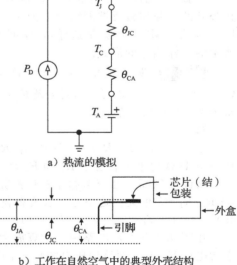

a) 热流的模拟

b) 工作在自然空气中的典型外壳结构

图　9.24

然后可以算出

TO–3　　　　　　　　　　　　　　TO–220

图 9.25　两种常用的包装。对于 μA7800 系列，热电阻典型（最大）额定值是：TO-3: $\theta_{JC} = 3.5(5.5)\text{℃}/\text{W}$，$\theta_{JA} = 40(45)\text{℃}/\text{W}$；TO-220: $\theta_{JC} = 3(5)\text{℃}/\text{W}$，$\theta_{JA} = 60(65)\text{℃}/\text{W}$。

例 9.14　(1)μA7805 5V 稳压器的数据手册给出 $T_{J(max)} = 150\text{℃}$，计算 TO-220 包装在自由空气中工作所消耗的最大功率。对应的外盒温度 T_C 是多少？(2)计算 $V_I = 8\text{V}$ 时期间流出的最大电流。

解：

(1) $P_{D(max)} = (T_{J(max)} - T_{A(max)})/\theta_{JA} = ((150-50)/60)\text{W} = 1.67\text{W}$。利用 KVL，$T_C = T_J - \theta_{JC}P_D = (150 - 3 \times 1.67)\text{℃} = 145\text{℃}$。

(2) 忽略公共端电流，我们有 $P_D \approx (V_1 - V_O)I_O$，所以 $I_O \leqslant (1.67/(8-5))\text{A} = 0.556\text{A}$。◀

在自由空气中工作时，热量由外盒向周围传播时所遇到的阻力远远大于从结到外盒的阻力。用户可以利用一个散热片来显著地降低 θ_{CA}。对于金属结构的情况，通常都用鳍状形叶片，将它压焊在或紧套在器件的外壳上，以促进热量由外盒向外界的流动。图 9.26 所示的说明了散热片的作用。当 θ_{JC} 相同时，θ_{CA} 显著地按下式改变：

$$\theta_{CA} = \theta_{CS} + \theta_{SA} \tag{9.27}$$

式中：θ_{CS} 是安装表面的热阻；θ_{SA} 是散热片的热阻。衬底表面通常是一层薄薄的绝缘云母或玻璃纤维衬底，以提供外盒与散热片之间的电绝缘，因为外盒在内部直接与集电极相连，而散热片往往压焊在地盘上。通常在散热片上涂上润滑油以保证密切的热连接，衬底表面的典型热阻值小于 $1\text{℃}/\text{W}$。

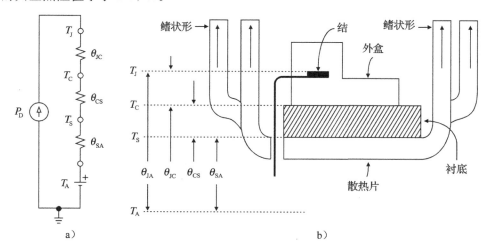

图 9.26　在散热器上包装的热电流电气模拟

散热片有许多形状和大小可资利用，小型的散热片热阻值约为 $30\text{℃}/\text{W}$，而大型的则可小到等于或小于 $1\text{℃}/\text{W}$。热阻值是在用垂直鳍形翼安装且无障碍气流的散热片下给出的。强制冷却空气可以进一步降低热阻值。在无限散热和热性能非常好的衬底表面的极限情况下，衬底 θ_{CA} 可以达到零，这些器件的散热能力仅受 θ_{JC} 的限制。最适合于某一给定应用的包装与散热的组合是由最大期望功耗、最大可容许结温度，以及最大预期环境温度决定的场合。

例 9.15   一个 $\mu A7805$ 稳压电源应满足一下要求：$T_{A(max)} = 60℃$，$I_{O(max)} = 0.8A$，$V_{I(max)} = 12V$，以及 $T_{J(max)} = 125℃$。选择一个适当的包装散热组合。

解：

$\theta_{JA(max)} = ((125-60)/[(12-5) \times 0.8])℃/W = 11.6℃/W$。选用 TO-220 包装，它较便宜，而且提供更理想的热阻值。于是 $\theta_{CA} = \theta_{JA} - \theta_{JC} = (11.6-5)℃/W = 6.6℃/W$。衬底表面允许的热阻值为 $0.6℃/W$，所以剩下 $=6℃/W$。查表可知，一种适当的散热片是 IERC HP1 系列散热片，其热阻值的范围是 $5℃/W$ 到 $6℃/W$。   ◀

电源监控电路

在 9.4 节中讨论的集中保护方式保护了稳压电源的安全运行。一个精心设计的电源系统还应当包括负载保护以及监控性能满意的电源性能。所需的典型功能有过压(OV)保护，欠压(UV)检测，以及交流线路损耗检测。MC3425 电源监控电路是各种电源监控专用电路中的一种，以帮助设计者来完成这项任务。

如图 9.27 所示，电路包括一个 2.5V 能隙基准和两个比较器通路，其中一个通路用于 OV 保护，另一个用于 UV 监测。输入比较器 CMP_1 和 CMP_3 具有集电极开路输出并具有 $200\mu A$ 有源上拉电流。这些输出的响应延时都是外部可独立调的，以避免器件在噪声环境中引起的误触发。时延是由这两个输出端与地之间连接的两个电容器造成的，在随后的图中将会指出。

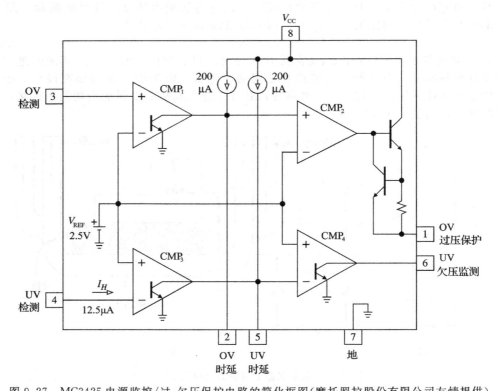

图 9.27   MC3425 电源监控/过-欠压保护电路的简化框图(摩托罗拉股份有限公司友情提供)

在正常情况下这些输出都为低电压。但是如果出现了 OV 或 UV 情况，CMP_1 或 CMP_3

将会使其输出 BJT 截止，从而使对应的时延电容器被 $200\mu A$ 提升电流充电。一旦电容器电压达到 V_{REF}，相应的输出比较器就会被激活为那个通路的整个时延所保留的紧急状态信号标志。

任一通路的时延都可以由式(8.2)得到，即

$$T_{DLY} = \frac{C_{DLY}(2.5V)}{200\mu A}$$

或

$$T_{DLY} = 12\,500 C_{DLY} \tag{9.28}$$

式中：C_{DLY} 的单位为 F，T_{DLY} 单位为 s。例如，令 $C_{DLY}=0.01F$，得到 $T_{DLY}=125s$。

虽然 UV 比较器 CMP_4 具有集电极开路输出，但 OV 比较器 CMP_2 含有一个过载保护输出增幅器，用于驱动外部晶闸管整流器(SCR)开关在紧急状态下切断电源。

OV/UV 监测和线路损耗检测

图 9.28 显示出了一个用于 OV 保护和 UV 监测的典型 3425 电路。只要 V_{cc} 高于某一电平 V_{OV}，以使得

$$\frac{V_{OV}}{1+\dfrac{R_2}{R_1}} = V_{REF}$$

或

$$V_{OV} = \left(1+\frac{R_2}{R_1}\right)V_{REF} \tag{9.29}$$

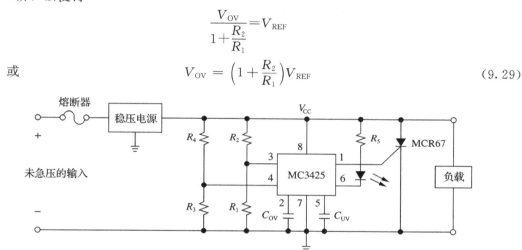

图 9.28　利用 MC3425 实现过压保护和欠压监测

OV 通路就会触发。如果 OV 条件在由 C_{OV} 设定的全部时延 T_{OV} 内成立，MC3425 将会激活 SCR，接着将稳压电源短路并烧断熔断器，从而避免负载长时间过压，也防止未稳压的输入电源长时间过载。

同样地，当 V_{cc} 低于

$$V_{UV} = \left(1+\frac{R_4}{R_3}\right)V_{REF} \tag{9.30}$$

时，UV 通路就会触发。一旦触发，CMP_3 激活一个内部电路，它从 UV 检测输入引脚吸收一个电流 $I_H=12.5A$。设计这个电流的目的是降低这个引脚的电压来产生迟滞现象，从而降低抖动。迟滞宽度为：

$$\Delta V_{UV} = (R_3 \,/\!/\, R_4) \times (12.5\mu A) \tag{9.31}$$

因此，CMP_3 一旦由于 V_{cc} 低于 V_{UV} 而激活，它就保持在这个状态，直至 V_{cc} 升高到高于 $V_{UV}+\Delta V_{UV}$。除非在 V_{UV} 所确定的时延中 V_{UV} 发生这个现象，否则 CMP_4 也会激活并使 LED 发光。一旦 V_{cc} 高于 $V_{UV}+\Delta V_{UV}$，CMP_3 回到初始状态，并使 I_H 消失。

例 9.16　在图 9.28 所示电路中，计算恰当的元件值时，OV 触发电压为 6.5V，时延为 $100\mu s$，UV 触发电压为 4.5V，迟滞为 0.25V，并时延为 $500\mu s$。

解：

由以上公式可得出 $C_{OV}=8nF$，$R_2/R_1=1.6$，$R_4/R_3=0.8$，$R_3 \,/\!/\, R_4=20k\Omega$，$C_{UV}=$

40nF。选用 $C_{OV}=8.2nF$，$C_{UV}=43nF$，$R_1=10k\Omega$，$R_2=16.2k\Omega$，$R_3=45.3k\Omega$，$R_4=36.5k\Omega$。◀

在基于微处理器的系统中，无论整条线路(信号消失)或局部线段(降低电压)，都必须及时检测到交流线路损耗，从而保存在固定存储器中的重要信息而使信息得以抢救，以及可能因欠压工作而受到影响的设备(如电机和水泵)不能工作。图 9.29a 所示电路，利用一个中心抽头变压器(可能就是这个变压器给稳压器提供未经调整的输入电压的)来监控交流线路，并用 UV 通路来检测线路损耗。由图 9.29b 所示的波形可以很好理解电路运行过程。

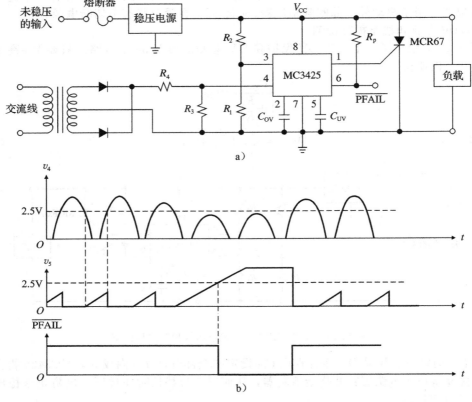

图 9.29　具有交流线路损耗检测电路的过压保护及其典型波形

时延电容 C_{UV} 选取的值足够大，以使在正常线路条件下，在两个相邻的交流峰值之间没有足够的时间使其充电到超过 2.5V。这也称为可再触发单步运行。但是，如果线路压降使 MC3425 检测到引脚 4 处的峰值降到阈值 2.5V 以下，C_{UV} 将完全充电并触发 CMP_4，给出一个 $\overline{PFAIL}$ 命令。这个命令可用于中断微处理器，并执行适当的电源失效程序。

9.6　开关稳压电源

众所周知，在线性稳压电源中，串联导通晶体管连续地将功率由 V_1 转移到 V_O。如图 9.30a 所示，BJT 运行在正向有源区域，在此区域中它相当于一个受控电流源，消耗的功率为 $P=V_{CE}I_C+V_{BE}I_B$。与负载电流相比，可以忽略基极电流以及控制电路所吸收的电流。

从而写出 $P\approx(V_I-V_O)I_O$。已经看到，正是这个能耗将线性稳压电源的效率限制为：

$$\eta(\%)=100\frac{V_O}{V_I}$$

例如：当 $V_T=12V$，$V_P=5V$ 时，我们得到 $\eta=41.7\%$

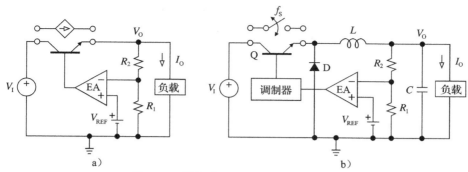

图 9.30 线性稳压电源和开关稳压电源

已经知道，正常运行要求 $V_I \geqslant V_O + V_{DO}$，这里 V_{DO} 为落差电压。一个低落差（LDO）型的线性稳压电源可以通过将一个接近 $V_O + V_{DO}$ 的预调整电压给它供电来提高运行效率。但是，在没有任何预调整的情况下，V_I 可能在 $V_O + V_{DO}$ 以上变化，即使选用 LDO 稳压电源，在 V_I 处于其最大值时，效率也是很低的。

开关稳压电源通过将晶体管用作周期性转换开关来达到高效率。在这种情况下，BJT 或处于截止状态，所消耗功率为 $P \approx V_{CE} I_C \approx (V_I - V_O) \times 0 = 0$；或处于饱和状态，所消耗功率为 $P \approx V_{SAT} I_C$，由于跨在闭合开关两端的电压 V_{SAT} 很小，所以这个功率值通常也较小。因此，一个开关型 BJT 消耗的功率远小于一个正向工作的 BJT。开关模式下运行所付出的代价是需要一个线圈来提供 V_I 到 V_O 能量的高频转移，以及保证低输出纹波的平滑电容。尽管如此，L 和 C 在对能量进行转换时，并不消耗功率，至少可以说，理想的情况是这样。于是，开关与低耗电抗元件的结合使开关稳压电源本能地具有比同类线性稳压电源更高的效率。

开关模式调节可以通过调整开关占空比 D 来控制，定义为：

$$D = \frac{t_{ON}}{t_{ON} + t_{OFF}} = \frac{t_{ON}}{T_S} = f_S t_{ON} \qquad (9.32)$$

式中：t_{ON} 和 t_{OFF} 是晶体管导通和截止的时间段；$T_S = t_{ON} + t_{OFF}$ 是开关循环周期；$f_S = \frac{1}{T_S}$ 是开关工作频率。调整占空比的方法有两种：（1）在脉冲宽度调制（PWM）中，f_S 固定而 t_{ON} 可调；（2）在脉冲频率调制（PFM）中，t_{ON}（或 t_{OFF}）固定，而 f_S 可调。显然，开关稳压电源中的控制电路比线性稳压电源中的要复杂得多。

基本拓扑结构

如果将开关、线圈和二极管的组合看做一个 T 结构，那么，根据线圈所在的位置不同，可有图 9.31 所示的三种拓扑结构，分别称为降压（buck）型，升压（boost）型和反极性（buck-boost）型拓扑（其理由稍后再说）；很明显，图 9.30b 所示的电路是一个 buck 型电路。虽然图中的结构都是对 $V_I > 0$ 状态下工作的，但只要适当改变开关和二极管的极性，他们就很容易变为 $V_I < 0$ 下工作的电路。另外，还可以通过适当地变化线圈和开关结构来得到许多其他的拓扑。为了更深入地了解，现在重点讨论 buck 型拓扑，其他结构也能进行类似地分析。

假设 $V_I > V_O$，在图 9.31a 所示电路中对 buck 型工作可如下描述。

在 t_{ON} 内开关闭合，将线圈与 V_I 相连，二极管截止，所以电路状态如图 9.32a 所示，图 9.32 中 V_{SAT} 是开关闭合时的压降。在此期间内，线圈内电流及磁能逐渐建立，其变化关系为：$\frac{di_L}{dt} = \frac{v_L}{L}$，$\omega_L = \left(\frac{1}{2}\right) L i_L^2$

如果 V_I 和 V_O 在一个开关周期内没有明显的变化，线圈电压 v_L 就会保持在一个恒定值 $v_L = V_I - V_{SAT} - V_O$。

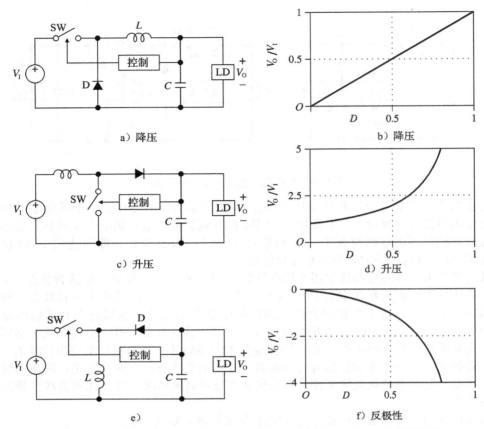

图 9.31 基本开关稳压电源结构和理想 V_O/V_I 比值与占空比 D 的函数图像

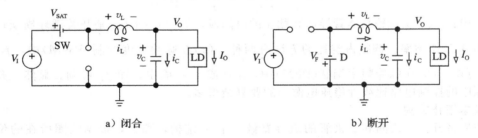

图 9.32 当 SW 闭合及断开时降压型开关稳压电源的等效电路

这是就可以用有限差分来代替微分而写成 $\Delta i_L = \dfrac{v_L \Delta_t}{L}$，得到在 t_{ON} 内线圈电流增量为：

$$\Delta i_L(t_{ON}) = \frac{V_I - V_{SAT} - V_O}{L} t_{ON} \tag{9.33}$$

由初等物理学知识可知，线圈中的电流不能瞬时改变。所以，当开关断开时，无论线圈上电压是什么都要维持其电流的连续性。随着磁场的消逝，$\dfrac{di_L}{dt}$ 及 v_L 都将改变极性，这表明线圈左端电压向反极摆动，直至续流二极管导通，为线圈电流流动提供一条通路为止。图 9.32b 描述了这种情况，其中 V_F 是正向偏置二极管上的压降。此时线圈电压为 $V_L = -V_F - V_O$，说明线圈电流减少量为：

$$\Delta i_L(t_{OFF}) = -\frac{V_F + V_O}{L} t_{OFF} \tag{9.34}$$

图 9.33a 给出了开关，二极管和线圈上的电流波形，此时线圈电流永远不会降到零，这种状态称为连续导通模式（CCM）。

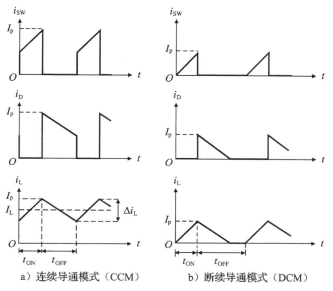

a）连续导通模式（CCM）　　　　b）断续导通模式（DCM）

图 9.33　三种基本拓扑的电流波形

如果电源接通后电路达到了稳定状态，则有 $\Delta i_L(t_{ON}) = \Delta i_L(t_{OFF}) = \Delta i_L$，此处 Δi_L 称为线圈电流纹波。利用式（9.32）到式（9.34），对于 buck 型稳压电源可得：

$$V_O = D(V_I - V_{SAT}) - (1-D)V_F \tag{9.35}$$

下面再看图 9.31 所示的 boost 型结构，注意到再次设线圈电压左端为正，则在 t_{ON} 内线圈电压为 $v_L = V_I - V_{SAT}$，而在 t_{OFF} 内为 $v_L = V_I - (V_F + V_O)$。如同在 buck 型结构中所做的那样，可以计算出 boost 型开关稳压电源中，有：

$$V_O = \frac{1}{1-D}(V_I - DV_{SAT}) - V_F \tag{9.36}$$

同样，设图 9.31e 所示线圈上端电压为正，则 t_{ON} 内线圈电压 $v_L = V_I - V_{SAT}$，t_{OFF} 内为 $v_L = V_O - V_F$，于是，对于 buck-boost 型开关稳压电源有：

$$V_O = -\frac{D}{1-D}(V_I - V_{SAT}) + V_F \tag{9.37}$$

在理想极限状态下，$V_{SAT} \rightarrow 0$ 和 $V_F \rightarrow 0$，以上等式可以分别简化为如下的无耗特性：

$$V_O = DV_I, \quad V_O = \frac{1}{1-D}V_I, \quad V_O = -\frac{D}{1-D}V_I \tag{9.38}$$

这些关系由图 9.31b、d 和 f 中曲线所示。已知 $0 < D < 1$，buck 型开关稳压电源有 $V_O < V_I$，而 boost 型开关稳压电源有 $V_O > V_I$，这就是这些稳压电源名称的由来。类比变压器也可将 buck 型和 boost 型电路称为降压型和升压型稳压电源。在 buck-boost 型电路中输出幅度可以大于或小于输入幅度，这决定于 $D < 0.5$ 还是 $D > 0.5$。另外，它的输出极性与输入相反，所以这种稳压电源也称为反相稳压电源。值得注意的是，线性稳压电源是绝不可能出现升压和极性反相的！

在元件无耗和控制电路功耗为零的理想极限状态下，开关稳压电源的效率为 100%，即 $P_O = P_I$，或 $V_O I_O = V_I I_I$。而写成：

$$I_I = (V_O / V_I)I_O \tag{9.39}$$

可给出从输入电源中吸收的电流的一个估计值。

例 9.17　已经一个 buck 型稳压电源中 $V_I = 12V$ 和 $V_O = 5V$，在下列情况下估算 D：

(1)开关和二极管均理想；(2)$V_{SAT}=0.5$V 且 $V_O=5$V；(3)当 8V$\leqslant V_I\leqslant 16$V 时，重做(1)和(2)问。

解：

(1) 由式(9.38)，$D=\dfrac{5}{12}=41.7\%$。

(2) 由式(9.35)，$D=46.7\%$。

(3) 由相同的等式对应上面两种情况有 $31.2\%\leqslant D\leqslant 62.5\%$ 和 $35.2\%\leqslant D\leqslant 69.5\%$。

◀

线圈的选择

对于 L 的作用，可由以下两点来更清楚地进行说明：(1)线圈上的平均电流，以便馈给负载；事实上，根据图 9.33a 所示的连续模式，可以证明（见习题 9.32）对于 buck 型、boost 型和 buck-boost 型电路，其特征分别为：

$$I_L=I_O，\quad I_L=\frac{V_O}{V_I}I_O，\quad I_L\left(1-\frac{V_O}{V_I}\right)I_O \tag{9.40}$$

(2)在稳态下平均线圈电压必须为零。

如果有线路或负载波动进行干扰，控制器应调整占空比 D，按照式(9.38)，调节 V_L，而线圈应根据式(9.40)调节电流 I_L 满足负载电流的要求。由感应定律 $i_L=\left(\dfrac{1}{L}\right)\displaystyle\int v_L\mathrm{d}t$，线圈是通过对波动所带来的不平衡电压进行积分来调节自身平均电流的；这种调节一直持续到线圈平均电压 V_L 重新归零为止。

可以用图 9.33a 所示 i_L 波形的上移或下移画出 I_O 的上升和下降所产生的效果。如果 I_O 降低到使 $I_L=\Delta i_L/2$ 这一点，i_L 波形的底部值将为零，若 I_O 继续减小到低于这个运算值，则会使 i_L 波形底部发生钳位，如图 9.33b 所示，此状态称为断续导通模式(DCM)。可以看到，在 CCM 状态下，V_O 仅由 D 和 V_I 决定，而与 I_O 无关。与此对照的是，在 DCM 状态下，V_O 也与 I_O 有关，所以，应利用控制器对 D 进行相应的降低。如果不这样做，在开路输出的极限情况下，buck 型结构有 $V_O\rightarrow V_I$，boost 型结构有 $V_O\rightarrow\infty$，而 buck-boost 型开关稳压电源中有 $V_O\rightarrow-\infty$。

为了估算合适的 L 值，设 $V_{SAT}=V_F=0$ 较为简便，然后，对于稳态下的 buck 型稳压电源，由式(9.33)和式(9.34)可得 $t_{ON}=L\Delta i_L/(V_I-V_O)$ 和 $t_{OFF}=L\Delta i_L/V_O$。令 $t_{ON}+t_{OFF}=\dfrac{1}{f_S}$，则在 buck 型稳压电源中，有：

$$L=\frac{V_O(1-V_O/V_I)}{f_S\Delta i_L} \tag{9.41}$$

用同样的方法，可以得到，对于 boost 型稳压电源，有：

$$L=\frac{V_I(1-V_I/V_O)}{f_S\Delta i_L} \tag{9.42}$$

而对于 buck-boost 型稳压电源，有：

$$L=\frac{V_I(1-V_I/V_O)}{f_S\Delta i_L} \tag{9.43}$$

L 的选样通常是最小输出纹波下的最大输出功率和在快的稳态响应下小的体积之间的一个折中值。此外，在一定的 I_O 下，增大 L 会使系统由 DCM 模式转向 CCM 模式。一个好的出发点是先选择电流纹波 Δi_L，然后利用适当等式估算出 L。

选择 Δi_L 的标准有许多种。一种可能性令 $\Delta i_L=0.2I_{L(max)}$，这里 $I_{L(max)}$ 既可由稳压电源的最大额定输出电流，即式(9.40)，也可由开关的最大额定峰值电流，即 $I_p=I_L+\Delta i_L/2$ 来确定。在升压状态下，开关额定值尤为重要，此时 I_L 可以大于 I_O。另外，为避免断续工作，可令 $\Delta i_L=2I_{O(min)}$，此处 $I_{O(min)}$ 是预期的负载电流最小值。其他标准也都有可能，取决于稳压电源的类型和具体电路的应用目的。

一旦选定了 L 值，就可以找到符合 i_L 峰值及有效值要求的线圈。峰值由铁芯饱和度限定，因为如果线圈快要饱和，它的电感会急骤下降，使得 i_L 在 t_{ON} 内不规则地上升。有效值由铁芯和绕组的损耗决定。虽然传统上选择电感线圈都被看成一件非常令人头痛的事，但是现代开关稳压电源的数据清单上给出了一些关于放宽线圈选择的非常丰富的有用信息，其中包括线圈制造商的说明和具体部件的序号。

例 9.18　确定一个用于升压稳压电源的电感，该电源中 $V_I=5V$，$V_O=12V$，$I_O=1A$ 和 $f_s=100kHz$。连续工作时的最小负载电流 $I_{O(min)}$ 是多少？

解：

在满负载情况下，$I_L=\left(\dfrac{12}{5}\right)\times 1A=2.4A$。令 $\Delta i_L=0.2I_L=0.48A$。然后，由式(9.44)得

$L=61\mu H$。满负载时线圈中必须经受住 $I_P=I_L+\dfrac{\Delta i_L}{2}=2.64A$，且 $I_{RMS}=\left[I_L^2+(\Delta i_L/\sqrt{12})^2\right]^{1/2}\approx$

$I_L=2.4A$。此外 $I_{O(min)}=0.1A$。　◀

电容的选择

要为图 9.31a 所示的 buck 型结构估计出适当的电容值，可以注意到线圈电流在电容器和负载之间分割，即 $i_L=i_C+i_O$。在稳态下，平均电容电流为零，负载电流为一常数。因此，可写成 $\Delta i_C=\Delta i_L$，这表示 i_C 波形与 i_L 波形类似，只是 i_C 是以零为中心的，如图 9.34 所示。i_C 的波纹反过来会引起 Δv_C 纹波，我们可以容易地得到 $\Delta v_C=\Delta Q_C/C$，其中，ΔQ_C 是 i_C 曲线在半个时钟周期 $\dfrac{T_s}{2}$ 内下侧的面积。这个三角形面积为 $\Delta Q_C=(1/2)\times(T_s/2)\times$

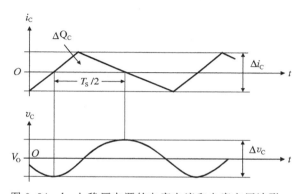

图 9.34　buck 稳压电源的电容电流和电容电压波形

$(\Delta i_C/2)$。对于 buck 型稳压电源，令 $\Delta i_C=\Delta i_L$，并消去 ΔQ_C，我们可以得到：

$$C=\frac{\Delta i_L}{8f_s\Delta v_C} \tag{9.44a}$$

在图 9.31c 所示的 boost 型结构中，在 t_{ON} 内线圈与输出断开，所以此时负载电流由电容器提供。利用式(8.2)，可以估计出波纹为 $\Delta v_C=I_O t_{ON}/C$。但是，$t_{ON}=\dfrac{D}{f_s}$ 且 $D=1-V_I/V_O$ 所以，对丁 boost 型稳压电源，有：

$$C=\frac{I_O(1-V_I/V_O)}{f_s\Delta v_C} \tag{9.44b}$$

对图 9.31e 所示的 buck-boost 型拓扑，采用同样方法可得：

$$C=\frac{I_O(1-V_I/V_O)}{f_s\Delta v_C} \tag{9.44c}$$

以上等式给出了在某一特定纹波 Δv_C 下的 C 值。实际电容器有一个小的等效串联电阻(ESR)和一个小的等效串联电感(ESL)，如图 9.35 所示。ESR 会产生其值为 $\Delta v_{ESR}=$ESR$\times\Delta i_C$ 的输出纹波项，这里 Δi_C 是电容器的纹波电流，这就表明需要用低 ESR 电容器。图 9.35 所示电路中跨在 C 上的纹波 Δv_C 和跨在 ERS 上的纹波 Δv_{ESR} 组合起来使输出上有一个总纹波 V_{ro}。为了估计出最大允许 ESR 值，一种合理的方法是让 V_{ro} 的 $\dfrac{1}{3}$ 来自

Δv_C，而 $\frac{2}{3}$ 来自 Δv_{ESR}。

例 9.19 在例 9.18 的 boost 型稳压电源中，当输出纹波 $V_{ro} \approx 100\text{mV}$，计算电容值。

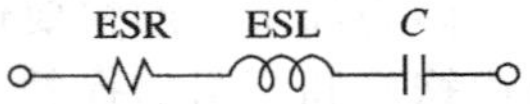

图 9.35 实际电容器具有一个等效串联电阻 ESR 和电感 ESL

解：
满负载且 $\Delta v_C \approx (1/3)V_{ro} \approx 33\text{mV}$ 时，由式（9.44b）得 $C = 177\mu\text{F}$。对于 boost 型稳压电源，有 $\Delta i_C = \Delta i_D = I_P$，所以满负载 $\Delta i_C = 2.64\text{A}$。于是，$\text{ESR} = (67\text{V})/(2.64\text{A}) = 25\text{m}\Omega$。 ◄

要使 C 和 ESR 同时满足要求是很困难的，所以可以增大电容尺寸，因为电容尺寸越大，ESR 越小；或者利用输出端附加的 LC 电路将输出纹波滤掉。

一个精心组装的开关稳压电源中，在输入端也包含有一个 LC 滤波器。它们都能放宽对电源 V_I 的输出阻抗要求，以及防止稳压电源中电磁干扰（EML）的逆向注入。我们可以看出当电容与开关或二极管串联时，其负载最重。当电容与线圈串联时，例如位于升压结构的输入端或降压结构的输出端，线圈本身提供的滤波作用可得到更平滑的波形。结果就是在这三种结构中 buck 型稳压电源的输出纹波最小。

效率
开关稳压电源的效率求得为：

$$\eta(\%) = \frac{P_O}{P_O + P_{diss}} \tag{9.45}$$

式中：$P_O = V_O I_O$ 是送到负载的功率；

$$P_{diss} = P_{SW} + P_D + P_{coil} + P_{cap} + P_{controller} \tag{9.46}$$

是开关、二极管、线圈、电容，以及开关控制器中所耗功率的总和。

开关损耗是导通分量和开关分量的损耗之和，即 $P_{SW} = V_{sat}I_{SW} + f_S W_{SW}$。导通分量由非零电压降 V_{sat} 产生，采用饱和 BJT 开关时此分量求得为 $V_{CE(sat)}I_{SW(avg)}$，采用 FET 开关时为 $r_{ds(on)}I_{SW(RMS)}^2$。开关分量由开关的电压和电流波形非零的上升和下降时间引起，产生的输出波形重叠使得一个能量包的每周期消耗为 $W_{SW} \approx 2\Delta v_{SW}\Delta i_{SW}t_{SW}$，这里 Δv_{SW} 和 Δi_{SW} 是开关的电压和电流变化量，t_{SW} 是有效重叠时间。

二极管所耗功率为 $P_D = V_F I_{F(avg)} + f_S W_D$，$W_D \approx V_R I_F t_{RR}$，其中，$V_R$ 为二极管反向电压，I_F 为截止时的正向电流，而 t_{RR} 是反向恢复时间。肖特基二极管是一个较好的选择，因为它们本身具有较低的压降 V_F，而且没有电荷存储效应。

电容器损耗为 $P_{cap} = \text{ESR}I_{C(RMS)}^2$。线圈损耗由两部分组成，即线圈电阻中的铜线损耗 $R_{coil}I_{L(RMS)}^2$，以及由线圈电流和 f_S 决定的铁芯损耗。最后，控制器损耗为 $V_I I_Q$，其中，I_Q 是从 V_I 中得到的平均电流减去开关电流所得的电流。

例 9.20 在一个 buck 型稳压电源中 $V_I = 15\text{V}$，$V_O = 5\text{V}$，$I_O = 3\text{A}$，$f_S = 50\text{kHz}$ 和 $I_Q = 10\text{mA}$，采用 $V_{sat} = 1\text{V}$ 和 $t_{SW} = 100\text{ns}$ 的开关，一个 $V_F = 0.7\text{V}$ 和 $t_{RR} = 100\text{ns}$ 的二极管，一个 $R_{coil} = 50\text{m}\Omega$ 和 $\Delta i_L = 0.6\text{A}$ 的线圈，以及一个 $\text{ESR} = 100\text{m}\Omega$ 的电容。设铁芯损耗为 0.25W，计算 η 并与线性稳压电源作比较。

解：
由式（9.35）得 $D = 38.8\%$。所以，$P_{SW} \approx V_{sat}DI_O + 2f_S V_I I_O t_{SW} = (1.16 + 0.45)\text{W} = 1.61\text{W}$；$P_D \approx V_F(1-D)I_O + f_S V_I I_O t_{RR} = (1.29 + 0.22)\text{W} = 1.51\text{W}$；$P_{cap} = \text{ESR}(\Delta i_L/\sqrt{12})^2 = 3\text{mW}$；$P_{coil} = R_{coil} \times (\Delta i_L/\sqrt{12})^2 + 0.25\text{W} \approx 0.25\text{W}$；$P_{controller} = (15 \times 10)\text{W} = 0.15\text{W}$；$P_O = (5 \times 3)\text{W} = 15\text{W}$；$P_{diss} = 3.53\text{W}$；$\eta = 81\%$。

一个线性稳压电源效率为 $\eta = \frac{5}{15} = 33\%$，表明若送出有用功率为 15W，则损耗功率就为 30W，而开关稳压电源仅耗 3.52W。 ◄

9.7　误差放大器

众所周知，在开关稳压电源中误差放大器（EA）的主要作用是接收一个比例的输出电压 βV_O，将其与内部的一个参考电压 V_{REF} 相比较，控制开关调制器使得 βV_O 跟随 V_{REF}（无论控制电压 v_{EA} 如何变化），即使 $V_O = \dfrac{V_{REF}}{\beta}$。

如果控制环路没有其他时延，一个纯积分器就可以满足要求（假设我们设定它的单位增益频率 f_0 远低于开关频率 f_S（即 $f_0 = f_S/10$）来滤除开关噪声）。因此，负反馈带来的 $-180°$ 相移加上积分器带来的 $-90°$ 相移，我们可以得到环路相位裕度为 $360° - 180° - 90° = 90°$。然而一个开关环路会存在电容和电感，其将引入额外的时延，并影响相位增益。这就需要积分器响应在穿越频率附近能够适当地改变，来确保整个环路具有可观的噪声容限（因此，误差放大器也称为补偿器）

误差放大器可以分为类型 1，类型 2 和类型 3。接下来我们会看到，类型 1 是类型 2 的特殊例子，而类型 2 又是类型 3 的特殊例子，因此我们把讨论重点放在最普遍的情形类型 3 上面。如图 9.36 所示，其一个广泛的电路包含了一个足够增益带宽乘积的运算放大器来提供低频增益（这对确保 $V_O = V_{REF}/\beta$ 是必需的）和阻抗对 $Z_A\text{-}Z_B$ 来建立频率分布（这对于足够的相位裕度是必需的）。虽然我们可以在数学上推导出传递函数为：

$$H_{EA}(j\omega) = -\frac{Z_B(j\omega)}{Z_A(j\omega)} = -\frac{(1+j\omega/\omega_{z1})(1+j\omega/\omega_{z2})}{(j\omega/\omega_0)(1+j\omega/\omega_{p1})(1+j\omega/\omega_{p2})} \tag{9.47}$$

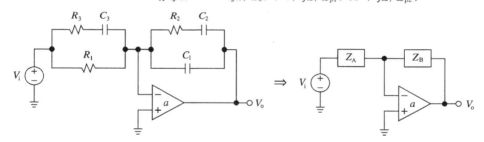

图 9.36　第 3 类型误差放大器的交流等效电路

详见例 9.37，然而，如果我们从物理意义上去考查单独的阻抗，我们就可以得到更深刻的理解。下列一些误差放大器的条件将会使我们的工作更容易进行：

$$C_2 \gg C_1, \quad R_1 \gg R_3 \tag{9.48}$$

先讨论阻抗 Z_B。在低频时，C_1 和 C_2 阻抗数量级远比 R_2 的大，我们忽略 R_2 由式(9.48)可以写出 $|Z_B| \rightarrow 1/[\omega(C_1+C_2)] \approx 1/(\omega C_2)$。在高频时，容性阻抗值远小于 R_2，与 R_2 相比我们可以忽略 C_2，反之与 C_1 相比时我们忽略 R_2，因而 $|Z_B| \rightarrow 1/(\omega C_1)$。从一条渐近线到另一条渐进线的转变必然出现在 Z_B 值平坦的区域。实际上，这就是中频区，其中，$Z_B = R_2$。如图 9.37 顶层图片所示，Z_B 存在一零、极点对。这些频率出现在 $1/(\omega_{Z1} C_2) = R_2$ 和 $1/(\omega_{p2} C_1) = R_2$ 处。

对 Z_A 进行类似地推理，由式(9.48)，我们可以得到，在低频时，$Z_A \rightarrow R_1$。在高频时，$Z_A \rightarrow R_1 /\!/ R_3 \approx R_3$。从一条渐近线到另一条渐进线的转变必然出现在 Z_A 随 ω 增加而衰减的区域。实际上，这就是中频区，其中，$|Z_A| = 1/(\omega C_3)$。如图 9.37 所示，Z_A 存在一零、极点对，反之则为 $1/Z_A$ 的零、极点对。这些频率出现在 $1/(\omega_{z2} C_3) = R_1$ 和 $1/(\omega_{p1} C_3) = R_1$ 处。

掌握了 $|Z_A|$ 和 $|Z_B|$ 的对数图，我们可以构建它们的比值 $\left|\dfrac{Z_B}{Z_A}\right|$ 的对数图，这与单个对数值有很大不同，我们将其乘以 20，并将单位换为分贝（dB）。最后，使用式(6.9)的相位

斜率相应，我们可以画出相位图，如图9.37底部所示。显然误差放大器在低频段（其中误差放大器设计为提供必需的高增益以满足 $V_O = V_{REF}/\beta$）和高频段（其中误差放大器设计为提供需要的低通滤波器来滤除开关噪声）都具有积分效应。在中频段时，响应被两个零点频率所影响，其累积效应会使相位从 $-90°$ 上升到 $+90°$！我们自然是要利用这个相位超前来抵偿两个环路极点或一个额外极点和右半平面零点带来的相位滞后，这些我们将会在下面看到。根据以上讨论，误差放大器的特征频率为：

$$\omega_{z1} \approx \frac{1}{R_2 C_2}, \quad \omega_{z2} \approx \frac{1}{R_1 C_3},$$

$$\omega_{p1} \approx \frac{1}{R_2 C_1}, \quad \omega_{p2} \approx \frac{1}{R_2 C_1}$$

$$(9.49a)$$

同样积分器部分低频段的单位增益频率 ω_0 也可以推测，

$$\omega_0 = \frac{1}{R_1(C_1 + C_2)} \approx \frac{1}{R_1 C_2}$$

$$(9.49b)$$

其被当成一个比例因子来抬高或降低幅值曲线而不会影响相位。

我们已经提到过，类型3误差放大器是三种类型里最具普遍意义的。类型2是从类型3中简化而来的（去掉 R_3 和 C_3 则 $Z_A = R_1$）。在这种情况下 $\left|\dfrac{Z_B}{Z_A}\right|$ 的曲线分布将会与 $|Z_B|$ 的类似，

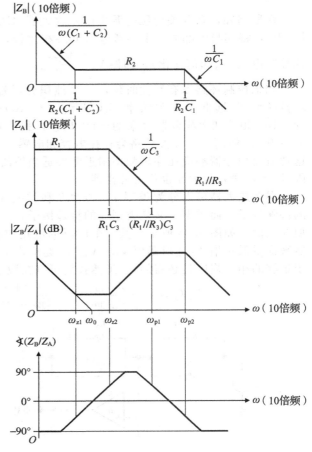

图 9.37　使用图 9.36 中单个阻抗的线性化波特图来建立他们比值的幅频图

仅仅是相位提高了90°。类型2误差放大器一般在反馈环路仅仅包含一个额外的极点频率时使用，对于buck型转换器的峰值电流控制模式也同样如此（这将会在下一章节进行讨论）。最后，类型1误差放大器是从类型3中去掉除 R_1 和 C_1 外所有元件得到的，致使误差放大器蜕化成一个纯积分器。这种类型在线性控制器中使用。应当指出的是图9.38所示的应用例子并不是唯一的（见例9.38，在相同应用场合里还有另一种使用）。同样，构成误差放大器的运算放大器必须具备足够的单位增益带宽积来避免牺牲过多的相位裕度（见例9.41）。

9.8　电压模式控制

图9.38给出了buck型结构在连续导通模式（CCM）下工作的电压模式控制（VMC），它用误差放大器输出 v_{EA} 来调制频率为 f_S 的锯齿波形 v_{ST}（调制是通过与图7.18所示相连一个电压比较器CMP来实现的）。调制波形如图9.39所示。在现今的变换器技术中，尤其是在CMOS技术中，钳位二极管被一个具有低沟道电阻的MOSFET M_n 取代了。这样可以实现一个比肖特基二极管还低的压降，可以减小功率损耗，提高效率。钳位FET M_n 必须要在推挽方式上与 M_p 同步。而且必须由先断后通方式驱动，这样可以避免建立一个由 V_I 到地的低阻抗路径（这些功能由先断后通驱动电路实现，已经超出本书范围）。通用

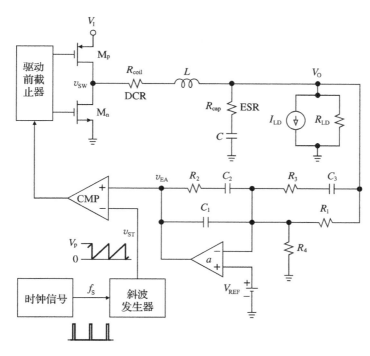

图 9.38 使用电压模式控制（VMC）的同步 buck 型转换器

负载模型是由一个电流源 I_{LD} 并联一个电阻 R_{LD} 组成的。

我们现在希望研究电路的稳定性并且设计一个具有足够相位裕度的 EA。任务的中心是求环路增益 T，通过定义我们可以得出环路增益 T 为：

$$T = -\frac{V_{sw}}{V_{ew}} \times \frac{V_O}{V_{sw}} \times \frac{V_{ea}}{V_O} \quad (9.50)$$

式中：V_{sw}、V_{ea}、V_O 分别是 v_{SW}、v_{EA}、v_O 的拉普拉斯变换。断开电感，会产生一个开环电路，输出方波摆幅 $v_{SW(oc)} =$

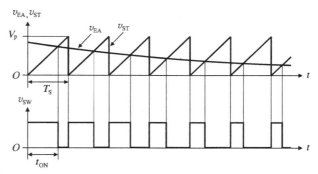

图 9.39 图 9.38 中 buck 型的电压调制波形

DV_I，占空比 $D = v_{EA}/V_p$ 或者 $v_{SW(oc)} = (V_I/V_p)v_{EA}$。为了简化交流分析，我们应用戴维南定理并使用图 9.40 所示等效电路，R_{SW} 是 CMOS 开关产生的有效电阻（注意到直流源 I_{LD} 并没有出现在等效电路中，并且 Z_A 被连接到由运算放大器反向输入端呈现的虚拟交流地上）。习题 9.39 证明了只要 R_{LD} 和 Z_A 可以忽略，我们可以得到：

$$T(j\omega) = \frac{V_I}{V_P} \times \frac{1 + j\omega/\omega_{ESR}}{1 - (\omega/\omega_{LC})^2 + (j\omega/\omega_{LC})/Q} \times \frac{(1 + j\omega/\omega_{z1})(1 + j\omega/\omega_{z2})}{(j\omega/\omega_0)(1 + j\omega/\omega_{p1})(1 + j\omega/\omega_{p2})} \quad (9.51)$$

式中：

$$\omega_{LC} = \frac{1}{\sqrt{LC}}, \quad \omega_{ESR} = \frac{1}{R_{cap}C}, \quad Q = \frac{\sqrt{L/C}}{R_{sw} + R_{coil} + R_{cap}} \quad (9.52)$$

注意到 $\omega \ll \omega_{ESR}$，LC 结构呈现出常见的二阶低通响应 H_{LP}。但是在高频时，C 相对于其自身的 ESR 可视为短路，所以这个结构变成了一阶 LR 电路。这两种情况以频率 $|Z_C(j\omega_{ESR})| = R_{coil}$ 为分界线。ω_{ESR} 称为左半平面零点（LHPZ）频率，在这一点，斜率从 -40dB/10 倍频变为 -20dB/10 倍频，并且相位最终提高了 $+90°$。

例 9.21 （1）假设在图 9.38 所示 buck 型变换器中，$V_I = 10V$，$V_p = 1V$，$V_{REF} = $
1.282V，$f_s = 500kHz$，在 $V_O = 3.3V$、$I_O = $
2.5A、输出纹波不超过 10mV 的条件下，确定
合适的元件值。（2）假设 $R_{sw} = 40m\Omega$，计算
ω_{LC}、Q 和 ω_{ESR}。

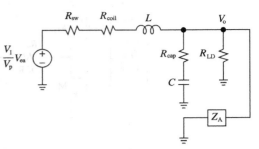

使用 Pspice 绘制出图 9.40 所示，左侧电
压源到右侧输出节点的传递函数的波特图（幅
度和相位）。

解：

（1）利用 $3.3 = (1 + R_1/R_4) \times 1.282$，得出
$R_1/R_4 = 1.57$。所以令 $R_1 = 10.0k\Omega$，$R_4 = $
6.35kΩ。利用 $\Delta i_L = 0.2I_O = 0.2 \times 2.5 = 0.5A$

图 9.40 图 9.38 所示线圈电容结构的交流等
效电路

和式（9.41），我们得到：

$$L = \frac{3.3 \times (1 - 3.3/10)}{500 \times 10^3 \times 0.5}H = 8.84\mu H$$

令 $L = 10\mu H$，额定均值耐受电流 $I_L = 2.5A$，额定峰值耐受电流 $I_p = I_L + \Delta i_L/2 = (2.5 + $
$0.5/2)A = 2.75A$。使用具有 15mΩ DCR、电感为 $10\mu H$ 的线圈。假设输出纹波 Δv_O 的（1/
3）归因于 C，利用式（9.44a）计算出：

$$C = \frac{0.5}{8 \times 500 \times 10^3 \times (1/3) \times 10 \times 10^{-3}}F = 37.5\mu F$$

采用 $C = 40\mu F$。假设 Δv_O 剩余的（2/3）来源于 ESR，估算出 $R_{cap} = (6.7mV)/(0.5A) = $
13.3mΩ。采用具有 15mΩ ESR 的 $40\mu F$ 电容器。

（2）利用式（9.52），我们得到：

$$f_{LC} = \frac{1/(2\pi)}{\sqrt{10 \times 40 \times 10^{-6}}}Hz = 8.0kHz$$

$$f_{ESR} = \frac{1 \times (2\pi)}{15 \times 10^{-3} \times 40 \times 10^{-6}}Hz = 265kHz$$

$$Q = \frac{\sqrt{10/40}}{(40 + 15 + 15) \times 10^{-3}} = 7.14(17dB)$$

（3）利用图 9.41a 所示的 PSpice 电路，我们可以得到波特图，如图 9.41b 所示，从波
特图中可以看出左半平面零点的影响。　◀

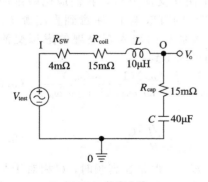

a）PSpice仿真电路

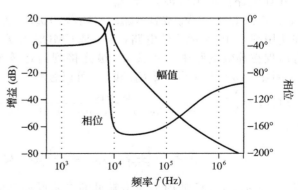

b）线圈电容滤波器的波特图

图　9.41

误差放大器设计

从上面可以看出，LC 结构在环路中引入了一对极点，同时由于电容的 ESR 还伴生了一个零点。这对极点产生了 $-180°$ 相移，零点产生 $+90°$ 相移。交越频率的位置与 LC 极点对和 ESR 零点相关，根据交越频率的位置，我们选择类型 3 补偿，最好是选择类型 2 补偿。确定特性频率的方法并不是唯一的（事实上，不同的应用注释会导致稍许不同的设计规则，这很容易使初学者混淆）。虽然如此，我们仍可做出以下判断：（1）交越频率 ω_x 通常约为开关频率 ω_S 的 $1/10$，即 $\omega_x \approx \omega_S/10$；（2）零点频率 ω_{z1} 和 ω_{z2} 设置在 ω_{LC} 附近，利用零点结合产生的相位超前减小 LC 极点对引起的相位滞后；（3）把极点频率 ω_{p1} 和 ω_{p2} 设置在 ω_S 附近。如果 ω_{ESR} 恰好足够接近 ω_{LC}，可以将 ω_{p1} 恰好设置在 ω_{ESR} 处，使零、极点相互抵消，这样我们只需使用类型 2 补偿。

例 9.22 （1）为例 9.21 中的稳压器设计一个误差放大器（EA），约束条件如下：$f_x = f_S/10$，$f_{z1} = f_{z2} = f_{LC}$，$f_{p1} = f_{p2} = 4f_x$。

（2）使用 PSpice 生成环路增益的波特图，并测量出相位裕度。（3）使用 PSpice 演示出 1A 阶跃负载电流下的稳压器响应。

解：

（1）我们有 $f_x = f_S/10 = (500/10)\,\text{kHz} = 50\,\text{kHz}$，$f_{z1} = f_{z2} = f_{LC} = 8\,\text{kHz}$，$f_{p1} = f_{p2} = 4f_x = 200\,\text{kHz}$。为找到所需的 f_0，令式（9.51）中 $|T(\mathrm{j}f_x)| = 1$

$$1 = \frac{10}{1} \times \sqrt{\frac{1+(50/265)^2}{[1-(50/8)^2]^2 + [(50/8)/7.14]^2}} \times \frac{1}{50/f_0} \times \frac{1+(50/8)^2}{1+(50/200)^2}$$

得出 $f_0 = 5.0\,\text{kHz}$。从 $R_1 = 10\,\text{k}\Omega$ 开始，依次变换式（9.49a）和式（9.49b）并计算出：

$$C_2 = \frac{1}{\omega_0 R_1} = \frac{1}{2\pi 5 \times 10^3 \times 10^4}\text{F} = 3.2\,\text{nF}$$

$$R_2 = \frac{1}{\omega_{z1} C_2} = \frac{1}{2\pi 8 \times 10^3 \times 3.2 \times 10^{-9}}\Omega = 6.2\,\text{k}\Omega$$

$$C_3 = \frac{1}{\omega_{z2} R_1} = \frac{1}{2\pi 8 \times 10^3 \times 10^4}\text{F} = 2.0\,\text{nF}$$

$$R_3 = \frac{1}{\omega_{p1} C_3} = \frac{1}{2\pi 200 \times 10^3 \times 2 \times 10^{-9}}\Omega = 0.4\,\text{k}\Omega$$

$$C_1 = \frac{1}{\omega_{p2} R_2} = \frac{1}{2\pi 200 \times 10^3 \times 6.2 \times 10^3}\text{F} = 128\,\text{pF}$$

（2）无论是在 PSpice 上仿真电路还是在实验室中测试电路，都要用到 6.2 节中的注入技术来测量环路增益。图 9.42 所示电路用 VCVS EOA 去仿真具有 80dB 增益的运算放大器，使用 VCVS Emod 仿真调制器增益 $V_I/V_p = 10\,\text{V/V}$。由于这个源的输入阻抗为无穷大，切断环路后，其上游只要一个电压注入。环路增益为 $T = -V_r/V_f$。仿真结果如图 9.43a 所示，显示出交越频率为 $f_x = 49.8\,\text{kHz}$，对应的 $\angle T = -123.4°$，所以相位裕度 $\phi_m = 180° - 123.4° = 56.6°$

（3）在阶跃响应中我们使用相同的电路，不过是在输出节点连接阶跃电流源。结果如图 9.43b 所示，最初从 R_{cap} 流出的 1A 电流会导致 15mV 的电压骤降。之后环路工作，产生少许过冲。除了 EA 根位置的选择外，其他计算出来的元件值只作为起始点。一个谨慎的工程师会在实验中观察阶跃响应，微调 EA 来提高手边特定应用的瞬态响应。◄

下结论之前，我们希望指出在以上的讨论中，buck 型稳压器中 V_I 相对于需要得到的 V_O 是一个相对恒定的电压值。如果 V_I 变化范围很大，V_I/V_p 比例也会变化，使得 $|T|$ 变大或者变小。这也会使得频谱中的 f_x 变大或者变小，扰乱了电路的相位裕度。现今的稳压器为了避免这个缺点，使得 V_p 跟随 V_I 一起变化来维持一个恒定的 V_I/V_p 值。

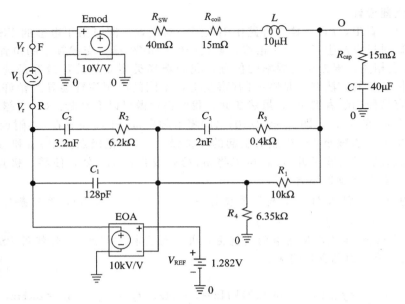

图 9.42　仿真 buck 型调节器(见例 9.22)环路增益的 PSpice 电路

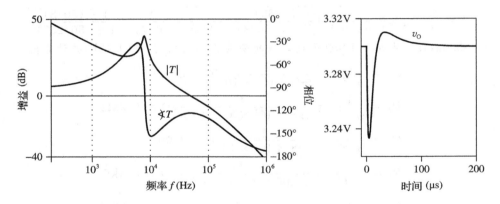

a) 图9.42所示电路中buck型调节器的环路增益　　　　b) 1A输出阶跃电流的响应

图　9.43

9.9　峰值电流模式控制(PCMC)

电流模式控制(CMC)的目标是在逐周期的基础上驱动电感,强迫其成为一个电压控制的电流源(VCCS)。这种形式的控制有两个重要优点:(1)直接干预电感电流,无需等待电压模式控制(VMC)的环路时延,这样可以有效地移除环路中的电感器时延,使得环路补偿更加容易。(2)直接逐周期地控制电流,使得保护电感器更加容易,保护其免受由故障引起的过量的电流积聚。

buck 型变换器中的 PCMC

要控制 i_L 首先需要检测它。在图 9.44 所示的 buck 型逆变器中,通过串联一个小电阻(几十 mΩ)R_{sense} 来检测 i_L,电阻上的压降被增益为 a_i 的放大器放大,把 i_L 转换成电压 $R_i i_L$,其中,

$$R_i = a_i \times R_{sense} \tag{9.53}$$

是这个电流电压转换中的总增益,单位是 V/A,或者是 Ω。接下来这个电压被送到电压比

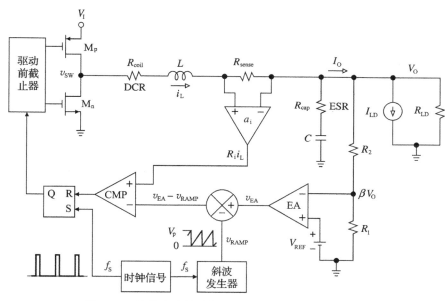

图 9.44　峰值电流控制模式的 buck 型转换器（PCMC）

较器（CMP）的同相输入端（其他检测电流的方法也在应用中，例如使用沟道电阻 M_p 作为检测电阻，或者通过加在整个线圈上合适的网络来推断 R_{coil} 上的压降）。电流检测具有一个严重的缺点，为了保证效率，R_{sense} 不可避免地要保持足够小来限制功耗，这就会使电流检测对噪声远比电压模式控制敏感。电压模式控制中，占空比是通过一个不易受干扰的锯齿波产生的。

　　最普遍的电流控制是峰值电流模式控制（PCMC），如图 9.45 所示。频率为 f_S、周期为 $T_S = 1/f_S$ 的时钟脉冲置位触发器时，一个周期开始。这会开启 M_p，使得 i_L 以如下的斜率上升：

$$S_n = \frac{V_I - V_O}{L} \tag{9.54a}$$

在这期间，能量 $w_L = (1/2)Li_L^2$ 在电感中积累。当 i_L 达到误差放大器建立的峰值 $i_{L(pk)}$ 时，电压 $R_i i_L$ 值追上 v_{EA}，导致比较器输出正电平复位触发器，这会关断 M_p，打开 M_n，使用先断后开技术来避免同时导通。这时电感内的磁场开始衰减，所以在一个周期剩下的部分内，i_L 以如下斜率下降：

$$S_f = \frac{-V_O}{L} \tag{9.54b}$$

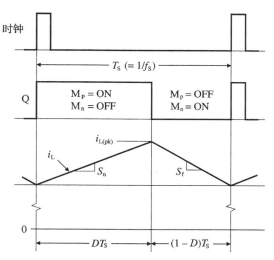

图 9.45　PCM 控制的 buck 型转换器的时序图

周期结束时，一个能量包已经从电感转移到了电容负载组中。

　　随着电容持续接受能量，电容电压会持续上升，直到过了足够多的周期以后，达到一个平衡，这个平衡称作稳态，其中的电容平均电压 V_C 不再增加（但是其瞬时值 v_C 会在平均值附近不断发生变化）。因此，电容电流的平均值一定为零，这称作电容安秒平衡。由 KCL 可知，$I_C = 0$ 时，$I_O = I_L$。稳态时电感满足电感伏秒平衡，其电压平均值为零（但是电压瞬时值 v_L 仍围绕平均值改变）。

如果有变化干扰线电压 V_I，buck 型变换器会改变占空比 D 维持 V_O 在规定值上。同样，如果负载电流 I_O 发生变化，变换器会调节占空比 D 使得电感平均电流 I_O 上升或下降，直到满足 $I_L = I_O$ 为止。很明显我们希望变换器具有好的线性调整率和负载调整率。

我们希望绘制出 EA 输出电压 v_{EA} 在一个周期内的变化。首先假设 $v_{RAMP} = 0$，如图 9.44 所示（这称作在无斜率补偿情况下工作，将很快在接下来做讨论），所以当 $R_i i_L$ 追上 v_{EA} 时，CMP 翻转。或者相当于 i_L 达到 v_{EA}/R_i，把这个值记为：

$$i_{EA} = \frac{v_{EA}}{R_i} \tag{9.55}$$

让我们单独地观察一个周期内的电流，如图 9.46 所示（为简单起见，假设周期起始位置为 $t=0$）。这幅图揭示了无补偿 PCMC 两个缺陷中的第一个缺陷。因为下降斜率 $S_f (= -V_O/L)$ 是恒定的，所以上升斜率 S_n 要适应这一变化，跟随其一起改变，这样会使得 I_L 反复上升或下降。因为 $I_O = I_L$，所以线性调整率会很差。

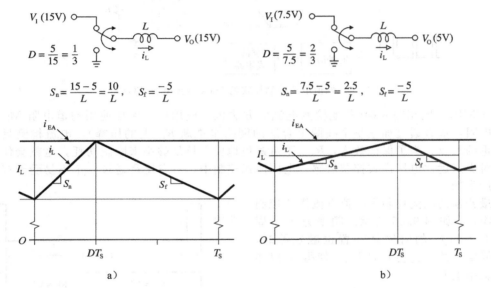

图 9.46 没有斜率补偿时，平均电流 I_L 紧密随 V_I 变化

第二个缺陷是次谐波振动引起的不稳定性。这种不稳定性产生于 $D > 0$、稳压器工作在连续导通模式时，i_L 在一个工作周期内没有足够时间下降为零，如图 9.47 所示，图中说明了在一个周期开始时的电感电流扰动 $i_l(0)$（这个扰动可能是来源于前一个周期内比较器的问题）是如何进化成为这个周期结束时的电流扰动 $i_l(T_S)$ 的。由简单的几何知识可知，$i_l(0)/\Delta t = S_n$，$i_l(T_S)/\Delta t = S_f$。消去 Δt 可得：

$$\frac{i_l(T_S)}{i_l(0)} = \frac{S_f}{S_n} = \frac{-D}{1-D} \tag{9.56}$$

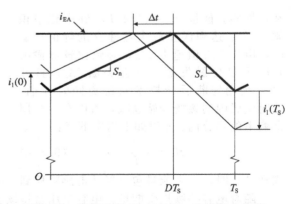

图 9.47 图所示当 $D > 0.5$ 时，次谐波会振荡

这个式子表明，(1) $i_l(T_S)$ 极性与 $i_l(0)$ 相反；(2) $D < 0.5$ 时，电流幅值会减小（在足够多个周期后消失），但是 $D > 0.5$ 时，电流幅值会逐周期增加，会导致上面提到的次谐波不稳定性。

斜率补偿

回过来看图 9.46b 所示曲线，似乎如果我们要维持与图 9.46a 所示相同的 I_L，就需要适当地"下推"其波形。为了达到这个目的，可以适当地降低 $i_{L(pk)}$，这个任务需要我们适当地降低 i_{EA} 值，这个值是使比较器在 DT_S 时出错的罪魁祸首。事实上，人们可以在整个 $0<D<1$ 范围内扩展这一推理，使用简单的图形化技术可以计算出，要保持 I_L 值恒定，i_{EA} 的轨迹是斜坡！这个轨迹记为 $i_{EA(comp)}$，如图 9.48 所示，斜率为 $-S_f/2 = -V_O/(2L)$。图 9.44 所示的电路把这个轨迹从一开始就综合进来一个电压 v_{RAMP}，从 v_{EA} 减去 v_{RAMP} 作为控制电压 $v_{EA} - v_{RAMP}$。

我们将这个恰当的修正称为斜率补偿，在这个修正下，式(9.55)变为：

$$i_{EA(comp)} = \frac{v_{EA} - v_{RAMP}}{R_i} \tag{9.57}$$

图 9.48 与图 9.46 的比较证明了 I_L 是恒定的，尽管从图 9.48a 所示的到图 9.48b 所示的时 V_I 会减小，D 会增加。

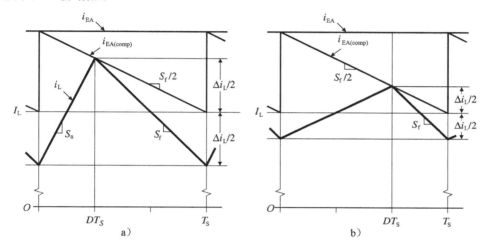

图 9.48 展示了斜率补偿如何维持相同的平均电流 I_L，就算 V_I 和发生变化。

斜率补偿也会消除次谐波振荡，如图 9.49 所示。再一次使用图形化方法，我们观察到周期开始时的扰动 $i_1(0)$ 会在周期结束时引起一个幅值比其较小的扰动 $i_1(T_S)$，即使 $D>0.5$(事实上，读者可以自己证明这对于图 9.48a 所示 $D<0.5$ 的情况依然有效)。不用多说，斜率补偿是一个合适的想法。

这个时候我们应该指出图 9.44 所示的斜率补偿方案并不是唯一的。图 9.50 所示的是一种常用的替代方法，这种方法在 $R_i i_L$ 上加入 v_{RAMP}(而不是从 v_{EA} 中减去)。结果如图 9.51 所示，两个斜率都增加了，增加值

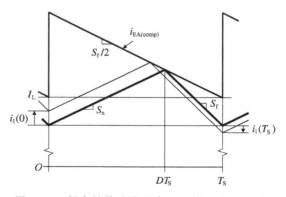

图 9.49 斜率补偿消除了当 D 变化时的次谐波振荡

为 $S_e = -S_f/2 = V_O/(2L)$，$S_e>0$，所以上升斜率更陡了，下降斜率更缓(从比较器的观点来看，如图 9.51 所示提高 i_L 与图 9.48 所示降低 i_{EA} 的影响是相同的)。

控制到输出的传递函数

由于有两个环路(内部电流环用来驱动电感，外部电压环用来维持稳定电压)，PCMC

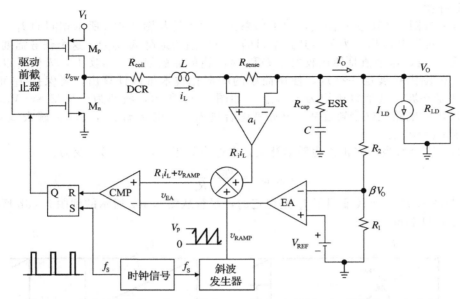

图 9.50　斜率补偿的另一实现，其中 v_{RAMP} 被加到了 $R_i i_L$ 上（而非从 v_{EA} 中减去）

变换器的交流分析更加复杂。此外，由于每个周期都要对电感电流采样，要做严格的分析，需要用到采样理论。[13]我们只需知道，图 9.50 所示的 buck 型变换器控制到输出的转移函数具有如下形式：

$$H(j\omega) = \frac{V_O}{V_{ea}} = H_0 \frac{1 + j\omega/\omega_{ESR}}{(1 + j\omega/\omega_p)[1 - (\omega/0.5\omega_S)^2 + (j\omega/0.5\omega_S)/Q]} \quad (9.58)$$

式中：H_0 是直流增益；ω_p 是电容 C 建立的主极点频率；ω_{ESR} 是由电容器的 ESR 产生的零点频率；二阶分母项源于在频率 ω_S 处的电流采样。下面的公式是有效的：

$$H_0 = \frac{K_M R_{LD}}{R_{LD} + R_{SW} + R_{coil} + R_{sense} + K_M R_i}$$

$$\omega_P = \frac{1}{[R_{LD} \mathbin{/\!/} (K_M R_i)]C}$$

$$\omega_{ESR} = \frac{1}{R_{cap}C} \quad (9.59)$$

式中：R_{LD} 是负载的电阻分量；K_M 是一个无量纲因数，

$$K_M = \frac{1}{\dfrac{(0.5 - D)R_i}{f_S L} + \dfrac{V_P}{V_I}} \quad (9.60)$$

V_p 是补偿斜率的幅值。与采样进程有关的系数 Q 为：

$$Q = \frac{1/\pi}{(1 + S_e/S_n) \times (1 - D) - 0.5} \quad (9.61)$$

注意在有斜率补偿（$S_n = 0$）和 $D \to 0.5$ 的限制下，$Q \to \infty$。这解释了系统在二分之一采样频率（$0.5 f_S$）下维持次谐波振荡的能力。对于

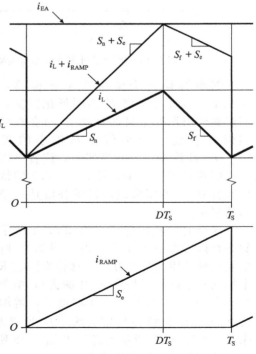

图 9.51　图 9.50 所示的另一 buck 型转换器的波形图

$D>0.5$，Q 变为负值，说明振荡在增大。我们现在领会到斜率补偿的必要性，它可以避免上述的不稳定性。除了上文叙述中采用的 $S_e=-S_f/2$ 外，另一个常用的频率是 $S_e=-S_f=V_O/L$。采用后一种选择，干扰 i_1 会在一个周期内被抵消。它也称作无差拍条件，条件是 $D=0.5$，$Q=2/\pi=0.637$，此时相当于临界阻尼系统。让我们通过一个实例来切身体会一下各种涉及的参数。

例 9.23 图 9.50 所示的 buck 型变换器中，$V_I=12\text{V}$，$V_O=5\text{V}$，$I_O=4\text{A}$，$f_S=500\text{kHz}$，$V_p=0.1\text{V}$，$R_{sense}=20\text{m}\Omega$，$a_i=10\text{V/V}$，$L=10\mu\text{H}$，$C=40\mu\text{F}$，$R_{SW}=R_{coil}=R_{cap}=10\text{m}\Omega$。(1)计算出在纯电阻负载 $R_{LD}=V_O/I_O$ 情况下的所有参数值，这正是实验室中测试稳压器的典型情况。(2)在 $R_{LD}\to\infty$ 的极端情形下重复(1)问，此时 $I_O=I_{LD}$（实际的负载总会落在这些极端情况之间）。(3)用 PSpice 绘制出这两种频率响应，并作比较和注释。

解:

使用上面的公式，先计算出与负载无关的参数:

$$R_i=10\times20\times10^{-3}\Omega=0.2\Omega, \quad D=5/12=0.4167$$

$$S_n=((12-5)/(10\times10^{-6}))\text{A}/\mu\text{s}=0.7\text{A}/\mu\text{s}$$

$$S_f=(-5/(10\times10^{-6}))\text{A}/\mu\text{s}=-0.5\text{A}/\mu\text{s}, \quad S_e=-S_f/2=0.25\text{A}/\mu\text{s}$$

$$Q=\frac{1/\pi}{(1+0.25/0.7)\times(1-0.4167)-0.5}=1.09$$

$$K_M=\frac{1}{\dfrac{(0.5-0.4167)\times0.2}{500\times10^3\times10\times10^{-6}}+\dfrac{0.1}{12}}=85.7, \quad 0.5f_S=250\text{kHz}$$

$$f_{ESR}=\frac{1/(2\pi)}{0.01\times40\times10^{-6}}=398\text{kHz}$$

(1) 对于纯电阻负载，$R_{LD}=V_O/I_O=1.25\Omega$，可得到:

$$H_0=\frac{85.7\times1.25}{1.25+3\times0.01+0.02+85.7\times0.2}=5.82$$

$$f_P=\frac{1/(2\pi)}{[1.25\,/\!/\,(85.7\times0.2)]\times40\times10^{-6}}\text{Hz}=3.42\text{kHz}$$

因此，

$$H(R_{LD}=1.25\Omega)=5.82\times\frac{1+\dfrac{\text{j}f}{398\text{kHz}}}{\left[1+\dfrac{\text{j}f}{3.42\text{kHz}}\right]\left[1-\left(\dfrac{f}{250\text{kHz}}\right)^2+\dfrac{\text{j}f}{250\text{kHz}}\times\dfrac{1}{1.09}\right]}$$

(2) 对于电流源负载，$I_O=I_{LD}$，如图 9.50 所示，可计算出:

$$\lim_{R_{LD}\to\infty}H_0=K_M=85.7, \quad \lim_{R_{LD}\to\infty}f_p=\frac{1}{2\pi(K_MR_i)C}=0.232\text{kHz}$$

所以，

$$H(R_{LD}\to\infty)=85.7\times\frac{1+\dfrac{\text{j}f}{398\text{kHz}}}{\left[1+\dfrac{\text{j}f}{0.232\text{kHz}}\right]\left[1-\left(\dfrac{f}{250\text{kHz}}\right)^2+\dfrac{\text{j}f}{250\text{kHz}}\times\dfrac{1}{1.09}\right]}$$

使用 PSpice 中拉普拉斯模块，我们很容易得到如图 9.52 所示的图形。图片表示出了主极点，在 R_{LD} 最低的时候极点值最高，同时在二分之一时钟频率处伴有少量的共振（$Q\approx1$）。此外，由于零点频率 f_{ESR}，高频相位渐近线为 $(-1-2+1)\times90°=-180°$。 ◀

简化的交流等效

我们现在希望得到一个直观的从控制到输出的传递函数。只要我们使用适量的斜率补偿和低 ESR 的电容，在 f 远低于 $0.5f_S$ 和 f_{ESR} 时，我们可以将式(9.58)近似为:

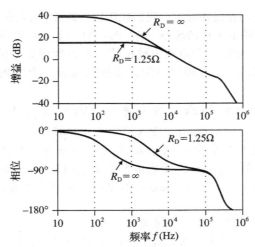

图 9.52 极限情况下 $\left(R_{\mathrm{D}}=\dfrac{V_{\mathrm{O}}}{I_{\mathrm{O}}}=1.25\Omega \text{ 和 } R_{\mathrm{D}}\to\infty\right)$，图 9.23 所示

buck 型转换器控制到输出传递函数的波特图

$$H(\mathrm{j}f) = \frac{V_{\mathrm{O}}}{V_{\mathrm{ea}}} \approx H_0 \frac{1}{(1 + \mathrm{j}f/f_{\mathrm{p}})} \tag{9.62}$$

设计良好的变换器中，$R_{\mathrm{SW}}+R_{\mathrm{coil}}+R_{\mathrm{sense}}\ll R_{\mathrm{LD}}+K_{\mathrm{M}}R_{\mathrm{i}}$，所以从式(9.59)可导出更简单和深刻的表达式：

$$H_0 \approx \frac{K_{\mathrm{M}}R_{\mathrm{LD}}}{R_{\mathrm{LD}}+K_{\mathrm{M}}R_{\mathrm{i}}} = \frac{R_{\mathrm{LD}} \mathbin{/\mkern-5mu/} (K_{\mathrm{M}}R_{\mathrm{i}})}{R_{\mathrm{i}}}, \quad f_{\mathrm{p}} = \frac{1}{2\pi[R_{\mathrm{LD}} \mathbin{/\mkern-5mu/} (K_{\mathrm{M}}R_{\mathrm{i}})]C} \tag{9.63}$$

我们现在得到两个重要的结论：(1)在频率高于 f_{p} 而远小于 $0.5f_{\mathrm{S}}$ 和 f_{ESR} 时，控制到输出的传递函数具有恒定的增益带宽，带宽为：

$$\mathrm{GBP} = H_0 \times f_{\mathrm{P}} = \frac{1}{2\pi R_{\mathrm{i}}C} \tag{9.64}$$

(2) 中 $f\ll 0.5f_{\mathrm{S}}$ 时，电感表现为 VCCS，其跨导为 $1/R_{\mathrm{i}}$，并联电阻为 $K_{\mathrm{M}}R_{\mathrm{i}}$。大幅简化后的电路如图 9.53 所示，使我们设计补偿器变得更加容易。

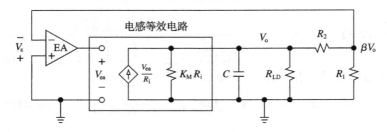

图 9.53 $f\ll 0.5f_{\mathrm{S}}$ 和 $f\ll f_{\mathrm{ESR}}$ 时 PCMC 模式 buck 型转换器的简化交流等效电路

误差放大器设计

由于从环路中移除了电感时延，类型 2 补偿器已经足够。单片集成变换器通常通过在运算跨导放大器终端连接阻抗来实现 EA，EA 具有类型 2 频率分布。在图 9.54 所示电路中，通过跨导增益为 G_{m}(通常约为 1mA/V)、输出电阻 R_{o}(通常约为 1MΩ)和输出节点电容 C_{o}(通常为几 pf)的 VCCS 来模拟 OTA。外部元件 R_{c} 和 C_{c} 建立的左半平面零点频率需要提高交越频率 f_{x} 附近的环路相位，同时 C_{HFP} 结合 C_{o} 建立的高频极点需要滤掉高频噪声。

参考图 9.37，我们可以容易的建立如图 9.55 所示线性化的波特图，其中，

$$\omega_{\mathrm{p1}} \approx \frac{1}{R_{\mathrm{o}}C_{\mathrm{c}}}, \quad \omega_{\mathrm{z1}} \approx \frac{1}{R_{\mathrm{c}}C_{\mathrm{c}}}, \quad \omega_{\mathrm{p2}} \approx \frac{1}{R_{\mathrm{c}}(C_{\mathrm{o}}+C_{\mathrm{HPP}})} \tag{9.65}$$

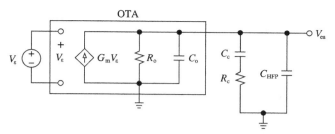

图 9.54 使用 OTA 来实现类型 2 误差放大器。该电路通常设计为 $R_c \ll R_o$ 和 $C_c \gg (C_o + C_{HFP})$

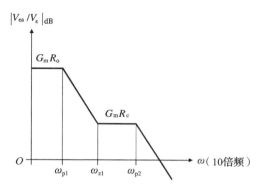

图 9.55 图 9.54 的误差放大器的线性化增益曲线

注意 R_c 在建立零点频率 f_{z1} 和中频增益 $G_m R_c$ 中均起作用。选择好交越频率和 ω_{HFP} 后,一旦知道了 G_m,则 R_c、C_c 和 C_{HFP} 的值就是唯一确定的。一个常用的策略[16]是使得补偿器的第一个零、极点对与控制到输出传递函数的第一个零、极点对一致,这样会得到一个 $-20dB/10$ 倍频衰减的环路增益和大约 $90°$ 的相位裕度。但是在实验室中测试变换器时,必要的话,可以对补偿器做适当的调整。

例 9.24 在 $R_{LD} = V_O/I_O = 1.25\Omega$ 情况下设计一个 EA 来稳定例 9.23 中的变换器。假设 $V_{REF} = 1.205V$,$G_m = 0.8mA/V$,$R_o = 1M\Omega$,$C_o = 10pF$。用 PSpice 验证。

解:

根据图 9.44 所示电路,我们有 $\beta = V_{REF}/V_O = 1.205/5 = 1/4.15$,所以 $1 + R_2/R_1 = 4.15$。选择 $R_1 = 10k\Omega$ 和 $R_2 = 31.5k\Omega$。我们把交越频率定为 $f_x = f_S/10 = (500/10)kHz = 50kHz$,所以有:

$$|H(jf_x)| = \frac{GBP}{f_x} = \frac{1/(2\pi R_i C)}{f_x} = \frac{1/(2\pi \times 0.2 \times 40 \times 10^{-6})}{50 \times 10^3} = \frac{1}{2.51}$$

为了使 $|T(jf_x)| = 1$,f_x 点增益必须弥补 β 和 $|H(jf_x)|$ 共同产生的衰减。因为 f_x 在 f_{z1} 和 f_{z2} 之间,这里 EA 增益是平的,我们使得

$$G_m R_c = 4.15 \times 2.51V/V = 10.4V/V$$

得到 $R_c = (10.4/(0.8 \times 10^{-3}))\Omega = 13k\Omega$。接下来使得 $f_{z1} = f_p$ 实现零、极点抵消。因为

$$\frac{1}{2\pi \times 13 \times 10^3 \times C_c} = 3.42 \times 10^3$$

得到 $C_c \approx 3.6nF$。最后,使 $f_{p2} = f_{ESR}$ 实现第二个零极点抵消,有:

$$\frac{1}{2\pi \times 13 \times 10^3 \times (C_o + C_{HFP})} = 398 \times 10^3$$

代入 $C_o = 10pF$,得到 $C_{HFP} \approx 21pF$。最后使用如图 9.56 所示电压注入技术绘出环路增益(把恒定的衰减标记为 $-20dB/10$ 倍频,和期望值相同)。交越频率为 $f_x = 50.1kHz$,这点 $\angle T = -98.4°$。所以,$\phi_m = 180° - 98.4° = 81.6°$。 ◀

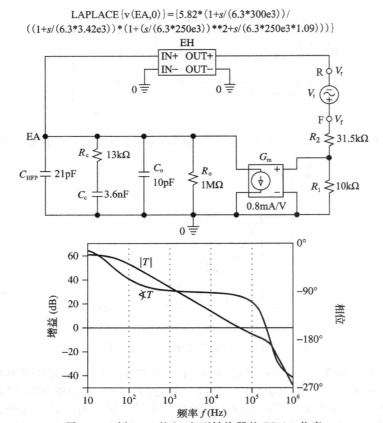

$$\text{LAPLACE}\{v(EA,0)\}=\{5.82*(1+s/(6.3*300e3))/$$
$$((1+s/(6.3*3.42e3))*(1+(s/(6.3*250e3))**2+s/(6.3*250e3*1.09))))\}$$

图 9.56　例 9.24 的 buck 型转换器的 PSpice 仿真

9.10　boost 型变换器的 PCMC

　　boost 型拓扑的峰值电流模式控制（PCMC）如图 9.57 所示。像图 9.58 描绘的一样，时钟脉冲置位触发器是一个周期开始的。这会开启开关 M，使得 i_L 以斜率 $S_n = V_I/L$ 上升。注意在这个部分二极管是关断的，所以负载是通过电容供电。

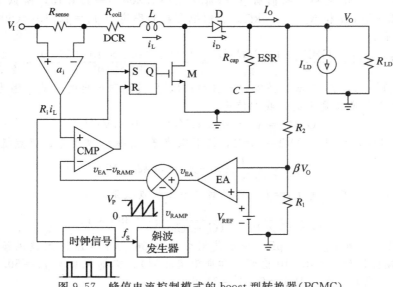

图 9.57　峰值电流控制模式的 boost 型转换器（PCMC）

一旦 i_L 依据斜率补偿原理到达 EA 建立的峰值，比较器的输出就为正，复位触发器，关断开关 M。在这一时刻，电感内的磁场开始衰减，所以 v_L 极性改变，幅值增加，直到开启肖特基二极管为止。为简单起见，假设二极管压降为零，我们可以说电感上的压降为 $v_L = V_I - V_O$，$v_L < 0$，所以 i_L 以斜率 $S_n = (V_I - V_O)/L$ 上升。

开始通电后一段时间内，每一个周期末的 i_L 值都要超过周期初始时的值，这样才可以在电感中建立足够的平均电流来满足负载对电流的要求。在足够多个周期以后，达到稳态条件，这时每一个周期末的 i_L 值与周期初始时的值相等。或者我们使用电感伏秒平衡，尽管在图中它仍旧在 V_I 和 $V_I - V_O$ 之间变化，我们可以认为稳态时 v_L 平均值为零。如9.6节所述，在 boost 型变换器中

$$V_O = \frac{1}{1-D}V_I, \quad I_L = \frac{1}{1-D}I_O \quad (9.66)$$

右半平面零点

如上文所述，在一个周期的第一部分，当二极管开通时，负载通过电容供电（这与 buck 型变换器形成鲜明对比，buck 型中组合负载在整个周期内都接受从电感传来的电流）。现在我们将说明这种特点会造成稳定性的问题。首先考虑图 9.59a 所示曲线中的平衡情况。由电容安秒平衡可知，图 9.57 所示电路的电容平均电流必须为零，根据 KCL，传递到负载的平均电流 I_O 要与通过二极管的平均电流相等。

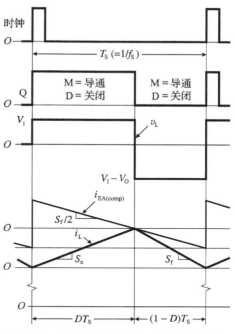

图 9.58 PCM 控制模式 buck 型转换器的时序图

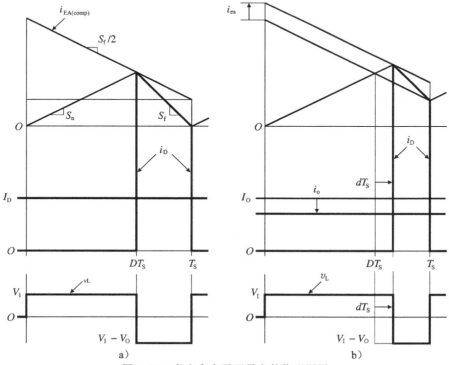

图 9.59 考查右半平面零点的物理原因

$$I_O = I_D \tag{9.67}$$

在 T_S 内，i_D 与时间轴围成的面积与 I_D 与时间轴围成的面积相等。现在假设由于负载需求的电流变大，EA 提高了输出电压 v_{EA}，提高的值为 v_{ea}。这会反过来使得 $i_{EA(comp)}$ 波形上移，上移量为：

$$i_{ea} = \frac{v_{ea}}{R_i}$$

如图 9.59b 所示，这个上移会使触发器复位时延 dT_S。这个时延是令人满意的，因为它使得电感中积累更多的能量来满足负载对电流的要求，同样它也是不受欢迎的，因为它减少了二极管的传导时间。因为 I_D 值等于 i_D 波形与时间轴围成的面积除以 T_S，传导时间减少意味着 I_D 减小，平均电流 I_O 减小值 i_o 传递到了负载上。总之，这个电路并没有抑制负载干扰，反而增强了（至少在最初阶段如此），像是负反馈变为了正反馈！在数学上，升压型变换器工作在连续导通模式时存在令人恐惧的右半平面零点（RHPZ），上述现象正是基于这一事实出现的。

在图 9.59a 所示的平衡情况时分析右半平面零点，根据平均值的定义，我们有：

$$V_L = \frac{DT_SV_I}{T_S} + \frac{(1-D)T_S(V_I-V_O)}{T_S} = V_I - V_O(1-D)$$

如图 9.59b 所示，尽管平衡时，$V_L=0$，V_L 在占空比从 D 增加到 $D+d$ 时仍会从 0 增加到 $0+v_l$。只要 V_I 和 V_O 从一个周期到下一个周期的变化不是十分大，上面的表达为 $v_l=0-V_O(0-d)$，或者为：

$$v_l = V_Od$$

同样，式（9.66）中 $I_O=(1-D)I_L$ 在平衡时有效，但当我们把占空比提高到 $D+d$ 时，上式变为：

$$I_O + i_o = [1-(D+d)] \times (I_L + i_l) = (1-D)I_L + (1-D)i_l - I_Ld + i_ld$$
$$\approx I_O + (1-D)i_l - I_Ld$$

$i_l \times d$ 一项很小，可以忽略。明显地，我们可以得到：

$$i_o \approx (1-D)i_l - I_Ld$$

将 $i_l = v_l/sL = V_Od/(sL)$ 代入并提取公共项，得：

$$i_o = \left[\frac{(1-D)V_O}{sL} - I_L\right]d$$

很明显，当 $s=(1-D)V_O/(LI_L)$，$s>0$ 时 i_o 会消失，这说明在右半平面存在一个零点。使得 $I_L=I_O/(1-D)$，我们可以把右半平面零点频率表示为更普遍的形式：

$$\omega_{RHPZ} = \frac{(1-D)^2V_O}{I_OL} \tag{9.68}$$

我们很快就可以看到，这个根会在控制到输出的传递函数 V_O/V_{ea} 中引入一项分子项，形式为 $(1-j\omega/\omega_{RHPZ})$。给系统一个阶跃变化 v_{ea} 会引起一个与预期值方向相反的响应 i_O，至少在最初阶段如此。这是因为 $-j\omega/\omega_{RHPZ}$ 在高频时占主导，阶跃跳变前沿处会聚集能量。但是，为了使得 $-j\omega/\omega_{RHPZ}$ 相对于整体可以忽略不计，我们可以允许 v_{ea} 以适当的低速率变化，这样几乎在一开始系统响应就会与预期的方向一致。

让我们通过一个更熟悉电路说明上面的概念，例如，图 9.60a 所示电路中，$R_2=0$ 时电路是一个单极点 RC 网络，运算放大器作为一个缓冲器（R_1 不起任何作用），所以阶跃响应是我们熟悉的指数型过渡过程，在图 9.60b（上）中用细线表示。但是 $R_2\neq0$ 时，这个电路同样还有一个右半平面零点（参考习题 9.48），所以其阶跃响应从相反方向的 0.5V 处开始，尽管到最后会稳定到预期值 +1V（你能根据电容和运算放大器的表现证明这个结论吗）。如果我们使用一个平缓斜坡信号代替陡峭的阶跃信号，如图 9.60b（下）所示，电容会有更多的时间充电，使得反方向摆幅更加不明显。根据控制到输出的传递函数，这说明我们可以通过确保环路增益 T 在 ω_{RHPZ} 处降为足够小的值来避免右半平面零点引起的不稳定趋势。这等价于要求交越频率远低于右半平面零点频率，例如 $\omega_{\mathrm{x}} \ll \omega_{\mathrm{RHPZ}}/10$。

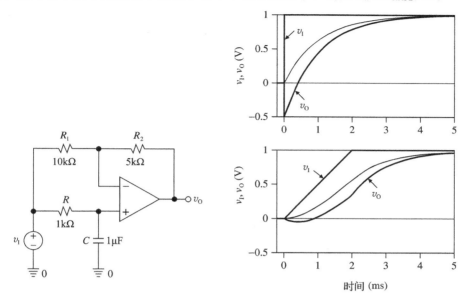

a) 带左半平面极点和右半平面零点的电路   b) 该电路的阶跃响应（顶部图片）

图   9.60

控制到输出的传递函数

boost 型变换器控制到输出的传递函数具有以下形式[15,16]：

$$H(\mathrm{j}\omega) = \frac{V_O}{V_{ea}} = H_0\,\frac{(1 - \mathrm{j}\omega/\omega_{\mathrm{RHPZ}})(1 + \mathrm{j}\omega/\omega_{\mathrm{ESR}})}{(1 + \mathrm{j}\omega/\omega_{\mathrm{p}})[1 - (\omega/0.5\omega_S)^2 + (\mathrm{j}\omega/0.5\omega_S)/Q]} \tag{9.69}$$

式中：H_0 为直流增益；ω_{p} 为输出电容 C 建立的主极点频率；ω_{RHPZ} 是之前提到的 boost 型变换器在连续导通模式下工作的右半平面零点频率；ω_{ESR} 是由电容 ESR 引起的零点频率；二阶分母项源于在频率 ω_S 处的电流采样进程。以下表达式有效：

$$\omega_{\mathrm{RHPZ}} = \frac{(1-D)^2 V_O}{I_O L}, \quad \omega_{\mathrm{ESR}} = \frac{1}{R_{\mathrm{cap}}C}, \quad Q = \frac{1/\pi}{(1 + S_e/S_n) \times (1-D) - 0.5} \tag{9.70}$$

在频率高于 f_{p} 但远低于 f_{RHPZ}、f_{ESR} 和 $0.5f_S$ 时，增益带宽乘积是恒定的：

$$\mathrm{GBP} = H_0 \times f_{\mathrm{p}} = \frac{1-D}{2\pi R_i C} \tag{9.71}$$

除了分子项$(1-D)$，都与 buck 型变换器的相同，所以我们可以利用这个特点使得 EA 的设计更加容易。

例 9.25 使用 OTA 设计一个 EA 来稳定 boost 型变换器，OTA 参数为 $G_{\mathrm{m}} = 1\mathrm{mA/}$ V，$R_o = 1\mathrm{M}\Omega$，$C_o = 5\mathrm{pF}$，boost 型变换器参数为 $V_I = 5\mathrm{V}$，$V_O = 12\mathrm{V}$，$I_O = 4\mathrm{A}$，$V_{\mathrm{REF}} = 1.205\mathrm{V}$，$f_S = 400\mathrm{kHz}$，$R_i = 0.1\Omega$，$L = 10\mu\mathrm{H}$，$R_{\mathrm{coil}} = 10\mathrm{m}\Omega$，$C = 200\mu\mathrm{F}$，$R_{\mathrm{cap}} = 5\mathrm{m}\Omega$，假设变换器终端连接一纯电阻负载 $R_{\mathrm{LD}} = V_O/I_O = 3\Omega$，这种情况下直流增益具有以下形式：

$$H_0 \approx \frac{R_{\mathrm{LD}}(1-D)}{2R_i} \tag{9.72}$$

求变换器的相位裕度

解：

根据图 9.57 所示电路，我们有 $\beta = V_{\mathrm{REF}}/V_O = 1.205/12 = 1/9.96$，所以 $R_2/R_1 = 8.96$，令 $R_1 = 10\mathrm{k}\Omega$，$R_2 = 89.6\mathrm{k}\Omega$。对于这个稳压器我们有 $D = 1 - V_I/V_O = 1 - 5/12 = 0.583$，所

以应用上面的等式我们得到：

$$H_0 = 6.25, \quad f_P = 0.53 \text{kHz}, \quad f_{\text{RHPZ}} = 8.3 \text{kHz}, \quad f_{\text{ESR}} = 159 \text{kHz}, \quad Q = 1.53$$

一个可行的策略[15]是将交越频率 f_x 设置为与 $(1/4)f_{\text{RHPZ}}$ 和 $(1/10)f_s$ 中的最低值相等。所以本例中我们令 $f_x = (8.3/4)\text{kHz} \approx 2.0\text{kHz}$。接下来计算 EA 在 f_x 点需要的增益。因为 f_x 远低于 $0.5f_s$ 和 f_{ESR}，我们在式(9.69)中删除对应项，得到：

$$|H(\mathrm{j}f_x)| \approx H_0 \sqrt{\frac{1 + (f_x/f_{\text{RHPZ}})^2}{1 + (f_x/f_p)^2}} = 6.25 \times \sqrt{\frac{1 + (2.0/8.3)^2}{1 + (2.0/0.53)^2}} \approx 1.7$$

为了使 $|T(\mathrm{j}f_x)| = 1$，EA 的增益必须弥补 β 引起的复合衰减和 H 引起的增益 1.7。因为 f_x 在 f_{z1} 和 f_{z2} 之间，这里 EA 增益是平的，我们得到：

$$G_m R_c = (9.96/1.7)\text{V/V} = 5.8\text{V/V}$$

可求出 $R_c = (5.8/(1 \times 10^{-3}))\Omega = 5.8\text{k}\Omega$。接下来，令 $f_{z1} = f_x/2.5 = (2.0/2.5)\text{kHz} = 0.8\text{kHz}$[15]，这样仍然能给出一个合理的相位裕度（如果后续的实验测量证明这个选择是不合适的，我们可以通过提高或降低 C_c 来降低或者提高 f_{z1}）。因此，令

$$\frac{1}{2\pi \times (5.8\text{k}\Omega)C_c} = 0.8\text{kHz}$$

得出 $C_c \approx 34\text{nF}$，最后，使 EA 的高频率极点 f_{p2} 等于 f_{RHPZ} 和 f_{ESR} 中的最小值，这样可以确保 T 具有适当的频率滚降。本例中令 $f_{p2} = f_{\text{RHPZ}}$，或者为：

$$\frac{1}{2\pi \times (5.8\text{k}\Omega) \times (C_o + C_{\text{HFP}})} = 8.3\text{kHz}$$

令 $C_o = 5\text{pF}$，得到 $C_{\text{HFP}} = 3.3\text{nF}$。图 9.61 所示仿真给出了 $f_x = 1.87\text{kHz}$，$\phi_m \approx 59°$。　◄

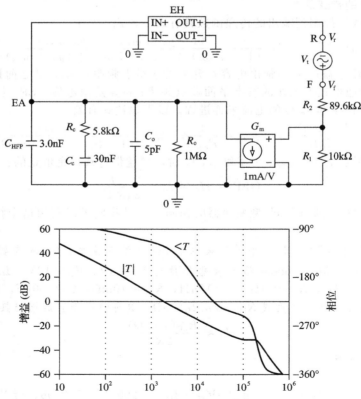

图　9.61

习题

9.1 节

9.1 将一个未调整的电压 $V_I = (26 \pm 2)$V 加到由一个 200Ω 串联电阻和一个 18V、20Ω 的并联二极管组成的并联稳压电源上。然后，将这个稳压器的输出作为第二次稳压器的输入，而这个稳压器由一个 300Ω 串联电阻和一个 12V、10Ω 的并联二极管组成，这样对负载 R_L 来说，可以得到一个更好的稳定电压 V_O。画出这个电路，然后计算线路和负载调整率以及 R_L 的最小允许值。

9.2 利用一个 6.2V 齐纳二极管和一个 741 运算放大器，设计一个负的自偏置基准，这个基准接收未调整的负电压 V_I，并输出已调整电压 V_O，利用一个 10kΩ 电位器使 V_O 在 $-10 \sim -15$V 之间可调。V_I 和 I_O 的允许范围是什么？

9.2 节

9.3 当 $I_Z = 7.5$mA 时，1N827 温度补偿齐纳二极管有 $V_Z = 6.2$V $\pm 5\%$ 和 TC(V_Z) = 10ppm/℃。(a)应用这个二极管和一个 TC(V_{os}) = 5μV/℃ 的运算放大器设计一个 10V 的自调整基准，并提供用于精确调节 V_o 的电路。(b)估算温度从 0℃ 变化到 70℃ 时，最坏情况下 V_o 的变化量。

9.4 在图 9.4 所示的自调整基准电路中，将 R_1 和 D_Z 的左端与地断开，然后连接在一起，再将得到的这个公共节点通过一个可变电阻 R 回接到地，考虑所得电路：(a)证明这个修改后的电路可以在 V_O 变化时保持二极管中的电流不变。(b)给出 V_O 和 V_Z 间的关系。(c)应用习题 9.3 中的 1N827 二极管作为基准器件，使基准从 10V 变化到 20V，计算各元器件的标称值。

9.5 (a)设在图 P9.5 所示的另一种能隙电池中 BJT 匹配，证明 $V_{REF} = V_{BE1} + KV_T$，$K = (R_2/R_3)\ln(R_2/R_1)$。(b)设两个 BJT 均有 $I_S(25℃) = 5 \times 10^{-5}$A，要使 25℃ 时 TC($V_{REF}$) = 0，计算合适的元器件值。

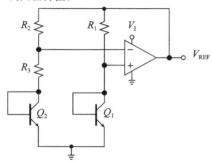

图 P9.5

9.6 图 P9.6 给出另一种能隙基准，称为 Widlar 能隙电池(由发明者名字命名)。(a)设匹配 BJT 的基极电流可以忽略，证明 $V_{REF} = V_{BE3} + KV_T$，$K = (R_2/R_3) \ln (I_{C1}/I_{C2})$。(b)若所有 BJT 在 25℃ 时，$I_S(25℃) = 2 \times 10^{-15}$A，以及 $I_{C1} = I_{C3} = 0.2$mA 和 $I_{C2} = I_{C1}/5$，计算在 25℃ 时使 TC(V_{REF}) = 0 的元器件值。

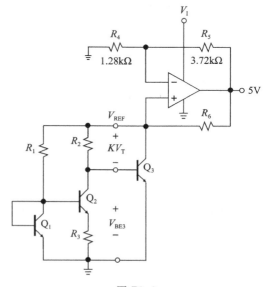

图 P9.6

9.7 证明式(9.17)。因此，设 $m_p = 10$ 并且 $V_T = 26$mV，对于通过 Q_1 的电流为 100μA 时，确定合适的电阻值。

9.3 节

9.8 假设你有(1)一个电源输入电压范围和输出电压摆幅均超过 1V 的放大器；(2)如图 9.1 所示的 5V 电压基准；(3)一对 10kΩ 电阻。(a)仅用以上元器件，设计一个电路，使得 $V_{o1} = +5$V，$V_{o2} = -5$V。(b)其余条件不变，但 $V_{o1} = +2.5$V，$V_{o2} = +5$V。(c)其余条件不变，但 $V_{o1} = +5$V，$V_{o2} = +10$V。(d)其余条件不变，但 $V_{o1} = +2.5$V，$V_{o2} = -2.5$V。启动以上电路的最小电源电压是多少？

9.9 (a)利用一个 5V 的基准电压、一个放大器、一个 10kΩ 电压器和所需电阻，设计一个变化范围为 -5V$\leqslant V_o \leqslant +5$V 的可变基准电压，(b)其他条件不变，使 -10V$\leqslant V_o \leqslant +10$V。

9.10 LT1029 是一个 SV 基准二极管，工作在 $0.6 \sim 10$mA 的任意电流值下，TC 的最大值为 20ppm/℃。利用 LT1029 和一个 JFET 输入级的运算放大器设计一个

±2.5V 分立基准，其中运算放大器的 TC $(V_{os})=6\mu V/℃$，估算最坏情况下的温度漂移，假设电源为 ±5V。

9.11 设电源为 ±15V，利用一个 LM385 2.5V 二极管作为电压基准，其偏置电流为 $100\mu A$，设计一个电流源，并应用一个 $10k\Omega$ 电位器，使它的输出变化范围为 $-1mA \leqslant I_o \leqslant 1mA$。

9.12 LM10 由内部连接的两个运算放大器和一个 200mV 基准组成，如图 P9.12 所示。运算放大器具有满程的输出摆动能力，并且该器件从一个电源电压为 1.1～40V 的任何值上吸收最大静态电流 0.5mA。LM10C 型有 TC $(V_{REF})=0.003\%/℃$，TC $(V_{os})=5\mu V/℃$，线路调整率 $=0.0001\%/V$ 和 $CMRR_{dB} \approx PSRR_{dB} \approx 90dB$。(a)应用一个 LM10C 和一个 $10k\Omega$ 电位器设计可在 0～10V 连续变化的电压基准。(b)求所设计的电路中最坏情况下的温度漂移和线路调整率。

9.13 图 P9.13 给出了利用习题 9.12 中的 LM10 所设计的一个电流发生器。(a)分析这个电路并证明，只要在它的两个端点之间外加的电压足够大，使运算放大器一直工作在线性区，则在正极性端吸入的电流和负极性端输出的电流为 $I_o=(1+R_2/R_3)V_{REF}/R_1$。(b)要使 $I_o=5mA$，计算所需元件值。(c)此电路正常工作时，外部电压的范围是多少？

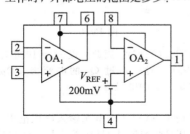

图 P9.12

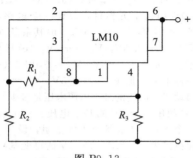

图 P9.13

9.15 设计一个电路，该电路在两个不同的场检测温度 T_1 和 T_2，并产生 $V_o=0.1\times(T_2-T_1)$，T_2 和 T_1 的单位均为摄氏度。电路中

采用两个匹配二极管，其 $I_S(25℃)=2fA$，作为温度传感器，再用两个电位器进行校准。描述校准过程。

9.16 要使图 9.14 所示电路成为一个华氏传感器，且灵敏度为 10mV/F，计算所需的元件值。简述校准过程。

9.4 节

9.17 利用一个 741 运算放大器，一个 LM385 2.5V 基准二极管和 pnp BJT，设计一个过载保护的负稳压电源，使其 $V_o=-12V$ 和 $I_O=100mA$。

9.18 应用习题 9.12 中的 LM10 和两个 npn BJT，设计一个 100mA 过载保护稳压电源，并用一个 $10k\Omega$ 电位器使它的输出在 0～15V 变化。说明所设计电路的供电方式，并计算最低供电电压。

9.19 图 P9.19 给出一个基于习题 9.12 的 LM10 的高压稳压电源。因为 LM10 是通过三个 V_{BE} 压降供电，所以这个电路的高压输出能力仅受限于外部元器件。(a)分析这个电路并用 V_{REF} 表示 V_o。(b)要使 $V_o=100V$，计算 R_1 和 R_2。(c)设 BJT 参数为典型值，计算使 $I_o=1A$ 的 V_{DO}。

9.5 节

9.20 LM388 是一个 1.2V、5A 的可调节稳压器，其 $V_{DO}=2.5V$，输入输出的最大压差为 35V，调节引脚的电流为 $45\mu A$。利用 LM338 设计一个 5A 稳压器，并通过一个 $10k\Omega$ 电位器使其输出在 0～5V 变化。设计成的电路对电源有什么要求？

9.21 利用习题 9.10 中的 LT1029 基准二极管和习题 9.20 中的 LM338 稳压器设计一个元器件最少的电路——它能同时产生一个 5V 基准电压和一个 15V、5A 的电源电压。在此电路中，可容许未调整输入电压的范围是多大？

9.22 用一个 $\mu A7805$ 5V 稳压器和 0.25W（或以下）的电阻，设计一个 1A 电流源。作为电源电压的函数，此电路的电压裕量应如何表示？

9.23 在图 9.23a 中，将稳压器的公共端直接连在 R_1 和 R_2 之间的节点上，以节省这个运算放大器。设有一个 $\mu A7805$ 5V 稳压器，流过公共端的静态电流 $I_Q \approx 4mA$，计算适当的电阻值，使 $V_o=12V$，然后求出 V_{cc} 的允许范围以及负载和线路调整率。

9.24 在图 9.19b 所示的电路中，令 $V_t=25V$ 和 $R_1=2.5\Omega$，并设 R_2 为任意负载。求出从负载端看到的诺顿等效电路，以及它的电压裕量，其中 LM317 的参数为 $V_{DO} \approx 2V$，线路调整率 $0.07\%/V$ 为最大值，在 $2.5V \leqslant (V_I-V_o) \leqslant 40V$ 时，$\Delta I_{ADJ}=5\mu A$。

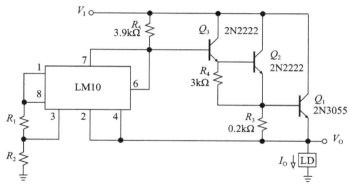

图 P9.19

9.25 LT337 是一个−1.25V、1.5A 的可调负稳压器，$\Delta V_{REG}/\Delta(V_I-V_O)$ 的最大值为 0.03%/V，且 $\Delta I\,ADJ/\Delta(V_I-V_O)$ 的最大值为 0.135μA/V。用这个器件设计一个 500mA 的电流汇，然后求出它的诺顿等效电路。

9.26 利用一个 LM317 1.25V 可调整正稳压电源和一个 LM337−1.25V 可调负稳压电源，设计一个双踪台式电源，并用一个 10kΩ 电位器使它的输出在 ±1.25～±20V 之间变化。这些稳压电源的参数见习题 9.24 和 9.25。

9.27 (a)若 $T_{J(max)}=190℃$，$P_{D(max)}=1W$ 且 $\theta_{JA}=60℃/W$，求工作所允许的最高环境温度。(b)对于一个 $T_{J(max)}=150℃$ 的 5V 稳压器，求 θ_{JA}，使在 $V_I=10V$ 和 $T_A=50℃$ 时产生 1A 电流。一个工作在自然空气中的 pA7805 能够做到吗？

9.28 在图 9.23b 的电路中，用一个 2kΩ 和 18kΩ 电阻组合来代替其中的电位器，这里 2kΩ 电阻是接在反相输入和稳压器的输出之间，而 18kΩ 电阻则接在反相输出和稳压器的公共端之间。设电源为 ±18V、$R=1.00Ω$，以及一个在 TO-220 封装中的 μA7805 稳压器，确定一种散热器，使在了 $T_{A(max)}=60℃$ 时负载电压降至 0V 都能工作。

9.29 利用习题 9.12 中的 LM10 和一个 1.5V、2mA LED，设计一个指示器电路，以监控自身电源，因此，只要电源一旦降到 4.75V 以下，LED 就熄灭。

9.30 在图 9.29a 的电路中，确定元件值，以提供当 V_{cc} 高于 6.5V 时的 OV 保护，并且，当 120V(有效值)、60Hz 交流线路电压试图降至标称值的 80% 以下时，能够发出一个 $\overline{PFAIL}$ 命令。

9.6 节

9.31 图 9.31e 中的开关线圈与图 4.23a 中的开关电容有些相似之处。(a)设 $V_{SAT}=V_F=0$，比较两种结构并指出它们的相同点和基本差异。(b)设线圈电流波形如图 9.33a 所示，证明线圈从电流 V_I 转移到 V_O 的功率为 $P=f_sW_{cycle}$，其中 $W_{cycle}=LI_L\Delta i_L$ 是每个周期中所转移的能量包。

9.32 (a)推导式(9.40)，然后，设 $I_O=1A$ 和 $\Delta i_L=0.2A$，在以下情况下，计算连续工作时 I_p 和 I_o 的最小值。(b)一个 $V_I=12V$ 和 $V_o=5V$ 的 buck 型稳压器，(c)一个 $V_I=5V$ 和 $V_o=12V$ 的 boost 型稳压电源，(d)一个 $V_I=5V$ 和 $V_o=-15V$ 的反相稳压电源。

9.33 一个 $5V\leqslant V_I\leqslant10V$ 的反相稳压器在满负荷 1A 的情况下有 $V_o=-12V$，设连续工作时 $V_{SAT}=V_F=0.5V$，求 D 所要求的范围和 I_1 最大值。

9.34 一个 buck-boost 型稳压器电源为 15V，工作在频率为 150kHz。确定 L、C 和 ESR 使稳压器的 $V_o=-15V$，$V_{ro(max)}=150mV$，而且在 $0.2A\leqslant I_o\leqslant1A$ 的范围上以连续模式工作。

9.35 一个 buck 型稳压器有 $V_I=20V$，$V_o=5V$，$f_s=100kΩ$，$L=50μH$ 和 $C=500μF$，设 $V_{SAT}=V_F=0$ 和 ESR=O，在以下情况下：(a)$I_o=3A$ 的连续模式工作和(b)$t_{ON}=2μs$ 的断续工作。画出并标注 i_{sw}、i_D、I_L、I_c 和 L 两端电压 V_x 的波形。

9.36 讨论例 9.20 中(a)V_I 加倍和(b)f_s 加倍时，对稳压器 η 的影响。

9.7 节

9.37 (a)假设图 9.36 中的 EA 是理想的，由 $Z_{A(jw)}$ 和 $Z_{B(jw)}$ 推导出式(9.47)和(9.49)。(b)对于 $f_{z1}=1kHz$，$f_{z2}=10kHz$，$f_{p1}=100kHz$，$f_{p2}=1MHz$ 和 $|H_{EA}(316kHz)|=10dB$ 的情况，确定各元器件值。

9.38 如图 9.37 所示由 Z_A 和 Z_B 实现的 EA 并不少见。在实际应用中你可能会发现一种选择，即利用 Z_B 去产生 f_{z2}、f_{p2} 和 Z_A，从而

产生 f_{z1} 和 f_{p1}。利用这种方法设计习题 9.37 中的 EA。

9.8 节

9.39 利用图 9.40 中的基准,假设 R_{LD} 和 Z_A 造成的负载可忽略,推导出输入输出的传输函数,进而证明式(9.52)。

9.40 利用习题 9.38 中的应用重新设计例 9.22 中的误差放大器 EA。

9.41 为简化例 9.22 中的放大器起,设 GBP$=\infty$。如果 GBP 不是无穷大,会出现一些相位裕度的损失。确定最大相位裕度为 5°时的 GBP$_{min}$,并用 PSpice 验证。

9.42 图 9.42 中反相器的平均电流 I_o 发生 1A 变化时,试估计平均电压 V_o 的变化。

9.9 节

9.43 当 $S_e=-S_f/2$,证明式(9.61)和式(9.70)中的系数 Q 可简化为 $Q=2/[\pi(1-D)]$。

9.44 重新考虑例 9.24,输出电流的一半流过 I_{LD},另一半流经 R_{LD},在这种情况下,哪个参数有变化?如何变化?负载变化后的情况下,相位裕度是多少?

9.45 初学者认为 PCMC 可以消除环路中线圈电感的延时,所以可以仅利用一个普通的放大器,而不需其他元器件,作为误差放大

器来补偿例 9.24 中的转换器。(a)如果放大器的 GBP 为 1MHz,电路可以工作吗?试解释。(b)假设 GBP 可调,确定相位裕度为 45°时的 GBP 值。用 PSpice 验证,与例 9.24 做比较和讨论。

9.46 设计一个 EA 来稳定例 9.24 中的变换器,用运算放大器代替 OTA。运算放大器拥有的合理的最小 GBP 是多少?使用 PSpice 验证结果。

9.47 buck 变换器输入电压 $V_I=12V$,$V_O=5V$,负载为 1Ω。假设 $L=10\mu H$,$C=50\mu F$,$f_s=350kHz$,$V_p=0.2V$,$R_{SW}=R_{sense}=20m\Omega$,$a_i=5V/V$,$R_{coil}=R_{cap}=5m\Omega$。$V_{REF}=1.25V$,设计运算放大器的补偿网络。

9.10 节

9.48 (a)证明图 9.60a 所示电路具有一个值为 $s=-1/(RC)$ 的左半平面极点和一个值为 $s=+R_1/(R_2RC)$ 的右半平面零点。(b)如果 $R_1=R_2$,这个电路具有和图 3.12 相同的移相器,画出它的阶跃响应。(c)如果 $R_2=2R_1$,其他与(b)相同。

9.49 设计一个 EA 来稳定例 9.25 中的变换器,用运算放大器代替 OTA。运算放大器拥有的合理的最小 GBP 是多少?使用 PSpice 验证结果。

参考文献

1. Analog Devices Engineering Staff, *Practical Design Techniques for Power and Thermal Management,* Analog Devices, Norwood, MA, 1988. ISBN-0-916550-19-2.
2. P. R. Gray, P. J. Hurst, S. H. Lewis, and R. G. Meyer, *Analysis and Design of Analog Integrated Circuits,* 5th ed., John Wiley & Sons, New York, 2009. ISBN 978-0-470-24599-6.
3. R. Knapp, "Selection Criteria Assist in Choice of Optimum Reference," *EDN,* February 18, 1988, pp. 183–192.
4. "IC Voltage Reference Has 1 ppm per Degree Drift," Texas Instruments Application Note AN-161, http://www.ti.com/lit/an/snoa589b/snoa589b.pdf.
5. A. P. Brokaw, "A Simple Three-Terminal IC Bandgap Reference," *IEEE Journal of Solid-State Circuits,* Vol. SC-9, No. 6, December 1974, pp. 388–393.
6. Analog Devices Engineering Staff, *Practical Design Techniques for Sensor Signal Conditioning,* Analog Devices, Norwood, MA, 1999. ISBN-0-916550-20-6.
7. J. Graeme, "Precision DC Current Sources," Part 1 and Part 2, *Electronic Design,* Apr. 26, 1990, pp. 191–198 and 201–206.
8. "Applications for an Adjustable IC Power Regulator," Texas Instruments Application Note AN-178, http://www.ti.com/lit/an/snva513a/snva513a.pdf.
9. G. A. Rincon Mora and P. E. Allen, "Study and Design of Low Drop-Out Regulators," School of Electrical and Computer Engineering, Georgia Institute of Technology, http://users.ece.gatech.edu/~rincon/publicat/journals/unpub/ldo_des.pdf.
10. R. W. Erikson and D. Maksimovic, *Fundamentals of Power Electronics,* 2nd ed., Springer Science + Business Media, Dardrecht, Netherlands, 2001. ISBN 00-052569.
11. C. Nelson, "LT1070 Design Manual," Linear Technology Application Note AN-19, http://cds.linear.com/docs/en/application-note/an19fc.pdf.
12. C. Nelson, "LT1074/LT1076 Design Manual," Linear Technology Application Note AN-44, http://cds.linear.com/docs/en/application-note/an44fa.pdf.

13. R. Ridley, "A New, Continuous-Time Model for Current-Mode Control," *IEEE Trans. on Power Electronics*, Vol. 6, No. 2, April 1991, pp. 272–280.

14. R. Ridley, "Current-Mode Control Modeling," *Switching Power Magazine,* 2006, pp. 1–9, http://www.switchingpowermagazine.com/downloads/5%20Current%20Mode%20Control%20Modeling.pdf.

15. R. Sheenan, "Understanding and Applying Current-Mode Control Theory," Texas Instruments Document SNVA555, 2007, http://www.ti.com/lit/an/snva555/snva555.pdf.

16. T. Hegarty, "Peak Current-Mode DC-DC Converter Stability Analysis," 2010, http://powerelectronics.com/regulators/peak-current-mode-dc-dc-converter-stability-analysis.

推 荐 阅 读

电路基础（原书第5版）

作者：(美) Charles K.Alexander　Matthew N.O.Sadiku 译者：段哲民 周巍 等
ISBN：978-7-111-47088-5 定价：129.00元

本书是电路课程的经典教材，被美国众多名校采用，是美国最有影响力的教材之一。本书内容全面，涵盖了我国"电路分析基础"课程的全部教学要求和"电路理论基础"课程的大部分教学要求。全书分为直流电路、交流电路与高级电路分析三部分，还囊括了所需的常用数学公式和物理基本原理。本书使用的六步解题法为读者建立了求解电路问题的系统方法，可以帮助读者更好地理解理论知识并减少计算错误。书中使用面向Windows的PSpice软件，并新增了美国国家仪器公司（NI）的MultiSim解法，将理论与实际完美结合。

电路分析基础：系统方法

作者：(美) Thomas L. Floyd David M. Buchla 译者：周玲玲 蒋乐天
ISBN：978-7-111-54354-1 定价：139.00元

本书是一本侧重于工程应用的、以电路分析为主的教材。特别强化了电路的基本理论及其与实际直流/交流固态电路的关联性。因此，在每一章的概念阐述中都通过一个基本系统的实例来完成讲解。比如：电流源、负载测试箱、电动机起动器、电流表的并联、分立元件放大器的分压式偏置、报警系统、晶体管放大器、开关模式电源、EMI滤波器、基本的金属探测器、基本直流电源、看门狗计时器、汽车充电系统中的二极管、液面检测系统、麦克风前置放大器、水过滤系统等，这样的编排便于读者在学习基本概念的同时，能够了解概念应用的场合，使读者加深对概念的直观理解，又使电路和元器件理论知识的传授过程变得更加直观与生动。

电路原理

作者：(美) Peter Basis 译者：苏育挺 宫霄霖 等
ISBN：978-7-111-51339-1 定价：75.00元

本书是一本特点鲜明的教材，内容深入浅出、通俗易懂，注重实用能力的培养。 主要包括基本电路变量、欧姆定律与功率、串并联直流电路、电源、基本测量仪器、网络定理、电容、电感、交流电波形、非正弦波形、串并联交流电路、交流功率、交流电路的网络定理、滤波器、谐振、变压器、电线与电缆、故障与诊断等。本书将课程内容、计算机辅助设计（CAD）和分析工具紧密联系在一起，在重要章节引入了基于Multisim教学软件的实现。本书可作为高等院校电气类、电子信息类及自动化类专业的"电路基础"和"电路分析"教材或教学参考书，也可供相关专业的师生和工程技术人员参考。

推 荐 阅 读

信号、系统及推理

作者：(美) Alan V. Oppenheim　George C.Verghese　译者：李玉柏 等
中文版 ISBN：978-7-111-57390-6　英文版 ISBN：978-7-111-57082-0　定价：99.00元

　　本书是美国麻省理工学院著名教授奥本海姆的最新力作，详细阐述了确定性信号与系统的性质和表示形式，包括群延迟和状态空间模型的结构与行为；引入了相关函数和功率谱密度来描述和处理随机信号。本书涉及的应用实例包括脉冲幅度调制，基于观测器的反馈控制，最小均方误差估计下的最佳线性滤波器，以及匹配滤波器；强调了基于模型的推理方法，特别是针对状态估计、信号估计和信号检测的应用。本书融合并扩展了信号与系统时频域分析的基本素材，以及与此相关且重要的概率论知识，这些都是许多工程和应用科学领域的分析基础，如信号处理、控制、通信、金融工程、生物医学等领域。

离散时间信号处理（原书第3版·精编版）

作者：(美) Alan V. Oppenheim　Ronald W. Schafer　译者：李玉柏　潘晔 等
ISBN：978-7-111-55959-7　定价：119.00元

　　本书是我国数字信号处理相关课程使用的最经典的教材之一，为了更好地适应国内数字信号处理相关课程开设的具体情况，本书对英文原书《离散时间信号处理（第3版）》进行缩编。英文原书第3版是美国麻省理工学院Alan V. Oppenheim教授等经过十年的教学实践，对2009年出版的《离散时间信号处理（第2版）》进行的修订，第3版注重揭示一个学科的基础知识、基本理论、基本方法，内容更加丰富，将滤波器参数设计法、倒谱分析又重新引入到教材中。同时增加了信号的参数模型方法和谱分析，以及新的量化噪声仿真的例子和基于样条推导内插滤波器的讨论。特别是例题和习题的设计十分丰富，增加了130多道精选的例题和习题，习题总数达到700多道，分为基础题、深入题和提高题，可提升学生和工程师们解决问题的能力。

数字视频和高清：算法和接口（原书第2版）

作者：(加) Charles Poynton　译者：刘开华 褚晶辉 等ISBN：978-7-111-56650-2　定价：99.00元

　　本书精辟阐述了数字视频系统工程理论，涵盖了标准清晰度电视（SDTV）、高清晰度电视（HDTV）和压缩系统，并包含了大量的插图。内容主要包括了：基本概念的数字化、采样、量化和过滤，图像采集与显示，SDTV和HDTV编码，彩色视频编码，模拟NTSC和PAL，压缩技术。本书第2版涵盖新兴的压缩系统，包括NTSC、PAL、H.264和VP8 / WebM，增强JPEG，详细的信息编码及MPEG-2系统、数字视频处理中的元数据。适合作为高等院校电子与信息工程、通信工程、计算机、数字媒体等相关专业高年级本科生和研究生的"数字视频技术"课程教材或教学参考书，也可供从事视频开发的工程技师参考。

推荐阅读

模拟电路设计：分立与集成

作者：(美) Sergio Franco 译者：雷鑑铭 余国义 邹志革 邹雪城
ISBN：978-7-111-57781-2 定价：119.00元

本书是针对电子工程专业中致力于将模拟电子学作为自身事业的学生和集成电路设计工程师而准备的。前三章介绍二极管、双极型晶体管和MOS场效应管，注重较为传统的分立电路设计方法，有助于学生通过物理洞察力来掌握电路基础知识；后续章节介绍模拟集成电路子模块、典型模拟集成电路、频率和时间响应、反馈、稳定性和噪声等集成电路内部工作原理（以优化其应用）。本书涵盖的分立与集成电路设计内容，有助于培养读者的芯片设计能力和电路板设计能力。

CMOS数字集成电路设计

作者：(美) Charles Hawkins（西班牙）Jaume Segura（美）Payman Zarkesh-Ha
译者：王昱阳 尹说 ISBN：978-7-111-52933-0 定价：69.00元

本书涵盖了数字CMOS集成电路的设计技术,教材编写采用的新颖的讲述方法，并不要求学生已经学习过模拟电子学的知识，有利于大学灵活地安排教学计划。本书完全放弃了涉及双极型器件内容，只关注数字集成电路的主流工艺——CMOS数字电路设计。书中引入了大量的实例，每章最后也给出了丰富的练习题，使得学生能将学到的知识与实际结合。可作为为数字CMOS集成电路的本科教材。

复杂电子系统建模与设计

作者：(英) Peter Wilson（美）H.Alan Mantooth 译者：黎飞 王志功
ISBN：978-7-111-57132-2 定价：89.00元

本书分三个部分：第一部分是基于模型的工程技术的基础介绍，包括第1-4章。主要内容有概述，设计和验证流程，设计分析方法和工具，系统建模的基本概念、专用建模技术及建模工具等；第二部分介绍建模方法，包括第5-11章，分别介绍了图形建模法、框图建模法及系统分析、多域建模法、基于事件建模法快速模拟建模法、基于模型的优化技术、统计学的和概率学的建模法；第三部分介绍设计方法，包括第12-13章，介绍设计流程和复杂电子系统设计实例。